住房和城乡建设领域专业人员岗位培训考核系列用书

施工员专业管理实务
（设备安装）

江苏省建设教育协会　组织编写

中国建筑工业出版社

图书在版编目(CIP)数据

施工员专业管理实务（设备安装）/江苏省建设教育协会组织编写. —北京：中国建筑工业出版社，2014.4
住房和城乡建设领域专业人员岗位培训考核系列用书
ISBN 978-7-112-16562-9

Ⅰ.①施… Ⅱ.①江… Ⅲ.①建筑工程—工程施工—岗位培训—教材 ②房屋建筑设备—设备安装—工程施工—岗位培训—教材 Ⅳ.①TU7

中国版本图书馆 CIP 数据核字（2014）第 046999 号

本书是《住房和城乡建设领域专业人员岗位培训考核系列用书》中的一本，依据《建筑与市政工程施工现场专业人员职业标准》编写。全书共分 14 章，包括设备安装工程、管道及消防安装工程、通风与空调安装工程、建筑电气安装工程、自动化仪表安装工程、建筑智能化安装工程、电梯安装工程、防腐与绝热安装工程、施工项目管理概论、施工项目质量管理、施工项目进度管理、施工项目成本管理、施工项目安全环境管理、施工项目信息管理。本书可作为设备安装专业施工员岗位考试的指导用书，又可作为施工现场相关专业人员的实用手册，也可供职业院校师生和相关专业技术人员参考使用。

* * *

责任编辑：刘　江　岳建光　范业庶
责任设计：张　虹
责任校对：李美娜　赵　颖

住房和城乡建设领域专业人员岗位培训考核系列用书

施工员专业管理实务

（设备安装）

江苏省建设教育协会　组织编写

*

中国建筑工业出版社出版、发行（北京西郊百万庄）
各地新华书店、建筑书店经销
北京永峥排版公司制版
北京云浩印刷有限责任公司印刷

*

开本：787×1092 毫米　1/16　印张：33¾　字数：810 千字
2014 年 9 月第一版　2015 年 3 月第三次印刷
定价：**86.00** 元
ISBN 978-7-112-16562-9
（25332）

版权所有　翻印必究
如有印装质量问题，可寄本社退换
（邮政编码　100037）

住房和城乡建设领域专业人员岗位培训考核系列用书

编审委员会

主　任：杜学伦

副主任：章小刚　　陈　曦　　曹达双　　漆贯学
　　　　金少军　　高　枫　　陈文志

委　员：王宇旻　　成　宁　　金孝权　　郭清平
　　　　马　记　　金广谦　　陈从建　　杨　志
　　　　魏傅燕　　惠文荣　　刘建忠　　冯汉国
　　　　金　强　　王　飞

出版说明

为加强住房城乡建设领域人才队伍建设，住房和城乡建设部组织编制了住房城乡建设领域专业人员职业标准。实施新颁职业标准，有利于进一步完善建设领域生产一线岗位培训考核工作，不断提高建设从业人员队伍素质，更好地保障施工质量和安全生产。第一部职业标准——《建筑与市政工程施工现场专业人员职业标准》（以下简称《职业标准》），已于2012年1月1日实施，其余职业标准也在制定中，并将陆续发布实施。

为贯彻落实《职业标准》，受江苏省住房和城乡建设厅委托，江苏省建设教育协会组织了具有较高理论水平和丰富实践经验的专家和学者，以职业标准为指导，结合一线专业人员的岗位工作实际，按照综合性、实用性、科学性和前瞻性的要求，编写了这套《住房和城乡建设领域专业人员岗位培训考核系列用书》（以下简称《考核系列用书》）。

本套《考核系列用书》覆盖施工员、质量员、资料员、机械员、材料员、劳务员等《职业标准》涉及的岗位（其中，施工员、质量员分为土建施工、装饰装修、设备安装和市政工程四个子专业），并根据实际需求增加了试验员、城建档案管理员岗位；每个岗位结合其职业特点以及培训考核的要求，包括《专业基础知识》、《专业管理实务》和《考试大纲·习题集》三个分册。随着住房城乡建设领域专业人员职业标准的陆续发布实施和岗位的需求，本套《考核系列用书》还将不断补充和完善。

本套《考核系列用书》系统性、针对性较强，通俗易懂，图文并茂，深入浅出，配以考试大纲和习题集，力求做到易学、易懂、易记、易操作。既是相关岗位培训考核的指导用书，又是一线专业人员的实用手册；既可供建设单位、施工单位及相关高、中等职业院校教学培训使用，又可供相关专业技术人员自学参考使用。

本套《考核系列用书》在编写过程中，虽经多次推敲修改，但由于时间仓促，加之编者水平有限，如有疏漏之处，恳请广大读者批评指正（相关意见和建议请发送至JYXH05@163.com），以便我们认真加以修改，不断完善。

本书编写委员会

主　　编：罗能镇
副 主 编：徐义明
编写人员：李本勇　何录芝　刘长沙　王海波　陈　静
　　　　　曹丹桂　董巍巍　刘　杰　唐传东　王健鹏
　　　　　陈　林　张云华　王世强　马二伟　孙武德
　　　　　陈武军　王凤君　张　宁　郭海玲　蒋　俊

前　言

　　为贯彻落实住房城乡建设领域专业人员新颁职业标准，受江苏省住房和城乡建设厅委托，江苏省建设教育协会组织编写了《住房和城乡建设领域专业人员岗位培训考核系列用书》，本书为其中的一本。

　　施工员（设备安装）培训考核用书包括《施工员专业基础知识（设备安装）》、《施工员专业管理实务（设备安装）》、《施工员考试大纲·习题集（设备安装）》3本，反映了国家现行规范、规程、标准，并以施工工艺技术、施工质量安全为主线，不仅涵盖了现场施工人员应掌握的通用知识、基础知识和岗位知识，还涉及新技术、新设备、新工艺、新材料等方面的知识。

　　本书为《施工员专业管理实务（设备安装）》分册，全书共分14章，内容包括：设备安装工程；管道及消防安装工程；通风与空调安装工程；建筑电气安装工程；自动化仪表安装工程；建筑智能化安装工程；电梯安装工程；防腐与绝热安装工程；施工项目管理概论；施工项目质量管理；施工项目进度管理；施工项目成本管理；施工项目安全环境管理；施工项目信息管理。

　　本书既可作为施工员（设备安装）岗位培训考核的指导用书，又可作为施工现场相关专业人员的实用手册，也可供职业院校师生和相关专业技术人员参考使用。

目 录

第1篇 专业施工技术

第1章 设备安装工程 ······ 2

1.1 通用机械设备安装工艺 ······ 2
- 1.1.1 机械设备安装一般程序 ······ 2
- 1.1.2 安装准备 ······ 2
- 1.1.3 开箱检查 ······ 4
- 1.1.4 基础验收 ······ 4
- 1.1.5 设备搬运 ······ 6
- 1.1.6 设备找正找平 ······ 7
- 1.1.7 地脚螺栓安装 ······ 11
- 1.1.8 设备精确找平 ······ 16
- 1.1.9 设备二次灌浆 ······ 17
- 1.1.10 设备联轴器找正 ······ 17
- 1.1.11 试运转及竣工验收 ······ 19
- 1.1.12 设备安装新方法 ······ 22

1.2 常见机械设备安装 ······ 25
- 1.2.1 通风机安装 ······ 25
- 1.2.2 离心水泵安装 ······ 33
- 1.2.3 制冷机安装 ······ 37
- 1.2.4 柴油发电机安装 ······ 39

1.3 容器安装工程 ······ 43
- 1.3.1 容器安装程序 ······ 43
- 1.3.2 组合式水箱安装 ······ 47
- 1.3.3 室外储油罐的安装 ······ 48
- 1.3.4 压力容器安装 ······ 48

1.4 供热锅炉及辅助设备安装 ······ 49
- 1.4.1 锅炉报装、施工监察与验收 ······ 49
- 1.4.2 整装锅炉安装 ······ 50
- 1.4.3 辅助设备及管道安装 ······ 54

1.4.4　烘炉与煮炉 ··· 59
　　1.4.5　蒸汽严密性试验、安全阀调整与48h试运转 ····· 61

第2章　管道及消防安装工程 ·· 64

2.1　室内给水系统安装 ·· 64
　　2.1.1　冷水管道及附件安装 ····································· 64
　　2.1.2　热水管道及附件安装 ····································· 92

2.2　室内排水系统 ·· 99
　　2.2.1　室内排水管道及附件安装 ······························· 99
　　2.2.2　管道布置和安装技术要求 ······························· 99
　　2.2.3　排水管道安装 ··· 101
　　2.2.4　卫生器具安装 ··· 105
　　2.2.5　雨水管道及附件安装 ···································· 111

2.3　采暖及空调水系统 ··· 115
　　2.3.1　管道及配件安装 ·· 115
　　2.3.2　辅助设备及散热器的安装 ······························ 119
　　2.3.3　低温热水地板辐射采暖系统安装 ····················· 121
　　2.3.4　系统水压试验及调试 ···································· 124

2.4　室外管网安装 ··· 127
　　2.4.1　室外给水管道安装 ······································· 127
　　2.4.2　室外排水管道安装 ······································· 132
　　2.4.3　室外供热管道安装 ······································· 138

2.5　其他管道系统 ··· 142
　　2.5.1　中水管道系统 ··· 142
　　2.5.2　游泳池水系统 ··· 143
　　2.5.3　氧气管道系统 ··· 143
　　2.5.4　垃圾处理管道系统 ······································· 143
　　2.5.5　建筑燃气系统 ··· 144

2.6　消防灭火系统安装 ··· 150
　　2.6.1　水灭火系统安装 ·· 150
　　2.6.2　气体灭火系统安装 ······································· 162
　　2.6.3　泡沫灭火系统安装 ······································· 168

2.7　消防报警系统安装 ··· 173
　　2.7.1　消防报警设备安装 ······································· 173
　　2.7.2　消防报警线路安装 ······································· 175
　　2.7.3　消防报警系统调试 ······································· 176

2.8　消防验收 ·· 178
　　2.8.1　系统验收 ··· 178

第3章 通风与空调安装工程 ... 181

3.1 风管制作 ... 181
3.1.1 金属风管制作 ... 181
3.1.2 非金属风管制作 ... 193
3.1.3 净化空调系统风管 ... 206
3.1.4 柔性风管 ... 207
3.1.5 风管部件、配件 ... 207

3.2 风管安装 ... 210
3.2.1 金属风管安装 ... 210
3.2.2 非金属风管安装 ... 216
3.2.3 净化空调系统风管安装 ... 219
3.2.4 柔性风管安装 ... 219
3.2.5 风管部件、配件安装 ... 220

3.3 空调水系统安装 ... 223
3.3.1 冷（热）源安装 ... 223
3.3.2 管道安装 ... 224

3.4 通风空调设备安装 ... 224
3.4.1 风机盘管安装 ... 224
3.4.2 空气幕安装 ... 225
3.4.3 变风量末端装置安装 ... 225
3.4.4 高效过滤器安装 ... 225
3.4.5 诱导风机安装 ... 226
3.4.6 VRV 安装 ... 226

3.5 通风与空调工程检验、试验与调试 ... 229
3.5.1 通风与空调工程检验与试验 ... 230
3.5.2 系统调试及综合效能的测定与调整 ... 233

第4章 建筑电气安装工程 ... 245

4.1 电线电缆保护工程安装 ... 245
4.1.1 电气配管施工 ... 245
4.1.2 线槽、桥架施工 ... 250

4.2 电线、电缆、母线安装 ... 254
4.2.1 管内穿线 ... 254
4.2.2 电缆敷设 ... 259
4.2.3 封闭母线安装 ... 275

4.3 电气设备安装 ... 278
4.3.1 变压器安装 ... 278
4.3.2 配电箱（柜）安装 ... 284

4.3.3 照明器具安装 ································ 290
4.3.4 EPS/UPS 安装 ······························ 297
4.4 防雷接地与等电位安装 ································ 301
4.4.1 接地装置安装 ································ 301
4.4.2 引下线施工 ································ 303
4.4.3 接地干线安装 ································ 305
4.4.4 接闪器安装 ································ 306
4.4.5 均压环施工 ································ 307
4.4.6 等电位施工 ································ 307
4.5 电气调试 ································ 312
4.5.1 建筑电气试验项目与调试的系统 ················ 313
4.5.2 建筑电气试验与调试一般要求 ·················· 314
4.5.3 建筑电气试验工序和调试工序 ·················· 315

第5章 自动化仪表安装工程 ································ 316
5.1 自动化仪表安装工艺 ································ 316
5.1.1 施工程序 ································ 316
5.1.2 施工准备 ································ 316
5.1.3 取源部件安装 ································ 317
5.1.4 设备安装 ································ 318
5.1.5 线路安装 ································ 328
5.2 仪表试验和调试 ································ 333
5.2.1 单体调试 ································ 333
5.2.2 系统调试 ································ 336
5.2.3 分散控制系统（DCS）调试流程图 ················ 338
5.2.4 配合工艺、设备试车 ·························· 338

第6章 建筑智能化安装工程 ································ 340
6.1 建筑智能化系统的构成 ································ 340
6.1.1 通信网络系统（CNS） ························ 341
6.1.2 信息网络系统（INS） ························ 342
6.1.3 建筑设备监控系统（BAS） ···················· 343
6.1.4 火灾自动报警及消防联动系统（FAS） ············ 347
6.1.5 安全防范系统（SAS） ························ 347
6.1.6 智能化系统集成系统（ISI） ···················· 349
6.1.7 电源与接地 ································ 350
6.1.8 环境检测 ································ 350
6.1.9 住宅（小区）智能化（CI） ···················· 350
6.1.10 综合布线系统（GCS） ······················ 351

6.2 建筑智能化系统安装 ······ 352
    6.2.1 建筑智能化系统设备、元件安装 ······ 352
    6.2.2 建筑智能化系统线缆安装 ······ 353
6.3 建筑智能化系统调试 ······ 354
    6.3.1 建筑智能化系统调试和检测 ······ 354
    6.3.2 建筑智能化系统验收 ······ 354

第7章 电梯安装工程 ······ 356

7.1 曳引式电梯安装 ······ 356
    7.1.1 电梯安装的技术条件和要求 ······ 356
    7.1.2 井道测量 ······ 358
    7.1.3 导轨支架和导轨的安装 ······ 360
    7.1.4 轿厢及对重安装 ······ 364
    7.1.5 厅门安装 ······ 370
    7.1.6 机房曳引装置及限速器装置安装 ······ 371
    7.1.7 井道机械设备安装 ······ 373
    7.1.8 钢丝绳安装 ······ 374
    7.1.9 电气装置安装 ······ 376
    7.1.10 电梯调试 ······ 377
    7.1.11 试验运行 ······ 379

7.2 自动扶梯及人行道 ······ 383
    7.2.1 土建测量 ······ 384
    7.2.2 桁架安装 ······ 384
    7.2.3 导轨类的安装 ······ 386
    7.2.4 扶手的安装 ······ 386
    7.2.5 裙板及内外盖板安装 ······ 389
    7.2.6 梯级链安装 ······ 389
    7.2.7 梯级梳齿板安装 ······ 390
    7.2.8 安全装置安装 ······ 391
    7.2.9 调试、调整 ······ 391
    7.2.10 试验运行 ······ 392

第8章 防腐与绝热安装工程 ······ 393

8.1 防腐工程 ······ 393
    8.1.1 除锈 ······ 393
    8.1.2 管道及设备刷油 ······ 394
    8.1.3 埋地管道防腐 ······ 397

8.2 绝热工程 ······ 398
    8.2.1 绝热层安装 ······ 398

8.2.2 防潮层安装 ··· 403
8.2.3 保护层安装 ··· 404

第2篇 施工项目管理

第9章 施工项目管理概论 ··· 408

9.1 施工项目管理概念、目标和任务 ·· 408
9.1.1 建设工程项目管理概述 ··· 408
9.1.2 施工项目管理概念 ··· 409
9.1.3 施工项目管理的目标 ·· 409
9.1.4 施工项目管理的任务 ·· 410

9.2 施工项目的组织 ·· 411
9.2.1 组织和组织论 ·· 411
9.2.2 项目的结构分析 ·· 414
9.2.3 施工项目管理组织结构 ··· 415
9.2.4 项目管理任务分工表 ·· 419
9.2.5 施工组织设计 ·· 420

9.3 施工项目目标动态控制 ·· 423
9.3.1 施工项目目标动态控制原理 ··· 423
9.3.2 项目目标动态控制的纠偏措施 ··· 423
9.3.3 项目目标的事前控制 ·· 424
9.3.4 动态控制方法在施工管理中的应用 ······································· 424

9.4 项目施工监理 ··· 426
9.4.1 建设工程监理的概念 ·· 426
9.4.2 建设工程监理的工作性质 ·· 426
9.4.3 建设工程监理的工作任务 ·· 426
9.4.4 建设工程监理的工作方法 ·· 427
9.4.5 旁站监理 ··· 427

第10章 施工项目质量管理 ·· 429

10.1 施工项目质量管理的基本知识 ··· 429
10.1.1 施工项目质量的概念 ··· 429
10.1.2 施工项目质量管理的概念 ··· 429
10.1.3 施工质量控制的概念 ··· 429
10.1.4 施工项目质量管理的基本方法 ·· 429
10.1.5 影响施工项目质量的因素 ··· 430

10.2 施工项目质量控制 ·· 431
10.2.1 施工质量控制的特点 ··· 431
10.2.2 施工项目质量控制的策划 ··· 431

10.2.3　施工过程的质量控制 …………………………………… 432
　10.3　安装工程施工质量验收 ………………………………………… 438
　　　10.3.1　机电安装工程施工质量验收要求 ………………………… 439
　　　10.3.2　机电安装工程质量验收的划分 …………………………… 439
　　　10.3.3　机电安装工程验收项目的划分 …………………………… 440
　　　10.3.4　机电安装工程质量验收程序和组织 ……………………… 444
　　　10.3.5　机电安装工程施工质量验收规定 ………………………… 445
　10.4　施工质量事故处理 ……………………………………………… 447
　　　10.4.1　施工质量事故分类 ………………………………………… 447
　　　10.4.2　施工质量事故的处理方法 ………………………………… 448
　10.5　施工技术资料管理 ……………………………………………… 449
　　　10.5.1　工程技术资料管理一般工作程序 ………………………… 449
　　　10.5.2　施工技术资料的内容 ……………………………………… 449
　10.6　工程质量保修和回访 …………………………………………… 450
　　　10.6.1　工程质量保修 ……………………………………………… 450
　　　10.6.2　工程回访 …………………………………………………… 451
　10.7　质量管理体系介绍 ……………………………………………… 452

第11章　施工项目进度管理 ………………………………………… 455

　11.1　概述 ……………………………………………………………… 455
　　　11.1.1　工程进度计划的分类 ……………………………………… 455
　　　11.1.2　工程工期 …………………………………………………… 456
　　　11.1.3　影响进度管理的因素 ……………………………………… 456
　11.2　施工组织与流水施工 …………………………………………… 457
　　　11.2.1　依次施工 …………………………………………………… 457
　　　11.2.2　平行施工 …………………………………………………… 457
　　　11.2.3　流水施工 …………………………………………………… 457
　11.3　网络计划技术 …………………………………………………… 457
　　　11.3.1　双代号网络图 ……………………………………………… 458
　　　11.3.2　单代号网络 ………………………………………………… 462
　　　11.3.3　时标网络 …………………………………………………… 464
　11.4　施工项目进度控制 ……………………………………………… 465
　　　11.4.1　概念 ………………………………………………………… 465
　　　11.4.2　影响施工项目进度的因素 ………………………………… 465
　　　11.4.3　施工项目进度控制的方法和措施 ………………………… 465
　　　11.4.4　施工项目进度控制的内容 ………………………………… 467
　　　11.4.5　进度计划实施中的监测与分析 …………………………… 469
　　　11.4.6　施工进度计划的调整 ……………………………………… 471

第12章 施工项目成本管理 ... 474

12.1 施工项目成本的组成 ... 474
12.1.1 直接成本 ... 474
12.1.2 间接成本 ... 475

12.2 施工项目成本管理体系 ... 476

12.3 施工项目成本管理的流程 ... 476
12.3.1 施工项目成本预测 ... 476
12.3.2 施工项目成本计划 ... 476
12.3.3 施工项目成本控制 ... 478
12.3.4 施工项目成本核算 ... 480
12.3.5 施工项目成本分析 ... 481
12.3.6 施工项目成本考核 ... 485

12.4 施工项目成本管理的措施 ... 485
12.4.1 组织措施 ... 485
12.4.2 技术措施 ... 485
12.4.3 经济措施 ... 486
12.4.4 合同措施 ... 486

第13章 施工项目安全环境管理 ... 487

13.1 施工项目安全管理概述 ... 487
13.1.1 安全生产管理方针 ... 487
13.1.2 安全生产管理制度 ... 488

13.2 施工安全管理体系 ... 488
13.2.1 施工安全管理体系 ... 488
13.2.2 施工安全保证体系 ... 488

13.3 设备安装安全技术措施 ... 489
13.3.1 概述 ... 489
13.3.2 施工安全技术措施的编制要求 ... 489
13.3.3 施工安全技术措施的主要内容 ... 490
13.3.4 安全技术交底 ... 491
13.3.5 施工过程安全控制 ... 500

13.4 施工安全教育与培训 ... 502
13.4.1 施工安全教育和培训的重要性 ... 502
13.4.2 施工安全教育和培训的目标 ... 503
13.4.3 施工安全教育主要内容 ... 503

13.5 施工安全检查 ... 504
13.5.1 安全检查的类型 ... 504
13.5.2 安全检查的注意事项 ... 505

  13.5.3 安全检查的主要内容 ……………………………………………………… 505
  13.5.4 项目部安全检查的主要规定 ………………………………………………… 506
  13.5.5 安全检查评分方法 …………………………………………………………… 506
  13.5.6 安全检查计分内容 …………………………………………………………… 507
 13.6 安全生产事故的处理 …………………………………………………………………… 509
  13.6.1 项目前期准备工作 …………………………………………………………… 509
  13.6.2 应急演练 ……………………………………………………………………… 509
  13.6.3 应急响应 ……………………………………………………………………… 509
  13.6.4 应急救援 ……………………………………………………………………… 510
  13.6.5 事故调查 ……………………………………………………………………… 511
  13.6.6 事故处理 ……………………………………………………………………… 511
 13.7 施工项目施工环境管理 ………………………………………………………………… 512
  13.7.1 施工项目环境管理体系 ……………………………………………………… 512
  13.7.2 施工项目环境保护 …………………………………………………………… 513

第14章 施工项目信息管理 …………………………………………………………………… 518

 14.1 施工项目信息管理的概念 ……………………………………………………………… 518
 14.2 施工项目信息的主要分类 ……………………………………………………………… 518
 14.3 施工项目信息管理软件简介 …………………………………………………………… 519
  14.3.1 办公软件 ……………………………………………………………………… 519
  14.3.2 专业软件 ……………………………………………………………………… 520
  14.3.3 项目管理软件 ………………………………………………………………… 520

参考文献 …………………………………………………………………………………………… 521

第1篇

专业施工技术

第1章 设备安装工程

所谓设备安装，就是将符合设计要求（种类、规格型号、技术参数等）的机械设备（如风机、水泵、制冷机、柴油发电机、空调机等）根据设备技术文件和设计文件的要求固定在设计位置（基础）上并使其具备设计使用功能的施工活动。

1.1 通用机械设备安装工艺

为了确保机械设备安装工程的施工质量和安全，各类机械设备安装工程，必须按施工程序进行。从开箱起至设备的空负荷试运转为止（对必须带负荷才能试运转的设备，可至负荷试运转）的施工及验收必须遵守施工规范的规定。

1. 设备安装工程应按设计施工。当施工时发现设计有不合理之处，应及时提出修改建议，并经设计变更批准后，方可按变更后的设计施工。

2. 安装的机械设备、主要的或用于重要部位的材料，必须符合设计和产品标准的规定，并应有合格证明。

3. 设备安装中采用的各种计量和检测器具、仪器、仪表和设备，应符合国家现行计量法规的规定，其精度不应低于被检对象的精度等级。

4. 设备安装中的隐蔽工程，应在工程隐蔽前进行检验，并作出记录，合格后方可继续安装。

5. 设备安装中，应对每道工序进行自检、互检和专业检查，工程验收时，应以记录为依据。

1.1.1 机械设备安装一般程序

机械设备安装一般程序是：安装准备→设备开箱检查→基础检查验收及处理→设备搬运就位→设备安装（找正、找平和对中心）→一次灌浆→精确找平和对中→二次灌浆→试运转验收。

不同的机械设备，工序的具体内容和方法有所不同。例如，对大型设备采取分体安装法，而对小型设备则采取整体安装法。再如，开箱检查，设备不同，具体内容也是不同的，如表1-1所示通风机和空调设备的开箱检查内容和规定就有不同的具体内容。

1.1.2 安装准备

1. 安装技术准备

1)《机械设备安装工程通用规范》规定：施工前，应具备设计和设备的技术文件，对大中型、特殊的或复杂的安装工程尚应编制施工组织设计或施工方案。因此，在机械设备安装前应收集、准备好所用的技术资料，如施工图、设备图、说明书、工艺说明和操作规程等。

通风机、空调设备开箱检查内容和规定　　　　　表 1-1

类　　别	检查内容和规定
通风机	1. 根据设备装箱清单，清点图纸、说明书、合格证等随机文件以及设备零件、附件、专用工具等是否齐全； 2. 核对风机规格型号、叶轮旋转方向、进风口、出风口的位置等与设计是否相符； 3. 进风口、出风口是否有盖板遮盖。各切削加工面、机壳和转子是否有变形或锈蚀、碰损等缺陷
空调设备	1. 应按装箱清单对设备的型号、规格、附件数量、合格证及随机技术文件等进行核对； 2. 设备的外形是否规则、平直，圆弧形表面是否平整无明显偏差，结构是否完整，焊缝是否饱满，有无缺损和孔洞； 3. 金属设备的构件表面是否作除锈和防腐处理，外表面的色调是否一致，有无明显的划伤、锈斑、伤痕、气泡和剥落现象； 4. 非金属设备的构件材质是否符合使用场所的环境要求，表面保护涂层是否完整； 5. 设备进口是否封闭良好，随机的零部件是否齐全无缺损

2）熟悉技术资料、领会设计意图，发现图样中的错误和不合理之处要及时提出并加以解决。

3）对于新型机械设备、结构复杂的机械设备，均应详细了解该种设备的结构、特点，制定切实可行的安装方案。必要时，可派人员到制造厂学习，培训技术骨干，也可联系厂方派技术人员现场指导。

4）对于大型机械设备应编制设备运输、装卸、现场的搬运、就位、吊装方案。

2. 安装工具、机具和材料准备

1）设备安装前，应根据设备的安装要求，提出工机具计划。例如，需要哪些起重运输机具、检验和测量工具等。工机具准备不仅要满足品种规格要求，而且要满足精度要求。例如，水平仪要对其精度加以校核。对于起重工机具要检查其工况是否良好，以免在安装过程中发生事故。

2）材料准备，包括钢材、木材、管材、垫铁、棉纱、布头、煤油、润滑油等。

3）场地和临时设施准备。

（1）土建工程及场地准备。工程施工前，厂房屋面、外墙、门窗和内部粉刷等工程应基本完工，当必须与安装配合施工时，有关的基础地坪、沟道等工程应已完工，其混凝土强度不应低于设计强度的 75%；安装施工地点及附近的建筑材料、泥土等杂物，应清除干净。

当设备安装工序中有恒温、恒湿、防振、防尘或防辐射等要求时，应在安装地点采取相应的措施后，方可进行相应工序的施工。

当拟利用建筑结构作为起吊、搬运设备的承力点时，应对结构的承载力进行核算；必要时，应经设计单位的同意，方可利用。

（2）临时设施准备。工程施工前，对临时建筑、运输道路、水源、电源、蒸汽、压缩空气、照明、消防设施等，应有充分准备，并作出合理安排。

1.1.3 开箱检查

机械设备一般是放在包装箱内运至安装地点的。安装前应进行开箱检查，作好记录，由参加各方代表签字。开箱检查人员一般由建设、监理、施工单位的代表组成。

1. 开箱

开箱应从顶板开始，查明情况后再拆四面的箱板，拆下的箱板要有序放置。开箱时，应使用合适的工具，如起钉器、撬杠等，操作不要用力过猛，以免碰坏箱内的设备，防止板上的铁钉划伤设备或人。

对于装小零件的包装箱，可只拆去箱盖，等零件清点完毕后，仍将零件放回箱内，以便于保管；对于体积较大的包装箱，可将箱盖和箱侧壁拆去，设备仍置于箱底上，以便设备的搬运就位。

2. 清点检查

设备的清查工作主要有以下几项：

1）箱号、箱数以及包装情况（包装是否完好无损）。设备的名称、型号和规格，有无缺损件，表面有无损坏和锈蚀等。

2）机械设备必须有设备装箱单、出厂检验单、图纸、说明书、合格证等随机文件，进口设备还必须具有商检部门的检验合格文件。

3）根据装箱单清点全部零部件及附件、专用工具；若无装箱单，应按技术文件进行清点。

4）各零件和部件有无缺陷、损坏、变形或锈蚀等现象。

5）机件各部分尺寸是否与图样要求相符合（如地脚螺栓孔的大小及距离等）。

3. 保管

1）设备及其零部件和专用工具清点后，由安装单位妥善保管。

2）装在箱内的易碎物品和易丢失的小机件、小零件，在开箱检查的同时要取出来，编号妥善保管，以免混淆或丢失。

3）零部件如需堆放，先安装的零部件放在外面或上面，后安装的零部件放在里面或下面，以便在安装时能按顺序拿取，不损坏机件。

4）如果设备不能很快安装，应把所有精加工面重新涂油，采取保护措施。

1.1.4 基础验收

设备的基础一般由土建单位施工。在设备安装之前，安装单位必须对基础进行严格的检验，发现问题及时进行处理。

1. 设备基础的强度

设备安装前按设计要求对基础强度进行测定，一般应等到基础混凝土达到设计强度的75%以上时方可进行设备安装。

设备基础在安装前需要进行预压（即压力试验）的，应预压合格并应有预压沉降记录。预压时，在基础上放上重物（如钢材、铸件、砂子等），其重量等于设备自重加上最大加工件重量的2倍，重物应均匀地压在基础上，以保证基础均匀下沉。预压工作应进行到基础不再下沉为止（可用水准仪进行观察）。

2. 基础尺寸检查

设备基础检查验收的主要内容是：基础的外形尺寸、基础面的水平度、中心线、标高、地脚螺栓孔的坐标位置、预埋件等是否符合设计和施工规范的规定。若设计无要求，可按表1-2执行。

设备基础各部允许偏差　　　　　　　　　　　　　　表1-2

序号	项目名称		允许偏差值（mm）
1	基础坐标位置（纵、横轴线）		±20
2	基础各不同平面的标高		-20
3	基础上平面外形尺寸		±20
4	凸台上平面外形尺寸		-20
5	凹穴尺寸		+20
6	基础平面水平度（包括地坪上需安装设备的部分）	每米	5
		全长	10
7	基础垂直度偏差	每米	5
		全长	10
8	预埋地脚螺栓顶标高		+20
9	预埋地脚螺栓中心距（根、顶部两处测量）		±2
10	预留地脚螺栓孔中心位置		±10
11	预留地脚螺栓孔深度		+20
12	预留地脚螺栓孔孔壁垂直度，每米		10
13	预埋活动地脚螺栓锚板	标高	+20
		中心线位置	±5
		水平度（带槽的锚板），每米	5
		水平度（带螺纹孔的锚板），每米	2

3. 基础处理

在检查过程中发现基础不合格的地方，要加以处理。处理基础缺陷的通常做法见表1-3。

基础常见缺陷及处理方法　　　　　　　　　　　　表1-3

项次	缺陷	处理方法
1	基础标高过高	用錾子铲低
2	基础标高过低	基础表面铲出麻面，用水冲洗干净后补灌混凝土

续表

项次	缺 陷	处 理 方 法
3	基础中心偏差过大	可考虑改变地脚螺栓位置来调整，若难以调整，则重新浇灌基础
4	预埋地脚螺栓位置偏差超标	个别偏差较小时，可将螺栓用气焊烤红后敲移到正确位置；偏差过大时，对较大的螺栓可在其周围凿至一定深度后割断，按要求尺寸搭接焊上一段，并采取加固补强措施
5	预埋基础螺栓孔偏差过大	扩大预留孔

4. 基础打麻面及清理螺栓孔

1）基础打麻面。基础检验合格后，应将基础表面打麻。打麻即用錾子或扁铲将基础表面打出均匀分布的小坑。

对于放置垫铁处的基础表面，不但要打麻，而且要打平，即将平垫铁放在麻面上，垫铁应呈水平状态。

2）清理螺栓孔。螺栓孔内油污和泥土等杂物必须清除，并用水冲洗干净，为一次灌浆作好准备。

5. 基础放线

1）基础检验合格后，将基础表面清理干净，即可放线。放线就是根据施工图，按建筑物的定位轴线来测定设备的纵横中心线和其他基准线，并用墨线将其弹在基础上，作为安装设备找正的依据。放线时，注意尺子要拉直、放正，测量准确。

2）互相有连接、衔接或排列关系的设备，应划定共同的安装基准线。必要时，应按设备的具体要求，埋设一般的或永久性的中心标板或基准点。

3）平面位置安装基准线与基础实际轴线或与厂房墙（柱）的实际轴线、边缘线的距离，其允许偏差为±20mm。

4）设备定位基准的面、线或点对安装基准线的平面位置和标高的允许偏差，应符合表1-4的规定。

设备的平面位置和标高对安装基准线的允许偏差　　　　表1-4

项　目	允许偏差（mm）	
	平面位置	标　高
与其他设备无机械联系的	±10	+20、-10
与其他设备有机械联系的	±2	±1

1.1.5 设备搬运

基础划线后，设备即可就位，即可将设备由箱的底排搬到设备基础上去。

1. 设备搬运就位常用方法

设备就位方法很多，常用下列几种：

1）吊车、铲车就位。利用吊车、铲车将设备送上基础就位。

2）人字架、捯链就位。用人字架就位，先将设备运到基础上，然后用人字架挂上捯链将设备吊起来，抽去底排，再把设备落到基础上。

3）滑移就位方法。在起吊工具和施工现场受限的情况下，通常采用设备滑移的方法就位。这种方法就是将设备连同底排运到基础旁放正，对好基础。然后卸下底排螺栓，用撬杠撬起设备一端，在设备与底排间放上滚杠（如DN50钢管），使设备落在滚杠上，再以几根滚杠横跨在已经放好线的基础和底排的一端上，用撬杠撬动设备，通过滚杠滑移，把设备从底排上水平移到基础上，然后再撬起设备取出滚杠，垫好垫铁。

2. 设备搬运就位注意事项

1）整体安装的设备，搬运和吊装的绳索应捆缚在设备的专用吊环上；

2）现场组装的设备，绳索的捆缚不得损伤机件表面及保护层，转子、轴颈和轴封等处均不应作为绑缚部位；

3）使用人字架将设备就位时，一定要计算验证人字架制作材料的强度（木杆或钢管）；

4）使用滚杠搬运设备时，要特别注意安全，防止滚杠碾手、脚和设备倾斜。

1.1.6 设备找正找平

1. 设备找正

设备找正即将设备不偏不倚地放在规定的位置上，使设备和基础的纵横中心线对正。为此，需先找出设备纵横中心线，就位后利用量具和线锤进行测量，看设备中心线与基础中心线是否对正，不正时，用撬杠撬动设备加以调整，直至设备中心线与基础中心线对正为止。

设备找正、调平的定位基准面、线或点确定后，设备的找正、调平均应在给定的测量位置上进行检验；复检时亦不得改变原来测量的位置。

1）设备的找正、调平的测量位置的确定

设备的找正、调平测量位置，应按设计和设备技术文件确定，当设计和设备技术文件无规定时，宜在下列部位中选择：

（1）设备的主要工作面；

（2）支承滑动部件的导向面；

（3）保持转动部件的导向面或轴线；

（4）部件上加工精度较高的表面；

（5）设备上应为水平或铅垂的主要轮廓面；

（6）连续运输设备和金属结构上，宜选在可调的部位，两测点间距离不宜大于6m。

2）设备安装精度的偏差确定原则

设备安装精度的偏差应能：

（1）补偿受力或温度变化后所引起的偏差；

（2）能补偿使用过程中磨损所引起的偏差；

（3）不增加功率消耗；

（4）使转动平稳；

(5) 使机件在负荷作用下受力较小;
(6) 能有利于有关机件的连接、配合;
(7) 有利于提高被加工件的精度。

3) 重锤水平拉钢丝测量直线度、平行度和同轴度

当采用重锤水平拉钢丝测量方法测量直线度、平行度和同轴度时,宜选用直径为 0.35~0.5mm 的整根钢丝;两端应用滑轮支撑在同一标高面上;重锤质量可按表 1-5 选择。

钢丝直径与重锤拉力的选配   表 1-5

钢丝直径 d (mm)	重锤拉力 P (N)	钢丝直径 d (mm)	重锤拉力 P (N)
0.35	92.1 (9.45kgf)	0.45	153.08 (15.62kgf)
0.4	120.93 (12.34kgf)	0.5	189.04 (19.39kgf)

2. 设备找平

设备找平,即将设备调整到水平状态。所谓水平状态是指设备上主要的面与水平面平行。

设备找平是一道重要工序。设备水平度不符合要求,运转时将会振动加剧,噪声大;润滑不佳,动力消耗加大;加速设备磨损,降低使用寿命。

1) 设备找平用垫铁

找正调平设备用的垫铁应符合各类机械设备安装规范、设计或设备技术文件的要求,垫铁种类很多,例如平垫铁、斜垫铁、开口垫铁、螺栓调整垫铁等,最常用的是斜垫铁和平垫铁,如图 1-1 所示。

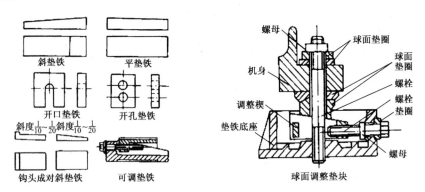

图 1-1 设备安装工程中常用垫铁

斜垫铁可采用普通碳素钢制作;平垫铁可采用普通碳素钢或铸铁制作。规格和尺寸详见图 1-2。厚度 h 可根据实际需要和材料的材质和规格确定。斜垫铁的斜度宜为 1/10~1/20;对振动较大或精密设备的垫铁斜度可为 1/40。

采用斜垫铁时,斜垫铁的代号宜与同代号的平垫铁配合使用。斜垫铁应成对使用,成对的斜垫铁应采用同一斜度。

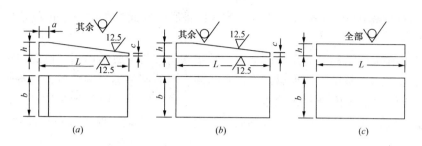

图 1-2 斜垫铁和平垫铁
（a）斜垫铁 A 型；（b）斜垫铁 B 型；（c）平垫铁 C 型

2）垫铁放置规范

垫铁放置数量和位置与设备底座外形和底座上的螺栓孔位置有关。一般垫铁应放置在地脚螺栓两侧。

(1) 当设备的负荷由垫铁组承受时，垫铁组的位置和数量要求：

①每个地脚螺栓旁边至少应有一组垫铁。设备底座有接缝处的两侧应各垫一组垫铁。垫铁组在能放稳和不影响灌浆的情况下，应放在靠近地脚螺栓和底座主要受力部位下方。在不影响地脚螺栓孔灌浆的情况下，两组垫铁的距离越近越好。相邻两垫铁组间的距离宜为 500～1000mm。

②每一垫铁组的面积，应根据设备负荷，按下式计算：

$$A \geq C(Q_1 + Q_2) \times 104/R \tag{1-1}$$

式中　A——垫铁面积（mm²）；

　　　Q_1——由于设备等的重量加在该垫铁组上的负荷（N）；

　　　Q_2——由于地脚螺栓拧紧所分布在该垫铁组上的压力（N），可取螺栓的许可抗拉力；

　　　R——基础或地坪混凝土的单位面积抗压强度（MPa），可取混凝土设计强度；

　　　C——安全系数，宜取 1.5～3。

(2) 使用斜垫铁或平垫铁调平时，承受负荷的垫铁组，应使用成对斜垫铁，且调平后灌浆前用定位焊焊牢，钩头成对斜垫铁能用灌浆层固定牢固的可不焊。承受重负荷或有较强连续振动的设备，宜使用平垫铁。

(3) 每组垫铁一般不超过 5 块。过高，设备稳定性差；过低，不便于灌浆。放置垫铁时，平垫铁在下面，斜垫铁放在平垫铁上面。厚垫铁应放在下面，较薄垫铁放在上边，最薄的放在中间，尽量少用或不用薄垫铁，薄垫铁厚度不宜小于 2mm，并应将各垫铁相互用定位焊焊牢，但铸铁垫铁可不焊。

(4) 每一垫铁组应放置整齐平稳，垫铁之间、垫铁与基础之间应接触良好。设备调平后，每组垫铁均应压紧，并应用手锤逐组轻击听声检查（可用重 0.25kg 的手锤轻敲垫铁组，若声音暗哑，即接触良好，若声音响亮则接触不良）。

对高速运转的设备，采用 0.05mm 塞尺检查垫铁之间及垫铁与底座面之间的间隙，在垫铁同一断面处以两侧塞入的长度总和不超过垫铁长度或宽度的 1/3 为合格。

(5) 设备调平后，垫铁端面应露出设备底面外缘；平垫铁应在底座边缘外侧露出 10～

30mm；斜垫铁应露出 10~50mm。垫铁组伸入设备底座底面的长度应超过设备地脚螺栓的中心。

（6）安装在金属结构上的设备调平后，其垫铁均应与金属结构用定位焊焊牢。

（7）设备采用调整螺钉调平时，不作永久性支承的调整螺栓调平后，设备底座下应用垫铁垫实，再将调整螺栓松开；调整螺钉支承板的厚度宜大于螺栓的直径；支承板应水平，并应稳固地装设在基础面上；作为永久性支承的调整螺栓伸出设备底座底面的长度，应小于螺栓直径。

（8）设备采用减振垫铁调平时，基础或地坪应符合设备技术要求；在设备占位范围内，地坪（基础）的高低差不得超出减振垫铁调整量的 30%~50%；放置减振垫铁的部位应平整。

减振垫铁按设备要求，可采用无地脚螺栓或胀锚地脚螺栓固定。

设备调平时，各减振垫铁的受力应基本均匀，在其调整范围内应留有余量，调平后应将螺母锁紧。

采用橡胶垫型减振垫铁时，设备调平后经过 1~2 周，应再进行一次调平。

3）设备水平度测量与调整

设备水平度使用水平仪测量，应根据设备水平度的不同要求，选择不同精度的水平仪。否则，无法保证设备安装精度。

调整设备水平一般先调整纵向水平，再调横向水平。首先将水平仪纵向放置在设备的精加工面上，观察水平仪气泡，气泡偏向哪一边，则说明哪边高些，该边较另一边高出的具体数值等于：偏向格数×水平仪精度×平面长度（即两组垫铁间的距离）。例如，图 1-3 所示设备基座，有 AB 两支点，AB 间距离为 2m，用 0.01 精度的水平仪测量其水平度时，气泡偏向 A 端 2 格，则说明 A 端比 B 端高 2×0.01×2=0.04mm。需将 B 支点抬高 0.04mm 方能达到水平。

图 1-3 水平度测量与调整

抬高 B 支点是采用打入斜垫铁的方法来实现的。需将 B 点处的斜垫铁向里打入些，这样 B 支点就升高了，然后再测量水平，哪边低就打哪边的斜垫铁，直到达到要求的水平度为止。

设备水平度调整是一项精细的工作，在调整过程中应注意以下问题：

（1）设备找平时，应将水平仪放置在设备精加工平面上。水平仪使用前，应先将被测面擦干净。手握水平仪时，不要将手接触水准器的玻璃管，也不要对气泡呵气。看水平仪时，视线要垂直对准水准器。水平仪要轻拿轻放，不得碰撞，也不许在被测表面上推来推去。在检查设备立面的垂直度时，水平仪要平贴地紧靠在设备立面上。水平仪从低温处取出，不可立即放到高温处，也不得靠近灯火或处在阳光直射下。

（2）测水平前，应事先了解或消除水平仪的误差。检验水平仪误差最简单的方法是将其放在精密标准平台上，即可看出误差值。也可在测量时，在被测面上原地旋转 180°，利用两次读数结果加以计算修正，以消除水平仪误差。

（3）因为斜垫铁调整高度较小，所以利用打入斜垫铁的方法调整水平只适用于水平度相差不大的情况。如果水平度相差很大，应首先利用更换斜垫铁的方法调整，待水平度相差微小时再改用打入斜垫铁的方法调整。

（4）斜垫铁必须成对使用。设备找平后，应将每组中的几块垫铁相互焊牢。

1.1.7 地脚螺栓安装

1. 地脚螺栓放置规范

1）预留孔中地脚螺栓的埋设

（1）地脚螺栓在预留孔中应垂直，无倾斜。

（2）如图 1-4 所示，地脚螺栓任一部分离孔壁的距离，应大于 15mm。地脚螺栓底端不应碰孔底。

（3）地脚螺栓上的油污和氧化皮等应清除干净，螺纹部分应涂少量油脂。

（4）螺母与垫圈、垫圈与设备底座间的接触均应紧密。

（5）拧紧螺母后，螺栓应露出螺母，其露出的长度宜为螺栓直径的 1/3~2/3。

（6）应在预留孔中的混凝土达到设计强度的 75% 以上时拧紧地脚螺栓，各螺栓的拧紧力应均匀。

2）T 形头地脚螺栓装设

T 形头地脚螺栓装设图 1-5 所示：

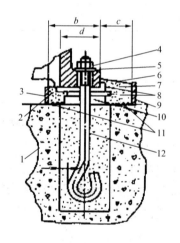 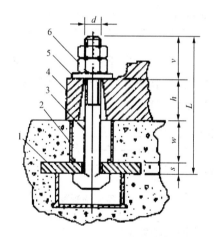

图 1-4 地脚螺栓、垫铁与灌浆
1—地坪或基础；2—设备底座地面；
3—内模板；4—螺母；5—垫圈；
6—灌浆层斜面；7—灌浆层；
8—成对斜垫铁；9—外模板；
10—平垫铁；11—麻面；12—地脚螺栓

图 1-5 T 形头地脚螺栓的装设
1—基础板；2—管状模板；
3—T 形头地脚螺栓；4—设备底座；5—垫板；
6—螺母；d—螺栓直径；
v—露出设备底座上表面长度；
s—基础板厚度；h—设备底座穿螺栓处的厚度；
w—管状模板高度；L—T 形头地脚螺栓长度

（1）T 形头地脚螺栓与基础板应按规格配套使用，其规格应符合国家现行标准《T 形头地脚螺栓》与《T 形头地脚螺栓基础板》的规定。

（2）装设 T 形头地脚螺栓的主要尺寸，应符合表 1-6 的规定。

（3）埋设 T 形头地脚螺栓基础板应牢固、平整；螺栓安装前，应加设临时盖板保护，并应防止油、水、杂物掉入孔内。

装设 T 形头地脚螺栓的主要尺寸（mm）　　　　表 1-6

螺栓直径 d	基础板厚度 s	露出设备底座最小长度 v	管状模板最大高度 w
M24	20	55	800
M30	25	65	1000
M36	30	85	1200
M56	35	130	1800
M64	40	145	2000
M72×6	40	160	2200
M90×6	50	200	2600
M110×6	60	250	3000
M125×6	60	270	3200
M140×6	80	320	3600
M160×6	80	340	3800

（4）地脚螺栓光杆部分和基础板应刷防锈漆。

（5）预留孔或管状模板内的密封填充物，应符合设计规定。

3）胀锚螺栓装设

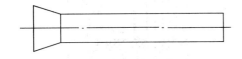

图 1-6　YG0 型胀锚螺栓

（1）YG 型胀锚螺栓（又称膨胀螺栓、胀管螺栓）规格和适用范围。

①YG0 型锚钉。如图 1-6 所示，适用于钢、木门窗的固定，电气管线敷设和小型盘箱安装。

②YG1 型锚塞式胀锚螺栓。如图 1-7 所示，适用于电缆支架安装。

③YG2 型胀管式胀锚螺栓。如图 1-8 所示，适用于管道支架、设备基础的地脚螺栓。

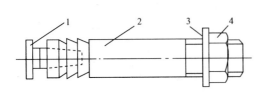　　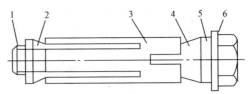

图 1-7　YG1 型锚塞式胀锚螺栓　　　　图 1-8　YG2 型胀管式胀锚螺栓
1—锚塞；2—螺栓；3—垫圈；4—螺母　　1—螺栓；2—螺纹锥管；3—胀管；
　　　　　　　　　　　　　　　　　　　　4—锥套；5—调距套；6—垫圈

④YG3型胀管式胀锚螺栓。分单胀管和双胀管,如图1-9所示,适用于管道支架、设备基础的地脚螺栓。

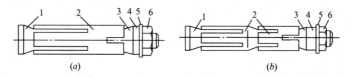

图1-9 YG3型胀管式胀锚螺栓
1—螺栓;2—胀管;3—锥套;4—调距套;5—垫圈;6—螺母
(a)单胀管式;(b)双胀管式

(2)YG型胀锚螺栓装设规范

①当使用并装设胀锚螺栓时,胀锚螺栓的中心线应按施工图放线;胀锚螺栓的中心至基础或构件边缘的距离不得小于胀锚螺栓公称直径d的7倍,底端至基础底面的距离不得小于$3d$,且不得小于30mm;相邻两根胀锚螺栓的中心距离不得小于$10d$。

②装设胀锚螺栓的钻孔应防止与基础或构件中的钢筋、预埋管和电缆等埋设物相碰;不得采用预留孔。

③安设胀锚螺栓的基础混凝土强度不得小于10MPa。

④基础混凝土或钢筋混凝土有裂缝的部位不得使用胀锚螺栓。

⑤胀锚螺栓钻孔的直径和深度如图1-10所示并符合表1-7的规定,钻孔深度可超过规定值5~10mm;成孔后应对钻孔的孔径和深度及时进行检查。

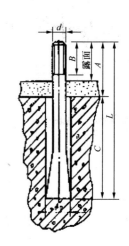

图1-10 钻孔直径和钻孔深度

YG型胀锚螺栓钻孔直径和钻孔深度(mm)　　　　表1-7

规格型号		螺栓直径d	螺栓总长L	钻孔直径ϕ	露出长度(含灌浆层)A	螺纹长度B	埋深C	调距套	
								外径	长度
YG0型	φ6	6	45	5.5			40~50		
	φ6A		90						
	φ8	8	45	7.5			50~60		
	φ8A		90						
YG1型	M10	10	75	10.5	15	25	60		
	M12	12	85	12.5	15	25	70		
	M16	16	110	16.5	20	35	90		
	M20	20	130	20.5	20	35	110		
YG2型	M16	16	155	22.5~23	45	50	110	22	10
			155		45				
			170		60				25
			195		85				50
			245		135				100

续表

规格型号		螺栓直径 d	螺栓总长 L	钻孔直径 φ	露出长度（含灌浆层）A	螺纹长度 B	埋深 C	调距套	
								外径	长度
YG2 型	M20	20	195 195 210 235 285	28.5～30	55 55 70 95 145	60	140	28	10 25 50 100
YG3 型	M12	12	125 125 140 165 215	18.5	45 45 60 85 135	40	80	18	10 25 50 100
YG3 型	M16	16	155 155 170 195 245	22.5～23	45 45 60 85 135	50	110	22	10 25 50 100
YG3 型	M24	24	230 230 245 270 320	32.5～34	60 60 75 100 150	80	170	32	25 50 100 150
YG3 型	M30	30	295 295 320 370 420	42.5～45	85 85 110 160 210	100	210	42	25 50 100
YG3 型	M36	36	350 350 375 425 475	51～54	90 90 115 165 215	120	260	50	25 50 100 150

4）设备基础浇灌预埋的地脚螺栓

（1）设备基础浇灌预埋地脚螺栓时，地脚螺栓的坐标及相互尺寸应符合施工图的要求，设备基础尺寸的允许偏差应符合表 1-2 的规定。

（2）地脚螺栓露出基础部分应垂直，设备底座套入地脚螺栓应有调整余量，每个地脚螺栓均不得有卡住现象。

5）环氧树脂砂浆锚固地脚螺栓的装设

（1）放线定位。首先根据设计图纸和设备尺寸，在基础上确定螺栓位置，称之为放线定位。操作时应注意,螺栓中心线至基础边缘的距离不应小于4d(d为螺栓公称直径),且不应小于100mm;当小于100mm时,应在基础边缘增设钢筋网或采取其他加固措施;螺栓底端至基础底面的距离不应小于100mm;螺栓孔与基础受力钢筋和水电管线等埋设物不应相碰。

(2)钻孔。放线定位后,在确定的位置上钻孔。当钻地脚螺栓孔时,基础混凝土强度不得小于10MPa。螺栓孔应垂直,孔壁应完整,周围无裂缝和损伤,其平面位置偏差不得大于2mm。

成孔后,应立即清除孔内的粉尘、积水,并应用螺栓插入孔中检验深度,深度适宜后,将孔口临时封闭;在浇筑环氧树脂砂浆前,应使孔壁保持干燥,孔壁不得沾染油污。

(3)调制环氧树脂砂浆。环氧树脂砂浆由环氧树脂、邻苯二甲酸二丁酯、乙二胺、砂子组成,具体比例详见表1-8。环氧砂浆的材料和配合比,应严格遵守,不得随意改变材料品种和配合比例,当有可靠试验依据时,方可采用其他代用材料和配合比。

环氧砂浆的材料和配合比　　　　　表1-8

材料名称	规　　格	用量[按重量计(%)]
环氧树脂	6101(E-44)	100
邻苯二甲酸二丁酯	工业用	17
乙二胺	无水(含胺量98%以上)	8
砂子	粒径(自然级配)≤1.0mm 含水量≤0.2%,含泥量≤2%	250

调制环氧树脂砂浆时,首先将环氧树脂加热至60~80℃,然后加入邻苯二甲酸二丁酯,并拌合均匀。待冷却至30~35℃时,再加入乙二胺,经拌合均匀之后,再把30~35℃的砂子加入,最后拌合均匀。为缩短现场调制时间,也可将环氧树脂与邻苯二甲酸二丁酯按配合比事先拌合好,待需用时再加入乙二胺和砂子调制成环氧砂浆。环氧树脂的一次配量宜为2kg。

环氧树脂加热是增加流动性及排除内部气泡;加热时,不应放在火上直接加热,可在烘箱或水浴、砂浴池内加热,加热温度不宜超过80℃。当加入乙二胺时,环氧树脂基液的温度不得高于35℃。加入砂子的温度应为30~35℃。

若采用有水乙二胺代替无水乙二胺,用量可用下式计算:

有水乙二胺的用量 =(无水乙二胺的用量/有水乙二胺含胺量)×100%　　(1-2)

每当加入增韧剂、硬化剂和填料后,应拌合均匀。

拌合用的容器和工具,在每次拌合后,应立即用酒精擦洗干净。不得使丙酮等易燃化学药品接近火源。当采用风动凿岩机成孔及调制环氧砂浆时,应采取防尘、防毒的安全措施。

(4)灌注环氧树脂砂浆并装设地脚螺栓。环氧砂浆调制完毕,应迅速浇筑到地脚螺栓孔内,并应立即将螺栓缓慢旋转插入。当螺栓插入后,应立即校正螺栓的平面位置和顶部标高,然后用洁净的小石子等予以固定。地脚螺栓表面的油污、铁锈和氧化铁皮应清除,且露出金属光泽,并应用丙酮擦洗洁净,方可插入灌有环氧砂浆的螺栓孔中。

(5)养护。浇筑后的环氧砂浆,应经一定时间养护后,方可进行设备安装。养护时间可按表1-9选取。

环氧砂浆养护时间　　　　　　　　表1-9

平均气温(℃)		15	20	25	≥30
养护时间(h)	采用无水乙二胺	4	3	2	1
	采用有水乙二胺	6	5	4	3

调制及浇筑环氧砂浆时应作施工记录,并应作试块,当发现质量问题,或螺栓数量多,或螺栓的部位重要时,可在现场进行抗拔检验。

2. 地脚螺栓孔灌浆

设备初步找平后,即进行地脚螺栓孔灌浆。地脚螺栓孔灌浆,又称一次灌浆,即用细石混凝土填塞地脚螺栓孔以固定地脚螺栓。预留地脚螺栓孔或设备底座与基础之间的灌浆,应符合现行国家标准《混凝土结构工程施工质量验收规范》GB 50204 的规定。

地脚螺栓孔灌浆方法步骤如下:

1)检查清理螺栓孔

虽然螺栓孔在基础处理时已经清理干净,但在灌浆前,还必须进一步进行检查,确保孔内清洁无污,并用水冲洗干净。

2)灌注混凝土

按设计要求拌制混凝土(其强度应比基础或地坪的混凝土强度高一级),逐孔(人力充足时也可多孔同时进行)灌注混凝土。

每个孔的灌浆工作必须连续进行,一次灌满,并要分层均匀捣实,捣实时应避免碰撞设备,并要保持螺栓的垂直度(垂直度应在1%之内)。

3)养护

灌完后,要洒水养护,待混凝土强度达到设计强度75%以上时,拧紧地脚螺栓。混凝土强度的确定可参照表1-10。

混凝土达到75%强度所需天数　　　　　　　　表1-10

气温(℃)	5	10	15	20	25	30
需要天数(天)	21	14	11	9	8	6

1.1.8　设备精确找平

当螺栓拧紧后,设备水平度可能会发生变化,必须进行复查和调整。在调整时,松开低端的地脚螺栓,将垫铁打进一点,紧好螺栓,再进行测量。如此循环,直到均匀拧紧螺栓后,设备纵横向水平度全部合格为止。

1.1.9 设备二次灌浆

设备精确调平后,要将设备底座与基础表面间的空隙,用混凝土填满,并将垫铁埋在里面。俗称二次灌浆。

灌浆时,应放一圈外模板,模板边缘距设备底座边缘一般不小于60mm。灌浆层高度,在底座外面应高于底座底面,灌浆层上表面应向外略有坡度,以防油、水流入设备底座。模板拆除后,表面应进行抹面处理。

当灌浆层与设备底座面接触要求较高时,宜采用无收缩混凝土或水泥砂浆。

灌浆层厚度不应小于25mm。仅用于固定垫铁或防止油、水进入的灌浆层,且灌浆无困难时,其厚度可小于25mm。

当设备底座下不需全部灌浆,且灌浆层需承受设备负荷时,应敷设内模板。

1.1.10 设备联轴器找正

设备联轴器,又称联轴节,其用途是将两根轴沿轴向连接为一体。例如,非直联式风机,就是通过联轴器将风机的轴和电动机的轴联在一起的。

联轴器找正,主要是精确地对中,保证两轴的同心度。联轴器找正是安装工程中一个很重要的环节,两轴不同心将会在轴和联轴器中引起很大的应力,影响设备的正常运转。

1. 设备联轴器安装相对位置分析

以凸缘联轴器为例,联轴器在安装中可能出现如图1-11所示的几种情况。

图1-11 联轴器安装中可能出现的偏差

一种是两轴的中心线完全重合,如图1-11(a)所示,这是最理想的情况;第二种是两轴中心线不重合,有径向位移,但两轴中心线是平行的,如图1-11(b)所示;第三种情况是两轴中心线在联轴器处共点,但不是一条线,相互之间有角位移,如图1-11(c)所示;第四种情况如图1-11(d)所示,它既有径向位移,又有角位移,实际上常常遇到是这种情况。

2. 联轴器的初步找正

安装时,应先将两半联轴器分别安在所要连接的两轴上,然后将主机找正,并在主机联轴器处将主轴中心线找平,以主机为基准,移动连接轴,向主机轴对中,进行联轴器的初步找正。以角尺的一边紧靠在联轴器的外圆表面上,按上、下、左、右的次序进行检查,直至两外圆表面齐平为止。

联轴器的外圆表面齐平,只是说明联轴器的外圆轴线同心,并不说明所连接的两轴同心。

如图1-12所示,当联轴器的外圆与轴不同心时,尽管两外圆表面同心,但两轴并不同心，其最大偏心为两半联轴器外圆与轴偏心之和［图 1-12（a）］，最小偏心应为两半联轴器外圆与轴偏心之差［图 1-12（b）］，实际所产生的偏心常在两者之间。

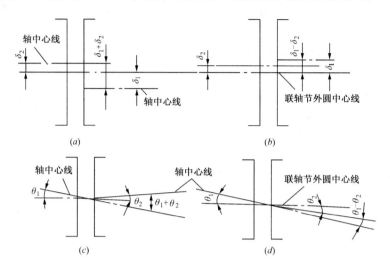

图 1-12 联轴器找正时可能出现的情况

当外圆中心线与轴的中心线不平行而有一交角时，两轴的中心线也有交角，其最大交角为两半联轴器外圆中心线与轴中心线交角之和，其最小交角为两半联轴器外圆中心线与轴中心线交角之差［图 1-12（c）、（d）］，实际上交角常在两者之间。

由于有上述误差的存在，所以联轴器在初步找正后还必须精确找正。

3. 联轴器装配两轴心径向位移和两轴线倾斜的测量方法

1）将两个半联轴器暂时互相连接，应在圆周上画出对准线或装设专用工具。测量方法可采用塞尺直接测量、塞尺和专用工具测量或百分表和专用工具测量，如图 1-13 所示。

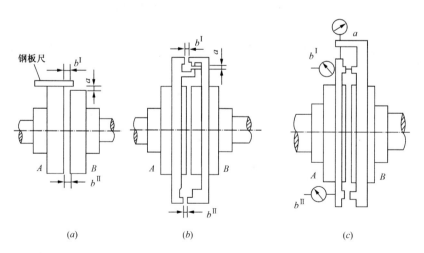

图 1-13 联轴器两轴心径向位移和两轴线倾斜测量方法
（a）用塞尺直接测量；（b）塞尺和专用工具测量；（c）百分表和专用工具测量

2）将两个半联轴器一起转动，每转90°测量一次，记录5个位置的径向测量值 a 和轴向测量值 b。并分别记录位于同一直径两端的两个百分表 b^{I} 和 b^{II} 或两个测点的轴向测量值。

3）当在测量值 $a_1 = a_5$ 及 $b_1^{\mathrm{I}} - b_2^{\mathrm{II}} = b_5^{\mathrm{I}} - b_5^{\mathrm{II}}$ 时，应视为测量正确，测量值为有效。

4）联轴器两轴心径向位移应按下列公式计算：

$$a_{\mathrm{x}} = (a_2 - a_4)/2 \tag{1-3}$$

$$a_{\mathrm{y}} = (a_1 - a_3)/2 \tag{1-4}$$

式中　a_1、a_2、a_3、a_4——径向测量值（mm）；

a_{x}——测量处两轴心在 $x-x$ 方向的径向位移（mm）；

a_{y}——测量处两轴心在 $y-y$ 方向的径向位移（mm）；

a——测量处两轴心的实际位移（mm）。

1.1.11　试运转及竣工验收

机械设备安装完毕，必须经过试运转调试，达到设计、设备技术文件要求后，方能交付使用。

1. 机械设备安装试运转

1）机械设备安装试运转应具备条件

（1）设备及其附属装置、管路等均应全部施工完毕，施工记录及资料应齐全。其中，设备的精平和几何精度经检验合格；润滑、液压、冷却、水、气（汽）、电气（仪器）控制等附属装置均应按系统检验完毕，并应符合试运转的要求。

（2）需要的能源、介质、材料、工机具、检测仪器、安全防护设施及用具等，均应符合试运转的要求。

（3）对大型、复杂和精密设备，应编制试运转方案或试运转操作规程。

（4）参加试运转的人员，应熟悉设备的构造、性能、设备技术文件，并应掌握操作规程及试运转操作。

（5）设备及周围环境应清扫干净，设备附近不得进行有粉尘的或噪声较大的作业。

2）设备试运转步骤

（1）电气（仪器）操纵控制系统及仪表的调整试验

①按电气原理图和安装接线图进行，设备内部接线和外部接线应正确无误。

②按电源的类型、等级和容量，检查或调试其断流容量、熔断器容量、过压、欠压、过流保护等。检查或调试内容均应符合其规定值。

③按设备使用说明书有关电气系统调整方法和调试要求，用模拟操作检查其工艺动作、指示、信号和联锁装置应正确、灵敏和可靠。

④经上述第①~③项检查或调整后，方可进行机械与各系统的联合调整试验。

（2）润滑系统调试

①系统清洗后，其清洁度经检查应符合规定。

②按润滑油（剂）性质及供给方式，对需要润滑的部位加注润滑油（剂），性能、规格和数量均应符合设备使用说明书的规定。

③干油集中润滑装置各部位的运动应均匀、平稳、无卡滞和不正常声响。
④稀油集中润滑系统，应按说明书检查和调整下列各项目：
油压过载保护；油压与主机启动和停机的联锁；油压低压报警停机信号；油过滤器的差压信号；油冷却器工作和停止的油温整定值的调整；油温过高报警信号。
⑤系统在公称压力下应无渗漏现象。

（3）液压系统调试
①系统在充液前，其清洁度应符合规定。
②所充液压油（液）的规格、品种及特性等均应符合使用说明书的规定；充液时应多次开启排气口，把空气排除干净。
③系统应进行压力试验。系统的油（液）马达、伺服阀、比例阀、压力传感器、压力继电器和蓄能器等，均不得参与试压。试压时，应先缓慢升压到规定值，保持压力10min，然后降至公称压力，检查焊缝、接口和密封处等，均不得有渗漏现象。
④启动液压泵，进油（液）压力应符合说明书的规定；泵进口油温不得大于60℃，且不得低于15℃；过滤器不得吸入空气，调整溢流阀（或调压阀）应使压力逐渐升高到工作压力为止。升压中应多次开启系统放气口，将空气排除。
⑤应按说明书规定调整安全阀、保压阀、压力继电器、控制阀、蓄能器和溢流阀等液压元件，其工作性能应符合规定，且动作正确、灵敏和可靠。
⑥液压系统的活塞（柱塞）、滑块、移动工作台等驱动件（装置），在规定的行程和速度范围内，不应有振动、爬行和停滞现象；换向和卸压不得有不正常的冲击现象。
⑦系统的油（液）路应通畅。

（4）气动、冷却或加热系统调试
①各系统的通路应畅通并无差错。
②系统应进行放气和排污。
③系统的阀件和机构等动作，应进行数次试验，达到正确、灵敏和可靠。
④各系统的工作介质供给不得间断和泄漏，并应保持规定的数量、压力和温度。

（5）机械和各系统联合调整试验
①设备及其润滑、液压、气（汽）动、冷却、加热和电气及控制等系统，均应单独调试检查并符合要求方可进行机械和各系统联合调整试验。
②联合调试应按要求进行，不宜用模拟方法代替。
③联合调试应由部件开始至组件、至单机、直至整机（成套设备），按说明书和生产操作程序进行，并应符合下列要求：

a. 各转动和移动部分，用手（或其他方式）盘动，应灵活无卡滞现象；
b. 安全装置（安全联锁）、紧急停机和制动（大型关键设备无法进行此项试验者，可用模拟试验代替）、报警讯号等经试验均应正确、灵敏、可靠；
c. 各种手柄操作位置、按钮、控制显示和信号等，应与实际动作及其运动方向相符；压力、温度、流量等仪表、仪器指示均应正确、灵敏、可靠；
d. 应按有关规定调整往复运动部件的行程、变速和限位；在整个行程上其运动应平稳，不应有振动、爬行和停滞现象；换向不得有不正常的声响；
e. 主运动和进给运动机构均应进行各级速度（低、中、高）的运转试验。其启动、运转、停止和制动，在手控、半自动化控制和自动控制下，均应正确、可靠、无异常现象。

3）空负荷试运转

设备空负荷试运转应在机械与各系统联合调试合格后，方可进行。

（1）应按说明书规定的空负荷试验的工作规范和操作程序，试验各运动机构的启动，其中对大功率机组，不得频繁启动，启动时间间隔应按有关规定执行；变速、换向、停机、制动和安全联锁等动作，均应正确、灵敏、可靠。其中连续运转时间和断续运转时间无规定时，应按各类设备安装验收规范的规定执行：

①空负荷试运转中，应进行各项检查，并应作实测记录；

②技术文件要求测量的轴承振动和轴的窜动不应超过规定；

③齿轮副、链条与链轮啮合应平稳，无不正常的噪声和磨损；

④传动皮带不应打滑，平皮带跑偏量不应超过规定；

⑤一般滑动轴承温升不应超过35℃，最高温度不应超过70℃；滚动轴承温升不应超过40℃，最高温度不应超过80℃；导轨温升不应超过15℃，最高温度不应超过100℃；

⑥油箱油温最高不得超过60℃；

⑦润滑、液压、气（汽）动等各辅助系统的工作应正常，无渗漏现象；

⑧各种仪表应工作正常；

⑨有必要和有条件时，可进行噪声测量，并应符合规定。

（2）空负荷试运转结束后，应立即做下列各项工作：

①切断电源和其他动力来源；

②进行必要的放气、排水或排污及必要的防锈涂油；

③对蓄能器和设备内有余压的部分进行卸压；

④按各类设备安装规范的规定，对设备几何精度进行必要的复查；各紧固部分进行复紧；

⑤设备空负荷（或负荷）试运转后，应对润滑剂的清洁度进行检查，清洗过滤器；需要时可更换新油（剂）；

⑥拆除调试中临时的装置，装好试运转中临时拆卸的部件或附属装置；

⑦清理现场及整理试运转的各项记录。

2. 竣工验收

安装工程竣工后，应按通用规范和各类设备安装工程施工及验收规范进行工程验收。

1）机械设备安装应具备下列条件方可进行竣工验收：

（1）完成建设工程设计和合同约定的各项内容；

（2）有完整的技术档案和施工管理资料；

（3）有工程使用的主要材料和设备的运行、试验报告；

（4）有设计、施工、监理等单位分别签署的质量合格文件；

（5）有施工单位签署的工程保修书。

2）竣工验收资料

工程验收时，应具备下列资料：

（1）竣工图或按实际完成情况注明修改部分的施工图；

(2) 设计修改的有关文件；
(3) 主要材料和用于重要部位材料的出厂合格证和检验记录或试验资料；
(4) 重要焊接工作的焊接试验记录及检验记录；
(5) 隐蔽工程记录；
(6) 各重要工序的自检和交接记录；
(7) 重要灌浆所用混凝土的配合比和强度试验记录；
(8) 试运转记录；
(9) 重大问题及其处理的文件；
(10) 其他有关资料。

1.1.12 设备安装新方法

1. 三点安装法

这是一种快速找平的方法，其操作如下：

1) 在机械设备底座下选择适当的位置，放上三个小千斤顶（或三组斜垫铁）。由于设备底座只有三个点与千斤顶接触，恰好组成一个平面。调整三个点的高度，很容易达到所要求的精度。调整好后，使标高高于设计标高1~2mm。

2) 将永久垫铁放入所要求的位置，松紧度以手锤轻轻敲入为准，并要求全部永久垫铁具有同一紧度。

3) 将千斤顶拆除，使机座落在永久垫铁上，拧紧地脚螺栓，并检查设备的标高和水平度，以及垫铁的紧度。合格后进行二次灌浆。

采用三点安装法找平找正时，应注意选择千斤顶的位置，使设备的重心在所选三点的范围内，以保持设备的稳定。如果不够稳定，可增加辅助千斤顶，但这些辅助千斤顶不起主要调整作用。同时，应注意使千斤顶或垫铁具有足够的面积，以保证三点处的基础不被破坏。

2. 无垫铁安装法

无垫铁安装法可以节约劳动力和钢铁材料，提高安装质量和工效。

无垫铁安装法可分为两种：一种为混凝土早期强度承压法，当二次灌浆层混凝土凝固后，即将千斤顶卸掉，待混凝土达到一定强度后才把地脚螺栓拧紧，这种方法可以得到比较满意的水平精度；另一种为混凝土后期强度承压法，当二次灌浆层养护完毕后，拆掉千斤顶，拧紧地脚螺栓。

这两种方法，各有优点。第一种方法，当拆千斤顶时，容易产生水平误差。如果出现水平误差时，因混凝土强度低，弹性模量小，可以稍微调整地脚螺栓，从而得到理想的水平精度。第二种方法正好相反，当拆除千斤顶时，不容易产生水平误差，但是如果出现水平误差，则不易调整。上述方法的选择，取决于对该方法的熟练程度，一般对设备水平度要求不太严格的，以采用第二种方法较宜。

无垫铁安装法操作时应注意以下几点：

1) 安装前，基础表面应铲出麻面，清除油污、浮灰，二次灌浆层厚度要一致。

2) 用三点安装法找平，应根据设备的重量和底座的结构确定临时垫铁、小型千斤顶或调整顶丝的位置和数量。千斤顶的位置离地脚螺栓最小要有200mm的距离，使设备在拧紧地脚螺栓时的应力能由混凝土来承受。

3）当设备底座上设有安装用的调整顶丝（螺栓）时，支撑顶丝用的钢垫板放置后，其顶面水平度的允许偏差应为1/1000。

4）按技术规范的最高标准找平找正，找平后将地脚螺栓施加一定的预紧力（应有紧固力的1/4），以保持水平精度不变为原则。

5）灌浆前将千斤顶用木盒包起来，并在木盒上作出标记，以便拆卸。采用无收缩混凝土灌注应随即捣实灌浆层，待灌浆层达到设计强度的75%以上时，方可松掉顶丝或取出临时支撑件，并应复测设备水平度，将支撑件的空隙用砂浆填实。

6）灌浆用的无收缩混凝土的配比详见表1-11。表中所指：砂子粒度为0.4～0.45mm，石子粒度为5～15mm，用水量是指用干燥砂子的用水量。无收缩混凝土搅拌好后，停放时间应不大于1h，微膨胀混凝土搅拌好后，停放时间应不大于0.5h。

无收缩混凝土砂浆及微膨胀混凝土的配合比　　　　表1-11

名　　称	配方（kg）					试验性能	
	水	水泥	砂子	碎石子	其他	尺寸变化率	强度
无收缩混凝土	0.4	1（32.5级硅酸盐）	2	—	0.0004（铝粉）	0.7/10000 收缩	40
微膨胀混凝土	0.4	1（32.5级矾土）	0.71	2.03	石膏0.02 白矾0.02	2.4/10000 膨胀	30

7）混凝土养护期间，温度要保持在5℃以上，在此期间严防碰动设备。养护期终了，拆除千斤顶时，应先拧松地脚螺栓，然后取出千斤顶，不得猛力敲打。

8）拆除千斤顶，拧紧地脚螺栓后，再用水平仪复查一次设备的水平度，然后用与二次灌浆层同一强度等级的混凝土灌满千斤顶留下的孔穴。

9）应详细作好各项记录。

无垫铁安装法虽然有很多优点，但是在实际操作中要达到有垫铁安装的那样水平精度，是一个比较复杂的技术问题。必须了解混凝土的性质，熟练掌握操作要领和采取必要的措施，方可获得理想的水平精度。

3. 坐浆安装法

坐浆安装法是一种敷设设备垫铁的新工艺，是在已达到设计强度要求的混凝土基础上，在安装设备垫铁的位置上，用风镐或其他工具凿一个锅底形的凹坑（坐浆坑），然后浇灌混凝土，并在其上放置水平垫板，调好标高和水平度，养护1～3d后即可安装设备。

1）坐浆安装法混凝土配制

（1）配置坐浆混凝土所采用的原材料应符合现行国家标准《混凝土结构工程施工质量验收规范》的规定。坐浆混凝土的胶结材料应采用塑性期和硬化后期均保持微膨胀或微收缩状态和泌水性小，且能保证垫铁与混凝土的接触面积达到75%以上的无收缩水泥，砂应采用中砂，石子的粒度宜为5～15mm。

（2）坐浆混凝土的坍落度应为0～1cm；坐浆混凝土48h的强度应达到设备基础混凝土的设计强度。坐浆混凝土应分批搅拌，随拌随用。材料称量应准确，用水量还应根据施工季节和砂石含水率调整控制,并应将称量好的材料倒在拌板上干拌均匀,再加水搅拌,视颜色一致为合格。搅拌好的混凝土不得加水使用。

2) 坐浆安装法施工步骤

(1) 凿出坐浆坑。在设置垫铁的混凝土基础部位凿出坐浆坑,坐浆坑的长度和宽度应比垫铁的长度和宽度大60~80mm,坐浆坑凿入基础表面的深度不应小于30mm,且坐浆层混凝土的厚度不应小于50mm。

(2) 清除坑内的杂物。用水冲(或用压缩空气吹)除尽坑内的杂物和油污,并用水浸润混凝土坑约30min,然后除尽坑内积水。

(3) 涂水泥浆。在坑内涂一层薄的水泥浆,水泥浆的水灰比宜为2~2.4:1。

(4) 坑内灌筑混凝土。将搅拌好的混凝土灌入坑内,连续捣至表层浮浆。混凝土表面形状应呈中间高四周低的弧形。

(5) 放置垫铁并测定标高。当混凝土表面不再泌水或水迹消失后(具体时间视水泥性能、混凝土配合比和施工季节而定),即可放置垫铁并测定标高。垫铁上表面标高允许偏差为±0.5mm。垫铁放置于混凝土上,应用手压、木槌敲击或手锤垫木板敲击垫铁面,使其平稳下降,敲击时不得斜击。

(6) 复查垫铁标高。垫铁标高测定后,应拍实垫铁四周混凝土。混凝土表面应低于垫铁面2~5mm,混凝土初凝前应再次复查垫铁标高。

(7) 养护。盖上草袋或纸袋并浇水湿润养护,养护期间不得碰撞和振动垫铁。

4. 压浆安装法

1) 先在地脚螺栓上点焊一根小圆钢。小圆钢点焊的位置,应根据调整垫铁的升降块在最低极限位置时的厚度、设备底座的地脚螺栓孔深度、螺母厚度、垫圈厚度、地脚螺栓露出螺母的长度经累计计算确定。点焊位置应在小圆钢的下方,如图1-14所示;点焊的强度应以压浆时能被胀脱为度。

2) 将焊有小圆钢的地脚螺栓穿入设备底座地脚螺栓孔。

3) 设备用临时垫铁组初步找正和调平。

4) 将调整垫铁的升降块调至最低位置,并将垫铁放到地脚螺栓的小圆钢上,将地脚螺栓的螺母稍拧紧,使垫铁与设备底座紧密接触,暂固定在正确位置。

5) 灌浆时,应先灌满地脚螺栓孔。待混凝土达到设计强度的75%后,再灌垫铁下面的压浆层,压浆层的厚度一般为30~50mm。

6) 压浆层达到初凝后期(手指揿压还能略有凹印)时,应调整升降块,胀脱小圆钢,将压浆层压紧。

7) 压浆层达到规定强度的75%后,应拆除临时垫铁组,进行设备的最后找正和调平。

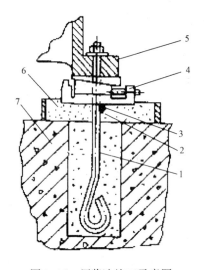

图1-14 压浆法施工示意图
1—地脚螺栓;2—点焊位置;
3—支承垫铁用的小圆钢;
4—螺栓调整垫铁;5—设备底座;
6—压浆层;7—基础或地坪

8）当不能利用地脚螺栓支承调整垫铁时，可采用调整螺栓或斜垫铁支承调整垫铁，待压浆层达到初凝后期时，应松开调整螺栓或拆除斜垫铁，调整升降块，并将压浆层压紧。

1.2 常见机械设备安装

机电工程常见的机械设备既包括通风机、水泵、制冷机、柴油发电机、空调机等运转机械，也包括油箱、水箱等静止设备。本节将重点介绍通风机、离心水泵、制冷机、柴油发电机的安装。

1.2.1 通风机安装

1. 通风机概述

通风机按工作原理，分为离心通风机和轴流通风机两大类。

1）离心通风机

（1）离心通风机分类

①按通风机出口压力分：分为低压离心通风机，即通风机全压小于等于981Pa；中压离心通风机，即通风机全压界于981~2943（包括2943）Pa；高压离心通风机，即通风机全压界于2943~14715Pa。

②按通风机用途分：分为一般通风离心通风机；锅炉离心通风机；煤粉离心通风机；排尘离心通风机；矿井离心通风机；防爆离心通风机；防腐离心通风机；高温离心通风机；影机离心通风机；船舶锅炉离心通风机；谷物粉末输送离心通风机。

（2）离心通风机的型号

离心通风机型号由通风机用途代号、压力系数、比转数和设计顺序号以及机号所组成，其结构形成：□□—□□—□。在通风机型号组成中，用途代号见表1-12；压力系数，又称全压系数，用通风机在最高效率点时全压系数乘以10后的化整数表示，个别前向叶轮的压力系数大于1.0时，用两位整数表示；若为两个叶轮串联结构形式，用2乘以压力系数表示；比转数采用两位整数表示，若为两个叶轮并联或一个叶轮双吸入结构形式，则用2乘以比转数表示，当产品形式中产生重复代号或派生型时，则在比转数后注有序号，采用罗马数字表示；设计顺序号用阿拉伯数字表示；通风机的机号用叶轮外径分米数表示。

通风机用途代号 表1-12

用途类别	代号		用途类别	代号	
	汉字	简写		汉字	简写
一般通风换气、空气输送	通用	T	电影机械冷却烘干	影机	YJ
防爆气体通风换气	防爆	B	工业冷却水通风	冷却	L
防腐蚀气体通风换气	防腐	F	微型电动吹风	电动	DD
高温气体输送	高温	W	纺织工业通风换气	纺织	FZ

续表

用途类别	代号 汉字	代号 简写	用途类别	代号 汉字	代号 简写
矿井主体通风	矿井	K	隧道通风换气	隧道	SD
矿井局部通风	矿局	KJ	空气调节	空调	KT
锅炉通风	锅炉	G	降温凉风用	凉风	LF
锅炉引风	锅引	Y	烧结炉烟气	烧结	SJ
船舶锅炉通风	船锅	CG	空气动力	动力	DL
船舶锅炉引风	船引	CY	高炉鼓风	高炉	GL
工业炉通风	工业	GY	转炉鼓风	转炉	ZL
排尘通风	排尘	C	柴油机增压	增压	ZY
煤糟吹送	煤粉	M	煤气输送	煤气	MQ
热风吹吸	热风	R	化工气体输送	化气	HQ
船舶用通风换气	船通	CT	石油炼厂气体输送	油气	YQ
谷物粉末输送	粉末	FM	天然气输送	天气	TQ

例如，风机型号为 4-72-11 No4.5A。其中，4 代表风机在高效率点时全压系数乘10后取的整数值；72 表示通风机比转数；11 中第1个数字是吸入口形式，单吸入口为1（双吸入口为0，二级串联为2），第2个数字表示通风机设计顺序号，即第1次设计；No4.5 表示通风机机号，即风机叶轮外径为450mm；A 是传动方式代号，为无轴承（指风机无轴承）直联传动。

（3）离心通风机的传动方式

离心通风机共有六种传动方式，其代号分别为 A、B、C、D、E、F，代号意义及通风机传动方式见表 1-13。

通风机的六种传动方式　　　　　　　　　　　　　　表1-13

代号		A	B	C	D	E	F
传动方式	离心通风机	无轴承电机直联传动	悬臂支承皮带轮在轴承中间	悬臂支承皮带轮在轴承外侧	悬臂支承联轴器传动	双支承皮带在外侧	双支承联轴器传动
	轴流通风机	同上	同上	同上	悬臂支承联轴器传动（有风筒）	悬臂支承联轴器传动（无风筒）	齿轮传动

（4）风机叶轮旋转方向

风机叶轮旋转方向分左转和右转两种方向，分别用"左"和"右"代表。即从原动机一端正视叶轮旋转为逆时针方向旋转为"左"，从原动机一端正视叶轮旋转为顺时针即为"右"。

（5）出风口位置

出风口位置分进气口方向与出气口方向，按叶轮旋转方向区别，写法是：右（左）进气口角度×出气口角度，基本出气口方向为8个，特殊用途的可增加补充，其表示方法和旧用代号列于表中。基本进气口方向为5个：0°、45°、90°、135°、180°，特殊用途例外；若不装进气室的风机，则进气口方向可不予表示，风口方向写法是：右（左）出风口角度，见表1-14所示。

离心风机出风口位置　　　　　　　表1-14

基本出风口位置	表示方法	右0°	右45°	右90°	右135°	右180°	右225°	右270°	（右315°）
	旧用代号	017	018	011	012	013	014	015	016
	表示方法	左0°	左45°	左90°	左135°	左180°	左225°	左270°	（左315°）
	旧用代号	027	028	021	022	023	024	025	026
补充出风口位置		15°	60°	105°	150°	195°	（240°）	（285°）	（330°）
		30°	75°	120°	165°	210°	（255°）	（300°）	（345°）

2）轴流式通风机

轴流式通风机分为低压风机（全压小于等于490.4Pa）和高压风机（全压大于490.4Pa）。

（1）轴流式通风机型号组成

轴流式通风机型号由叶轮数、用途、叶轮毂比、转子位置、设计序号和机号组成。叶轮代号单叶轮可不表示，双代号用"2"表示；用途代号按表1-12中规定；叶轮毂比为叶轮底径与外径之比，取两位整数；转子位置代号卧式用"A"表示，立式用"B"表示，产品无转子位置变化可不表示；若产品的形式中产生有重复代号或派生型时，则在设计序号前加注序号，序号采用罗马数字表示。

（2）轴流通风机的传动方式

轴流通风机的传动方式、代号意义见表1-13。

（3）轴流通风机的出风口

见表1-15所示。

轴流通风机出风口　　　　　　　表1-15

基本的	0°	90°	180°	270°
补充的	45°	135°	225°	325°

2. 风机安装技术要求和允许偏差

1）离心通风机

（1）安装的通风机型号、规格应符合设计规定，其出风口方向应正确；叶轮旋转应平稳，停转后不应每次停留在同一位置上；固定通风机的地脚螺栓应拧紧，并有防松动措施。

(2) 通风机传动装置外露部分应有防护罩；当通风机的进风口或进风管路直通大气时，应加装保护网或采取其他安全措施。

(3) 通风机的进风管、出风管等装置应有单独的支承，并与基础或其他建筑物连接牢固；风管与风机连接时，不得强迫对口，机壳不应承受其他机件的重量。

(4) 电动机找正以通风机为准，安在室外的电动机应设防雨罩。

(5) 通风机清洗时，应将机壳和轴承箱拆开后再清洗，直联传动的风机可不拆卸清洗。应检查清洗调节机构，调节机构应转动灵活。风机各部件装配时，精度应符合产品技术文件的要求。

(6) 滚动轴承风机，两轴承架上轴承孔的同轴度，可以叶轮和机轴安装好后是否转动灵活为标准。

(7) 通风机安装的允许偏差见表1-16。

通风机安装的允许偏差　　　　　表1-16

项次	项　目		允许偏差	检验方法
1	中心线的平面位移		10mm	经纬仪或拉线和尺量检查
2	标高		±10mm	水准仪或水平仪、直尺、拉线和尺量检查
3	皮带轮轮宽中心平面位移		1mm	在主、从动皮带轮端面拉线和尺量检查
4	传动轴水平度		纵向 0.2/1000 横向 0.3/1000	在轴或皮带轮0°和180°的两个位置上，用水平仪检查
5	联轴器	两轴心径向位移	0.05mm	在联轴器互相垂直的四个位置上，用百分表检查
		两轴线倾斜	0.2/1000	

(8) 通风机的安装，叶轮转子与机壳的组装位置应正确；叶轮进风口插入风机机壳进风口或密封圈的深度，应符合设备技术文件的规定，或为叶轮外径值的1/100。

(9) 安装隔振器的地面应平整，各组隔振器承受荷载的压缩量应均匀，高度误差应小于2mm；安装风机的隔振钢支吊架，其结构形式和外形尺寸应符合设计或设备技术文件的规定；焊接应牢固，焊缝应饱满、均匀。

2) 轴流风机

(1) 大型轴流风机组装应根据随机文件要求进行。

(2) 叶片安装角度应一致，达到在同一平面内运转。

(3) 叶轮与筒体之间的间隙应均匀，允许偏差值见表1-17。水平度允许偏差为1/1000。

叶轮与筒体之间的间隙允许偏差值（mm）　　　　　表1-17

叶轮直径	600	601~1200	1201~2000	2001~3000	3001~5000	5001~8000	>8000
间隙允差	0.5	1	1.5	2	3.5	5	6.5

3）管道风机

(1) 安装前应检查叶轮与机壳间的间隙是否符合设备技术文件的要求。

(2) 管道风机的支、吊、托架应设隔振装置，并安装牢固。

4）风幕机

(1) 风幕机、热风幕机安装，底板或支架的安装应牢固可靠，机体安装后，应锁紧下部的压紧螺钉。

(2) 整机安装前，应用手拨动叶轮，检查叶轮是否有碰壳现象，机壳应按有关要求接地。

(3) 热媒为热水或蒸汽的热风幕机，安装前应作水压试验，试验压力为系统最高工作压力的1.5倍，同时不得小于0.4MPa，无渗漏。

(4) 风幕机、热风幕机安装应水平，其纵、横向水平度的偏差不应大于2/1000。

3. 离心通风机安装

1）基础检查画线

(1) 离心通风机安装前应验收基础，并应详细记录，作为验收资料。各种偏差均应符合设备图纸或施工验收规范的标准。发现问题应加以处理，满足要求后方可进行风机安装。

(2) 风机安装时，应将基础表面清扫干净，并检查预埋件、预留孔洞和基础外表面，清除预留孔洞内的杂物尘灰，若为预埋螺栓，应检查预埋螺栓螺纹是否完好。

(3) 按照施工平面图、设备基础图和有关建筑物的轴线、边缘线或基准轴线及标高线，画出安装基准线。若有多台风机，互有连接、衔接或排列关系，应画出共同的安装基准线（主要中心线）。再以安装基准线和标高基准点，测量并画出基础其他尺寸线、标高线。

(4) 画线用钢尺测量，距离较大时应用弹簧拉力计张紧钢尺，标高用水准仪或液位连接器测量，将基准点标高移至基础上或就近的柱、墙上，作好标记。

(5) 基础检查、画线的方法、步骤与注意事项，基础尺寸和位置的允许偏差、设备的平面位置和标高对安装基准线的允许偏差，详见1.2节内容。

2）风机开箱检查

开箱检查和验收的程序、方法及注意事项详见1.2节内容。

(1) 小型风机

小型风机一般均整机运往安装地点，开箱检查的内容主要是：

①根据设备装箱清单，清点图纸、说明书、合格证等随机文件以及设备零件、附件、专用工具等是否齐全，规格是否相符。

②核对风机规格型号、叶轮旋转方向、进风口、出风口的位置与设计是否相符。

③进风口、出风口是否有盖板遮盖。各切削加工面、机壳和转子是否有变形或锈蚀、碰损等缺陷。转动叶轮查看有无卡阻摩碰声音。

(2) 大型风机

大型风机多为散装出厂，运到安装现场再装配安装，开箱检查时除应根据设备装箱清单、清点图纸、说明书、合格证等随机文件以及设备零件、附件、专用工具，核对风机规格型号、叶轮旋转方向、进风口、出风口的位置等外，还应检查下列主要内容：

①检查叶轮。检查叶片焊接是否牢固，有无碰伤变形等痕迹；外径和轴端有无损伤；平衡配重是否紧固，有无移动迹象；叶片上应清洁无积尘和异物。

②检查外壳壳体

a. 检查外壳壳体有无整体变形和局部内凹外凸等伤痕；

b. 进、排气口法兰方向与设计方向是否一致；

c. 法兰接口是否平整，有无翘曲起卷缺陷；

d. 角钢点焊口有无脱焊现象；

e. 主轴如与叶轮是一整体时，应检查叶轮轴盘螺栓是否紧固；

f. 壳体油漆是否完好，有无漆皮脱落和锈蚀现象。

③检查进风口。进风口应检查不圆度、端面平整性。

④检查轴承箱

a. 检查轴承箱外观有无碰伤裂纹、漏油，油标、油孔、油窗有无损坏；

b. 用手盘车，应转动轻快，无卡涩和摩擦响声。当发现不正常情况，或出厂时间超过一年，应拆开清洗检查；

c. 对滑动轴承，油道和冷却水道应清洁畅通，轴与轴瓦接触符合技术文件规定，需要刮瓦时，应在安装时进行。

⑤检查风机底座、轴承箱底座。检查有无外伤、裂纹，接合面是否平整光滑。

3）离心式风机就位安装

风机安装分两种情况，即小型风机整体安装和大型风机组合（装配）安装。

（1）小型离心式风机整体安装

①清扫和清理基础的积尘和杂物。按照平面图尺寸画出风机纵向和横向中心线，再画出地脚螺栓中心线。

②检查地脚螺栓孔的中心偏差及深度是否满足安装地脚螺栓的要求，必要时进行修整。检查并修整垫铁处的基础面，放置垫铁处应平整。

③检查风机进出口方向，是否与工艺图上的配管方向相同。

④将风机整体搬运到基础上就位，穿上地脚螺栓，找正纵、横中心线，调整垫铁组的位置。

⑤用水平仪找正水平度。将水平仪放在风机机座加工面（转轴上圆面、联轴节上面）上，用调整垫铁进行调平。一般纵向和横向水平度偏差不应超过0.1mm。

⑥地脚螺栓孔灌浆。设备找平后，钢制垫铁用电焊点焊固定；用水湿润螺栓孔壁（不能存积水）；浇灌混凝土，边浇满边捣实，注意保持地脚螺栓的垂直度。

⑦养护。灌浆后冬期应防冻，夏天应浇水养护。混凝土强度达到设计强度75%以上时（夏季为5~10d，秋冬季为15~28d），可拧紧地脚螺栓，再次复测水平度，其偏差应在允许范围内。

（2）大型风机安装

①基础画线。基础画线时，对悬臂支承基础要注意风机外壳底部与内侧面基础尺寸，不得影响外壳安装。风机支座的标高、中心线、纵横向水平度偏差应符合设计技术文件规定。

②支座与外壳下半部安装。安装支座与外壳下半部，找正后初步固定。垫铁组的规

格、数量、垫放位置要符合要求，垫铁应与基础和风机底座垫实、垫平，接触良好。基础垫铁处应铲平，二次灌浆的基础面，应铲出麻面，100mm×100mm 内宜有 5~6 个麻点，其直径为 10~20mm。灌浆前要冲洗干净。

③安装轴承座和主轴。叶轮如为单独装箱，可先装于转轴上。主轴应保持水平，找平可用水平仪在轴面上或轴承座加工面上进行，水平度应符合设计技术文件或规范规定；转轴与外壳找正中心线偏差应不超过 2mm；叶轮与外壳的双向间隙应符合设备技术文件的规定。轴承盖与轴瓦应保持 0.03~0.06mm 过盈。

④安装上部外壳。安装上部外壳，接合面应垫放密封垫片（如橡胶石棉板、石棉板、石棉绳铅油等）。上部外壳如是两块，可先组对成一体，再安装在下部外壳上。拧紧螺栓前，有定位销钉应先装入，再均匀拧紧连接螺栓。转动叶轮应无与外壳的摩擦碰撞声音，并应灵活。

⑤安装进风口。进风口与外壳要连接严密，与叶轮之间的间隙（指叶轮进气口）应符合设备技术文件的规定，无规定时，一般轴向间隙为叶轮外径的 1/100，径向间隙为叶轮外径的 1.5/1000~3/1000。间隙应均匀分布，调整间隙时，在保证工作时不发生摩擦碰撞的情况下，力求间隙小一些。

⑥安装电动机。皮带传动的风机，应先安装从动轴上的皮带轮，以此来找正定位电动机的位置；联轴器传动的电动机，初步定位找正，待电机地脚螺栓灌浆达到强度后，调整联轴器的同心度，用百分表和中心卡测量。

不同轴度偏差应符合以下要求：径向位移应小于等于 0.025mm；倾斜应小于等于 0.2/1000。滚动轴承装配的风机，两轴承架上轴承孔的不同轴度，待风机转子调好后，以转动灵活为准。

⑦安装风机附件。进口调节阀应动作灵活，开关位置与阀板实际开启角度应相符，并有方向指示；润滑、冷却、密封系统的管路应清洗洁净，接口严密，轴承水道和管路应一起作强度试验，试验压力可按工作压力的 1.25~1.5 倍，一般不应低于 0.4MPa。如作气压试验，试验压力应为工作压力的 1.05 倍；风机的管路、阀件、调节装置等均应有单独的支撑并与基础或其他建筑物牢固连接，严禁管路与风机和泵体强制对口连接。管路安装后应复测机组的不同轴度是否符合要求。

风机吊装就位时，外壳和转子、叶轮不能受力，防止产生变形，需要捆在转轴上时，应垫塞柔性垫料隔离；重心不稳的悬臂支承风机，未固定前应加临时支撑，防止倾翻。

4）风机试运转

当风机与连接的管线全部安装完毕且经检验合格；而且设备电气部分安装调试完毕，绝缘电阻测试合格，电气控制室或控制柜具备受电、供电条件；场地有充足的照明设施及必要的消防设施。土建工程全部完工，场地清理完毕以后，即可进行风机试运转。

风机试运转的目的是检验设计的设备选用、安装质量。设备技术文件对试车有规定者，按文件规定执行，无规定者按施工验收规范进行。

(1) 试运转准备

①技术准备

a. 熟悉设备说明书等有关技术文件，必要时，编制试运转方案；

b. 掌握操作程序和方法；

c. 加润滑油。设备试运转前必须加上适量的符合技术要求的润滑油（或油脂）。

②工具、仪表及材料物资准备

准备和校验温度、压力、电压、电流、振动等检测仪表。仪表性能应稳定可靠，精度应高于被测定对象的级别；准备试车工具、材料、润滑用油脂。

③设备技术状态检查

a. 检查各部位螺栓连接是否紧固；

b. 多次试验，确认电气控制按钮和开关动作准确可靠；

c. 手动盘车。看有无卡阻和碰擦现象；

d. 检查各项安全措施是否落实；

e. 检查油箱、油标的油位，若油量不足应添加，加入润滑油料牌号、规格性能均应符合设备技术文件要求；

f. 检查电动机接线应正确无误，接线头连接牢固，绝缘电阻和接地电阻测试合格；

g. 设备控制系统、安全保护联锁装置（如延时、温度、油压、振动等）均经模拟试验合格、动作准确可靠。

④了解试车外部环境条件

主要了解与其他设备和系统的关联情况等。

（2）试运转操作步骤

风机试运转的程序应遵守以下原则：先原动机后工作机；先部件后单机；先无负荷后带负荷；先单机后联动；先手动后自动。上一步骤试验合格后，再进行下一步骤的试车。

离心式风机试运转方法、步骤：

①电动机空负荷试运转。若风机使用说明禁止风机倒转时，应首先拆开联轴器，启动电机，确认运转方向正确。无异常声响后，再启动电机运转 0.5~2h，轴承温升和空载电流符合规定，则运转正常。然后将电机与风机连接。

②调整油温油压。若风机具有润滑系统，风机运转前应启动润滑系统，调整溢流阀，使其保持规定的油压，排除系统内空气，检查油的温度和流量。对给油有温度要求的润滑系统，如达不到温度要求，则开动加热系统加热到要求温度，直至给油点供油正常。

③调整冷却水。具有水冷却系统的风机，风机运转前先打开冷却水进水阀门，排除系统空气，检查冷却水的压力、流量是否符合要求。有密封系统的应先启动密封系统。

④阀门调节。离心风机运转前，关闭风机进口的启动调节阀，打开出风口阀门。

⑤检查、清除进出口管路内异物，关闭所有人孔门。

⑥手动盘车。即用人力转动风机，无异常即可。

⑦点动风机。即启动风机瞬间即停车，检查方向正确，转子和机壳无摩擦和碰撞声方可。已确认电机转向正确的，可以免此步骤。

⑧启动风机。起动风机，转速正常后，缓缓开启进口调节阀，至额定负荷或额定工作电流为止，并标记调节阀的开启位置。

⑨检查风机工况并记录。风机运转后，应严密监视风机工况，并详加记录。运转中不应有不正常声响，各紧固件不应松动；记录内容：启动时间、启动电流、工作电流、轴

承和绕组温升、润滑情况、风机转速及润滑油进、出口油温等。

所有参数均应符合设计要求和设备技术文件的规定，设计和设备技术文件无要求和规定者，可参考下列规定执行：起动时润滑油温大于等于25℃；工作中进油温度低于等于40℃；轴承温度见表1-18；轴承径向振幅见表1-19。

风机运转轴承温度、温升要求（℃）   表1-18

轴承形式	滚动轴承	滑动轴承
温度	≤80	≤60
温升	≤40	≤35

风机运转轴承径向振幅（双向）允许值（mm）   表1-19

风机转速（r/min）	≤375	>375~550	>550~750	>750~1000	>1000~1450	>1450~3000	>3000
振幅	≤0.18	≤0.15	≤0.12	≤0.1	≤0.08	≤0.06	≤0.04

⑩停车。风机试运转时间按设计要求和设备技术文件规定执行，设计和设备技术文件无规定的，一般不能少于2h，一切正常后即可按下列步骤停车：

a. 关闭风机启动调节阀，然后停车；

b. 风机停转后约30min，停止润滑油系统（回油温度降到45℃以下）、冷却水系统和密封系统运转；

c. 切断电源、水源，冬期如不投运，排尽系统内积水；

d. 清理现场，整理试车记录。

（3）事故停车

当风机出现下列故障现象，又不能迅速查明原因及时解决时，应立即紧急停车（迅速按下停止按钮，同时关闭起动调节阀）：

①轴承箱突然剧烈振动；

②轴承温升速度过快，最高温度接近或超过允许值；

③电动机电流突然增加过大，电机轴承和绕组温升过高；

④风机机体内发生异常声响或出现冒烟；

⑤皮带传动的风机皮带跳动或滑落；

⑥润滑系统突然供油不正常；

⑦冷却水系统断水，或水压水量急剧减少；

⑧其他可能危及设备和人身安全的情况。

1.2.2 离心水泵安装

用以增加液体压力并使之流动的机械称为"泵"，泵用来输送液体。水泵是输送液体水的机械，种类很多，其中使用最广泛的是离心式水泵、轴流泵、井用泵。因为泵的安装程序、方法有其共性，本节主要介绍离心水泵的安装。

1) 离心水泵安装前检查

（1）基础检查画线

离心水泵安装前，应对水泵基础进行检查，水泵基础必须符合设计要求或施工规范的规定。若有不符合要求者，应加以处理。基础合格后应依据设计图纸进行画线。具体做法详见 1.1 节内容。

（2）水泵检查

根据水泵的相关说明和设计要求进行检查。

（3）电机检查

电机应转子运转灵活，不摩擦、卡阻；轴承润滑脂洁净无杂质、不变色、不变质；电动机引出线连接良好，编号齐全；绕线式电机的电刷提升装置有"启动"和"运行"标志，动作顺序正确。

2) 水泵安装程序和要求

（1）放置垫铁

大型离心水泵的基础垫铁宜用成对斜垫铁组，基础面应凿平，每个地脚螺栓宜在两侧各放置一组垫铁，垫铁与基础和设备底座接触应严实，不应有松动现象。

（2）安装底座和泵体

若泵体与底座是分开出厂，可先安装底座，再安装水泵，然后安装电动机。安装底座时，应将底座清理干净，放在基础上，穿上地脚螺栓，然后调整底座位置，使底座中心线与基础上的中心线重合（即找正）。然后用水平仪（或水平尺）在底座加工面上进行水平度测量，将底座找平。泵的纵、横向水平度应符合设备技术文件的要求。设备技术文件无要求者，应符合机械设备安装规范的要求，一般水平度偏差应小于 0.05/1000。

当泵体和底座是一体者，底座和泵一起安装，可在泵的转轴或泵体加工面上找水平。

底座和泵安装找正找平后，即将垫铁组点焊牢固，并进行螺栓孔灌浆，将地脚螺栓固定。

（3）安装电动机

大型离心泵通常由联轴器与电动机连接，安装时以泵轴上的半联轴器为依据，初步找正电动机的中心和标高，连接两半联轴器，用百分表调整同轴度。

（4）检查调整同轴度调整合格后，完成二次灌浆和紧固螺栓，并复测同轴度（应无变动），检查所有垫铁组应均匀严实。

3) 水泵的管路安装

水泵的管路分为两部分，即吸入管和排出管。吸入管指从水源到水泵进口的一段管道，排出管指接水泵出口的管道。吸入管和排出管直径不应小于泵的入口和出口直径，均应具有独立、牢固的支承，以消减管路的振动和防止管路的重量压在泵上。当采用变径管时，变径管的长度不应小于大小管径差的 5~7 倍。高温管路应设置膨胀节，防止热膨胀产生的力完全作用于泵上。

工艺流程和检修需要的阀门应按需要设置。两台以上的泵并联时，每台泵的出口均应装设止回阀。

（1）吸入管路安装要点

①吸入管路宜短，且宜减少弯头；

②当泵的安装位置高于吸入液面时，吸入管路的任何部分都不应高于泵入口；水平直管段应有倾斜度（泵的入口处高），并不宜小于 5/1000~20/1000。吸入管路内不应有窝存气体的地方。

③泵入口前的直管段长度不应小于入口直径 D 的 3 倍；

④当泵的安装位置高于吸入液面，泵的入口直径小于 350mm 时应设置底阀；入口直径大于或等于 350mm 时，应设置真空引水装置；

⑤吸入管口浸入水面下的深度不应小于入口直径的 1.5~2 倍，且不应小于 500mm；吸入管口距池底的距离不应小于入口直径的 1~1.5 倍，且不应小于 500mm；吸入管口中心距池壁的距离不应小于入口直径的 1.25~1.5 倍；相邻两泵吸入口中心距离不应小于入口直径的 2.5~3 倍；

⑥当吸入管路装置滤网时，滤网的总过流面积不应小于吸入管口面积的 2~3 倍；为防止滤网堵塞，可在吸水池进口或吸入管周围加设拦污网或拦污栅；

⑦吸入管一般不设置阀（底阀除外），但大型水泵有时也需设置闸阀，大型泵吸水管上的闸阀应向上或水平安装，以避免在闸阀上部积存空气。当安装有困难时，可在闸阀上部设置排气阀，水泵灌水时，将此阀开启，排除阀门内空气。

（2）泵的排出管路安装要点

①泵的排出管路应装设闸阀，其内径不应小于管子内径；

②当扬程大于 20m 时，应装设止回阀；

③水泵压水管安装时，变径管采用同心变径管，在阀门前安装一长约 150~200mm 的短管。

压水管路经常承受高压，通常采用无缝钢管，多用焊接接口。为便于拆装和检修，在适当的位置可设法兰接口。为了减少压水管路上的水头损失，节约能源，泵站内的压水管路要求尽可能短些，弯头、附件也应尽量减少。

安装泵的管路及附件时，不应使泵发生位移，与泵体法兰对接口应对中贴平，不准强制对口，已与泵体连接的管段，不能再进行焊接，必须焊接时，应拆开后焊接。

4）水泵隔振装置安装

水泵的隔振包括水泵机组隔振、管道隔振及管道支架隔振。

（1）水泵机组隔振

水泵机组常用橡胶隔振垫、隔振器作为隔振元件。减震器与水泵及水泵基础连接应牢固、平稳、接触紧密。

隔振垫安装如图 1-15 所示。

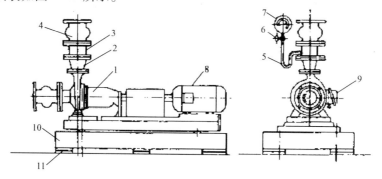

图 1-15 水泵隔振基座安装图
1—水泵；2—吐出锥管；3—短管；4—可曲挠接头；5—表弯管；6—表旋塞；
7—压力表；8—电机；9—接线盒；10—钢筋混凝土基座；11—减振垫

水泵机组隔振器有橡胶隔振器和阻尼弹簧隔振器等。橡胶隔振器是由金属框架和外包橡胶复合而成，能耐油、海水、盐雾和日照。弹簧隔振器由金属弹簧隔振器外包橡胶复合而成，有钢弹簧隔振器的低频率和橡胶隔振器的大阻尼的优点，其隔振性能较优。

水泵阻尼弹簧隔振器基础安装如图1-16所示。

（2）水泵吸水管和压水管

水泵吸水管和压水管常用可曲挠橡胶接头作隔振元件。可曲挠橡胶接头安装后，应处于自然状态，管道重量不能由接头承担，而应由支、吊架支撑。可曲挠接头外壁严禁油漆和保温。

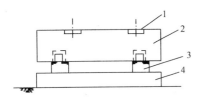

图1-16 水泵阻尼弹簧隔振器基础
1—预埋钢板；2—隔振平衡板；
3—弹簧隔振器；4—水泵基础

（3）管道支架隔振

水泵机组和管道采用隔振装置时，管道支架应采用弹性支架作为隔振元件。常见的弹性支架隔振装置有框架式、弹簧式和橡胶垫式等。

5）离心水泵试运转

（1）试运转准备

①试运转前的检查。

a. 原动机的转向应符合泵的转向要求；

b. 试验操作各手柄、按钮、刀开关的动作灵敏性、位置准确性；

c. 冷却水系统进水试验，查看是否畅通清洁，压力是否符合要求，流量是否充足；

d. 检查电动机接线应正确无误，所有接线头连接牢固；

e. 绝缘电阻和接地电阻测试合格；

f. 检查设备控制系统、安全保护连锁装置（如延时、温度、油压、振动等）均经模拟试验合格、动作准确可靠；

g. 按说明书要求检查润滑油料是否符合要求，检查油箱、油标的油位是否在规定油量位置；

h. 盘车转动检查有无异常情况。

②物资准备。

a. 准备试车工具、材料、检测器具、试车记录表及必要的安全设施；

b. 按设备技术文件要求，准备润滑油料，牌号、规格性能均应符合要求。

③了解试车外部环境条件，与其他设备和系统的关联情况等。

（2）离心泵试运转操作

①电机空运转试验。拆开联轴器，启动一下电机，确认运转方向正确，无异常声响后，按电气规程启动电机运转0.5~2h，运转应正常，轴承温升和空载电流符合规定。试车合格后，将电机与泵连接。

②充水排气。打开泵入口阀门，关闭出口阀门，打开放气阀，向泵内充水，待泵体和吸入管充满水后，关闭放气口。

③盘车。用手盘车，检查泵转动应无卡阻现象，转动轻快。

④泵试运转。点动水泵（即启动后立即停车），无异常时，启动水泵正式运转，慢慢打开出口阀门，将压力调节在设计负荷下运转2h，设备技术文件有规定者按规定执行。

⑤工况检查。试运转中应检查泵密封部位、轴承、电机绕组温升、润滑油情况、启动

电流和工作电流等,均应符合设备技术文件的规定。

水泵试车时,应特别注意检查密封填料处的温升,当温升过快时,一般是密封过紧,应调整密封,防止轴和密封填料温度过高;但密封不能过松,过松时,轴端会产生较大的泄漏,故应调整密封松紧适宜。

⑥停车。操作停车按钮停止泵运转,关闭出口阀门和附属系统阀门,放净泵体内液体,切断电源开关,电源箱上锁。

1.2.3 制冷机安装

1. 制冷机安装

常见的制冷机分为很多种,如活塞式制冷机组、螺杆式制冷机组、离心式制冷机组、溴化锂吸收式制冷机组、模块式冷水机组等。

1)活塞式制冷机组安装

(1)基础检查验收:会同土建、监理和建设单位共同对基础质量进行检查,确认合格后进行中间交接,检查内容主要包括:外形尺寸、基础平面的水平度、中心线、标高、地脚螺栓孔的深度和间距、预埋件等。

(2)就位找正和初平

①根据施工图纸按照建筑物的定位轴线弹出设备基础的纵、横向中心线,利用铲车、人字拔杆将设备吊至设备基础上进行就位。应注意设备管口方向应符合设计要求,将设备的水平度调整到接近要求的程度。

②利用平垫铁或斜垫铁对设备进行初平,垫铁的放置位置和数量应符合设备安装要求。

(3)精平和基础抹面

①设备初平合格后,应对地脚螺栓孔进行灌浆,所用的细石混凝土或水泥砂浆的强度等级,应比基础强度等级高1~2级。灌浆前应清理孔内的污物、泥土等杂物。每个孔洞灌浆必须一次完成,分层捣实,并保持螺栓处于垂直状态。待其强度达到75%以上时,方能拧紧地脚螺栓。

②设备精平后应及时点焊垫铁,设备底座与基础表面间的空隙应用混凝土填满,并将垫铁埋在混凝土内,灌浆层上表面应略有坡度,以防油、水流入设备底座,抹面砂浆应压密实、表面光滑美观。

③利用水平仪法或铅垂线法在气缸加工面、底座或与底座平行的加工面上测量,对设备进行精平,使机身纵、横向水平度的允许偏差为1/1000,并应符合设备技术文件的规定。

(4)拆卸和清洗

①用油封的制冷压缩机,如在设备技术文件规定的期限内,且外观良好、无损坏和锈蚀时,仅拆洗缸盖、活塞、气缸内壁、吸排气阀及曲轴箱等,并检查所有油路是否通畅,更换曲轴箱内的润滑油。用充有保护性气体或制冷工质的机组,如在设备技术文件规定的期限内,充气压力无变化,且外观完好,可不作压缩机的内部清洗。

②设备拆卸清洗的场地应清洁,并具有防火设备。设备拆卸时,应按照顺序进行,在每个零件上做好记号,防止组装时颠倒。

③采用汽油进行清洗时，清洗后必须涂上一层机油，防止锈蚀。

2）螺杆式制冷机组

（1）螺杆式制冷机组的基础检查、就位找正初平的方法同活塞式制冷机组，机组安装的纵向和横向水平偏差均不应大于1/1000，并应在底座或底座平行的加工面上测量。

（2）脱开电动机与压缩机间的联轴器，启动电动机，检查电动机的转向是否符合压缩机要求。

（3）设备地脚螺栓孔的灌浆强度达到要求后，对设备进行精平，利用百分表在联轴器的端面和圆周上进行测量、找正，其允许偏差应符合设备技术文件的规定。

3）离心式制冷机组

（1）离心式制冷机组的安装方法与活塞式制冷机组基本相同，机组安装的纵向和横向水平偏差均不应大于1/1000，并应在底座或底座平行的加工面上测量。

（2）机组吊装时，钢丝绳要设在蒸发器和冷凝器的筒体外侧，不要使钢丝绳在仪表盘、管路上受力，钢丝绳与设备的接触点应垫木板。

（3）机组在连接压缩机进气管前，应从吸气口观察导向叶片和执行机构、叶片开度与指示位置，按设备技术文件的要求调整一致并定位，最后连接电动执行机构。

（4）安装时设备基础底板应平整，底座安装应设置隔振器，隔振器的压缩量应一致。

4）溴化锂吸收式制冷机组

（1）安装前，设备的内压应符合设备技术文件规定的出厂压力。

（2）机组在房间内布置时，应在机组周围留出可进行保养作业的空间。多台机组布置时，两机组间的距离应保持在1.5~2m。

（3）溴化锂制冷机组就位后的初平及精平方法与活塞式制冷机组基本相同。

（4）机组安装的纵向和横向水平偏差均不应大于1/1000，并应按设备技术文件规定的基准面上测量。水平偏差的测量可采用U形管法或其他方法。

5）模块式冷水机组

（1）设备基础平面的水平度、外形尺寸应满足设备安装技术文件的要求。设备安装时，在基础上垫以橡胶减振块，并对设备进行找平找正，使模块式冷水机组的纵横向水平度偏差不超过1/1000。

（2）多台模块式冷水机组并联组合时，应在基础上增加型钢底座，并将机组牢固地固定在底座上。连接后的模块机组外壳应保持完好无损、表面平整，并连接成统一整体。

（3）风冷模块式冷水机组的周围，应按设备技术文件要求留有一定的通风空间。

6）大、中型热泵机组

（1）空气热源热泵机组周围应按设备不同留有一定的通风空间。

（2）机组应设置隔振垫，并有定位措施，防止设备运行发生位移，损害设备接口及连接的管道。

（3）机组供、回水管侧应留有1~1.5m的检修距离。

7）附属设备

（1）制冷系统的附属设备如冷凝器、贮液器、油分离器、中间冷却器、集油器、空气分离器、蒸发器和制冷剂泵等就位前，应检查管口的方向与位置、地脚螺栓孔与基础的位置，并应符合设计要求。

（2）附属设备的安装除应符合设计和设备技术文件规定外，尚应符合下列要求：

①附属设备的安装，应进行气密性试验及单体吹扫；气密性试验压力应符合设计和设备技术文件的规定；

②卧式设备的安装水平偏差和立式设备的铅垂度偏差均不宜大于1/1000；

③当安装带有集油器的设备时，集油器的一端应稍低；

④洗涤式油分离器的进液口的标高宜比冷凝器的出液口标高低；

⑤当安装低温设备时，设备的支撑与其他设备接触处应增设垫木，垫木应预先进行防腐处理，垫木的厚度不应小于绝热层的厚度；

⑥与设备连接的管道，其进、出口方向及位置应符合工艺流程和设计的要求。

（3）制冷剂泵的安装，应符合下列要求：

①泵的轴线标高应低于循环贮液桶的最低液面标高，其间距应符合设备技术文件的规定；

②泵的进、出口连接管管径不得小于泵的进、出口直径；两台及两台以上泵的进液管应单独敷设，不得并联安装；

③泵不得空运转或在有气蚀的情况下运转。

2. 制冷系统工况调试

制冷系统安装完毕后，还必须进行工况调试，否则，制冷系统就达不到设计要求。制冷系统工况调试就是调整蒸发器的工作温度，实际上就是调整膨胀阀阀孔的开度，以控制进入蒸发器内制冷剂的数量和压力。

可按下列步骤操作：

1）根据技术要求确定系统蒸发温度（空调设备蒸发温度一般可取5~7℃），根据蒸发温度确定相对应的蒸发压力。

2）按程序启动压缩机运转，观察吸气压力变化趋势。系统运转之初，吸气压力一般较高，随着运转时间增加，吸气压力会逐渐下降，这说明系统工作正常。

3）如果吸气压力还没有达到所要求压力就停止不再下降了，说明膨胀阀开度过大。此时应顺时针旋动膨胀阀调节杆，增加弹簧预紧力，加大阀弹簧对阀针的压力。

4）经过调整后，吸气压力又会逐步降低。如果压力又停止不降，而又未达到预定压力，就继续实施上述操作，增加弹簧预紧力，吸气压力又会逐渐下降。如此反复调整直至调整到稳定的要求压力。至此，工况调试完毕。

1.2.4 柴油发电机安装

柴油发电机组广泛应用于备用电源，其安装主要包括机组安装、附属设备安装、排烟管安装，另有自供水、供油、供电和排烟等系统安装。本章主要介绍机组安装、附属设备安装、排烟管安装三部分。

1. 机组安装

机组安装是将若干台机组按设计排列位置在基础上就位，找平找正后将它们固定。其安装程序、安装前的准备工作、开箱检查、基础处理放线等内容详见1.1节有关内容。

1）拖运就位

（1）机组就位前将基础和地脚螺栓孔内的泥沙、污物清除干净，并检查垫铁位置是否符合要求，纵横中心线是否清楚，然后将地脚螺栓放入地脚螺栓孔内。

（2）将机组拖上基础之后，将机组吊起，拆除基础上的木板、滚杠等物，在基础的前端和后部各放一根方木，然后将机组对正地脚螺孔，落在方木上。

（3）在底座上穿入地脚螺栓，放上平垫圈，拧上螺母，留出2～3扣螺纹。在基础上前后两侧的地脚螺孔的垫铁位置处，放四组平垫铁和斜垫铁。

（4）吊起机组，取出方木，将机组的纵横中心线，对正基础的纵横中心线，慢慢放在垫铁上。

2）机组找平找正

机组找平找正方法与制冷机组相同。

3）二次灌浆

二次灌浆采用细石混凝土，其强度等级应比基础混凝土强度等级高一级。灌浆前应设外模板，外模板与机组底座外缘间距不得小于60mm，其灌浆的厚度应与底座底面的高度一致。二次灌浆前应清除地脚螺栓孔内的杂物，用水洗净，地脚螺栓孔内不得有积水。灌浆时捣密实，捣固时不得碰撞底座、垫铁和地脚螺栓等，防止影响已调好的精度。在底座中心处向外设斜槽，以排除滴漏的油水。灌浆表面必须平整光滑。灌浆层应注意按要求养护。

4）复查水平度

当固定地脚螺栓的混凝土强度达到设计强度的75%时，复查机组纵横水平度，其偏差不大于1/1000。然后按顺序拧紧地脚螺栓，拧紧时，应注意观察水平度，不能有变动。

2. 附属设备安装

1）燃油箱安装

（1）油箱安装。安装前，应根据油箱容积大小，选取合适的角钢制作支架。支架高应保证燃油箱的最低油位与柴油机输油泵成水平。燃油箱与支架、支架与地面应固定牢固，不得有松动现象。

燃油箱安装前应作试漏检查，在所有焊缝处涂上煤油，另一面涂上白粉，不得有浸润的现象。还应用汽油或煤油清洗燃油箱，箱内不得有锈蚀、铁屑等杂物。而后在内表面涂上一层机油，外表面缺损的地方应补漆，以免生锈。燃油箱应加盖，防止灰尘等污物进入。

（2）油箱液位计安装。安装前应检查连接液位计的接管、法兰的垂直度和相对位置，不符合要求时应进行处理。玻璃管两端必须平整，并垂直于管中心，不得有裂纹和齿形。安装时，玻璃管内壁要擦干净。玻璃管还必须加保护管，旋塞和玻璃管接头处不得漏油。

2）油罐安装

（1）检查、清理基础。油罐安装前应检查基础纵横中心线和标高，将基础清理干净、平整。

（2）渗漏试验。同油箱试漏。

（3）油罐清洗。清除油罐内部的铁屑、污垢和杂物，用煤油或汽油进行擦拭，操作时要注意加强通风，防止煤油或汽油中毒。

（4）就位、找平。按标高要求使油罐底部中心与基础中心对正。用平垫铁和斜垫铁找平，测点选在互成90°方位的两条垂线的上下两端，也可在中间适当增加测点。不垂直度为1/1000。

油罐就位时,应按设计要求核对配管和接口的方位,出油口朝向油罐背面,沿墙敷设至油泵,采用支架明敷。

3. 排烟管安装

1) 排烟管制作

排烟管主管可采用成品管,也可根据钢板尺寸,用卷管机卷制。烟管不圆度不大于1/10,直径偏差不大于±5mm,焊缝无明显缺陷,不得漏烟。弯管部分可制作成"虾米弯",曲率半径为(1~1.5)D(D为管径)。

2) 排烟管安装

(1) 安装支架

排烟管为有坡度管道,安装支架时,应符合设计对烟管坡度要求(设计无要求者可按3/1000设置),由封堵端向出口端坡出。安装标高以堵头处为准。支架间距为3m,支架与墙体连接应牢固可靠。

(2) 安装烟管

①烟管组装。按排烟管在机房及其他房间的长度,加入伸缩节,确定各节烟管整体的长度,将烟管管端焊接法兰。

②烟管安装。将各节烟管整体吊到支架上,连接好法兰。调整烟管轴线及标高、坡度、固定排烟管。排烟管自由端与支架之间应固定,两补偿器中间应安装固定支架。在中间各支架上应安装滑动支座,使排烟管沿其轴线能自由滑动,支座中心线与排烟管的纵向中心线重合。

3) 支管及排烟活门安装

机组上方的排烟支管可采用吊架连接,安装吊架时,吊架应向管道伸长的相反方向倾斜,倾斜的距离为该点距固定点的管道热伸长量的一半。

排烟支管汇聚口三通支管夹角为120°,支管与母管向排出口端成45°角连接。按设计位置安装掏灰孔,排污门应在烟管最低处。排烟活阀门为单向开启,安装前要确认其方向正确,不可装反。

4) 排烟管补偿器安装

(1) 波纹补偿器安装。波纹补偿器安装时,应注意安装方向,且应将其拉长,拉长量为设计补偿量的一半。

(2) 单向套管伸缩节安装。单向套管伸缩节应拉长后安装,其拉长量为设计补偿量。安装时,单向套管伸缩节应与排烟管同心。内外管之间的间隙均匀,填料圈应符合设计要求,制成整圈填入,不得呈螺旋形,每圈接头应斜接,相邻两圈的接头错开,并均匀压紧。最后用0.1MPa的压缩空气作气密性试验。

5) 排烟管保温

排烟管保温在防腐涂漆后进行,保温材料和厚度应符合设计要求(厚度若设计无要求时,总厚度应不小于50mm)。保温时,保温材料紧贴在排烟管上,均匀一致,不得有空隙,法兰、阀门及伸缩节不保温。法兰连接处、法兰两侧保温应留出1~5倍螺栓长度的距离。立管保温时,最下端应装有挡圈。保温层至活动支架的两侧须留出适当的间隙,以防排烟管伸缩时破坏保温层。

4. 试运转

以 12V135 型、250kW 柴油发电机组为例加以叙述。

1）试运转前的准备工作

(1) 柴油机启封

启封前，将柴油机外表面清除干净，打开气缸盖护罩，将气缸头各零部件的封存油擦拭干净。放出柴油滤清器、机油滤清器及油底壳内的封存油，彻底清洗。

(2) 加油、加水

加油、加水前，将所有附属设备的油、水管道内部清洗干净，作密封性试验。清除水箱和混合水池中的锈蚀和污物，燃油箱内加注沉淀 24h 以上的 0 号或 10 号轻柴油（到达液面计的最高位置）。给油底壳加注柴油机油（夏期用 14 号柴油机油，冬期用 8 号或 11 号柴油机油），达油尺"满"的位置。调速器、高压油泵按说明书加注润滑油。给冷却水箱、混合水池加注自来水。

(3) 机组检查

①气门间隙的检查。用塞尺插入摇臂与气阀之间检查气门间隙（进气阀用 0.25mm，排气阀用 0.30mm 的塞尺）。

②配气定时检查。

检查时，先从第一缸开始，转动曲轴使气阀与摇臂保持间隙，用手握着推杆上接头，并轻轻转动，同时按曲轴回转方向慢慢地转动曲轴，当推杆上接头刚刚不能以手转动的瞬时，即表示气阀开始开启。这时察看刻度盘，确定气阀开启角度。

继续转动曲轴，当推杆上接头从不能以手转动变为能用手转动的瞬时，即表示气阀关闭。

③喷油提前角的检查。

④盘车检查。转动曲轴，机组应运转自如，无异常杂声。检查启动系统各线路是否正确，仪表是否完好，蓄电池是否充好电（24V）。

2）柴油发电机组运转

(1) 柴油发电机启动

①启动准备。开启燃油箱出油阀，使柴油进入输油泵。打开喷油泵排气螺钉，用输油泵泵油，排出油路内空气。将调速器的燃油控制杆调在 700r/min 位置。打开柴油机进出水阀，检查排烟阀是否可以自动打开。

②启动。打开电钥匙，揿动电钮，使柴油机启动。如果揿下电钮 10s 后（连续工作不得超过 15s）尚不能启动时，应立即释放电钮，待 2min 后，再作第二次启动。如连续四次以上，仍无法启动时，应找出故障原因并排除。柴油机启动后的初期运转宜为 600~750r/min，应密切注意仪表的读数，检查各部分有无异常现象。

(2) 柴油发电机组运转

①无负荷运转

当柴油机低速运转 20min 后，检查各部分有无异常现象。如各部分正常，可逐渐升速到 1000~1200r/min，进行柴油机预热运转，10min 后，如各部分正常，可升速到 1500r/min，运转 10min，检查各部及仪表，作好记录，再停车检查。拆开机油滤清器和燃油滤清器进行清洗检查，如发现滤清器内杂质过多时，应重复上述运转和检查。同时打开柴油机机体侧盖和气缸保护罩，盘车检查各运动件有无不正常的现象，润滑是否良好。

将燃油系统排空泵油，燃油控制杆固定在相当于700r/min空运转位置，按上述规定起动柴油机运转5min后，升速至1000~1200r/min，10min后升至额定转速1500r/min，运转15min后，检查机油压力、机油温度；测定冷却水进、出口温度；测定最低稳定转速；测定排烟温度。

②带负荷运转

柴油机经上述检查符合要求后，待出水温度达到55℃，机油温度达到45℃时，便可进行负荷运转，连续运转时间不少于下列规定：25%负荷运转0.5h；50%负荷运转1h；70%负荷转1h；100%负荷运转1h。

负荷与转速的增加逐渐而均匀上升，尽量避免突增突减负荷。当排烟温度达到500℃时，不得再提高负荷，此时的负荷即为该机的最大负荷。

在整个运转过程中，机油压力和温度，冷却水进、出口温度，排烟温度均应符合规定；排烟烟色应正常（负荷运转时，排烟一般为淡灰色，负荷重时，为深灰色）；柴油机各接合处和管路系统不得有漏水、漏油、漏烟等现象；柴油机运转应平稳，安全可靠，无异常响声。

③柴油机负荷运转后检查

柴油机负荷运转后应作如下检查：

a. 测定排烟温度、机油压力和温度、冷却水进、出口温度；

b. 测定转速波动率。在负荷不变的条件下，一定时间内测得的最大转速或最小转速和该时间内的平均转速的平均之差，与标定转速之比的百分数，以绝对值表示；

c. 测定调速率。柴油机负荷变化后的稳定转速和负荷改变前的转速之差，与标定转速之比的百分数，以绝对值表示；

d. 测定空负荷与满负荷转数差；

e. 标定每次平均启动时间，冷、热机启动的最低电压。

（3）柴油发电机停车

柴油发电机停车前先卸去负荷，逐渐降低转速到800~1000r/min，运转10min后，将燃油控制拉杆拉至停车位置，则停车。停车后盘动曲轴2~3圈，关闭各管路的进出阀门，擦净柴油机上的油水和污物。

对设有自启动控制的机组，此时便可作自启动试验、负荷试验及停车试验，符合设计要求后，试运转结束。

1.3　容器安装工程

1.3.1　容器安装程序

容器按照所承受的压力大小分为常压容器和压力容器两大类。建筑工程中的容器主要包括水箱、分汽缸、集分水器、容积式换热器、板式换热器、室外储油罐等。

分汽缸（如图1-17所示）是锅炉的主要配套设备，用于把锅炉运行时所产生的蒸汽分配到各路管道中去，分汽缸系承压设备，属压力容器，其承压能力、容量应与配套锅炉相对应。分汽缸主要受压元件为：封头、壳体等。

水箱（如图1-18所示）是生活水泵房、消防泵房以及空调水系统的重要设备，主要规格为 $1 \sim 300 m^3$，主要材质为不锈钢和玻璃缸，多为现场组装。

图1-17　分汽缸

图1-18　组合式水箱

集分水器是空调水以及生活水系统中用于管理支路管道（包括回水支路和供水支路）的设备，一般采用钢板制作。外形和主要结构与分汽缸相同。

容积式换热器是利用冷、热流体交替流经蓄热室中的蓄热体（填料）表面，从而进行热量交换的换热器。在建筑工程中主要用于热水供应系统，进行汽—水或者水—水换热，它除具备普通换热器特点外，还可贮存一定的热水水量，以保证热水的及时供应。

容积式换热器分为卧式和立式两种，如图1-19所示。

板式换热器（如图1-20所示）是由一系列具有一定波纹形状的金属片叠装而成的一种新型高效换热器。各种板片之间形成薄矩形通道，通过半片进行热量交换。它具有换热效率高、热损失小、结构紧凑轻巧、占地面积小、安装清洗方便、应用广泛、使用寿命长等特点。

图1-19　容积式换热器

图1-20　板式换热器

室外储油罐一般用于柴油发电机的燃料供应以及锅炉房应急燃料供应，多采用室外直埋方式安装。

1. 普通容器安装工艺流程

容器验收→吊装就位→垫铁安装→设备找正→二次灌浆→内件和附件安装→内部清扫→试压→封闭前检查→防腐保温→最终检查→交接。

2. 容器安装前的准备工作

1) 基础的验收和检查

（1）容器安装施工前，基础须经交接验收。基础施工单位应提交详细的测量记录及相关资料，基础上必须明确标出基础标高、中心线、纵横位置基准线，基础表面应清理干净。

（2）基础外观不得有裂纹、蜂窝、空洞及露筋等缺陷。

（3）基础混凝土强度应达到设计要求，周围土方应回填、夯实、整平，地脚螺栓的螺纹部分应无损坏和生锈，螺母齐全无损坏。

（4）基础各部尺寸及位置偏差数值不得超过表 1-20 所列允许偏差。

基础各部尺寸及允许偏差　　　　　表 1-20

项次	项目		允许偏差（mm）
1	坐标位置		±20
2	不同平面的标高		-20
3	平面外形尺寸		±20
4	预埋地脚螺栓	标高（顶端）	+200
		中心距	±2

2) 安装前应按设计图纸或技术文件要求标定安装基准线及定位基准标记；对相互间有关联或衔接的设备，还应按关联或衔接的要求确定共同的基准。

3) 安装前应对容器、附件及地脚螺栓进行检查，不得有损坏及锈蚀；要检查设备的方位标记、重心标记及吊挂点，对不符合安装要求者，应予补充。

4) 有劳动保护平台的设备，根据现场作业环境应当考虑劳动保护平台支架先安装。

5) 核对设备地脚螺栓孔与基础预埋螺栓的位置及尺寸。

3. 容器安装要求

1) 找正与找平

（1）按照管口方位图找准容器的安装方向，然后利用起重机具吊装就位。

容器的找正与找平应按基础上的安装基准线（中心标记、水平标记）对应容器上的基准测点进行调整和测量；调整和测量的基准规定如下：

①容器支承（裙式支座、耳式支座、支架等）的底面标高应以基础上的标高基准线为基准；

②容器的中心线位置应以基础上的中心划线为基准；

③立式容器的方位应以基础上距离设备最近的中心划线为基准；

④立式容器的铅垂度应以设备两端部的测点为基准；

⑤卧式容器的水平度一般应以容器的中心划线为基准。

（2）找正应在同一平面内互成直角的两个方向进行。

（3）设备找平时，应根据要求用垫铁（或其他专用调整件）调整精度；不应用紧固或放松地脚螺栓及局部加压等方法进行调整。

（4）找正或找平结束后，紧固地脚螺栓并将垫铁点焊成一体，待检验合格后进行灌浆。

（5）对于温差较大的卧式容器，当设备安装和管线连接完毕，应将滑动侧的地脚螺栓螺母松动，保留0.5~1mm的间隙，并将锁紧螺母拧紧，使之保持这一间隙值。

2）容器附件安装

容器经安装找正、找平固定后，可进行管道、阀门和安全附件的安装。

（1）管道的安装

①管道安装前容器安装、清洗等工作已进行完毕；

②管道安装时，不得采用强力对口、加热管子、加偏垫或多层垫等方法来消除接口端面的间隙、偏差、错口或不同心等缺陷。

③管道安装后不得对容器产生任何方向的额外附加力；

④温度计套管及其他插入件的安装方向与长度应符合设计要求。

（2）安全附件的安装

①安全阀在安装前，应按设计规定进行开启压力与回座压力调试，当设计无规定时，其开启压力为操作压力的1.05~1.15倍，但不得超过设计压力，回座压力应大于操作压力的90%；调试压力应稳定，每个安全阀的启闭试验应不少于三次。

②安全阀的调试一般由第三方检测调试机构（特种设备监督检验所）进行。

③调试完成后，应采取措施防止灰尘进入阀内，并应采取适当措施防止安全阀在调试后生锈。

4. 容器试压

容器压力试验有液压试验和气压试验两种。机电工程中的容器一般采用液压试验。

（1）液压试验要求

液压试验一般采用洁净水，需要时也可采用不会导致危险的其他液体。奥氏体不锈钢制容器用水进行液压试验时，应严格控制水中氯离子的含量不超过25ppm。

试验压力根据设计要求设定。

试压时容器顶部应设排气口，充液时应将容器内的空气排尽。试验过程中，应保持容器表面的干燥。

试验时压力应缓慢上升，达到规定试验压力后，保压时间一般不小于30min。然后将压力降至规定试验压力的80%，并保持足够长的时间对所有焊缝和连接部位进行检查。如有渗漏，修补后重新试验。

进行压力试验时，应装设至少两块同一类型的压力表，并应装在被试验容器顶部便于观察的位置。

试验用压力表的最大量程应为试压压力的1.5~3倍，最好为2倍。压力表的精度不低于1.5级，并经校验方可使用。

试验过程中，如果发现异常响声、压力突然下降、油漆剥落，加压装置发生故障等不正常现象时，应立即停止试验，查明原因并妥善处理。

液压试验完毕后，应将液体排尽，并用压缩空气将内部吹干，以防腐蚀。

（2）液压试验合格标准

进行液压试验的压力容器，符合以下条件为合格：无渗漏；无可见的变形；试验过程中无异常的响声。

5. 清洗与封闭

1）容器安装后必须进行清扫，以清除内部的铁锈、泥沙、灰尘、木块、焊条头等杂物。

2）对无法进行人工清扫的容器，可用蒸汽或空气吹扫，但吹扫后必须及时除去水分。

3）奥氏体不锈钢制容器用水进行冲洗时，应严格控制水中氯离子的含量不超过25ppm，冲洗后应立即将水渍去除干净。

4）技术文件要求现场进行表面处理（喷砂、化学清洗等）的容器，应按相应的技术文件规定执行。

5）在下列各项工作完成后，容器应进行封闭：

（1）单体检验合格；

（2）表面处理、试压、吹洗、清理合格。

每次封闭时必须由施工、检查和监督人员共同检查，确认无问题后，方可封闭，并填写记录。

1.3.2 组合式水箱安装

1. 安装程序

基础验收→安装底座槽钢→安装底板→安装各箱壁→安装内拉筋→安装盖板→试水。

2. 安装技术要求

1）基础验收

组合式水箱基础一般采用混凝土条形梁或工字钢。安装前应根据图纸和规范对其进行验收。

2）焊接底座槽钢

槽钢根据水箱尺寸焊接好，其大小与水箱底板尺寸相符，槽钢焊接完整后，对角测量尺寸，误差为±0.5cm，并且所有焊缝要连接均匀，排缝一致。

3）安装底板：根据水箱单板上的印号及说明，排列、连接水箱的底板，同时在两张单板之间添加密封胶条，用φ10的螺栓连接。使底板密封牢靠，螺栓加力时要一次均匀加力，每个螺栓加力3~4次，不得一次性用力过猛，否则会因用力不均匀而造成裂板现象。

用固定角铁连接底板和槽钢，使水箱箱体更加牢固地固定在槽钢基础上。

4）安装箱壁：根据水箱单板上的印号及说明，找出水箱各箱壁的各层板号，并且预先分开，用螺栓组装壁体。把水箱板立好，找正，使壁板与底板形成90°夹角，并且加密封胶条，紧固螺栓。

5）安装内拉筋：内拉筋根据水箱尺寸，找对内拉筋的数量及长度。用拉筋板测量拉筋对丝紧固部位，画印，打眼，上对丝，紧固，使拉筋平整的与水箱箱体保持平衡。如箱体与拉筋之间有较大误差，可通过调整螺栓紧固程度来调整误差大小，直到把误差调整到最小为止。

6）安装盖板：最后安装水箱顶部盖板，均匀地紧固螺栓，不得用力过大或太小。把水箱的所有紧固件调整好后，根据图纸开孔位置，开好各水管，上好法兰以便对接阀门。

7）水箱全部安装完毕后，进行检查、调整，以试水不渗漏为合格。

8）对于生活水使用的水箱，在使用之前还应根据《二次供水设施卫生规范》进行消毒处理。

1.3.3 室外储油罐的安装

1. 室外油罐安装方式

室外油罐安装示意图，如图1-21所示。

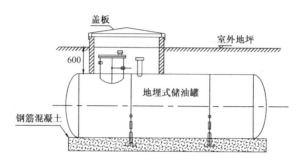

图1-21 埋地油罐安装示意图

2. 室外油罐安装要求

1）基础验收合格后，在基础上铺设一层5mm厚橡胶板，避免油罐外层防腐破坏。

2）吊装时使用吊装带，避免对外防腐造成破坏。

3）进行罐位置微调整时，要在整个罐完全从基座上分离的状态下进行。

4）使用经过防腐处理的扁钢和花篮螺栓将油罐固定在基础上。

5）油罐安装完毕后，检查油罐的防腐是否有所破损，如有破损要进行有效的修补防腐层。

6）在罐上部进行配管作业时，为了不让焊接火星落到罐体表面，要有足够的土覆盖在罐体上，并且要用防火材料对露出来的部位进行保护后再开始作业。

7）油罐安装后，根据要求进行水压试验，压力试验完毕，经验收合格后，即可进行回填施工，利用原土分层夯实回填至设计要求标高，保证夯填密实，压实系数满足设计要求与施工规范。

1.3.4 压力容器安装

由于压力容器固有的危险性，技术质量监督局对压力容器制造和安装进行监督。

1）对安装压力容器单位资质的要求

《特种设备安全技术规范》（TSG R0004—2009）第一百零六条规定：从事压力容器安装、改造、维修的单位应当是已取得相应的制造资格或者安装、改造、维修资格的单位。

2）特种设备安装的告知

由于其本身具有的危险性，压力容器属于特种设备的范畴。根据国家《特种设备安全监察条例》（国务院令第549号）规定：安装、改造、维修的施工单位应当在施工前将拟进行的特种设备安装、改造、维修情况书面告知直辖市或者设区的市的特种设备安全监督管理部门，告知后即可施工。

3）安装前需要告知的压力容器的范围：

根据《特种设备安全技术规范》（TSG R0004—2009）第二条：

固定式压力容器是指安装在固定位置，或者仅在使用单位内部区域使用的压力容器，本规程适用于同时具备下列条件的固定式压力容器（以下简称压力容器）：

（一）最高工作压力大于或者等于0.1MPa（表压，不含液体静压力，下同）；

（二）设计压力与容积的乘积大于或者等于2.5MPa·L；

（三）盛装介质为气体、液化气体和最高工作温度高于或者等于标准沸点的液体。

说明：凡符合上述条件的压力容器称为受"容规"管辖的压力容器（"容规"即《固定式压力容器安全技术监察规程》）。现在一般从设计、制造、安装、检验、使用和管理角度出发所指的压力容器，实际上都是指受"容规"管辖的压力容器，而不是指所有的压力容器。

4）压力容器办理告知需要提交的资料可以咨询当地特种设备安全监督管理部门（一般为技术监督局）。

5）机电工程中压力容器均为整体安装，安装工艺与前述常压容器大致相同。

1.4 供热锅炉及辅助设备安装

1.4.1 锅炉报装、施工监察与验收

各级质量技术监督局的锅炉压力容器安全监察机构，是专门从事锅炉、压力容器检验工作的政府监督机构，负责对锅炉、压力容器的生产、安装和使用实行监督检查。

1. 锅炉报装

锅炉安装前，锅炉安装单位应会同锅炉使用单位前往质量技术监督部门进行报装。报装时需携带以下资料：

1）资质文件：施工单位承担相应级别锅炉安装的"锅炉安装许可证"，参加安装施工的质量管理人员、专业技术人员和专业技术工人名单和持证人员的相关证件；

2）施工技术文件：施工单位的质量管理手册和相关的管理制度，编制的锅炉安装施工组织设计、施工方案及施工技术措施；

3）施工进度计划；

4）工程合同或协议；

5）锅炉出厂技术资料：包括锅炉产品质量证明书、产品安全性能监督检验证书（可按部件、组件）、锅炉全套图纸、锅炉安装与使用说明书、锅炉强度计算书、安全阀排放量计算书、受压元件重大设计更改资料、焊接工艺规程与焊接工艺评定等，进口锅炉还应携带"进口锅炉产品安全质量监督检验证书"；

6）锅炉房设计资料，包括锅炉房设计说明、锅炉房平面布置图、锅炉及附属设备平面布置图、立面图、工艺流程图、工艺管道安装图及标明与有关建筑距离的图纸；

7）填写正确、齐全的《特种设备安装改造维修告知书》。

以上资料经当地技术质量监督部门核准、备案，并在特种设备安装改造维修告知书上签字盖章后，安装施工单位方可进行锅炉安装。

2. 锅炉安装施工监察

锅炉安装质量监督检验由质量技术监督部门授权的锅炉压力容器检验所进行。

1）锅炉安装监督检验项目分 A 类和 B 类。在锅炉安装单位自检合格后，监检员应当根据《监检大纲》要求进行资料检查、现场监督或实物检查等监检工作，并在锅炉安装单位提供的见证文件（检查报告、记录表、卡等，下同）上签字确认。对 A 类项目，未经监检确认，不得流转至下一道工序。

2）质量技术监督部门按照《监检大纲》和《监检项目表》所列项目和要求，按照锅炉安装的实际情况对锅炉安装过程进行监检。

3）在监督检验过程中，监检人员应当如实作好记录，并根据记录填写《监检项目表》。监检机构或者监检人员在监检中发现安装单位违反有关规定，一般问题应当向安装单位发出《特种设备监督检验工作联络单》；严重问题应当向安装单位签发《特种设备监督检验意见通知书》。安装单位对监检员发出的《特种设备监督检验工作联络单》或监检机构发出的《特种设备监督检验意见通知书》应当在规定的期限内处理并书面回复。

3. 锅炉安装验收

锅炉安装工程竣工，施工单位经自检合格，出具"锅炉安装质量证明书"，锅炉检验所出具"锅炉安装质量监督检验报告书"后，可以进行锅炉总体验收，锅炉总体验收由锅炉使用单位组织。

1）锅炉设备、管道安装完毕后，与特检所联系管道无损检测（规定的检测项目）及水压试验。

2）水压试验合格后，锅炉试运行 48 小时，并与特检所联系锅炉总体验收。

3）总体验收合格后，填写"锅炉安装质量证明书"，并由特检所签署意见、加盖公章。

1.4.2 整装锅炉安装

按照燃烧介质的不同分为燃煤、燃气和燃油锅炉。

1. 锅炉安装流程（图 1-22）

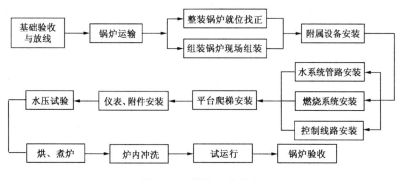

图 1-22 锅炉安装流程

2. 锅炉及附件安装

1) 锅炉本体安装

（1）锅炉的运输

运输前应选好运输方法和运输路线，可以选择汽车吊进行垂直运输，卷扬机加滚杠道木进行水平运输的方式。

（2）锅炉就位

①当锅炉运到基础上以后，不撤滚杠先进行找正，应达到下列要求：

锅炉炉排前轴中心线应与基础前轴中心基准线相吻合，允许误差±2mm；

锅炉纵向中心线与基础纵向中心基准线相吻合，或锅炉支架纵向中心线与条形基础纵向中心基准线相吻合，允许偏差±10mm；

②撤出滚杠使锅炉就位

撤滚杠时用道木或木方将锅炉一端垫好，用2个千斤顶将锅炉的另一端顶起，撤出滚杠，使锅炉的一端落在基础上。再用千斤顶将锅炉的另一端顶起，撤出剩余的滚杠和木方，落下千斤顶使锅炉全部落到基础上。如不能直接落到基础上，应再垫木方逐步使锅炉平稳地落到基础上。锅炉就位后应使用千斤顶进行校正。

（3）锅炉找平、找正

①锅炉纵向找正

用水平尺放到炉排的纵排面上，检查炉排面的纵向水平度，检查点最小为炉排前后两处。要求炉排面纵向应水平或炉排面略坡向炉膛后部，最大倾斜度不大于10mm。

当锅炉纵向不平时，可用千斤顶将过低的一端顶起，在锅炉的支架下垫以适当厚度的钢板，使锅炉的水平度达到要求，垫铁的间距一般为500~1000mm。

②锅炉的横向找正

用水平尺放到炉排的横排面上，检查炉排面的横向水平度，检查点最小为炉排前后两处。炉排的横向倾斜度不得大于5mm（过大会导致炉排跑偏）。

当炉排横向不平时，解决做法同纵向找正。

③锅炉标高确定：在锅炉进行纵、横方向找平时同时兼顾标高的确定。

④锅炉安装的坐标、标高、中心线和垂直度的允许偏差应符合表1-21的规定。

锅炉安装的允许偏差和检验方法　　表1-21

项次	项目		允许偏差（mm）	检验方法
1	坐标		10	经纬仪、拉线和尺量
2	标高		±5	经纬仪、拉线和尺量
3	中心线垂直度	卧式锅炉炉体全高	3	吊线和尺量
		立式锅炉炉体全高	4	吊线和尺量

2) 安全阀安装

（1）安全阀的规格、型号必须符合规范及设计要求；

（2）额定蒸发量大于0.5t/h的蒸汽锅炉，至少装设两个安全阀（不包括省煤器安全阀）。额定蒸发量不大于 0.5t/h 的蒸汽锅炉，至少装一个安全阀；

（3）额定热功率大于 1.4MW 的热水锅炉，至少应装设两个安全阀。额定功率不大于 1.4MW 的热水锅炉至少应装设一个安全阀；

（4）可分式省煤器出口处必须装设安全阀；

（5）安全阀不应参加锅炉水压试验。水压试验时，可将安全阀管座用盲板法兰封闭，也可在已就位的安全阀与管座间加钢板垫死；

（6）安全阀安装前必须到技术质量监督部门规定的检验所进行检测定压；

（7）安全阀上必须有下列装置：

杠杆式安全阀要有防止重锤自行移动的装置和限制杠杆越出的导架；

弹簧式安全阀要有提升把手和防止随便拧动调整螺钉的装置。

（8）蒸汽锅炉的安全阀应装设排汽管，排汽管应直通朝天的安全地点，并有足够的截面积（不小于安全阀出口截面积），保证排汽畅通。安全阀排汽管底部应装有接到安全地点的疏水管。在排汽管和疏水管上都不允许装设阀门；

（9）热水锅炉的安全阀应装泄放管，泄放管上不允许装设阀门，泄放管应直通安全地点，并有足够的截面积和防冻措施，保证排泄畅通。如泄放管高于安全阀出口时，在泄放管的最低点处应装设疏水管，疏水管上不允许装设阀门；

（10）省煤器安全阀应装排水管，并通至安全地点，排水管上不允许装阀门。

3）测温仪表安装

锅炉系统的测温仪表包括测温取源部件、水银温度计、热电阻和热电偶温度计。

（1）在管道上采用机械加工或气割的方法开孔，孔口应磨圆锉光。设备上的开孔应在厂家出厂前预留好；

（2）测温取源部件的安装要求如下：

取源部件的开孔和焊接，必须在防腐和压力试验前进行；

测温元件应装在介质温度变化灵敏和具有代表性的地方，不应装在管道和设备的死角处；

温度计插座的材质应与主管道相同；

温度仪表外接线路的补偿电阻，应符合仪表的规定值，线路电阻值的允许偏差：热电偶为 ±0.2Ω，热电阻为 ±0.1Ω；

在易受被测介质强烈冲击的位置或水平安装时，插入深度大于 1m 以及被测温度高于 700℃ 时的测温元件，安装应采取防弯曲措施；

安装在管道拐弯处时，宜逆着介质流向，取源部件的轴线应与工艺管道轴线相重合；

与管道呈一定倾斜角度安装时，宜逆着介质流向，取源部件轴线应与工艺管道轴线相交；

与管道相互垂直安装时，取源部件轴线应与工艺管道轴线垂直相交。

（3）水压试验和水冲洗时，拆除测温仪表，防止损坏。

4）测压仪表安装

锅炉系统的测压仪表包括测压取源部件、就地压力表、远传压力表。

（1）开孔和焊接同测温元器件安装；

（2）压力测点应选择在管道的直线段上，即介质流束稳定的地方；

（3）检测带有灰尘、固体颗粒或沉淀物等混浊物料的压力时，在垂直和倾斜的设备和管道上，取源部件应倾斜向上安装，在水平管道上宜顺物料流束成锐角安装；

（4）压力取源部件安装在倾斜和水平的管段上时，取压点的设置应符合下列要求：

测量蒸汽时，取压点宜选在管道上半部以及下半部与管道水平中心线为0°~45°夹角的范围内；

测量气体时，应选在管道上半部；

测量液体时，应在管道的下半部与管道水平中心线为0°~45°夹角的范围内；

就地压力表所测介质温度高于60℃时，二次门前应装U形或环形管；

就地压力表所测为波动剧烈的压力时，在二次门后应安装缓冲装置；

压力取源部件与温度取源部件安装在同一管段上时，压力取源部件应安装在温度取源部件的上游侧。

（5）测量低压的压力表或变送器的安装高度宜与取压点的高度一致。测量高压的压力表安装在操作岗位附近时，宜距地面1.8m以上，或在仪表正面加护罩。

（6）水压试验和水冲洗时，拆除测压仪表，防止损坏。

5）流量仪表安装

（1）流量装置安装应按设计文件规定，同时应符合随机技术文件的有关要求；

（2）孔板、喷嘴和文丘里前后直段在规定的最小长度内，不应设取源部件或测温元件；

（3）节流装置安装在水平和倾斜的管道上时，取压口的方位设置应符合下列要求：

测量气体流量时，应在管道上半部；

测量液体流量时，应在管道的下半部与管道的水平中心线为0°~45°夹角的范围内；

测量蒸汽流量时，应在管道的上半部与管道水平中心线为0°~45°夹角的范围内；

皮托管、文丘里式皮托管和均速管等流量检测元件的取源部件的轴线，必须与管道轴线垂直相交。

（4）其他安装要求同测温仪表安装。

6）分析仪表安装

（1）设置位置应在流速、压力稳定并能准确反映被测介质真实成分变化的地方，不应设置在死角处；

（2）在水平或倾斜管段上设置的分析取源部件，其安装位置应符合压力仪表的有关规定。

（3）气体内含有固体或液体杂质时，取源部件的轴线与水平线之间仰角应大于15°。

7）液位仪表安装

（1）安装位置应选在物位变化灵敏，且物料不会对检测元件造成冲击的地方。

（2）每台锅炉至少应安装两个彼此独立的液位计，额定蒸发量不大于0.2t/h的锅炉可以安装1个液位计；

（3）静压液位计取源部件的安装位置应远离液体进出口。

（4）玻璃管（板）式水位表的标高与锅筒正常水位线允许偏差为±2mm；表上应标明"最高水位"、"最低水位"和"正常水位"标记。

（5）内浮筒液位计和浮球液位计的导向管或其他导向装置必须垂直安装，并保证导向管内液体流畅，法兰短管连接应保证浮球能在全程范围内自由活动。

（6）电接点水位表应垂直安装，其设计零点应与锅筒正常水位相重合。

（7）锅筒水位平衡容器安装前，应核查制造尺寸和内部管道的严密性，应垂直安装，正、负压管应水平引出，并使平衡器的设计零位与正常水位线相重合。

8）风压仪表安装

（1）风压的取压孔径应与取压装置管径相符，且不应小于12mm；

（2）安装在炉墙和烟道上的取压装置应倾斜向上，并与水平线夹角宜大于30°，在水平管道上宜顺物料流束成锐角安装，且不应伸入炉墙和烟道的内壁；

（3）在风道上测风压时应逆着流束成锐角安装，与水平线夹角宜大于30°。

9）仪表安装的其他要求

（1）热工仪表及控制装置安装前，应进行检查和校验，并应达到精度等级和符合现场使用条件。

（2）仪表变差应符合该仪表的技术要求；指针在全行程中移动应平稳，无抖动、卡针或跳跃等异常现象，动圈式仪表指针的平衡应符合要求；电位器或调节螺丝等可调部件，应有调整余量；校验记录应完整，当有修改时应在记录中注明；校验合格后应铅封，需定期检验的仪表，还应注明下次校验的日期。

（3）就地安装的仪表不应固定在有强烈振动的设备和管道上。

（4）就地表应安装在便于观察和更换的位置。

（5）仪表应在管路水压和吹洗完成后进行安装，流量仪表安装前应确认介质流动方向。

1.4.3 辅助设备及管道安装

1. 送、引风机安装

1）基础验收合格后进行交接，基础放线。

2）风机经过开箱验收以后，安装垫铁，将风机吊装就位，开始找正、找平。

3）经检查风机的坐标、标高、水平度、垂直度满足现行国家标准《压缩机、风机、泵安装工程施工及验收规范》GB50275的规定，进行地脚螺栓孔的灌浆，待混凝土强度达到75%时，复查风机的水平度，紧固好风机的地脚螺栓。

4）安装进出口风管（道）。通风管（道）安装时，其重量不可加在风机上，应设置支吊架进行支撑。并与基础或其他建筑物连接牢固。风管与风机连接时，如果错口不得强制对口勉强连接上，应重新调整合适后再连接。

5）风机试运转。试运行前先用手转动风机，检查是否灵活，接通电源，进行点试，检查风机转向是否正确，有无摩擦和振动。正式启动风机，连续运转2h，检查风机的轴温和振动值是否正常，滑动轴承温升最高不得超过60℃，滚动轴承温升最高不得超过80℃（或高于室温40℃），轴承径向单振幅应符合：风机转速小于1000r/min时，不应超过0.10mm；风机转速为1000~1450r/min时，不应超过0.08mm。同时作好试运转记录。

2. 除尘器安装

1）安装前首先核对除尘器的旋转方向与引风机的旋转方向是否一致，安装位置是否便于清灰、运灰。除尘器落灰口距地面高度一般为0.6~1.0m。检查除尘器内壁耐磨涂料有无脱落。

2）安装除尘器支架：将地脚螺栓安装在支架上，然后把支架放在划好基准线的基础上。

3）安装除尘器：支架安装好后，吊装除尘器，紧好除尘器与支架连接的螺栓。吊装时根据情况（立式或卧式）可分段安装，也可整体安装。除尘器的蜗壳与锥形体连接的法兰要连接严密，用 $\phi 10$ 石棉扭绳作垫料，垫料应加在连接螺栓的内侧。

4）烟道安装：先从省煤器的出口或锅炉后烟箱的出口安装烟道和除尘器的扩散管。烟道之间的法兰连接用 $\phi 10$ 石棉扭绳作垫料，垫料应加在连接螺栓的内侧，连接要严密。烟道与引风机连接时应采用软接头，不得将烟道重量压在风机上。烟道安装后，检查扩散管的法兰与除尘器的进口法兰位置是否正确。

5）检查除尘器的垂直度和水平度：除尘器的垂直度和水平度允许偏差为 1/1000，找正后进行地脚螺栓孔灌浆，混凝土强度达到 75% 以上时，将地脚螺栓拧紧。

6）锁气器安装：锁气器是除尘器的重要部件，是保证除尘器效果的关键部件之一，因此锁气器的连接处和舌形板接触要严密，配重或挂环要合适。

7）除尘器应按图纸位置安装，安装后再安装烟道。设计无要求时，弯头（虾米腰）的弯曲半径不应小于管径的 1.5 倍，扩散管渐扩角度不得大于 20°。

8）安装完毕后，整个引风除尘系统进行严密性风压试验，合格后可投入运行。

3. 贮罐类设备安装

1）按照规范和设计规定进行设备基础验收、基础放线和设备进场检查验收等工作。

2）利用设备本体上带有的吊耳或者直接采用钢丝绳捆绑式进行吊装就位，注意设备的各类进出口位置满足设计要求。

3）设备进行找正找平，允许偏差满足表 1-22 的规定。

贮罐类设备安装允许偏差　　　　　　　　表 1-22

项次	项目	允许偏差（mm）	检验方法
1	坐标	15	经纬仪、拉线或尺量
2	标高	±5	水准仪、拉线或尺量
3	卧式罐水平度	2/1000L	水平仪
4	立式罐垂直度	2/1000H 但不大于 10mm	吊线和尺量

4）设备安装完毕后，敞口箱、罐应进行满水试验，满水后静置 24h 检查不渗不漏为合格，密闭箱、罐以工作压力的 1.5 倍作水压试验，但不得小于 0.4MPa，稳压 10min 内无压降，不渗不漏为合格。

5）地下直埋的油罐在埋地前应作气密性试验，试验压力降不应大于 0.03MPa，试验压力下观察 30min 不渗、不漏，无压降为合格。

4. 软化水装置安装

锅炉设备做到安全、经济运行，与锅炉水处理有直接关系。新安装的锅炉没有水处理措施不准投入运行。

1）锅炉用水水质标准

热水锅炉水质标准如表 1-23 所示。

热水锅炉水质标准　　　　　　　　　　表1-23

水处理方式	水样	项目	标准值
锅内加药处理	给水	浊度（FTU）	≤20.0
		总硬度（mmol/L）	≤6.0
		pH值（25℃）	7.0~12.0
		含油量（mg/L）	≤2.0
	锅水	pH值（25℃）	10.0~12.0
		亚硫酸根（mg/L）	10.0~50.0
锅外水处理	给水	浊度（FTU）	≤5.0
		总硬度（mmol/L）	≤0.60
		pH值（25℃）	7.0~12.0
		含油量（mg/L）	≤2.0
		溶解氧（mg/L）	≤0.10
		总铁（mg/L）	≤0.30
	锅水	pH值（25℃）	10.0~12.0
		磷酸根（mg/L）	5.0~50.0
		亚硫酸根（mg/L）	10.0~50.0

注：1. 通过补加药剂使锅水pH值控制在10~12；
　　2. 额定功率大于等于4.2MW的承压热水锅炉给水应当除氧，额定功率小于4.2MW的承压热水锅炉和常压热水锅炉给水应当尽量除氧。

蒸汽锅炉水质标准如表1-24所示。

蒸汽锅炉水质标准　　表1-24

水样	项目	标准值
给水	浊度（FTU）	≤20.0
	硬度（mmol/L）	≤4.0
	pH值（25℃）	7.0~12.0
	含油量（mg/L）	≤2.0
锅水	pH值（25℃）	10.0~12.0
	全碱度（pH值=4.2）（mmol/L）	8.0~26.0
	酚酞碱度（pH值=8.3）（mmol/L）	6.0~18.0
	溶解固形物①（mg/L）	≤5.0×10³
	磷酸根（mg/L）	10.0~50.0

注：对蒸汽质量要求不高的锅炉，在保证不发生汽水共腾的前提下，锅水溶解固形物上限值可适当放宽。

2）软化水装置安装

对于各类型软化水装置的安装，可按设计规定和设备厂家说明书规定的安装方法进行安装，如无明确规定，可按下列要求进行安装：

（1）安装前应根据设计规定对设备的规格、型号、长宽尺寸、制造材料以及随机附件进行核对检查，对设备的表面质量和内部的布水设施进行细致的检查，特别是有机玻璃和塑料制品，要严格检查，符合要求后方可安装；

（2）对设备基础进行验收检查，应满足设备安装要求；

（3）按设备出厂技术文件和技术

要求对设备支架和设备进行找正找平，无基础及地脚螺栓的设备应采用膨胀螺栓的形式保证设备及支架的平稳和牢固；

（4）设备安装完毕后进行设备配管，管道施工时不得以设备作为支撑，不得损坏设备；

（5）安装完毕后应进行调试和试运行，检查设备本体、管路、阀门等是否满足使用要求。

5. 水泵安装

可以参照前面有关章节。

6. 油泵安装

1）油泵安装严格按照厂家说明书进行。

2）从锅炉房贮油罐输油到室内油箱的输油泵，不应少于2台，其中1台应为备用。输油泵的容量不应小于锅炉房小时最大计算耗油量的110%。

3）在输油泵进口母管上应设置油过滤器2台，其中1台应为备用。油过滤器的滤网网孔宜为8~12目/cm，滤网流通截面积宜为其进口管截面积的8~10倍。

4）油泵房至贮油罐之间的管道宜采用地上敷设。当采用地沟敷设时，地沟与建筑物外墙连接处应填砂或用耐火材料隔断。

5）供油泵的扬程，不应小于下列各项的代数和：

（1）供油系统的压力降；

（2）供油系统的油位差；

（3）燃烧器前所需的油压；

（4）本款上述（1）~（3）项和的10~20%富余量。

6）不带安全阀的容积式供油泵，在其出口的阀门前靠近油泵处的管段上，必须装设安全阀。

7）燃油锅炉房室内油箱的总容量，重油不应超过$5m^3$，轻柴油不应超过$1m^3$。室内油箱应安装在单独的房间内。当锅炉房总蒸发量大于等于30t/h，或总热功率大于等于21MW时，室内油箱应采用连续进油的自动控制装置。当锅炉房发生火灾事故时，室内油箱应自动停止进油。

8）设置在锅炉房外的中间油箱，其总容量不宜超过锅炉房1d的计算耗油量。

9）室内油箱应采用闭式油箱。油箱上应装设直通室外的通气管，通气管上应设置阻火器和防雨设施。油箱上不应采用玻璃管式油位表。

10）油箱的布置高度，宜使供油泵有足够的灌注头。

11）室内油箱应装设将油排放到室外贮油罐或事故贮油罐的紧急排放管。排放管上应并列装设手动和自动紧急排油阀。排放管上的阀门应装设在安全和便于操作的地点。对地下（室）锅炉房，室内油箱直接排油有困难时，应设事故排油泵。

7. 燃油管道安装

1）锅炉房的供油管道宜采用单母管，常年不间断供热时，宜采用双母管，回油管道宜采用单母管。采用双母管时，每一母管的流量宜按锅炉房最大计算耗油量和回油量之和的75%计算。

2）重油供油系统，宜采用经锅炉燃烧器的单管循环系统。

3）重油供油管道应保温，当重油在输送过程中，由于温度降低不能满足生产要求时，应进行伴热。在重油回油管道可能引起烫伤人员或凝固的部位，应采取隔热或保温措施。

4）油管道宜采用顺坡敷设，但接入燃烧器的重油管道不宜坡向燃烧器，轻柴油管道的坡度不应小于0.3%，重油管道的坡度不应小于0.4%。

5）在重油供油系统的设备和管道上，应装吹扫口，吹扫口位置应能够吹净设备和管道内的重油。吹扫介质宜采用蒸汽，亦可采用轻油置换，吹扫用蒸汽压力宜为0.6~1MPa（表压）。

6）固定连接的蒸汽吹扫口，应有防止重油倒灌的措施。

7）每台锅炉的供油干管上，应装设关闭阀和快速切断阀。每个燃烧器前的燃油支管上，应装设关闭阀。当设置2台或2台以上锅炉时，应在每台锅炉的回油总管上装设止回阀。

8）在供油泵进口母管上，应设置油过滤器2台，其中1台备用。滤网流通面积宜为其进口管截面积的8~10倍。油过滤器的滤网网孔，应符合下列要求：

离心泵、蒸汽往复泵为8~12目/cm；

螺杆泵、齿轮泵为16~32目/cm。

9）采用机械雾化燃烧器（不包括转杯式）时，在油加热器和燃烧器之间的管段上，应设置油过滤器。油过滤器滤网的网孔，不宜小于20目/cm，滤网的流通面积不宜小于其进口管截面积的2倍。

10）燃油管道应采用输送流体的无缝钢管，并应符合现行国家标准《流体输送用无缝钢管》GB/T 8163 的有关规定；燃油管道除与设备、阀门附件等处可用法兰连接外，其余宜采用氩弧焊打底的焊接连接。

11）室内油箱间至锅炉燃烧器的供油管和回油管宜采用地沟敷设，地沟内宜填砂，地沟上面应采用非燃材料封盖。

12）燃油管道垂直穿越建筑物楼层时，应设置在管道井内，并宜靠外墙敷设。管道井的检查门应采用丙级防火门，燃油管道穿越每层楼板处，应设置相当于楼板耐火极限的防火隔断，管道井底部应设深度为300mm填砂集油坑。

13）油箱（罐）的进油管和回油管，应从油箱（罐）体顶部插入，管口应位于油液面下，并应距离箱（罐）底200mm。

14）当室内油箱与贮油罐的油位有高差时，应有防止虹吸的设施。

15）燃油管道穿越楼板、隔墙时应敷设在套管内，套管的内径与油管的外径四周间隙不应小于20mm。套管内管段不得有接头，管道与套管之间的空隙应用麻丝填实，并应用不燃材料封口。管道穿越楼板的套管，上端应高出楼板60~80mm，套管下端与楼板底面（吊顶底面）平齐。

16）燃油管道与蒸汽管道上下平行布置时，燃油管道应位于蒸汽管道的下方。

17）燃油管道采用法兰连接时，宜设有防止漏油事故的集油措施。

18）燃油系统附件严禁采用能被燃油腐蚀或溶解的材料。

19）管道焊接和安装应符合现行国家标准《工业金属管道工程施工及验收规范》GB 50235 和现行国家标准《现场设备、工业管道焊接工程施工及验收规范》GB 50236 的规定。

8. **蒸汽分配器和热水分水器制作安装**

蒸汽分配器和热水分水器都为压力容器，一般可根据用户的要求和图纸尺寸在专业厂家加工制作。当现场制作时，必须持有有关部门颁发的压力容器制作加工证书，否则不允许自行加工制作。

1）现场制作必须采用冲压制的封头，无缝钢管直径一般是根据循环水量确定的，分水器长度根据接出管的数量及接出管管径而定。接出管间距应满足接出管上安装的阀门有足够的距离，一般接管间距如图 1-23 所示。

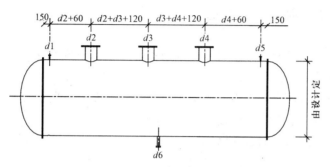

图 1-23 分配器接管间距尺寸

2）在焊接短管法兰盘时，应保证安装阀门后，手轮操作朝向一致。两端封头部位不允许开洞接管。接出短管高度一致，不得低于保温层的厚度。接管还应考虑安装在分配器上压力表和温度计的位置。

3）分配器一般靠墙安装，安装时可采用型钢支架，将分配器支起，用 U 形圆钢管卡将其固定在支架上，或者设备制作的时候直接增加设备支腿，设备支腿的高度按照设计要求或者安装高度来定，使用地脚螺栓或者膨胀螺栓进行分配器的固定。

1.4.4 烘炉与煮炉

1. **烘炉**

1）准备工作

（1）锅炉本体和各类附属设备均已安装完毕，水压试验合格；
（2）锅炉配管完毕，水压试验和水冲洗合格；
（3）电气、仪表工程施工完毕并调试完成；
（4）烘炉方案及烘炉温升曲线编制并审批完毕，准备好烘炉记录表格；
（5）烘炉用的材料、工具、安全用品准备充分，参加烘炉的人员经过技术交底；
（6）外部条件齐备，配电、给水、排水、通风、消防等满足要求。

2）烘炉的方法和要求

烘炉可用火焰烘炉、热风烘炉、蒸汽烘炉等方法，其中火焰烘炉使用较多，要求如下：

锅炉必须由小火和较低的温度开始，慢慢加温。点火要先使用木材，不要距炉墙过近，靠自然通风燃烧，以后逐渐加煤，并开启引风机和鼓风机，风量不要太大。

(1) 木柴烘炉阶段

①关闭所有阀门，打开锅筒排气阀，并向锅炉内注入清水，使其达到锅炉运行的最低水位；

②加进木柴，将木柴集中在炉排中间，约占炉排1/2后点火。开始可以单靠自然通风，按温升情况控制火焰的大小。起始的2~3h内，烟道挡板开启约为烟道剖面1/3，待温升后加大引力时，把烟道挡板关至仅留1/6为止。炉膛保持负压。

③最初2天，木柴燃烧须稳定均匀，不得在木柴已经熄火时再急增火力，直至第三昼夜，略填少量煤，开始向下个阶段过渡。

(2) 煤炭烘炉阶段

①首先缓缓开动炉排及鼓、引风机，烟道挡板开到烟道面积1/3~1/6的位置上，不得让烟火从看火孔或其他地方冒出，注意打开上部检查门排除护墙气体。

②一般情况下烘炉不小于4天，燃烧均匀，升温缓慢，后期烟温不高于160℃，且持续时间不应少于24h。冬季烘炉要酌情将木柴烘炉时间延迟若干天。

③烘炉中水位下降时及时补充清水，保持正常水位。烘炉初期开启连续排污，到中期每隔6~8h进行一次排污，排污后注意及时补进软水，保持锅炉正常水位。

④烘炉期间，火焰应保持在炉膛中央，不应直接烧烤炉墙及炉拱，不得时旺时弱。烘炉时锅炉不升压。烘炉期少开检查门、看火门、人孔等，防止冷空气进入炉膛，严禁将冷水洒在炉墙上。

⑤链条炉排在烘炉过程中应定期转动。

⑥烘炉结束后炉墙经烘烤后没有变形、裂纹及塌落现象，炉墙砌筑砂浆含水率达到7%以下。

2. 煮炉

新装、移装或大修后的锅炉，受热面的内表面留有铁锈、油渍和水垢，为保证运行中的汽水品质，必须煮炉。煮炉在烘炉完毕后进行，方法是在锅炉内加碱水，使油垢脱离炉内金属壁面，在汽包下部沉淀，再经排污阀排出。

1) 加药规定

(1) 若设计无规定，按表1-25中规定的用量向锅炉内加药。

煮炉所用药品和数量　　　　表1-25

药品名称	加药量/水（kg/m^3）		
	铁锈较轻	铁锈较重	迁装锅炉
氢氧化钠（NaOH）	2~3	3~4	5~6
磷酸三钠（$Na_3PO_4 \cdot 12H_2O$）	2~3	2~3	5~6

(2) 有加热器的锅炉，在最低水位加入药量，否则可以在上锅筒一次加入。

(3) 当碱度低于45mg当量/L，应补充加药量。

(4) 药品可按100%纯度计算，无磷酸三钠时，可用碳酸钠代替，数量为磷酸三钠的1.5倍。

(5) 对于铁锈较薄的锅炉，也可以只用无水磷酸钠进行煮炉，其用量为 6kg/m³ 炉水。

(6) 铁锈特别严重时，加药数量可按表 1-25 再增加 50%～100%。

2) 煮炉的方法

(1) 为了节约时间和燃料，在烘炉后期应开始煮炉，按设计及锅炉出厂说明书的规定进行加药。

(2) 加强燃烧，使炉水缓慢沸腾，待产生蒸汽后由空气阀或安全阀排出，使锅炉不受压，维持 10～12h。

(3) 减弱燃烧，将压力降到 0.1MPa，打开定期排污阀逐个排污一次，并补充给水或加入未加完的药溶液，维持水位。

(4) 再加强燃烧，把压力升到工作压力的 75%～100% 范围内，运行 12～24h。

(5) 停炉冷却后排出炉水，并即使用清水（温水）将锅炉内部冲洗干净。

3) 注意事项

(1) 煮炉时间一般应为 2～3d，如蒸汽压力较低，可适当延长煮炉时间。非砌筑或浇注保温材料保温的锅炉，安装后可直接进行煮炉。煮炉结束后，打开锅筒和集箱检查孔检查，锅筒和集箱内壁应无油垢，擦去附着物后金属表面应无锈斑。

(2) 煮炉期间，炉水水位控制在最高水位，水位降低时，及时补充给水。每隔 3～4h 由上、下锅筒及各集箱排污处进行炉水取样，当碱度低于 45mg 当量/L，应补充加药量。

(3) 需要排污时，应将压力降低后，前后左右对称排污，清洗干净后，打开人孔、手孔进行检查，清除沉淀物。

1.4.5 蒸汽严密性试验、安全阀调整与 48h 试运转

锅炉在烘炉、煮炉合格后，应进行 48h 的带负荷连续试运行，同时应进行安全阀的热状态定压检验和调整。

1. 锅炉蒸汽严密性试验

锅炉烘炉、煮炉合格后，进行蒸汽严密性试验，做法如下：

1) 升压至 0.3～0.4MPa，对锅炉的法兰、人孔、手孔和其他连接螺栓进行一次热态下的紧固。

2) 升压至工作压力，检查各人孔、手孔、阀门、法兰和填料等处是否有漏水、漏气现象，同时观察锅筒、集箱、管路和支架等各处的热膨胀情况是否正常。

3) 经检查合格后，详细记录并请监理单位认可。

2. 安全阀校验

蒸汽严密性试验合格后可升压进行安全阀调整，要求如下：

1) 为了防止锅炉上所有的安全阀同时工作，锅筒上的安全阀分为控制安全阀和工作安全阀两种。控制安全阀的开启压力低于工作安全阀的开启压力，安全阀开启压力按表 1-26 的规定，安全阀的定压必须由当地技术监督部门指定的专业检测单位进行校验，并出具检测报告和进行铅封。

2) 一般锅炉装有 2 个安全阀的，一个按表中较高值调整，另一个按较低值调整。先调整锅筒上开启压力较高的安全阀，然后再调整开启压力较低的安全阀。

安全阀定压规定　　　　　　　　　　　表1-26

项　次	额定工作压力 P（MPa）	整定压力
1	$P \leqslant 0.8$	工作压力 + 0.03MPa
		工作压力 + 0.05MPa
2	$0.8 < P \leqslant 5.9$	1.04倍工作压力
		1.06倍工作压力
3	$P > 5.9$	1.05倍工作压力
		1.08倍工作压力

3）安全阀的回座压差，一般应为起座压力的4%～7%，最大不得超过起座压力的10%。

4）安全阀在运行压力下应具有良好密封性能。

5）定压工作完成后，应作一次安全阀自动排汽试验，启动合格后应铅封，同时将始启压力、起座压力、回座压力进行记录。

6）安全阀定压调试记录应有甲乙双方、监理及锅检部门共同签字确认。

3. 锅炉48h试运行

安全阀调整后，应进行48h的带负荷连续试运行。锅炉试运行应按照设计、厂家安装使用说明书的要求进行。

1）48h试运行前应具备下列条件：

（1）锅炉48h试运行方案编制完毕并上报审批；

（2）锅炉烘炉、煮炉、严密性试验合格，辅助设备及各附属系统如燃料、给水、除灰等系统分别试运行合格；

（3）各项检查与试验工作均已完毕，前阶段发现的缺陷已处理完毕；

（4）锅炉机组整套试运行需用的热工、电气仪表与控制装置及安全阀等已按设计安装并调试完毕，指示正确，动作良好；

（5）化学监督工作能正常进行，化学制水已经试运行合格，试运行用的燃料已备齐；

（6）使用单位已作好生产准备，操作人员已经过培训上岗，能满足试运行工作要求；

2）操作要点如下：

（1）打开进水阀，关闭蒸汽出口阀，启动给水泵向炉内注水（软化水），水位至水位计的最低水位处，检查水位是否稳定，如水位下降应检查排污阀是否关闭不严；

（2）点火升温，初始升温升压需缓慢，一般从初始升压至工作压力的时间为3～4h为宜，这期间应进行一次水位计的冲洗，同时观测两侧压力表指示是否一致，检查人孔等处有无泄漏蒸汽处；

（3）当蒸汽压力稳定后，如安全阀未预先进行调整开启动作压力时，可进行带压调整，但应注意严格控制炉内蒸汽压力。先调整开启压力高的一只，降压后再调整开启压力低的另一只。如多台锅炉应逐台进行单独调整；

（4）在试运转过程中，应进行排水以检查排污阀启闭是否正常，并同时给锅炉上水保证低水位线；

（5）上述均正常后逐渐打开蒸汽主阀进行暖管，一般可送至分汽缸内，再打开紧急放空阀向室外排放。此时应及时进行补水，观察水位变化，并保证炉内蒸汽压力，补水应按少补勤补的原则，避免一次补水量过大影响蒸汽压力。

3）锅炉供汽（或供热水）带负荷后连续试运行48h。在48h试运行期间，所有辅助设备应同时或陆续或轮换投入运行；锅炉本体、辅助机械和附属系统均应工作正常，其膨胀、严密性、轴承温度及振动等均应符合技术要求；锅炉蒸汽参数（或热水出水温度）、燃烧情况等均应基本达到设计要求。

4）锅炉停启炉时操作如下：

（1）正常停炉压火，应先停止供煤或其他燃料，再停运鼓风机，然后停运引风机，但循环水泵不能停运。当系统水温降至50~60℃以下时再停循环水泵。

（2）再次启炉时，应先开启循环水泵，使系统内的水达到正常循环后，开启引风机、鼓风机，启动炉排及上煤系统，逐渐恢复燃烧。

5）锅炉机组48h试运行结束后，应办理整套试运行签证和设备验收移交工作。

第2章 管道及消防安装工程

本章内容包括给水排水管道、采暖及空调水管道、室外给水排水管道及其他管道。

2.1 室内给水系统安装

2.1.1 冷水管道及附件安装

1. 室内给水系统划分及安装要求

建筑给水系统的划分,是根据用户对水质、水压、水量的要求,并结合外部给水系统情况进行的。按用途划分参见表2-1所示。

室内给水系统的划分　　　　表2-1

序号	系统名称	用途说明
1	生活给水系统	供生活饮用及洗涤、冲刷等用水
2	生产给水系统	供生产设备用水(包括产品本身用水、生产洗涤用水及设备冷却用水等)
3	消防给水系统	扑灭火灾时向消火栓及自动喷水灭火系统供水(包括湿式、干式、预作用、雨淋、水幕等自动喷水灭火给水系统供水)

1)给水管道的布置原则
(1)力求经济合理,满足最佳水力条件。
①给水管道布置力求短而直。
②室内给水管网宜采用支状布置,单向供水。
③为充分利用室外给水管网中的水压,给水引入管宜布设在用水量最大处或不允许间断供水处。
④室内给水干管宜靠近用水量最大处或不允许间断供水处。
(2)满足美观要求,便于维修及安装。
①管道应尽量沿墙、梁、柱直线敷设。
②对美观要求较高的建筑物,给水管道可在管槽、管井、管沟及吊顶内暗设。
③为便于检修,管道井应每层设检修设施,每两层应有横向隔断,检修门宜开向走廊。暗设在顶棚或管槽内的管道,在阀门处应留有检修门。管道井当需要进行检修时,其通道宽度不宜小于0.6m。
④室内管道安装位置应有足够的空间以利拆换附件。
⑤给水引入管应有不小于0.3%的坡度坡向室外给水管网或坡向阀门井、水表井,以

便检修时排放存水。

（3）保证生产及使用的安全性。

①给水管道的位置不得妨碍生产操作、交通运输和建筑物的使用。管道不得布置在遇水会引起燃烧、爆炸或损坏的原料、产品和设备上面，并应避免在生产设备上面通过。

②给水管道不得敷设在烟道、风道内；生活给水管道不得敷设在排水沟内，管道不宜穿过橱窗、壁柜、木装修，并不得穿过大便槽和小便槽。当给水立管距小便槽端部小于及等于0.5m时，应采用建筑隔断措施。

③给水引入管与室内排出管外壁的水平距离不宜小于1.0m。给水引入管过墙：在基础下通过，留洞；穿基础预留洞口，洞口尺寸$(d+200) \times (d+200)$mm，如图2-1所示。

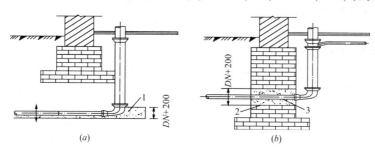

图2-1 引入管进入建筑物

1—C15混凝土支柱；2—黏土；3—M5水泥砂浆封口

（a）从浅基础下通过；（b）穿基础

④建筑物内给水管与排水管之间的最小净距，平行埋设时应为0.5m；交叉埋设时应为0.15m，且给水管宜在排水管的上面。

⑤需要泄空的给水管道，其横管宜有0.2%~0.5%的坡度坡向泄水装置。

⑥室内给水管道不应穿越变配电房、电梯机房、通信机房、大中型计算机房、计算机网络中心、音像库房等遇水会损坏设备和引发事故的房间，并应避免在设备上方通过。

2）给水管道敷设要求

（1）给水横干管宜敷设在地下室、技术层、吊顶或管沟内，立管可敷设在管道井内。生活给水管道暗设时，应便于安装和检修。塑料给水管道室内宜暗设，明设时立管应布置在不宜受撞击处，如不能避免时，应在管外加保护措施。

（2）塑料给水管道不得布置在灶台上边缘，塑料给水立管明设距灶边不得小于0.4m，距燃气热水器边缘不得小于0.2m，达不到此要求必须有保护措施。塑料热水管道不得与水加热器或热水炉直接连接，应有不小于0.4m

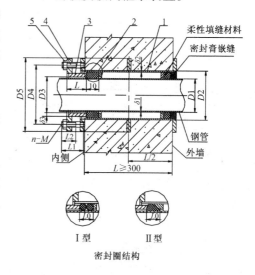

图2-2 柔性防水套管（A型）

1—套管；2—密封圈Ⅰ型、Ⅱ型；
3—法兰压盖；4—螺柱；5—螺母

的过渡段。

（3）给水管道穿过承重墙或基础处应预留洞口，且管顶上部净空不得小于建筑物的沉降量，一般不小于0.1m。

给水管道穿越地下室或地下构筑物外墙时，应采用防水套管。对有严格防水要求的建筑物，应采用柔性防水套管，如图2-2、图2-3所示；刚性防水套管如图2-4～图2-6所示。

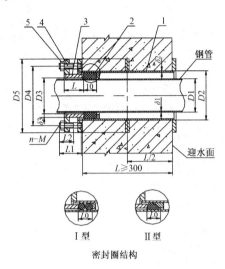

图2-3 柔性防水套管（B型）
1—套管；2—密封圈Ⅰ型、Ⅱ型；
3—法兰压盖；4—螺柱；5—螺母

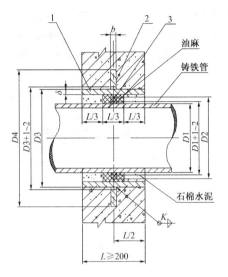

图2-4 刚性防水套管（A型）
1—钢制套管；2—翼环

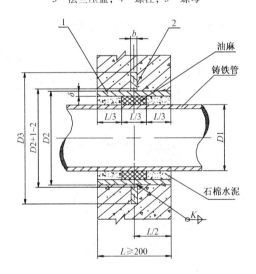

图2-5 刚性防水套管（B型）
1—钢制套管；2—翼环

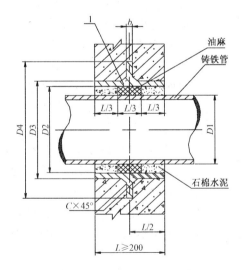

图2-6 刚性防水套管（C型）
1—铸铁套管

（4）给水管道穿楼板时宜预留孔洞，避免在施工安装时凿打楼板面。孔洞尺寸一般宜较通过的管径大50～100mm，管道通过楼板段需设套管。

(5) 给水管道不宜穿过伸缩缝、沉降缝和抗震缝，管道必须穿过结构伸缩缝、抗震缝及沉降缝敷设时，可选取下列保护措施：

①在墙体两侧采取柔性连接（见图2-7）。

②在管道或保温层外皮上、下部留有不小于150mm的净空。

③在穿墙处做成方形补偿器，水平安装（见图2-8）。

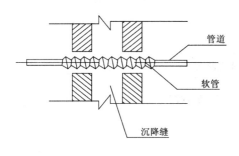

图2-7 墙体两侧采用柔性连接　　　　图2-8 在穿墙处水平安装示意图

④活动支架法，将沉降缝两侧的支架做成能使管道垂直位移而不能水平横向位移，以适应沉降缝的伸缩应力。

(6) 给水立管和装有3个或3个以上配水点的支管始端，均应安装可拆卸的连接件。

(7) 冷、热水管道同时安装应符合下列规定：

①上、下平行安装时热水管应在冷水管上方。

②垂直平行安装时热水管应在冷水管左侧。

(8) 明装支管沿墙敷设时，管外皮距墙面应有20～30mm的距离。

(9) 管与管及与建筑物构件之间的最小净距详见表2-2。

管与管及与建筑物构件之间的最小净距　　　　表2-2

名　称	最小净距
水平干管	1. 与排水管道的水平净距一般不小于500mm 2. 与其他管道的净距不小于100mm 3. 与墙、地沟壁的净距不小于80～100mm 4. 与柱、梁、设备的净距不小于50mm 5. 与排水管的交叉垂直净距不小于100mm
立　管	不同管径下的距离要求如下： 1. 当 $DN \leqslant 32$，至墙的净距不小于25mm 2. 当 $DN32 \sim DN50$，至墙面的净距不小于35mm 3. 当 $DN70 \sim DN100$，至墙面的净距不小于50mm 4. 当 $DN125 \sim DN150$，至墙面的净距不小于65mm
支　管	与墙面净距一般为20～25mm

2. 室内给水管道施工工艺流程

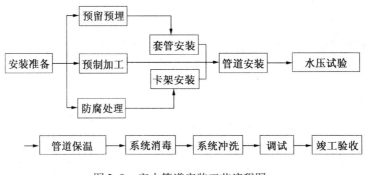

图 2-9 室内管道安装工艺流程图

3. 管道安装前的准备

1）材料、设备要求

（1）建筑给水所使用的主要材料、成品、半成品、配件、器具和设备必须具有有效的中文质量合格证明文件，规格、型号及性能检测报告应符合国家技术标准或设计要求。各类管材应有产品材质证明文件。各系统设备和阀门等附件、绝热、保温材料等应有产品质量合格证及相关检测报告。主要设备、器具、新材料、新设备还应附有完整的安装、使用说明书。对于国家及地方规定的特定设备及材料还应附有相应资质检测单位提供的检测报告。

（2）所有材料、成品、半成品、配件、器具和设备进场时应对品种、规格、外观等进行验收，包装应完好，表面无划痕及外力冲击破损，无腐蚀，并经监理工程师核查确认。

（3）各种联结管件不得有砂眼、裂纹、破损、划伤、偏扣、乱扣、丝扣不全和角度不准等现象。

（4）各种阀门的外观要规矩、无损伤，阀杆不得弯曲，阀体严密性好，阀门安装前，应作强度和严密性试验。

（5）其他材料例如：石棉橡胶垫、油麻、线麻、水泥、电焊条等辅材，质量都必须符合设计及相应产品标准的要求和规定。

2）安装准备

（1）认真熟悉施工图纸，参看有关专业施工图和建筑装修图，核对各种管道标高、坐标是否有交叉，管道排列所占用空间是否合理。管道较多或管路复杂的空间、设备机房等部位应与相关专业进行器具、设备、管道综合排布的细部设计。

（2）根据施工方案决定的施工方法和技术交底的具体措施，按照设计图纸、检查、核对预留孔洞位置、尺寸大小等是否正确，将管道坐标、标高位置划线定位。

（3）施工或审图过程中发现问题必须及时与设计人员和有关人员研究解决，办好变更洽商记录。

（4）经预先排列各部位尺寸都能达到设计、技术交底及综合布置的要求后，方可下料。

3）配合土建预留孔洞和预埋件

室内给水管道安装不可能与土建主体结构工程施工同步进行，因此在管道安装前要配合土建进行预留孔洞和预埋件的施工。

给水管道安装前需要预留的孔洞主要是管道穿墙和穿楼板孔洞及穿墙、穿楼板套管的安装。一般混凝土结构上的预留孔洞，由设计在结构图上给出尺寸大小；其他结构上的孔洞，当设计无规定时应按表2-3规定预留。

给排水管道预留孔洞尺寸　　　　表2-3

项次	管道名称		明管留孔尺寸（长×宽）(mm)	暗管墙槽尺寸（宽×深）(mm)
1	给水立管	管径≤25mm	100×100	130×130
		管径32～50mm	150×150	150×130
		管径70～100mm	200×200	200×200
2	两根给水立管	管径≤32mm	150×100	200×130
3	一根排水立管	管径≤50mm	150×150	200×130
		管径≤70～100mm	200×200	250×200
4	一根给水立管和一根排水立管在一起	管径≤50mm	200×150	200×130
		管径≤70～100mm	250×200	250×200
5	两根给水立管和一根排水立管在一起	管径≤50mm	200×150	200×130
		管径≤70～100mm	250×200	250×200
6	给水支管	管径≤25mm	100×100	60×60
		管径≤32～40mm	150×130	150×100
7	排水支管	管径≤80mm	250×200	
		管径≤100mm	300×250	
8	排水主干管	管径≤80mm	300×250	
		管径≤100～125mm	350×300	
9	给水引入管	管径≤100mm	300×300	
10	排水排出管穿基础	管径≤80mm	300×300	
		管径≤100～150mm	（管径+300）×（管径+200）	

注：1. 给水引入管，管顶上部净空一般不小于100mm；
　　2. 排水排出管，管顶上部净空一般不小于150mm。

给水管道安装前的预埋件包括管道支架的预埋件和管道穿过地下室外墙或构筑物的墙壁、楼板处的预埋防水套管的形式和规格也应由给水排水标准图或设计施工图给出，由施工单位技术人员按工艺标准组织施工。

4. 管道安装技术

1）给水铝塑复合管安装

（1）一般要求

铝塑复合管的连接方式采用卡套式连接。其连接件是由具有阳螺纹和倒牙管芯的主体、锁紧螺母及金属紧箍环组成。

①公称外径 De 不大于 25mm 的管道，安装时应先将管盘卷展开、调直。

②管道安装应使用管材生产厂家配套管件及专用工具进行施工。截断管材应使用专用管剪或管子割刀。

③管道连接宜采用卡套式连接，卡套连接应按下列程序进行：

　a. 管道截断后，应检查管口，如发现有毛刺、不平整或端面不垂直管轴线时应修正。

　b. 使用专用刮刀将管口处的聚乙烯内层削坡口，坡角为 20°～30°，深度为 1.0～1.5mm，且应用清洁的纸或布将坡口残屑擦干净。

　c. 用整圆器将管口整圆。将锁紧螺帽、C 型紧箍环套在管上，用力将管芯插入管内，至管口达管芯根部。

　d. 将 C 型紧箍环移至距管口 0.5～1.5mm 处，再将锁紧螺帽与管道本体拧紧。

④直埋敷设管道的管槽，宜配合土建施工时预留，管槽的底和壁应平整，无凸出尖锐物。管槽宽度宜比管道公称外径大 40～50mm，管槽深度宜比管道公称外径大 20～25mm。管道安装后，应用管卡将管道固定牢固。

（2）管道支架

①管卡与管道表面应为面接触，管卡的宽度宜为管道公称外径的 1/2，收紧管卡时不得损坏管壁；滑动管卡可允许管道轴向滑动，但不允许管道产生横向位移，管道不得从管卡中弹出；管道上的各种阀门，应固定牢靠，不应将阀门自重和操作力矩传递给管道。

②管道支架最大间距，见表 2-4。

铝塑复合管管道最大支承间距　　　　　表 2-4

公称外径 De（mm）	立管间距（mm）	横管间距（mm）	公称外径 De（mm）	立管间距（mm）	横管间距（mm）
12	500	400	40	1300	1000
14	600	400	50	1600	1200
16	700	500	63	1800	1400
18	800	500	75	2000	1600
20	900	600	90	2200	1800
25	1000	700	110	2400	2000
32	1100	800			

2）钢塑复合管道安装

（1）一般要求

①管道穿越楼板、屋面、水箱（池）壁（底），应预留孔洞或预埋套管，并应符合下列要求：

　a. 预留孔洞尺寸应为管道外径加 40mm。

　b. 管道在室内暗敷设，墙体内需开管槽时，管槽宽度和深度应为管道外径加 30mm；

且管槽的坡度应为管道坡度。

②埋地、嵌墙暗敷设的管道，应在水压试验合格后再进行隐蔽工程验收。

③切割管道宜采用锯床不得采用砂轮机切割。当采用盘锯切割时，其转速不得大于800r/min；当采用手工切割时，其锯面应垂直于管轴心。

（2）钢塑复合管螺纹连接

①套丝应符合下列要求：套丝应采用自动套丝机；套丝机应使用润滑油润滑；圆锥形管螺纹应符合现行国家标准《用螺纹密封的管螺纹》GB/T 7306 的要求，并采用标准螺纹规检验。

a. 钢塑复合管套丝应采用自动套丝机。

b. 套丝机应使用润滑油润滑。

c. 圆锥形管螺纹应符合现行国家标准的要求，并应采用标准螺纹规检验。

②管端清理

a. 用细锉将金属管端的毛边修光。

b. 使用棉丝和毛刷清除管端和螺纹内的油、水和金属切屑。

c. 衬塑管应采用专用绞刀，将衬塑层厚度1/2倒角，倒角坡度宜为10°～15°。

d. 涂塑管应用削刀削成内倒角。

③管端、管螺纹清理加工后，应进行防腐、密封处理，宜采用防锈密封胶和聚四氟乙烯生料带缠绕螺纹，同时应用色笔在管壁上标记拧入深度。

④不得采用非衬塑可锻铸铁管件。

⑤管子与配件连接前，应检查衬塑可锻铸铁管件内橡胶密封圈或厌氧密封胶。然后将配件用手捻上管端丝扣，在确认管件接口已插入衬（涂）塑钢管后，用管子钳进行管子与配件的连接，注意不得逆向旋转。

⑥管子与配件连接后，外露螺纹部分及所有钳痕和表面损伤的部位应涂防锈密封胶。

⑦用厌氧密封胶密封的管接头，养护期不得少于24h，期间不得进行试压。

（3）钢塑复合管沟槽连接

①沟槽连接方式可适用于公称直径不小于65mm 的涂（衬）塑钢管的连接。

②沟槽式管接头应符合国家现行的有关产品标准。

③沟槽式管接头的工作压力应与管道工作压力相匹配。

④用于输送热水的沟槽式管接头应采用耐温型橡胶密封圈。用于饮用纯净水的管道的橡胶材质应符合现行国家标准《生活饮用水输配水设备及防护材料的安全性评价标准》GB/T 17219 的要求。

⑤对于衬塑复合钢管，当采用现场加工沟槽并进行管道安装时，应优先采用成品沟槽式涂塑管件。

⑥连接管段的长度应是管段两端口净长度减去6～8mm 断料，每个连接口之间应有3～4mm 间隙并用钢印编号。

⑦当采用机械截管，截面应垂直轴心，允许偏差为：管径不大于100mm 时，偏差不大于1mm；管径大于125mm 时，偏差不大于1.5mm。

⑧管外壁端面应用机械加工1/2壁厚的圆角。

⑨应用专用滚槽机压槽，压槽时管段应保持水平，钢管与滚槽机正面90°。压槽时应

持续渐进，槽深应符合表2-5的规定，并应用标准量规测量槽的全周深度。如沟槽过浅，应调整压槽机后再行加工。沟槽过深，则应作废品处理。

沟槽标准深度及公差（mm） 表2-5

管 径	沟槽深度	公 差
65~80	2.20	+0.3
100~150	2.20	+0.3
200~250	2.50	+0.3
300	3.0	+0.5

⑩与橡胶密封圈接触的管外端应平整光滑，不得有划伤橡胶圈或影响密封的毛刺。

涂塑复合钢管的沟槽连接方式，宜用于现场测量、工厂预涂塑加工、现场安装。

a. 管段在涂塑前应压制标准沟槽。

b. 管段涂塑除涂内、外壁外，还应涂管口端和管端外壁与橡胶密封圈接触部位。

沟槽式卡箍接头安装程序见表2-6内的图例。

沟槽式卡箍管件安装图 表2-6

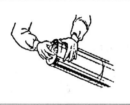	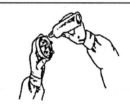
1. 安装检查沟槽是否符合标准，去掉管子和密封圈上的毛刺、铁锈、油污等杂质	2. 在管子端部和橡胶圈上涂上润滑剂

3. 将密封橡胶垫圈套入一根钢管的密封部位	4. 将另一根加工好的沟槽的钢管靠拢，将橡胶圈套入管端，使橡胶圈刚好位于两根管子的密封部位
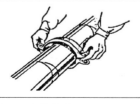	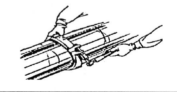
5. 确认管卡已经卡住管子	6. 拧紧螺栓，安装完成

(4) 管道支架

①支承设置时注意横管的任何两个接头之间均应有支承,支承点不得设置在接头上。

②管道最大支承间距应不大于表2-7规定的最小值。

管道最大支承间距　　表2-7

管　径（mm）	最大支承间距（m）
65～100	3.5
125～200	4.2
250～315	5.0

3) 给水硬聚氯乙烯管道安装

(1) 一般要求

①管道粘接不宜在湿度很大的环境下进行,操作场所应远离火源、防止撞击和阳光直射。

②涂抹胶粘剂应使用鬃刷或尼龙刷。用于擦揩承插口的干布不得带有油腻及污垢。

③在涂抹胶粘剂之前,应先用干布将承、插口处粘接表面擦净。若粘接表面有油污,可用干布蘸清洁剂将其擦净。粘接表面不得沾有尘埃、水迹及油污。

④涂抹胶粘剂时,应先涂承口,后涂插口。涂抹承口时,应由里向外。胶粘剂应涂抹均匀,并适量。每个胶粘剂用量参考表2-8。表中数值为插口和承口两表面的使用量。

胶粘剂用量表　　表2-8

序号	管材公称外径（mm）	胶粘剂用量（g/接口）	序号	管材公称外径（mm）	胶粘剂用量（g/接口）
1	20	0.40	7	75	4.10
2	25	0.58	8	90	5.73
3	32	0.88	9	110	8.34
4	40	1.31	10	125	10.75
5	50	1.94	11	140	13.37
6	63	2.97	12	160	17.28

⑤粘接时,应将插口轻轻插入承口中,对准轴线,迅速完成。插入深度至少应超过标记。插接过程中,可稍作旋转,但不得超过1/4圈。不得插到底后进行旋转。

⑥粘接完毕,应立刻将接头处多余的胶粘剂擦干净。

⑦初粘接好的接头,应避免受力,须静置固化一定时间,牢固后方可继续安装。

⑧在0℃以下粘接操作时,不得使胶粘剂结冻。不得采用明火或电炉等加热装置加热胶粘剂。

⑨给水硬聚氯乙烯管道配管时,应对承插口的配合程度进行检验。将承插口进行试插,自然试插深度以承口长度的1/2～2/3为宜,并作出标记。采用粘接接口时,管端插入承口的深度不得小于表2-9的规定。

管端插入承口的深度　　表2-9

公称直径（mm）	20	25	32	40	50	75	100	125	140
插入深度（mm）	16	19	22	26	31	44	61	69	75

⑩塑料管道粘接承口尺寸见图2-10、表2-10所示。

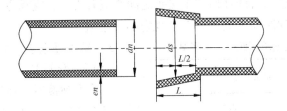

图 2-10　塑料管粘接连接承插口

粘接承口尺寸　　　　　　　　　表 2-10

公称外径（mm）	最小深度（mm）	中部平均内径（ds, mm）	
		最　小	最　大
20	16.0	20.1	20.3
25	18.5	25.1	25.3
32	22.0	32.1	32.3
40	26.0	40.1	40.3
50	31.0	50.1	50.3
63	37.5	63.1	63.3
75	43.5	75.1	75.3
90	51.0	90.1	90.3
110	61.0	110.1	110.4

（2）橡胶圈柔性连接

①清理干净承插口工作面，由上表划出插入长度标记线。

②正确安装橡胶圈，不得装反或扭曲。

③把润滑剂均匀涂于承口处、橡胶圈和管插口端外表面，严禁用黄油及其他油类作润滑剂以防腐蚀胶圈。

④将连接管道的插口对准承口，使用拉力工具，将管在平直状态下一次插入至标线。若插入阻力过大，应及时检查橡胶圈是否正常。用塞尺沿管材周围检查安装情况是否正常。

⑤橡胶圈连接见图2-11，管长6m的管道伸缩量见表2-11所示。

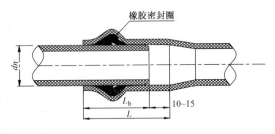

图 2-11　橡胶圈柔性连接

管长6m的管道伸缩量　　　　　　　　　表2-11

施工时最低环境温度（℃）	设计最大温差（℃）	伸缩量（mm）
15	25	10.5
10	30	12.6
5	35	14.7

（3）塑料管与金属管配件的螺纹连接

①塑料管与金属管配件采用螺纹连接的管道系统，其连接部位管道的管径不得大于63mm。塑料管与金属管配件连接采用螺纹连接时，必须采用注射成型的螺纹塑料管件。

②注射成型的螺纹塑料管件与金属管配件螺纹连接，宜采用聚四氟乙烯生料带作为密封填充物，不宜使用厚白漆、麻丝。

4）给水聚丙烯PP-11R管道安装

（1）一般要求

①同种材质的给水聚丙烯管材与管件应采用热熔连接或电熔连接，安装时应采用配套的专用热熔工具。

②给水聚丙烯管道与金属管道、阀门及配水管件连接时，应采用带金属嵌件的聚丙烯过渡管件，该管件与聚丙烯管应采用热熔连接，与金属管及配件应采用丝扣或法兰连接。

③暗敷在地坪面层下或墙体内的管道，不得采用丝扣或法兰连接。

（2）管道热熔连接

①接通热熔专用工具电源，待其达到设定工作温度后，方可操作。

②管道切割应使用专用的管剪或管道切割机，管道切割后的断面应去除毛边和毛刺，管道的截面必须垂直于管轴线。

③熔接时，管材和管件的连接部位必须清洁、干燥、无油。

④管道热熔时，应量出热熔的深度，并做好标记，热熔深度可按表2-12的规定。在环境温度小于5℃时，加热时间应延长50%。

热熔连接技术要求　　　　　　　　　表2-12

公称外径（mm）	热熔深度（mm）	加热时间（s）	加工时间（s）	冷却时间（min）
20	14	5	4	3
25	16	7	4	3
32	20	8	4	4
40	21	12	6	4
50	22.5	18	6	5
63	24	24	6	6
75	26	30	10	8
90	32	40	10	8
110	38.5	50	15	10

⑤安装熔接弯头或三通时,应按设计要求,注意其方向,在管件和管材的直线方向上,用辅助标志,明确其位置。

⑥连接时,把管端插入加热套内,插到所标志的深度,同时把管件推到加热头上达到规定标志处。

⑦达到加热时间后,立即把管材与管件从加热套与加热头上同时取下,迅速无旋转地直线均匀插入到所标深度,使接头处形成均匀凸缘。

⑧在规定的加工时间内,刚熔好的接头还可校正,但严禁旋转。管道连接见图2-12所示。

(3) 管道电熔连接

①电熔连接主要用于大口径管道或安装困难场合。应保持电熔管件与管材的熔合部位不受潮。

②电熔承插连接管材的连接端应切割垂直,并应用洁净棉布擦净管材和管件连接面上的污物,标出插入深度,刮净其表面。

③调直两面对应的连接件,使其处于同一轴线上。

④电熔连接机具与电熔管件的导线连接应正确。检查通电加热的电压,加热时间应符合电熔连接机具与电熔管件生产厂家的有关规定。

⑤在电熔连接时,在熔合及冷却过程中,不得移动、转动电熔管件和熔合的管道,不得在连接件上施加任何压力。

⑥电熔连接的标准加热时间应由生产厂家提供,并应根据环境温度的不同而加以调整。电熔连接的加热时间与环境温度的关系可参考表2-13的规定。若电熔机具有自动补偿功能,则不需调整加热时间。电熔连接见图2-13。

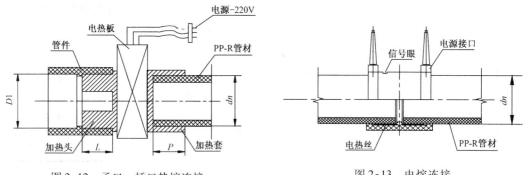

图2-12 承口、插口热熔连接　　　　图2-13 电熔连接

⑦电熔过程中,当信号眼内熔体有突出沿口现象,通电加热完成。

电熔连接的加热时间与环境温度的关系　　　　表2-13

环境温度 T (℃)	修正值	环境温度 T (℃)	修正值
-10	$T + 12\%T$	+30	$T - 4\%T$
0	$T + 8\%T$	+40	$T - 8\%T$
+10	$T + 4\%T$	+50	$T - 12\%T$
+20	标准加热时间 T		

5) 给水铜管管道安装

(1) 一般要求

①铜管管道安装前应检查铜管的外观质量和外径、壁厚尺寸。有明显伤痕的管道不得使用,变形管口应采用专用工具整圆。受污染的管材其内外污垢和杂物应清理干净。

②管道切割可采用手动或机械切割,不得采用氧气-乙炔火焰切割,切割时,应防止操作不当使管子变形,管子切口的端面应与管子轴线垂直,切口处的毛刺等应清理干净。管道坡口加工应采用锉刀或坡口机,不得采用氧气-乙炔火焰切割加工。夹持铜管用的台虎钳钳口两侧应垫以木板衬垫。切割采用切管器或用每10mm不少于13齿的钢锯和电锯、砂轮切割机等设备。切割的管子断面应垂直平整,且应去除管口内外毛刺并整圆。

③预制管道时应测量正确的实际管道长度在地面预制后,再进行安装。有条件的应尽量用铜管直接弯制的弯头。多根管道平行时,弯曲部位应一致,使管道整齐美观。

④管径不大于25mm的半硬态铜管可采用专用工具冷弯;管径大于25mm的铜管转弯时宜使用弯头。

⑤采用铜管加工补偿器时,应先将补偿器预制成形后再进行安装。采用定型产品套筒式或波纹管式补偿器时,也宜将其与相邻管子预制成管段后再进行安装,特别是选用不锈钢等异种材料需与铜管钎焊连接的补偿器时,一般应将补偿器与铜管先预制成管段后,再进行安装。敷设管道所需的支吊架,应按施工图标明的形式和数量进行加工预制。

⑥铜管连接可采用专用接头或焊接,当管径小于22mm时宜采用承插式或套管焊接,承口应沿介质流向安装;当管径大于等于22mm时宜采用对口焊接。

⑦管道支撑件宜采用铜合金制品,当采用钢件支架时,管道与支架之间应设软性隔垫,隔垫不得对管道产生腐蚀。

⑧采用胀口或翻边连接的管材,施工前应每批抽1%且不少于两根作胀口或翻边试验。当有裂纹时,应在退火处理后重作试验。如仍有裂纹,则该批管材应逐根退火试验,不合格者不得使用。

(2) 铜管钎焊

①铜管钎焊连接前应先确认管材、管件的规格尺寸是否满足连接要求。依据图纸现场实测配管长度,下料应正确。铜管钎焊宜采用氧-乙炔火焰或氧-丙烷火焰。软钎焊也可用丙烷-空气火焰和电加热。

②钎焊强度小,一般焊口采用搭接形式。搭接长度为管壁厚度的6~8倍,管道的外径D小于等于28mm时,搭接长度为$(1.2~1.5)D(mm)$。

③焊接前应对铜管外壁和管件内壁用细砂纸,钢丝刷或含其他磨料的布砂纸将钎焊处外壁和管道内壁的污垢与氧化膜清除干净。

④硬钎焊可用各种规格铜管与管件的连接,钎料宜选用含磷的脱氧元素的铜基无银、低银钎料。铜管硬钎焊可不添加钎焊剂,但与铜合金管件钎焊时,应添加钎焊机。

⑤软钎焊可用与管径不大于$DN25$的铜管与管件的连接,钎料可选用无铅锡基、无铅锡银钎料。焊接时应添加钎焊剂,但不得使用含氨钎焊剂。

⑥钎焊时应根据工件大小选用合适的火焰功率,对接头处铜管与承口实施均匀加热,达到钎焊温度时即向接头处添加钎料,并继续加热,钎焊时钎料填满焊缝后应立即停止加

热,保持自然冷却。

⑦焊接过程中,焊嘴应根据管径大小选用得当,焊接处及焊条应加热均匀。不得出现过热现象,焊料渗满焊缝后应立即停止加热,并保持静止,自然冷却。

⑧铜管与铜合金管件或铜合金管件与铜合金管件间焊接时,应在铜合金管件焊接处使用助焊剂,并在焊接完后,清除管道外壁的残余熔剂。

⑨覆塑铜管焊接时应将钎焊接头处的铜管覆塑层剥离,剥出长度不小于200mm裸铜管,并在两端连接点缠绕湿布冷却,钎焊完成后复原覆塑层。

⑩钎焊后的管件,必须在8h内进行清洗,除去残留的熔剂和熔渣。常用煮沸的含10%~15%的明矾水溶液或含10%柠檬酸水溶液涂刷接头处,然后用水冲擦干净。

焊接安装时应尽量避免倒立焊。钎焊铜管承、插口规格尺寸见表2-14。

钎焊铜管承、插口规格尺寸　　表2-14

公称直径 DN	铜管外径 De	插口外径	承口内径	承口长度	插口长度	最小管壁		
						1.0MPa	1.6MPa	2.5MPa
6	8	8±0.03	8+0.05	7	9	0.75		
8	10	10±0.03	10+0.05					
10	12	12±0.03	12+0.05	9	11			
15	15	15±0.03	15+0.05	11	13			
20	22	22±0.04	22+0.06	15	17			
25	28	28±0.04	28+0.08	17	19	1.0	1.0	—
32	35	35±0.05	35+0.08	20	22			
40	42	42±0.05	42+0.12	22	24		1.5	—
50	54	54±0.05	54+0.15	25	27			
65	67	67±0.06	67+0.15	28	30		2.0	—
80	85	85±0.06	85+0.23	32	34	1.5	2.5	
100	108	108±0.06	108+0.25	36	38	2.0	3.0	3.5
125	133	133±0.10	133+0.28	38	41	2.5	3.5	4.0
150	159	159±0.18	159+0.28	42	45	3.0	4.0	4.5
200	219	219±0.30	219+0.30	45	48	4.0	5.0	6.0
250	267	273±0.25	273+0.30	48	51	4.0	5.0	6.0

钎焊时应根据工件大小适用合适的火焰功率,对接头处铜管与承口实施均匀加热,达到钎焊温度时即向接头处添加钎料,并继续加热,钎焊时钎料填满焊缝后立即停止加热,保持自然冷却。钎焊完成后,应将接头处残留钎焊剂和反应物用干布擦拭干净。

(3) 铜管卡套连接

①对管径不大于 DN50、需拆卸的铜管可采用卡套连接。

②管口断面垂直平整,且应使用专用工具将其整圆或扩口。

③应使用活络扳手或专用扳手,严禁使用管钳旋紧螺母。

④连接部位宜采用二次装配,第二次装配时,拧紧螺母应从力矩激增点后再将螺母旋转1/4圈。

⑤一次完成卡套连接时,拧紧螺母应从力矩激增点起再旋转1~1.25圈,使卡套刃口切入管子,但不可旋得过紧。

⑥卡套连接铜管的规格尺寸详见表2-15。

卡套连接铜管的规格尺寸(mm)　　　　表2-15

公称直径 DN	铜管外径 De	承口内径		铜管壁厚	螺纹最小长度
		最大	最小		
15	15	15.30	15.10	1.2	8.0
20	22	22.30	22.10	1.5	9.0
25	28	28.30	28.10	1.6	12.0
32	35	35.30	35.10	1.8	12.0
40	42	42.30	42.10	2.0	12.0
50	54	54.30	54.10	2.3	15.0

(4)铜管卡压连接

①管径不大于DN50的铜管可采用卡压连接,采用专用的与管径相匹配的连接管件和卡压机具。

②管口断面应垂直平整,且管口无毛刺。

③在铜管插入管件的过程中,管件内密封圈不得扭曲变形。管材插入管件到底后,应轻轻转动管子,使管材与管件的结合段保持同轴后再卡压。

④压接时,卡钳端面应与管件轴线垂直,达到规定卡压压力后应保持1~2s,方可松开卡钳卡压。

⑤卡压连接应采用硬态铜管,卡压连接铜管规格尺寸见表2-16。

卡压连接铜管的规格尺寸(mm)　　　　表2-16

公称直径 DN	铜管外径 De	承口内径		铜管壁厚
		最大	最小	
15	15	15.20	15.35	0.7
20	22	22.20	22.35	0.9
25	28	28.25	28.40	0.9
32	35	35.30	35.50	1.2
40	42	42.30	42.50	1.2
50	54	54.30	54.50	1.2

(5) 铜管法兰连接

①法兰连接时,松套法兰规格应满足规定。垫片可采用耐温夹布橡胶板或铜垫片,紧固件应采用镀锌螺栓,对称旋紧。

②铜及铜合金管道上采用的法兰根据承受压力的不同,可选用不同形式的法兰连接。法兰连接的形式一般有翻边活套法兰、平焊法兰和对焊法兰等,具体选用应按设计要求。

③一般管道压力在 2.5MPa 以内采用光滑面铸铜法兰连接。法兰及螺栓材料牌号应根据国家颁布的有关标准选用。

④与铜管及铜合金管道连接的铜法兰宜采用焊接,焊接方法和质量要求应与钢管道的焊接一致。当设计无明确规定时,铜及铜合金管道法兰连接中的垫片一般可采用橡胶石棉垫或铜垫片,也可以根据输送介质的温度和压力选择其他材质的垫片。

⑤法兰外缘的圆柱面上应打出材料牌号、公称压力和公称通径的印记。

⑥管道采用活套法兰连接时,有两种结构:一种是管子翻边(见图 2-14),另一种是管端焊接焊环。焊环的材质与管材相同。

⑦铜及铜合金管翻边模具有内模及外模。内模是一圆锥形的钢模,其外径应与翻边管子内径相等或略小。外模是两片长颈法兰,见图 2-15。

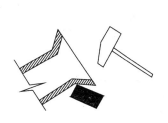

图 2-14 铜管翻边

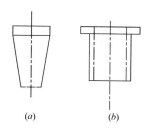

图 2-15 翻边模具

⑧为了消除翻边部分材料的内应力,在管子翻边前,先量出管端翻边宽度(见表 2-17),然后划好线。将这段长度用气焊嘴加热至再结晶温度以上,一般为 450℃ 左右。然后自然冷却或浇水急冷。待管端冷却后,将内外模套上并固定在工作平台上,用手锤敲击翻边或使用压力机。全部翻转后再敲光锉平,即完成翻边操作。

铜管翻边宽度 (mm) 表 2-17

公称直径 (DN)	15	20	25	32	40	50	65	80	100	125	150	200	250
翻边宽度	11	13	16	18	18	18	18	18	18	20	20	20	24

⑨铜管翻边连接应保持两管同轴,公称直径 ≤50mm,其偏差 ≤1mm;公称直径 >50mm,其偏差 ≤2mm。

(6) 铜管沟槽连接

①管径不小于 $DN50$ 的铜管可采用沟槽连接。

②当沟槽连接件为非铜材质时,其接触面应采取必要的防腐措施。

③铜管槽口尺寸见表 2-18。

铜管槽口尺寸（mm） 表2-18

公称直径DN	铜管外径De	铜管壁厚	槽 宽	槽 深
50	54	14.5	9.5	2.2
65	67	14.5	9.5	2.2
80	85	14.5	9.5	2.2
100	108	16.0	9.5	2.2
125	133	16.0	9.5	2.2
150	159	16.0	9.5	2.2
200	219	19.0	13.0	2.5
250	267	19.0	13.0	2.5
300	325	19.0	13.0	3.3

（7）管道配件与附件连接

黄铜配件与附件螺纹连接时，宜采用聚四氟乙烯生料带，应先用手拧入2~3扣，再用扳手一次拧紧，不得倒回，装紧后应留有2~3扣螺纹。

6）不锈钢给水管道施工技术

（1）一般要求

①给水不锈钢管道与其他材料的管材、管件和附件相连接时，应采取防止电化学腐蚀的措施。

②暗埋敷设的不锈钢管，其外壁采取防腐蚀措施。

③在引入管、折角进户管件、支管、接出和仪表接口处，应采用螺纹转换接头或法兰连接。

④当热水水平干管与支管连接，水平干管与立管连接，立管与每层热水支管连接时，应采取在管道伸缩时相互不受影响的措施。

⑤给水不锈钢管明敷时，应采取防止结露的措施，当嵌墙敷设时，公称直径不大于20mm的热水配水支管，可采用覆塑薄壁不锈钢水管，公称直径大于20mm的热水管应采取保温措施，保温材料应采用不腐蚀不锈钢管的材料。

（2）不锈钢管卡压连接

①卡压式管件连接：根据施工要求考虑接头本体插入长度决定管子的切割长度，管子的插入长度按表2-19选用。

不锈钢管活动插接长度 表2-19

公称直径	DN10	DN15	DN20	DN25	DN32	DN40	DN50	DN65
插入长度（mm）	18	21	24	24	39	47	52	64

②管子切断前必须确认没有损伤和变形，使用产生毛刺和切屑较少的旋转式管子切割器垂直于管的轴心线切断，切割时不能用力过大以防止管子失圆。切断后应清除管端的毛

刺和切屑,粘附在管子内外的垃圾和异物用棉丝或纱布等擦干净,否则会导致插入接头本体时密封圈损坏不能完全结合而引起泄漏。锉刀和除毛刺器一定要用不锈钢专用,如果曾在其他材料上使用过,可能会沾染上锈蚀。

③用画线器在管子上标记,确保管子插入尺寸符合要求。

④将管子笔直地慢慢地插入接头本体,确保标记到接头端面在2mm以内。插入前要确认密封圈安装在U型位置上。如插入过紧可在管子上沾点水,不得使用油脂润滑,以免油脂使密封圈变性失效。

⑤卡压连接

a. 管道的连接采用专用管件,先按插入长度表在管端划线作标记,用力将管子插入管件到划线处。

b. 将专用卡压工具的凹槽与管件环形凸槽贴合,确认钳口与管子垂直后,开始作业,缓慢提升卡压机的压力至 35～40MPa,压至卡压工具上,当下钳口闭合时,完成卡压连接。

c. 卡压完成后应缓慢卸压,以防压力表被打坏。要确认卡压钳口凹槽安置在接头本体圆弧突出部位,卡压时应按住卡压工具,直到解除压力,卡压处若有松弛现象,可在原卡压处重新卡压一次。

d. 带螺纹的管件应先锁紧螺纹后再卡压,以免造成卡压好的接头因拧螺纹而松脱。

e. 配管弯曲时,应在直管部位修正,不可在管件部位矫正,否则可能引起卡压处松弛造成泄漏。对 $DN65～DN100$ 用环模,然后再次加压到位,见表2-20。

⑥卡压检查:卡压完成后检查划线处与接头端部的距离,若 $DN15～DN25$ 距离超过3mm,$DN32～DN50$ 距离超过4mm,则属于不合格,需切除后重新施工。卡压处使用六角量规测量,能够完全卡入六角量规的判定为合格。若有松弛现象,可在原位重新卡压,直至用六角量规测量合格。二次卡压仍达不到卡规测量要求,应检查卡压钳口是否磨损,有问题及时与供货商联系。一般情况下卡压机连续使用三个月或卡压5000次就送供货商检验保养。

不锈钢管卡压压力 表2-20

公称通径	卡压压力
$DN15～DN25$	40MPa
$DN32～DN50$	50MPa
$DN65～DN100$	60MPa

⑦采用 EPDM 或 CIIR 橡胶圈,放入管件端部U型槽内时,不得使用任何润滑剂。

(3) 不锈钢压缩式管件的安装

①断管,用砂轮切割机将配管切断,切口应垂直,且把切口内外毛刺修净。

②将管件端口部分螺母拧开,并把螺母套在配管上。用专用工具(胀形器)将配管内胀成山形台凸缘或外边加一档圈。

③将硅胶密封圈放入管件端口内,将事先套入螺母的配管插入管件内。

④手拧螺母,并用扳手拧紧,完成配管与管件一个部分的连接。

⑤配管胀形前,先将需连接的管件端口部分螺母拧开,并把他套在配管上。

⑥胀形器按不同管径附有模具,公称直径 15～20mm 用卡箍式(外加一档圈),公称直径 25～50mm 用胀箍式(内胀成一个山形台),装卸合模时借助木槌轻击。

⑦配管胀形过程凭借胀形器专用模具自动定位,上下拉动摇杆至手感力约30~50kg,配管卡箍或胀箍位置应满足表2-21的规定。

管子胀形位置基准值(mm)　　　　　表2-21

公称直径DN	15	20	25	32	40	50
胀形位置外径φ	16.85	22.85	28.85	37.70	42.80	53.80

⑧硅胶密封圈应平放在管件端口内,严禁使用润滑油。把胀形后的配管插入管件时,切忌损坏密封圈或改变其平整状态。

⑨不锈钢压缩式管件承口尺寸的规格应符合图2-16和表2-22的规定。

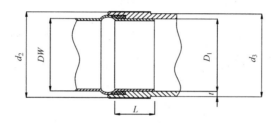

图2-16　不锈钢压缩式管件承口

不锈钢压缩式管件承口尺寸(mm)　　　　　表2-22

公称直径DN	管外径D_w	承口内径D_1	螺纹尺寸d_2	承口外径d_3	壁厚t	承口长度L
15	14	$14^{+0.07}_{+0.02}$	G1/2	18.4	2.2	10
20	20	$20^{+0.09}_{+0.02}$	G3/4	24	2	10
25	26	$26^{+0.104}_{+0.02}$	G1	30	2	12
32	35	$35^{+0.15}_{+0.05}$	G11/4	38.6	1.8	12
40	40	$40^{+0.15}_{+0.05}$	G11/2	44.4	2.2	14
50	50	$50^{+0.15}_{+0.05}$	G2	56.2	3.1	14

⑩不锈钢压缩式管材与管材连接见图2-17。

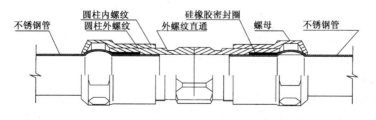

图2-17　不锈钢压缩式管件与管材连接

(4) 不锈钢管焊接

①不锈钢管道焊接可分为承插搭接焊和对接焊两种。影响手工氩弧焊焊接质量的主要因素有：喷嘴孔径、气体流量、喷嘴至工件的距离、钨极伸出长度、焊接速度、焊枪和焊丝与工件间的角度等。喷嘴孔径范围一般为 $\phi 5 \sim 20mm$，喷嘴孔径越大，保护范围越大；但喷嘴孔径过大，氩气耗量大，焊接成本高，而且影响焊工的视线和操作。对接氩弧焊管材与管材连接见图2-18。

图2-18 不锈钢氩弧焊管件与管材连接

②氩气流量范围在 $5 \sim 25L/min$，流量的选择应与喷嘴相匹配，气流过低，喷出气体的挺度差，影响保护效果；气流过大，喷出气流会变成紊流，卷进空气，也会影响保护效果。焊接时不仅往焊枪内充氩气，还要在焊前往管子内充满氩气，使焊缝内外均与空气不接触。管道尾端的封闭焊口必须用水溶纸代替挡板封闭管口（焊后挡板不能取出，纸在管道水压试验时水溶化）。

③焊接检验

为保证焊接工程质量，必须全过程跟踪检查。

a. 焊前检查：坡口加工，管口组对尺寸，焊条干燥情况，环境温度等。

b. 中间检查：重点检查焊接中运条有无横向摆动，会不会产生层间温度过高的情况，每层焊缝焊完的清渣去瘤质量等。

c. 焊后检查：首先进行外观检查。外观检查合格后，按设计要求的比例对焊口进行无损检测抽查。若发现不合格焊口，对同标记焊口加倍抽检。不合格焊口，必须返修或割掉重焊，同一焊缝返修不能超过两次，焊后再次检查。必须及时真实填写检验记录，测试报告。

(5) 不锈钢管法兰式连接

①被连接的管道分别装上一个带槽环的法兰盘，对两根管材端口进行90°翻边工艺处理，翻边后的端口平面打磨，应垂直平整，无毛刺，无凹凸、变形，管口需要专用工具整圆，应无微裂纹，厚薄均匀，宽度相同。

②将两侧已装好O型密封圈的金属密封环，嵌入带槽环的法兰盘内。用螺栓将法兰盘孔连接，对称拧紧螺栓组件。拧紧过程中，沿轴向推动两根管材的各翻边平面，均匀压缩两侧O型密封圈，使接头密封。

(6) 不锈钢管卡箍法兰式连接

①左右两法兰片分别与需要连接的两管材端口，用氩弧焊焊接，焊角尺寸不小于管壁厚度。

②左右两法兰片间衬密封垫，用卡箍卡住两法兰片，然后紧定螺钉紧固。

③不锈钢卡箍法兰式管道连接见图2-19、图2-20。

(7) 不锈钢管沟槽连接

①不锈钢管沟槽连接时，先将被连接的管材端部用专业厂提供的滚槽机加工出沟槽。对接时将两片卡箍件卡入沟槽内，用力矩扳手对称拧紧卡箍上的螺栓，起密封和紧固作用。

②不锈钢沟槽式管道连接见图2-20。

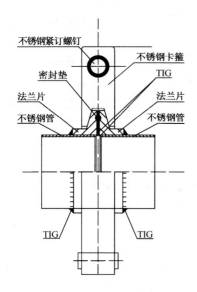
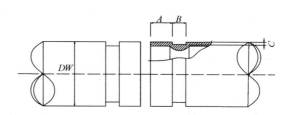

图 2-19　不锈钢卡箍法兰式　　图 2-20　不锈钢沟槽式管道连接
　　　　管道连接

（8）阀门与不锈钢管道连接

不锈钢管道与阀门、水表、水嘴等的连接采用转换接头，严禁在薄壁不锈钢水管上套丝。安装完毕的干管，不得有明显的起伏、弯曲等现象，管外壁无损伤。

（9）不锈钢管道严禁与碳钢接触，当采用碳钢支架式，其与管道间应使用橡胶垫隔开。

（10）不锈钢水管道的消毒冲洗

饮用水不锈钢管道在试压合格后宜采用0.03%高锰酸钾消毒液灌满管道进行消毒，应将消毒液倒入管道中静置24h，排空后再用饮用水冲洗。冲洗前应对系统内的仪表加以保护，并将有碍冲洗的节流阀、止回阀等管道附件拆除和妥善保管，待冲洗后复位。饮用水水质应达到《生活饮用水卫生标准》GB 5746 的要求。

7）给水碳钢管道安装

（1）管道螺纹连接

螺纹连接管道安装后的管螺纹根部应有2~3扣的外露螺纹，多余的麻丝等填料应清理干净并作防腐处理。

①套丝：将断好的管材，按管径尺寸分次套制丝扣，一般以管径15~32mm者套二次，40~50mm者套三次，70mm以上者套3~4次为宜。

a. 用套丝机套丝，将管材夹在套丝机卡盘上，留出适当长度将卡盘夹紧，对准板套号码，上好板牙，按管径对好刻度的适当位置，紧住固定板机，将润滑剂管对准丝头，开机推板，待丝扣套到适当长度，轻轻松板机。

b. 用手工套丝板套丝，先松开固定板机，把套丝板板盘退到零度，按顺序号上好板牙，把板盘对准所需刻度，拧紧固定板机，将管材放在台虎钳压力钳内，留出适当长度卡紧，将套丝板轻轻套入管材，使其松紧适度，而后两手推套丝板，带上2~3扣，再站到侧面扳转套丝板，用力要均匀，待丝扣即将套成时，轻轻松开板机，开机退板，保持丝扣应有锥度。

②配装管件：根据现场测绘草图，将已套好丝扣的管材，配装管件。配装管件时应将所需管件带入管丝扣，试试松紧度（一般用手带入3扣为宜），在丝扣处涂铅油、缠麻后（或生料带等）带入管件（缠麻方向要顺向管件上紧方向），然后用管钳将管件拧紧，使丝扣外露2~3扣，去掉麻头，擦净铅油（或生料带等多余部分），编号放到适当位置等待调直。

（2）管道法兰连接

①凡管段与管段采用法兰盘连接或管道与法兰阀门连接者，必须按照设计要求和工作压力选用标准法兰盘。

②法兰盘的连接螺栓直径、长度应符合标准要求，紧固法兰盘螺栓时要对称拧紧，紧固好的螺栓，突出螺母的丝扣长度应为2~3扣，不应大于螺栓直径的1/2。

③法兰盘连接衬垫，一般给水管（冷水）采用厚度为3mm的橡胶垫，供热、蒸汽、生活热水管道应采用厚度为3mm的石棉橡胶垫。法兰连接时衬垫不得凸入管内，其外边缘接近螺栓孔为宜。不得安放双垫或偏垫。

（3）管道沟槽式连接

①沟槽式管接头采用平口端环形沟槽，必须采用专门的滚槽机加工成型。可在施工现场按配管长度进行沟槽加工。

②沟槽式三通、沟槽式四通等管件连接。沟槽式三通、沟槽式四通、机械三通、机械四通等管件必须采用标准规格产品，支管接头采用专门的开孔机，当支管的管径不符合标准规格时，可在接出管上采用异径管等转换支管管径。

③沟槽式管接头、沟槽式管件、附件在装卸、运输、堆放时，应小心轻放，严禁抛、摔、滚、拖和剧烈撞击。严禁与有腐蚀和有害于橡胶的物质接触，避免雨水淋袭。橡胶密封圈应放置在卡箍内一起贮运和存放，不得另行分包。紧固件应于卡箍件螺栓孔松套相连。

④管材切割应按配管图先标定管子外径，其外径误差和壁厚误差应在允许公差范围内。

⑤管道切割应采用机械方法。切口表面应平整，无裂缝、凹凸、缩口、熔渣、氧化物，并打磨光滑。当管端沟槽加工部位的管口不圆整时应整圆，壁厚应均匀，表面的污物、油漆、铁锈、碎屑等应予清除。

⑥用滚槽机加工沟槽时应按下列步骤进行：

a. 将切割合格的管子架设在滚槽机上或滚槽机尾架上。

b. 在管子上用水平仪量测，使其处于水平位置。

c. 将管子端面与滚槽机止推面贴紧，使管轴线与滚槽机止推面垂直。

d. 启动滚槽机，滚压环行沟槽。

e. 停机，用游标卡尺量测沟槽的深度和宽度，在确认沟槽尺寸符合要求后，滚槽机卸荷，取出管子。

f. 在滚槽机滚压沟槽过程中，严禁管子出现纵向位移和角位移。

⑦滚槽机滚压成型的沟槽应符合下列要求：

a. 管端至沟槽段的表面应平整，无凹凸，无滚痕。

b. 沟槽圆心应与管壁同心，沟槽宽度和深度符合要求。

c. 用滚槽机对管材加工成型的沟槽，不得损坏管子的镀锌层及内壁各种涂层和内衬层。

⑧在管道上开孔应按下列步骤进行：

a. 将开孔机固定在管道预定开孔的部位，开孔的中心线和钻头中心线必须对准管道中轴线。

b. 启动电机转动钻头，转动手轮使钻头缓慢向下钻孔，并适时、适量地向钻头添加润滑剂直至钻头在管道上钻完孔洞。

c. 开孔完毕后，摇回手轮，使开孔机的钻头复位。

d. 撤除开孔机后，清除开孔部位的钻落金属和残渣，并将孔洞打磨光滑。

e. 开孔直径不小于支管外径。

⑨沟槽式接头安装步骤：

a. 用游标卡尺检查管材、管件的沟槽是否符合规定。

b. 在橡胶密封圈上涂抹润滑剂，并检查橡胶密封圈是否有损伤。润滑剂可采用肥皂水或洗洁剂，不得采用油润滑剂。

c. 连接时先将橡胶密封圈安装在接口中间部位，可将橡胶密封圈先套在一侧管端，定位后再套在一侧管端，定位后再套上另一侧管端。校直管道中轴线。

d. 在橡胶密封圈的外侧安装卡箍件，必须将卡箍件内缘嵌固在沟槽内，并将其固定在沟槽中心部位。

e. 压紧卡箍件至端面闭合后，即刻安装紧固件，应均匀交替拧紧螺栓。

f. 在安装卡箍件过程中，必须目测检查橡胶密封圈，防止起皱。

g. 安装完毕后，检查并确认卡箍件内缘全圆周嵌固在沟槽内。

⑩支管接头安装应按下列步骤进行：

a. 在已开孔洞的管道上安装机械三通或机械四通时，卡箍件上连接支管的管中心必须与管道上孔洞的中心对准。

b. 安装后机械三通、机械四通内的橡胶密封圈，必须与管道上的孔洞同心，间隙均匀。

c. 压紧支管卡箍件至两端面闭合，即刻安装紧固件，应均匀交替拧紧螺栓。

d. 在安装支管卡箍件过程中，必须目测检查橡胶密封圈，防止起皱。

8) 给水铸铁管道安装

(1) 石棉水泥接口

①一般用线麻（大麻）在5%的65号或75号熬热普通石油沥青和95%的汽油的混合液里浸透，晾干后即成油麻。捻口用的油麻填料必须清洁。

②将4级以上石棉在平板上把纤维打松，挑净混其中的杂物，将32.5级硅酸盐水泥（捻口用水泥强度不低于32.5MPa即可），给水管道以石棉：水泥=3:7之比掺合在一起搅合，搅好后，用时加上其混合总重量的10%～12%的水（加水量在气温较高或风较大时选较大值），一般采用喷水的方法，即把水喷洒在混合物表面，然后用手着实揉搓，当抓起被湿润的石棉水泥成团，一触即又松散时，说明加水适量，调合即用。由于石棉水泥

的初凝期短，加水搅拌均匀后立即使用，如超过4h则不可用。

③操作时，先清洗管口，用钢丝刷刷净，管口缝隙用楔铁临时支撑找匀。

④铸铁管承插捻口连接的对口间隙应不小于3mm。

⑤铸铁管沿直线敷设，承插捻口的环形间隙应符合规定；沿曲线敷设，每个接口允许有2°转角。

⑥将油麻搓成环形间隙的1.5倍直径的麻辫，其长度搓拧后为管外径周长加上100mm。从接口的下方开始向上塞进缝隙里，沿着接口向上收紧，边收边用麻凿打入承口，应相压打两圈，再从下向上依次打实打紧。当锤击发出金属声，捻凿被弹打好，被打实的油麻深度应占总深度1/3（2~3圈，注意两圈麻接头错开）。

⑦麻口全打完达到标准后合灰打口，将调好的石棉水泥均匀地铺在盘内，将拌好的灰从下至上塞入已打紧的油麻承口内，塞满后，用不同规格的捻凿及手锤将填料捣实。分层打紧打实，每层要打至锤击时发出金属的清脆声，灰面呈黑色，手感有回弹力，方可填料打下一层，每层厚约10mm，一直打击至凹入承口边缘深度不大于2mm，深浅一致，表面用捻凿连打几下灰面再不凹下即可，大管径承插口铸铁管接口时，由两个人左右同时进行操作。

⑧接口捻完后，用湿泥抹在接口外面，春秋季每天浇两次水，夏季用湿草袋盖在接口上，每天浇四次水，初冬季在接口上抹湿泥覆土保湿，敞口的管线两端用草袋塞严。

⑨水泥捻口的给水铸铁管，在安装地点有侵蚀性的地下水时，应在接口处涂抹沥青防腐层。

（2）膨胀水泥接口

①拌合填料：以0.2~0.5mm清洗晒干的砂和硅酸盐水泥为拌合料，按砂:水泥:水 = 1:1:0.28~0.32（重量比）的配合比拌合而成，拌好后的砂浆和石棉水泥的湿度相似，拌好的灰浆在1h内用完。冬期施工时，须用80℃左右热水拌合。

②操作：按照石棉水泥接口标准要求填塞油麻。再将调好的砂浆一次塞满在已填好油麻的承插间隙内，一面塞入填料，一面用灰凿分层捣实，可不用手锤。表面捣出有稀浆为止，如不能和承口相平，则再填充后找平。一天内不得受到大的碰撞。

③养护：接口完毕后，2h内不准在接口上浇水，直接用湿泥封口，上留检查口浇水，烈日直射时，用草袋覆盖住。冬季可覆土保湿，定期浇水。夏天不少于2d，冬天不少于3d，也可用管内充水进行养护，充水压力不超过200kPa。

（3）青铅接口

一般用于工业厂房室内铸铁给水管敷设，设计有特殊要求或室外铸铁给水管紧急抢修，管道连接急于通水的情况下可采用青铅接口。

①按石棉水泥接口的操作要求，打紧油麻。

②将承插口的外部用密封卡或包有黏性泥浆的麻绳，将口密封，上部留出浇铅口。

③将铅锭截成几块，然后投入铅锅内加热熔化，铅熔至紫红色（500℃左右）时，用加热的铅勺（防止铅在灌口时冷却）除去液面的杂质，盛起铅液浇入承插口内，灌铅时要慢慢倒入，使管内气体逸出，至高出灌口为止，一次浇完，以保证接口的严密性。对于大管径管道灌铅速度可适当加快，防止熔铅中途凝固。

④铅浇入后，立即将泥浆或密封卡拆除。

⑤管径在350mm以下的用手钎子（捻凿）一人打，管径在400mm以上的，用带把钎子两人同时从两边打。从管的下方打起，至上方结束。上面的铅头不可剁掉，只能用铅塞刀边打紧边挤掉。第一遍用剁子，然后用小号塞刀开始打。逐渐增大塞刀号，打实打紧打平，打光为止。

⑥化铅与浇铅口时，如遇水会发生爆炸（又称放炮）伤人，可在接口内灌入少量机油（或蜡），则可以防止放炮。

（4）承插铸铁给水管橡胶圈接口

①胶圈形体应完整，表面光滑，粗细均匀，无气泡，无重皮。用手扭曲、拉、折表面和断面不得有裂纹、凹凸及海绵状等缺陷，尺寸偏差应小于1mm，将承口工作面清理干净。

②安放胶圈，胶圈擦拭干净，扭曲，然后放入承口内的圈槽里，使胶圈均匀严整地紧贴承口内壁，如有隆起或扭曲现象，必须调平。

③画安装线：对于装入的合格管，清除内部及插口工作面的粘附物，根据要插入的深度，沿管子插口外表面画出安装线，安装面应与管轴相垂直。

④涂润滑剂：向管子插口工作面和胶圈内表面刷水擦上肥皂。

⑤将被安装的管子插口端锥面插入胶圈内，稍微顶紧后，找正将管子垫稳。

⑥安装安管器：一般采用钢箍或钢丝绳，先捆住管子。安管器有电动、液压汽动，出力在50kN以下，最大不超过100kN。

⑦插入：管子经调整对正后，缓慢启动安管器，使管子沿圆周均匀地进入并随时检查胶圈不得被卷入，直至承口端与插口端的安装线齐平为止。

⑧橡胶圈接口的管道，每个接口的最大偏转角不得超过如下规定：$DN \leq 200mm$ 时，允许偏转角度最大为5°；$200mm < DN \leq 350mm$ 时，为4°；$DN = 400mm$ 时，为3°。

⑨检查接口、插入深度、胶圈位置（不得离位或扭曲），如有问题时必须拔出重新安装。

⑩采用橡胶圈接口的埋地给水管道，在土壤或地下水对橡胶有腐蚀的地段，在回填土前应用沥青胶泥、沥青麻丝或沥青锯末等材料封闭橡胶圈接口。

5. 给水管道支架安装

根据管道支架的结构形式，一般将支架分为吊架、托架和卡架。

1）支架安装前的准备工作

（1）管道支架安装前，首先应按设计要求定出支架位置，再按管道标高，把同一水平直管段两点间的距离和坡度的大小，算出两点间的高差。然后在两点间拉直线，按照支架的间距，在墙上或柱子上画出每个支架的位置。

（2）如已在墙上预留埋设支架的孔洞，或在钢筋混凝土构件上预埋了焊接支架的钢板，应检查预留孔洞或预埋钢板的标高及位置是否符合要求。

2）常用支、吊架的安装方法

（1）墙上有预留孔洞的，可将支架横梁埋入墙内。埋设前应清除洞内的碎砖及灰尘，并用水将洞浇湿。填塞用M5水泥砂浆，要填得密实饱满。

（2）钢筋混凝土构件上的支架，可在浇注时在各支架的位置预埋钢板，然后将支架横梁焊接在预埋钢板上。

（3）在没有预留预埋和预埋钢板的砖墙或混凝土构件上，可以用射钉或膨胀螺栓安装支架。

（4）沿柱敷设的管道，可采用抱柱式支架。

（5）室内给排水管道支架安装的几种形式见图 2-21 所示。

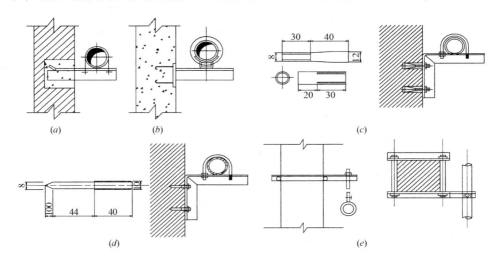

图 2-21　室内给水排水管道支架常用安装形式
（a）栽培法安装支架；（b）预埋钢板法；（c）膨胀螺栓法；（d）射钉法；（e）抱柱法

（6）型钢支、吊架根据全国通用图集《室内管道支架及吊架》03S402 选用，管道的吊架由吊架根部、吊杆及管卡三个部分组成，可根据工程需要组合选用。

（7）吊架根部：根据安装方法，常用的吊架根部有下面几种类型：

①穿吊型：吊架安装在楼板上，吊杆贯穿楼板。使用时必须在楼板面施工前钻孔安装。如图 2-22 所示。

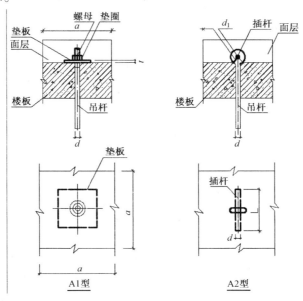

图 2-22　穿吊型吊架根部

②锚固型：吊架根部用膨胀螺栓锚固在楼板或梁上，如图 2-23 所示。

③焊接型：吊架根部焊接在梁侧预埋钢板或钢结构型钢上。

6. 给水管道附件安装

1）一般要求

（1）所有材料使用前应作好产品标识，注明产品名称、规格、型号、批号、数量、生产日期和检验代码等，并确保材料具有可追溯性。

（2）水表的规格应符合设计要求，热水系统选用符合温度要求的热水表。表壳铸造规矩，无砂眼、裂纹，表玻璃无损坏，铅封完整，有出厂合格证。

（3）阀门的规格型号应符合设计要求，热水系统阀门符合温度要求。阀体铸造规矩，表面光洁，无裂纹，开关灵活，关闭严密，填料密封完好无渗漏，手轮无损坏，有出厂合格证。

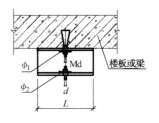
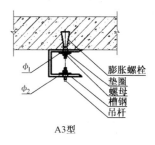

图 2-23 锚固型吊架根部

（4）试验合格的阀门，应及时排尽内部积水，并吹干；密封面上应涂防锈油，关闭阀门，封闭出入口，作出明显的标记，并应按规定格式填写"阀门试验记录"。

2）水表安装要求

（1）水表应安装在便于检修和读数，不受曝晒、冻结、污染和机械损伤的地方。

（2）螺翼式水表的上游侧，应保证长度为 8~10 倍水表公称直径的直管段，其他类型水表前后直线管端的长度，应小于 300mm 或符合产品标准规定的要求。

（3）注意水表安装方向，务须使进水方向与表上标志方向一致。旋翼式水表和垂直螺翼式水表应水平安装，水平螺翼式和容积式水表可根据实际情况确定水平、倾斜或垂直安装；垂直安装时，水流方向必须自下而上。

（4）对于生活、生产、消防合一的给水系统，如只有一条引入管时，应绕水表安装旁通管。

（5）水表前后和旁通管上均安装检修阀门，水表与水表后阀门间装设泄水装置。为减少水头损失并保证表前管内水流的直线流动，表前检修阀门宜采用闸阀。住宅中的分户水表，其表后检修阀及专用泄水装置可不设。

（6）当水表可能发生反转、影响计量和损坏水表时，应在水表后设止回阀。

（7）明装在室内的分户水表，表外壳距墙不得大于 30mm。

（8）水表下方设置表托架宜采用 25mm×25mm×3mm 的角钢制作，牢固、形式合理。

3）阀门安装

（1）选用的法兰盘的厚度、螺栓孔数、水线加工、有关直径等几何尺寸要符合管道工作压力的相应要求。

（2）水平管道上的阀门安装位置尽量保证手轮朝上或者倾斜 45°或者水平安装，不得朝下安装。

（3）阀门法兰盘与钢管法兰盘相互平行，一般误差应小于 2mm，法兰要垂直于管道中心线，选择适合介质参数的垫片置于两法兰盘的中心密合面上。

（4）连接法兰的螺栓、螺杆突出螺母长度不宜大于螺杆直径的1/2。螺栓同法兰配套，安装方向一致；法兰平面同管轴线垂直，偏差不得超标，并不得用扭螺栓的方法调整。焊接法兰时，应注意与阀门配合，焊接时要把法兰的螺孔与阀门的螺孔先对好，然后焊接。

（5）安装阀门时注意介质的流向，水流指示器、止回阀、减压阀及截止阀等阀门不允许反装。阀体上标识箭头，应与介质流动方向一致。

（6）螺纹式阀门，要保持螺纹完整，按介质不同涂以密封填料物，拧紧后螺纹要有3扣的预留量，以保证阀体不致拧变形或损坏。紧靠阀门的出口端装有活结，以便拆修。安装完毕后，把多余的填料清理干净。

（7）过滤器：安装时要将清扫部位朝下，并要便于拆卸。

（8）明杆阀门不能安装在潮湿的地下室，以防阀杆锈蚀。

（9）较重的阀门吊装时，不允许将钢丝绳拴在阀杆手轮及其他传动杆件和零件上，而应拴在阀体上。

（10）塑料给水管道中，阀门可以采用配套产品，其阀门型号、承压能力必须满足设计要求，符合《生活饮用水标准》卫生要求，必要时阀门两端应设置固定支架，以免使得阀门扭矩作用在管道上。

2.1.2 热水管道及附件安装

1. 热水供应系统的组成

热水供应系统主要由热源供应设备、换热设备、热水贮存设备、管道系统和其他设备组成。

2. 热水供应系统的分类

1）按供水范围分类：局部热水供应系统、集中热水供应系统、区域热水供应系统。

2）按热水管网循环方式分类：无循环热水供应系统、全循环热水供应系统和半循环式热水供应系统。

3）按热水管网运行方式分类：全天循环热水供应系统、定时循环热水供应系统。

4）按热水管网循环动力分类：自然循环热水供应系统、机械循环热水供应系统。

5）按热水管网的压力工况，可分为开式和闭式两类。

6）按热水配水管网水平干管的位置不同，可分为下行上给供水方式和上行下给供水方式。

3. 热水加热方式

生活热水系统常用的加热方式分为直接加热、间接加热、汽水混合加热等。

4. 热水管道及附件安装

1）热水系统管道和管件的要求

由于热水供应系统的使用温度高、温差大，所以系统使用的管材、管件除应满足室内给水系统的相关要求外，还应满足以下要求和规定：

（1）热水系统采用的管材和管件，应符合现行产品标准的要求。管道的工作压力和工作温度不得大于产品标准标定的允许工作压力和工作温度。

(2) 热水管道应选用耐腐蚀和安装连接方便可靠的管材。一般可采用薄壁铜管、不锈钢管、塑料热水管、塑料和金属复合热水管等。

当采用塑料热水管或塑料和金属复合热水管材时应符合下列要求：

①管道的工作压力应按相应温度下的允许工作压力选择；

②管件宜采用和管道相同的材质；

③定时供应热水不宜选用塑料热水管；

④设备机房内的管道不宜采用塑料热水管。

2）热水系统的附件安装

(1) 自动温度调节装置安装

热水供应系统中为实现节能节水、安全供水。在水加热设备的热媒管道上一般装设自动温度调节装置来控制出水温度。自动调温装置有直接式和电动式两种类型。自动温度调节装置安装位置要正确，接触紧密。

(2) 疏水器

①疏水器的安装位置应便于检修，并尽量靠近用汽设备，安装高度应低于设备或蒸汽管道底部150mm以上，以便凝结水排出。

②浮筒式或钟形浮子式疏水器应水平安装。

③加热设备宜各自单独安装疏水器，以保证系统正常工作。

④疏水器一般不装设旁通管道，但对于特别重要的加热设备，如不允许短时间中断排除凝结水或生产上要求速热时，可考虑装设旁通道。旁通管应在疏水器上方或同一平面上安装，避免在疏水器下方安装。

⑤当采用余压回水系统、回水管高于疏水器时，应在疏水器后装设止回阀。

⑥当疏水器距加热设备较远时，宜在疏水器与加热设备之间安装回汽支管。

⑦当凝结水量很大，一个疏水器不能排除时，则需几个疏水器并联安装。并联安装的疏水器应同型号、同规格，一般宜并联2个或3个疏水器，且必须安装在同一平面内。

(3) 减压阀

①减压阀应安装在水平管段上，阀体应保持垂直。

②阀前、阀后均应安装闸阀和压力表，阀后应设安全阀，一般情况下还应设置旁路管。

(4) 自动排气阀

为排除热水管道系统中热水气化产生的气体，以保证管内热水畅通，防止管道腐蚀，上行下给式系统的配水干管最高处应设自动排气阀。

(5) 膨胀管、膨胀水罐和安全阀

①膨胀管用于高位冷水箱向水加热器供应冷水的开式热水系统，膨胀管的设置应符合下列要求：

当热水系统由生活饮用高位冷水箱补水时，不得将膨胀管引至高位冷水箱上空，以防止热水系统中的水体升温膨胀时，将膨胀的水量返至生活用冷水箱，引起冷水箱内水体的热污染。通常可将膨胀管引入同一建筑物中的中水供水箱、专用消防供水箱等非生活饮用水箱的上空。

膨胀管上严禁装设阀门，且应防冻，以确保热水供应系统的安全。

②膨胀水罐

闭式热水供应系统的日用热水量>10m³时,应设压力膨胀水罐(隔膜式或胶囊式)以吸收贮热设备及管道内水升温时的膨胀量,防止系统超压,保证系统安全运行。压力膨胀水罐宜设置在水加热器和止回阀之间的冷水进水管或热水回水管的分支管上。

③安全阀

闭式热水供应系统的日用热水量≤10m³时,可采用设安全阀泄压的措施。承压热水锅炉应设安全阀,并由制造厂配套提供。开式热水供应系统的热水锅炉和水加热器可不装安全阀。设置安全阀的具体要求如下:

安全阀的开启压力,一般取热水系统工作压力的1.1倍,但不得大于水加热器本体的设计压力。

安全阀应直立安装在水加热器的顶部。

安全阀装设位置应便于检修。其排出口应设导管将排泄的热水引至安全地点。

安全阀与设备之间,不得装设取水管、引气管或阀门。

(6) 自然补偿管道和伸缩器

热水供应系统中管道因受热膨胀而伸长,为保证管网使用安全,在热水管网上应采取补偿管道温度伸缩的措施,以避免管道因为承受了超过自身所许可的内应力而导致弯曲甚至破裂。

补偿管道热伸长技术措施有两种,即自然补偿和设置伸缩器补偿。自然补偿即利用管道敷设自然形成的L形或Z形弯曲管段,来补偿管道的温度变形。通常的做法是在转弯前后的直线段上设置固定支架,让其伸缩在弯头处补偿。弯曲两侧管段的长度不宜超过表2-23中数值。

不同管材弯曲两侧管段允许的长度　　　　表2-23

管材	薄壁铜管	薄壁不锈钢管	衬塑钢管	PP-R	PEX	PB	铝塑管
长度(m)	10.0	10.0	8.0	1.5	1.5	2.0	3.0

当直线管段较长,不能依靠管路弯曲的自然补偿作用时,每隔一定的距离应设置不锈钢波纹管、多球橡胶软管等伸缩器来补偿管道伸缩量。

热水管道系统中使用最方便、效果最佳的是波型伸缩器,即由不锈钢制成的波纹管,用法兰或螺纹连接,具有安装方便、节省面积、外形美观及耐高温、耐腐蚀、寿命长等优点。

5. 附属设备安装

附属设备主要有换热器、热水器、水箱、水泵等,热水器指住宅等民用建筑中局部热水供应的燃气热水器、电热水器和太阳能热水器。

1) 换热器安装

参见设备安装。

2) 太阳能热水器安装

太阳能热水器由集热器储热水箱管道控制器、支架及其他部件等组成。太阳能热水器按运行方式分为自然循环和强制循环；按集热器的形式分为平板型、全玻璃真空管型和热管真空管型。

（1）安装准备，根据设计要求开箱核对热水器的规格型号是否正确，配件是否齐全，清理现场，画线定位。

（2）支座制作安装，应根据设计详图配制，一般为成品现场组装。其支座架地脚盘安装应符合设计要求。

（3）热水器设备组装

①在安装太阳能集热器玻璃前，应对集热排管和上、下集热管作水压试验，试验压力为工作压力的1.5倍。试验压力下10min内压力不降，不渗不漏为合格。

②制作吸热钢板凹槽时，其圆度应准确，间距应一致。安装集热排管时，应用卡箍和钢丝紧固在钢板凹槽内。

③安装固定式太阳能热水器朝向应正南，如受条件限制时，其偏移角不得大于15°。集热器的倾角，对于春、夏、秋三个季节使用的，应采用当地纬度为倾角；若以夏季为主，可比当地纬度减少10°。

④太阳能热水器的最低处应安装泄水装置。

⑤太阳能热水器安装的允许偏差应符合表2-24的规定。

太阳能热水器安装的允许偏差和检验方法　　　　表2-24

项目			允许偏差	检验方法
板式直管太阳能热水器	标高	中心线距地面（mm）	±20	尺量
	固定安装朝向	最大偏移角	不大于15°	分度仪检查

（4）直接加热的贮热水箱制作安装

①给水应引至水箱底部，可采用补给水箱或漏斗配水方式。

②热水应从水箱上部流出，接管高度一般比上循环管进口低50～100mm，为保证水箱内的水能全部使用，应从水箱底部接出管与上部热水管并联。

③上循环管接自水箱上部，一般比水箱顶低200mm左右，并要保证正常循环时淹没在水面以下，并使浮球阀安装后工作正常。

④下循环管接自水箱下部，为防止水箱沉积物进入集热器，出水口宜高出水箱底50mm以上。

⑤由集热器上、下集管接往热水箱的循环管道，应有不小于0.5‰的坡度。

⑥水箱应设有泄水管、透水管、溢流管和需要的仪表装置。

⑦自然循环的热水箱底部与集热器上集管之间的距离为0.3～1.0m，上下集管设在集热器以外时应高出600mm以上。

（5）自然循环系统管道安装

①为减少循环水头损失，应尽力缩短上、下循环管道的长度和减少弯头数量，应采用大于4倍曲率半径、内壁光滑的弯头和顺流三通。

②管路上不宜设置阀门。

③在设置几台集热器时，集热器可以并联、串联或混联，循环管路应对称安装，各回路的循环水头损失平衡。

④循环管路（包括上下集管）安装应有不小于1%的坡度，以便于排气。管路最高点应设通气管或自动排气阀。

⑤循环管路系统最低点应加泄水阀，使系统存水能全部泄净。每台集热器出口应加温度计。

⑥机械循环系统适合大型热水器设备使用。安装要求与自然循环系统基本相同，还应注意以下几点：

a. 水泵安装应能满足系统100℃高温下正常运行；

b. 间接加热系统高点应设膨胀管或膨胀水箱。

⑦热水器系统安装完毕，在交工前按设计要求安装温控仪表。

⑧凡以水作介质的太阳能热水器，在0℃以下地区使用，应采取防冻措施。热水箱及上、下集管等循环管道均应保温。

⑨太阳能热水器系统交工前进行调试运行。系统上满水，排除空气，检查循环管路有无气阻和滞流，机械循环系统应检查水泵运行情况及各回路温升是否均衡，作好温升记录，水通过集热器一般应升温3~5℃。符合要求后办理交工验收手续。

3）电热水器安装

电热水器分为贮水式和快热式两种。

（1）电热水器不应安装在易燃物堆放或对燃气管、表或电气设备产生影响及有腐蚀性气体和灰尘多的地方。

（2）电热水器必须带有接地等保证使用安全的装置。

（3）不同容量壁挂式电热水器的湿重范围为50~160kg，通过支架悬挂在墙上，应按不同的墙体承载能力确定安装方法。对承重墙用膨胀螺钉固定支架；对轻质隔墙及墙厚小于120mm的砌体应采用穿透螺栓固定支架；对加气混凝土等非承重砌块用膨胀螺钉固定支架，并加托架支撑热水器本体。

（4）落地贮水式电热器应放在室内平整的地面或者高度50mm以上的基座上。

（5）热水器的安装位置宜尽量靠近热水使用点，并留有足够空间进行操作维修或更换零件。

（6）贮水式电热水器，给水管道上应设置止回阀；当给水压力超过热水器铭牌上规定的最大压力值时，应在止回阀前设减压阀。

4）燃气热水器安装

燃气热水器按给排气方式及安装位置分为烟道式、强制排气式、平衡式、室外式和强制给排气式；按构造分为容积式和快通式。

（1）燃气热水器不应安装在易燃物堆放或对燃气管、表或电气设备产生影响及有腐蚀性气体和灰尘多的地方。

（2）燃气热水器必须带有保证使用安全的装置。严禁在浴室内安装直接排气式燃气热水器等在使用空间内积聚有害气体的加热设备。

（3）对燃气容积式热水器，给水管道上应设置止回阀；当给水压力超过热水器铭牌上规定的最大压力值时，应在止回阀前设减压阀。

(4) 燃气热水器应安装在不可燃材料建造的墙面上。当安装部位是可燃材料或难燃材料时，应采用金属防热板隔热，隔热板与墙面距离应大于 10mm。排气管、给排气管穿墙部分可采用设预制带洞混凝土块或预埋钢管留洞方式。

(5) 燃气热水器所配备的排气管或给排气管应采用不锈钢或钢板双面搪瓷处理（厚度不小于 0.3mm），或同等级耐腐、耐温及耐燃的其他材料。其密封件应采用耐腐蚀的性材料。

(6) 热水器本体与使用可燃材料、难燃材料装修的建筑物表面间隔距离应大于表 2-25 规定的值。

热水器与可燃材料、难燃材料装修的建筑物部位的最小距离（mm）　　　　表 2-25

型式			间隔距离			
			上方	侧方	后方	前方
室内式	烟道式强制排气式	热负荷 11.6kW 以下	—	45	45	45
		热负荷 11.6~69.8kW	—	150 (45)	150 (45)	150
	平衡式强制给排气式	快速式	45	45	45	45
		容积式	45	45	45	45
室外式	自然排气式	无烟罩	600 (300)	150 (45)	150 (45)	150
		有烟罩	150 (100)	150 (45)	150 (45)	150
	强制排气式		150 (45)	150 (45)	150 (45)	150 (45)

注：（ ）内表示安装隔热板时的最小间距。

(7) 热水器的排气筒、给排气筒与可燃材料、难燃材料装修的建筑物间的相隔距离应符合表 2-26 要求。

排气筒、给排气筒与可燃材料、难燃材料装修的建筑物间距离（mm）　　　　表 2-26

烟气温度		260℃ 及以上	260℃ 以下	
部位		排气筒		给排气筒
开放部位	无隔热层	150 以上	$D/2$ 以上	0 以上
	有隔热层	隔热层厚度 100 以上时，0 以上	隔热层厚度 20 以上时，0 以上	—
隐蔽部位		隔热层厚度 100 以上时，0 以上	隔热层厚度 20 以上时，0 以上	20 以上
贯通部位措施		应有下列措施之一： (1) 150 以上的空间 (2) 钢制保护板：150 以上 (3) 混凝土保护板：100 以上	应有下列措施之一 (1) $D/2$ 以上的空间 (2) 钢制保护板：$D/2$ 以上 (3) 非金属不燃材料卷制或缠绕：20 以上	0 以上

注：D 为排气筒直径。

(8) 排气筒、给排气筒风帽与周围建筑物的相隔距离。

烟道式热水器的排气筒风帽伸出屋顶的垂直高度必须大于600mm，并高出相邻1000mm建筑物屋檐600mm以上，以避开正压区，防止倒烟。

强制排气式、平衡式、强制给排气式风帽排气出口与可燃材料、难燃材料装修的建筑物的距离，以及室外式的排气出口与周围的距离应符合有关规定。

6. 系统试验与调试

1）系统试验

(1) 热水供应系统安装完毕，管道保温之前应进行水压试验。

①试验压力应符合设计要求。当设计未注明时，热水供应系统水压试验压力应为系统顶点的工作压力加0.1MPa，同时在系统顶点的试验压力不小于0.3MPa。

②钢管或复合管道系统试验压力下10min内压力降不大于0.02MPa，然后降至工作压力检查，压力应不降，且不渗不漏；塑料管道系统在试验压力下稳压1h，压力降不得超过0.05MPa，然后在工作压力1.15倍状态下稳压2h，压力降不得超过0.03MPa，连接处不得渗漏。

③热水供应系统调试前，必须对热水供水、回水及凝结水进行冲洗，以清除管道内的焊渣、锈屑等杂物，一般在管道压力试验合格后进行。对于管道内杂质较多的管道系统，可在压力试验合格前进行。冲洗前，应将阻碍水流流通的调节阀、减压阀及其他可能损坏的温度计等仪表拆除，待冲洗合格后重新装上。如管道分支较多、末端截面较小时，可将干管中的阀门拆掉1~2个，分段进行清洗；如分支管道不多，排水管可以从管道末端接出，排水管截面积不应小于被冲洗管道截面积的60%。排水管应接至排水井或排水沟，并应保证排泄和安全。冲洗时，以系统可能达到的最大压力和流量进行，同时开启设计要求同时开放的最大数量的配水点，直至所有配水点均放出洁净水为合格。

(2) 辅助设备要进行单机调试

水箱试水合格，水泵应进行2h的单机试运转合格，热水锅炉、热水器要调试合格。

2）系统调试

(1) 系统按照设计要求全部安装完毕、工序检验合格后，开始进行全面、有效地各项调试工作。

(2) 制定调试人员分工处理紧急情况的各项措施，备好修理、排水、通信及照明等器具。

(3) 调试人员按责任分工，分别检查采暖系统中的泄水阀门是否关闭，立、支管上阀门是否打开。

(4) 向系统内充入热水，打开系统最高点的放气阀门，同时应反复开闭系统的最高点放气阀，直至系统中冷空气排净为止。充水前应先关闭用户入口内的总供水阀门，开启循环管和总回水管的阀门，由回水总干管送热水，以利系统排除空气。待系统的最高点充满水后再打开总供水阀，关闭循环管阀门，使系统正常循环。

(5) 在巡查中如发现问题，先查明原因在最小的范围内关闭供、回水阀门。及时处理和返修，修好后随即开启阀门。

(6) 系统正常运行后，如发现热水不均，应调整各个分路、立管和支管上的阀门，使其基本达到平衡。

2.2 室内排水系统

2.2.1 室内排水管道及附件安装

1. 室内排水系统的分类

1）生活污水系统：用于排除住宅、公共建筑和工厂各种卫生器具排出的污水，还可分为粪便污水和生活废水。

2）雨水排水系统：排除屋面的雨水和融化的雪水。

3）工业废水排水系统：排除工厂企业在生产过程中所产生的工业污水和工业废水。

2. 建筑内排水系统的组成

建筑内排水系统的组成如表2-27所示。

建筑内排水系统的组成　　　　表2-27

名　称	组　成
受水器	受水器是接受污水、废水并转向排水管道输送的设备，如各种卫生器具、地漏、排放工业污水或废水的设备、排出雨水的雨水斗等
存水弯	存水弯指的是在卫生器具内部或器具排水管段上设置的一种内有水封的配件。卫生器具本身带有存水弯的就不必再设存水弯
排水支管	排水支管为连接卫生器具和横支管之间的一段短管，除坐便器以外其间还包括水封装置
排水立管	接受来自各横支管的污水，然后再排至排出管
排水干管	排水干管是连接两根或两根以上排水立管的总横支管。在一般建筑中，排水干管埋地敷设，在高层多功能建筑中，排水干管往往设置在专门的管道转换层
排出管	排出管是室内排水立管或干管与室外排水检查井之间的连接管段
通气管	通气管通常是指立管向上延伸出屋面的一段（称伸顶通气管）；当建筑物到达一定层数且排水支管连接卫生器具大于一定数量时，设有通气管

2.2.2 管道布置和安装技术要求

1. 卫生器具的布置和敷设原则

1）卫生器具布置要根据卫生间和公共厕所的平面尺寸，选用适当的卫生器具类型和尺寸进行。

2）现在常用的卫生间排水管线方案主要有4种：穿板下排式、后排式、卫生间下沉式和卫生间垫高式。

2. 室内排水立管的布置和敷设

1）排水立管可在厨卫间的墙边或墙角处明装，也可沿外墙室外明装或布置在管道井内暗装。

2）立管宜靠近杂质最多、最脏和排水量最大的卫生器具设置，应减少不必要的转折和弯曲，尽量作直线连接。

3）不得穿过卧室、病房等对卫生、安静要求较高的房间，也不宜靠近与卧室相邻的内墙；立管宜靠近外墙，以减少埋地管长度，便于清通和维修。

4）立管应设检查口，其间距不大于10m，但底层和最高层必须设置。

5）检查口中心距地面为1.0m，并高于该层最高卫生器具上边缘0.15m。

6）塑料立管明设时，在立管穿越楼层处应采取防止火灾贯穿的措施，设置防火套管或阻火圈。

3. 室内排水横支管道的布置和敷设原则

1）排水横支管不宜太长，尽量少转弯，一根支管连接的卫生器具不宜太多。

2）横支管不得穿过沉降缝、伸缩缝、烟道、风道，必须穿过时采取相应的技术措施。

3）悬吊横支管不得布置在起居室、食堂及厨房的主副食操作和烹调处的上方，也不能布置在食品储藏间、大厅、图书馆和某些对卫生有特殊要求的车间或房间内，更不能布置在遇水会引起燃烧、爆炸或损坏原料、产品和设备的上方。

4）当横支管悬吊在楼板下，并接有2个及2个以上大便器或3个及3个以上卫生器具时，横支管顶端应升至地面设清扫口；排水管道的横管与横管、横管与立管的连接，宜采用45°斜三（四）通或90°斜三（四）通。

4. 横干管及排出管的布置与敷设原则

1）横干管可敷设在设备层、吊顶层中，底层地坪下或地下室的顶棚下等地方，排出管一般敷设在底层地坪下或地下室的屋顶下。

2）为了保证水流畅通，排水横干管应尽量少转弯。

3）横干管与排出管之间，排出管与其同一检查井的室外排水管之间的水流方向的夹角不得小于90°。

4）当跌落差大于0.3m时，可不受角度的限制。

5）排出管与室外排水管连接时，其管顶标高不得低于室外排水管管顶标高。

6）排水管穿越承重墙或基础处应预留孔洞，且管顶上部净空高度不得小于房屋的沉降量，不小于0.15m。

7）排出管穿过地下室外墙或地下构筑物的墙壁时，应采取防水措施。

5. 通气管系统的布置与敷设原则

1）生活污水管道或散发有害气体的生产污水管道，均应设置通气管。

2）通气立管不得接纳污水、废水和雨水，通气管不得与风道或烟道连接。

3）通气管应高出屋面0.3m以上且必须大于该地区最大降雪厚度，屋顶如有人停留，应大于2.0m。

4）通气管出口4m以内有门、窗时，通气管应高出门窗顶0.6m或引向无门窗的一侧；通气管顶端应设风帽或网罩。

5）对卫生、安静要求高的建筑物的生活污水管道宜设器具通气管，器具通气管应设在存水弯出口端。

6）环形通气管宜从两个卫生器具间接出并与排水立管呈垂直或45°上升连接。

7）在与通气立管相接时，应在卫生器具上边缘0.15m以上的地方连接，且应有1%的坡度坡向排水支管或存水弯。

2.2.3 排水管道安装

1. 一般要求

1）金属排水管道上的吊钩或卡箍应固定在承重结构上。固定件间距：横管不大于2m；立管不大于3m。楼层高度小于或等于4m，立管可安装1个固定件。立管底部的弯管处应设支墩或采取固定措施。

2）用于室内排水的水平管道与水平管道、水平管道与立管的连接，应采用45°三通或45°四通和90°斜三通或90°斜四通。立管与排出管端部的连接，应采用两个45°弯头或曲率半径不小于4倍管径的90°弯头。

3）在生活污水管道上设置的检查口或清扫口，当设计无要求时应符合下列规定：

（1）在立管上每隔一层设置一个检查口，但在最底层和有卫生器具的最高层必须设置。如为两层建筑时，可仅在底层设置立管检查口；如有乙字弯管时，则在该层乙字弯管上部设置检查口。检查口中心高度距操作地面一般为1m，允许偏差±20mm；检查口的朝向应便于检修。暗装立管，在检查口处应安装检修门。

（2）如排水支管设在吊顶，应在每层立管上均装立管检查口，以便作灌水试验。

（3）在连接2个或2个以上大便器或3个及3个以上卫生器具的污水横管上应设置清扫口。当污水管在楼板下悬吊敷设时，可将清扫口设在上一层楼地面上，污水管起点的清扫口与管道相垂直的墙面距离不得小于200mm；若污水管起点设置堵头代替清扫口时，与墙面距离不得小于400mm。

4）通向室外的排水管，穿过墙壁或基础必须下返时，应采用顺水三通和45°弯头连接，并应在垂直管段顶部设置清扫口。

5）由室内通向室外排水检查井的排水管，井内引入管应高于排出管或两管顶相平，并有不小于90°的水流转角，如跌落差大于300mm可不受角度限制。

6）排水通气管不得与风道或烟道相连，且应符合下列规定：

（1）通气管应高出屋面300mm，但必须大于最大积雪厚度。

（2）在通气管出口4m以内有门、窗时，通气管应高出门、窗顶600mm或引向无门窗一侧。

（3）经常有人停留的平屋顶上，通气管应高出屋面2m，并应根据防雷要求设置防雷装置。

（4）屋顶有隔热层应从隔热层板面算起。

7）未经消毒处理的医院含菌污水管道，不得与其他排水管道直接连接。

8）饮食业工艺设备引出的排水管及饮用水水箱的溢流管，不得与污水管道直接连接，并应留出不小于100mm的隔断空间。

9）钢支架开孔直径≤M12的不得使用电气焊开孔、扩孔。螺纹孔径≥M12管道支架，如需气焊开孔时应对开孔处进行处理。支架孔眼及支架边缘应光滑平整，孔径不得超过穿孔螺栓或圆钢直径4mm。

10）穿墙套管的长度不得小于墙厚，管道穿楼板无需设置套管。

11）污水横管的直线管段较长时，为便于疏通防止堵塞，按规定设置检查口或清扫口。

12）地漏表面应比地面低 5mm 左右，安装地漏前，必须检查其水封深度不得低于 50mm，水封深度小于 50mm 的地漏不得使用。

13）室内排水管道防结露隔热措施：为防止夏季排水管表面结露，设置在楼板下、吊顶内及管道结露影响使用要求的生活污水排水横管，应按设计要求做好防结露措施，保温材料和厚度应符合设计规定。

14）隐蔽或埋地的排水管道在隐蔽前必须作灌水试验。

2. 排水铸铁管道安装

1）承插式柔性接口铸铁管连接

（1）承插式柔性接口排水铸铁管宜在有下列情况时采用：

①要求管道系统接口具有较大的轴向转角和伸缩变形能力；

②对管道接口安装误差的要求相对较低时；

③对管道的稳定性要求较高时。

（2）柔性接口铸铁管的紧固件材质应为热镀锌碳素钢。当埋地敷设时，其接口紧固件应为不锈钢材质或采取相应防腐措施。

（3）安装前应将铸铁直管及管件内外表面粘结的污垢、杂物和承口、插口、法兰压盖结合面上的泥沙等附着物清除干净。用手锤轻轻敲击管材，确认无裂缝后才可以使用，法兰密封圈质量合格。

（4）插入过程中，插入管的轴线与承口管的轴线应在同一直线上，在插口端先套法兰压盖，再套入橡胶密封圈，橡胶密封圈右侧边缘与安装线对齐。将法兰压盖套入插口端，再套入橡胶密封圈。

（5）将直管或管件插口端插入承口，并使插口端部与承口内底留有 5mm 的安装间隙。在插入过程中，应尽量保证插入管的轴线与承口管的轴线在同一直线上。

（6）校准直管或管件位置，使橡胶密封圈均匀紧贴在承口倒角上，用支（吊）架初步固定管道。

（7）将法兰压盖与承口法兰螺孔对正，紧固连接螺栓。紧固螺栓时应注意使橡胶密封圈均匀受力。三耳压盖螺栓应三个角同步进行，逐个逐次拧紧；四耳、六耳、八耳压盖螺栓应按对角线方向依次逐步拧紧。拧紧应分多次交替进行，使橡胶圈均匀受力，不得一次拧完。

（8）法兰连接螺栓长度合适，紧固后外露丝扣为螺栓直径的 1/2。螺栓布置朝向一致，螺栓安装前要抹黄油。螺栓紧固时要用力均匀，防止密封垫偏斜或将螺栓紧裂。

（9）铸铁直管须切割时，其切口断面应与直管轴线相垂直，并将切口处打磨光滑。建筑排水柔性接口法兰承插式铸铁管与塑料管或钢管连接时，如两者外径相等，应采用柔性接口；如两者外径不等，可采用刚性接口。

2）卡箍式铸铁管连接

（1）安装前，必须将管材、管件内部的砂泥杂物清除干净，并用手锤轻轻敲击管材，确认无裂缝后才可以使用。

（2）连接时，取出卡箍内橡胶密封套。卡箍为整圆不锈钢套环时，可将卡箍先套在接口一端的管材管件上。

（3）在接口相邻管端的一端套上橡胶密封圈封套，使管口达到并紧贴在橡胶密封圈套中间肋的侧边上。将橡胶密封套的另一端向外翻转。

（4）将连接管的管端固定，并紧贴在橡胶密封套中间肋的另侧边上，再将橡胶密封套翻回套在连接管的管端上。

（5）安装卡箍前应将橡胶密封套擦拭干净。当卡箍产品要求在橡胶密封套上涂抹润滑剂时，可按产品要求涂抹。润滑剂应由卡箍生产厂配套提供。

（6）在拧紧卡箍上的紧固螺栓前应分多次交替进行，使橡胶密封套均匀紧贴在管端外壁上。

3）管道支（吊）架

（1）建筑排水柔性接口铸铁管安装，其上部管道重量不应传递给下部管道。立管重量应由支架承受，横管重量应由支（吊）架承受。

（2）建筑排水柔性接口铸铁管立管应采用管卡在柱上或墙体等承重结构部位锚固。

（3）管道支（吊）架设置位置应正确，埋设应牢固。管卡或吊卡与管道接触应紧密，并不得损伤管道外表面。管道支吊架可按给水管道支架选用。其固定件间距：横管不大于2m，立管不大于3m（楼层高度小于等于4m时，立管可安装一个固定件）；立管底部的弯管处应设支墩或其他固定措施。对于高层建筑，排水铸铁管的立管应每隔1~2层设置落地式型钢卡架。

（4）管道支（吊）架应为金属件，并作防腐处理，有条件时宜由直管、管件生产厂配套供应。

（5）排水立管应每层设支架固定，支架间距不宜大于1.5m，但层高小于或等于3m时可只设一个立管支架。法兰承插式接口立管管卡应设在承口下方，且与接口间的净距不宜大于300mm。

（6）排水横管每3m管长应设两个支（吊）架，支（吊）架应靠近接口部位设置（法兰承插式接口应设在承口一侧），且与接口间的净距不宜大于300mm。排水横管支（吊）架与接入立管或水平管中心线的距离宜为300~500mm。排水横管在平面转弯时，弯头处应增设支（吊）架。排水横管起端和终端应采用防晃支架或防晃吊架固定。当横干管长度较长时，为防止管道水平位移，横干管直线段防晃支架或防晃吊架的设置间距不应大于12m。

3. 硬聚乙烯排水管道安装

1）硬聚氯乙烯排水管道安装前应对其管材、管件等材料进行检验。管材、管件应有产品合格证，管材应标有规格、生产厂名和执行的标准号；在管件上应有明显的商标和规格；包装上应标有批号、数量、生产日期和检验代号。胶粘剂应有生产厂名、生产日期和有效日期，并具有出厂合格证和说明书。

2）管道的坡度必须符合设计或国家规范的要求。坡度值见表2-28。

生活污水塑料管道坡度值　　　　表2-28

项次	管径（mm）	标准坡度（‰）	最小坡度（‰）
1	50	25	12
2	75	15	8

续表

项　次	管径（mm）	标准坡度（‰）	最小坡度（‰）
3	110	12	6
4	125	10	5
5	160	7	4

3）排水塑料管道支、吊架间距应符合表2-29的规定。

排水塑料管道支架最大间距（m）　　　　　表2-29

管径（mm）	50	75	110	125	160
立管	1.2	1.5	2.0	2.0	2.0
横管	0.5	0.75	1.10	1.30	1.60

4）排水塑料管必须按设计要求及位置装设伸缩节，如设计无要求时，伸缩节的间距不得大于4m。排水横管上的伸缩节位置必须装设固定支架。

5）立管伸缩节设置位置应靠近水流汇合管件处，并应符合下列规定：

（1）立管穿越楼层处为固定支承且排水支管在楼板之上接入时，伸缩节应设置于水流汇合管件之下。

（2）立管穿越楼层处为固定支承且排水支管在楼板之下接入时，伸缩节应设置于水流汇合管件之上。

（3）立管穿越楼层处为不固定支承时，伸缩节应设置于水流汇合管件之上或之下。

6）塑料排水（雨水）管道伸缩节应符合设计要求，设计无要求时应符合以下规定：

（1）当层高小于或等于4m时，污水立管和通气管应每层设一个伸缩节。

（2）污水横支管、横干管、通气管、环形通气管和汇合通气管上无汇合管件的直线管段大于2m时，应伸缩节，伸缩节之间的最大距离不得大于4m。高层建筑中明设排水塑料管应按设计要求设置阻火圈或防火套管。

（3）伸缩节设置位置应靠近水流汇合管件。立管和横管应按设计要求设置伸缩节。横管伸缩节应采用弹性橡胶密封圈管件；当管径大于或等于160mm时，横干管宜采用弹性橡胶密封圈连接形式。当设计对伸缩量无规定时，管端插入伸缩节处预留的间隙应为：

夏季，5~10mm；冬季15~20mm。

7）结合通气管当采用H管时可隔层设置，H管与通气立管的连接点应高出卫生器具上边缘0.15m。当生活污水立管与生活废水立管合用一根通气立管，且采用H管为连接管件时，H管可错层分别与生活污水立管和废水立管间隔连接，但最低生活污水横支管连接点以下应装设结合通气管。

8）立管管件承口外侧与墙饰面的距离宜为20~50mm。

9）管道的配管及坡口应符合下列规定：

（1）锯管长度应根据实测并结合各连接件的尺寸逐段确定。

（2）锯管工具宜选用细齿锯、割管机等机具。端面应平整并垂直于轴线；应清除端面毛刺，管口端面处不得裂痕、凹陷。

（3）插口处可用中号板锉锉成15°～30°坡口。坡口厚度宜为管壁厚度的1/3～1/2。坡口完成后应将残屑清除干净。

10）塑料管与铸铁管连接时，宜采用专用配件。当采用水泥捻口连接时，应先将塑料管插入承口部分的外侧，用砂纸打毛或涂刷胶粘剂后滚粘干燥的粗黄砂；插入后应用油麻丝填嵌均匀，用水泥捻口。塑料管与钢管、排水栓连接时应采用专用配件。

11）管道穿越楼层处的施工应符合下列规定：

（1）管道穿越楼板处为固定支承点时，管道安装结束应配合土建进行支模，并应采用C20细石混凝土分二次浇捣密实。浇筑结束后，结合找平层或面层施工，在管道周围应筑成厚度不小于20mm，宽度不小于30mm的阻水圈。

（2）管道穿越楼板处为非固定支承时，应加装金属或塑料套管，套管内径可比穿越管外径大10～20mm，套管高出地面不得小于50mm。

（3）高层建筑内明敷管道，当设计要求采取防止火灾贯穿措施时，应符合下列规定：

①立管管径大于或等于110mm时，在楼板贯穿部位应设置阻火圈或长度不小于500mm的防火套管。

②管径大于或等于110mm的横支管与暗设立管相连时，墙体贯穿部位应设置阻火圈或长度不小于300mm的防火套管，且防火套管的明露部分长度不宜小于200mm。

2.2.4 卫生器具安装

1. 卫生器具分类

卫生器具是建筑内部给水排水系统的重要组成部分，是收集和排除生活及生产中产生的污、废水的设备。按其作用分为以下几类：

1）便溺用卫生器具

（1）厕所或卫生间中的便溺用卫生器具，主要作用是收集和排除粪便污水。

（2）我国常用的大便器有坐式、蹲式和大便槽式三种类型。

（3）大便器按其构造形式分盘形和漏斗形。按冲洗的水力原理，大便器分冲洗式和虹吸式两种。冲洗式大便器是利用冲洗设备具有的水头冲洗，而虹吸式大便器是借冲洗水头和虹吸作用冲洗。常见的坐便器有以下几种。

①冲落式坐便器。利用存水弯水面在冲洗时迅速升高水头来实现排污，所以水面窄，水在冲洗时发出较大的噪声。其优点是价格便宜和冲水量少。这种大便器一般用于要求不高的公共厕所。

②虹吸式坐便器。便器内的存水弯是一个较高的虹吸管。虹吸管的断面略小于盆内出水口断面，当便器内水位迅速升高到虹吸顶并充满虹吸管时，便产生虹吸作用，将污物吸走。这种便器的优点是噪声小，比较卫生、干净，缺点是用水量较大。这种便器一般用于普通住宅和建筑标准不高的旅馆等公共卫生间。

③喷射式虹吸坐便器。它与虹吸式坐便器一样，利用存水弯建立的虹吸作用将污物吸走。便器底部正对排出口设有一个喷射孔，冲洗水不仅从便器的四周出水孔冲出，还从底部出水口喷出，直接推动污物，这样能更快更有力地产生虹吸作用，并有降低冲洗噪声作

用。另一特点是便器的存水面大，干燥面小，是一种低噪声、最卫生的便器。这种便器一般用于高级住宅和建筑标准较高的卫生间里。

④旋涡式虹吸坐便器。特点是把水箱与便器结合成一体，并把水箱浅水口位置降到便器水封面以下，并借助右侧的水道使冲洗水进入便器时在水封面下成切线方向冲出，形成旋涡，有消除冲洗噪声和推动污物进入虹吸管的作用。水箱配件也采取稳压消声设计，所以进水噪声低，对进水压力适用范围大。另外由于水箱与便器连成一体，因此体型大，整体感强，造型新颖，是一种结构先进、功能好、款式新、噪声低的高档坐便器。

（4）小便器分为壁挂式、落地式和小便槽三种。

2）盥洗、淋浴用卫生器具

（1）洗脸盆分为台上盆、台下盆、立柱盆、挂盆、碗盆等。

（2）盥洗槽设在公共建筑、集体宿舍、旅馆等的盥洗室里，有长条形和圆形两种。

（3）浴盆一般设在宾馆、高级住宅、医院的卫生间及公共浴室内。

（4）淋浴器有成品也有现场组装的。

3）洗涤用卫生器具

如洗涤盆、化验盆、污水盆等。

4）专用卫生器具

如医疗、科学研究实验室等特殊需要的卫生器具。

2. 施工准备

1）所有与卫生器具连接的管道强度严密性试验、排水管道灌水试验均已完毕，并已办好预检和隐检手续。墙地面装修、隔断均已基本完成，有防水要求的房间均已做好防水。

2）卫生器具型号已确定，各管道甩口确认无误。根据设计要求和土建确定的基准线，确定好卫生器具的位置、标高。施工现场清理干净，无杂物，且已安好门窗，可以锁闭。

3）浴盆的稳装应待土建做完防水层及保护层后配合土建进行施工。

4）蹲式大便器应在其台阶砌筑前安装；坐式大便器应在其台阶地面完成后安装；台式洗脸盆应在台面安装完成，台面上各安装孔洞均已开好，外形规矩、坐标、标高、尺寸等经检查无误后安装。

5）其他卫生器具安装应待室内装修基本完成后再进行稳装。

3. 施工工艺

1）卫生器具安装通用要求

（1）卫生器具的安装应采用预埋螺栓或膨胀螺栓安装固定。

（2）卫生器具安装高度如无设计要求应符合规定。

（3）卫生器具的支、托架必须防腐良好，安装平整、牢固，与器具接触紧密、平稳。

（4）卫生器具安装的允许偏差应符合表 2-30、表 2-31 的规定。

（5）卫生器具安装参照产品说明及相关图集。

（6）所有与卫生器具连接的给水管道强度试验、排水管道灌水试验均已完毕，办好预检或隐检手续。

2）洗脸（手）盆安装

（1）支柱式洗脸盆安装：按照排水管口中心画出竖线，将支柱立好，将脸盆放在支柱上，使脸盆中心对准竖线，找平后画好脸盆固定孔眼位置。同时将支柱在地面位置作好印记。按墙上印记打出 $\phi 10\times 80mm$ 的孔洞，栽好固定螺栓；将地面支柱印记内放好白灰膏，稳好支柱及脸盆，将固定螺栓加胶皮垫、眼圈、带上螺母拧至松紧适度；再次将脸盆面找平，支柱找直。将支柱与脸盆接触处及支柱与地面接触处用白水泥勾缝抹光。

卫生器具的安装高度　　　　　　　　　　　　　　　表 2-30

项次	卫生器具名称		卫生器具安装高度（mm）		备 注
			居住和公共建筑	幼儿园	
1	污水盆（池）	架空式	800	800	
		落地式	500	500	
2	洗涤盆（池）		800	800	
3	洗脸盆、洗手盆（有塞、无塞）		800	500	自地面至器具上边缘
4	盥洗槽		800	500	
5	浴 盆		≥520		
6	蹲式大便器	高水箱	1800	1800	自台阶至高水箱底
		低水箱	900	900	自台阶面至低水箱底
7	坐式大便器	高水箱	1800	1800	自地面至高水箱底
		低水箱 外露排水管式	510		自地面至低水箱底
		低水箱 虹吸喷射式	470	370	
8	小便器	挂 式	600	450	自地面至下边缘
9	小便槽		200	150	自地面至台阶面
10	大便槽冲洗水箱		≤2000		自台阶面至水箱底
11	妇女卫生盆		360		自地面至器具上边缘
12	化验盆		800		自地面至器具上边缘

卫生器具安装的允许偏差和检验方法　　　　　　　　表 2-31

项次	项 目		允许偏差（mm）	检验方法
1	坐标	单独器具	10	拉线、吊线和尺量检查
		成排器具	5	
2	标高	单独器具	±15	
		成排器具	±10	
3	器具水平度		2	用水平尺和尺量检查
4	器具垂直度		3	吊线和尺量检查

（2）台上盆安装：将脸盆放置在依据脸盆尺寸预制的脸盆台面上，保证脸盆边缘能与台面严密接触，且接触部位能有效保证承受脸盆水满的重量。脸盆安装好后在脸盆边缘与

上台面接触部位的接缝处使用防水性能较好的硅酸铜密封胶或玻璃胶进行抹缝处理，宽度均匀、光滑、严密连续，宜为白色或透明的，保证缝隙处理美观。

（3）台下盆安装：依据脸盆尺寸、台面高度及脸盆自带固定支架形式，使用膨胀螺栓固定住脸盆支架。在脸盆支架的高度微调螺栓与脸盆间垫入橡胶垫，利用微调螺栓调整脸盆高度，使脸盆伤口与台面下平面严密接触。洗脸盆安装好后在脸盆边缘与台面下平面接触部位的内接缝处使用防水性能好的硅酸铜密封胶进行抹缝处理，宽度均匀、光滑、严密连续宜为白色或透明的，保证缝隙处理美观。

3）净身盆安装

（1）净身盆配件安装完以后，应接通临时水试验无渗漏后方可进行稳装。

（2）将排水预留管口周围清理干净，将临时管堵取下，检查有无杂物。将净身盆排水三通下口管道装好。

（3）将净身盆排水管插入预留排水管口内，将净身盆稳平找正。净身盆尾部距墙尺寸一致。将净身盆固定螺栓孔及底座画好印记，移开净身盆。

（4）将固定螺栓孔印记画好十字线，剔成 $\phi 20 \times 60mm$ 孔眼，将螺栓插入洞内栽好，再将净身盆孔眼对准螺栓放好，与原印记吻合后再将净身盆下垫好白灰膏，排水管套上护口盘。净身盆稳牢、找平、找正。固定螺栓上加胶垫、眼圈，拧紧螺母。清除余灰，擦拭干净。将护口盘内加满油灰与地面按实。净身盆底座与地面有缝隙之处，嵌入白水泥浆补齐、抹光。

4）蹲便器安装

（1）首先，将胶皮碗套在蹲便器进水口上，要套正、套实，胶皮碗大小两头用成品喉箍紧固（或用14号的铜丝分别绑两道，严禁压接在一条线上，铜丝拧紧要错位90°左右）。

（2）将预留排水口周围清扫干净，把临时管堵取下，同时检查管内有无杂物。找出排水管口的中心线，并画在墙上，用水平尺（或线坠）找好竖线。

（3）将下水管承口内抹上油灰，蹲便器位置下铺垫白灰膏，然后将蹲便器排水口插入排水管承口内稳好。同时用水平尺放在蹲便器上沿，纵横双向找平、找正。使蹲便器进水口对准墙上中心线，同时蹲便器两侧用砖砌好抹光，将蹲便器排水口与排水管承口接触处的油灰压实、抹光，最后将蹲便器的排水口用临时堵头封好。

（4）稳装多联蹲便器时，应先检查排水管口的标高、甩口距墙的尺寸是否一致，找出标准地面标高，向上测量蹲便器需要的高度，用小线找平，找好墙面距离，然后按上述方法逐个进行稳装。

（5）高水箱稳装：应在蹲便器稳装之后进行。首先检查蹲便器的中心与墙面中心线是否一致，如有错位应及时进行调整，以蹲便器不扭斜为准。确定水箱出水口的中心位置，向上测量出规定高度。同时结合高水箱固定孔与给水孔的距离找出固定螺栓高度位置，在墙上划好十字线，剔成 $\phi 30 \times 100mm$ 深的孔眼，用水冲净孔眼内的杂物，将燕尾螺栓插入洞内用水泥捻牢。将装好配件的高水箱挂在固定螺栓上，加胶垫、眼圈，带好螺母拧至松紧适度。

（6）多联高水箱应按上述做法先挂两端的水箱，然后拉线找平、找直，再稳装中间水箱。

（7）远传脚踏式冲洗阀安装：将冲洗弯管固定在台钻卡盘上，在与蹲便器连接的直管上打 D8 孔，孔应打在安装冲洗阀的一侧；将冲洗阀上的锁母和胶圈卸下，分别套在冲洗管直管段上，将弯管的下端插入胶皮碗内 20～50mm，用喉箍卡牢。再将上端插入冲洗阀内，推上胶圈，调直校正，将螺母拧至松紧适度。将 D6 铜管两端分别与冲洗阀、控制器连接；将另一根一头带胶套的 D6 的铜管其带螺纹锁母的一端与控制器连接，另一端插入冲洗管打好孔内，然后推上胶圈，插入深度控制在 5mm 左右。螺纹连接处应缠生料带，紧锁母时应先垫上棉布再用扳手紧固，以免损伤管子表面。脚踏钮控制器距后墙 500mm，距蹲便器排水管中 350mm。

（8）延时自闭冲洗阀安装：根据冲洗阀至胶皮碗的距离，断好 90°弯的冲洗管，使两端合适。将冲洗阀锁母和胶圈卸下，分别套在冲洗管直管段上，将弯管的下端插入胶皮碗内 40～50mm，用喉箍卡牢。将上端插入冲洗阀内，推上胶圈，调直找正，将锁母拧至松紧适度。扳把式冲洗阀的扳手应朝向右侧，按钮式冲洗阀按钮应朝向正面。

5）坐便器安装

（1）将坐便器预留排水管口周围清理干净，取下临时管堵，检查管内有无杂物。

（2）将坐便器出水口对准预留排水口放平找正，在坐便器两侧固定螺栓眼处画好印记后，移开坐便器，将印记画好十字线。

（3）在十字线中心处剔 $\phi20\times60mm$ 的孔洞，把 $\phi10mm$ 螺栓插入孔洞内用水泥栽牢，将坐便器试稳装，使固定螺栓与坐便器吻合，移开坐便器。将坐便器排水口及排水管口周围抹上油灰后将坐便器对准螺栓放平、找正，螺栓上套好胶皮垫，带上眼圈、螺母拧至松紧适度。

（4）坐便器无进水螺母的可采用胶皮碗的连接方法。

（5）背水箱安装：对准坐便器尾部中心，在墙上画好垂直线和水平线。根据水箱背面固定孔眼的距离，在水平线上画好十字线剔 $\phi30\times70mm$ 深的孔洞，把带有燕尾的镀锌螺栓（规格 $\phi10\times100mm$）插入孔洞内，用水泥栽牢。将背水箱挂在螺栓上放平、找正。与坐便器中心对正，螺栓上套好胶皮垫，带上眼圈、螺母拧至松紧适度。

6）小便器安装

（1）挂式小便器安装：首先，对准给水管中心画一条垂线，由地坪向上量出规定的高度画一水平线。根据产品规格尺寸，由中心向两侧固定孔眼的距离，在横线上画好十字线，再画出上、下孔眼的位置；将孔眼位置剔成 $\phi10\times60mm$ 的孔眼，栽入 $\phi6mm$ 螺栓。托起小便器挂在螺栓上。把胶垫、眼圈套入螺栓，将螺母拧至松紧适度。将小便器与墙面的缝隙嵌入白水泥浆补齐、抹光。

（2）立式小便器安装：立式小便器安装前应检查给、排水预留管口是否在一条垂线上，间距是否一致。符合要求后按照管口找出中心线；将下水管周围清理干净，取下临时管堵，抹好油灰，在立式小便器下铺垫水泥、白灰膏的混合灰（比例为 1:5）。将立式小便器稳装找平、找正。立式小便器与墙面、地面缝隙嵌入白水泥浆抹平、抹光。

7）隐蔽式自动感应出水冲洗阀安装

（1）根据设计图纸及施工图集在所要设置的墙体上标出安装位置及盒体尺寸。

（2）依据墙体材质及做法的不同进行电磁阀盒的安装固定。对于砌筑墙体应采用剔凿的方式；对于轻钢龙骨隔墙则使用螺栓或铆钉将盒体固定在预留的轻钢龙骨上。

（3）将电磁阀的进水管与预留的给水管进行连接安装。

（4）将电磁阀的出水口与出水管进行连接，并连接电源线（电源供电）及控制线（感应龙头）。

（5）将感应面板安装到位，应采用吸盘进行操作，以免损坏面板。

（6）对于感应龙头将电磁阀控制线连接到龙头的感应器上。

（7）明装自动感应出水阀安装：将电磁阀与外保护盒盒体进行固定安装；用短管将给水管预留口与电磁阀进水口连接固定。安装后应保持盒体周正；用出水冲洗短管连接电磁阀出水口及卫生器具冲洗口，并连接电源线或者安放电池。

8）浴盆安装

（1）浴盆稳装前应将浴盆内表面擦拭干净，同时检查瓷面是否完好。带腿的浴盆先将腿部的螺丝卸下，将锁母插入浴盆底卧槽内，把腿扣在浴盆上带好螺母拧紧找平。浴盆如砌砖腿时，应配合土建施工把砖腿按标高砌好。将浴盆稳于砖台上，找平、找正。浴盆与砖腿缝隙处用1:3水泥砂浆填充抹平。

（2）有饰面的浴盆，应留有通向浴盆排水口的检修门。

浴盆排水安装：将浴盆排水三通套在排水横管上，缠好油盘根绳，插入三通中，拧紧锁母。三通下口装好铜管，插入排水预留管口内（铜管下端扳边）。将排水口圆盘下加胶垫、油灰，插入浴盆排水孔眼，外面再套胶垫、眼圈，丝扣处涂铅油、缠麻。将溢水立管下端套上锁母，缠上油盘根绳，插入三通上口对准浴盆溢水孔，带上锁母。溢水管弯头处加1mm厚的胶垫、油灰，将浴盆堵螺栓穿过溢水孔花盘，上入弯头"一"字丝扣上，无松动即可。再将三通上口锁母拧至松紧适度。浴盆排水三通出口和排水管接口处缠绕油盘根绳捻实，再用油灰封闭。

混合水嘴安装：将冷、热水管口找平、找正。把混合水嘴转向对丝抹铅油、缠麻丝，带好护口盘，用自制扳手插入转向对丝内，分别拧入冷、热水预留管口，校好尺寸，找平、找正。使护口盘紧贴墙面。然后将混合水嘴对正转向对丝，加垫后拧紧锁母找平、找正。用扳手拧至松紧适度。

水嘴安装：先将冷、热水预留管口用短管找平、找正。如暗装管道进墙较深者，应先量出短管尺寸，套好短管，使冷、热水嘴安完后距墙一致。将水嘴拧紧找正，除净外露麻丝。有饰面的浴盆，应留有通向浴盆排水口的检修门。

9）淋浴器安装

（1）暗装管道先将冷、热水预留管口加试管找平、找正。量好短管尺寸，断管、套丝、涂铅油、缠麻，将弯头上好。明装管道按规定标高煨好"Π"弯（俗称元宝弯），上好管箍。

（2）淋浴器锁母外丝丝头处抹油、缠麻。用自制扳手卡住内筋，上入弯头或管箍内。再将淋浴器对准锁母外丝，将锁母拧紧。将固定圆盘上的孔眼找平、找正。画出标记，卸淋浴器，将印记剔成φ10×40mm孔眼，栽好铅皮卷。再将锁母外丝口加垫抹油，将淋浴器对准锁母外丝口，用扳手拧至松紧适度。再将固定圆盘与墙面靠严，孔眼平正，用木螺丝固定在墙上。

（3）将淋浴器上部铜管预装在三通口上，使立管垂直，固定圆盘与墙面贴实，孔眼平正，画出孔眼标记，栽入铅皮卷，锁母外加垫抹油，将锁母拧至松紧适度。将固定圆盘采用木螺丝固定在墙面上。

（4）浴盆软管淋浴器挂钩的安装高度，如设计无要求，应距地面1.8m。

10）小便槽安装

小便槽冲洗管应采用镀锌管或硬质塑料管。冲洗孔应斜向下方安装，冲洗水流与墙面成45°角。镀锌钢管钻孔后应进行二次镀锌。

11）排水栓和地漏的安装

排水栓和地漏安装应平正、牢固，低于排水表面，周边无渗漏。地漏水封高度不得小于50mm。

12）卫生器具交工前应作满水和通水试验，进行调试

（1）检查卫生器具的外观，如果被污染或损伤，应清理干净或重新安装，达到要求为止。

（2）卫生器具的满水试验可结合排水管道满水试验一同进行，也可单独将卫生器具的排水口堵住，盛满水进行检查，各连接件不渗不漏为合格。

（3）给卫生器具放水，检查水位超过溢流孔时，水流能否顺利溢出；当打开排水口，排水应该迅速排出。关闭水嘴后应能立即关住水流，龙头四周不得有水渗出。否则应拆下修理后再重新试验。

（4）检查冲洗器具时，先检查水箱浮球装置的灵敏度和可靠程度，应经多次试验无误后方可。检查冲洗阀冲洗水量是否合适，如果不合适，应调节螺钉位置达到要求为止。连体坐便水箱内的浮球容易脱落，造成关闭不严而长流水，调试时应缠好填料将浮球拧紧。冲洗阀内的虹吸小孔容易堵塞，从而造成冲洗后无法关闭，遇此情况，应拆下来进行清洗，达到合格为止。

（5）通水试验给、排水畅通为合格。

2.2.5 雨水管道及附件安装

1. 雨水系统的组成及分类

1）雨水系统组成

（1）雨水斗：一般有铸铁和钢焊制两种。

（2）悬吊管：当雨水斗不能直接接立管埋地时，用悬吊管在空中吊设，适当位置接立管。

（3）立管：要求和悬吊管同径，且不宜大于300mm，立管检查口设于一层，距地面1.0m。

（4）排出管：管径不小于立管管径。

2）建筑雨水排水系统的分类

（1）屋面建筑雨水系统主要分类：屋面雨水系统主要分为重力流雨水系统、压力流雨水系统。

（2）屋面雨水系统按其他标准分类方式。

①按管道的设置位置分为：内排水系统、外排水系统。

②按屋面的排水条件分为：檐沟排水、天沟排水及无沟排水。

③按出户横管（渠）在室内部分是否存在自由水面分：密闭系统和敞开系统。

2. 雨水管道及配件安装

1）施工工艺

（1）雨水管道安装结合室内给水与排水管道安装相关章节。

（2）悬吊式雨水管道的敷设坡度不得小于5‰；埋地雨水管道的最小坡度，应符合表2-32的规定。

（3）雨水斗管的连接应固定在屋面承重结构上。雨水斗边缘与屋面相连处应严密不漏。连接管管径应符合设计的要求，当设计无要求时，不得小于100mm。

地下埋设雨水排水管道的最小坡度　　　表2-32

项次	管径（mm）	最小坡度（‰）	项次	管径（mm）	最小坡度（‰）
1	50	20	4	125	6
2	75	15	5	150	5
3	100	8	6	200~400	4

（4）悬吊式雨水管道的检查口或带法兰堵口的三通的间距不得大于表2-33的规定。

悬吊管检查口间距　　表2-33

项次	悬吊管直径（mm）	检查口间距（m）
1	≤150	≥15
2	≥200	≥20

（5）雨水管道如采用塑料管，其伸缩节应符合设计要求。

（6）雨水管道不得与生活污水管道相连接。

（7）为防止屋面雨水在施工期间进入建筑物内，室内雨水系统应在屋面结构层施工验收完毕后的最佳时间内完成。

（8）雨水斗的连接应固定在屋面承重结构上。雨水斗边缘与屋面相连接处应严密不漏。连接管径当设计无要求时，不得小于100mm。高层建筑的雨水立管应采用耐压排水塑料管或柔性接口机制排水铸铁管。

（9）雨水管道安装方法同室内排水管道安装章节。

2）质量标准

（1）安装在室内的雨水管道安装后应作灌水试验，灌水高度必须到每根立管上部的雨水斗。灌水试验持续1小时，不渗不漏为合格。

（2）雨水管道如采用塑料管，其伸缩节安装应符合设计要求。

（3）悬吊式雨水管道的敷设坡度不得小于5‰；埋地雨水管道的最小坡度，应符合规定。

（4）雨水管道不得与生活污水管道相连接。

（5）雨水斗管的连接应固定在屋面承重结构上。雨水斗边缘与屋面相连处应严密不漏。连接管管径当设计无要求时，不得小于100mm。

3. 虹吸排水施工技术

1）虹吸式雨水系统的组成

（1）虹吸雨水系统组成

由虹吸式雨水斗、尾管、连接管、悬吊管、立管、埋地管、检查口和固定及悬吊系统组成。虹吸式雨水斗一般由反旋涡顶盖、格栅片、底座和底座支管组成。

（2）管材和管件

用于虹吸式屋面雨水排水系统的管道，应采用铸铁管、钢管（镀锌钢管、涂塑钢管）、不锈钢管和高密度聚乙烯（HDPE）管等材料。用于同一系统的管材和管件以及与虹吸式雨水斗的连接管，宜采用相同的材质。这些管材除承受正压外，还应能承受负压。

（3）固定件

管道安装时应设置固定件。固定件必须能承受满流管道的重量和高速水流所产生的作用力。对高密度聚乙烯（HDPE）管道必须采用二次悬吊系统固定。

2）管道的布置原则与敷设

（1）管道敷设原则

①悬吊管可无坡度敷设，但不得倒坡。

②管道不宜敷设在建筑的承重结构内。因条件限制管道必须敷设在建筑的承重结构内时，应采取措施避免对建筑的承重结构产生影响。

③管道不宜穿越建筑的沉降缝或伸缩缝。当受条件限制必须穿越时，应采取相应的技术措施。

④管道不宜穿越对安静有较高要求的房间。当受条件限制必须穿越时，应采取隔声措施。

⑤当管道表面可能结露时，应采取防结露措施。

⑥管道一般采用 HDPE 管。管道应符合国家有关防火标准的规定，管材管件应采用不低于 PE80 等级的高密度聚乙烯原材料制作。管材纵向回缩率不应大于 3%。

⑦溢流口或溢流系统应设置在溢流时雨水能通畅流达的场所。溢流口或溢流装置的设置高度应根据建筑屋面允许的最高溢流水位等因素确定。最高溢流水位应低于建筑屋面允许的最大积水水深。

（2）雨水管道敷设一般规定

①雨水立管应按设计要求设置检查口，检查口中心宜距地面 1.0m。当采用高密度 HDPE 管时，检查口最大间距不宜大于 30m。

②雨水管道按照设计规定的位置安装。

③连接管与悬吊管的连接宜采用 45°三通。

④悬吊管与立管、立管与排出管的连接应采用 2 个 45°弯头或 R 不小于 $4D$ 的 90°弯头。

⑤高密度聚乙烯 HDPE 管道穿过墙壁、楼板或有防火要求的部位时，应按设计要求设置阻火圈、防火胶带或防火套管。

⑥雨水管穿过墙壁或楼板时，应设置金属或塑料套管。楼板内套管其顶部应高出装饰地面 20mm，底部与楼板底面齐平。墙壁内的套管，其两端应与饰面齐平。套管与管道之间的间隙应采用阻燃密实材料填实。在安装过程中，管道和雨水斗敞开口应采取临时封堵措施。

3）虹吸式雨水排放系统管道及附件的安装

（1）雨水斗的安装要求

①雨水斗的进水口应水平安装。

②雨水斗的进水口高度应保证天沟内的雨水能通过雨水斗排净。

③雨水斗应按产品说明书的要求和顺序进行安装。

④在屋面结构施工时，必须配合土建工程预留符合雨水斗安装需要的预留孔。

⑤安装在钢板或不锈钢天沟的（檐沟）内的雨水斗，可采用氩弧焊等与天沟（檐沟）焊接连接或其他能确保防水要求的连接方式。

⑥雨水斗安装时，应在屋面防水施工完成、确认雨水管道畅通、清除流入短管内的密封膏后，再安装整流器、导流罩等部件。

⑦雨水斗安装后，其边缘与屋面相连处应严密不漏。

（2）HDPE聚乙烯管安装

①热熔对焊连接

电焊机由加热片、切割器以及钳夹器组成。电焊机可用于连接管径40～315mm的管件。把需要连接的两管件放置在钳夹器间，确保管道尾端与钳夹器之间的差距大约20mm。锁紧扣把手。将管件顶在切割盘上、切割管道直到两个被连接的管端都完全一样、平直以及无缝于管端合拢之间。把焊机的温度稳定在210℃。将两管件仔细地放置于电焊机熔焊片上，直到焊接表面的凸出达到相等于管壁厚1/3厚度为止。将两管按焊接所需要的压力仔细地拼拢。在焊接处完全冷却前，不要松开锁扣把手。要达到完好的焊接，两管件的焊接面需要有正确的切割角度。电焊机也必须维持在210±5℃的温度下。

②电熔连接法

当平焊连接无法进行时，电熔便是最好的连接法。它适用于现场焊接、改装、加补安装、修补。管箍在加热后的收缩效应提供了焊接所需的压力。管箍的加热和熔融区分开，其中央部分以及外表不会被熔融，据此提供安全的焊接。

管件端需磨砂纸或刮削器除去氧化表层。管箍内侧保持干净、无油脂。把管件嵌入管箍连接。接通电熔焊机（220V、50～60Hz），开始焊接直至红色显示灯停止亮起。电熔焊机会自动切断电源。电焊管箍不能连续使用两次。如想重复使用，必须等到整个管箍完全冷却为止。

（3）固定件安装

①HDPE管悬挂在建筑承重结构上，宜采用导向管卡和锚固管卡连接在方形钢导管上。

②高密度聚乙烯HDPE悬吊管的锚固管卡安装在管道的端部和末端，以及Y型支管的每个方向上，2个锚固管卡间距不应大于5m。当雨水斗与立管之间的悬吊长度超过1m时，应安装带有锚固管卡的固定件。当悬吊管的管径大于200mm时，在每个固定点上使用2个锚固管卡。立管锚固管卡间距不应大于5m，导向管卡间距不应大于15倍管径。

③当虹吸雨水斗的下端与悬吊管的距离不小于750mm时，在方形钢导管上或悬吊管上应增加2个侧向管卡。在雨水立管底部弯管处应设支墩或采取牢固的固定措施。

4）虹吸式雨水排放系统试验与检验

（1）雨水排放试验

①试验所有工作都必须在监理和业主的统一领导、指挥下进行。并由他们确定时间、系统、上水设备和足够水量。

②安装单位应做好配合准备工作台，如安装蝶阀（或安装法兰和堵水封板）、清理管道、天沟、隔断天沟、配备人力、设备、工具和通信设备等。

③试验步骤

a. 消除天沟和管道内的杂物和垃圾，检查雨水斗及管道出水是否畅通无阻。

b. 检查所有安装的虹吸系统的水平、垂直管道，以及各种接头、弯头，管件是否有焊接缺陷和渗漏水现象。

c. 用水枪或接管不断地向天沟内放水（水量以系统最大设计排量；连续稳定供水达5min）。观察虹吸的产生；观察天沟内最高水位；观察并记录天沟水平误差；观察各接口是否有渗漏；观察出水口排水顺畅。

d. 以确定管道内无阻塞；接口无渗漏；在稳定最大设计排量下天沟不泛水为合格。（注：流量法必须确保供水量得以证实。）

e. 向系统内注水直到天沟内水位达到最高极限。测量天沟的水平误差，计算天沟的容积和系统容积，并作好记录。

f. 打开放水蝶阀（或迅速抽出封板）立即开始计时。观察出水口虹吸现象的连续性；直到天沟水位降至空气挡板；空气开始进入系统停止计时。

（2）系统密封性能验收

①堵住所有雨水斗，向屋面或天沟灌水。水位淹没雨水斗，持续1h后，雨水斗周围屋面应无渗漏现象。

②安装在室内的雨水管道，应根据管材和建筑高度选择整段方式或分段方式进行灌水试验，灌水高度必须达到每根立管上部雨水斗口。灌水试验持续1h后，管道及其所有连接处应无渗漏现象。

2.3 采暖及空调水系统

2.3.1 管道及配件安装

1. 管道安装

1）管材及配件的选用及连接方式

（1）碳钢类管材、管件：传统的室内采暖及空调水系统一般选用焊接钢管或镀锌钢管。

焊接钢管，管径小于或等于$DN32$的采用螺纹连接；管径大于$DN32$的采用焊接或法兰连接。

镀锌钢管，管径小于或等于100mm的镀锌钢管采用螺纹连接，套丝时破坏的镀锌层表面及外露螺纹部分作防腐处理；管径大于100mm的镀锌钢管采用法兰或卡套式专用管件连接，镀锌钢管与法兰的焊接处进行二次镀锌。

（2）铝塑复合管材、管件：一般采用铜管件卡套式连接。

（3）非金属管材、管件：包括PE-X管，PB管、PP-R管、ABS管等，采用热熔连接，与阀门连接时可使用丝接或法兰转换管件。

2）施工工艺流程

见图 2-24。

图 2-24　管道安装施工工艺流程图

3）施工准备

（1）经过设计交底和图纸会审，施工方案已编制并通过审批。

（2）进行采暖管线深化设计，包括配合土建预留预埋图和经过管线综合平衡后的采暖管线平面图。

（3）按图纸设计要求选用管材、管件和阀门等，物资供应部门根据物资需用量计划提出物资采购计划，经审批后进行采购，并按照计划要求进行供应。

（4）主要施工机具准备齐全。

（5）结构施工基本结束，具备室内采暖系统安装作业面，建筑已提供准确的各楼层地面标高线，主要作业条件满足施工要求。

4）套管预埋

（1）管道穿过墙壁和楼板应配合土建预埋套管或预留孔洞，如设计无要求，应符合表 2-34 的规定。

预留孔洞尺寸　　　　　　　　　　　　　　　　　表 2-34

项次	管道名称		明管 孔洞尺寸（mm） 长×宽	暗管 孔洞尺寸（mm） 长×宽
1	采暖立管	（管径≤25mm） （管径 32~50mm） （管径 70~100mm）	100×100 150×150 200×200	130×130 150×130 200×200
2	两根采暖立管	（管径≤32mm）	150×100	200×130
3	采暖主立管	（管径≤80mm） （管径 100~125mm）	300×250 350×300	— —
4	散热器支管	（管径≤25mm） （管径 32~40mm）	100×100 150×130	60×60 150×100

（2）安装在楼板内的套管，其顶部应高出装饰地面 20mm；安装在卫生间及厨房间的套管，其顶部高出装饰地面 50mm，底部应于楼板底面相平；安装在墙壁内的套管其两端与饰面相平。穿过楼板的套管与管道之间缝隙，应用阻燃密实填塞，防水油膏封口，端面应光滑。

5）管道支、吊、托架及管托安装

（1）管道支架材料采用普通型钢或镀锌型钢加工而成，金属管道的管托及管卡采用金属制成品，铝塑复合管和非金属管道采用专用的非金属管卡。

（2）支架型式、尺寸、规格要符合设计和现场实际要求，支架孔、眼一律使用电钻或冲床加工，其孔径应比管卡或吊杆直径大 1～2mm，管卡的尺寸与管子的配合要接触紧密。

（3）管卡要安装于保温层外，管卡部位的保温层厚度与管道保温层厚度设计一致，选用中硬度的木材或硬质人造发泡绝热材料，使之具有足够的支撑强度、较好的绝热性能和一定的使用年限。

（4）支、吊架的生根结构，特别是固定支架的生根部位，尽可能地选择梁、柱等建筑结构上，采用预埋钢板或者膨胀螺栓固定。

（5）立管和支管的支架可能要设置在砖墙、空心砌块等轻质墙体上，根据实际情况，采取事先预留孔洞的办法，支架安装后，与土建专业密切配合，及时填塞 C20 细石混凝土，并捣固密实，当砌体达到强度的75％时，方可安装管道，否则不允许使用该支架固定管道。

（6）安装滑动支架的管道支座和零件时，考虑到管道的热位移，要向管道膨胀的相反方向偏移该处全部热位移的1/2距离。滑动支架应灵活，滑托与滑槽两侧间应留有 3～5mm 的间隙，纵向移动量要符合设计要求。

（7）选用吊架安装时，有热位移的管道吊杆要向管道膨胀的相反方向偏移该处全部热位移的1/2距离，注意双管吊架不能同时吊置热位移方向相反的任何两条管道。

（8）固定支架与管道接触紧密，固定牢固，其设置数量和具体位置应根据图纸设计和现场实际情况进行布置。

（9）立管管卡的安装按下列规定：楼层高度小于或等于5m，每层必须安装一个；楼层高度大于5m，每层不得小于2个；管卡安装高度距离地面为 1.5～1.8m，2 个以上管卡要匀称安装，同一单位工程中管卡要安装在同一高度上。

6）干管安装

（1）干管安装应从进户或分支路点开始，安装前检查管道内是否干净。

（2）按设计要求确定的管道走向和轴线位置，在墙（柱）上画出管道安装的定位坡度线。

（3）按经过深化设计后的施工图进行管段的加工预制，包括：断管、套螺纹、上零件、调直、核对好尺寸，按环路分组编号，码放整齐。

（4）按设计要求或规范规定的间距进行支吊架安装，吊卡安装时，先把吊杆按坡向、顺序依次穿在型钢上，吊环按间距位置套在管上，再把管道抬起穿上螺栓拧上螺母，将管道固定。安装托架上的管道时，先把管道就位在托架上，把第一节管道装好 U 形卡，然后安装第二节管道，以后各节管道均照此进行，紧固好螺栓。

（5）遇有伸缩器，应考虑预拉伸及固定支架的配合。干管转弯作为自然补偿时，应采用煨制弯头。

（6）在管道干管上焊接垂直或水平分支管道时，干管开孔所产生的钢渣及管壁等废弃物不得残留管内，且分支管道在焊接时不得插入干管内。

（7）架空布置的采暖干管，一般沿墙敷设，遇到墙面有突出立柱的，管道可移至柱外直线敷设，支架的横梁加长，避免绕柱。

7）立、支管安装

(1) 核对各层预留孔位置是否垂直，吊线、剔眼、栽卡子，将预制好的管道按编号顺序运到安装地点。

(2) 安装前先卸下阀门盖，有钢套管的先穿到管上，按编号从第一节管开始安装。涂铅油缠麻，将立管对准接口转动入扣，一把管钳咬住管件，一把管钳拧管，拧到松紧适度，对准调直时的标记要求，螺纹外露 2~3 个螺距，预留口平正为止，清净麻头。

(3) 检查立管的每个预留口标高、方向、半圆弯等是否准确、平正。将事先安装好的支架卡子松开，把管放入卡内拧紧螺栓，用吊杆、线坠从第一节管开始找好垂直度，扶正钢套管，最后填堵孔洞，预留口必须加好临时丝堵。

(4) 立管遇支管垂直交叉时，支管应该设半圆形让弯绕过立管，如图 2-25 所示室内干管与立管连接不应采用丁字连接，应煨乙字弯或用弯头连接形成自然补偿器，如图 2-26 所示。

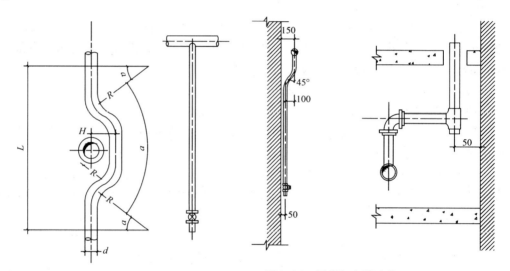

图 2-25 让管安装示意图　　　　图 2-26 干管与立管连接

8）管道的坡度要求

室内采暖管道安装要注意坡向、坡度，管路布置要平直、合理，不能出现水封和气塞。对于蒸汽采暖，管路布置要有利于排除凝结水；对于热水，管路布置要有利于排除系统内的空气，分别防止水击和气塞，保证系统正常运行。

管道的坡度大小应符合设计要求，当设计未注明时，应符合以下要求：

(1) 气、水同向流动的热水采暖管道和汽、水同向流动的蒸汽管道及凝结水管道，坡度应为 3‰，不得小于 2‰；

(2) 气、水逆向流动的热水采暖管道及汽、水逆向流动的蒸汽管道，坡度不小于 5‰；

(3) 散热器支管的坡度应为 1%，由供水管坡向散热器，回水支管坡向立管，下供下回式系统由顶层散热器放气阀排气时，该支管应坡向立管；

(4) 水平串联系统串联管应水平安装，每个立管应安装 1 个活接头，便于拆修。

9）采暖管道安装的允许偏差应符合表 2-35 的规定。

采暖管道安装的允许偏差和检验方法 表2-35

项次	项目			允许偏差	检验方法
1	横管道纵、横方向弯曲（mm）	每1m	管径≤100mm	1mm	用水平尺、直尺、拉线和尺量检查
			管径>100mm	1.5mm	
		全长（25m以上）	管径≤100mm	≥13mm	
			管径>100mm	≥25mm	
2	立管垂直度（mm）	每1m		2mm	吊线和尺量检查
		全长（5m以上）		≥10mm	
3	弯管	椭圆率 $\dfrac{D_{max}-D_{min}}{D_{max}}$	管径≤100mm	10%	用外卡钳和尺量检查
			管径>100mm	8%	
		折皱不平度（mm）	管径≤100mm	4mm	
			管径>100mm	5mm	

注：D_{max}、D_{min} 分别为管子最大外径和最小外径。

2. 管道附件安装

管道附件有集气罐、补偿器、疏水器、减压阀、安全阀等。
安装要求参见热水章节。

2.3.2 辅助设备及散热器的安装

1. 散热器安装

1）按图纸设计要求分段分层分规格统计出散热器的组数、每组片数，列成表以便组对和安装时使用。

2）组对散热器的垫片应使用成品，垫片的材质当设计无要求时，应采用耐热橡胶制品，组对后的散热器垫片露出颈部不应大于1mm。

3）组对片式散热器需用专用钥匙，逐片组对。一组散热器少于14片时，应在两端片上装带腿片；大于或等于15片时，应在中间再增组一带腿片。

4）现场组装和整组出厂的散热器，安装前应做单组水压试验，试验压力为工作压力的1.5倍，但不得小于0.6MPa，试验压力下2~3min压力不降且不渗不漏为合格。

5）柱形散热器落地安装时，应首先栽好上部抱卡，根据偶数和奇数片定好抱卡位置，以保持散热器中心线与窗中心线一致。

6）散热器宜在丝堵处设放风阀。

2. 散热器安装的有关标准

1）铸铁或钢制散热器表面的防腐及面漆应附着良好、色泽均匀，无脱落、起泡、流淌和漏涂缺陷。

2）散热器组对应平直紧密，组对后的平直度应符合表2-36规定。

3）散热器支、托架安装，位置应正确，埋设应牢固。散热器支、托架数量应符合设计或产品说明书的要求。如设计未注时，则应符合表2-37的要求。

柱形散热器组对后的平直度允许偏差　　　　　　　　　　　表2-36

项次	散热器类型	片数（片）	允许偏差（mm）
1	长翼型	2~4	4
		5~7	6
2	铸铁片式 钢制片式	3~15	4
		16~25	6

散热器支架、托架数量　　　　　　　　　　　表2-37

项次	散热器型式	安装方式	每组片数（片）	上部托钩或卡架数（个）	下部托钩或卡架数（个）
1	长翼型	挂墙	2~4	1	2
			5	2	2
			6	2	3
			7	2	4
2	柱型 柱翼型	挂墙	3~8	1	2
			9~12	1	3
			13~16	2	4
			17~20	2	5
			21~25	2	6
3	柱型 柱翼型	带足落地	3~8	1	—
			8~12	1	—
			13~16	2	—
			17~20	2	—
			21~25	2	—

4）散热器背面与装饰后的墙内表面安装距离，应符合设计或产品说明书要求。如设计未注明，应为30mm。

5）散热器安装高度应一致，底部距地大于或等于150mm，当散热器下部有管道通过时，距地高度可提高，但顶部必须低于窗台50mm。

6）散热器安装允许偏差应符合表2-38的规定。

散热器安装允许偏差和检验方法　　　　　　　　　　　表2-38

项次	项　目	允许偏差（mm）	检验方法
1	散热器背面与墙内表面距离	3	尺量
2	与窗中心线或设计定位尺寸	20	
3	散热器垂直度	3	吊线和尺量

2.3.3 低温热水地板辐射采暖系统安装

1. 管材及配件

1) 根据耐用年限要求、使用条件等级、热媒温度和工作压力、系统水质要求、材料供应条件、施工技术条件和投资费用等因素来选择采用管材，常用的管材有交联铝塑复合（XPAP）管、聚丁烯（PB）管、交联聚乙烯（PE-X）管、无规共聚聚丙烯（PP-R）管等，施工时严格按设计要求来选择管材。

2) 管材、管件和绝热材料，应有明显的标志，标明生产厂的名称、规格和主要技术特性，包装上应标有批号、数量、生产日期和检验代号。

3) 施工、安装的专用工具，必须标有生产厂的名称，并有出厂合格证和使用说明书。

4) 管材配件

（1）连接件与螺纹连接部分配件的本体材料，应为锻造黄铜，使用 PP-R 管作为加热管时，与 PP-R 管直接接触的连接件表面应镀镍。

（2）连接件外观应完整、无缺损、无变形、无开裂。

（3）连接件的物理力学性能，应符合表 2-39 的要求。

连接件的物理力学性能　　　　表 2-39

项次	性　能	指　标
1	连接件耐水压（MPa）	常温：2.5；95℃：1.2，1h 无渗漏
2	工作压力（MPa）	95℃：1.0，1h 无渗漏
3	连接密封性压力（MPa）	95℃：3.5，1h 无渗漏
4	耐拔脱力（MPa）	95℃：3.0

（4）连接件的螺纹，应符合现行国家标准《非螺纹密封的管螺纹》GB/T 7307 的规定。螺纹应完整，如有断丝或缺丝情况，不得大于螺纹全扣数的 10%。

（5）材料的外观质量、储运和检验。

①管材和管件的颜色应一致，色泽均匀，无分解变色。

②管材的内外表面应当光滑、清洁，不允许有分层、针孔、裂纹、气泡、起皮、痕纹和夹杂，但允许有轻微的、局部的、不使外径和壁厚超出允许公差的划伤、凹坑、压入物和斑点等缺陷。轻微的矫直和车削痕迹、细划痕、氧化色、发暗、水迹和油迹，可不作为报废的依据。

③管材和绝热板材在运输、装卸和搬运时，应小心轻放，不得受到剧烈碰撞和尖锐物体冲击，不得抛、摔、滚、拖，应避免接触油污。

④管材和绝热板材应码放在平整的场地上，垫层高度要大于 100mm，防止泥土和杂物进入管内。塑料类管材、铝塑复合管和绝热板材不得露天存放，应储存于温度不超过硬 40℃、通风良好和干净的仓库中，要防火、避光，距热源不应小于 1m。

⑤材料的抽样检验方法，应符合现行国家标准《逐批检查计数抽样程序及抽样表》

GB/T 2828 的规定。

2. 支架制作安装

1）管道支架应在管道安装前埋设，应根据不同管径和要求设置管卡和吊架，位置应准确，埋设要平整，管卡与管道接触应紧密，不得损伤管道表面。

2）加热管的支架一般采用厂家配套的成品管卡。

3）加热管安装时应防止管道扭曲，弯曲管道时，圆弧的顶部应加以限制，并用管卡进行固定。

4）加热管弯头两端宜设固定卡；加热管固定点的间距，直管段固定点间距宜为0.5~0.7m，弯曲管段固定点间距宜为0.2~0.3m。

5）分、集水器安装时应先设置固定支架。

3. 地板辐射采暖系统的安装

1）一般规定

（1）地板辐射采暖系统的安装，施工前应具备下列条件：

设计图纸及其他技术文件齐全。

经批准的施工方案或施工组织设计，已进行技术交底。

施工力量和机具等齐备，能保证正常施工。

施工现场、施工用水和用电、材料储放场地等临时设施，能满足施工需要。

（2）地板辐射供暖的安装工程环境温度宜不低于5℃。

（3）地板辐射供暖施工前，应了解建筑物的结构，熟悉设计图纸、施工方案及其他工种的配合措施。安装人员应熟悉管材的一般性能，掌握基本操作要点，严禁盲目施工。

（4）加热管安装前，应对材料的外观和接头的配合公差进行仔细检查，并清除管道和管件内外的污垢和杂物。

（5）安装过程中，应防止油漆、沥青或其他化学溶剂污染塑料类管道。

（6）管道系统安装间断或完毕的敞口处，应随时封堵。

2）加热管的敷设

（1）按设计图纸的要求，进行放线并配管，同一通路的加热管应保持水平。

（2）加热管的弯曲半径，PB管和PE-X管不宜小于5倍的管外径，其他管材不宜小于6倍的管外径。

（3）填充层内的加热管不应有接头。

（4）采用专用工具断管，断口应平整，断口面应垂直于管轴线。

（5）加热管应用固定卡子直接固定在敷有复合面层的绝热板上，用扎带将加热管绑扎在铺设于绝热层表面的钢丝网上，或将加热管卡在铺设于绝热层表面的专用管架或管卡上。

（6）加热管固定点的间距，直管段不应大于700mm，弯曲管段不应大于350mm。

（7）施工验收后，发现加热管损坏，需要增设接头时，应先报建设单位或监理工程师，提出书面补救方案，经批准后方可实施。增设接头时，应根据加热管的材质，采用热熔或电熔插接式连接，或卡套式、卡压式铜制管接头连接，并应作好密封。铜管宜采用机械连接或焊接连接。无论采用何种接头，均应在竣工图上清晰表示，并记录归档。

（8）地热管弯头两端宜设固定卡；加热管固定点的间距，直管段固定点间距宜为0.5~

0.7m，弯曲管段固定点间距宜为 0.2~0.3m。

（9）在分水器、集水器附近以及其他局部加热管排列比较密集的部位，当管间距小于 100mm 时，加热管外部应设置柔性套管等措施。

（10）加热管出地面至分水器、集水器连接处，弯管部分不宜露出地面装饰层。加热管出地面至分水器、集水器下部球阀接口之间的明装管段，外部应加装塑料套管。套管应高出装饰面 150~200mm。

（11）加热管与分水器、集水器连接，应采用卡套式、卡压式挤压夹紧连接；连接件材料宜为铜质；铜质连接件与 PP-R 或 PP-B 直接接触的表面必须镀镍。

（12）加热管的环路布置不宜穿越填充层内的伸缩缝。必须穿越时，伸缩缝处应设长度不小于 200mm 的柔性套管。

（13）伸缩缝的设置应符合下列规定：

在与内外墙、柱等垂直构件交接处应留不间断的伸缩缝，伸缩缝填充材料应采用搭接方式连接，搭接宽度不应小于 10mm；伸缩缝填充材料与墙、柱应有可靠的固定措施，与地面绝热层连接应紧密，伸缩缝宽度不宜小于 10mm。伸缩缝填充材料宜采用高发泡聚乙烯泡沫塑料。

当地面面积超过 30m^2 或边长超过 6m 时，应按不大于 6m 间距设置伸缩缝，伸缩缝宽度不应小于 8mm。伸缩缝宜采用高发泡聚乙烯泡沫塑料或内满填弹性膨胀膏。

伸缩缝应从绝热层的上边缘做到填充层的上边缘。

3）热媒集水器、分水器安装

（1）热媒集水器、分水器应加以固定，当水平安装时，一般宜将分水器安装在上，集水器安装在下，中心距宜为 200mm，集水器中心距地面应不小于 300mm；当垂直安装时，分、集水器下端距地面应不小于 150mm。

（2）加热管始末端出地面至连接配件的管段，应设置在硬质套管内，套管外皮不宜超出集配装置外皮的投影面。加热管与集配装置分路阀门的连接，应采用专用卡套式连件或插接式连接件。

（3）加热管始末端的适当距离内或其他管道密度较大处，当管间距≤100m 时，应设置柔性套管等保温措施。

（4）加热管与热媒集水器、分水器牢固连接后，或在填充层养护期后，应对加热管每一通路逐一进行冲洗，至出水清净为止。

4. 地板辐射采暖系统的检验、调试与验收

1）中间验收

地板辐射采暖系统，应根据工程施工特点进行中间验收。中间验收过程，从加热管道敷设和热媒集水器、分水器安装完毕进行试压起，至混凝土填充层养护期满再次进行试压止，由施工单位会同监理单位进行。

2）水压试验

浇捣混凝土填充层之前和混凝土填充层养护期满之后，应分别进行系统水压试验。水压试验应符合下列要求：

（1）水压试验之前，应对试压管道和构件采取安全有效的固定和保护措施。

（2）试验压力应为不小于系统静压加 0.3MPa，且不得低于 0.6MPa。

(3) 冬季进行水压试验时，应采取可靠的防冻措施，试验合格后，应将管线内的水吹净，以免冻结。

(4) 试验时首先经分水器缓慢注水，同时将管道内空气排出。

(5) 充满水后，进行水密性检查。

(6) 采用手动试压泵缓慢升压，升压时间不得少于15min。

(7) 升压至规定试验压力后，停止加压，稳压1h，观察有无漏水现象。

(8) 稳压1h后，补压至规定试验压力值，15min内的压力降不超过0.05MPa无渗漏为合格。

3) 调试

(1) 地板辐射供暖系统未经调试，严禁运行使用。

(2) 具备供热条件时，调试应在竣工验收阶段进行；不具备供热条件时，经与工程使用单位协商，可延期进行调试。

(3) 调试工作由施工单位在工程使用单位配合下进行。

(4) 调试时初次通暖应缓慢升温，先将水温控制在25~30℃范围内运行24h，以后每隔24h温升不超过5℃，直至达到设计水温。

(5) 调试过程应持续在设计水温条件下连续供暖24h，并调节每一环路水温达到正常范围。

4) 竣工验收

竣工验收时，应具备下列资料：

(1) 施工图、竣工图和设计变更文件。

(2) 主要材料、制品和零件的检验合格证和出厂合格证。

(3) 中间验收记录。

(4) 试压和冲洗记录。

(5) 工程质量检查评定记录。

(6) 调试记录。

2.3.4　系统水压试验及调试

1. 采暖系统的水压试验

采暖系统安装完毕，管道保温之前应进行水压试验。

1) 试压程序

采暖系统在施工工程中的试压包括两方面：一是过程中所有需要隐蔽的管道和附件在隐蔽前必须进行水压试验的隐蔽性试验；二是系统安装完毕，系统的所有组成部分必须进行系统水压试验的最终试验。

室内采暖管道进行强度和严密性试验时，系统工作压力按循环水泵扬程确定，以不超过散热器承压能力为原则。系统试验压力由设计确定，设计未注明时应按表2-40中的规定。

2) 检验方法

使用钢管及复合管的采暖系统应在试验压力下10min内压力降不大于0.02MPa，降至工作压力后检查不渗不漏为合格。

使用塑料管的采暖系统应在试验压力下 1h 内压力降不大于 0.05MPa，然后降压至工作压力的 1.15 倍，稳压 2h，压力降不大于 0.03MPa，同时各连接处不渗不漏为合格。

室内采暖系统水压试验的试验压力　　　　　　表 2-40

管道类别	工作压力	试验压力	
		强度试验 P_s（MPa）	严密性试验
蒸汽、热水采暖系统	P	顶点工作压力 +0.1，顶点的试验压力不小于 0.3	P
高温热水采暖系统	P	顶点工作压力 +0.4	P
使用塑料管和复合管的采暖系统	P	顶点工作压力 +0.2，顶点的试验压力不小于 0.4	塑料管为 $1.15 \times P$ 复合管为 P

3）水压试验过程

（1）根据现场实际和工程系统情况，编制并上报系统水压试验方案，经审批后严格执行。

（2）检查全系统管路、设备、阀件、支架、套管等，必须安装无误，达到试验条件。

（3）打开系统最高点处的排气阀，开始向采暖系统注水，待水灌满后，关闭排气阀和进水阀，停止注水。

（4）注水应缓慢进行，并进行巡检，注意检查系统管路是否有渗漏情况。

（5）使用电动或手动试压泵开始加压，压力值一般分 2～3 次升至试验压力，升压过程中注意观察压力值逐渐升高的情况及管路是否渗漏。

（6）按照前述的检验方法进行检验，经监理工程师检查试验合格，作好水压试验记录。

（7）在系统最低点卸掉管道内的所有存水，冬季时还应采用压缩空气进行管路吹扫，防止管路内存水冻坏管道和设备。

（8）拆掉临时试压管路，将采暖系统恢复原位。

2. 采暖系统的冲洗

系统试验合格后，应对系统进行冲洗和清扫过滤器及除污器。

1）冲洗前的准备工作

（1）对照图纸，根据管道系统情况，确定管道分段冲洗方案，对暂不参与冲洗的管段通过分支管线阀门将之关闭。

（2）不允许吹扫的附件，如孔板、调节阀、过滤器等，应暂时拆下以短管代替；对减压阀、疏水器等，应关闭进水阀，打开旁通阀，使其不参与冲洗，以防止堵塞。

（3）不允许冲洗的设备和管道，应暂时用盲板隔开。

（4）吹出口的设置：气体吹扫时，吹出口一般设置在阀门前，以保证污物不进入关闭的阀体内；用水冲洗时，清洗口设于系统各低点泄水阀处。

2）冲洗方法

采暖系统冲洗的方法一般包括水冲洗和蒸汽吹洗。

（1）水冲洗。采暖系统在使用前应进行水冲洗，冲洗水源可以采用自来水或工业纯净水。冲洗前按照前述的准备工作要求进行认真准备，冲洗时，冲洗水以不小于 1.5m/s 的流速进行冲洗，冲洗应连续进行，并保证管路畅通无堵塞现象，直到冲洗合格。

（2）蒸汽吹洗。蒸汽采暖系统的吹洗以蒸汽吹扫为宜，也可以采用压缩空气进行。蒸汽吹扫时，应缓慢升温，以恒温 1h 左右进行吹扫为宜，然后降温到室温，再升温、暖管、恒温进行二次吹扫，直到吹扫合格。

3）检验方法

（1）系统水冲洗时，现场观察，直至排出水不含泥沙、铁屑等杂质且水色不浑浊为合格。

（2）蒸汽吹洗时，在蒸汽排出口设置一块抛光的木板，上贴干净的白纸，检验时将白纸靠近蒸汽排出口，让排出的蒸汽吹到白纸上，检查白纸上无锈蚀物及脏物为合格。

3. 采暖系统的调试

采暖系统冲洗完毕应充水、加热，进行试运行和调试。

1）先联系好热源，制定出通暖调试方案、人员分工和处理紧急情况的各项措施。备好修理、泄水等器具。

2）参加调试的人员按分工各就各位，分别检查采暖系统中的泄水阀门是否关闭，干、立、支管上的阀门是否打开。

3）向系统内充水（以软化水为宜），开始先打开系统最高点的排气阀，指定专人看管。慢慢打开系统回水干管的阀门，待最高点的排气阀见水后立即关闭；然后开启总进口供水管的阀门，最高点的排气阀须反复开闭数次，直至将系统中冷空气排净。

4）在巡视检查中如发现隐患，应尽量关闭小范围内的供、回水阀门，及时处理和抢修。修好后随即开启阀门。

5）全系统运行时，遇有不热处要先查明原因。如需冲洗检修，先关闭供、回水阀，泄水后再先后打开供、回水阀门，反复放水冲洗。冲洗完后再按上述程序通暖运行，直到运行正常为止。

6）若发现热度不均，应调整各个分路、立管、支管上的阀门，使其基本达到平衡后，邀请各有关单位检查验收，并办理验收手续。

7）高层建筑的采暖管道冲洗与通热，可按设计系统的特点进行划分，按区域、独立系统、分若干层等逐段进行。

8）冬季通暖时，必须采取临时采暖措施。室温应连续 24h 保持在 5℃ 以上后，方可进行正常送暖：

（1）充水前先关闭总供水阀门，开启外网循环管的阀门，使热力外网管道先预热循环。

（2）分路或分立管通暖时，先从向阳面的末端立管开始，打开总进口阀门，通水后关闭外网循环管的阀门。

（3）待已供热的立管上的散热器全部热后，再依次逐根、逐个分环路通热，直到全系统正常运行为止。

9）通暖后调试的主要目的是使每个房间达到设计温度，对系统远近的各个环路应达到阻力平衡，即每个小环路冷热度均匀。在调试过程中，应测试热力入口处热媒的温度和压力是否符合设计要求。

2.4 室外管网安装

2.4.1 室外给水管道安装

1. 一般规定

1）本内容适用于民用、公用建筑群的场区室外给水管网安装工程。

2）严格根据设计要求选择管材。

3）架空或地沟内管道敷设时其管道安装要求执行室内给水管道的要求。塑料管道不得露天架空安装。

4）管道应敷设在当地冰冻线以下，如确实需要高于冰冻线敷设的，须有可靠的保温措施。绿化带人行道的管道埋深不低于0.8m，道路范围内的管道埋深不低于1.2m。管道穿越道路及墙体时须安装钢套管。

5）塑料管道上的阀门、水表等附件均应单独设置支墩。

6）管道不得直接敷设在冻土和未经处理的松土上。

7）当地下水位较高或雨期进行管道施工时，沟槽内应有可靠的降水、排水措施，防止因基层土的扰动而影响土的持力层。

2. 给水铸铁管安装

1）管道安装程序：安装准备→排管→下管→挖工作坑→对口、接口及养护→井室砌筑→管道试压→管道冲洗→回填土。

2）管道安装要点：

（1）确定施工方法和施工程序并进行施工前的安全检查。

（2）沟槽开挖后进行槽底处理时，即可将管道运至沟边，沿沟排管。布管不得影响机械的通行，当管道排布完成后再对管沟进行一次综合检查，当管道标高、槽底回填合格后方可进行下管工作。

（3）根据每节管道的重量及现场环境的影响，选择机械下管或人工下管。

（4）管道下沟后开始对口工作，对口前应用钢丝刷、绵纱布等仔细将承口内腔和插口端外表面的泥沙及其他异物清理干净，不得含有泥沙、油污及其他异物。

（5）管道对口完毕后即在承口下挖打口工作坑，如图2-27所示。

工作坑以满足打口条件即可，也可参照规范要求。

（6）铸铁管承接口的对口间隙应不小于3mm，最大间隙需符合表2-41的要求。

铸铁管承插口的对口最大间隙（mm） 表2-41

管径（mm）	沿直线敷设	沿曲线敷设
75	4	5
100~250	5	7~13
300~500	6	14~22

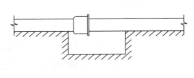

图2-27 工作坑形式

铸铁管承插口的环形间隙应满足表 2-42 的要求。

铸铁管承插口的环形间隙　　　　表 2-42

管径（mm）	环形间隙（mm）	允许偏差（mm）
80~200	10	+3 -2
250~450	11	+4 -2
500~900	12	

（7）承插式铸铁管的接口形式分为刚性接口和柔性接口，如图 2-28、图 2-29 所示。

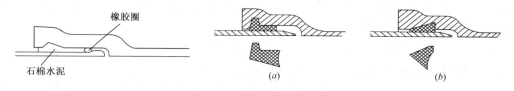

图 2-28　刚性接口形式　　　　图 2-29　柔性接口形式
　　　　　　　　　　　　　　　　（a）梯唇形；（b）楔形

刚性接口由嵌缝材料和密封材料两部分组成，柔性接口采用专用橡胶圈密封。

3. 硬聚氯乙烯室外给水管安装

1）管道安装一般规定

（1）下管前，管沟应清理完毕且验收合格，设计或规范要求的砂石垫层施工完毕后方可下管。

（2）下管前应检查管材、管件、胶圈是否有损伤，若有缺陷不得使用。

（3）在管道安装期间，须防止石块或其他坚硬物体坠入管沟，以免管道受损。

（4）管道在水平或垂直转弯、管道变径、三通、阀门等处均应设置支墩。

2）管道接口形式及操作方法参见本章硬聚氯乙烯管道连接部分。

4. 铝塑复合管安装

1）管道调直：铝塑管 $DN \leqslant 32\text{mm}$ 时一般成卷供应，可用手粗略调直后靠在顺直的角钢内用橡胶锤锤打找直。

2）管子切割：管道切割可采用专用剪刀，也可用钢锯或盘锯，然后用整圆扩孔器将管口整圆。

3）管道制弯：$DN \leqslant 32\text{mm}$ 的管道弯曲时先将弯管弹簧塞进管内到弯曲部位，然后均匀加力弯曲，弯曲成型后抽出弹簧。由于铝塑复合管中的铝管材质的最小延伸率为 20%，因此弯管半径不能小于所弯管段圆弧外径的 5 倍；$DN \geqslant 40\text{mm}$ 的管道弯曲时宜采用专用弯管器，否则容易使所弯管段圆弧外侧的外层和铝管出现过度的拉伸从而出现塑性拉伸裂纹，影响管子的使用性能。

4）管道连接参见本章铝塑复合管管道连接部分。

5. 聚乙烯管（PE 管）安装

1）热熔连接

（1）热熔对接施工要求

①将待连接管材置于焊机夹具上并夹紧。

②清洁管材待连接端并铣削连接面。

③校直两对接件，使其错位量不大于壁厚的 10%。

④放入加热板加热，加热完毕，取出加热板。

⑤迅速接合两加热面，升压至熔接压力并保压冷却。

（2）热熔对接施工步骤及方法

①清理管端。

②将管子夹紧在熔焊设备上，使用双面修整机具修整两个焊接接头端面。

③取出修整机具，通过推进器使两管端相接触，检查两表面的一致性，严格保证管端正确对中。

④在两端面之间插入 210℃的加热板，以指定压力推进管子，将管端压紧在加热板上，在两管端周围形成一致的熔化束。

⑤完成加热后迅速移出加热板，避免加热板与管子熔化端摩擦。

⑥以指定的连接压力将两管端推进至结合，形成一个双翻边的熔化束（两侧翻边、内外翻边的环状凸起），熔焊接头冷却至少 30min。

加热板的温度由焊机自动控制在预先设定的范围内。如果控制设施失控，加热板温度过高，会造成溶化端面的 PE 材料失去活性，相互间不能熔合。

2）电熔焊接

（1）清理管子接头内外表面及端面，清理长度要大于插入管件的长度。

（2）管子接头外表面（熔合面）用专用工具刨掉薄薄的一层，保证接头外表面的老化层和污染层彻底被除去。

（3）将处理好的两个管接头插入管件。

（4）将焊接设备连到管件的电极上，启动焊接设备，输入焊接加热时间。开始焊接至焊机在设定时间停止加热。

（5）焊接接头冷却期间严禁移动管子。

6. 衬塑钢管安装

衬塑钢管继承了钢管和塑料管各自的优点，广泛应用于给水系统。连接方式有沟槽（卡箍）连接和丝扣连接，施工工艺类似钢管的沟槽连接与丝扣连接。

1）管道沟槽连接

（1）用切管机将钢管按需要的长度切割，用水平仪检查切口断面，确保切口断面与管道中轴线垂直。切口如果有毛刺，应用砂轮机打磨光滑。

（2）将需要加工沟槽的钢管架设在滚槽机和滚槽机尾架上，用水平尺抄平，使管道处于水平位置。

（3）将钢管加工端断面紧贴滚槽机，使钢管中轴线与滚轮面垂直。

（4）缓缓压下千斤顶，使上压轮贴紧管材管道，开动滚槽机，徐徐压下千斤顶，使上压轮均匀滚压钢管至预定沟槽深度为止，压槽不得损坏管道内衬塑层。

（5）停机后用游标卡尺检查沟槽深度和宽度，确认符合标准要求后，将千斤顶卸荷，取出钢管。

（6）将橡胶密封圈套在一根钢管端部，将另一根端部周边已涂抹润滑剂（非油性）的钢管插入橡胶密封圈，转动橡胶密封圈，使其位于接口中间部位。

（7）在橡胶密封圈外侧安装上下卡箍，并将卡箍凸边送进沟槽内，把紧螺栓即完成。

2）螺纹连接方法参见本章钢塑复合管管道连接部分。

7. 管道附件的安装

1）阀门安装

（1）阀门在搬运和吊装时，不得使阀杆及法兰螺栓孔成为吊点，应将吊点放在阀体上。

（2）室外埋地管道上的阀门应阀杆垂直向上的安装于阀门井内，以便于维修操作。

（3）管道法兰与阀门法兰不得加力对正，阀门安装前应使管道上的两片法兰端面相互平行及同心。把紧螺栓时应十字交叉进行，以免加力不均导致密封不严。

（4）安装止回阀、截止阀等阀门时须使水流方向与阀体上的箭头方向一致。

（5）大口径阀门及阀门组须设置独立的支墩。

2）室外水表安装

（1）安装时进水方向必须与水表上的箭头方向一致。

（2）为避免紊流现象影响水表的计量准确性，表前阀门与水表的安装距离应大于8~10倍管径。

（3）大口径水表前后应设置伸缩节。

（4）水表阀门组应设置单独的支墩见图2-30。

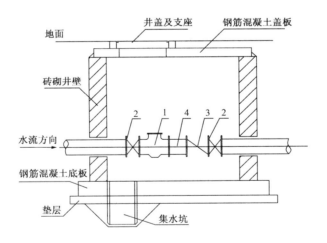

图2-30 水表井示意图
1—水表；2—阀门；3—止回阀；4—伸缩接头

8. 附属构筑物的施工

给水管道附属构筑物包括阀门井、消火栓及消防水泵结合器井、水表井和支墩等构筑物。井室的砌筑应符合设计要求或设计指定的标准图集的施工要求。

1）一般要求

(1) 各类井室的井底基础和管道基础应同时浇注。

(2) 砌筑井室时,用水冲净、湿润基础后方可铺浆砌筑,砌筑砌块必须做到满铺满挤,上下搭砌,砌块间灰缝厚度为10mm左右。

(3) 砌筑圆筒形井室时,应随时检测直径尺寸,当需要收口时若四面收进,每次收进不得大于30mm,若三面收进,则每次收进不得大于50mm。

(4) 井室内壁应用原浆勾缝,有抹面要求时内壁抹面应分层压实,外壁用砂浆搓缝并应挤压密实。

(5) 各类井室的井盖须符合设计要求,有明显的标志,且各类井盖不得混用。

(6) 设在车行道下的井室必须使用重型井盖,人行道下的井室采用轻型井盖,井盖表面与道路相平;绿化带上的井盖可采用轻型井盖,井盖上表面高出地平50mm,井口周围设置2%的水泥砂浆护坡。

(7) 重型铸铁井盖不得直接安装在井室的砖墙上,应安装在厚度不小于80mm的混凝土垫圈上。

2) 阀门井砌筑要点

(1) 井室砌筑前应进行红砖淋水工作,使砌筑时红砖吸水率不小于35%。

(2) 阀门井应在管道和阀门安装完成后开始砌筑,其尺寸应按照设计或设计指定的图集施工,阀门的法兰不得砌在井外或井壁内,为便于维修,阀门的法兰外缘一般距井壁250mm。

(3) 砌筑时应随时检测直径尺寸,注意井筒的表面平整。

(4) 井内爬梯应与井盖口边位置一致,铁爬梯安装后,在砌筑砂浆及混凝土未达到规定抗压强度前不得踩踏。

3) 支墩

由于给水管道的弯头、三通等处在水压作用下产生较大的推力,易致使承插口松动而漏水,因而当管道弯头、三通等部位应设置支墩防止管口松动。根据现场实际情况支墩一般采用砖砌或混凝土浇筑。

9. 室外给水管道水压试压

管道试压应符合设计要求和施工质量验收规范要求。

1) 管道试压前应具备的条件

(1) 水压试验前,管道节点、接口、支墩等及其他附属构筑物等已施工完毕并且符合设计要求。

(2) 落实管道的排气、排水装置已经准备到位。

(3) 试压应做后背,试压后背墙必须平直并与管道轴线垂直。

(4) 管道试验长度不超过1km,一般以500~600m为宜。

(5) 水压试验装置如图2-31所示,管道试压前,向试压管道充水,充水时水

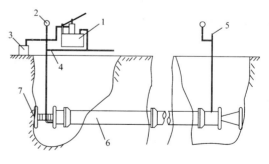

图 2-31 水压试验装置
1—手摇泵;2—压力泵;
3—量水箱;4—注水管;5—排水管;
6—试验管段;7—后背

自管道低端流入，并打开排气阀，当充水至排出的水流中不带气泡且水流连续时，关闭排气阀，停止充水。试压管道充水浸泡的时间一般是钢管不少于24h，塑料管不少于48h。

2）管道试压方法

管线试压首先应做好各项安全技术措施。试验用的临时加固措施应经检查确认安全可靠，并作好标识。试验用压力表应在检定合格期内，精度不低于1.5级，量程是被测压力的1.5~2倍，试压系统中的压力表不得少于2块。管道试验压力为工作压力的1.5倍，但不得小于0.6MPa。如遇泄漏，不得带压修理，缺陷消除后，应重新试压。

（1）钢管、铸铁管试压，在试验压力下10min内压力降不得大于0.05MPa，然后降至工作压力检查，压力保持不变，不渗漏为合格。

（2）塑料管、铝塑复合管试压，在试验压力下稳压1h，压力降不大于0.05MPa，然后降至工作压力进行检查，压力降保持不变，不渗漏为合格。

（3）PE管道试压应分2~3次升至试验压力，然后每隔3min记录一次管道剩余压力，记录30min，若30min内管道试验压力有上升趋势时则水压试验合格；如剩余压力没有上升趋势，则应当再持续观察60min，在整个90min中压力降不大于0.02MPa，则水压试验合格。

10. 室外给水管道冲洗

管道试压合格后应进行通水冲洗和消毒，以使管道输送的水质能够符合《生活饮用水卫生标准》的有关规定。

1）管道冲洗

管道冲洗分为消毒前冲洗和消毒后冲洗。消毒前冲洗是对管道内的杂质进行清洗；消毒后清洗是对管道内的余氯进行清洗，使水中余氯能够达到卫生指标要求的规定值。

（1）冲洗管道的水流速不小于1.0m/s，冲洗应连续进行，直至出水洁净度与冲洗进水相同。

（2）一次冲洗管道长度不宜超过1000m，以防止冲洗前蓄积的杂物在管道内移动困难。

（3）放水路线不得影响交通及附近建筑物的安全。

（4）安装放水口的管上应装有阀门、排气管和放水取样龙头，放水管的截面不应小于进水管截面的1/2。

（5）冲洗时先打开出水阀门，再开来水阀门。注意冲洗管段，特别是出水口的工作情况，做好排气工作，并派专人监护放水路线，有问题及时处理。

2）管道消毒

生活饮用水管道，冲洗完毕后，管内应存水24h以上再化验。如水质化验达不到要求标准，应用漂白粉溶液注入管道浸泡消毒，然后再冲洗，经水质部门检验合格后交付验收。

2.4.2 室外排水管道安装

1. 管道开槽法施工

排水管道一般包括污废水管道、雨水管道。管道所用材质、接口形式、基础类型、施工方法及验收标准均不相同。开槽法施工包括土方开挖、管沟排水、管道基础施工、管道施工、构筑物砌筑和土方回填等分项工程。

1）施工排水

当管道雨期施工或管道敷设在地下水位以下时，沟槽应当采取有效的降低地下水位的方法，一般采用明沟排水和井点降水法。

明沟排水法适用于挖深浅、土质好和排出降雨等地面水的施工环境中；井点井水适用于地下水位比较高、挖深大、砂性土质的施工环境中。

（1）明沟排水

明沟排水包括地面截水和坑内排水。

①地面截水

用于排除地表水和雨水，通常利用所挖沟槽土沿沟槽侧筑0.5~0.8m高的土堤，地面截水应尽量利用天然排水沟道，当需要挖排水沟排水时，应注意已有构筑物的安全。

②坑内排水

当沟槽开挖过程中遇到地下水时，在沟底随同挖方一起设置积水坑，并沿沟底开挖排水沟，使水流入积水坑内，然后用水泵抽出坑外。详见图2-32。

明沟排水一般先挖积水坑，再挖沟槽，以便干槽施工。

进入积水坑的排水沟尺寸一般不小于0.3m×0.3m，按1%~5%的坡度坡向积水坑，积水坑应设在沟槽的同一侧。根据地下水量的大小和水泵的排水能力，一般每隔50~100m设置一个。积水坑的直径（或边长）不小于0.7m，积水坑底应低于槽底1~2m。坑壁应用木板、铁笼、混凝土滤水管等简易支撑加固。坑底应铺

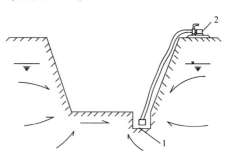

图2-32 坑内排水示意图

设30cm左右碎石或粗砂滤水层，以免抽水时将泥沙抽出，并防止坑底的土被搅动。

（2）井点降水

井点降水就是在沟槽开挖前预先埋设一定数量的滤水管，利用真空原理，不断抽出地下水，以达到降低水位的目的。在管道铺设完成前抽水工作不能间断，当管道铺设完成后再停止抽水拆除井点设备，恢复地貌。

2）排水管道基础

管道基础的作用是分散较为集中的管道荷载，减少管道对单位面积上地基的作用力，同时减少土方对管壁的作用力。

排水管道的基础包括平基和管座，管座包角度数一般分为三种，即90°、120°、180°管道基础，如图2-33所示。

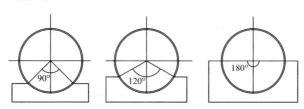

图2-33 管道基础

管道基础的施工需符合设计或设计指定的标准图集的要求。

3）下管与稳管

（1）下管

为保证管道安装质量及施工安全，安装前应按规范要求对管道及管沟、基础、机械设备等作如下检查和准备：

①需检查管子是否符合规范要求，塑料管材内壁应光滑，管身不得有裂缝，管口不得有破损、裂口、变形等缺陷；混凝土管内外表面应无空鼓、露筋、裂纹、缺边等缺陷。

②管沟标高、坐标、中心线、坡度等符合图纸设计要求，检查井是否根据图纸要求与管沟一起开挖。

③检查管道平基和检查井基础是否满足设计要求。

④管道施工所需机械及临时设施是否完好，人员组织是否到位且有统一指挥。

⑤采用沟边布管法，管道承口方向迎着水流方向排布，以减少沟内管道运输量，安装应由下游向上游进行。

⑥根据所安装管道直径和工程量选择合适的下管方法。

（2）稳管

稳管是管道对中、对高程、对接口间隙和坡度等的操作。

①管道接口、对中按下述程序进行：将管道用手扳葫芦吊起，一人使用撬棍将被吊起的管道与已安装的管道对接，当接口合拢时，管材两侧的手扳葫芦应同步落下，使管道就位。

②为防止已经就位的管道轴线位移，需采用灌满黄沙的编织袋或砌块稳固在管道两侧。

③管道对口间隙应符合表 2-43、表 2-44 的要求。

钢筋混凝土管管口间的纵向间隙 表 2-43

管材种类	接口形式	管内径（mm）	总线间隙（mm）
钢筋混凝土管	平口、企口	500~600	1.0~5.0
		≥700	7.0~15
	承插接口	600~3000	5.0~1.5

预应力钢筒混凝土管口间最大轴线间隙 表 2-44

管内径（mm）	内衬式管（衬筒管）		埋置式管（埋筒管）	
	单胶圈（mm）	双胶圈（mm）	单胶圈（mm）	双胶圈（mm）
600~1400	15	—	—	—
1200~1400	—	25	—	—
1200~4000	—	—	25	25

④管道接口的允许转角应符合表 2-45、表 2-46、表 2-47 的要求。

预(自)应力混凝土管沿曲线安装接口允许转角　　　　表 2-45

管材种类	管内径（mm）	允许转角（°）
预应力混凝土管	500～700	1.5
	800～1400	1.0
	1600～3000	0.5
自应力混凝土管	500～800	1.5

预应力钢筒混凝土管沿曲线安装接口的最大允许转角　　　　表 2-46

管材种类	管内径（mm）	允许平面转角（°）
预应力钢筒混凝土管	600～1000	1.5
	1200～2000	1.0
	2200～4000	0.5

玻璃钢管沿曲线安装接口允许转角　　　　表 2-47

管内径（mm）	允许转角（°）	
	承插式接口	套筒式接口
400～500	1.5	3.0
500～1000	1.0	2.0
1000～1800	1.0	1.0
1800 以上	0.5	0.5

4）排水管道接口

排水管道种类较多，接口形式多样，应根据设计采用的管材和接口形式确定施工方法。接口形式大致分为刚性、柔性、粘接和电热熔接口等形式。

（1）钢筋混凝土管

①钢丝网水泥砂浆抹带接口

接口形式见图 2-34 所示。

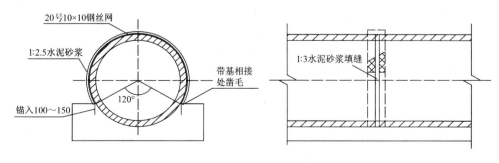

图 2-34　钢丝网水泥砂浆抹口

a. 抹带前将管口凿毛,将宽度为 100mm 的铁丝网以管口为中线平分于管口两侧。

b. 在浇注管道混凝土基础时将铁丝网插入混凝土基础 100~150mm 深。

c. 按照图集要求抹带厚度分两次成型后养护。

②橡胶圈接口

接口形式见图 2-35 所示。

a. 接口前先检查橡胶圈是否配套完好,确认橡胶圈安放深度符合要求。

b. 接口时,先将承口的内壁清理干净,并在承口内壁及插口橡胶圈上涂润滑剂,然后将承插口端面的中心轴线对齐。

c. 接口合拢后,用倒链拉动管道,使橡胶密封圈正确就位,不扭曲、不脱落。

(2) UPVC 排水管粘接

接口形式见图 2-36。

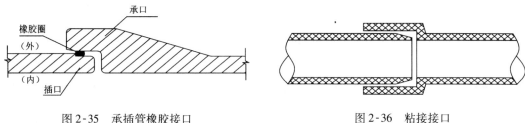

图 2-35 承插管橡胶接口 　　　　图 2-36 粘接接口

①粘接不宜在湿度较大和 5℃ 以下的环境中进行,操作环境应远离火源,防撞击。

②粘接前应将接口打毛,并将管口清理干净,不得含有污渍。

③用毛刷涂胶粘剂,先涂抹承口后涂抹插口,随即用力垂直插入,插入粘接时将插口稍作转动,以利于胶粘剂分布均匀。

④约 30~60s 即可粘接牢固。粘接牢固后立即将溢出的胶粘剂擦拭干净。

(3) HDPE 排水管电熔连接

①连接前将两根管调整一定的高度后保持一定的水平,顶着管子的两端,尽量使接口处接触严密。

②用布擦净管道接口处的外侧的泥土、水等。

③将电热熔焊接带的中心放在连接部位后包紧(有电源接头的在内层)。

④用紧固带扣紧电热熔焊连接带,使之完全贴合,并用 100mm 宽的胶条填实。

⑤连接电熔焊连接带两边的电源接头后,设定电熔机的加热电流与加热时间后即可进行焊接。

⑥通电熔接时要特别注意的是连接电缆线不能受力,以防短路。通电完成后,取走电熔接设备,让管的连接处自然冷却。自然冷却期间,保留夹紧带和支撑环,不得移动管道。待表面温度低于 60℃ 时,方可以拆除夹紧带。

5) 管道铺设

排水管道铺设方法有平基敷管法和垫块敷管法。

(1) 平基敷管法

适用于地基土质不良、雨期和管径大于 700mm 的情况下使用。

①沟槽开挖验收合格后，根据所敷设管道管径不同，确定平基宽度后，沿沟槽设置模板，所支设的模板应便于二次浇注时的模板搭接。

②管道平基浇注的高程不得高于设计高程。

③混凝土基础浇注后应注意维护保养，在混凝土强度达到设计强度的50%或抗压强度不小于5MPa时方可下管。

④下管前平基础表面应清洁，管道铺设后应立刻进行管座的混凝土浇注工作，混凝土的浇注应在管道两侧同时进行，以免混凝土将铺设的管道挤偏。

⑤振捣时，振捣棒应沿平基和模板拖曳行走，不得碰触管身。

⑥管座浇注角度需满足设计要求，其振捣面应密实，不得有蜂窝、疏松等缺陷。

（2）垫块敷管法

适用于土质好、大口径管道和工期紧张的情况下使用，优点是平基与管座同时浇注，整体性好，有利于保证管道安装质量。

①预制与基础强度相同的混凝土垫块，垫块的长度和高度等于基础的宽度和高度。

②为保证管道稳固，每节管道需要放置两块混凝土垫块。

③根据每节管道的长度和井点间管道长度，计算并提前布置混凝土垫块的安放位置，管道直接放置与垫块上并对接完毕后应使用砌块等稳住管道，以免管道自垫块上滚落。

④管道安装一定数量后开始支设模板，混凝土的浇注同平基管座的浇注相同，以免发生质量事故。

2．其他施工方法

非开挖施工技术又称为水平定向钻进管道铺设技术，是指在不开挖地表的情况下探测、检查、修复、更换和铺设各种地下公用设施的任何一种技术和方法。

与传统的挖槽施工法相比，它不影响交通，不破坏周围环境；施工周期短，综合造价低。

1）盾构顶管施工法；

2）直接顶进法；

3）定向钻管道施工法。

3．附属构筑物的施工

1）检查井、雨水口的砌筑

（1）常用检查井及雨水口

检查井分为圆形井、矩形井、扇形井、跌水井、闸槽井和沉泥井。

雨水口分为平箅式雨水口和立箅式雨水口两种。

圆形井适用于 $D200 \sim 1000$ mm 的雨污水管道，分为直筒井和收口井两种。

矩形井适用于 $D800 \sim 2000$ mm 的雨水，$D800 \sim 1500$ mm 的污水管道的三通井、四通井以及分直线井。

扇形井适用于上下游管道角度为 90°、120°、135°、150°的转弯井。

管道跌水水头大于2m的必须设置跌水井，跌水水头为1~2m的宜设跌水井，跌水井有竖管式、竖槽式和阶梯式三种，管道转弯处不宜设置跌水井。

雨水口井圈表面高程应比该处道路路面低30mm（立箅式雨水口立箅下沿高程应比该处道路路面低50mm），并与附近路面接顺。当道路为土路时，应在雨水口四周浇筑混凝土路面。

雨水口管及雨水口连接管的敷设、接口、回填等应与雨水管相同，管口与井内墙平。检查井及雨水口的施工需满足设计及设计指定图集的要求。

（2）井室砌筑要点

①井底基础与管道基础应同时浇注。

②砖砌检查井应随砌随检查尺寸，收口时每次收进不大于30mm，三面收进时每次不大于50mm。

③检查井的流槽宜在井壁砌至管顶以上时砌筑。污水管道流槽高度应与所安管道的管顶平，雨水管道流槽应达到所安管道管径的一半。

④检查井预留支管应随砌随稳。

⑤管道进入检查井的部位应砌拱砖。

⑥检查井及雨水井砌筑完毕后应及时浇注井圈，以便安装井盖。

⑦井室内壁及导流槽应作抹面压光处理。

2）化粪池的砌筑

化粪池的容积、结构尺寸、砌筑材料等均应符合设计或设计指定图集的要求。

砌筑化粪池所用的材料应有产品的合格证书、产品性能检测报告。块材、水泥、钢筋、外加剂等应有材料主要性能的进场复验报告。

①砖砌式化粪池底应采用厚度不小于100mm，强度不低于C25的混凝土作底板，无地下水的使用素混凝土，有地下水的采用钢筋混凝土。

②砌筑用机砖及嵌缝抹面砂浆须符合设计要求，严禁使用干砖或含水饱和的砖；抹面砂浆必须是防水砂浆，厚度不得低于20mm，且应作压光处理。

③化粪池进出水口标高要符合设计要求，其允许偏差不得大于±15mm。

④大容积化粪池砌筑时在墙体中间部位应设置圈梁，以利于结构的稳定性。

⑤化粪池顶盖板应使用钢筋混凝土盖板。

2.4.3 室外供热管道安装

1. 室外热力管道敷设

1）地沟内管道敷设

地沟敷设方法分为通行地沟、半通行地沟和不通行地沟三种形式。

（1）通行地沟敷设

当管道通过不允许挖开的路面处时；热力管道数量多或管径较大，管道垂直排列高度大于或等于1.5m时，可以考虑采用通行地沟敷设。

（2）半通行地沟敷设

当管道通过的地面不允许挖开，且采用架空敷设不合理时，或当管子数量较多，采用不通行地沟敷设由于管道单排水平布置地沟宽度受到限制时，需定期检修的管道（如热力、采暖管）可采用半通行地沟敷设。

由于维护检修人员需进入半通行地沟内对热力管道进行检修，因此半通行地沟的高度一般为1.2~1.4m。当采用单侧布置时，通道净宽不小于0.5m，当采用双侧布置时，通道宽度不小于0.7m。在直线长度超过60m时，应设置一个检修出入口（人孔），人孔应高出周围地面。

（3）不通行地沟敷设

不通行地沟是应用最广泛的一种敷设形式。它适用于下列情况：土壤干燥、地下水位低、管道根数不多且管径小、维修工作量不大。敷设在地下直接埋设热力管道时，在管道转弯及伸缩器处都应采用不通行地沟。

不通行地沟外形尺寸较小，占地面积小，并能保证管道在地沟内自由变形，同时地沟所耗费的材料较少。它的最大缺点是难于发现管道中的缺陷和事故，维护检修也不方便。

（4）地沟内管道安装

①施工流程为：与土建进行地沟交接验收→管道支架制作与安装→管道安装→补偿器安装→水压试验→防腐保温→系统试压和冲洗→交工验收。

②安装施工单位参与地沟土建施工的验收工作，并与土建施工单位进行交接。

③按照图纸设计要求进行管道支架制作和安装，地沟内的管道支架采用多种固定方式，如膨胀螺栓或锚栓固定、焊接到预埋钢板上、埋入预留洞中固定等。

④管道安装时，按照先下后上、先里后外、先大后小的顺序。可采用汽车吊或龙门架进行配合的方式进行管道吊装。

⑤管道安装固定后方可安装补偿器，补偿器应作好预拉伸，按图纸设计位置固定。

⑥管道焊接时加大预制深度，尽量减少固定焊口数量。

2）直埋管道敷设

直埋是各类管道最常见的敷设方式，室外热力管道一般采用高密度聚乙烯作保温外壳的"管中管"直埋技术。

（1）直埋保温管道和管件应采用工厂预制，并应分别符合国家现行标准《高密度聚乙烯外护管聚氨酯泡沫塑料预制直埋保温管》CJ/T 114、《高密度聚乙烯外护管聚氨酯泡沫塑料预制直埋保温管件》CJ/T 155、《玻璃纤维增强塑料外护管聚氨酯泡沫塑料预制直埋保温管》CJ/T 129 和《城镇直埋供热管道工程技术规程》CJJ/T 81 的规定。

（2）直埋管道施工流程：沟槽验收→管道敷设→阀门、附件安装→水压试验和冲洗→防腐保温→验收回填。

（3）直埋保温管道安装应按设计要求进行，管道安装坡度应与设计一致，在管道安装过程中出现折角时必须经设计确认。

（4）对于钢管必须做好防腐、绝缘，尤其在接口处，试压合格后必须补作保护层，保温层及保护层或绝缘层，其等级不低于母管。

2. 补偿器的安装

热力管道的特点就是安装施工温度与正常运行温度差别很大，管道系统投入运行后会产生明显的热膨胀，设计和施工中必须保证对这种热膨胀采取一定的技术措施进行补偿，避免使管道产生过大的应力，保证管道的安全运行。

补偿器及固定支架的正确安装，是供热管道解决伸缩补偿保证管道不出现破损所不可缺少的。补偿器的设置位置及形式必须符合设计要求。

1）补偿器的类型

热力管道首先考虑利用管道本身结构上的弯曲部位的自然补偿作用，然后再考虑设置专用的补偿器。当热力管道有条件时，一般采用方形补偿器，当管道布置空间狭小，无条件布置方形补偿器时，应采用其他形式的补偿器。根据补偿器结构形式的不同，专门制作的补偿器有方形（弯管式）、填料套筒式、波纹管式和球形等多种，可根据使用条件选用。

（1）自然补偿

管道热膨胀的补偿适用于热力管道、低温管道或受气温变化较大的露天管道，凡是安装时的温度与日后运行出现的温度有较大差异且可能造成对管道安全运行造成影响的，都应考虑进行热补偿。在热力管道安装施工时，设置固定支架或补偿器应首先考虑利用管道弯曲部分进行自然补偿。常见的类型有 L 形补偿、Z 形补偿、T 形补偿等。

（2）方形（弯管式）补偿器

与室内采暖管道的方形补偿器的区别在于室外热力管道直径都比较大，室外管道方形补偿器一般由 4 个 90°的冲压弯头与短管焊接而成，视现场条件可设置成水平弯管方式或垂直龙门方式，一般跨越道路或其他障碍物时采取垂直龙门式。方形补偿器的设置数量以图纸设计为准。

（3）波纹管补偿器

波纹管补偿器又称膨胀节、伸缩节，是一种挠性、薄壁、有横向波纹的具有伸缩功能的器件，它由金属波纹管与构件组成。波纹管补偿器的工作原理主要是利用自身的弹性变形功能，补偿管道由于热变形、机械变形和各种机械振动而产生的轴向、角向、侧向及其组合位移，补偿的作用具有耐压、密封、耐腐蚀、耐温度、耐冲击、减振降噪的功能，起到降低管道变形和提高管道使用寿命的作用。

波纹管补偿器具有结构紧凑、体积小、承压能力高、工作性能好等优点，是在室外热力管道工程中除了自然补偿和方形补偿器外使用最广泛的成品补偿器。

2）补偿器的安装

（1）补偿器安装前应对补偿器的外观进行检查，按照设计图纸核对每个补偿器的型号、规格、技术参数和安装位置，检查产品安装长度应符合管网设计要求，检查接管尺寸应符合管网设计要求，校对产品合格证。

（2）需要进行预变形的补偿器预变形量应符合设计要求并记录补偿器的预变形量。

（3）先安装好固定支架、导向支架和管道后，再安装补偿器，操作时应防止各种不当的操作方式损伤补偿器。

（4）补偿器安装完毕后应按要求拆除运输固定装置并应按要求调整限位装置，施工单位应有补偿器的安装记录。

（5）补偿器宜进行防腐和保温处理，采用的防腐和保温材料不得影响补偿器的使用寿命。

（6）波纹管补偿器安装应与管道保持同轴，有流向标记箭头的补偿器安装时应使流向标记与管道介质流向一致。

（7）方形补偿器水平安装时垂直臂应水平放置平行臂应与管道坡度相同，垂直安装时不得在弯管上开孔安装放风管和排水管，滑托的预偏移量应符合设计要求，冷紧应在两端同时均匀对称地进行冷紧值的允许误差为 10mm。安装就位时起吊点应为 3 个，以保持补偿器的平衡受力。

3. 管道系统的试压与吹洗

1）一般规定

(1) 室外热力管网安装完毕后,应进行强度试验和严密性试验。

(2) 强度试验的试验压力为工作压力的 1.5 倍,但不得小于 0.6MPa,在试验压力下 10min 内压力降不大于 0.05MPa,然后降至工作压力下稳压 30min 检查,不渗不漏为合格。

(3) 对于不能与管道系统一起进行试压的阀门、仪表等,应临时拆除,换上等长的短管。对管路上的波纹补偿器进行临时固定,以免在水压试验时受损。

(4) 管道试压前所有接口处不进行防腐和保温,以便在管道试压中进行检查,管道与设备间应加盲板,待试压结束后拆除。

(5) 管道试压时要缓慢升压,焊缝若有渗漏现象,应停止加压,泄水后进行修理,然后重新试压。

(6) 试压时,应将阀门全部开启,管道系统的最高处应设排气阀,最低处设泄水阀。

(7) 冬期施工时进行水压试验,要采取防冻措施,试验完毕将管线内水泄净,并采用压缩空气进行吹干,防止冻裂管道、管件和设备。

2) 室外热力管网水压试验

(1) 室外热力管网水压试验时,将管路上的阀门开启,试验管道与非试验管道进行隔离,打开系统中的排气阀,往管路内开始注水,注水时安排人员对试验管段进行巡视,发现漏水时立即进行修复。

(2) 注水完毕后开始进行强度试验,使用电动试压泵分阶段进行加压,先升压至试验压力的 1/2。全面检查试验管段是否有渗漏现象,然后继续加压,一般分 2~3 次升压到试验压力,稳压 10min 压力降不大于 0.05MPa,强度试验为合格。

(3) 强度试验合格后,降压至工作压力进行严密性试验,稳压 30min 检查管道焊缝和法兰密封处,不渗不漏为合格。

3) 管道系统的吹洗

管道系统的压力试验合格后,应进行管道的吹洗。当管道内介质为热水、凝结水、补给水时,管道采用水冲洗;当管道内介质为蒸汽时,一般采用蒸汽吹洗。

(1) 热水管道的水冲洗

①吹洗的顺序应先主管再支管的顺序进行,吹出的脏物及时排除,不得进入设备或已吹洗后的管内。

②吹洗压力一般不大于工作压力,且不小于工作压力的 25%,流速为 1~1.5m/s。

③吹洗时间视实际情况而定,直至排出口的水色和透明度与入口处目测一致为合格,会同有关单位工程师共同检查,及时填写"管道系统吹洗记录"和签字认可。

(2) 蒸汽管道的蒸汽吹扫

①蒸汽管道试压后进行蒸汽吹扫,选择管线末端或管道垂直升高处设置吹扫口,吹扫口应不影响环境、设备和人员的安全,吹扫口处装设阀门,管道也要进行加固。

②送蒸汽开始加热管路,要缓慢开启蒸汽阀门,逐渐增大蒸汽的流量,在加热过程中不断地检查管道的严密性以及补偿器、支架、疏水系统的工作状态,发现问题及时处理。

③加热完毕后,即可开始吹扫。先将吹扫口阀门全部打开,逐渐开大总阀门,增加蒸汽流量,吹扫时间约 20~30min,当吹扫口排出的蒸汽清洁时停止吹扫,自然降温至环境温度,再加热吹扫,如此反复不小于 3 次。

④使用刨光的木板置于吹扫口进行检查,板上无污物和变色为合格,蒸汽吹扫结束,

拆除临时装置,将蒸汽管线复位。

(3) 压缩空气吹扫

室外热力管道还可以采用压缩空气进行吹扫,一般压缩空气吹洗压力不得大于管道工作压力,流速不小于20m/s。

2.5 其他管道系统

2.5.1 中水管道系统

1. 一般规定

中水给水管道管材及配件应采用耐腐蚀的给水管管材及附件。

2. 铺设原则

1) 中水原水管道系统安装应遵守的要求

(1) 中水原水管道系统宜采用分流集水系统,以便于选择污染较轻的原水,简化处理流程和设备,降低处理经费。

(2) 便器与洗浴设备应分设或分侧布置,以便于单独设置支管、立管,有利于分流集水。

(3) 污废水支管不宜交叉,以免横支管标高降低过多,影响室外管线及污水处理设备的标高。

(4) 室内外原水管道及附属构筑物均应防渗漏,井盖应做"中"字标志。

(5) 中水原水系统应设分流、溢流设施和跨越管,其标高及坡度应能满足排放要求。

2) 中水供水系统

中水供水系统是给水供水系统的一个特殊部分,所以其供水方式与给水系统相同。主要依靠最后处理设备的余压供水系统、水泵加压供水系统和气压罐供水系统等。

(1) 中水供水系必须单独设置。中水供水管道严禁与生活饮用水给水管道连接,中水管道及设备、受水器等外壁应涂浅绿色标志。中水池(箱)、阀门、水表及给水栓均应有"中水"标志。

(2) 中水管道不宜暗装于墙体和楼板内。如必须暗装于墙槽内时,必须在管道上有明显且不会脱落的标志。

(3) 中水管道与生活饮用水管道、排水管道平行埋设时,其水平净距离不得小于0.5m,交叉埋设时,中水管道应位于生活饮用水管道下面,排水管道的上面,其净距离不应小于0.15m。

(4) 中水给水管道不得装设取水水嘴。便器冲洗宜采用密闭型设备和器具。绿化、浇洒、汽车冲洗宜采用壁式或地下式的给水栓。

(5) 中水高位水箱应与生活高位水箱分设在不同的房间内,如条件不允许只能设在同一房间时,与生活高位水箱的净距离应大于2m。止回阀安装位置和方向应正确,阀门启闭应灵活。

(6) 中水供水系统的溢流管、泄水管均应采取间接排水方式排出,溢流管应设隔网。

(7) 中水供水管道应考虑排空的可能性,以便维修。

（8）为确保中水系统的安全，试压验收要求不应低于生活饮用给水管道。

（9）原水处理设备安装后，应经试运行检测中水水质符合国家标准后，方可办理验收手续。

2.5.2 游泳池水系统

1）游泳池应设置循环净化水系统。

2）池水的循环应保证被净化过的水能均匀到达游泳池的各个部位；应保证池水能均匀、有效排除，并回到池水净化处理系统进行处理。

3）不同使用要求的游泳池应分别设置各自独立的池水循环净化过滤系统。对符合下面第4）条规定的水上游乐池，多座水上游乐池可共用一套池水循环进化过滤系统。

4）水上游乐池采用多座不连通的池子共用一套池水循环净化系统式应符合下列规定：

（1）净化后的池水应经过分水器分别接至不同用途的游乐池；

（2）应有确保每个池子的循环水流量、水温的措施。

5）水上游乐设施功能性循环给水系统的设置，应符合下列规定：

（1）滑道润滑水和环流河的水推流系统应采用独立的循环给水系统；

（2）瀑布和喷泉宜采用独立的循环给水系统；

（3）根据数量、水量、水压和分布地点等因素，一般水景宜组合成若干组循环给水系统。

6）儿童戏水池设置的水滑梯的润滑水供应，应符合下列规定：

（1）儿童戏水池补充水利用城市自来水直接供应时，供水管应设倒流防止器；

（2）从池水循环水净化系统单独接出管道供水时，供水管应设控制阀门；

（3）润滑水供水量和供水管径可根据供应商产品要求确定，但设计时应进行核算。

2.5.3 氧气管道系统

1）管材及附件均应进行外观检验，有重皮、裂缝的管材均不得使用。

2）阀门安装前应以工作压力的气压进行气密性试验，用肥皂水（氧气阀门是无油肥皂水）检查，10min内不降压、不渗漏为合格。

3）在进行脱脂工作前先应对碳钢管材、附件清扫除锈。不锈钢管、铜管、铝合金管只需要将表面的泥土清扫干净即可。

4）工业用四氯化碳、精馏酒精、工业用二氯乙烷都可作为脱脂用的溶剂。碳素钢、不锈钢及铜宜用四氯化碳，铝合金宜用工业酒精，非金属的垫片用工业用四氯化碳。

5）严禁把氧气管道与电缆安装在同一沟道内。

2.5.4 垃圾处理管道系统

该收集系统由阀门系统、管道系统、分离系统、真空动力系统、压缩系统组成。

真空管道垃圾收集系统工作原理：在收集系统末端装有引风机械，当风机运转时，整个系统内部形成负压，使管道内外形成压差，空气被吸入管道；同时，垃圾也被空气带入管道，被输送至分离器，在此垃圾与空气分离；分离出的垃圾由卸料器卸出，空气则被送到除尘器净化，然后排放。

每套真空管道垃圾收集系统都包括五个部分：住宅每层垃圾投放口；楼层垂直管道；小区水平管道；城市主干道垃圾水平输送管和中央收集站。在居民楼内，每层楼都将设置一个直径50cm左右垃圾投放口，在每一栋楼外，紧靠着垃圾投放口，都将设立一条垂直的垃圾管道。底端设有垃圾排放阀，和预埋于地面下的水平管道相连，通往密封的中央收集站。居民每天产生的各种生活垃圾，用塑料袋装好以后，投入垃圾投放口，进入垂直垃圾管道。当垃圾达到一定的数量以后，中央控制台发出开始工作的指令，垃圾站内的抽气装置自动启动，在水平管道内产生负压气流。电脑遥控打开设置在居民楼垃圾垂直管道底部的垃圾排放阀，储存在阀顶的垃圾会以20m/s的速度，被吸入地下输送管网，输送到中央收集站内，实施垃圾气体和固体的分离处理。其中气体部分经过高效处理后排放，而固体垃圾则被压缩输送至垃圾罐体，然后运至垃圾处理厂进行焚烧发电或者填埋处理。

2.5.5 建筑燃气系统

1. 燃气的分类

燃气是气体燃料的总称，它能燃烧而放出热量，供城市居民和工业企业使用。城镇燃气一般包括天然气、液化石油气和人工煤气。

2. 燃气管道布置与敷设

1）管道的布置

（1）布置原则

①地下燃气管道不得从建筑物和大型构筑物的下面穿越（不包括架空的建筑物和大型构筑物）。

②地下燃气管道的地基宜为原土层。凡可能引起管道不均匀沉降的地段，其地基应进行处理。

③地下燃气管道不得在堆积易燃、易爆材料和具有腐蚀性液体的场地下面穿越，并不宜与其他管道或电缆同沟敷设。当需要同沟敷设时，必须采取防护措施。

（2）布置形式

燃气管道布置形式与城市给水管道布置形式相似，根据用气建筑的分布情况和用气特点，室外燃气管网的布置方式有：树枝式、双干线式、辐射式、环状式等形式。

以上四种布置形式都设有放散管，以便在初次通入燃气之前排除干管中的空气，或在修理管道之前排除剩余的燃气。

2）管道的敷设

（1）地下燃气管道埋设的最小覆土厚度（路面至管顶）应符合下列要求：

①埋设在车行道下时，不得小于0.9m；

②埋设在非车行道（含人行道）下时，不得小于0.6m；

③埋设在庭院（指绿化地及载货汽车不能进入之地）内时，不得小于0.3m；

④埋设在水田下时，不得小于0.8m；

⑤当采取行之有效的防护措施后，上述规定均可适当降低。

（2）输送湿燃气的燃气管道，应埋设在土壤冰冻线以下。输送湿燃气的管道应采取排水措施，在寒冷地区还应采取保温措施。燃气管道坡向凝水缸的坡度不宜小于0.003。

（3）地下燃气管道穿过排水管、热力管沟、联合地沟、隧道及其他各种用途沟槽时应将燃气管道敷设于套管内。套管伸出构筑物外壁不应小于燃气管道与该构筑物的水平净距。套管两端应采用柔性的防腐、防水材料密封。

（4）燃气管道穿越铁路、高速公路、电车轨道和城镇主要干道时应符合下列要求：

①穿越铁路和高速公路的燃气管道，其外应加套管。当燃气管道采用定向钻穿越并取得铁路或高速公路部门同意时，可不加套管。

②穿越铁路的燃气管道的套管，应符合下列要求：

a. 套管埋设深度：铁路轨底至套管顶不应小于1.20m，并应符合铁路管理部门的要求；

b. 套管宜采用钢管或钢筋混凝土管；

c. 套管内径比燃气管道外径大100mm以上；

d. 套管两端与燃气管的间隙应采用柔性的防腐、防水材料密封，其一端应装设检漏管；

e. 套管端部距路堤坡脚外距离不应小于2.0m。

③燃气管道穿越电车轨道和城镇主要干道时宜敷设在套管或地沟内；穿越高速公路燃气管道的套管，穿越电车轨道和城镇主要干道的燃气管道的套管或地沟，应符合下列要求：

a. 套管内径应比燃气管道外径大100mm以上，套管或地沟两端应密封，在重要地段的套管或地沟端部宜安装检漏管；

b. 套管端部距电车道边轨不应小于2.0m，距道路边缘不应小于1.0m。

④燃气管道宜垂直穿越铁路、高速公路、电车轨道和城镇主要干道。

（5）燃气管道通过河流时，可采用穿越河底或采用管桥跨越的形式。当条件许可也可利用道路桥梁跨越河流，并应符合下列要求：

①利用道路桥梁跨越河流的燃气管道，其管道的输送压力不应大于0.4MPa；

②当燃气管道随桥梁敷设或采用管桥跨越河流时，必须采取安全防护措施；

③燃气管道随桥梁敷设，宜采取如下安全防护措施：

a. 敷设于桥梁上的燃气管道应采用加厚的无缝钢管或焊接钢管，尽量减少焊缝，对焊缝进行100%无损探伤；

b. 跨越通航河流的燃气管底标高，应符合通航净空的要求，管架外侧应设置护桩；

c. 在确定管道位置时，与随桥敷设的其他管道的间距应符合国家现行标准《工业企业煤气安全规程》GB 6222支架敷管的有关规定；

d. 管道应设置必要的补偿和减振措施；

e. 对管道应作较高等级的防腐防护。对于采用阴极保护的埋地钢管与随桥管道之间应设置绝缘装置；

f. 跨越河流的燃气管道的支座（架）应采用不燃烧材料制作。

（6）燃气管道穿越河底时，应符合下列要求：

①燃气管道宜采用钢管；

②燃气管道至规划河底的覆土厚度，应根据水流冲刷条件确定，对不通航河流不应小于0.5m；对通航的河流不应小于1.0m，还应考虑疏浚和投锚深度；

③稳管措施应根据计算确定；

④在埋设燃气管道位置的河流两岸上、下游应设立标志。

(7) 穿越或跨越重要河流的燃气管道,在河流两岸均应设置阀门。

(8) 在次高压、中压燃气干管上,应设置分段阀门,并在阀门两侧设置放散管。在燃气支管的起点处,应设置阀门。

(9) 室外架空的燃气管道,可沿建筑物外墙或支柱敷设,并应符合下列要求:

①中压和低压燃气管道,可沿建筑耐火等级不低于二级的住宅或公共建筑的外墙敷设;次高压B、中压和低压燃气管道,可沿建筑耐火等级不低于二级的丁、戊类生产厂房的外墙敷设;

②沿建筑物外墙的燃气管道距住宅或公共建筑物门、窗洞口的净距,中压管道不应小于0.5m,低压管道不应小于0.3m。燃气管道距生产厂房建筑物门、窗洞口的净距不限。

③架空燃气管道与铁路、道路、其他管线交叉时的垂直净距不应小于表2-48的规定。

架空燃气管道与铁路、道路、其他管线交叉时的垂直净距　　　　表2-48

建筑物和管线名称		最小垂直净距	
		燃气管道下	燃气管道上
铁路轨顶		6.0	—
城市道路路面		5.5	—
厂区道路路面		5.0	—
人行道路路面		2.2	—
架空电力线,电压	3kV以下	—	1.5
	3～10kV	—	3.0
	35～66kV	—	4.0
其他管道,管径	≤300mm	同管道直径,但不小于0.10	同左
	>300mm	0.30	0.30

注:1. 厂区内部的燃气管道,在保证安全的情况下,管底至道路路面的垂直净距可取4.5m;管底至铁路轨顶的垂直净距,可取5.5m。在车辆和人行道以外的地区,可在从地面到管底高度不小于0.35m的低支柱上敷设燃气管道;

2. 电气机车铁路除外;

3. 架空电力线与燃气管道的交叉垂直净距尚应考虑导线的最大垂度。

(10) 工业企业内燃气管道沿支柱敷设时,尚应符合现行国家标准《工业企业煤气安全规程》GB 6222的规定。

3. 常用管材及附件

1) 常用管材

(1) 燃气管道常用的管材有钢管、铸铁管和塑料管等管材。

(2) 中压和低压燃气管道宜采用聚乙烯管、机械接口球墨铸铁管、钢管或钢骨架聚乙烯塑料复合管。聚乙烯及其复合管严禁用于地上燃气管道和室外明设燃气管道。

(3) 高压、次高压燃气管道应采用钢管。管道附件不得采用螺旋焊缝钢管制作,严禁采用铸铁制作。

2）燃气管道的特有附件

除常见的阀门、法兰、波纹补偿器等以外，燃气管道还有以下附件：

(1) 凝水缸

主要设置在人工煤气管道上。天然气管道因气质干燥，一般不设置凝水缸。用于：

①收集管道中的冷凝水及冷凝物。

②中压管道的凝水缸除了具有抽放水的功能外，还承担着初始运行时的放散置换和管道带气作业时的放散降压的作用。

(2) 检漏管

检漏管是用来检查燃气管道可能出现的渗漏问题，通常安装在燃气管道检查段最高点。具体设置地点是：

①重要地段的套管或地沟端部；

②地质条件不良的地段；

③不易检查的重要焊缝处。

(3) 放散管

要排掉燃气管道内的空气及燃气与空气的混合气体；或者检修时排掉管内残留的燃气时，都要用到放散管，放散管应设置在管路最高点和每个阀门之前，当燃气管道正常运行时，须关闭放散管上的球阀。

(4) 盲板、盲板环及盲板支承

盲板环、盲板和盲板支撑应设置在燃气管道的适当部位，以备在管道检修时使用。盲板环平时安装在运行状态的管道中间，而与其配套等厚的盲板平时备用放置在旁边，一旦需要完全切断燃气输送时，就松开螺栓将盲板环取出，并换装上盲板。盲板分承压盲板和不承压盲板，停用或停气检修时，用不承压盲板；在燃气管道运行状态下进行检修时，用承压盲板。盲板环、盲板的安装位置通常在两法兰之间或阀门后面（按气流方向）。盲板支撑是为了便于拆除盲板环和安装盲板时撑开法兰而设置的。

4. 燃气管道的试压与吹扫

燃气管道应在系统安装完毕，外观检查合格后，依次进行管道强度试验、严密性试验和吹扫。

1）管道的试压

(1) 强度试验

①管道采用水压试验前，应核算管道及其支撑结构的强度，必要时应临时加固。试压宜在环境温度5℃以上进行，否则应采取防冻措施。

②管道应分段进行压力试验，试验管道分段最大长度宜按表2-49执行。

③强度试验压力和介质应符合表2-50的规定。

④试验管段的焊缝应外露，不得有防腐层。

管道试压分段最大长度　　表2-49

设计压力 PN（MPa）	试验管段最大长度（m）
$PN \leq 0.4$	1000
$0.4 < PN \leq 1.6$	5000
$1.6 < PN \leq 4.0$	10000

强度试验压力和介质 表2-50

管道类型	设计压力 PN（MPa）	试验介质	试验压力（MPa）
钢管	PN>0.8	清洁水	1.5PN
	PN≤0.8	压缩空气	1.5PN 且≮0.4
球墨铸铁管	PN		1.5PN 且≮0.4
钢骨架聚乙烯复合管	PN		1.5PN 且≮0.4
聚乙烯管	PN（SDR11）		1.5PN 且≮0.4
	PN（SDR17.6）		1.5PN 且≮0.2

⑤进行强度试验时，压力应逐步缓升，首先升至试验压力的50%，应进行初检，如无泄漏、异常，继续升压至试验压力，然后稳压1h后，观察压力计不应少于30min，无压力降为合格。可使用肥皂液涂抹焊口、法兰等部位的方法进行外观检查。

⑥试压时所发现的缺陷，必须待试验压力降至大气压时后进行处理，处理合格后应重新进行试验。

（2）严密性试验

①严密性试验在强度试验合格、管线全线回填后进行。回填土至管顶0.5m以上为宜。

②试验介质宜采用空气，试验压力应满足下列要求：

a. 设计压力小于5kPa时，试验压力应为20kPa。

b. 设计压力大于或等于5kPa时，试验压力应为设计压力的1.15倍，且不得小于0.1MPa。

③严密性试验稳压的持续时间应为24h，每小时记录不应少于1次，当修正压力降小于133Pa为合格。修正压力降应按下式确定：

$$\Delta P' = (H_1 + B_1) - (H_2 + B_2)(273 + t_1)/(273 + t_2) \qquad (2-1)$$

式中 $\Delta P'$——修正压力降（Pa）；

H_1、H_2——试验开始和结束时的压力计读数（Pa）；

B_1、B_2——试验开始和结束时的气压计读数（Pa）；

t_1、t_2——试验开始和结束时的管内介质温度（℃）。

④所有未参加严密性试验的设备、仪表、管件，应在严密性试验合格后进行复位，然后按设计压力对系统升压，应采用发泡剂检查设备、仪表、管件及其与管道的连接处，不漏为合格。

2）管道的吹扫

（1）管道吹扫应按下列要求选择气体吹扫或清管球清扫：

①球墨铸铁管道、聚乙烯管道、钢骨架聚乙烯复合管道和公称直径小于100mm或长度小于100m的钢质管道，可采用气体吹扫。

②公称直径大于或等于100mm的钢质管道，宜采用清管球进行清扫。

（2）管道吹扫应符合下列要求：

①吹扫范围内的管道安装工程除补口、涂漆外，已按设计图纸全部完成。
②管道安装检验合格后，施工单位应在吹扫前编制吹扫方案。
③应按主管、支管、庭院管的顺序进行吹扫，吹扫出的脏物不得进入已合格的管道。
④吹扫管段内的调压器、阀门、孔板、过滤网、燃气表等设备不应参与吹扫，待吹扫合格后再安装复位。
⑤吹扫口应设在开阔地段并加固，吹扫时应设安全区域，吹扫出口前严禁站人。
⑥吹扫压力不得大于管道的设计压力，且不应大于 0.3MPa。
⑦吹扫介质宜采用压缩空气，严禁采用氧气和可燃性气体。
⑧吹扫合格设备复位后，不得再进行影响管内清洁的其他作业。
（3）气体吹扫应符合下列要求：
①吹扫气体流速不宜小于 20m/s。
②吹扫口与地面的夹角应在 30°~45°之间，吹扫口管段与被吹扫管段必须采取平缓过渡对焊，吹扫口直径应符合表 2-51 的规定。

吹扫口直径（mm） 表 2-51

末端管道公称直径 DN	$DN<150$	$150 \leqslant DN \leqslant 300$	$DN \geqslant 350$
吹扫口公称直径	与管道同径	150	250

③每次吹扫管道的长度不宜超过 500m；当管道长度超过 500m 时，宜分段吹扫。
④当管道长度在 200m 以上且无其他管段或储气容器可利用时，应在适当部位安装吹扫阀，采取分段储气，轮换吹扫；当管道长度不足 200m，可采用管道自身储气放散的方式吹扫，打压点与放散点应分别设在管道的两端。
⑤当目测排气无烟尘时，应在排气口设置白布或涂白漆木靶板检验，5min 内靶上无铁锈、尘土等其他杂物为合格。
（4）清管球清扫应符合下列要求：
①管道直径必须是同一规格，不同管径的管道应断开分别进行清扫。
②对影响清管球通过的管件、设施，在清管前应采取必要措施。
③清管球清扫完成后，用白布或涂白漆木靶板进行检验，如不合格可采用气体再清扫至合格。
3）燃气管道置换
新建燃气管道投入使用时，往新建管道内输入燃气时将出现混合气体，所以应先进行燃气置换，且必须在严密的安全技术措施保证前提下才可进行置换工作。
（1）置换方法
①间接置换法是用不活泼的气体（一般用氮气）先将管内空气置换，然后再输入燃气置换。此工艺在置换过程中安全可靠，缺点是费用高昂、顺序繁多，一般很少采用。
②直接置换法。在新建管道与老管道连通后，即可利用老管道燃气的工作压力直接排放新建管道内的空气，当置换到管道内燃气含量达到合格标准（取样及格）后便可正式投产使用。该工艺操作简便、迅速，但由于在用燃气直接置换管道内空气的过程中，燃气与

空气的混合气体随着燃气输入量的增加其浓度可达到爆炸极限,此时在常温及常压下遇到火种就会爆炸。所以从安全角度上严格来讲,新建燃气管道(特别是大口径管道)用燃气直接置换空气方法是不够安全的。但是鉴于施工现场条件限制和节约的原则,如果采取相应的安全措施,用燃气直接置换法是一种既经济又快速的换气工艺。长期实践证明,这种方法基本上属于安全的,目前在新建燃气管道的换气操作上被广泛采用。

(2)置换注意事项

①在换气时间内杜绝火种,关闭门窗,建立放散点周围20m以上的安全区。放散点上空有架空电缆线部位时应将放散管延伸避让。组织消防队伍,确定消防器材现场设置点。

②换气工作不宜选择在晚间和阴天进行。因阴雨天气压较低,置换过程中放散的燃气不易扩散,故一般选择在天气晴朗的上午为好。风量大的天气虽然能加速气体扩散,但应注意下风向处的安全措施。

③在换气开始时,燃气的压力不能快速升高。特别对于大口径的中压管道,在开启阀门时应逐渐进行,边开启边观察压力变化情况。因为阀门快速开启容易在置换管道内产生涡流,出现燃气抢先至放散(取样)孔排出,会产生取样"合格"的假象。施工现场阀门启闭应由专人控制并听从指挥的命令。

2.6 消防灭火系统安装

2.6.1 水灭火系统安装

1. 消火栓系统

建筑物室内消火栓系统组成:水枪、水龙带、消火栓、消防管道、消防水箱、消防水泵接合器、稳压设备等。系统组件功能参见表2-52所示。

消火栓系统组件功能一览表　　　　　表2-52

序号	材料、设备类型图	名称	功能介绍	备注
1		水枪	消防水枪是灭火的射水工具,用其与水带连接会喷射密集充实的水流	
2		水龙带	通常长度25m以内,工作压力≥0.8MPa,可与消防栓箱、消防车(泵)等配套输水	
3		消火栓	室内消火栓是带有控制阀门的接口,通常安装在消火栓箱内,与消防水带和水枪等器材配套使用	

续表

序号	材料、设备类型图	名称	功能介绍	备注
4		消防水箱	用于储存扑灭初期火灾用水，应储存10min的消防用水量	
5		水泵接合器	当室内消防泵发生故障或遇大火室内消防用水不足时，供消防车从室外消火栓取水，通过水泵接合器将水送到室内消防给水管网用于灭火	
6		稳压设备	包含稳压泵、稳压罐和控制柜等设备，用于稳定系统水压，保证喷头或者消火栓的出水能达到要求	

1) 安装准备

（1）技术准备

①认真熟悉图纸，根据施工方案、安全技术交底的具体措施选用材料、测量尺寸、绘制草图、预制加工。

②核对有关专业图纸，核对消火栓设置方式、箱体外框规格尺寸和栓阀单栓或双栓情况，查看各种管道的坐标、标高是否有交叉或排列位置不当，及时与设计人员研究解决，办理洽商手续。

③检查预埋件和预留洞是否准确。对于暗装或半暗装消火栓，在土建主体施工过程中，要配合土建做好消火栓的预留洞工作。留洞的位置和标高应符合设计要求，留洞的大小不仅要满足箱体的外框尺寸，还要留出从消火栓箱侧面或底部连接支管所需要的安装尺寸。

④安排合理的施工顺序，避免工种交叉作业干扰，影响施工。

（2）作业条件

①主体结构已验收，现场已清理干净。施工现场及施工用的水、电等应满足施工要求，并能保证连续施工。

②管道安装所需要的基准线应测定并标明，如吊顶标高、地面标高、内隔墙位置线等。安装管道所需要的操作架应由专业人员搭设完毕。

③设备平面布置图、系统图、安装图等施工图及有关技术文件应齐全。

④设计单位应向施工单位进行技术交底。

⑤系统组件、管件及其他设备、材料，应能保证正常施工。

⑥检查管道支架、预留孔洞的位置、尺寸是否正确。

2) 安装要求

(1) 消防管道安装

消火栓系统管材通常采用热镀锌钢管，管径≤DN80规格时采用螺纹丝扣连接方式，≥DN100规格时采用沟槽卡箍连接方式。消防管道安装前，应与其他专业配合，对每层、每个管井中的各专业管线，进行优化设计，确保管道安装符合设计和施工规范要求，并且管线排布美观合理。

①消防管道安装技术要求，参见表2-53。

消防管道安装技术要求一览表　　　　表2-53

序号	工作内容	要求
1	一般管道安装	1. 各种管道安装前都要将管口及管内管外清理干净； 2. 按照图纸设计和规范要求进行沟槽和丝扣连接； 3. 安装有坡度要求的喷水管道时，按照管线图中，管子坡度的要求，挂线找坡，确定其下料尺寸，坡向安装正确。管道按标准坡度安装好后要及时固定； 4. 暗装于管井、吊顶内等隐蔽部位的各种管道，在隐蔽前，应作强度和严密性试验；合格后方准进入下道工序施工； 5. 对管道穿越建筑伸缩缝的部位均要设置柔性装置
2	与阀门、设备连接的管道安装	1. 管道与阀门、设备连接时，采用短管先进行法兰连接，再安装到位，然后再与系统管道连接； 2. 设备安装完毕后进行配管安装。管道不能与设备强行组合连接，并且管道重量不能附加在设备上，设备的进、出水管要设置支架。进水管变径处用偏心大小头，采用管顶平接。泵进、出口设可曲挠性接头，以达到减振要求
3	管道试压	管道安装完毕后，要进行系统试压。试压前要进行全面检查，每个安件、固定支架等是否安装到位。管道有压时，不得转动卡箍件。系统在试压过程中，当出现渗漏时要停止试压，首先要放空管网中的试压介质，然后再消除缺陷。当缺陷消除后，重新试压。管道试压值、稳压时间、试压合格标准应按现行有关标准和设计说明执行

②管道的连接安装

DN<100mm的热镀锌钢管采用丝接方式安装，管道丝扣连接程序见图2-37所示。

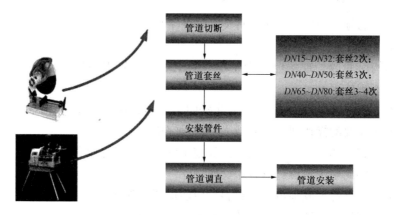

图2-37　管道丝扣连接

管道套丝采用电动套丝机，套丝后要及时清理管道内碎屑、灰尘；垫料采用油麻密封或防锈密封胶加聚四乙烯生料带。螺纹标准见表2-54所示。

标准旋入螺纹扣数及标准紧固扭矩表　　　　　　　　　　　　　表2-54

序号	公称直径（mm）	旋入		扭矩（N·m）	管钳规格（mm）×施加压力（kN）
		长度（mm）	螺纹扣数		
1	15	11	6.0~6.5	40	350×0.15
2	20	13	6.5~7.0	60	350×0.25
3	25	15	6.0~6.5	100	450×0.30
4	32	17	7.0~7.5	120	450×0.35
5	40	18	7.0~7.5	150	600×0.30
6	50	20	9.0~9.5	200	600×0.40
7	65	23	10.0~10.5	250	900×0.35

$DN \geq 100$mm的热镀锌钢管采用沟槽式卡箍连接，其施工过程见表2-55所示。

$DN \geq 100$mm的热镀锌钢管采用沟槽式卡箍连接的施工过程　　　表2-55

1. 按照安装所需的尺寸截断管道	2. 把管子断口上的毛刺、杂质去掉
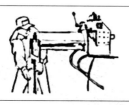	
3. 把压槽机固定稳定，检查机器运转情况。管子放入滚槽机和滚轮支架之间，管子长度超过0.5m，要有能调整高度的支撑尾架，支撑尾架固定稳定、防止摆动，使管子垂直于压槽机的驱动轮挡板平面并靠紧，使管子和压槽机平台同处一个水平；或者用水平仪调整滚槽机支撑尾架管子使之水平	4. 检查压槽机使用的驱压轮和两个下滚轮（驱动轮）。小的上压轮和小的下滚轮用于ϕ88.9~168管子；大的上压轮和大的下滚轮ϕ219（含）以上管外径。下压手动液压泵使滚轮顶到管子外壁
	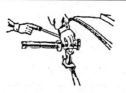
5. 旋转定位螺母，调整好压轮行程，将对应管径塞尺塞入标尺确定滚槽深度	6. 压槽时先把液压泵上的卸压手柄顺时针拧紧，再操作液压手柄使上滚轮压住钢管

续表

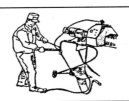 7. 打开滚槽机开关,同时操动手压泵手柄均匀缓慢下压	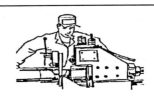 8. 每压一次手柄行程不超过0.2mm,钢管转动一周。一直压到压槽机上限位螺母到位为止,再转动两周以上,保证壁厚均匀,关闭开关,松开卸压螺母,上滚轮自动升起
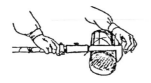 9. 检查管子的沟槽尺寸。如不符合规定,再微调,进行第二次压槽时,再一次检查沟槽尺寸,以达到规定的标准尺寸	 10. 检查管子断面与管子轴线是否垂直,最大误差不超过2mm,去掉断口残留物,磨平管口,确保密封面无损伤
 11. 检查沟槽是否符合标准,去掉管子和密封圈上的毛刺、铁锈、油污等杂质。检查卡箍的规格和胶圈的规格标识是否一致	 12. 在管子端部和橡胶圈上涂上润滑剂
 13. 将密封橡胶垫圈套入一根钢管的密封部位	 14. 将向另一根加工好的沟槽的钢管靠拢对齐,将橡胶圈套入管端。移动调好胶圈位置,使胶圈与两侧钢管的沟槽距离相等,橡胶圈刚好位于两根管子的密封部位
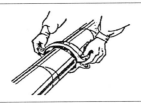 15. 胶圈外表面涂上中性肥皂水洗涤剂或硅油。上下卡箍扣在胶圈上,将卡箍凸边卡进钢管沟槽内,确认管卡已经卡住管子,用力压紧上下卡箍的耳部,使上下卡箍靠紧穿入螺栓。螺栓的根部椭圆颈进入卡箍的圆孔	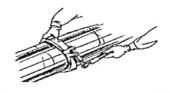 16. 用扳手均匀轮换同步进行拧紧螺母,确认卡箍凸边全圆周卡进沟槽内,拧紧螺栓,最后检查上下卡表面是否靠紧,不存在间隙为止,安装完成

（2）消火栓箱安装

室内消火栓箱箱体的安装分为明装和暗装两种形式。暗装是把箱体装在墙壁内，箱表面与墙体表面平齐。消防箱安装须做好与装饰工程的配合工作，室内消火栓（箱）的型式及安装要求见表2-56所示。

室内消火栓（箱）的型式及安装要求　　　　表2-56

类别	项　目	安　装　要　求
安装一般要求	（图示：消火栓箱尺寸，270、680、250、1050、920、600、600、50等）	1. 室内消火栓安装，其位置应符合设计要求，不得擅自改动； 2. 安装前要对消火栓逐个进行水压试验，试验不合格的不准安装，安装要在管道试压冲洗完成后进行； 3. 消火栓安装时要求栓口朝外，中心距地面高度为1.10m，距箱侧为140mm，距箱后内表面为100mm； 4. 箱内水带、喷枪要挂置整齐，并根据箱内构造将水龙带挂在箱内的挂钩或水龙带盘上，有的箱体需配置灭火器； 5. 箱门开启灵活、方便，内外油漆光泽好，表面无碰损、起皮和污染现象
明装消火栓箱	（图示） 1—固定螺栓 2—预埋角钢 3—膨胀螺栓 4—消火栓箱 5—墙体	1. 与土建施工的墙面的配合施工； 2. 箱底距地面土建完成面为50mm； 3. 箱体要固定牢固可靠，位置要准确、垂直水平与建筑面
暗装消火栓箱	（图示） 1—消火栓箱 2—墙体 3—膨胀螺栓	• 要预先留出洞口，洞口比箱体外形1020mm，待墙面抹底灰前将箱体装好，要找正装平，为了控制好出墙尺寸，箱子安装前，土建要配合在箱子安装处两边贴饼，安装单位依次为控制基线安装消火栓箱子。箱子安装要确保位置准确，四周用水泥砂浆填塞牢固，并经有关人员核对无误后，方可开始抹灰。箱表面与墙体表面平齐

（3）消火栓配件安装

①在交工前进行，消防水龙带应折好放在挂架、托盘、支架上或采用双头盘带的方式卷实，盘紧放在箱内。

②安装消火栓水龙带，水龙带与水枪和快速接头绑扎好后，应根据箱内构造将水龙带挂放在箱内的挂钉、托盘或支架上。消防水龙带与水枪的连接，一般采用卡箍，并在里侧

绑扎两道14号钢丝。消防水枪要竖放在箱体内侧,自救式水枪和软管应放在挂卡上或放在箱底部。

③设有电控按钮时,应注意与电气专业配合施工。

3) 消火栓试射试验

①消火栓系统干、立、支管道的水压试验按设计要求进行。当设计无要求时,消火栓系统试验宜符合试验压力,稳压2h管道及各节点无渗漏的要求。

②将屋顶检查试验用消火栓箱打开,取下消防水龙带接好栓口和水枪,打开消火栓阀门,拉到平屋顶上,按下消防泵启动按钮,水平向上倾角30°~45°试射,测量射出的密集水柱长度并作好记录;在首层(按同样步骤)将两支水枪拉到要测试的房间或部位,按水平向上倾角试射。观察其能否两股水栓(密集、不散花)同时到达,并作好记录。

③消火栓(箱)位置设置应符合消防验收要求,标志明显,消火栓水带取用方便,消火栓开启灵活无渗漏。开启消火栓系统最高点与最低点消火栓,进行消火栓试验,当消火栓栓口喷水时,信号能及时传送到消防中心并启动系统水泵,消火栓栓口压力不大于0.5MPa,水枪的充实水柱应符合设计及验收规范要求。且按下消防按钮后消防水泵准确动作。

2. 自动喷淋灭火系统

自动喷淋灭火系统根据洒水喷头的常开、闭形式和管网充水与否可分为:(1) 湿式自动喷水灭火系统;(2) 干式自动喷水灭火系统;(3) 预作用喷水灭火系统;(4) 雨淋喷水灭火系统;(5) 水幕系统。

常见的自动喷淋灭火系统组成主要包括有:洒水喷头、报警阀、水流指示器、信号阀、水泵接合器、末端试水装置、消防管道、增压设备等。各系统组件的功能可参见表2-57所示。

系统组件的功能一览表　　　　　　　表2-57

序号	材料、设备类型图	名称	功能介绍
1		水喷头	水喷头用于喷淋系统末端的喷水设备
2		湿式报警阀	用于自动喷水灭火系统中接通或切断水源,并启动报警器的装置
3		水流指示器	安装在主供水管或横干水管上,给出某一分区域小区域水流动的电信号,此电信号可送到电控箱,也可用于启动消防水泵的控制开关
4		信号蝶阀	用于自动喷水灭火系统主干管及分支管上实现截流监控,能灵敏地显示水源启用状态并在控制室得到准确信号

续表

序号	材料、设备类型图	名 称	功能介绍
5		地上式消防水泵接合器	当室内消防泵发生故障或遇大火室内消防用水不足时,供消防车从室外消火栓取水,通过水泵接合器将水送到室内消防给水管网用于灭火
6	末端试水装置示意图 1—截止阀;2—压力表;3—试水接头;4—排水漏斗;5—最不利点处喷头	末端试水装置	安装在系统管网或分区管网的末端,检验系统启动、报警及联动等功能的装置

1) 喷头安装

(1) 喷头类型

消防洒水喷头是在热的作用下,按预定的温度范围自行启动,或根据火灾信号由控制设备启动,并按设计的洒水形状和流量,进行洒水灭火的一种喷头。其主要类型划分见表2-58所示。

喷头类型划分一览表　　　　　　　　　表2-58

序号	划分类别	种 类
1	结构形式	闭式、开式
2	热敏感元件	玻璃球、易熔元件
3	安装方式和洒水形状分类	直立型、下垂型、普通型、边墙型、吊顶型
4	特殊类型	干式洒水喷头、自动启闭洒水喷头

(2) 喷头布置

①喷头溅水盘与吊顶、楼板、屋面板的距离:除吊顶型喷头及吊顶下安装的喷头外,直立型、下垂型标准喷头,其溅水盘与顶板的距离,不应小于75mm,且不应大于150mm。

②喷头与隔断的距离:直立型、下垂型喷头与不到顶隔墙的水平距离,不得大于喷头溅水盘与不到顶隔墙顶面垂直距离的2倍。

(3) 安装要求

①喷头安装应在管道系统试压合格并冲洗干净后进行,安装前已按建筑装修图确定位

置，吊顶龙骨安装完毕按吊顶材料厚度确定喷头的标高。封吊顶时按喷头预留口位置在吊顶板上开孔。喷头安装在系统管网试压、冲洗合格，油漆管道完后进行。核查各甩口位置准确，甩口中心成排成线。安装在易受机械损伤处的喷头，应加设喷头防护罩。

②喷头管径一律为25mm，末端用25mm×15mm的异径管箍连接喷头，管箍口应与吊顶装修平齐，可采用拉网格线的方式下料、安装。支管末端的弯头处100mm以内应加卡件固定，防止喷头与吊顶接触不牢，上下错动。支管安装完毕，管箍口须用丝堵拧紧封堵严密，准备系统试压。

③安装喷头使用专用扳手（灯叉形）安装喷头，严禁使喷头的框架和溅水盘受力。安装中发现框架或溅水盘变形的喷头应立即用相同喷头更换。喷头安装时，不能对喷头进行拆装、改动，严禁给喷头加任何装饰性涂层。填料宜采用聚四氟乙烯生料带，喷头的两翼方向应成排统一安装，走廊单排的喷头两翼应横向安装。护口盘要贴紧吊顶，人员能触及的部位应安装喷头防护罩。

④吊顶上的喷头须在顶棚安装前安装，并作好隐蔽记录，特别是装修时要做好成品保护。吊顶下喷头须等顶棚施工完毕后方可安装，安装时注意型号使用正确。

⑤吊顶下的喷头须配有可调式镀铬黄铜盖板，安装高度低于2.1m时，加保护套。当有的框架、溅水盘产生变形，应采用规格、型号相同的喷头更换。

⑥支吊架的位置以不妨碍喷头喷洒效果为原则。一般吊架距喷头应大于300mm，对圆钢吊架可以小到70mm，与末端喷头之间的距离不大于750mm。

⑦为防止喷头喷水时管道产生大幅度晃动，干管、立管、支管末端均应加防晃固定支架。干管或分层干管可设在直管段中间，距主管及末端不宜超过12m。管道改变方向时，应增设防晃支架。防晃支架应能承受管道、零件、阀门及管内水的总量和50%水平方向推动力而不损坏或产生永久变形。立管要设两个方向的防晃固定支架。

⑧当喷头溅水盘高于附近梁底或高于宽度小于1.2m的通风管道、排管、桥架腹面时，喷头溅水盘高于梁底、通风管道、排管、桥架腹面的最大垂直距离。

⑨当梁、通风管道、排管、桥架宽度大于1.2m时，增设的喷头应安装在其腹面以下部位。当喷头安装在不到顶的隔断附近时，喷头与隔断的水平距离和最小垂直距离应符合表2-59、表2-60的规定，如图2-38所示。

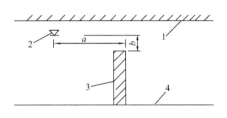

图2-38 喷头与隔断障碍物的距离
1—天花板或屋顶；2—喷头；
3—障碍物；4—地面

喷头与隔断的水平距离和最小垂直距离（直立与下垂喷头） 表2-59

喷头与隔断的水平距离 a（mm）	喷头与隔断的最小垂直距离 b（mm）	喷头与隔断的水平距离 a（mm）	喷头与隔断的最小垂直距离 b（mm）
$a<150$	80	$450 \leqslant a<600$	320
$150 \leqslant a<300$	150	$600 \leqslant a<750$	390
$300 \leqslant a<450$	240	$a \geqslant 750$	460

喷头与隔断的水平距离和最小垂直距离（大水滴喷头） 表2-60

喷头与隔断的 水平距离 a（mm）	喷头与隔断的 最小垂直距离 b（mm）	喷头与隔断的 水平距离 a（mm）	喷头与隔断的 最小垂直距离 b（mm）
$a<150$	40	$450 \leqslant a<600$	130
$150 \leqslant a<300$	80	$600 \leqslant a<750$	140
$300 \leqslant a<450$	100	$750 \leqslant a<900$	150

2）组件安装

（1）报警阀组安装

①报警阀应有商标、规格、型号及永久性标志，水力警铃的铃锤转动灵活，无阻滞现象。

②报警阀处地面应有排水措施，环境温度不应低于5℃。报警阀组应设在明显、易于操作的位置，距地高度宜为1m左右。

③报警阀组应按产品说明书和设计要求安装，控制阀应有启闭指示装置，阀门处于常开状态。

④报警阀组安装前应逐个进行渗漏试验，试验压力为工作压力的2倍，试验时间5min，阀瓣处应无渗漏。报警阀组的安装应先安装水源控制阀、报警阀，然后再进行报警阀组辅助管道的连接。

⑤水源控制阀、报警阀与配水干管的连接，应使水流方向一致。

⑥水力警铃应安装在相对空旷的地方。报警阀、水力警铃排水应按照设计要求排放到指定地点。

（2）水流指示器安装

①水流指示器应有清晰的铭牌、安全操作指示标志和产品说明书；还应有水流方向的永久性标志。除报警阀组控制的喷头只保护不超过防火分区面积的同层场所外，每个防火分区、每个楼层均应设水流指示器。仓库内顶板下喷头与货架内喷头应分别设置水流指示器。

②水流指示器一般安在每层的水平分支干管或某区域的分支干管上。水流指示器应安装在水平管道上侧，倾斜度不宜过长，其动作方向应和水流方向一致；安装后的水流指示器浆片、膜片应动作灵活，不应与管壁发生碰擦。

③水流指示器的规格、型号应符合设计要求，应在系统试压、冲洗合格后进行安装。

④水流指示器前后应保持有5倍安装管径的直线段，安装时注意水流方向与指示器的箭头一致。

⑤国内产品可直接安装在丝扣三通上，进口产品可在干管开口，用定型卡箍紧固。水流指示器适用于50~150mm的管道安装。

（3）水泵接合器安装

①水泵接合器规格应根据设计选定，其安装位置应有明显的标志，阀门位置应便于操作，接合器附近不得有障碍物。

②安全阀应按系统工作压力定压，防止消防车加压过高破坏室内管网及部件，接合器

应安装泄水阀。

（4）报警阀配件安装

①报警阀配件交工前进行安装，延迟器安装在闭式喷头自动喷水灭火系统上，是防止误报警的设施。可按说明书及组装图安装，应装在报警阀与水力警铃之间的信号管上。水力警铃安装在报警阀附近。与报警阀连接的管道应采用镀锌钢管。

②排气阀的安装应在管网系统试压、冲洗合格后进行，排气阀应安装在配水干管顶部、配水管的末端，且应确保无渗漏。

③信号阀应安装在水流指示器前的管道上，与水流指示器之间的距离不应少于300mm。末端试水装置安装在系统管网末端或分区管网末端。

（5）信号阀安装

信号阀应安装在水流指示器前的管道上，与水流指示器之间的距离不应小于300mm。

（6）末端试水装置

①每个报警阀组控制的最不利点喷头处，应设末端试水装置，其他防火分区、楼层的最不利点喷头处，均应设直径为25mm的试水阀。

②末端试水装置应由试水阀、压力表以及试水接头组成。试水接头出水口的流量系数，应等同于同楼层或防火分区内的最小流量系数喷头。末端试水装置出水，应采取孔口出流的方式排入排水管道。

3）通水调试

管道系统强度及严密性试验可分层、分区、分段进行。埋地、吊顶内、保温等暗装管道在隐蔽前应做好单项水压试验。管道系统安装完后进行综合水压试验。

（1）系统试压和冲洗

管网安装完毕后，对其进行强度试验、严密性试验和冲洗。强度试验和严密性试验用水进行。试压用的压力表不少于二只，精度不低于1.5级，量程为试验压力值的1.5~2倍。对不能参与试压的设备、仪表、阀门及附件加以隔离或拆除；加设的临时盲板要具有突出于法兰的边牙，且作明显标志。系统试压过程中出现泄漏时，要停止试压，并放空管网中的试验介质，消除缺陷后再试。

（2）系统调试

①准备工作

系统调试应在其施工完成后进行，且具备下列条件：消防水池、消防水箱已储备设计要求的水量；系统供电正常；气压给水设备的水位、气压符合设计要求；灭火系统管网内已充满水；阀门均无泄漏；配套的火灾自动报警系统处于正常工作状态。

调试内容包括：水源测试，消防水泵调试，稳压泵调试，报警阀调试等，排水装置设计和联动试验。

②调试要求

a. 水源测试：

按设计要求核实消防水箱的容积、设置高度及消防储水不作他用的技术措施；按设计要求核实水泵接合器的数量和供水能力。

b. 消防水泵调试要求：

以自动或手动方式启动消防水泵时，消防水泵应在30s内投入正常运行；以备用电源切换方式或备用泵切换启动消防水泵时，消防水泵应在30s内投入正常运行。

c. 稳压泵调试要求：

当达到设计启动条件时，稳压泵应立即启动；当达到系统设计压力时，稳压泵应自动停止运行；当消防主泵启动时，稳压泵应停止运行。

d. 报警阀调试要求：

湿式报警阀调试：在试水装置处放水，当湿式报警阀进口水压大于0.14MPa、放水流量大于1L/s时，报警阀应及时启动；带延迟器的水力警铃应在5~90s内发出报警铃声，不带延迟器的水力警铃应在15s内发出报警铃声；压力开关应及时动作，并反馈信号。

干式报警阀调试：开启系统试验阀，报警阀的启动时间、启动点压力、水流到试验装置出口所需时间，均应符合设计要求。

雨淋阀调试：自动和手动方式启动的雨淋阀，应在15s之内启动；公称直径大于200mm的雨淋阀调试时，应在60s之内启动。雨淋阀调试时，当报警水压为0.05MPa，水力警铃应发出报警铃声。

e. 排水装置调试要求：

系统调试过程中，系统中排出的水应通过排水设施能及时全部排走。

f. 联动调试要求：

湿式系统的联动试验：启动1只喷头或以0.94~1.5L/s的流量从末端试水装置处放水时，水流指示器、报警阀、压力开关、水力警铃和消防水泵等应及时动作，并发出相应的信号。

预作用系统、雨淋系统、水幕系统的联动试验：可采用专用测试仪表或其他方式，对火灾自动报警系统的各种探测器输入模拟火灾信号，火灾自动报警控制器应发出声光报警信号并启动自动喷水灭火系统；采用传动管启动的雨淋系统、水幕系统联动试验时，启动1只喷头，雨淋阀打开，压力开关动作，水泵启动。

干式系统的联动试验：启动1只喷头或模拟1只喷头的排气量排气，报警阀应及时启动，压力开关、水力警铃动作并发出相应信号。

3. 高压细水雾灭火系统

高压细水雾灭火系统由高压泵组、补水增压装置、供水管网、区域控制阀组、高压细水雾喷头及火灾探测报警系统等组成，能在火灾发生时向保护对象，或所在空间喷放细水雾并扑灭、抑制及控制火灾的自动灭火系统。它是利用纯水作为灭火介质，采用特殊的高压喷头在特定的压力下工作，将水流分解成细小水滴进行灭火的一种固定式灭火系统。该灭火系统具有高效、经济、适用范围广等特点，目前已经成为替代传统灭火系统的重要技术，具有广泛的应用前景。

1）工作原理

高压细水雾灭火系统在准工作状态下，从泵组出口至区域控制阀组前的管网内维持一定的压力。当管网压力低于稳压泵的设定启动压力时，稳压泵启动，使系统管网维持在稳定压力范围之间；当发生火灾时，火灾探测报警系统就会打开区域控制阀组，管网压力下降，当压力低于稳压泵的设定启动压力时，稳压泵启动，稳压泵运行时间超过10秒后压力仍达不到所定数值时，高压主泵启动，稳压泵会停止运行，高压水流通过细水雾喷头雾化后喷放灭火。

2）性能特点

与水喷淋灭火系统比较：

（1）用水量大大降低。通常而言常规水喷雾用水量是水喷淋的70%~90%，而细水雾灭火系统的用水量通常为常规水喷雾的20%以下；

（2）降低了火灾损失和水渍损失。对于水喷淋系统，很多情况下由于使用大量水进行火灾扑救造成的水渍损失还要高于火灾损失；

（3）减少了火灾区域热量的传播。由于细水雾的阻隔热辐射作用，有效控制火灾蔓延；

（4）电气绝缘性能更好，可以有效扑救带电设备火灾；

（5）能够有效扑救低闪点的液体火灾。

与气体灭火系统比较：

（1）细水雾对人体无害，对环境无影响，适用于有人的场所；

（2）细水雾具有很好的冷却作用，可以有效避免高温造成的结构变形，且灭火后不会复燃；

（3）细水雾系统的水源更容易获取，灭火的可持续能力强；

（4）可以有效降低火灾中的烟气含量及毒性。

3）材料要求

①高压细水雾灭火系统管材通常采用不锈钢无缝钢管，管道采用氩弧焊焊接或卡套连接方式，其材质、性能及安装要求应符合现行国家有关标准。

②细水雾喷头、雨淋阀组等必须采用经国家消防产品质量监督检测中心检测，并符合现行的有关国家标准的产品。其中水雾喷头的选型应符合下列要求：扑救电气火灾应选用离心雾化型水雾喷头；腐蚀性环境应选用防腐型水雾喷头；粉尘场所设置的水雾喷头应有防尘罩。

③控制阀、储水容器、储气容器、集流管等细水喷雾灭火系统的关键部件不但要操作灵活，而且应具有一定耐压强度和严密性能，特别是对于组合分配系统尤为重要。因此在安装前应对这些部件逐一进行试验。

2.6.2 气体灭火系统安装

1. 安装准备

1）施工前的准备

为确保气体灭火系统的施工质量，使气体灭火系统能够安装正确，运行可靠的必要条件是设计正确、施工合理、产品质量合格，因此施工前应具备如下的技术资料：

（1）经公安消防监督机构审核的施工图，设计说明书，系统及组件的使用、维护保养说明书。

（2）灭火剂储存容器，选择阀、单向阀、集流管、启动装置、喷嘴、安全阀等重要组件，应具有国家质量检测部门的检测、检验报告和出厂产品的合格证。灭火剂输送管道及管道组件的质量保证书和合格证。

（3）系统中采用的不能复验复检的组配件，如膜片必须具有生产厂批量生产的产品检验报告和产品合格证。

2）材料要求

(1) 气体灭火设备、管材、管件、各类阀门及附属制品配件等,出厂质量合格证明文件及检测报告齐全、有效。进入现场后,安装使用前检查、验证工作。必须符合国家有关规范、部颁标准及消防监督部门的规定要求。对于有特殊要求的材料宜抽样送试验室检测。

(2) 管材一般采用镀锌钢管、镀锌无缝钢管、加厚镀锌钢管及管件。管壁内外镀锌均匀,无锈蚀、内壁无卡筋,管壁厚度符合设计要求。选择管材时,内部经受压力应满足设计要求。

(3) 管件:管件应采用锻压钢件内外镀锌。镀锌层表面均匀、无锈蚀、无偏扣、乱扣、方扣、丝扣不全、角度不准等现象。特别是法兰盘要内外镀锌,镀锌层完整,水线均匀,不得有断裂、粘着污物等现象。

(4) 有色金属管道及管件:管壁厚度内外均匀,管皮内表面光滑平整,管件不得有角度不准等现象。

(5) 施工前系统组件的外观检查:

①系统组件无碰撞变形及机械性损伤。

②组件外露非机械加工表面保护涂层完好。

③组件所有外露接口设有防护装置且封闭良好,接口螺纹和法兰密封面无损伤。

④铭牌清晰,其内容应符合国家要求且必须有效。

⑤保护同一防护区的灭火剂储存容器规格应一致,其高度差不宜超过20mm。

⑥气动驱动装置的气体储存容器规格应一致,其高度差不宜超过10mm。

(6) 施工前应检查灭火剂储存容器内的充装量与充装压力

①灭火剂储存容器的充装量不应小于设计充装量,且不应超过设计充装量的1.5%。

②IG-541和七氟丙烷灭火系统应检查灭火剂储存容器内的储存压力,灭火剂储存容器内的实际压力不应低于相应温度下的储存压力,且不应超过该储存压力的5%;三氟甲烷灭火系统应进行称重检漏检查,其损失不应超过10%。

(7) 气体钢瓶、启动装置箱及箱内附属设备及零配件的规格、型号、尺寸、质量必须符合设计要求。设备的零配件应齐全,表面外观规整,无损伤。搬运时带上瓶盖,不能倒置、冲击,慎重操作,不允许放在日光直射及高温、附近有危险物等场所。

3）作业条件

(1) 保护区和灭火剂储存室（点）土建工程施工全部完成,设置安装条件与设计要求符合。

(2) 系统组件及主要材料齐全,品种、规格、型号和质量符合设计要求。

(3) 系统所需的预埋件和孔洞符合设计要求。

(4) 管网安装所需基准线应测定并标明,吊顶内管道应在封吊顶前完成。

(5) 设备安装应在设备间完成粗装修进行。

(6) 干管安装:位于各段顶层干管,在各段结构封顶后安装;位于楼板下的干管,应在结构进入上一层且模板已经拆除并清理干净后进行;位于吊顶内的干管,必须在吊顶安装前安装完毕。

(7) 立管安装:应在抹好地面后进行,如需在抹地面前安装时,必须保证水平线和地表面标高准确。

(8) 支管安装：必须在抹完墙面后进行安装。墙面不做抹灰时，支管应在刮腻子后再进行安装。

2. 管道系统安装

管道一般包括主干管、支干管、支立管、分支管；集合管、导向管安装。安装时由主管道开始，其他分支可依次进行。

1) 灭火剂输送管道安装

(1) 采用螺纹连接时，管材宜采用机械气割；螺纹不得有缺纹、断纹等现象；螺纹连接的密封材料应均匀附着在管道的螺纹部分，拧紧螺纹时，不得将填料挤入管道内；安装后的螺纹根部应有2~3丝外露螺纹；连接后，应将连接处外部清理干净并作防腐处理。填料应用封闭性能好的聚四氟乙烯生料带，不能用麻丝作填料。

(2) 采用法兰连接时，衬垫不得凸入管内，其外边缘宜接近螺栓，不得放双垫或偏垫。连接法兰的螺栓，直径和长度应符合标准，拧紧后，凸出螺母的长度不应大于螺杆直径的1/2且保证有不少于2丝外露螺纹。法兰垫料应用耐热石油，切忌采用高压橡胶垫，因为橡胶垫容易膨胀，导致漏气。

(3) 已经防腐处理的无缝钢管不宜采用焊接连接，与选择阀等个别连接部位需采用法兰焊接连接时，应对被焊接损坏的防腐层进行二次防腐处理。

(4) 焊接后的管道应进行二次镀锌处理。管道预排列时应充分考虑到管道进行二次镀锌的拆卸，在合适的位置上设置可拆卸的连接方式。管道焊接完后，对管道按照连接顺序进行编号，并在管道的确定位置上打上永久标识，按顺序拆卸后进行二次镀锌处理，然后按编号进行二次安装，安装位置与一次安装位置一致。

(5) 铜管道连接采用扩口接头，把扩口螺母带入铜管，然后用胀管工具扩管，应用指定的胀管工具扩管，不能用其他方法扩管。使用专用扳手把扩口螺母拧紧，不能采用活动扳手等。

(6) 三通的水平分流，由于灭火剂喷放时，在管网中呈气液两相流动，且压力越低流体中含气率越大，为较准确地控制流量分配，管道三通管接头分流出口应水平安装。

2) 支、吊架安装

(1) 管道应固定牢靠，管道支、吊架的最大间距应符合表2-61的规定。

支、吊架之间最大间距　　　　　表2-61

DN (mm)	15	20	25	32	40	50	65	80	100	150
最大间距 (m)	1.5	1.8	2.1	2.4	2.7	3.0	3.4	3.7	4.3	5.2

(2) 管道末端应采用防晃支架固定，支架与末端喷嘴间的距离不应大于500mm。

(3) 公称直径大于或等于50mm的主干管道，垂直方向和水平方向至少应各安装1个防晃支架，当穿过建筑物楼层时，每层应设1个防晃支架。当水平管道改变方向时，应增设防晃支架。

(4) 埋设在混凝土墙内的管道，必须根据设计要求施工，须在埋设部位卷上聚乙烯胶带或同类产品。在防火区域内，管道所穿过的间隙应填上不燃性材料，并考虑必要的伸缩，充分填实。

（5）灭火剂输送管道安装完毕后，应进行强度试验和气压严密性试验，并合格。

（6）灭火剂输送管道的外表面宜涂红色油漆。

3）灭火剂储存装置安装

（1）储存装置的安装位置应符合设计文件的要求。

（2）灭火剂储存装置安装后，泄压装置的泄压方向不应朝向操作面。低压二氧化碳灭火系统的安装阀应通过专用的泄压阀接到室外。

（3）储存装置上压力计、液位计、称重显示装置的安装位置应便于人员观察和操作。

（4）储存容器的支、框架应固定牢靠，并应作防腐处理。

（5）储存容器宜涂红色油漆，正面应标明设计规定的灭火剂名称和储存容器的编号。

（6）安装集流管前应检查内腔，确保清洁。

（7）集流管上的泄压装置的泄压方向不应朝向操作面。

（8）连接储存容器与集流管间的单向阀的流向指示箭头应指向介质流动方向。

4）集流管制作安装

（1）集流管汇集各个储存容器中施放的灭火剂，向指定的防护区域输送，它的出口通过短管与选择阀连接，入口通过高压软管与储存容器的容器阀连接。集流管采用高压管道焊接而成，进出口采用机械钻孔，不允许气割，以保证设计所需通径。焊接并检验合格后进行内外镀锌。

（2）集流管安装前应对内腔清理干净并封闭出口，支、框架固定牢固，并作防腐处理。

（3）集流管外面涂红色油漆。装有泄压装置的集流管泄压方向不应朝向操作面，泄压时不致伤人。

（4）同一瓶站的多根集流管采用法兰连接，以保证集流管容器接口安装角度一致。

（5）当钢瓶架高度超过1.5m时，集流管应适当降低标高，以使选择阀安装高度（手柄高度）1.7m。

（6）安全阀应安装在避开操作面的方向。

5）选择阀及信号反馈装置安装

（1）选择阀操作手柄应安装在操作面一侧，当安装高度超过1.7m时应采取便于操作的措施。

（2）采用螺纹连接的选择阀，其与管网连接处宜采用活接。

（3）选择阀的流向指示箭头应指向介质流动方向。

（4）选择阀上应设置标明防护区或保护对象名称或编号的永久性标志牌，并应便于观察。

（5）信号反馈装置的安装应符合设计要求。

（6）在组合分配系统中，集流管上要安装多个选择阀，与多组管道相连。选择阀操作手柄均布置在操作面一侧，安装高度超过1.7m时，应设置登梯或操作平台，以便操作。采用螺纹连接的选择阀，与管道连接处要采用活接头。为便于人员辨别选择阀所控制的防护区，要在选择阀上标明防护区名称或编号。

6）喷嘴安装

（1）喷嘴与连接管的连接，采用聚四氟乙烯缠绕丝牙部分或密封胶密封，安装时不得将密封材料挤入管内和喷嘴内。

（2）安装在吊顶下的下带装饰圈罩的喷嘴，其连接管丝牙部分不应露出吊顶，安装带装饰圈罩的喷嘴时，其装饰圈罩应紧贴吊顶。

（3）喷嘴安装位置应根据设计图安装，并逐个核对其型号、规格、喷孔方向，使之符合设计要求。

（4）安装喷嘴保护罩，次罩一般采用小喇叭形状，作用是防止喷嘴孔口堵塞。

7）控制组件安装

（1）灭火控制装置的安装应符合设计要求，防护区内火灾探测器的安装应符合现行国家标准《火灾自动报警系统施工及验收规范》GB 50166 的规定。

（2）设置在防护区处的手动、自动转换开关应安装在防护区入口便于操作的部位，安装高度为中心点距地（楼）面 1.5m。

（3）手动启动、停止按钮应安装在防护区入口便于操作的部位，安装高度为中心点距地（楼）面 1.5m；防护区的声光报警装置安装应符合设计要求，并应安装牢固，不得倾斜。

（4）气体喷放指示灯宜安装在防护区入口的正上方。

3. **系统试验及调试**

1）管道强度试验和气密性试验方法

（1）高压二氧化碳系统的水压强度试验压力取 15.0MPa；对低压二氧化碳系统取 4.0MPa。

（2）IG541 混合气体灭火系统的水压强度试验压力应取 13.0MPa。

（3）对卤代烷 1301 和七氟丙烷灭火系统，水压强度试验压力应取 1.5 倍系统工作最大压力，系统最大工作压力按表 2-62。

系统储存压力、最大工作压力　　　　　　　表 2-62

系统类别	最大充装密度（kg/m³）	储压压力（MPa）	最大工作压力（MPa）（50℃时）
混合气体（IG541）灭火系统	—	15.0	17.2
	—	20.0	23.2
卤代烷 1301 灭火系统	1125	2.50	3.93
		4.20	5.80
七氟丙烷灭火系统	1150	2.50	4.20
	1120	4.20	6.70
	1000	5.60	7.20

（4）进行水压试验时，以不大于 0.5MPa/s 的升压速率缓慢升压至试验压力，保压

5min，检查管道各处无渗漏、无变形为合格。

（5）当水压强度试验条件不具备时，可采用气压强度试验代替。气压强度试验压力取值：二氧化碳灭火系统取80%水压强度试验压力；IG541混合气体灭火系统取10.5MPa；卤代烷1301灭火系统和七氟丙烷灭火系统取1.15倍最大工作压力。

（6）气压强度试验要求：试验前，必须用加压介质进行预试验，气压预试验压力0.2MPa；试验时缓慢增加压力，当压力升至试验压力的50%时，如未发现异状或泄漏，继续按试验压力的10%逐级升压，每级稳压3min，直至试验压力。保压检查管道各处无变形、无渗漏为合格。

（7）灭火剂输送管道在水压强度试验合格后还应进行气密性试验，经气压强度试验合格且在试验后未拆卸过的管道可不进行气密性试验。

（8）灭火剂输送管道在水压强度试验合格后，或气密性试验前，应进行吹扫。吹扫管道可采用压缩空气或氮气，吹扫时，管道末端的气体流速不应小于20m/s，采用白布检查，直至无铁锈、尘土、水渍及其他异物出现。

（9）气密试验：对灭火剂输送管道，气密试验压力应取水压强度试验压力的2/3；对气动管道，应取驱动气体储存压力。进行气密试验时，应以不大于0.5MPa/s的升压速率缓慢升压至试验压力，关断试验气源3min内压力降不超过试验压力的10%为合格。

（10）气压强度试验和气密性试验必须采取有效的安全措施。加压介质可采用空气或氮气。气动管道试验时应采取防止误喷射的措施。

2）系统调试

（1）一般要求

①气体灭火系统的调试应在系统安装完毕，并宜在相关的火灾报警系统和开口自动关闭装置、通风机械和防火阀等联动设备的调试完成后进行。

②调试前应检查系统组件和材料的型号、规格、数量以及系统安装质量，并应及时处理所发现的问题。

③进行调试试验时，应采取可靠措施，确保人员和财产安全。

④调试项目应包括模拟启动试验、模拟喷气试验和模拟切换操作试验。调试完成后应将系统各部件及联动设备恢复正常状态。

（2）模拟启动试验

系统调试采用手动和自动两种操作的模拟试验，因此调试工作不仅在自身系统安装完毕，而且有关的火灾自动报警系统和开口自动关闭装置、通风机械和防火阀等联动设备安装完毕并经调试后才能进行。进行调试试验时，应采取可靠的安全措施，确保人员安全和避免灭火剂的误喷射。试验要求见表2-63。

模拟启动试验方法 表2-63

试验内容	试验要求
手动模拟试验	按下手动启动按钮，观察相关动作信号及联动设备动作是否正常（如发出声、光报警，启动输出端的负载响应，关闭通风空调、防火阀等） 人工使压力信号反馈装置动作，观察相关防护区门外的气体喷放指示灯是否正常

试验内容	试 验 要 求
自动模拟启动试验	人工模拟火警使该防护区内任意一个火灾探测器动作，观察单一火警信号输出后，相关报警设备动作是否正常 人工模拟火警使该防护区内另一个火灾探测器动作，观察复合火警信号输出后，相关动作信号及联动设备动作是否正常
模拟启动试验结果	延迟时间与设定时间相符，响应时间满足要求 有关声、光报警信号正确 联动设备动作正确 驱动装置动作可靠

（3）模拟喷气试验

①IG541混合气体灭火系统及高压二氧化碳灭火系统应采用其充装的灭火剂进行喷气模拟试验。试验采用的存储容器应采用其充装的灭火剂进行模拟喷气试验。试验采用的容器数应为选定试验的防护区域或保护对象设计用量所需容器总数的5%，且不少于1个。

②低压二氧化碳灭火系统应采用二氧化碳灭火剂进行模拟喷气试验。试验应选定输送管道最长的防护区或保护对象进行，喷放量不应小于设计用量的10%。

③卤代烷灭火系统模拟喷气试验不应采用卤代烷灭火剂，宜采用氮气，也可采用压缩空气。氮气或压缩空气储存容器与被试验的防护区或保护对象用的灭火剂储存容器的结构、型号、规格应相同。连接与控制方式应一致，氮气或压缩空气的充装压力按设计要执行。氮气或压缩空气储存容器数不少于灭火剂储存容器的20%，且不得少于一个。

④模拟喷气试验宜采用自动启动方式。

⑤模拟喷气试验结果应符合下列规定：

a. 延迟时间与设定时间相符，响应时间满足要求。

b. 有关声、光报警信号正确。

c. 有关控制阀门工作正常。

d. 信号反馈装置动作后，气体防护区门外的气体喷放指示灯应正常工作。

e. 储存容器间内设备和对应防护区域或保护对象的灭火剂输送管道无明显晃动和机械损坏。

f. 试验气体能喷入被试防护区内或保护对象上，且应能从每个喷嘴喷出。

（4）模拟切换操作试验

按使用说明书的操作方法，将系统使用状态从主用量灭火剂储存容器切换为备用量灭火剂储存容器的使用状态。其模拟喷气试验方法和试验结果参见上述步骤。

2.6.3 泡沫灭火系统安装

泡沫灭火系统是通过泡沫比例混合器将泡沫灭火剂与水按比例混合成泡沫混合液，再经泡沫发生装置制成泡沫并施放到着火对象上实施灭火的系统。该系统主要由消防水泵、泡沫灭火剂储存装置、泡沫比例混合装置、泡沫发生装置及管道等组成。按照系统产生泡沫的倍数不同,泡沫系统分为低倍数泡沫灭火系统、中倍数泡沫灭火系统和高倍数泡沫灭火系统,其中低倍泡沫灭火系统又分为固定式、半固定式、移动式和泡沫喷淋等。

1. **安装准备**

1)施工准备

(1)经公安消防监督机构审核的施工图,设计说明书,系统及组件的使用、维护保养说明书。

(2)泡沫产生装置、泡沫比例混合器、泡沫液压力储罐、消防泵、泡沫消火栓、阀门、压力表、管道过滤器、金属软管、泡沫液、管材及管件等系统组件和材料应具备市场准入制度要求的有效证明文件和产品出厂合格证。

2)材料要求

(1)管材及管件的外观质量除应符合其产品标准的规定外,还应符合下列要求:

①表面无裂纹、缩孔、夹渣、折叠、重皮和不超过壁厚负偏差的锈蚀或凹陷等缺陷。

②螺纹表面完整无损伤、法兰密封面平整、光洁、无毛刺和径向沟槽。

③垫片无老化变质和分层现象,表面无褶皱等缺陷。

(2)泡沫产生装置、泡沫比例混合器、泡沫液压力储罐、消防泵、泡沫消火栓、阀门、压力表、管道过滤器、金属软管等系统组件的外观质量,应符合下列要求:

①无变形和其他机械性损伤;

②外露非机械加工表面保护涂层完好;

③无保护涂层的机械加工面无锈蚀;

④所有外露接口无损伤,堵、盖等保护物包封完好;

⑤铭牌标记清晰、牢固。

2. **系统安装**

1)泡沫产生装置安装

(1)低倍数泡沫产生器安装:

①液上喷射的泡沫产生器应根据产生器类型安装,并应符合设计要求。

②水溶性液体储罐内泡沫溜槽的安装应沿罐壁内侧螺旋下降到距罐底1.0~1.5m处,溜槽与罐底平面夹角宜为30°~45°;泡沫降落槽应垂直安装,其垂直度允许偏差为降落槽高度的5%,且不得超过30mm,坐标允许偏差为25mm,标高允许偏差为±20mm。

③液下及半液下喷射的高背压泡沫产生器应水平安装在防火堤外的泡沫混合液管道上。

④在高背压泡沫产生器进口侧设置的压力表接口应竖直安装;其出口侧设置的压力表、背压调节阀和泡沫取样口的安装尺寸应符合设计要求,环境温度为0℃及以下的地区,背压调节阀和泡沫取样口上的控制阀应选用钢质阀门。

⑤液上喷射泡沫产生器或泡沫导流罩沿罐周均匀布置时,其间距偏差不宜大于100mm。

⑥外浮顶储罐泡沫喷射口设置在浮顶上时,泡沫混合液支管应固定在支架上,泡沫喷射口T型管的横管应水平安装,伸入泡沫堰板后向下倾斜角度应符合设计要求。

⑦外浮顶储罐泡沫喷射口设置在罐壁顶部、密封或挡雨板上方或金属挡雨板的下部时,泡沫堰板的高度及与罐壁的间距应符合设计要求。

⑧泡沫堰板的最低部位设置排水孔的数量和尺寸应符合设计要求，并应沿泡沫堰板周长均布，其间距偏差不宜大于20mm。

⑨当一个储罐所需的高背压泡沫产生器并联安装时，应将其并列固定在支架上。

⑩半液下泡沫喷射装置应整体安装在泡沫管道进入储罐处设置的钢质明杆闸阀与止回阀之间的水平管道上，并应采用扩张器（伸缩器）或金属软管与止回阀连接，安装时不应拆卸和损坏密封膜及其附件。

（2）中倍数泡沫产生器安装应符合设计要求，安装时不得损坏或随意拆卸附件。

（3）高倍数泡沫产生器安装：

①高倍数泡沫产生器的安装应符合设计要求。

②距高倍数泡沫产生器的进气端小于或等于0.3m处不应有遮挡物。

③在高倍数泡沫产生器的发泡网前小于或等于1.0m处，不应有影响泡沫喷放的障碍物。

④高倍数泡沫产生器应整体安装，不得拆卸，并应牢固固定。

2）泡沫比例混合器安装

（1）环泵式比例混合器安装：

①环泵式比例混合器安装标高的允许偏差为±10mm。

②备用的环泵式比例混合器应并联安装在系统上，并应有明显的标志。

（2）压力式比例混合装置应整体安装，并应与基础牢固固定。

（3）平衡式比例混合装置安装：

①整体平衡式比例混合装置应竖直安装在压力水的水平管道上，并应在水和泡沫液进口的水平管道上分别安装压力表，且与平衡式比例混合装置进口处的距离不宜大于0.3m。

②分体平衡式比例混合装置的平衡压力流量控制阀应竖直安装。

③水力驱动平衡式比例混合装置的泡沫液泵应水平安装，安装尺寸和管道的连接方式应符合设计要求。

（4）管线式比例混合器应安装在压力水的水平管道上或串接在消防水带上，并应靠近储罐或防护区，其吸液口与泡沫液储罐或泡沫液桶最低液面的高度不得大于1.0m。

泡沫液储罐的安装位置和高度应符合设计要求。当设计无要求时，泡沫液储罐周围应留有满足检修需要的通道，其宽度不宜小于0.7m，且操作面不应小于1.5m；当泡沫液储罐上的控制阀距地面高度大于1.8m时，应在操作面处设置操作平台或操作凳。

3）泡沫液压力储罐安装

（1）泡沫液管道出液口不应高于泡沫液储罐最低液面1m，泡沫液管道吸液口距泡沫液储罐底面不应小于0.15m，且宜做成喇叭口形。

（2）当设计无要求时，应根据其形状按立式或卧式安装在支架或支座上，支架应与基础固定，安装时不得损坏其储罐上的配管和附件。

（3）泡沫液压力储罐罐体与支座接触部位的防腐，应符合设计要求，当设计无规定时，应按加强防腐层的做法施工。

（4）泡沫液压力储罐安装时，支架应与基础牢固固定，且不应拆卸和损坏配管、附件；储罐的安全阀出口不应朝向操作面。

（5）设在泡沫泵站外的泡沫液压力储罐的安装应符合设计要求，并应根据环境条件采取防晒、防冻和防腐等措施。

4）泡沫消火栓安装

（1）泡沫混合液管道上设置泡沫消火栓的规格、型号、数量、位置、安装方式、间距应符合设计要求。

（2）地上式泡沫消火栓应垂直安装，地下式泡沫消火栓应安装在消火栓井内泡沫混合液管道上。

（3）地上式泡沫消火栓的大口径出液口应朝向消防车道。

（4）地下式泡沫消火栓应有永久性明显标志，其顶部与井盖底面的距离不得大于0.4m，且不小于井盖半径。

（5）室内泡沫消火栓的栓口方向宜向下或与设置泡沫消火栓的墙面成90°，栓口离地面或操作基面的高度宜为1.1m，允许偏差为±20mm，坐标的允许偏差为20mm。

5）阀门安装

（1）泡沫混合液管道采用的阀门应按相关标准进行安装，并应有明显的启闭标志。

（2）具有遥控、自动控制功能的阀门安装，应符合设计要求；当设置在有爆炸和火灾危险的环境时，应按相关标准安装。

（3）液下喷射和半液下喷射泡沫灭火系统泡沫管道进储罐处设置的钢质明杆闸阀和止回阀应水平安装，其止回阀上标注的方向应与泡沫的流动方向一致。

（4）高倍数泡沫产生器进口端泡沫混合液管道上设置的压力表、管道过滤器、控制阀宜安装在水平支管上。

（5）泡沫混合液管道上设置的自动排气阀应在系统试压、冲洗合格后立式安装。

（6）连接泡沫产生装置的泡沫混合液管道上控制阀的安装应符合下列规定：

①控制阀应安装在防火堤外压力表接口的外侧，并应有明显的启闭标志。

②泡沫混合液管道设置在地上时，控制阀的安装高度宜为1.1~1.5m。

③当环境温度为0℃及以下的地区采用铸铁控制阀时，若管道设置在地上，铸铁控制阀应安装在立管上；若管道埋地或地沟内设置，铸铁控制阀应安装在阀门井内或地沟内，并应采取防冻措施。

（7）当储罐区固定式泡沫灭火系统同时又具备半固定系统功能时，应在防火堤外泡沫混合液管道上安装带控制阀和带闷盖的管牙接口，并应符合本条第（6）款的有关规定。

（8）泡沫混合液立管上设置的控制阀，其安装高度宜为1.1~1.5m，并应有明显的启闭标志；当控制阀的安装高度大于1.8m时，应设置操作平台或操作凳。

（9）消防泵的出液管上设置的带控制阀的回流管，应符合设计要求，控制阀的安装高度距地面宜为0.6~1.2m。

（10）管道上的放空阀应安装在最低处。

3. 系统调试

1）一般规定

（1）泡沫灭火系统调试应在系统施工结束和与系统有关的火灾自动报警装置及联动控制设备调试合格后进行。

（2）调试前施工单位应制定调试方案，并经监理单位批准。调试人员应根据批准的方案，按程序进行。

（3）调试前应对系统进行检查，并应及时处理发现的问题。

（4）调试前应将需要临时安装在系统上经校验合格的仪器、仪表安装完毕，调试时所需的检查设备应准备齐全。

（5）水源、动力源和泡沫液应满足系统调试要求电气设备应具备与系统联动调试的条件。

（6）系统调试合格后，应填写施工过程检查记录，并应用清水冲洗后放空，复原系统。

2）调试要求

（1）泡沫灭火系统的动力源和备用动力应进行切换试验，动力源和备用动力及电气设备运行应正常。

（2）消防泵应进行试验，并应符合下列规定：

①消防泵应进行运行试验，其性能应符合设计和产品标准的要求。

②消防泵与备用泵应在设计负荷下进行转换运行试验，其主要性能应符合设计要求。

（3）泡沫比例混合器（装置）调试时，应与系统喷泡沫试验同时进行，其混合比应符合设计要求。

（4）泡沫产生装置的调试应符合下列规定：

①低倍数（含高背压）泡沫产生器、中倍数泡沫产生器应进行喷水试验，其进口压力应符合设计要求。

②泡沫喷头应进行喷水试验，其防护区内任意四个相邻喷头组成的四边形保护面积内的平均供给强度不应小于设计值。

③固定式泡沫炮应进行喷水试验，其进口压力、射程、射高、仰俯角度、水平回转角度等指标应符合设计要求。

④泡沫枪应进行喷水试验，其进口压力和射程应符合设计要求。

⑤高倍数泡沫产生器应进行喷水试验，其进口压力的平均值不应小于设计值，每台高倍数泡沫产生器发泡网的喷水状态应正常。

（5）泡沫消火栓应进行喷水试验，其出口压力应符合设计要求。

（6）当为手动灭火系统时，应以手动控制的方式进行一次喷水试验；当为自动灭火系统时。应以手动和自动控制的方式各进行一次喷水试验，其各项性能指标均应达到设计要求。

（7）低、中倍数泡沫灭火系统喷水试验完毕，将水放空后，进行喷泡沫试验；当为自动灭火系统时，应以自动控制的方式进行；喷射泡沫的时间不应小于1min；实测泡沫混合液的混合比和泡沫混合液的发泡倍数及到达最不利点防护区或储罐的时间和湿式联用系统自喷水至喷泡沫的转换时间应符合设计要求。

（8）高倍数泡沫灭火系统按本条喷水试验完毕，将水放空后，应以手动或自动控制的方式对防护区进行喷泡沫试验，喷射泡沫的时间不应小于30s。实测泡沫混合液的混合比和泡沫供给速率及自接到火灾模拟信号至开始喷泡沫的时间应符合设计要求。

2.7 消防报警系统安装

2.7.1 消防报警设备安装

1. 控制器类设备的安装

1）火灾报警控制器、可燃气体报警控制器、区域显示器、消防联动控制器等控制器类设备（以下称控制器）在墙上安装时，其底边距地（楼）面高度宜为1.3~1.5m，其靠近门轴的侧面距墙不应小于0.5m，正面操作距离不应小于1.2m。

2）落地安装时，其底边宜高出地（楼）面0.1~0.2m。

3）控制器应安装牢固，不应倾斜；安装在轻质墙上时，应采取加固措施。

4）引入控制器的电缆或导线，应符合下列要求：

(1) 配线应整齐，不宜交叉，并应固定牢靠；

(2) 电缆芯线和所配导线的端部，均应标明编号，并与图纸一致，字迹应清晰且不易褪色；

(3) 端子板的每个接线端，接线不得超过2根；

(4) 电缆芯和导线，应留有不小于200mm的余量；

(5) 导线应绑扎成束；

(6) 导线穿管、线槽后，应将管口、槽口封堵。

5）控制器的主电源应有明显的永久性标志，并应直接与消防电源连接，严禁使用电源插头。控制器与其外接备用电源之间应直接连接。

6）控制器的接地应牢固，并有明显的永久性标志。

2. 火灾探测器安装

1）点型感烟、感温火灾探测器的安装，应符合下列要求：

(1) 探测器至墙壁、梁边的水平距离，不应小于0.5m；探测器周围水平距离0.5m内，不应有遮挡物；

(2) 探测器至空调送风口最近边的水平距离，不应小于1.5m；至多孔送风顶棚孔口的水平距离，不应小于0.5m；

(3) 在宽度小于3m的内走道顶棚上安装探测器时，宜居中安装；

(4) 点型感温火灾探测器的安装间距，不应超过10m；

(5) 点型感烟火灾探测器的安装间距，不应超过15m；

(6) 探测器至端墙的距离，不应大于安装间距的一半；

(7) 探测器宜水平安装，当确需倾斜安装时，倾斜角不应大于45°。

2）线型红外光束感烟火灾探测器的安装，应符合下列要求：

(1) 当探测区域的高度不大于20m时，光束轴线至顶棚的垂直距离宜为0.3~1.0m；当探测区域的高度大于20m时，光束轴线距探测区域的地（楼）面高度不宜超过20m；

(2) 发射器和接收器之间的探测区域长度不宜超过100m；

(3) 相邻两组探测器的水平距离不应大于14m。探测器至侧墙水平距离不应大于7m，且不应小于0.5m；

（4）发射器和接收器之间的管路上应无遮挡物或干扰源；

（5）发射器和接收器应安装牢固，并不应产生位移；

（6）缆式线型感温火灾探测器在电缆桥架、变压器等设备上安装时，宜采用接触式布置；在各种皮带输送装置上敷设时，宜敷设在装置的过热点附近；

（7）敷设在顶棚下方的线型差温火灾探测器，至顶棚距离宜为0.1m，相邻探测器之间水平距离不宜大于5m；探测器至墙壁距离宜为1~1.5m。

3）可燃气体探测器的安装应符合下列要求：

（1）安装位置应根据探测气体密度确定。若其密度小于空气密度，探测器应位于可能出现泄漏点的上方或探测气体的最高可能聚集点上方；若其密度大于或等于空气密度，探测器应位于可能出现泄漏点的下方；

（2）在探测器周围应适当留出更换和标定的空间；

（3）在有防爆要求的场所，应按防爆要求施工；

（4）线型可燃气体探测器在安装时，应使发射器和接收器的窗口避免日光直射，且在发射器与接收器之间不应有遮挡物，两组探测器之间的距离不应大于14m；

（5）可燃气体探测器应安装在气体容易泄漏、容易流经及容易滞留的场所，安装位置应根据被测气体的密度、安装现场气流方向、温度等各种条件来确定。

4）通过管路采样的吸气式感烟火灾探测器的安装应符合下列要求：

（1）采样管应固定牢固；

（2）采样管（含支管）的长度和采样孔应符合产品说明书的要求；

（3）非高灵敏度的吸气式感烟火灾探测器不宜安装在顶棚高度大于16m的场所；

（4）高灵敏度吸气式感烟火灾探测器在设为高灵敏度时可安装在顶棚高度大于16m的场所，并保证至少有2个采样孔低于16m；

（5）安装在大空间时，每个采样孔的保护面积应符合点型感烟火灾探测器的保护面积要求。

5）点型火焰探测器和图像型火灾探测器的安装应符合下列要求：

（1）安装位置应保证其视场角覆盖探测区域；

（2）与保护目标之间不应有遮挡物；

（3）安装在室外时应有防尘、防雨措施；

（4）探测器的底座应安装牢固，与导线连接必须可靠压接或焊接。当采用焊接时，不应使用带腐蚀性的助焊剂；

（5）探测器底座的连接导线，应留有不小于150mm的余量，且在其端部应有明显标志；

（6）探测器底座的穿线孔宜封堵，安装完毕的探测器底座应采取保护措施；

（7）探测器报警确认灯应朝向便于人员观察的主要入口方向；

（8）探测器在即将调试时方可安装，在调试前应妥善保管并应采取防尘、防潮、防腐蚀措施。

3. 手动火灾报警按钮安装

1）手动火灾报警按钮应安装在明显和便于操作的部位。当安装在墙上时，其底边距地（楼）面高度宜为1.3~1.5m。

2) 手动火灾报警按钮应安装牢固,不应倾斜。

3) 手动火灾报警按钮的连接导线应留有不小于150mm的余量,且在其端部应有明显标志。

4. 模块安装

1) 同一报警区域内的模块宜集中安装在金属箱内。

2) 模块(或金属箱)应独立支撑或固定,安装牢固,并应采取防潮、防腐蚀等措施。

3) 模块的连接导线应留有不小于150mm的余量,其端部应有明显标志。

4) 隐蔽安装时在安装处应有明显的部位显示和检修孔。

5. 火灾应急广播扬声器和火灾警报装置安装

火灾应急广播扬声器和火灾警报装置安装应牢固可靠,表面不应有破损。火灾光警报装置应安装在安全出口附近明显处,距地面1.8m以上。光警报器与消防应急疏散指示标志不宜在同一面墙上,安装在同一面墙上时,距离应大于1m。扬声器和火灾声警报装置宜在报警区域内均匀安装。

6. 消防专用电话安装

消防电话、电话插孔、带电话插孔的手动报警按钮宜安装在明显、便于操作的位置;当在墙面上安装时,其底边距地(楼)面高度宜为1.3~1.5m。

消防电话和电话插孔应有明显的永久性标志。

7. 消防设备应急电源安装

消防设备应急电源的电池应安装在通风良好地方,当安装在密封环境中时应有通风装置。

酸性电池不得安装在带有碱性介质的场所,碱性电池不得安装在带酸性介质的场所。

消防设备应急电源不应安装在靠近带有可燃气体的管道、仓库、操作间等场所。

单相供电额定功率大于30kW、三相供电额定功率大于120kW的消防设备应安装独立的消防应急电源。

8. 消防火灾监控系统安装

本系统由监控设备、漏电、电流探测器、远程监控系统(含总线转换器、系统软件)组成。

1) 电气火灾监控系统指的是能够准确监控电气线路的故障和异常状态,发现电气火灾的火灾隐患并及时报警提醒管理人员消除这些隐患。也就是提前报警故障状态、地址和存储当前故障状态,避免因故障停电给人们的工作、生活带来的不便,系统可设置由消防控制中心手动或自动驱动塑壳断路器的断电模式。

2) 运行远程监控系统时,对控制器进行操作控制,软件系统界面能接收来自电气火灾探测器的监控报警信号,在短时间内发出声、光报警信号,指示报警部位,记录报警时间,并予以保持,直至手动复位;当监控设备与电气火灾探测器之间连接不上或主电源发生故障时能在短时间内发出与监控报警信号有明显区别声光故障信号。

2.7.2 消防报警线路安装

关于电气配管、桥架安装、电线电缆敷设在电气部分已经有相关说明,本节内只介绍电线、电缆敷设和本专业特点有关联的相关部分。

1）在穿线前必须将管槽中积水及杂物清除干净，因为有些暗敷线路若不清除杂物势必影响穿线。内有积水影响线路的绝缘。

2）在管内或线槽内的布线，应在建筑抹灰及地面工程结束后进行，管内或线槽内不应有积水及杂物。

3）线缆不允许存在中间接头。影响信号的接收。

4）火灾自动报警系统应单独布线，系统内不同电压等级、不同电流类别的线路，不应布在同一管内或线槽的同一槽孔内。

5）从接线盒、线槽等处引到探测器底座、控制设备、扬声器的线路，当采用金属软管保护时，其长度不应大于2m。

6）火灾自动报警系统导线敷设后，应用500V兆欧表测量每个回路导线对地的绝缘电阻，该绝缘电阻值不应小于20MΩ。

7）同一工程中的导线，应根据不同用途选不同颜色加以区分，相同用途的导线颜色应一致。电源线正极应为红色，负极应为蓝色或黑色。

2.7.3 消防报警系统调试

1. 调试准备

1）设备的规格、型号、数量、备品备件等应按设计要求查验。

2）系统的施工质量应按规范要求检查，对属于施工中出现的问题，应会同有关单位协商解决，并应有文字记录。

3）系统线路应按规范要求检查系统线路，对于错线、开路、虚焊、短路、绝缘电阻小于20MΩ等应采取相应的处理措施。

4）对系统中的火灾报警控制器、可燃气体报警控制器、消防联动控制器、气体灭火控制器、消防电气控制装置、消防设备应急电源、消防应急广播设备、消防电话、传输设备、消防控制中心图形显示装置、消防电动装置、防火卷帘控制器、区域显示器（火灾显示盘）、消防应急灯具控制装置、火灾警报装置等设备分别进行单机通电检查。

2. 探测器的单体调试

1）采用专用的检测仪器或模拟火灾的方法，逐个检查每只火灾探测器的报警功能，探测器应能发出火灾报警信号。

2）对于不可恢复的火灾探测器应采取模拟报警方法逐个检查其报警功能，探测器应能发出火灾报警信号。当有备品时，可抽样检查其报警功能。

3. 报警控制器的单体调试

1）调试前应切断火灾报警控制器的所有外部控制连线，并将任一个总线回路的火灾探测器以及该总线回路上的手动火灾报警按钮等部件连接后，方可接通电源。

2）按现行国家标准《火灾报警控制器》GB 4717的有关要求对控制器进行下列功能检查并记录，控制器应满足标准要求：

（1）检查自检功能和操作级别；

（2）使控制器与探测器之间的连线断路和短路，控制器应在100s内发出故障信号（短路时发出火灾报警信号除外）；在故障状态下，使任一非故障部位的探测器发出火灾报警信号，控制器应在1min内发出火灾报警信号，并应记录火灾报警时间；再使其他探测器发出火灾报警信号，检查控制器的再次报警功能；

（3）检查消音和复位功能；

（4）使控制器与备用电源之间的连线断路和短路，控制器应在100s内发出故障信号；

（5）检查屏蔽功能；

（6）使总线隔离器保护范围内的任一点短路，检查总线隔离器的隔离保护功能；

（7）使任一总线回路上不少于10只的火灾探测器同时处于火灾报警状态，检查控制器的负载功能；

（8）检查主、备电源的自动转换功能，并在备电工作状态下重复第7款检查；

（9）检查控制器特有的其他功能。

4. 联动控制系统调试

联动控制系统调试分为以下两类：多线制联动控制系统的调试；总线制联动控制系统的调试。

1）多线制联动控制系统的调试可按以下步骤进行：

（1）在进行多线制联动控制系统调试前，首先将控制中心输端子排上的熔丝取下，这样可以避免调试设备联动接口故障把控制中心内电源损坏，防止联动设备误操作；

（2）检查多线制联动控制系统的管线是否齐全，导线标注是否清晰，是否与联动控制设备接线端子标注一致；

（3）多数联动控制信号为DC24V电平，当联动设备中间继电器的线圈电压不是DC24V时，需要使用直流/交流电平转换器转换；

（4）各联动设备进行模拟联动试验时，对所提供的联动接口加联动信号，观察设备是否动作，动作后回接触点是否闭合有效；

（5）确认多线制联动控制系统的调试通过后，将消防中心输出端子排上的熔丝加上，然后开机进行自动联动试验。

2）总线制联动控制系统的调试可按以下步骤进行：

（1）检查联动控制器至各楼层联动驱动器的纵向电源及通信线是否短路，排除线路故障；

（2）检查各层联动驱动器、联动控制模块主板的编码值是否与设计的接线端子表上的编码值一致，防止在安装过程中相互颠倒；

（3）对每台联动控制器或联动模块所带的联动设备按多线制系统的调试方法进行模拟试验；

（4）确认总线制联动控制系统的调试通过后，再将各楼层联动驱动器或联动控制模块内的输出接点保险丝加上，然后将消防中心电源打开进行自动联动试验。

2.8 消防验收

2.8.1 系统验收

1. 验收前准备（详见表2-64）

验收前准备　　　　　　　　　　　　　　　表2-64

序号	项 目	准备内容
1	人员配备	将各参建和消防有关单位组成一个验收组，明确参加验收人员的职责分工与职责，各负其责，互相协调。并抄送建设单位
2	技术措施	编制的验收方案报总承包项目技术负责人审核批准，参建人员已接受相关培训和技术交底
3	资料准备	消防施工单位、总承包单位、各机电安装公司竣工图纸、竣工资料（隐蔽工程、所有涉及消防设备和产品选用的厂家、类型、数量清单及相应的检测报告）等资料各一套
4	仪器、仪表及调试工具	调试及检验器具
5	其余	消防验收行走路线图（示意图）

2. 系统的验收要求

1）消防验收的组织

消防工程验收由建设单位组织，监理单位主持，公安消防监督机构指挥，施工单位（土建、装饰、机电、消防专业调试队等）具体操作，设计单位等参与。

2）消防验收的顺序

验收受理→现场检查→现场验收→结论评定→工程移交。

（1）验收受理

由建设单位向公安消防机构提出申请，要求对竣工工程进行消防验收，并提供有关书面资料。具体需要的资料如表2-65，资料要真实有效，符合申报要求。

（2）现场检查

公安消防机构受理验收申请后，按计划到现场检查，由建设单位组织设计、监理、施工单位共同参加。

（3）现场验收

公安消防机构安排分组，用符合规定的工具、设备、仪表，依据技术标准对已经安装的消防工程实行现场测试，并将测试结果形成记录，并经参加现场验收的建设单位人员签字。

（4）结论评定

现场检查、现场验收结束后，依据消防验收有关评定规则，比对检查验收过程中形成的记录进行综合评定，得出验收结论，并形成消防验收意见书。

(5) 工程移交

公安消防机构组织主持的消防验收完成后，由建设单位、监理单位和施工单位将整个工程移交给使用单位或生产单位。工程移交包括资料移交与实体移交两个方面。

系统的验收要求　　　　　　　　　　　　　　　　　　　　表2-65

序号	资料	要求	备注
1	《工程消防验收申报表》	申报表内容填写齐全，责任主体签章与资质一致	公安部106号令（要求为原件）
2	《工程验收竣工报告》	为建设行政主管部门统一表格，要求申报内容填写齐全，责任主体签章与资质一致	（要求提供原件，留存复印件）
3	须提供参建单位合法身份证明文件和企业资质文件	1. 总包施工单位应当提供施工资质 2. 消防施工单位应当提供施工资质 3. 监理单位应当提供监理资质 4. 检测单位（消检、电检）应当提供检测合法身份证明 5. 其他单位应当提供检测合法身份证明文件或相应资质	（复印件加盖公章）
4	相关的检测合格文件	1. 消防设施检测合格证明文件 2. 电气防火技术检测合格证明文件	（要求为原件）
5	建筑工程消防设计审查资料	包括相关部门批准文件、消防设计审查意见、消防设计变更情况、消防设计专家论证会纪要及有关说明等	
6	与建筑工程消防验收相关竣工资料	竣工图纸、工程竣工验收报告、隐蔽工程记录、监理记录资料，其中包括建筑专业、给水排水专业、电气专业、暖通专业的设计、建设、施工、监理4个单位图纸需盖章方有效的消防水源竣工资料、消防电源竣工资料	（要求为原件）
7	监理资料	建筑工程监理单位提供的《建筑消防设施质量监理报告》	
8	消防产品质量合格证明文件	建筑工程中所有消防设备和产品选用的厂家、类型、数量清单及相应的检测报告	

3. 系统验收内容（详见表2-66）

系统验收内容　　　　　　　　　　　　　　　　　　　　表2-66

序号	验收内容
1	建筑物总平面布置及建筑内部平面布置（消防控制室、消防水泵房等设置）
2	建筑物防火、防烟分区划分
3	建筑物内装修材料，安全疏散指示和消防电梯

续表

序　号	验　收　内　容
4	消防供水及室外消火栓系统
5	建筑物内消火栓系统
6	自动喷水灭火系统
7	火灾自动报警及消防联动系统（含消防应急广播、消防电话通信系统）
8	防烟、排烟系统（含空调、通风系统消防功能设置）
9	消防电源及其配电（含火灾应急照明和疏散指示标志系统）及灭火器配置
10	防烟、排烟系统（含空调、通风系统消防功能设置）
11	消防电源及其配电（含火灾应急照明和疏散指示标志系统）及灭火器配置
12	消防通道的布置（含室内外）
13	防火门、防火卷帘门、防火隔墙（防火等级的设计）

第3章 通风与空调安装工程

通风与空调工程是通风工程与空调工程的统称。通风工程是送风、排风、除尘、气力输送以及防、排烟系统工程的总称。空调工程是空气调节、空气净化与洁净室空调系统的总称。通风的主要目的是为了置换室内的空气，改善室内空气品质，是以建筑物内的污染物为主要控制对象的。空调的主要目的是实现对某一房间或空间内的温度、湿度、洁净度和空气流速等进行调节和控制，并提供足够量的新鲜空气。

通风工程根据换气方法不同可分为排风和送风。按照系统作用的范围大小还可分为全面通风和局部通风两类。通风方法按照空气流动的作用动力可分为自然通风和机械通风两种。按功能性质分为一般通风、工业通风、事故通风、消防通风和人防通风。

空调系统主要有以下几部分组成：空气处理部分（主要有过滤器、一次加热器、喷水室、二次加热器等）、空气输送部分（主要包括送风机、回风机（系统较小时不用设置）、风管系统和必要的风量调节装置）、空气分配部分（空气分配部分主要包括设置在不同位置的送风口和回风口）、辅助系统部分。空调系统按承担室内热负荷、冷负荷和湿负荷的介质分为全空气系统、全水系统、空气-水系统、制冷剂系统；按空气处理设备的集中程度分为集中式系统、半集中式系统、分散式系统；根据集中式系统处理空气来源分为封闭式系统、直流式系统、混合式系统；按空调系统用途或服务对象不同分为舒适性空调系统、工艺性空调系统。

3.1 风 管 制 作

3.1.1 金属风管制作

金属风管主要包括以镀锌钢板、普通钢板、不锈钢板和铝板等为板材加工的风管。

1. 镀锌钢板风管

镀锌钢板风管在通风管道中应用广泛，几乎可以应用于所有通风与空调系统。

1）基础知识

（1）风管系统按压力划分为三个类别，见表3-1。

（2）板材要求

普通钢板的表面应平整光滑，厚度应均匀，不得有裂纹结疤等缺陷，其材质应符合国家标准《优质碳素结构钢-冷轧薄钢板和钢带》GB 13237 或《优质碳素结构钢-热轧薄钢板和钢带》GB 710 的规定。

镀锌钢板（带）宜选用机械咬合类，镀锌层为100号以上（双面三点试验平均值应不小于 $100g/m^2$）的材料，其材质应符合现行国家标准《连续热镀锌薄钢板和钢带》

GB 2518的规定。

风管系统类别   表3-1

系统类别	系统工作压力P（Pa）	密封要求
低压系统	P≤500	接缝和接管连接处严密
中压系统	500<P≤1500	接缝和接管连接处增加密封措施
高压系统	P>1500	所有的拼接缝和接管连接处，均应采取密封措施
风管的密封，主要依靠板材连接的密封，当采用密封胶嵌缝和其他方法密封时，密封面设在风管的正压侧，密封胶性能应符合使用环境的要求		

风管及其配件的板材厚度不得小于表3-2的规定。

普通钢板或镀锌钢板风管板材厚度（mm）   表3-2

风管边长尺寸b	矩形风管		除尘系统风管
	中、低压系统	高压系统	
b≤320	0.5	0.75	1.5
320<b≤450	0.6	0.75	1.5
450<b≤630	0.6	0.75	2.0
630<b≤1000	0.75	1.0	2.0
1000<b≤1250	1.0	1.0	2.0
1250<b≤2000	1.0	1.2	按设计
2000<b≤4000	1.2	按设计	按设计

注：1. 本表不适用于地下人防及防火隔墙的预埋管；
　　2. 排烟系统风管的钢板厚度可按高压系统选用；
　　3. 特殊除尘系统风管的钢板厚度应符合设计要求。

（3）施工机械（表3-3）

施工机械   表3-3

设备名称	设备图示	主要功能
自动风管生产线		主要由上料架、调平压筋机、冲尖口和冲方口油压机、液压剪板机、液压折边机所组成 主要用于板材起筋、直风管下料等
等离子切割机ACL3100		主要用于异型配件的板材下料

续表

设备名称	设备图示	主要功能
液压折方机		主要用于矩形风管的折方
共板式法兰机	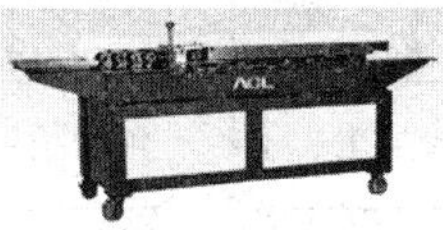	主要用于薄钢板法兰风管的法兰制作
液压铆接机		主要用于德国法兰的液压铆接
角钢法兰液压铆接机		主要用于风管与角钢法兰的铆接
电动联合角合缝机		主要用于矩形风管板材间联合角的合缝，使风管成型

2）风管制作流程

按施工进度制定风管及零部件加工制作计划，根据设计图纸与现场测量情况结合风管生产线的技术参数绘制通风系统分解图，编制风管规格明细表和风管用料清单交生产车间实施。风管制作流程见图3-1。

（1）风管自动生产线风管成型

在加工车间按制作好的风管用料清单选定镀锌钢板厚度，将镀锌钢板从上料架装入调平压筋机中，开机剪去钢板端部。上料时要检查钢板是否倾斜，试剪一张钢板，测量剪切的钢板切口线是否与边线垂直，对角线是否一致。

按照用料清单的下料长度和数量输入电脑，开动机器，由电脑自动剪切、压筋、冲角，通过咬口机进行咬口加工。板材剪切必须进行用料的复核，以免有误。

特殊形状的板材用等离子切割机切割，零星材料使用现场电剪刀进行剪切，使用固定式震动剪时两手要扶稳钢板，手离刀口不得小于5cm，用力均匀适当。

咬口后的板料按画好的折方线放在折方机上，置于下模的中心线。操作时使机械上刀片中心线与下模中心重合，折成所需要的角度。折方时应互相配合并与折方机保持一定距离，以免被翻转的钢板或配重碰伤。

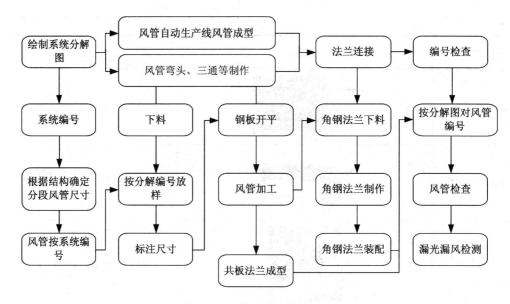

图 3-1 风管制作工艺流程图

咬口完成的风管采用手持电动缝口机进行缝合,形成成型风管。缝合后的风管外观折角平直,圆弧均匀,两端面平行,无翘角,表面凹凸不大于 5mm。

(2) 角钢法兰风管制作

角钢法兰风管的制作工艺是国内外从事风管制作以来一直沿用的一种传统工艺。适用于高、中、低压通风及空调工程中的送、排风系统。通过对角钢的选材、下料、焊接、打孔等工序制作成法兰,然后再与风管进行铆接,以实现风管间的对接,具有比较稳固的技术特点和成熟的工艺基础。

矩形风管法兰由四根角钢组焊而成,每根角钢下料划线时要力求精准,使焊成后的法兰内径不小于风管的外径。划好线后,用砂轮切割机按线切断,料调直后放在钻床上钻出铆钉孔及螺栓孔,螺栓孔的规格根据风管长边或管径的大小按照规范执行。法兰的四角部位要设有螺孔。

冲完孔后将角钢放在焊接平台上进行焊接,焊接时使角钢与各规格模具卡紧压平,做到焊接牢固,焊缝熔合良好、饱满、无假焊和孔洞。另外圆形法兰的加工由角钢卷圆机来完成。在卷圆前先将铆钉孔及螺栓孔在冲剪机上冲好。法兰加工好之后敲去焊渣,并作除锈与刷油处理,刷油时防锈底漆两道,调和漆一道。

角钢法兰矩形风管角钢法兰的材料规格及螺栓和铆钉规格执行表 3-4,螺栓及铆钉间距要求为:低、中压系统不大于 150mm,高压系统不大于 100mm,法兰的焊缝应熔合良好、饱满,无夹渣和孔洞;法兰四角处应设螺栓孔,同一批同规格的法兰可制作统一的模具,按模具加工使法兰具有互换性。风管法兰制作允许偏差见表 3-5。

风管与法兰铆接前先进行以上技术、质量的复核,复核合格后再将法兰套于风管上,使风管折边线与法兰平面垂直;然后使用液压铆钉钳将其与风管铆固。壁厚小于或等于 1.2mm 的风管与角钢法兰连接采用翻边铆接。风管的翻边应平整、紧贴法兰、宽度均匀,且不小于 6mm;咬缝及四角处无开裂与孔洞;铆接牢固,无脱铆和漏铆。

金属风管角钢法兰连接形式及配件选择　　　　　表 3-4

连接形式		附件规格			适用范围（风管边长 mm）		
					低压风管	中压风管	高压风管
角钢法兰		M6 螺栓	∟25×3	φ4 铆钉	≤1250	≤1000	≤630
		M8 螺栓	∟30×3	φ4 铆钉	≤2000	≤2000	≤1250
		M8 螺栓	∟40×4	φ4 铆钉	≤2500	≤2500	≤1600
		M8 螺栓	∟50×5	φ4 铆钉	≤4000	≤3000	≤2500

风管法兰制作允许偏差表　　　　　表 3-5

序号	金属风管和配件其外径或外边长	允许偏差	法兰内径或内边长允许偏差	平面度允许偏差	法兰两对角线之差
1	小于或等于 300mm	−1～0mm	+1～+3mm	2mm	<3mm
2	大于 300mm	−2～0mm	+1～+3mm	2mm	<3mm

（3）薄钢板法兰风管制作

薄钢板法兰风管与传统的角钢法兰风管相比，它具有省工、省料、外表美观、安装方便快捷、减轻劳动强度、提高劳动效率等特点。连接形式及适用范围见表 3-6。

金属矩形风管连接形式及适用范围　　　　　表 3-6

连接形式			附件规格		适用范围（风管边长 mm）		
					低压风管	中压风管	高压风管
薄钢板法兰	弹簧夹式		H = 法兰高度 δ = 风管壁厚 $h \times \delta$ mm	25×0.6	≤630	≤630	—
				25×0.75	≤1000	≤1000	—
	插接式		弹簧夹板厚≥1.0mm 弹簧夹长度 150mm	30×1.0	≤2000	≤2000	—
	顶丝卡式		顶丝卡厚≥3mm M8 螺丝	40×1.2	≤2000	≤2000	—
	组合式		弹簧夹板厚≥3mm	25×0.8	≤2000	≤2000	—
				30×1.0	≤2500	≤2000	—

共板式法兰风管是薄钢板法兰风管的一种，在板材冲角、咬口后进入共板式法兰机压制法兰。压好法兰后的半成品在进行折方、缝合、安装法兰角后，调平法兰面，最后在四角用硅胶密封。风管折边（或法兰条）应平直，弯曲度不应大于 5‰。检验风管对角线误差不大于 3mm。

组合式薄钢板法兰风管：组合式薄钢板法兰与风管连接可采用铆接、焊接或本体冲压连接。低、中压风管与法兰的铆（压）接点，间距小于等于 150mm；高压风管的铆（压）接点间距小于等于 100mm。

弹簧夹的材质弹性应不低于风管板材的弹性,形状和规格应与薄钢板法兰相匹配,长度为120~150mm。

薄钢板法兰风管在法兰四角连接处、支管与干管连接处的内外面进行密封。低、中压风管在风管接合部、折叠四角处的管内接缝处进行密封。

(4) 插条连接风管制作

插条连接风管是无法兰连接的一种,是小管径风管连接的一种常用形式。工程中较多采用C形插条连接形式。

插条与风管插口的宽度应匹配,连接处应平整、严密。插条长度允许偏差应小于2mm；C形插条的两端延长量宜为20mm。C、S形插条连接风管的折边四角处、纵向接缝部位及所有相交处均应进行密封。

见下图所示。

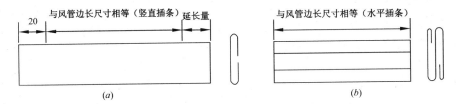

图3-2 C形插条、S形插条示意图
(a) C形插条；(b) S形插条

立咬口与包边立咬口连接的风管,其立筋的高度应大于或等于25mm。同一规格风管的立咬口、包边立咬口的高度应一致,铆钉间距应不大于150mm；立咬口的折角应与风管垂直、直线度允许偏差为5‰；立咬口四角连接处应加90°贴角,贴角的板厚应不低于风管板厚,并和咬口紧密铆固且无孔洞。

金属矩形风管连接形式及适用范围　　　　表3-7

连接形式		附件规格	适用范围（风管边长 mm）	
			低压风管	中压风管
S形插条	平插条	大于管壁厚度且≥0.75	≤630	—
	立插条	大于管壁厚度且≥0.75	≤1000	—
C形插条	平插条	大于管壁厚度且≥0.75	≤630	≤450
	立插条	大于管壁厚度且≥0.75　$H≥25$	≤1000	≤630
	直角插条	≥0.75	≤630	—
立联合角形插条		等于风管板厚且≥0.75	≤1250	—

续表

连接形式	附件规格	适用范围（风管边长 mm）	
		低压风管	中压风管
立咬口	等于风管板厚且≥0.75	≤1000	≤630

注：1. S形平插条或立平插单独使用时，在连接处应有固定措施。
　　2. C形直角插条用于支管与主干管连接。

（5）金属风管加固

①加固的要求

a. 风管加固通常采用外框加固、纵向加固、点加固和压筋加固等形式，见表3-8。

镀锌钢板矩形风管横向连接的刚度等级　　　　表3-8

连接形式		附件规格		刚度等级
角钢法兰		∟25×3		F3
		∟30×3		F4
		∟40×4		F5
		∟50×5		F6
薄钢板法兰	弹簧夹式	H=法兰高度 δ=风管壁厚 $H \times \delta$ 弹簧夹板厚≥1.0mm 弹簧夹长度150mm	25×0.6	Fb1
			25×0.75	Fb2
	插接式		30×1.0	Fb3
	顶丝卡式	顶丝卡厚≥3mm M8 螺丝	40×1.2	Fb4
	组合式	弹簧夹板厚≥3mm 法兰条=1.0mm	25×1.0	Fb3
			40×1.0	Fb4
S形插条	平插条	大于管壁厚度且≥0.75		F1
	立插条	大于管壁厚度且≥0.75		F2
C形插条	平插条	大于管壁厚度且≥0.75		F1
	立插条	大于管壁厚度且≥0.75 H≥25		F2
	直角插条	≥0.75		F1

187

续表

连 接 形 式	附件规格	刚度等级
立联合角形插条	等于风管板厚且≥0.75	F2
立咬口	等于风管板厚且≥0.75	F2

  b. 薄钢板法兰风管通常采取轧制加强筋，加强筋的凸出部分位于风管外表面，排列间隔均匀，板面要求无明显的变形。

  c. 外加固的型材高度要求等于或小于风管法兰高度；排列整齐、间隔均匀对称；与风管的连接牢固，螺栓或铆接点的间距不大于220mm；外加固框的四角处，应连接为一体。

  d. 风管的法兰强度低于规定强度采用外加固框和管内支撑进行加固时，加固件距风管端面的距离不大于250mm。

  e. 风管内加固的要求与外加固相同。纵向加固时，风管对称面的纵向加固位置应上、下对称，长度与风管长度齐平。

  f. 内支撑加固采用螺纹杆或钢管，其支撑件两端专用垫圈应置于风管受力（压）面。管内两加固支撑件交叉成十字状时，其支撑件对应两个壁面的中心点应前移和后移1/2螺杆或钢管直径的距离。螺纹杆直径不小于8mm，垫圈外径大于30mm。钢管与加固面垂直，长度与风管边长相等。

  ②镀锌钢板矩形风管加固的方法选择和确定：

  a. 根据风管连接型式（法兰或插条的型式）确定风管的连接刚度等级，查表3-8。

  b. 根据风管连接刚度等级确定不进行加固的风管所允许的最大单节风管长度，如不能满足则需进行加固，查表3-10。

  c. 在风管管壁采用不同形式的加固措施时，加固件之间或与管端连接件之间的允许最大距离，查表3-11。

  d. 风管采用点加固（其加固刚度等级为J1）、纵向加固（其加固刚度等级为Z1）时，其加固件之间或与管端连接件之间的允许最大距离，分别为表3-11的对应数值再向左移1格、2格后所对应的值。

  e. 当风管同时采用点加固（其加固刚度等级为J1）和压筋加固（其加固刚度等级为J1）两种形式时，其加固件之间或与管端连接件之间的允许最大距离为点加固所对应的数值为表3-11的对应数值再向左移1格所对应的数值。

  f. 当风管采用点支撑加固、纵向立咬口加固等形式时，应按表3-10~表3-12所对应的横向连接、横向加固允许最大间距值表格平行左移，左移后的（左移数为加固刚度等级数）表中数值即风管允许的最大横向连接、横向加固间距。

  ③加固形式确定实例

【例1】 确定一节截面尺寸为2000mm×1000mm，长度为1250mm、∟40×4角钢法兰连接的低压风管的加固方式。查表步骤如下：

a. 查表3-8。∟40×4角钢法兰横向连接的刚度等级为F5。

b. 查表3-10，横向连接刚度等级为F5的低压风管。该风管边长2000mm面，其管段的允许最大长度为800mm，因此风管边长为2000mm的管壁面处必须采取加固措施；该风管另一面边长1000mm处，由于刚度等级为F5的低压风管管段的允许最大长度为1250mm，该风管长度小于1250mm，故不需采用加固措施。

c. 查表3-9。若选择∟40×4角钢进行横向加固，其横向加固刚度等级为G4。G4加固材料也可选用$H=40mm$、$\delta=1.5mm$的槽形加固形式。

镀锌钢板矩形风管加固刚度等级　　　　　　　　表3-9

加固形式			板材、管材和型钢规格	加固件高度 h（mm）					
				刚度等级					
				15	25	30	40	50	60
外框加固	角铁加固		25×3	—	—	G2	—	—	—
			30×3	—	—	—	G3	—	—
			40×4	—	—	—	—	G4	—
			50×5	—	—	—	—	G5	—
			63×5	—	—	—	—	—	G6
	直角形加固		1.2	—	G2	G3	—	—	—
	Z形加固		1.5	—	—	G2	G3	G3	—
			2.0	—	—	—	—	G4	—
	槽形加固1		1.2	—	G2	—	—	—	—
			1.5	—	—	—	G3	—	—
	槽形加固2		1.2	G1	G2	—	—	—	—
			1.5	—	—	G3	G4	—	—
			2.0	—	—	—	—	G5	—
点加固	扁钢内支撑		25×3 扁钢	J1					
	螺杆内支撑		$\phi 8 \sim \phi 12$	J1					
	钢管内支撑		$\phi 16 \times 1$	J1					

续表

加固形式			板材、管材和型钢规格	加固件高度 h (mm)					
				刚度等级					
				15	25	30	40	50	60
纵向加固	立咬口	h≥25mm	风管板厚	Z1					
压筋加固	压筋间距≤300		风管板厚	J1					

注：扁钢立加固主要用于厚壁钢板风管，采用形式为断续焊，且其材料高度、厚度可参照角钢加固。

镀锌钢板矩形风管横向连接允许最大间距 表3-10

风管边长尺寸 b		≤500	630	800	1000	1250	1600	2000	2500	3000
刚度等级		允许最大间距（mm）								
低压风管	F1/G1	3000	1600							
	F2/G2		2000	1600	1250		不使用			
	F3/G3		2000	1600	1250	1000				
	F4/G4		2000	1600	1250	1000	800	800		
	F5/G5		2000	1600	1250	1000	800	800	800	
	F6/G6		2000	1600	1250	1000	800	800	800	800
中压风管	F2/G2	3000	1250							
	F3/G3		1600	1250	1000		不使用			
	F4/G4		1600	1250	1000	800	800			
	F5/G5		1600	1250	1000	800	800	625		
	F6/G6		2000	1600	1000	800	800	800	625	
高压风管	F3/G3	3000	1250							
	F4/G4		1250	1000	800	625	不使用			
	F5/G5		1250	1000	800	625	625			
	F6/G6		1250	1000	800	625	625	625	500	400

d. 查表3-11。刚度等级为G4，风管边长2000mm的低压风管管壁，加固件之间或与风管连接之间的允许最大间距应为800mm。因此，边长为2000mm的风管壁面上应设置1个均布L40×4角钢加固件。

【例2】确定截面尺寸为1600×500mm，长度为1250mm、薄钢板法兰（高度 H = 30mm）连接方式的低压风管的加固方式。查表步骤如下：

a. 查表3-8。薄钢板法兰（高度 H = 30mm）连接的刚度等级为Fb3。

b. 查表3-12，横向连接刚度等级为Fb3的低压风管。该风管边长1600mm面，其管段的允许最大长度为800mm，因此风管边长为1600mm的管壁面处必须采取加固措施；该风管另一面边长500mm处，由于刚度等级为Fb3的低压风管管段的允许最大长度为

3000mm，该风管长度小于3000mm，故不需采用加固措施。

c. 查表3-9。若选择点支撑加固，其横向加固刚度等级为J1。

d. 查表3-12。刚度等级为Fb3，风管边长1600mm的低压风管管壁，其管段的允许最大长度为800mm，若同时采用J1点支撑加固与J1压筋加固两种方法，其加固后的允许最大长度为1600mm（向左平移2格的对应值），符合加固要求。

镀锌钢板矩形风管横向加固允许最大间距　　　　表3-11

风管边长 b		≤500	630	800	1000	1250	1600	2000	2500	3000
刚度等级			允许最大间距（mm）								
低压风管	F1/G1	3000	1600	1250	625						
	F2/G2		2000	1600	1250	625	500	400	不使用		
	F3/G3		2000	1600	1250	1000	800	600			
	F4/G4		2000	1600	1250	1000	800	800			
	F5/G5		2000	1600	1250	1000	800	800	800	625	
	F6/G6		2000	1600	1250	1000	800	800	800	800	
中压风管	F1/G1	3000	1250	625							
	F2/G2		1250	1250	625	500	400	400	不使用		
	F3/G3		1600	1250	1000	800	625	500			
	F4/G4		1600	1250	1000	800	800	625			
	F5/G5		1600	1250	1000	800	800	625			
	F6/G6		2000	1600	1000	800	800	800	800	625	
高压风管	F1/G1	3000	625								
	F2/G2		1250	625							
	F3/G3		1250	1000	625		不使用				
	F4/G4		1250	1000	800	625					
	F5/G5		1250	1000	800	625	625				
	F6/G6		1250	1000	800	625	625	625	500	400	

薄钢板法兰矩形风管横向连接最大间距　　　　表3-12

风管边长尺寸 b		≤500	630	800	1000	1250	1600	2000	2500	3000
刚度等级			最大间距（mm）								
低压风管	Fb1	3000	1600	1250	650	500					
	Fb2		2000	1600	1250	650	500	400	不使用		
	Fb3		2000	1600	1250	1000	800	600			
	Fb4		2000	1600	1250	1000	800	800			
中压风管	Fb1		1250	650	500						
	Fb2		1250	1250	650	500	400	400			
	Fb3		1600	1250	1000	800	650	500			
	Fb4		1600	1250	1000	800	800	650			

2. 普通薄钢板风管

普通薄钢板风管板材厚度的选择按设计要求，设计无要求时执行镀锌钢板风管相关要求。壁厚1.2mm以内的风管制作要求参见镀锌钢板风管要求，壁厚大于1.2mm的风管与法兰连接可采用连续焊或翻边断续焊。管壁与法兰内口应紧贴，焊缝不得凸出法兰端面，断续焊的焊缝长度宜在30~50mm，间距不应大于50mm。焊接风管可采用搭接、角接和对接三种形式。风管焊接前应除锈、除油。焊缝应融合良好、平整，表面不应有裂纹、焊瘤、穿透的夹渣和气孔等缺陷，焊后的板材变形应矫正，焊渣及飞溅物应清除干净。

3. 不锈钢风管

1）材料验收：不锈钢板采用奥氏体不锈钢材料，其表面不得有明显的划痕、刮伤、斑痕和凹穴等缺陷，材质应符合《不锈钢冷轧钢板》GB 3280的规定。

不锈钢板风管和配件制作的板材厚度参见表3-13。

2）风管制作

(1) 风管制作场地应铺设木板，工作之前必须把工作场地上的铁屑、杂物打扫干净。

不锈钢板风管板材厚度　　　　　　　　　　　　　　表3-13

风管边长b或直径D	不锈钢板厚度（mm）	风管边长b或直径D	不锈钢板厚度（mm）
$100<b(D)\leq500$	0.5	$1120<b(D)\leq2000$	1.0
$500<b(D)\leq1120$	0.75	$2000<b(D)\leq4000$	1.2

(2) 不锈钢板在放样划线时，为避免造成划痕，不能用锋利的金属划针在板材表面划辅助线和冲眼。制作较复杂的管件时，要先做好样板，经复核无误后，再在不锈钢板表面套裁下料。

(3) 剪切不锈钢板时，应仔细调整好上下刀刃的间隙，刀刃间隙一般为板材厚度的0.04倍，以保证切断的边缘保持光洁。

(4) 不锈钢板厚小于或等于1mm时，板材拼接通常采用咬接或铆接，使用木方尺（木槌）、铜锤或不锈钢锤进行手工咬口制作，不得使用碳素钢锤。由于不锈钢经过加工时，其强度增加，韧性降低，材料发生硬化，因此手工拍制咬口时，注意不要拍反，尽量减少加工次数，以免使材料硬度增加，造成加工困难。

(5) 不锈钢板厚大于1mm时，采用氩弧焊或电弧焊焊接，不允许使用气焊焊接。焊接前，将焊缝区域的油脂、污物清除干净，以防止焊缝出现气孔、砂眼。清洗可用汽油、丙酮等进行。用电弧焊焊接不锈钢时，在焊缝的两侧表面涂上白垩粉，防止飞溅金属粘附在板材的表面，损伤板材。焊接后，注意清除焊缝处的熔渣，并用不锈钢丝刷或铜丝刷刷出金属光泽，再用酸洗膏进行酸洗钝化，最后用热水清洗干净。

(6) 不锈钢热煨法兰采用专用的加热设备加热，其温度应控制在1100~1200℃之间。煨弯温度不低于820℃。煨好后的法兰必须重新加热到1100~1200℃，再在水冷中迅速冷却。

(7) 不锈钢风管采用法兰连接时，矩形风管法兰材料规格及要求参见镀锌钢板相关内容。圆形风管法兰材料规格及要求参见镀锌钢板相关内容，法兰材质为碳素钢时，其表面应进行镀铬或镀锌处理。风管铆接应采用不锈钢铆钉。

（8）矩形不锈钢风管采用薄钢板法兰连接时，要求参见镀锌钢板相关内容。紧固件材质为碳素时，其表面应进行镀铬或镀锌处理。

（9）不锈钢风管的内、外加固形式可参照镀锌钢板风管相关内容；加固间距可参照镀锌钢板风管相关内容。

4. 铝板风管

1）采用纯铝板或防锈铝合金板，其表面不得有明显的划痕、刮伤、斑痕和凹穴等缺陷，材质检查按《铝及铝合金轧制板材》GB/T 3880 的规定。

铝板风管板材厚度不得小于表 3-14 的规定。

铝板风管板材厚度 表 3-14

风管长边尺寸 b 或直径 D	铝板厚度（mm）	风管长边尺寸 b 或直径 D	铝板厚度（mm）
$100 < b (D) \leq 320$	1.0	$630 < b (D) \leq 2000$	2.0
$320 < b (D) \leq 630$	1.5	$2000 < b (D) \leq 4000$	按设计

2）风管制作

（1）铝板厚度小于或等于 1.5mm 时，板材的连接可采用咬接或铆接，不应采用按扣式咬口，相关要求参见镀锌钢板相应内容；板厚大于 1.5mm 时，采用氩弧焊或气焊焊接，焊缝应牢固，无虚焊、穿孔等缺陷，铝板焊接的焊材必须与母材相匹配。

（2）铝板在焊接前，对铝制风管焊口处和焊丝上的氧化物及污物进行清理，清除焊口处的氧化膜并进行脱脂，为防止处理后的表面再度氧化，必须在清除氧化膜后的 2~3h 内完成焊接。

（3）在对口的过程中，为避免焊穿，要使焊口达到最小间隙。对于易焊穿的薄板，焊接须在铜垫板上进行；当采用点焊或连续焊工艺焊接铝制风管时，必须首先进行试验，形成成熟的焊接工艺后，方可正式施焊。焊接后用热水清洗焊缝表面的飞溅、焊渣、焊药等杂物。

（4）铝板风管的法兰材料规格及要求参见镀锌钢板相关内容。铝板风管与法兰的连接采用铆接时，应采用铝铆钉。当铝板风管采用碳素钢法兰时，其表面应按设计要求作防腐绝缘处理。

（5）铝板风管的内、外加固形式可参见镀锌钢板相关内容；加固间距可参见镀锌钢板相关内容，并根据铝材强度另行计算。

（6）因铝板材质原因，铝板矩形风管的连接，一般不采用 C、S 平插条形式。

3.1.2 非金属风管制作

非金属风管主要指采用硬聚氯乙烯、有机玻璃钢、无机玻璃钢等非金属无机材料和采用不燃材料面层复合绝热材料板制成的风管（表 3-15）。

非金属矩形风管连接形式及适用范围　　　　表3-15

非金属风管连接形式		附件材料	适用范围
45°粘接		铝箔胶带	酚醛铝箔复合板风管、聚氨酯铝箔复合板风管 $b \leq 500mm$
榫接		铝箔胶带	丙烯酸树脂玻璃纤维复合风管 $b \leq 1800mm$
槽形插接连接		PVC	低压风管 $b \leq 2000mm$ 中、高压风管 $b \leq 1600mm$
工形插接连接		PVC	低压风管 $b \leq 2000mm$ 中、高压风管 $b \leq 1600mm$
		铝合金	$b \leq 3000mm$
外套角钢法兰		∟25×3	$b \leq 1000mm$
		∟30×3	$b \leq 1600mm$
		∟40×4	$b \leq 2000mm$
C形插接法兰	（高度25~30mm）	PVC 铝合金	$b \leq 1600mm$
		镀锌板厚度≥1.2	
"H"连接法兰		PVC 铝合金	用于风管与阀部件及设备连接

注：b 为风管边长。

1. 酚醛复合风管与聚氨酯复合风管

1）酚醛风管与聚氨酯复合风管是以中间层及内外防护层复合而成的板材加工而成的风管，中间层分别为酚醛泡沫与聚氨酯，内外层压花铝箔复合而成的风管。具有绝热性能好，消声效果好，施工方便，安装工期短，维修简单，清洗方便，重量非常轻等特点。

材质要求：非金属风管材料的燃烧性能应符合《建筑材料燃烧性能分级方法》GB 8624 规定的不燃 A 级或难燃 B1 等级。PVC 连接件应为难燃 B1 级，其壁厚应大于等于1.5mm。

2）风管板材拼接一般采用45°角粘接或"H"加固条拼接方式拼接。45°角直接粘接一般适用于风管边长小于等于1600mm时，连接在拼接缝处两侧粘贴铝箔胶带；"H"形PVC或铝合金加固条拼接适用于边长大于1600mm的风管。

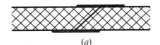 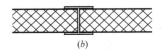

(a) 　　　　　　　　　　　(b)

图3-3　风管板材拼接方式

(a) 45°角粘接；(b) 中间加"H"加固条拼接

3）风管板材下料切割应使专用刀具，切口平直。风管管板组合前清除表面结接口的油渍、水渍、灰尘，组合方式分为一片法、两片法、四片法形式（图3-4）。组合时45°角切口处均匀涂满胶粘剂粘合。板材连接处涂胶必须均匀饱满；粘接缝平整，两拼接缝间不得有歪扭、错位和局部开裂等现象，其接缝处单边粘贴宽度不应小于20mm。风管内角缝采用密封材料封堵，外角铝箔段开出。采用铝箔胶带封贴。

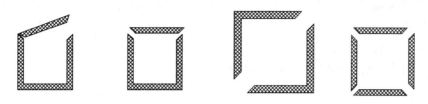

图3-4 矩形风管45°角组合方式

4）低压风管边长大于2000mm、中高压风管边长大于1500mm时，风管法兰应采用铝合金材料。

5）为满足复合风管刚度要求，当边长大于630mm的矩形风管在安装插接法兰时，应在风管四角粘贴厚度0.75mm以上的镀锌板直角垫片，直角垫片宽度应与风管板料厚度相等，直角垫片边长在50mm以上。

6）风管一般采用内支撑方法进行加固，其加固形式按表3-11选用。横向内支撑加固点数量及纵向间距按表3-16规定。

酚醛复合风管与聚氨酯复合风管内支撑加固点个数及纵向间距表　　表3-16

类别		系统压力（Pa）						
		<300	310~500	510~750	760~1000	1100~1250	1251~1500	1501~2000
		横向加固点数						
风管边长 b(mm)	410<b≤600	—	—	—	1	1	1	1
	600<b≤800	—	1	1	1	1	1	2
	800<b≤1000	1	1	1	1	1	2	2
	1000<b≤1200	1	1	1	1	1	2	2
	1200<b≤1500	1	1	1	2	2	2	2
	1500<b≤1700	2	2	2	2	2	2	2
	1700<b≤2000	2	2	2	2	2	2	3
纵向加固间距（mm）								
聚氨酯类复合风管		1000	800	600				400
酚醛类风管		800		600				—

7）风管采用角钢法兰、外套槽形法兰时，其法兰处可视为一纵（横）向加固点；其余连接方式的风管，其长边大于1200mm时，在长度方向距法兰250mm内设一纵向加固点。

2. 玻璃纤维复合风管

1）材料验收：

（1）非金属风管材料的燃烧性能应符合《建筑材料燃烧性能分级方法》GB 8624 规定的不燃 A 级或难燃 B1 等级。复合材料的表层铝箔材质应符合《工业用纯铝箔》GB 3198 的规定，厚度应不小于 0.06mm。当铝箔层复合有增强材料时，其厚度应不小于 0.015mm。

（2）复合板材的复合层应粘结牢固，内部绝热材料不得裸露在外。板材外表面单面分层、塌凹等缺陷不得大于 6‰。

（3）铝箔热敏、压敏胶带和胶粘剂的燃烧性能应符合难燃 B1 级，并在使用期限内。胶粘剂应与风管材质相匹配，且符合环保要求。

（4）铝箔压敏、热敏胶带的宽度应不小于 50mm，单边粘贴宽度应不小于 20mm。铝箔厚度应不小于 0.045mm。铝箔压敏密封胶带采用 180°剥离强度试验时，剥离强度应不低于 0.52N/mm。

（5）铝箔热敏胶带熨烫面应有加热到 150℃时变色的感温色点。热敏密封胶带 180°剥离强度试验时，剥离强度应不低于 0.68N/mm。

（6）玻纤复合板内、外表面层应与内部玻璃纤维绝热材料粘结牢固，复合板表面应具有防止纤维脱落和自由散发的能力，涂层材料应符合对人体无害的卫生规定。

（7）采用玻璃纤维布作为风管内表面时，玻璃纤维布应为无碱或中碱性、无石蜡浸润，并符合 JC/T 281 标准的规定，其表面不允许有脱胶、断丝、断裂等现象。

2）风管制作

（1）风管制作首选整板材料制作。板材拼接时，按图 3-5 在结合口处涂满胶并紧密粘合，外表面拼缝处用 30mm 宽的预留外保护层刷胶封闭后，再用一层 50mm 以上宽热敏（压敏）铝箔胶带粘贴密封。内表面接缝处可用一层宽 30mm 铝箔复合玻璃纤维布粘封，或采用胶粘剂勾缝。

图 3-5 玻璃纤维复合板拼接

（2）风管管板槽口形式有 45°角形和 90°梯形两种（图 3-4、图 3-6），槽口切割时，使用专用刀具，切割时不得破坏外表铝箔层。其封闭口处要留有大于 35mm 的外表面做搭接边。

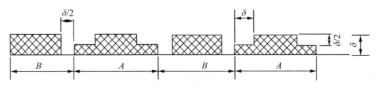

图 3-6 玻璃纤维复合风管槽口形式

(3) 风管管板组合前要清除表面接口的切割纤维、油渍、水渍。切割面涂胶粘剂均匀饱满，槽口处无玻璃纤维外露。风管折角成矩形时，按图3-7调整风管端面的平面度，槽口无间隙和错口。风管内角接缝处应涂密封胶。风管外接缝应用预留外护层材料和热敏（压敏）铝箔胶带重叠封闭。

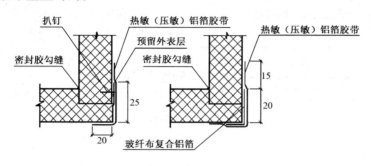

图3-7 风管直角组合图

(4) 风管采用金属槽形框处加固时，按表3-17设置内支撑，并将内支撑与金属槽形框紧固为一体。负压风管在风管的内侧进行加固。

(5) 风管的内支撑横向加固点数及外加固框纵向间距见表3-17。

玻璃纤维复合风管内支撑横向加固点数及外加固框纵向间距　　表3-17

类别		系统工作压力（Pa）				
		0~100	101~250	251~500	501~750	751~1000
		内支撑横向加固点数				
风管边长 b (mm)	$300 < b \leqslant 400$	—	—	—	—	1
	$400 < b \leqslant 500$	—	—	1	1	1
	$500 < b \leqslant 600$	—	1	1	1	1
	$600 < b \leqslant 800$	1	1	1	2	2
	$800 < b \leqslant 1000$	1	1	2	2	3
	$1000 < b \leqslant 1200$	1	2	2	3	3
	$1200 < b \leqslant 1400$	2	2	3	3	4
	$1400 < b \leqslant 1600$	2	2	3	4	5
	$1600 < b \leqslant 1800$	2	3	4	4	5
	$1800 < b \leqslant 2000$	3	3	4	5	6
槽形钢纵向加固间距（mm）		≤600		≤400		≤350

(6) 风管按表3-15采用外套角钢法兰、外套C形法兰连接时，其法兰处可视为一外加固点。其他连接方式的风管长边大于1200mm时，距法兰150mm内设纵向加固。采用阴、阳榫连接的风管，在距榫口100mm内设纵向加固。

(7) 内表面层采用丙烯酸树脂的风管还应符合以下规定：

丙烯酸树脂涂层应均匀，涂料重量应不小于105.7g/m²，且不得有玻璃纤维外露；

风管成形后，在外接缝处宜采用扒钉加固，其间距不宜大于50mm，并用宽度大于50mm的热敏胶带粘贴密封。

（8）风管的外加固槽形钢规格见表3-18。

玻璃纤维复合风管外加固槽形钢规格（mm）　　　表3-18

风管边长尺寸	槽形钢高度×宽度×厚度
≤1200	40×20×1.0
1201～2000	40×20×1.2

（9）在风管加固内支撑件和管外壁加固件的螺栓穿过管壁位置进行密封处理。

（10）风管成型后，管端为阴、阳榫的管段为保护接口的，要水平放置；管端为法兰的管段可以立放；风管在胶液干燥固化后方可挪动、叠放或安装，注意风管的防潮、防雨和防风沙工作。

3. 玻璃钢风管

玻璃钢风管按其胶凝材料性能分为：以硫酸盐类为胶凝材料与玻璃纤维网格布制成的水硬性无机玻璃钢风管和以改性氯氧镁水泥为胶凝材料与玻璃纤维网格布制成的气硬性改性氯氧镁水泥风管两种类型。无机玻璃钢风管分为整体普通型（非保温）、整体保温型（内、外表面为无机玻璃钢，中间为绝热材料）、组合型（由复合板、专用胶、法兰、加固角件等连接成风管）和组合保温型四类。

1）材料选用：非金属风管材料的燃烧性能应符合《建筑材料燃烧性能分级方法》GB 8624规定的不燃A级或难燃B1等级。

玻璃钢风管采用无碱、中碱或抗碱玻璃纤维网格布，并分别符合现行国家标准《玻璃纤维网格布》JC 561、《无碱玻璃纤维、无捻粗纱布》JC/T 281、《中碱玻璃纤维无捻粗纱布》JC/T 576的规定。氯氧镁水泥风管氧化镁的品质应符合现行国家标准《菱镁制品用轻烧氧化镁》WB/T 1019-2002的规定。胶凝材料硬化体的pH值应小于8.8，并不应对玻璃纤维有碱性腐蚀。

2）玻璃钢风管制作（表3-19～表3-21）。

整体普通型风管制作参数（mm）　　　表3-19

风管长边尺寸 b 或直径 D	风管管体			法兰				孔距（L）	螺栓规格
	壁厚	玻璃纤维布层数		高度	厚度	玻璃纤维布层数			
		$C1$	$C2$			$C1$	$C2$		
$b(D)≤300$	3	4	5	27	5	7	8	低、中压 $L≤120$ 高压 $L≤100$	M6
$300<b(D)≤500$	4	5	7	36	6	8	10		M8
$500<b(D)≤1000$	5	6	8	45	8	9	13		M8
$1000<b(D)≤1500$	6	7	9	49	10	10	14		M10
$1500<b(D)≤2000$	7	8	12	53	15	14	16		M10
$b(D)>2000$	8	9	14	52	20	16	20		M10

注：$C1=0.4$mm厚玻璃纤维布层数；$C2=0.3$mm厚玻璃纤维布层数。

整体保温型风管制作参数（mm） 表3-20

风管长边尺寸 b 或直径 D	风管管体		法兰			
	内壁厚	外壁厚	净高度	厚度	孔距（L）	螺栓规格
b（D）≤300	2	2	31	5	低、中压 L≤120mm	M6
300＜b（D）≤500	2	2	31	6	低、中压 L≤120mm	M8
500＜b（D）≤1000	2	3	40	8	低、中压 L≤120mm	M8
1000＜b（D）≤1500	3	3	44	10	高压 L≤100mm	M10
1500＜b（D）≤2000	3	4	48	15	高压 L≤100mm	M10
b（D）＞2000	3	5	47	20	高压 L≤100mm	M10

注：保温层厚应符合设计要求。

组合保温型风管制作参数（适用压力≤1500Pa）（mm） 表3-21

风管边长 b（mm）		玻璃纤维布层数		内壁厚（mm）	外壁厚（mm）	风管总厚（mm）	连接方式	法兰孔距（mm）
		内壁	外壁					
保温	b≤1250	2	2	2	3	5+保温层	PVC 或铝合金 C 型插条	—
保温	b＞1250	2	3	2	3	5+保温层	∟36×4 角钢法兰	≤150mm
普通	b≤630	5		—		5	∟25×3 角钢法兰	≤150mm
普通	b≤1250	5		—		5	∟30×3 角钢法兰	≤150mm
普通	b＞1250	5		—		5	∟36×4 角钢法兰	≤150mm

注：表中法兰规格为允许的最小规格。

（1）风管制作，应在环境温度不低于15℃的条件下进行。

（2）模具尺寸必须准确，结构坚固，制作风管时不变形，模具表面必须光洁。

（3）制作浆料宜采用拌合机拌合，人工拌合时必须保证拌合均匀，不得夹杂生料，浆料必须边拌边用，有结浆的浆料不得使用。

（4）玻璃纤维网格布相邻层之间的纵、横搭接缝距离应大于300mm，同层搭接缝距离不得小于500mm。搭接长度应大于50mm。敷设时，每层必须铺平、拉紧，保证风管各部位厚度均匀，法兰处的玻璃纤维布应与风管连成一体。

（5）整体型风管法兰处的玻璃纤维网格布应延伸至风管管体处。法兰与管体转角处的过渡圆弧半径应为壁厚的0.8~1.2倍。

（6）风管表层浆料厚度以压平玻璃纤维网格布为宜（可见布纹）。且表面不得有密集气孔和漏浆。

（7）风管制作完毕，需待胶凝材料固化后除去内模，并置于干燥、通风处养护6日以上，方可安装。风管养护时不得有日光直接照射或雨淋，固化成型达到一定强度后方可脱模。脱模后应除去风管表面毛刺和尘渣。

（8）风管存放地点应通风，不得日光直接照射、雨淋及潮湿。

（9）矩形风管管体的缺棱不得多于两处，且小于等于10mm×10mm。风管法兰缺棱不得多于一处，且小于等于10mm×10mm；缺棱的深度不得大于法兰厚度的1/3，且不得影响法兰连接的强度。

（10）风管壁厚、整体成型法兰高度与厚度偏差应符合表3-22的规定，相同规格的法兰应具有互换性。

无机玻璃钢风管壁厚、整体成型法兰高度与厚度偏差（mm） 表3-22

风管边长 b 或直径 D	风管壁厚	整体成形法兰高度与厚度	
		高 度	厚 度
b（D）≤300	±0.5	±1	+0.5
300＜b（D）≤2000	±0.5	±2	±1.0
b（D）＞2000			±2.0

（11）组合型风管粘合的四角处应涂满无机胶凝浆料，其组合和连接部分的法兰槽口、角缝，加固螺栓和法兰孔隙处均应密封。

组合型保温式风管保温隔热层的切割面，应采用与风管材质相同的胶凝材料或树脂加以涂封。

3）现场组合式保温风管制作

（1）在风管左右侧板的两边采用大小不同的刀片，在切割规格板时，同时切割组合用的梯阶线，用工具刀子将台阶线外的保温层刮去，梯阶位置应保证90°的直角，切割面应平整。

（2）在阶梯面上涂上专用胶粘剂，专用胶粘剂要均匀，用量应合理控制，避免在风管捆扎后挤出的余胶太多造成浪费，也影响美观。

（3）将风管底板放于组装垫上，在风管左右板梯阶处涂上专用胶，插在底板边沿，对口纵向粘接方向左右板与底板错位100mm。再将上板盖上，同样与左右板错位100mm。形成风管连接的错位接口。

（4）在组合后的风管两端扣上角铁制成的Ⅱ形箍。Ⅱ形箍的内边尺寸比风管长边尺寸大4～6mm，高度与风管短边尺寸一致。Ⅱ形箍必须使用，是保证粘接处不缺浆的重要手段。然后按照600～700mm的间距将风管捆扎紧。捆扎带离风管两端短板的距离应小于50mm，以保证风管两端的尺寸正确。风管回转角平直，粘接处的专用胶厚度不得大于0.5mm。

（5）捆扎带采用40～50mm宽的丝织带，见图3-8。

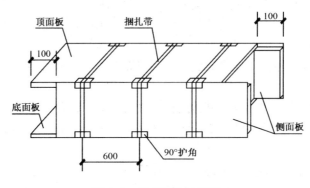

图3-8 风管捆扎示意图

(6) 风管捆扎后,及时清除管内外壁挤出的余胶,填充空隙;清除风管上下板与左右板错位 100mm 处的余胶。

(7) 风管间连接(图 3-9)

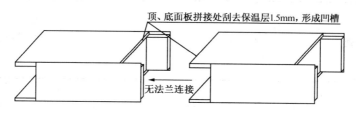

图 3-9 风管无法兰连接

①用钢丝刷将两节风管顶、底面板拼接处保温层刮去 1.5mm,形成凹槽。然后在凹槽处填满专用胶,并在左右侧面板梯阶处适量均匀地敷上专用胶。

②将两截风管紧密拼接。清除拼接处挤压出的余胶,同时填补空隙。

③为确保风管拼接的质量,不对一节风管两端同时进行拼接。

(8) 主风管与支风管连接

①根据设计尺寸,在主风管上切割支风管的边接口,与支口上下板连接的开口尺寸为支风管内壁尺寸加大 6mm。与支风管左右板连接处的开口尺寸为支风管外壁尺寸,并在顺风方向设置 45°导流角,导流角的长度不得小于支风管宽度的三分之一。将支风管和主风管连接的上下板切割成梯阶形,左右板不切梯阶形。

②将支风管插入主风管内,用专用胶粘接,然后捆扎带固定,清理余胶,填补空隙,放在平整处固化。

(9) 伸缩节的制作

①当风管直管长度大于 20m 小于 30m 时,管段中间设置 1 个伸缩节。当直管长度大于 40m 时,则每 30m 设置 1 个伸缩节。在伸缩节两端 500mm 处应设置防摆支架。

②伸缩节由通用复合风管板材制作。其内径尺寸为风管外径加 6mm,长度为 250mm。首先将两节相连的风管间留 10mm 的缝隙以便伸缩。将伸缩节粘接在气流下游的风管外壁(粘接面须用粗砂纸打毛),粘接长度为 150mm。在气流上游风管外壁粘贴厚度为 3mm 的聚乙烯泡沫带(起密封作用),粘贴长度为 100mm,将伸缩节套入,作为伸缩滑动面。最后用捆扎带将伸缩节捆紧,固化成型(图 3-10)。

4) 风管加固

(1) 组合型风管四角采用角形金属型材加固时,其紧固件的间距应小于等于 200mm。法兰与管板紧固点的间距应小于等于 120mm。

(2) 整体型风管应采用与本体材料或防腐性能相同的材料加固,加固件应与风管成为整体。风管制作完毕后的加固,其内支撑加固点数及外加固框、内支撑加固

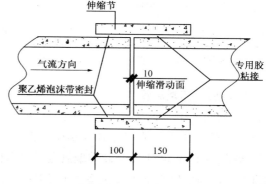

图 3-10 伸缩节的制作

点纵向间距应符合表3-23的规定，并采用与风管本体相同的胶凝材料封堵。

整体型风管内支撑横向加固点数及外加固框、内支撑加固点纵向间距　　表3-23

类别		系统工作压力（Pa）				
		500~630	630~820	821~1120	1121~1610	1611~2500
		内支撑横向加固点数				
风管边长 b（mm）	650<b≤1000	—	—	1	1	1
	1000<b≤1500	1	1	1	1	2
	1500<b≤2000	1	1	1	1	2
	2000<b≤3100	1	1	1	2	2
	3100<b≤4000	2	2	3	3	4
纵向加固间距（mm）		≤1420	≤1240	≤890	≤740	≤590

（3）组合型风管的内支撑加固点数及外加固框、内支撑加固点纵向间距应符合表3-24、表3-25的规定。

组合型风管内支撑加固点数及外加固框、内支撑加固点纵向间距　　表3-24

类别		系统工作压力（Pa）				
		500~600	601~740	741~920	921~1160	1161~1500
		内支撑横向加固点数				
风管边长 b（mm）	550<b≤1000	—	—	1	1	1
	1000<b≤1500	1	1	1	1	2
	1500<b≤2000	1	1	2	2	2
	2000<b≤3000	2	2	3	3	4
	3000<b≤4000	3	3	4	4	5
纵向加固间距（mm）		≤1100	≤1000	≤900	≤800	≤700

注：横向加固点数为5个时应加加固框，并与内支撑固定为一整体。

4. 硬聚氯乙烯风管

1）材料选用：非金属风管材料的燃烧性能应符合《建筑材料燃烧性能分级方法》GB 8624规定的不燃A级或难燃B1等级。风管采用的硬聚氯乙烯板材应符合《硬质聚氯乙烯层压板材》GB/T 4454或《硬质聚氯乙烯挤出板材》GB/T 13520标准。板材应为B1级难燃材料，横向抗拉强度大于或等于0.20MPa。热成型的硬聚氯乙烯板不得出现气泡、分层、碳化、变形和裂纹等缺陷。

组合保温型风管内支撑加固点数及外加固框、内支撑加固点纵向间距　　表3-25

类　别		系统工作压力（Pa）				
		500~600	601~740	741~920	921~1160	1161~1500
		内支撑横向加固点数				
风管边长 b（mm）	$1000<b≤1500$	1	1	1	1	1
	$1500<b≤2000$	1	1	1	1	1
	$2000<b≤3000$	2	2	2	2	2
	$3000<b≤4000$	2	2	3	3	3
纵向加固间距（mm）		≤1470	≤1370	≤1270	≤1170	≤1070

注：加固点数≥3，应加加固框，并与内支撑固定为一整体。

风管板材厚度及内径（或外边长）允许偏差应符合表3-26、表3-27规定。

硬聚氯乙烯圆形风管板材厚度及直径允许偏差（mm）　　表3-26

风管直径 D	板材厚度	内径允许偏差	风管直径 D	板材厚度	内径允许偏差
$D≤320$	3	-1	$630<D≤1000$	5	-2
$320<D≤630$	4	-1	$1000<D≤2000$	6	-2

硬聚氯乙烯矩形风管板材厚度及边长允许偏差（mm）　　表3-27

风管边长 b	板材厚度	外边长允许偏差	风管边长 b	板材厚度	外边长允许偏差
$b≤320$	3	-1	$800<b≤1250$	6	-2
$320<b≤500$	4	-1	$1250<b≤2000$	8	-2
$500<b≤800$	5	-2			

板材焊接不得出现焦黄、断裂等缺陷，焊缝应饱满，焊条排列应整齐，焊缝形式、焊缝坡口尺寸及使用范围应符合表3-28的规定。

硬聚氯乙烯板焊缝形式、坡口尺寸及使用范围　　表3-28

焊缝形式	图　形	焊缝高度（mm）	板材厚度（mm）	坡口角度 $α$（°）	使用范围
V形对接焊缝		2~3	3~5	70~90	单面焊的风管

续表

焊缝形式	图　形	焊缝高度（mm）	板材厚度（mm）	坡口角度 α（°）	使用范围
X 形对接焊缝		2~3	≥5	70~90	风管法兰及厚板的拼接
搭接焊接		≥最小板厚	3~10	—	风管和配件的加固
角焊接（无坡口）		2~3	6~18	—	
角焊接（无坡口）		≥最小板厚	≥3	—	风管配件的角焊
V 形单面角焊缝		2~3	3~8	70~90	风管角部焊接
V 形双面角焊缝		2~3	6~15	70~90	厚壁风管角部焊接

2）风管制作

(1) 板材放样划线前，应留出收缩余量。每批板材加工前均应进行试验，确定焊缝收缩率。

(2) 放样划线时，根据设计图纸尺寸和板材规格，以及加热烘箱、加热机具等的具体情况，合理安排放样图形及焊接部位，尽量减少切割和焊接工作量。

(3) 展开划线时使用红铅笔或不伤板材表面软体笔进行。严禁用锋利金属针或锯条进行划线，避免板材表面形成伤痕或折裂。

(4) 严禁在圆形风管的管底设置纵焊缝。矩形风管底宽度小于板材宽度不设纵焊缝，管底宽度大于板材宽度，只能设置一条纵焊缝，并尽量避免纵焊缝存在，焊缝牢固、平整、光滑。

(5) 用龙门剪床下料时调整刀片间隙，并在常温下进行剪切。在冬天气温较低时或板材杂质与再生材料掺合过重时，需将板材加热到30℃左右，方能进行剪切，防止材料碎裂。

(6) 锯割时，将板材紧贴在锯床表面上，均匀地沿割线移动，锯割的速度要控制在每分钟3m的范围内，防止材料过热，发生烧焦和粘住现象。切割时，宜用压缩空气进行冷却。

(7) 板材厚度大于3mm时开V型坡口；板材厚度大于5mm时开双面V型坡口。坡口角度为50~60°，留钝边1~1.5mm，坡口间隙0.5~1mm。坡口的角度和尺寸要均匀一致。

(8)采用坡口机或砂轮机进行坡口时将坡口机或砂轮机底板和挡板调整到需要角度,先对样板进行坡口后,检查角度是否合乎要求,确认准确无误后再进行大批量坡口加工。

(9)矩形风管的四角可采用煨角或焊接连接的方法。当采用煨角时,纵向焊缝距煨角处要大于80mm。矩形风管加热成型时,不得用四周角焊成型,应四边加热折方成型。加热表面温度应控制在130~150℃,加热折方部位无焦黄、发白裂口。成型后无明显扭曲和翘角。

(10)矩形法兰制作:在硬聚氯乙烯板上按规格划好样板,尺寸准确,对角线长度一致,四角的外边整齐。焊接成型时用钢块等重物适当压住,防止塑料焊接变形,使法兰的表平面保持平整。规格见表3-29。

硬聚氯乙烯矩形风管法兰规格(mm)　　　　　　　　　表3-29

风管直径 b	法兰宽×厚	螺栓孔径	螺孔间距	连接螺栓
≤160	35×6	7.5		M6
160<b≤400	35×8	9.5		M8
400<b≤500	35×10	9.5		M8
500<b≤800	40×10	11.5	≤120	M10
800<b≤1250	45×12	11.5		M10
1250<b≤1600	50×15	11.5		M10
1600<b≤2000	60×18	11.5		M10

(11)圆形法兰制作:将聚氯乙烯按直径要求计算板条长度并放足热胀冷缩余料长度,用剪床或圆盘锯裁切成条形状。圆形法兰通常采用两次热成形,第一次将加热成柔软状态的聚氯乙烯板煨成圈带,接头焊牢后,第二次再加热成柔软状态板体在胎具上压平校型。ϕ150mm 以下法兰通常采用车床加工。规格见表3-30。

硬聚氯乙烯圆形风管法兰规格　　　　　　　　　表3-30

风管直径 D(mm)	法兰宽×厚(mm)	螺栓孔径(mm)	螺孔数量	连接螺栓
D≤180	35×6	7.5	6	M6
180<D≤400	35×8	9.5	8~12	M8
400<D≤500	35×10	9.5	12~14	M8
500<D≤800	40×10	9.5	16~22	M8
800<D≤1400	45×12	11.5	24~38	M10
1400<D≤1600	50×15	11.5	40~44	M10
1600<D≤2000	60×15	11.5	46~48	M10
D>2000	按设计			

(12) 风管与法兰连接采用焊接，法兰端面垂直于风管轴线。直径或边长大于500mm的风管与法兰的连接处，通常均匀设置三角支撑加强板，加强板间距不大于450mm。

(13) 焊接首根底焊条用$\phi2mm$，表面多根焊条焊接时要排列整齐，焊缝应填满，无焦黄断裂现象。焊缝强度不低于母材强度的60%，焊条材质与板材相同。

(14) 边长大于或等于630mm焊接成型的、边长大于或等于800mm煨角成形的或管段长度大于1200mm的风管，需焊接加固框或加固筋，加固框的规格一般按法兰型号选择。

(15) 圆形风管一般不进行现场制作，购买成品风管即可。

3.1.3 净化空调系统风管

净化空调系统风管是指用于洁净空间的空气调节、空气净化系统的风管。

1. 风管制作

净化空调系统的施工质量直接影响到交工时洁净度要求的级别和交工后系统的运行费用。对净化空调系统风管制作与安装的要求，除满足一般空调系统对风管的要求外，还应满足不同洁净度等级的系统对风管的制作与安装要求。风管制作参见镀锌钢板及不锈钢板风管制作相关要求。

1) 风管作业场地要清洁，并铺上不易产生灰尘的软性材料。风管加工前采用对板材表面无损害、干燥后不产生粉尘且对人体无危害的中性清洗液去除其表面油污及积尘。

2) 洁净空调系统制作风管的刚度和严密性，均按高压和中压系统的风管要求进行。洁净度等级N1级至N5级的，按高压系统的风管制作要求；N6级至N9级的按中压系统的风管制作要求。

3) 风管要减少纵向接缝，且不能横向接缝。矩形风管底板的纵向接缝数量应符合表3-31规定。

净化系统矩形风管底板允许纵向接缝数量　　　　表3-31

风管边长（mm）	$b<900$	$900<b\leqslant1800$	$1800<b\leqslant2600$
允许纵向接缝数量	0	1	2

4) 风管的咬口缝、铆接缝以及法兰翻边四角缝隙处，按设计及洁净等级要求，采用涂密封胶或其他密封措施堵严。密封材料通常采用异丁基橡胶、氯丁橡胶、变性硅胶等为基材的材料。风管板材连接缝的密封面要设在风管壁的正压侧。

5) 彩色涂层钢板风管的内壁要光滑；板材加工时注意保护涂层，避免损坏涂层，被损坏的部位要涂环氧树脂。

6) 净化空调系统风管的法兰铆钉间距要求小于100mm，空气洁净等级为1~5的风管法兰铆钉间距要求小于65mm。

7) 风管连接螺栓、螺母、垫圈和铆钉采用镀锌或其他防腐措施，不能使用抽芯铆钉。

8) 风管不得采用S形插条、C形直角插条及立联合角插条的连接方式。空气洁净等级为1~5级的风管不得采用按扣式咬口。

9）风管内不得设置加固框或加固筋。

2. 风管清洗

风管及部件制作完成后，用无腐蚀性清洗液将内表面清洗干净，干燥后经白绸布擦拭检查达到要求即进行封口，安装前再拆除封口，清洗后立即安装可不封口。风管清洗时（包括槽、罐内清洗）要在具有良好通风状态时方可进行。

3.1.4 柔性风管

柔性风管一般为成品采购，常用的有两种：铝制软风管、铝箔制软风管，均为机械成型，一般为圆形。选用时主要要求如下：

1）柔性风管应选用防腐、防潮、不透气、不易霉变的柔性材料，用于空调系统时，应采取防止结露的措施；外保温风管应包覆防潮层。防排烟系统的柔性短管的制作材料必须为不燃材料，空气洁净系统的柔性短管应是内壁光滑、不产尘的材料。

2）直径小于等于250mm的金属圆形柔性风管，其壁厚应大于等于0.09mm；直径为250~500mm的风管，其壁厚应大于等于0.12mm；直径大于500mm的风管，其壁厚应大于等于0.2mm。

3）风管材料、胶粘剂的燃烧性能应达到难燃B1级。胶粘剂的化学性能应与所粘结材料一致，且在-30~70℃环境中不开裂、融化，不水溶并保持良好的粘结性。

4）铝箔聚酯膜复合柔性风管的壁厚应大于或等于0.021mm，钢丝表面应有防腐涂层，且符合现行国家标准《胎圈用钢丝》GB 14450标准的规定。钢丝规格应符合表3-32规定。

铝箔聚酯膜复合柔性风管钢丝规格　　　　　　　　　表3-32

风管直径 D（mm）	$D \leq 200$	$200 < D \leq 400$	$D > 400$
钢丝直径（mm）	0.96	1.2	1.42

3.1.5 风管部件、配件

风管部件主要指风管系统中的各类风口、阀门、排气罩、风帽、柔性短管、检查门和测定孔等。风管部件一般为成品采购，本节不作制作说明，主要质量要求见GB 50243相关规定。柔性短管的制作、安装参照柔性风管相关要求。

风管配件主要指风管系统中的弯管、三通、四通、各类变径及异形管、导流叶片和法兰等。

矩形风管配件所用材料厚度、连接方法及制作要求参见风管制作的相应规定。

1. 矩形弯管制作

矩形弯管分内外同心弧型、内弧外直角型、内斜线外直角型及内外直角型（见图3-11），其制作应符合下列要求：

1）矩形弯管条件允许是优选内外同心弧型。弯管曲率半径宜为一个平面边长，圆弧应均匀，不需设置导流叶片。

2）当现场条件不允许，矩形内外弧型弯管平面边长大于500mm，且内弧半径（r）与弯管平面边长（a）之比（r/a）小于或等于0.25时则应设置导流片。导流片弧度应与弯管弧度相等，迎风边缘应光滑，片数及设置位置应按表3-33及表3-34的规定。

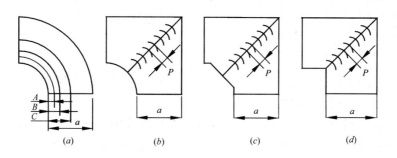

图3-11 矩形弯管示意图
（a）内外同心弧型；（b）内弧外直角型；（c）内斜线外直角型；（d）内外直角型

内外弧型矩形弯管导流片数及设置位置　　　　表3-33

弯管平面边长 a（mm）	导流片数	导流片位置		
		A	B	C
$500 < a \leq 1000$	1	$a/3$	—	—
$1000 < a \leq 1500$	2	$a/4$	$a/2$	—
$a > 1500$	3	$a/8$	$a/3$	$a/2$

3）矩形内外直角型弯管以及边长大于500mm的内弧外直角型、内斜线外直角型弯管，按图3-12选用并设置单弧形或双弧形等圆弧导流片。导流片圆弧半径及片距按表3-34规定。

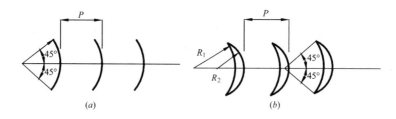

图3-12 单弧形或双弧形导流片形式
（a）单弧形；（b）双弧形

4）采用机械压制成型非金属矩形弯管弧面，其内弧半径小于150mm的轧压间距通常为20~35mm；内弧半径150~300mm的轧压间距通常在35~50mm之间，内弧半径大于300mm的轧压间距通常在50~70mm。轧压深度不超过5mm。

单弧形或双弧形导流片圆弧半径及片距（mm）　　　　表3-34

单圆弧导流片		双圆弧导流片	
$R_1 = 50$ $P = 38$	$R_1 = 115$ $P = 83$	$R_1 = 50$ $R_2 = 25$ $P = 54$	$R_1 = 115$ $R_2 = 51$ $P = 83$
镀锌板厚度宜为0.8mm		镀锌板厚度宜为0.6mm	

2. 组合圆形弯管制作

可采用立咬口，弯管曲率半径（以中心线计）和最小分节数按表3-35的规定。弯管的弯曲角度允许偏差宜为±3°。

圆形弯管曲率半径和最少分节数　　　　表3-35

弯管直径 D（mm）	曲率半径 R（mm）	弯管角度和最少节数							
		90°		60°		45°		30°	
		中节	端节	中节	端节	中节	端节	中节	端节
$80 < D \leq 220$	$\geq 1.5D$	2	2	1	2	1	2	—	2
$220 < D \leq 450$	$1D \sim 1.5D$	3	2	2	2	1	2	—	2
$450 < D \leq 800$	$1D \sim 1.5D$	4	2	2	2	1	2	1	2
$800 < D \leq 1400$	$1D$	5	2	3	2	2	2	1	2
$1400 < D \leq 2000$	$1D$	8	2	5	2	2	2	2	2

3. 变径管制作

单面变径的夹角 θ 宜小于30°，双面变径的夹角宜小于60°（图3-13）。

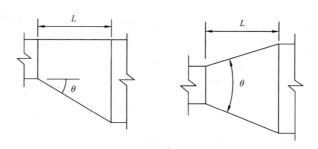

图3-13　单面变径与双面变径夹角

4. 矩形风管三通等制作

风管三通通常采用整体制作，通过人工对板材进行拼接、下料、上法兰、加固等工序制作完成。边长小于或等于630mm支风管与主风管的连接可采用主管与直管短管分开制作，然后通过不同材质风管所采取的不同工艺使直管与主管连接起来，见图3-14。

1) 迎风面应有30°斜面或$R=150mm$弧面。

2) S形咬接式可按图3-14（a）制作，连接四角处应作密封处理；

3) 联合式咬接式可按图3-14（b）制作，连接四角处应作密封处理；

4) 法兰连接式可按图3-14（c）制作，主风管内壁处上螺丝前应加扁钢垫并作密封处理。

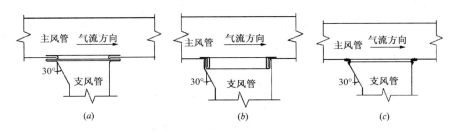

图3-14 支风管与主风管连接方式
(a) S形咬接式；(b) 联合式咬接式；(c) 法兰连接式

5. 来回弯管

应由两个小于90°的弯管连接形成。当距离不足以制作两个弯头时，可采用直接加工。弯管角度由偏心距离h和来回弯的长度L决定。当$L:D$大于等于2时，中间可以加接直管段。见图3-15所示。

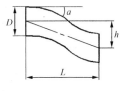

图3-15 来回弯管示意图

6. 圆形三通、四通

圆形三通、四通、支管与总管夹角宜为15°~60°，制作偏差应为±3°。插接式三通管段长度宜为2倍支管直径加100mm、支管长度不应小于200mm，止口长度宜为50mm。三通连接宜采用焊接或咬接形式（图3-16）。

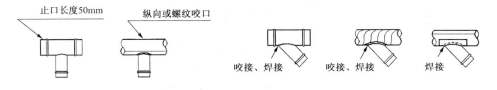

图3-16 三通连接形式

3.2 风管安装

3.2.1 金属风管安装

1. 支吊架制作

1) 按照设计图纸，根据土建基准线确定风管标高；并按照风管系统所在的空间位置，确定风管支、吊架形式，设置支、吊点。风管支、吊架的固定件、吊杆、横担和所有配件材料的应用，应符合其荷载额定值和应用参数的要求。

2）支吊架的形式和规格可按有关标准图集与规范选用，直径大于2000mm或边长大于2500mm的超宽、超重特殊风管的支、吊架应按设计规定。矩形金属水平风管在最大允许安装距离下，吊架的最小规格参见表3-36，圆形金属水平风管在最大允许安装距离下，吊架的最小规格符合表3-37规定。其他规格按吊架荷载分布图3-17及公式进行吊架挠度校验计算。挠度不应大于9mm。

金属矩形水平风管吊架的最小规格（mm）　　　　表3-36

风管长边 b	吊杆直径	吊架规格	
		角钢	槽形钢
$b \leqslant 400$	$\phi 8$	∟25×3	⊏$40 \times 20 \times 1.5$
$400 < b \leqslant 1250$	$\phi 8$	∟30×3	⊏$40 \times 40 \times 2.0$
$1250 < b \leqslant 2000$	$\phi 10$	∟40×4	⊏$40 \times 40 \times 2.5$ ⊏$60 \times 40 \times 2.0$
$2000 < b \leqslant 2500$	$\phi 10$	∟50×5	—
$b > 2500$	按设计确定		

金属圆形水平风管吊架的最小规格（mm）　　　　表3-37

风管直径 D	吊杆直径	抱箍规格		横担
		钢丝	扁钢	角钢
$D \leqslant 250$	$\phi 8$	$\phi 2.8$	25×0.75	∟25×3
$250 < D \leqslant 450$	$\phi 8$	*$\phi 2.8$ 或 $\phi 5$		
$450 < D \leqslant 630$	$\phi 8$	*$\phi 3.6$		
$630 < D \leqslant 900$	$\phi 8$	*$\phi 3.6$	25×1.0	∟30×3
$900 < D \leqslant 1250$	$\phi 10$	—		
$1250 < D \leqslant 1600$	*$\phi 10$	—	*25×1.5	∟40×4
$1600 < D \leqslant 2000$	*$\phi 10$	—	*25×2.0	
$D > 2000$	按设计确定			

注：1. 吊杆直径中的"*"表示两根圆钢；
　　2. 钢丝抱箍中的"*"表示两根钢丝合用；
　　3. 扁钢中的"*"表示上、下两个半圆弧。

3）支吊架的下料采用机械加工，采用气焊切割口必须进行打磨处理；不可用电气焊开扩孔。

4）吊杆要平直，螺纹应完整、光洁。吊杆加长采用搭接双侧连续焊时，搭接长度不小于吊杆直径的6倍；采用螺纹连接时，拧入连接螺母的螺丝长度要大于吊杆直径，并有防松动措施。

5）支吊架的预埋件位置要正确、牢固可靠，埋入部分已经过除锈、除油污工作，但不得涂漆。支吊架外露部分应作防腐处理。

吊架挠度校验计算公式为：

$$y = \frac{(p-p_1)a(3L^2-4a^2)+(p_1+p_z)L^3}{48EI} \tag{3-1}$$

式中　y——吊架挠度（mm）；

　　　p——风管、保温及附件总重（kg）；

　　　p_1——保温材料及附件重量（kg）；

　　　a——吊架与风管壁间距（mm）；

　　　L——吊架有效长度（mm）；

　　　E——刚度系数（kPa）；

　　　I——转动惯量（mm^4）；

　　　p_z——吊架自重（kg）。

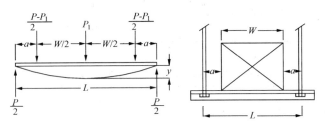

图3-17　吊架载荷分布图

2. 支吊架安装

1）按风管的中心线找出吊杆安装位置，单吊杆在风管的中心线上；双吊杆可按托架的螺孔间距或风管的中心线对称安装。吊杆与吊件应进行安全可靠的固定，对焊接后的部位应补刷油漆。

2）立管管卡安装时，应先把最上面的一个管件固定好，再用线坠在中心处吊线，下面的风管支架即可按线进行固定。

3）当风管较长要安装成排支架时，先把两端安好，然后以两端的支架为基准，用拉线法找出中间各支架的标高进行安装。

4）风管水平安装，直径或长边≤400mm时，支、吊架间距不大于4m；直径或长边＞400mm时，不大于3m。螺旋风管的支、吊架可分别延长至5m和3.75m；对于薄钢板法兰的风管，其支、吊架间距不大于3m。当水平悬吊的主、干风管长度超过20m时，应设置防止摆动的固定点，每个系统不应少于1个。风管垂直安装时，支、吊架间距不大于4m；单根直管至少应有2个固定点。

5）支、吊架设置避开风口、阀门、检查门及自控机构，离风口或插接管的距离不小于200mm。

6）抱箍支架，折角平直，抱箍能紧贴并抱紧风管。安装在支架上的圆形风管应设托座和抱箍，其圆弧均匀，且与风管外径相一致。

7）保温风管的支、吊架装置宜放在保温层外部，保温风管不得与支、吊托架直接接触，需垫上坚固的隔热防腐材料（通常采用防腐木方），其厚度与保温层相同，防止产生"冷桥"。

8）金属风管（含保温）水平安装时，其吊架的最大间距符合表3-38规定。

金属风管吊架的最大间距（mm）　　　　表3-38

风管边长或直径	矩形风管	圆形风管	
		纵向咬口风管	螺旋咬口风管
≤400	4000	4000	5000
>400	3000	3000	3750

注：薄钢板法兰、C形插条法兰、S形插条法兰风管的支、吊架间距不应大于3000mm。

9）采用胀锚螺栓固定支、吊架时，要符合胀锚螺栓使用技术条件的规定。胀锚螺栓适用于强度等级C15及其以上混凝土构件；螺栓至混凝土构件边缘的距离应不小于螺栓直径的8倍；螺栓组合使用时，其间距不小于螺栓直径的10倍。螺栓孔直径和钻孔深度符合表3-39规定，成孔后应对钻孔直径和钻孔深度进行检查。

常用胀锚螺栓的型号、钻孔直径和钻孔深度（mm）　　　　表3-39

胀锚螺栓种类	图示	规格	螺栓总长	钻孔直径	钻孔深度
内螺纹胀锚螺栓		M6	25	8	32~42
		M8	30	10	42~52
		M10	40	12	43~53
		M12	50	15	54~64
单胀管式胀锚螺栓		M8	95	10	65~75
		M10	110	12	75~85
		M12	125	18.5	80~90
双胀管式胀锚螺栓		M12	125	18.5	80~90
		M16	155	23	110~120

10）靠墙或靠柱安装的水平风管通常选用悬臂支架或斜撑支架；不靠墙、柱安装的水平风管用托底吊架。直径或边长小于400mm的风管可采用吊带式吊架。

11）靠墙安装的垂直风管通常采用悬臂托架或有斜撑支架，不靠墙、柱穿楼板安装的垂直风管采用抱箍吊架，室外或屋面安装的立管采用井架或拉索固定。

12）风管安装后，确保支、吊架受力均匀，且无明显变形，吊架的横担挠度保证小于9mm。

13）水平悬吊的风管长度超过20m的系统，应设置不少于1个的防止风管摆动的固定支架。

14) 圆形风管的托座和抱箍的圆弧均匀,与风管外径一致。抱箍支架的紧固折角应平直,抱箍应箍紧风管。

15) 不锈钢板、铝板风管与碳素钢支架的横担接触处,要采取橡胶垫等防腐措施;矩形风管安装立面与吊杆的间隙不宜大于150mm,吊杆距风管末端不应大于1000mm。水平弯管在500mm范围内设置一个支架,支管距干管1200mm范围内设置一个支架;风管垂直安装时,其支架间距要求不大于4000mm。长度大于或等于1000mm单根直风管至少设置2个固定点。

3. 法兰间密封垫要求

1) 风管连接的密封材料首先满足系统功能技术条件、对风管的材质无不良影响,并具有良好气密性。风管法兰垫料的燃烧性能和耐热性能应符合表3-40的规定。

风管法兰垫料的种类和特性　　　表3-40

种 类	燃烧性能	主要基材耐热性能	种 类	燃烧性能	主要基材耐热性能
玻璃纤维类	不燃A级	300℃	丁腈橡胶类	难燃B_1级	120℃
氯丁橡胶类	难燃B_1级	100℃	聚氯乙烯	难燃B_1级	100℃
异丁基橡胶类	难燃B_1级	80℃			

2) 当设计无要求时,法兰垫片可按下列规定使用:

(1) 选择厚度为3~5mm的法兰垫片;

(2) 输送温度低于70℃的空气,可用橡胶板、闭孔海绵橡胶板、密封胶带或其他闭孔弹性材料;

(3) 防、排烟系统或输送温度高于70℃的空气或烟气,采用耐热橡胶板或不燃的耐温、防火材料;

(4) 输送含有腐蚀性介质的气体,应采用耐酸橡胶板或软聚乙烯板;

(5) 净化空调系统风管的法兰垫料应为不产尘、不易老化,且有一定强度和弹性的材料。

3) 密封垫片应减少拼接,接头连接应采用梯形或榫形方式。密封垫料不应凸入管内或脱落(图3-18、图3-19)。

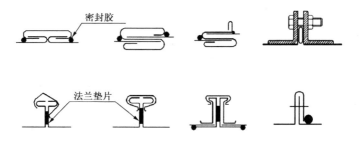

图3-18 矩形风管管段连接的密封

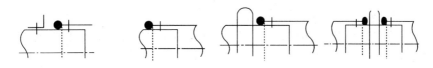

图 3-19　圆形风管管段连接的密封

4. 角钢法兰连接

1）角钢法兰的连接螺栓均匀拧紧，螺母设在同一侧。

2）不锈钢风管法兰的连接，一般采用同材质的不锈钢螺栓；当采用普通碳素钢螺栓时，按设计要求喷涂涂料。

3）铝板风管法兰的连接，采用镀锌螺栓，并在法兰两侧加垫镀锌垫圈。

4）安装在室外或地下室等潮湿环境的风管角钢法兰连接处，采用镀锌螺栓和镀锌垫圈。

5）风管穿越需要封闭的防火、防爆的墙体或楼板时，应设预埋管或防护套管，其钢板厚度不应小于 1.6mm。风管与防护套管之间，应用不燃且对人体无危害的柔性材料封堵。

5. 薄钢板法兰的连接

1）风管四角处的角件与法兰四角接口的固定紧贴，端面平整，法兰四角连接处、支管与干管连接处的内外面均用密封胶密封。

2）法兰端面粘贴密封胶条并紧固法兰四角螺丝后，再安装插条或弹簧夹、顶丝卡。弹簧夹、顶丝卡不能有松动。

3）薄钢板法兰的弹性插条、弹簧夹的紧固螺栓（铆钉）应分布均匀，间距不应大于 150mm，最外端的连接件距风管边缘不应大于 100mm。

4）组合型薄钢板法兰与风管管壁的组合，应调整法兰口的平面度后，再将法兰条与风管铆接（或本体铆接）。

6. C 形、S 形插条连接

1）C 形、S 形插条连接风管的折边四角处、纵向接缝部位及所有相交处均应进行密封。

2）C 形平插条连接，应先插入风管水平插条，再插入垂直插条，最后将垂直插条两端延长部分，分别折 90°封压水平插条。

3）C 形立插条、S 形立插条的法兰四角立面处，应采取包角及密封措施。

4）S 形平插条或立插条单独使用时，在连接处应有固定措施。

5）立咬口、包边立咬口连接的风管，同一规格风管的立咬口、包边立咬口的高度应一致。铆钉的间距应小于或等于 150mm，四角连接处应铆固长度大于 60mm 的 90°粘角。

7. 人防风管安装

人防风管安装按设计要求执行相关规定，设计无明确规定时，可参照下列相关要求：

1）密闭阀前的风管用 3mm 钢板焊接，管道与设备之间的连接法兰衬以橡胶垫圈密封。设置在染毒区的进、排风管均应有 0.5% 的坡度坡向室外。

2）其他区域风管材料采用镀锌钢板或其他材质风管时，其具体壁厚及加工方法按

《通风与空调工程施工质量验收规范》的规定确定。

3) 工程测压管在防护密闭门外的一端应设有向下的弯头，通过防毒通道的测压管，其接口采用焊接。

4) 通风管内气流方向、阀门启闭方向及开启度，应标示清晰、准确。通风管的测定孔、洗消取样管应与风管同时制作，测定孔和洗消取样管应封堵。

5) 防毒密闭管路及密闭阀门需按要求作气密性试验。

3.2.2 非金属风管安装

1. 支吊架制作安装

支架制作安装中与金属风管相同内容不再重复叙述，参见金属风管相关要求。

1) 非金属风管水平安装横担允许吊装风管的规格按表3-41可选用相应规格的角钢和槽钢。

非金属风管水平横担允许吊装的风管规格（mm）　　表3-41

风管类别	角钢或槽钢横担				
	∟25×3 ⫃40×20×1.5	∟30×3 ⫃40×20×1.5	∟40×4 ⫃40×20×1.5	∟50×5 ⫃60×40×2	∟63×5 ⫃80×60×2
聚氨酯铝箔复合风管	$b \leqslant 630$	$630 < b \leqslant 1250$	$b > 1250$	—	—
酚醛铝箔复合风管	$b \leqslant 630$	$630 < b \leqslant 1250$	$b > 1250$	—	—
玻璃纤维复合风管	$b \leqslant 450$	$450 < b \leqslant 1000$	$1100 < b \leqslant 2000$	—	—
无机玻璃钢风管	$b \leqslant 630$	—	$b \leqslant 1000$	$b \leqslant 1500$	$b < 2000$
硬聚氯乙烯风管	$b \leqslant 630$	—	$b \leqslant 1000$	$b \leqslant 2000$	$b > 2000$

2) 非金属风管吊架的吊杆直径不应小于表3-42规定。

非金属风管吊架的吊杆直径适用范围（mm）　　表3-42

风管类别	吊杆直径			
	$\phi 6$	$\phi 8$	$\phi 10$	$\phi 12$
聚氨酯复合风管	$b \leqslant 1250$	$1250 < b \leqslant 2000$	—	—
酚醛铝箔复合风管	$b \leqslant 800$	$800 < b \leqslant 2000$	—	—
玻璃纤维复合风管	$b \leqslant 600$	$600 < b \leqslant 2000$	—	—
无机玻璃钢风管	—	$b \leqslant 1250$	$1250 < b \leqslant 2500$	$b > 2500$
硬聚氯乙烯风管	—	$b \leqslant 1250$	$1250 < b \leqslant 2500$	$b > 2500$

注：b 为风管边长。

3) 水平安装非金属风管支吊架最大间距应符合表3-43规定。

4) 非金属风管支吊架安装

水平安装非金属风管支吊架最大间距（mm） 表3-43

风管类别	风管边长						
	≤400	≤450	≤800	≤1000	≤1500	≤1600	≤2000
	支吊架最大间距						
聚氨酯铝箔复合板风管	≤4000	≤3000					
酚醛铝箔复合板风管	≤2000				≤1500		≤1000
玻璃纤维复合板风管	≤2400		≤2200		≤1800		
无机玻璃钢风管	≤4000	≤3000			≤2500		≤2000
硬聚氯乙烯风管	≤4000	≤3000					

（1）边长（直径）大于200mm的风阀等部件与非金属风管连接时，单独设置支吊架。风管支吊架的安装不能有碍连接件的安装。

（2）酚醛铝箔复合板风管与聚氨酯铝箔复合板风管垂直安装的支架间距不大于2400mm，每根立管的支架不少于2个。

（3）玻璃纤维复合板风管垂直安装的支架间距不大于1200mm。

（4）无机玻璃钢风管垂直支架间距不小于或等于3000mm，每根垂直立管不少于2个支架。

（5）边长或直径大于2000mm的超宽、超高等特殊无机玻璃钢风管的支、吊架，其规格及间距应进行荷载计算。

（6）无机玻璃钢消声弯管或边长与直径大于1250mm的弯管、三通等单独设置支、吊架。

（7）无机玻璃钢圆形风管的托座和抱箍所采用的扁钢不小于30×4。托座和抱箍的圆弧均匀且与风管的外径一致，托架的弧长大于风管外周长的1/3。

（8）无机玻璃钢风管边长或直径大于1250mm的风管吊装时不得超过2节。边长或直径大于1250mm的风管组合吊装时不得超过3节。

2. 风管安装

1）风管穿过须密封的楼板或侧墙时，除无机玻璃钢风管外，均应采用金属短管或外包金属套管。套管板厚应符合金属风管板材厚度的规定，与电加热器、防火阀连接的风管材料必须采用不燃材料。

2）风管管板与法兰（或其他连接件）采用插接连接时，管板厚度与法兰（或其他连接件）槽宽度应有0.1~0.5mm的过盈量，插接面应涂满胶粘剂。法兰四角接头处应平整，不平度应小于或等于1.5mm，接头处的内边应填密封胶。

3）非金属风管接缝处应粘接严密、无缝隙和错口。外表铝箔胶带应粘接严密、牢固、无褶皱和缺损。采用专用刀具加工的切口，其表面应有防止玻璃纤维吹出的措施。

4）酚醛铝箔复合板风管与聚氨酯铝箔复合板风管安装

（1）插条法兰条的长度宜小于风管内边1~2mm，插条法兰的不平整度宜小于或等于2mm；

（2）中、高压风管的插接法兰之间应加密封垫或采取其他密封措施；

(3) 插接法兰四角的插条端头应涂抹密封胶后再插护角；

(4) 矩形风管边长小于500mm的支风管与主风管接连时，可按图3-20（a）采用在主风管接口切内45°坡口，支风管管端接口处开外45°坡口直接粘接方法；

(5) 主风管上直接开口连接支风管可按图3-20（b）采用90°连接件或采用其他专用连接件连接。连接件四角处应涂抹密封胶。

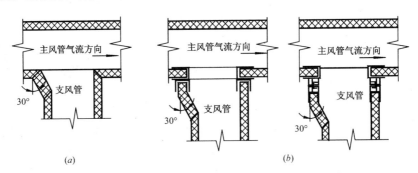

图3-20 主风管上直接开口连接支风管方式
(a) 接口切内45°粘接；(b) 90°连接件

5）玻璃纤维复合板风管安装

(1) 板材搬运中，要避免破坏铝箔复合面或树脂涂层。

(2) 榫形连接风管的连接应在榫口处涂胶粘剂，连接后在外接缝处应采用扒钉加固，间距不宜大于50mm，并宜采用宽度大于50mm的热敏胶带粘贴密封。

(3) 风管组对单根的长度不宜超过2800mm。

(4) 采用槽形插接等连接构件时，风管端切口应采用铝箔胶带或刷密封胶封堵。

(5) 采用槽型钢制法兰或插条式构件连接的风管垂直固定处应在风管外壁用角钢或槽形钢抱箍、风管内壁衬镀锌金属内套，并用镀锌螺栓穿过管壁把抱箍与内套固定。螺孔间距不应大于120mm，螺母应位于风管外侧。螺栓穿过的管壁处应进行密封处理。

(6) 玻璃纤维复合板风管在竖井内垂直的固定，可采用角钢法兰加工成"井"字形套箍，将突出部作为固定风管的吊耳。

6）无机玻璃钢风管法兰连接螺栓的两侧应加镀锌垫圈并均匀拧紧。

7）硬聚氯乙烯风管应符合下列规定：

(1) 圆形风管可按图3-21采用套管连接或承插连接的形式。

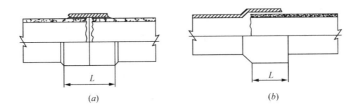

图3-21 硬聚氯乙烯风管连接
(a) 套管连接；(b) 承插连接

（2）直径小于或等于200mm的圆形风管采用承插连接时，插口深度宜为40～80mm。粘接处应严密和牢固。采用套管连接时，套管长度宜为150～250mm，其厚度不应小于风管壁厚。

（3）法兰垫片宜采用3～5mm软聚氯乙烯板或耐酸橡胶板，连接法兰的螺栓应加钢制垫圈。

（4）风管穿越墙体或楼板处应设金属防护套管。

（5）支管的重量不得由干管承受。

（6）风管所用的金属附件和部件应作防腐处理。

3.2.3 净化空调系统风管安装

1）风管系统安装前，建筑结构、门窗和地面施工应已完成；风管安装前对施工现场彻底清扫，做到无产尘作业，并应采取有效的防尘措施。安装人员应穿戴清洁工作服、手套和工作鞋等。

2）经清洗干净包装密封的风管及其部件，安装前不得拆卸。安装时拆开端口封膜后，随即连接好接头；如安装中间停顿，应将端口重新封好。

3）风管法兰连接的密封垫料，不得使用厚纸板、石棉绳、铅油麻丝及油毡纸等。密封垫料应尽量减少接头，密封垫料接头处应采用梯形或榫形连接（见图3-22），并应涂胶粘牢（严禁在垫料表面刷涂料），法兰均匀压紧后的垫料宽度，应与风管内壁取平。

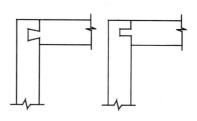

图3-22 法兰间密封垫料接头连接形式

4）风管与洁净室吊顶、隔墙等围护结构的穿越处应严密，可设密封填料或密封胶，不得有渗漏现象发生。

5）风管与洁净室吊顶、隔墙等围护结构的接缝处应严密。

6）风管系统安装完毕保温前，应进行漏风检查。

3.2.4 柔性风管安装

1. 支架安装

1）风管支吊架的间隔宜小于1.5m。风管在支架间的最大允许垂度宜小于40mm/m。

2）支（吊）柔性风管的吊卡箍应按图3-23所示，其宽度应大于25mm。卡箍的圆弧长应大于1/2周长且与风管外径相符。柔性风管采用外保温时，保温层应有防潮措施。吊卡箍可安装在保温层上。

图3-23 柔性风管卡箍安装

2. 柔性风管安装

1）非金属柔性风管安装位置应远离热源设备。

2）柔性风管安装后，应能充分伸展，伸展度宜大于或等于60%。风管转弯处其截面不得缩小。

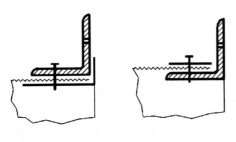

图 3-24 柔性风管与角钢法兰的连接

3）金属圆形柔性风管宜采用抱箍将风管与法兰紧固，当直接采用螺丝紧固时，紧固螺丝距离风管端部应大于12mm，螺丝间距应小于或等于150mm。

4）应用于支管安装的铝箔聚酯膜复合柔性风管长度应小于5m。风管与角钢法兰连接，应采用厚度大于等于0.5mm的镀锌板将风管与法兰紧固（图3-24）。圆形风管连接宜采用卡箍紧固，插接长度应大于50mm。当连接套管直径大于300mm时，应在套管端面10~15mm处压制环形凸槽，安装时卡箍应放置在套管的环形凸槽后面。

3.2.5 风管部件、配件安装

1. 风口

1）材料验收

所有风口一般采用成品风口，风口进场验收合格后运至现场安装，其中矩形风口两对角线之差不应大于3mm。

2）风口安装

（1）各类风口安装应横平、竖直、严密、牢固，表面平整。风口水平安装其水平度的偏差不应大于3/1000，风口垂直安装其垂直度的偏差不应大于2/1000。

（2）带风量调节阀的风口安装时，应先安装调节阀框，后安装风口的叶片框。同一方向的风口，其调节装置应设在同一侧。

（3）散流器风口安装时，应注意风口预留孔洞要比喉口尺寸大，留出扩散板的安装位置。

（4）洁净系统的风口安装前，应将风口擦拭干净，其风口边框与洁净室的顶棚或墙面之间应采用密封胶或密封垫料封堵严密，不能漏风。

（5）球型旋转风口连接应牢固，球型旋转头要灵活，不得空阀晃动。

（6）排烟口与送风口的安装部位应符合设计要求，与风管或混凝土风道的连接应牢固、严密。

风口安装见表3-44所示。

2. 风阀

1）调节阀、止回阀安装

（1）风阀安装前应检查框架结构是否牢固，调节、制动、定位等装置是否准确灵活。

（2）风阀的安装同风管的安装，将其法兰与风管或设备的法兰对正，加上密封垫片，上紧螺栓，使其与风管或设备连接牢固、严密。

常用风口安装形式　　　　　　表3-44

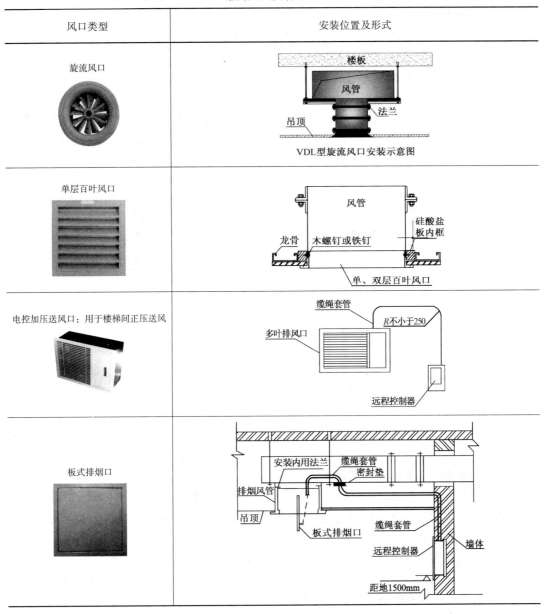

（3）电动风阀、防火阀、止回阀、排烟阀等安装在便于操作和检修的部位，安装方向正确，安装后的手动或电动操作装置灵活、可靠，阀门关闭时保持严密。

（4）风阀安装时，应使阀件的操纵装置便于人工操作。其安装方向应与阀体外壳标注的方向一致。安装在高处的风阀，其操纵装置应距地面或平台1~1.5m。

（5）手动调节风阀的叶片的搭接贴合一致，与阀体缝隙小于2mm。

（6）手动密闭阀安装，阀门上标志的箭头方向必须与受冲击波的方向一致。

（7）按图纸要求安装排风机、排气管的止回阀，其安装方向必须正确。

2）防烟、防火阀安装

（1）防火阀安装要注意方向，易熔件迎向气流方向，安装后进行动作试验，阀板开关要灵活、动作可靠。

（2）防火阀直径或边长大于等于630mm时，两侧设置独立支、吊架防火分区隔墙两侧的防火阀，距离墙表面不大于200mm，不小于50mm。

（3）防排烟系统的柔性短管的制作材料必须为不燃材料。

（4）排烟阀及手动控制装置的安装位置符合设计要求。

（5）安装后进行动作试验，手动、电动操作要灵敏可靠，阀板关闭严密。其安装方向、位置应正确。风管穿越防火区需安装防火阀时，阀门与防火墙之间风管应用2mm或以上的钢板制作，并在风管与防护套管之间应采用不燃柔性材料封堵。

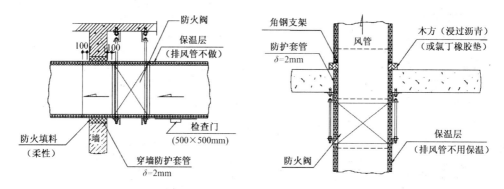

图3-25 防火阀穿墙、楼板安装方式示意图

3）定风量阀安装

定风量阀，是一种机械式自力装置，适用于需要定风量的通风空调系统中。定风量阀风量控制不需要外加动力，它依靠风管内气流力来定位控制阀门的位置，从而在整个压力差范围内将气流保持在预先设定的流量上。

矩形阀采用法兰连接，圆形阀采用插接。安装要求同调节阀安装，安装入口前要求最小1.5D（B）直管段，D为风阀的直径，B为风阀的宽度。需要变径时，必须留出足够的管段，以便流量稳定。

3. 消声器安装

1）消声器安装前对其外观进行检查：外表平整、框架牢固，消声材料分布均匀，孔板无毛刺。产品应具有检测报告和质量证明文件；

2）消声器等消声设备运输时，不得有过大振动和变形现象，避免外界冲击破坏消声性能。消声器安装前应保持干净，做到无油污和浮尘；

3）消声器安装前的位置、方向应正确，与风管的连接应紧密，不得有损坏与受潮。两组同类消声器不宜直接串联；

4）现场安装的组合式消声器，消声组件的排列、方向和位置应符合设计要求。单个消声器组件的固定应牢固；

5）消声器（静压箱）、消声弯管单独设置支、吊架，不能利用风管承受消声器的重量，也有利于单独检查、拆卸、维修和更换。消声器的安装方向按产品所示，通常前后设

150mm×150mm清扫口，并作好标记；

6) 支、吊架的横托杆穿吊杆的螺孔距离，应比消声器宽40~50mm。为了便于调节标高，可在吊杆端部套50~80mm的丝扣，以便找平、找正，并加双螺母固定；

7) 消声器的安装方向必须正确，与风管或管件的法兰连接应保证严密、牢固；

8) 当通风、空调系统有恒温、恒湿要求时，消声设备外壳应作保温处理；

9) 消声器等安装就位后，可用拉线或吊线尺量的方法进行检查，对位置不正、扭曲、接口不齐等不符合要求部位进行修整，达到设计和使用的要求。

3.3 空调水系统安装

空调水管道系统包括冷（热）水、冷却水、凝结水系统的管道及附件。冷（热）水系统主要由冷（热）源、管道、水泵组成；冷却水系统主要有冷却塔、循环泵、管道组成。

3.3.1 冷（热）源安装

空调系统冷源方式主要有压缩式冷水机组（螺杆式、离心式等）、吸收式冷水机组、冰（水）蓄冷、热泵机组。空调系统热源方式主要有市政高温热水或蒸汽、锅炉、热泵。冷水机组、锅炉及市政等相关内容在机械设备章节已有详细讲述，本章主要针对冰（水）蓄冷、热泵机组进行概述。

1. 热泵

根据与环境换热介质的不同，热泵可分为：水-水式，水-空气式，空气-水式和空气-空气式共四类。利用空气作冷热源的热泵，称为空气源热泵；利用水或地热作冷热源的热泵，称为地源热泵。

地源热泵是利用地球表面浅层水源（如地下水、河流和湖泊）和土壤源中吸收的太阳能和地热能，并采用热泵原理，既可供热又可制冷的高效节能空调系统。水源/地源热泵有开式和闭式两种。开式系统：是直接利用水源进行热量传递的热泵系统。该系统需配备防砂堵、防结垢、水质净化等装置。闭式系统：是在深埋于地下的封闭塑料管内，注入防冻液，通过换热器与水或土壤交换能量的封闭系统。闭式系统不受地下水位、水质等因素影响。

垂直埋管-深层土壤：垂直埋管可获取地下深层土壤的热量。垂直埋管通常安装在地下50~150m深处，一组或多组管与热泵机组相连，封闭的塑料管内的防冻液将热能传送给热泵，然后由热泵转化为建筑物所需的暖气和热水。垂直埋管是地源热泵系统的主要方式。

水平埋管-大地表层：在地下2m深处水平放置塑料管，塑料管内注满防冻的液体，并与热泵相连。水平埋管占地面积大，土方开挖量大，而且地下换热器易受地表气候变化的影响。

地表水：江、河、湖、海的水以及深井水统称地表水。地源热泵可以从地表水中提取热量或冷量，达到制热或制冷的目的。利用地表水的热泵系统造价低，运行效率高，但受地理位置（如江河湖海）和国家政策（如取深井水）的限制。

2. 蓄冷空调

蓄冷空调技术主要是利用水的显热或水、冰相变过程的潜热迁移等特性，利用夜间电网谷电运转制冷主机制冷，并以冰（水）的形式储存，在白天用电高峰时，将冰融化（低温水换热）提供空调用冷，从而避免中央空调争用高峰电力的一项调节负荷、节约能源的技术。

简单的水蓄冷制冷系统是由制冷机组、蓄冷水槽、蓄冷水泵、板式换热器和冷水泵组成。部分水蓄冷系统根据设计情况可不配板式换热器。水蓄冷系统制冷机组与蓄冷装置的连接方式，可采用并联方式和串联方式；在串联连接方式中，可采用主机上游串联方式与主机下游串联方式。

冰蓄冷系统主要由制冷主机、冷却系统、乙二醇系统、蓄冰系统、板式换热器组成。

3.3.2 管道安装

空调系统采用的管道按设计要求进行选择，主要安装方式及技术要求参见管道工程章节，绝热工程施工参见防腐绝热工程章节。

3.4 通风空调设备安装

通风与空调工程设备安装包括锅炉、制冷设备、冷却塔、水泵、空调机组、通风机、制冷附属设备以及冷（热）水、冷却水、凝结水系统的设备。设备就位前应对其基础进行验收，合格后方能安装。设备的搬运和吊装必须符合产品说明书的有关规定，做好设备的保护工作，防止因搬运或吊装失误而造成设备损伤。设备安装要求应按现行国家标准《机械设备安装工程施工及验收通用规范》GB 50231 的规定执行。大型的设备如冷水机组、锅炉、水泵等安装见本书第一章内容，本节仅针对末端小型设备及 VRV 系统进行介绍。

3.4.1 风机盘管安装

风机盘管机组主要由低噪声电机、翅片和换热盘管等组成。风机盘管可分为卧式、立式、卡式、壁挂式。根据进水方位又可以分为左式（面对机组出风口，供回水管在左侧）、右式（面对机组出风口，供回水管在右侧）风机盘管。

1）风机盘管的安装工艺流程：

预检→施工准备→电机检查试转→表冷器水压检验→吊架制安→风机盘管安装→连接配管→检验。

2）安装前应检查每台电机壳体及表面交换器有无损伤、锈蚀等缺陷，根据节能规范要求，风机盘管进场复试抽检应按2%进行抽样，不足100台按2台计。

3）风机盘管应逐台进行通电试验检查，机械部分不得摩擦，电器部分不得漏电。

4）风机盘管应逐台进行水压试验，试验强度应为工作压力的1.5倍，定压后观察2~3min不渗不漏为合格。

5）卧式吊装风机盘管，吊架安装平整牢固，位置正确。吊杆不应自由摆动，吊杆与托盘连接应采用双螺母紧固。

6）冷热媒水管与风机盘管连接可采用钢管或紫铜管，接管应平直。紧固时应用扳手卡住六方接头，以防损坏铜管。凝结水管应柔性连接，软管长度不大于300mm，材质宜用透明胶管，并用喉箍紧固严密，不渗漏，坡度应正确。凝结水应畅通地排放到指定位置，水盘应无积水现象。

7）风机盘管同冷热媒管道连接，应在管道系统冲洗排污合格后进行，以防堵塞热交换器。

8）暗装卧式风机盘管安装时，吊顶应留有活动检查门，便于机组能整体拆卸和维修。

3.4.2 空气幕安装

空气幕由空气处理设备、通风机、风管系统及空气分布器等组成，通过贯流风轮产生的强大气流，形成一面无形的门帘，将室内外分成两个独立温度区域。

1）空气风幕机安装位置方向应正确、牢固可靠，与门框之间应采用弹性垫片隔离，防止空气风幕机的振动传递到门框上产生共振。

2）风幕机的安装不得影响其回风口过滤网的拆卸和清洗。

3）风幕机的安装高度应符合设计要求，风幕机吹出的空气应能有效地隔断室内外空气的对流。

4）风幕机的安装纵向垂直度和横向水平度的偏差均不大于2/1000。

5）接线前用手拨动叶轮，注意叶轮是否刮扫机壳，如有则立即排除。

3.4.3 变风量末端装置安装

变风量末端装置是变风量空调系统（VAV）的关键设备之一。空调系统通过末端装置调节一次风送风量，跟踪负荷变化，维持室温。有串联式和并联式两种型式，根据进水方位分为左式、右式，判定方式同风机盘管机组。

1）变风量末端的一次风进风口直管段长度，要求保证不小于入口当量直径的三倍；

2）变风量末端装置的安装，应设单独支、吊架，与风管连接前宜作动作试验；

3）变风量末端的出风口，安装使用消音静压箱，并采用消音软管连接；

4）有盘管机组安装与水管路连接时，参见风机盘管安装相关内容，保证进、出水管的同轴性，否则损伤盘管造成漏水；

5）变风量末端在安装时，机组通过吊杆悬挂安装，吊装后保证机组不晃动。变风量末端的标准圆风口与进风口风管连接，变风量末端的出风口与出风管方风管连接，安装到位后，保证电控箱位置在水平侧，调节吊杆高度，保证机组处于水平。

3.4.4 高效过滤器安装

高效过滤器应在洁净条件下安装，避免其受到不洁净空气的污染，影响过滤器的使用寿命。

1）高效过滤器的运输、存放应按制造厂标注的方向放置，移动要轻拿轻放，防止剧烈振动与碰撞；

2）高效过滤器安装前，洁净室必须内装修工程全部完成。经全面清扫、擦拭，空吹

12～24h 后方可进行高效过滤器的安装；

3）高效过滤器应在安装现场拆开包装，外层包装不得带入洁净室，而其最内层包装则必须在洁净室内方能拆开；

4）安装前进行外观检查，重点检查过滤器有无破损泄漏等，合格后进行仪器检漏；

5）安装时要保证滤料的清洁和严密。

3.4.5 诱导风机安装

诱导风机，又称射流风机、接力风机。主要由箱式风机、喷嘴和控制装置组成。通过喷嘴喷出的高速气流，诱导、搅拌并带动由室外引进的新鲜空气或经过处理的空气，在无风管的条件下按预先设定的方向将受污染的气体稀释并送至排风处由排风机排出。

1）安装前检查每台电机壳体及表面交换器有无损伤、锈蚀等缺陷，各连接部分无松动、变形和产生破裂等情况；喷嘴无脱落、堵塞；

2）逐台进行通电试验检查，机械部分不得摩擦，电器部分不得漏电；

3）吊架安装平整牢固，位置正确。吊杆不应自由摆动，吊杆与托盘相连应用双螺母紧固；

4）经检查合格后按设计要求就位安装，并检查喷嘴型号是否正确。

3.4.6 VRV 安装

VRV 系统——变冷媒流量多联系统，即控制冷媒流通量并通过冷媒的直接蒸发或直接冷凝来实现制冷或制热的空调系统。VRV 系统由室外机、室内机和冷媒配管三部分组成。

1. 施工要求

1）目前工程建设中，多联式空调机系统通常由产品供应商提供施工安装。施工前要对施工图进行校核，确认设计中与产品相关的参数均在允许范围内，室内外机位置符合要求，同时进行制冷剂管路的二次设计；当实际建筑平面与最初设计有变动时，应及时与设计人员沟通进行修改，调整后的系统应符合多联机系统的设计要求。

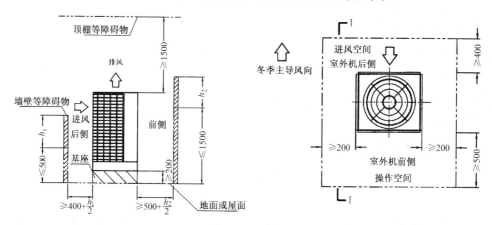

图 3-26 室外机安装基本空间要求平面图

2）室外机安装要求

（1）单台室外机上方有障碍物时，四周不应有障碍物。

（2）当四周均有墙壁时，应在墙壁上开通风孔或者保证室外机与地面间距不小于500mm。

（3）当室外机前侧墙壁高度大于1500mm时，其与墙壁最小间距应为500mm加高度h_2的一半；后侧墙壁高度大于500mm时，其与墙壁最小间距应为400mm加高度h_1的一半。

（4）当室外机前侧和左右两侧中任一侧没有墙壁时，另外两侧墙壁高度不受限制；当室外机三面或四面有墙壁时，其左右两侧墙壁高度不受限制。

（5）对于热泵型室外机，进风侧宜尽量避开冬季主导风向。

（6）多台室外机并排摆放，每组最多不宜超过3台，不同厂商根据其产品参数，会要求某些机型仅允许每组2台室外机并排摆放。

（7）多台室外机并排摆放时，要注意在保证运行所必需的风量的同时，不要造成排风短路，必要时可采取设排风导流风帽的方法。

（8）确定室外机位置时，还应注意预留合适的维修空间场地，条件允许时，尽量不要采用最小间距。

3）室内机安装要求

（1）室内机四周吊顶应保持水平，与室内机装饰面板接触面应平整。

（2）在室内机接管处的天花板上开500mm×500mm的检修孔，需保证维修人员有足够操作空间。

（3）室内机安装空间要求见图3-27。

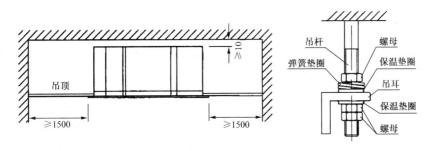

图3-27 室内机安装空间要求及吊杆详图

（4）天花板应预留室内机安装洞口，尺寸应根据机身安装要求确定，不宜过小或过大。

（5）室内机吊装应使用4根吊杆，吊杆采用圆钢或者丝杆。吊杆应保证一定的长度调节余地，当吊杆长度超过1.5m时，需在对角线处加两条斜撑加固或采用角钢加吊杆的形式缩短吊杆，以保证室内机稳定。

（6）在吊杆上安装螺母和垫片的放置层次见图3-27。调整完毕将吊杆卡入室内机固定吊杆的卡槽内，拧紧悬吊螺母，同时涂上螺纹锁固剂以防止螺母松动。

（7）吊装室内机时应注意不要损伤接水盘和室内机保温层。吊装完毕后需调整室内机水平，但允许排水侧稍低（不大于5mm）。

（8）室内机与制冷剂管道连接时，拧紧连接部件需用两个扳手对拧，并用附带的保温管将制冷剂管保温。

（9）嵌入式室内机凝结水排放通常采用机械强制排水，其接口部分及提升管段做法见图3-28。随机附带的排水软管一端与室内机排水口套插后用管箍紧固，用绝热材料包覆绝热。软管另一端直接与凝水管连接后接提升管，提升至一定高度后接凝结水排水干管。管道在吊顶安装前应作排水试验。

（10）室内机接线孔应用胶带等封住，并对电线、排水软管、电器件等部位加以保护。

（11）吊顶式室内机通过柔性短管与风管连接。柔性短管应采用防腐、防潮、不透气、不易霉变的材料，燃烧性能符合相关消防规范的要求。柔性短管长度一般宜为150～300mm，设于结构变形缝处，其长度宜为变形缝宽度增加100mm以上。

（12）暗装式室内机有自然排水和机械强制排水两种排水方式，可根据实际情况选择，机械强制排水接管见图3-29。

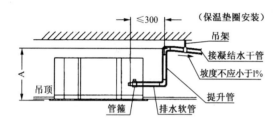

图3-28　嵌入式安装机械强制排水接管图　　图3-29　暗装机械强制排水接管图

（13）当安装地夏季空气湿度较大且室内机送、回风口或周围空气相对湿度超过80%时，宜现场制作一个辅助接水盘置于室内机正下方，以防止凝结水漏到吊顶上。

4）其他未提及内容参照厂家提供的安装手册。不同厂家在安装尺寸和具体做法细节上会略有不同，但必须遵照相关施工规范要求进行施工。

5）制冷剂管管径和管材的确定及施工安装要求：

（1）制冷剂管通常采用空调用磷脱氧无缝拉制紫铜管，管壁厚可参考表3-45。

铜管壁厚选择参考表　　　　表3-45

公称直径（mm）	10	13	15	20
外径×壁厚（mm）	12×1.0	16×1.5	18×1.5	24×1.5
管重（kg/m）	0.307	0.608	0.692	0.943
公称直径（mm）	25	32	39	50
外径×壁厚（mm）	28×1.5	36×2.0	45×2.5	55×2.5
管重（kg/m）	1.111	1.900	2.968	3.668

（2）制冷剂管管径的确定应综合考虑经济、压力降、回油三大因素，维持合适的压缩

机吸气和排气压力,以保证系统高效运行。

(3) 管件、管道内外表面应清洁、干燥,无裂痕、针孔,无明显的划伤、凹痕、斑点等缺陷。

(4) 制冷剂液体管道不得向上安装成反"U"形,气体管不得向下安装成"U"形。当室外机高于室内机安装,且连接两者的制冷剂立管管长超过10m,则需每提升10m安装一个回油弯。

(5) 制冷剂管除管件处不得有接头,管件连接应采用套管式焊接,禁止采用对接。焊接时应充干燥的氮气保护,防止管材氧化,并保证焊缝严密、无渗漏,且不能降低管道强度。

(6) 制冷剂管道应按规定间距固定,并采用支、吊架进行支撑,同时需考虑铜管的热胀冷缩。

(7) 制冷剂管穿墙或楼板处应设套管,焊缝不得设于套管内,且套管不得用于支撑,并用柔性阻燃材料填充。

(8) 管道安装完毕后应采用压缩空气或氮气进行吹污、严密性实验、检漏等,可参照《冷库设计规范》GB 50072 中的规定实施。制冷剂泄漏限制按照《制冷和供热用机械制冷系统安全要求》GB 9237 中的相关规定执行。

6) 空调系统风管、水管、凝结水管,风管送回风口,及各类常规阀门、管件的敷设、安装、绝热、清洗、试压等做法,本节不再赘述。

7) 因目前尚未出台针对多联机系统安装的专门规范,因此在实际安装中不同厂家做法会略有差别,可选择图集07K506提供的做法,亦可参考厂家的安装手册。但不论采取何种方法,最基本的原则都应严格遵循相关规范条文的要求进行施工,特别是制冷剂管路系统,涉及安全问题,必须一丝不苟,杜绝安全隐患。

2. 多联机的控制系统和计费系统简介

1) 多联机的控制系统是一种功能完全分散的控制系统,即室内、室外机分别独立控制,完全通过通信线进行信息的传递。其主要任务就是保证系统稳定、安全、高效运行,并保证室内温度具有一定精度,因此,该系统对于整个多联机系统是非常重要的一环,设计施工中应给予重视。

2) 多联机的计费系统是将安装在空调动力线基干部位的电表测得的耗电量,以室内机、室外机的各运转数据的累计值为基础,用电脑软件自动分摊到各台室内机进行收费的系统。

3.5 通风与空调工程检验、试验与调试

风管制作与安装的质量验收应符合设计要求,并应符合现行国家标准《通风与空调工程施工质量验收规范》GB 50243 的规定。风管系统的主风管安装完毕,尚未连接风口和支风管前,以主干管为主进行风管系统的严密性检验,针对风管、部件制作加工后的咬口缝、铆接孔、风管的法兰翻边、风管管段之间的连接严密性进行检验。

风管制作质量的检验应按其材料、工艺、风管系统工作压力和输送气体的不同分别进行。工程中使用的外购成品风管应有检测机构提供的风管耐压强度、严密性检测报告。

3.5.1 通风与空调工程检验与试验

1. 风管系统漏光检测及漏风量测试

低压风管系统大多是一般的通风、排气和舒适空调系统,少量漏风对系统的运行影响不大。因此,它的严密性试验是在加工工艺得到保证的前提下,采用漏光法检测。当检测不合格时,说明风管加工质量存在问题,应按规定的抽检率作漏风量测试,作进一步的验证。

中压风管系统多数用于低级别的净化空调系统、恒温恒湿系统和排烟系统,对风管质量要求较高,因此,中压风管系统的严密性试验,应在漏光法检测合格后,作漏风量测试的抽检,抽检率为20%,且不得少于一个系统。

高压风管系统的泄漏,会对系统的正常运行产生较大的影响,因此应全部进行漏风量测试。

1) 漏光检测方法

(1) 漏光法检测是利用光线对小孔的强穿透力,对系统风管严密程度进行检测的方法。

(2) 检测应采用具有一定强度的安全光源。手持移动光源可采用不低于100W带保护罩的低压照明灯,或其他低压光源。

(3) 系统风管漏光检测时,光源可置于风管内侧或外侧,但其相对侧应为暗黑环境。检测光源应沿着被检测接口部位与接缝作缓慢移动,在另一侧进行观察,当发现有光线射出,则说明查到明显漏风处,并应作好记录。

(4) 对系统风管的检测,宜采用分段检测、汇总分析的方法。在对风管的制作与安装实施了严格的质量管理基础上,系统风管的检测以总管和干管为主。当采用漏光法检测系统的严密性时,低压系统风管以每10m接缝,漏光点不大于2处,且100m接缝平均不大于16处为合格;中压系统风管每10m接缝,漏光点不大于1处,且100m接缝平均不大于8处为合格。

(5) 漏光检测中对发现的条缝形漏光,应作密封处理。

2) 漏风量测试方法

(1) 漏风量测试装置应采用经检验合格的专用测量仪器,或采用符合现行国家标准《流量测量节流装置》GB 2624 规定的计量元件组成的测量装置。

(2) 正压或负压风管系统与设备的漏风量测试,分正压试验和负压试验两类。一般可采用正压的测试来检验。

(3) 风管系统漏风量测试可以整体或分段进行。

(4) 风管系统漏风量测试步骤应符合下列要求:

①测试前,被测风管系统的所有开口处均应严密封闭,不得漏风。

②将专用的漏风量测试装置用软管与被测风管系统连接。

③开启漏风量测试装置的电源,调节变频器的频率,使风管系统内的静压达到设定值后,测出漏风量测试装置上流量节流器的压差值 ΔP。

④测出流量节流器的压差值 ΔP 后,按公式 $Q = f(\Delta P)$ (m^3/h) 计算出流量值,该流量值 Q (m^3/h) 再除以被测风管系统的展开面积 F (m^2),即为被测风管系统在试验压力下

的漏风量 $QA[\mathrm{m}^3/(\mathrm{h}\cdot\mathrm{m}^2)]$。

⑤当被测风管系统的漏风量 $QA[\mathrm{m}^3/(\mathrm{h}\cdot\mathrm{m}^2)]$ 超过设计和本规程的规定时，应查出漏风部位（可用听、摸、观察、或用水或烟气检漏），作好标记；并在修补后重新测试，直至合格。

2. 强度试验

1）每组测试用风管宜由 4 段长度为 1.2m 的风管连接组成（图 3-30）。

2）风管组两端的风管端头应封堵并留有孔径 3～4mm 的测量管，用于安装进气管连接口及管内静压力测量孔。

3）测试风管组两端封堵板的接缝处应用密封材料封堵，以防止封堵板连接处的空气泄漏影响漏风量的测试结果。

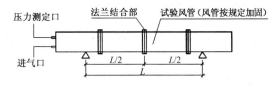

L-试验风管支架间距（按规格确定）

图 3-30 试验用风管

4）测试风管支架间距（L）应按前述内容最大间距设置支撑架距离，或按指定的支架间距进行试验。

5）将测试用风管组置于测试支架上（相当于支吊架），使风管处于安装状态，并安装测试仪表和送风装置。

6）风管漏风量测试应在试验风管内的试验压力与规定的工作压力保持一致时进行测量。同时，测量测试环境温度及压力，换算出标准状态（20℃，标准大气压）下的漏风量。

7）将风管内测试压力保持在所指定的最大（正负）工作压力下试验的同时，测量空气泄漏量，由此求得该组风管在相应工作压力下的空气泄漏量 Q。金属矩形风管的漏风量应符合表 3-46 的规定，金属圆形风管的漏风量应符合表 3-47 的规定。

金属矩形风管允许漏风量　　表 3-46

压力（Pa）	允许漏风量 $[\mathrm{m}^3/(\mathrm{h}\cdot\mathrm{m}^2)]$	压力（Pa）	允许漏风量 $[\mathrm{m}^3/(\mathrm{h}\cdot\mathrm{m}^2)]$
低压系统风管（$P \leqslant 500\mathrm{Pa}$）	$\leqslant 0.1056 P^{0.65}$	高压系统风管（$1500\mathrm{Pa} < P \leqslant 3000\mathrm{Pa}$）	$\leqslant 0.0117 P^{0.65}$
中压系统风管（$500\mathrm{Pa} < P \leqslant 1500\mathrm{Pa}$）	$\leqslant 0.0352 P^{0.65}$		

注：1. 试验室试验加载负荷（保温材料载荷、80kg 外力载荷）时的空气泄漏量应符合上表规定值；
　　2. 非金属风管采用角钢法兰连接时，其漏风量应符合本表规定值；采用非法兰连接时，其漏风量应为规定值的 50%；
　　3. 排烟、除尘、低温送风系统的空气泄漏量应符合表中中压系统规定值；
　　4. 1～5 级净化空调系统的空气泄漏量应符合表中高压系统规定值。

3. 水管系统的检验与试验

阀门安装前必须进行外观检查，阀门的铭牌应符合现行国家标准《通用阀门标志》GB 12220 的规定。对于工作压力大于 1.0MPa 及在主干管上起到切断作用的阀门，应进行强度和严密性试验，合格后方准使用。其他阀门可不单独进行试验，待在系统试压中检验。

圆形风管允许漏风量 表3-47

压力（Pa）	允许漏风量 [m³/（h·m²）]	压力（Pa）	允许漏风量 [m³/（h·m²）]
低压系统风管（$P \leqslant 500$Pa）	$\leqslant 0.0528 P^{0.65}$	高压系统风管（$1500 < P \leqslant 3000$Pa）	$\leqslant 0.0117 P^{0.65}$
中压系统风管（$500 < P \leqslant 1500$Pa）	$\leqslant 0.0176 P^{0.65}$		

管道系统安装完毕，外观检查合格后，应按设计要求进行水压试验。

1）阀门试验

强度试验时，试验压力为公称压力的1.5倍，持续时间不少于5min，阀门的壳体、填料应无渗漏。

严密性试验时，试验压力为公称压力的1.1倍；试验压力在试验持续的时间内应保持不变，时间应符合表3-48的规定，以阀瓣密封面无渗漏为合格。

阀门严密性试验压力最短持续时间（s） 表3-48

公称直径DN（mm）	金属密封	非金属密封	公称直径DN（mm）	金属密封	非金属密封
$\leqslant 50$	15	15	250~450	60	30
65~200	30	15	$\geqslant 500$	120	60

2）水压试验

（1）连接安装水压试验管路

根据水源的位置和管路系统情况，制定出试压方案和技术措施。根据试压方案连接试压管路。

（2）灌水前的检查

①检查试压系统中的管道、设备、阀件、固定支架等是否按照施工图纸和设计变更内容全部施工完毕，并符合有关规范要求。

②对于不能参与试验的系统、设备、仪表及管道附件是否已采取安全可靠的隔离措施。

③试压用的压力表是否已经校验，其精度等级不得低于1.5级，表盘的最大刻度值应符合试验要求。

④水压试验前的安全措施是否已经全部落实到位。

（3）水压试验

①打开水压试验管路中的阀门，开始向系统注水。

②开启系统上各高处的排气阀，使管道内的空气排尽。待灌满水后，关闭排气阀和进水阀，停止向系统注水。

③打开连接加压泵的阀门，用电动或手动试压泵通过管路向系统加压，同时拧开压力表上的旋塞阀，观察压力表升高情况，一般分2~3次升至试验压力。在此过程中，每加

压至一定数值时,应停下来对管道进行全面检查,无异常现象方可再继续加压。

试验压力执行设计要求,当设计无规定时,按下列规定执行:

冷热水、冷却水系统的试验压力,当工作压力小于等于 1.0MPa 时,为 1.5 倍工作压力,但最低不小于 0.6MPa;当工作压力大于 1.0MPa 时,为工作压力加 0.5MPa。

对于大型或高层建筑垂直位差较大的冷(热)媒水、冷却水管道系统宜采用分区、分层试压和系统试压相结合的方法。一般建筑可采用系统试压方法。

分区、分层试压:对相对独立的局部区域的管道进行试压。在试验压力下,稳压 10min,压力不得下降,再将系统压力降至工作压力,在 60min 内压力不得下降、外观检查无渗漏为合格。

系统试压:在各分区管道与系统主、干管全部连通后,对整个系统和管道进行系统的试压。试验压力以最低点的压力为准,但最低点的压力不得超过管道与组成件的承受压力。压力试验升至试验压力后,稳压 10min,压力下降不得大于 0.02MPa,再将系统压力降至工作压力,外观检查无渗漏为合格。

各类耐压塑料管的强度试验压力 1.5 倍工作压力,严密性工作压力为 1.15 倍设计工作压力。

凝结水系统采用充水试验,应以不渗漏为合格。

④系统试压达到合格验收标准后,放掉管道内的全部存水,填写试验记录。

3)系统冲洗

(1)冲洗前应将系统内的仪表加以保护,并将孔板、喷嘴、滤网、节流阀及止回阀的阀芯等拆除,妥善保管,待冲洗合格后复位。对不允许冲洗的设备及管道应进行隔离。

(2)水冲洗的排放管应接入可靠的排水井或沟中,并保证排水畅通和安全,排放管的截面积不应小于被冲洗管道截面积的 60%。

(3)水冲洗应以管内可能达到的最大流量或不小于 1.5m/s 的流速进行。

(4)水冲洗以出口水色和透明度与入口处目测一致为合格。

(5)蒸汽系统宜采用蒸汽吹扫,也可以采用压缩空气进行。采用蒸汽吹扫时,应先进行暖管,恒温 1 小时后方可进行吹扫,然后自然降温至环境温度,再升温暖管,恒温进行吹扫,如此反复一般不少于 3 次。

(6)一般蒸汽管道,可用刨光木板置于排汽口处检查,板上应无铁锈、脏物为合格。

3.5.2 系统调试及综合效能的测定与调整

通风与空调工程交工前,应进行系统生产负荷的综合效能的测定与调整。由建设单位负责,设计、施工单位配合,根据工程性质、工艺和设计的要求进行确定,在已具备生产试运行的条件下进行。

1. 系统调试

通风与空调工程安装完毕,进行系统的调整和测试,属于无生产负荷的联合调试,目的是验证工程的施工质量,及时发现并解决存在的问题,找出原因,提出修改建议和解决办法,为工程竣工移交后的安全、经济合理运行打好基础。

通风与空调系统联合试运转及测试调整由施工单位负责组织实施,设计单位、监理单位和建设单位参与。设计单位参与并提供设计参数,对调试中出现的问题提出明确的修改意见。监理单位和建设单位参与调试，既可发挥工程管理协调作用，又有助于工程质量验收。系统调试是一项综合性较强的工作，需要施工总承包单位组织各有关部门、各专业分包部门及各工种密切配合、协同工作。对于不具备系统调试能力的施工单位，可委托具有相应能力的其他单位实施。

1) 调试前的准备

(1) 系统调试方案应报送监理工程师审核批准。

(2) 系统调试所用测试仪器仪表，其测量精度应满足实际测试要求，性能稳定可靠并在其检定有效期内。

(3) 现场通风、空调房间及机房，围护结构齐全、清洁干净，达到质量验收标准。

(4) 其他专业配套的施工项目（如：给水排水、强弱电及油、汽、气等）已完成，检查测试完毕，经施工、监理、设计及建设单位等相关人员全面检查，符合设计和施工质量验收规范的要求并具备运转调试条件。

(5) 检查各相关设备并进行单机试运转，如：设备的运转方向、电机轴承温升、异常振动与噪声等。设备单机试运转应符合设备技术文件和国家相关规范的要求。

(6) 电控防火、防排烟风阀手动电动灵活，操作可靠，信号输出正确。

(7) 通风管道、风口、阀附件及其吹扫、保温等施工项目已完成，并形成证实其符合质量验收要求的记录。

2) 单机调试

单机调试主要是冷水机组、空气处理机组、水泵、冷却塔、锅炉、冰蓄冷、空调末端设备等单体调试。见设备安装章节相关内容。

3) 系统调试

空调系统调试的主要内容包括：空调风系统总风量、风压、风量平衡、环境温度、湿度、噪声；空调水系统水量平衡；正压送风、排烟系统总风量、风口风量、风压测试（表3-49）。

风机盘管调试　　　　　　　　　　　　　　　　　　　　表3-49

序　号	内　　　容
1	检查风机盘管的电气接线应正确，启动风机盘管时应先点动看运转是否正常
2	测定风机盘管名义风量及运行噪声应符合设计要求
3	检查风机盘管机组的三速、温控开关的运行动作应正确，并与风机盘管运行状态相对应

(1) 空调及通风系统风系统的调试

①普通定风量空调系统和新风系统的调试流程见图3-31。

a. 格栅风口用风速仪定点测量法

用风速仪在风口截面处用定点测量法进行测量，测量时可按风口截面的大小，划分为若干个面积相等的小块，在其中心处测量。对于尺寸较大的矩形风口（图3-32）可分为同样大小的8~12个小方格进行测量；对于尺寸较小的矩形风口（图3-33），一般测5个点即可，对于条缝形风口（图 3-34），在其高度方向至少应有两个测点，沿条缝方向根据其长度分别取为 4、5、6 对测点。

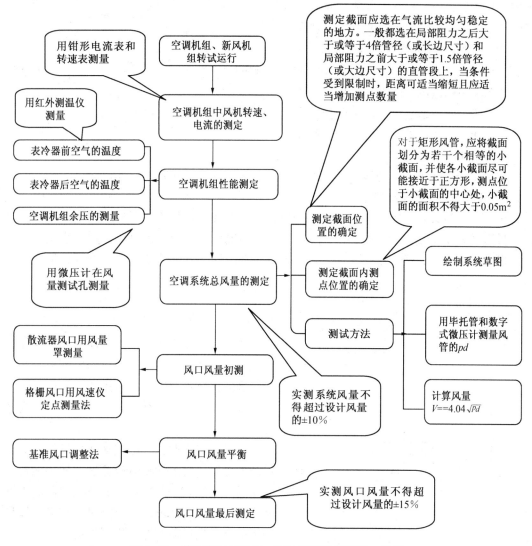

图 3-31 普通定风量空调、新风系统风量测定、平衡

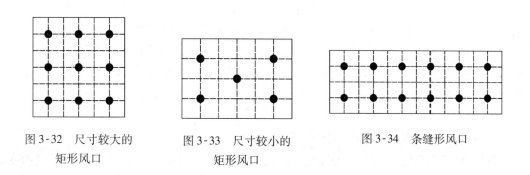

图 3-32 尺寸较大的矩形风口　　图 3-33 尺寸较小的矩形风口　　图 3-34 条缝形风口

风口平均风速，按下式计算：
$$V_P = V_1 + V_2 + \cdots\cdots + V_n / N \text{（m/s）} \tag{3-2}$$

式中 V_1、V_2，…，V_n——各测点风速（m/s）；

N——测点总数（个）。

送（回）风口和吸风罩风量的计算：
$$L = 3600 F_{外框} \cdot V \cdot K \text{ m}^3/\text{h} \tag{3-3}$$

式中 $F_{外框}$——送风口的外框面积（m²）

K——考虑送风口的结构和装饰形式的修正系数，一般取 0.7～1.0；

V——风口处测得的平均风速 m/s。

b. 基准风口调整法：

在风量测定调整前，通风管网中的所有调节阀均应处于开启的位置。

a）系统风量的测定和调整

第一步，按设计要求先调整送风和回风各干、支管道，各送（回）风口的风量；第二步，按设计要求调整空调机的风量；第三步，在系统风量达到平衡之后，进一步调整通风机的风量；第四步，经调整后各部分调节阀不变动的情况下，重新测定各处的风量作为最后的实测风量。

b）风口风量的调整与平衡

风口风量的平衡以图 3-35 为例。

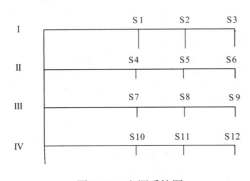

图 3-35 空调系统图

调整前，先用风速仪将全部风口的送风量初测一遍，并计算出各个风口的实测风量与设计风量的比值百分数，取最小比值的风口为基准风口。如 S1 风口比值最小则以 S1 风口为基准风口。

风量的测定调整一般应从离通风机最远的支管 I 开始。为了加快调整速度，使用两台风速仪同时测量 S1 和 S2 风口的风量，此时借助风口调节阀，使两风口的实测风量与设计风量的比值百分数近似相等。用同样的测量调节方法使 S3 风口与 S1 风口达到平衡。

对于支干管 II、III 上的风口风量也按上述方法调节到平衡。各支管上的风口调整平衡后，就需要调整支干管上的总风量，此时，从最远处的支干管开始向前调整。

试调中可以将同样大小的纸条分别贴在各送风口的同一位置上，观察送风时纸条是否被吹起相同的倾斜角度，以判断各送风口风量是否均匀，如有明显的不均匀，就要调整到基本均匀后再用风速仪测量风量值，这样可以减少测定工作量，加快调试进度。

②变风量空调系统的调试

VAV 系统一次风量和二次风量的测试和平衡。

VAV 变风量系统一般由一次风和二次风系统组成，如图 3-36 所示，一次风量由变频空调机组根据一次风管内的静压调节转速提供。二次风量由 VAV 末端的压力无关型变风量末端装置送风。

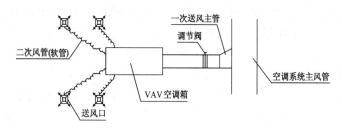

图 3-36 VAV 系统示意图

a. 变风量空调机组风量的测试

测试的方法见上述普通定风量系统风量测试,测试时把所有阀门全开。

变频空调机组要测量空调机组在不同频率下的风量,测试在变频器厂家的配合下完成。

b. 一次风量的测量

在各 VAVBOX 前的风管上测量,测得管内的风速,根据风量计算公式求出一次风量,一次风量的调试与普通定风量系统调试方法相同,测量时 VAVBOX 的一次风阀挡板固定在全开状态。

c. 二次风量的测量

对于 VAV 空调箱二次风量测试,可以使用风量罩在其送风口测得风量,由于现场各 VAV 空调箱送风软管的阻力不同,所以实际风量会有所变化,调试时如风量达不到要求要根据情况及时调整,本工程二次风的风口处均装有阀门,可以通过调节送风口阀门的开度使二次风量分配均匀。

d. VAV 系统和 BAS 系统配合的调试

VAV 空调箱内的一次风阀应处于自动位置,待整个空调系统的水、电等专业都调试完成后,运行 AHU 和 VAVBOX,根据具体要求合理设定房间所需温度(房间设定的温度不宜过高或过低,否则 VAVBOX 的一次风阀将始终处于全开位置,导致 AHU 一直全速运转,达不到智能化节能的目的)。当室内温度达到设定值时,VAVBOX 空调箱自动调整一次风阀的开度,减少一次风量,同时变频 AHU 根据各个 VAVBOX 的实际一次风量自动调整其总的一次送风量,由于空调箱本身带有压力传感器,因此平衡时,可以通过传输线将手提电脑的串口与所调试系统的 VAV 空调箱控制器相连接,并从电脑中读出求得一次风量,将其值与设计风量相比较。

e. 新风量测试和调整

新风系统的测定和平衡首先测定各台新风机组的总风量、风压是否满足设计要求,当总风量满足要求后,将 CAV 设定到设计给定的新风比例,测定各楼层的新风量,满足要求后固定位置;各楼层未设 CAV 的系统,将各楼层内的风量调节至设计风量后将调节阀固定。

③防排烟系统的测试和调整

a. 地库及裙楼防排烟系统

地库的排烟系统,多采用排风兼排烟合用形式。对该类系统应参照《高层民用建筑设计防火规范》第8.4.2.1条和第8.4.2.2条进行调试。担负两个或两个以上防烟分区的地下室排风兼排烟系统，至少要能够保证任意两个分区同时排烟，如果随机选择两个分区反复测量排烟风量，显然工作量太大，测试周期太长。调试时当系统担负两个以上防烟分区的排烟时，首先关闭排风口，打开所有分区的排烟口，测量各个风口的风量，然后相加算出每个分区的风量，列出各分区风量与规定值的比值，比值最小的两个分区为最不利分区。关闭其他分区的排烟口，测量这两个最不利分区内各个风口的风量，然后相加，所得结果不低于两分区规定值总和的90%（由于排烟口都是不可调节的，所以不必考虑各分区风口之间的风量平衡）即可为合格。

b. 办公楼走廊防排烟系统

走廊排烟系统每层排烟口都不可调节，所以不必考虑每层风口的风量平衡。也就是说开启任意两层走廊的排烟口，它们的风量总和如果能达到系统设计风量的90%以上就可以认定为合格。实际检测时应重点测试系统最远端两层排烟风口的风量。

c. 消防补风系统

消防补风大多数风口不可调节，所以不必考虑每个风口的风量平衡，测量各个风口的风量，然后相加，也可直接测试消防补风风机风量，所得结果不低于规定值总和的90%，即符合设计要求为合格。

d. 正压送风系统

通常疏散楼梯间及消防电梯前室、合用前室均设置加压送风系统，以首层、避难层为界，分段设置。正压系统调试方法见表3-50。

正压系统调试方法 表3-50

内　容	系统通常设置	调试方法
防烟楼梯间正压送风量	防烟楼梯间加压送风口设置在双数层，剪刀楼梯间每层设置一个加压送风口	首先测量每个风口的风量，然后相加，所得的总和就是系统总风量，把它与设计要求对比，能达到系统设计风量的90%以上，可以认定为合格。如果需要还应测量风机的风量和风压。比较风机实测风量和系统实际风量，就能够看出风道是否存在明显漏风现象。通过测量风机全压和风量，能够判断风机是否在最佳工况范围内运行，以及风机是否存在质量问题
消防前室、合用前室正压送风系统风量	消防前室和合用前室加压风口每层设置一个	开启任意相邻三层前室的风口，它们的风量总和如果能达到系统设计风量的90%以上就可以认定为合格。重点测试系统最远端三层的风口
防烟楼梯间和前室正压差调整	防烟楼梯间加压送风口设置在双数层，剪刀楼梯间每层设置一个加压送风口，消防前室和合用前室加压风口每层设置一个	启动加压送风机，测试前室、楼梯间的余压值：消防加压送风系统应满足走廊→前室→楼梯的压力呈递增分布。正压：防烟楼梯为50Pa，前室及合用前室为25Pa。测试是在门全闭下进行，压力测点的具体位置应视门、排烟口、送风口等的布置情况而定，总的原则是应该远离各种门、口等气流通路。 调试时，同时打开模拟火灾层及其上、下一层的走道→前室→楼梯间的门，分别测试前室通走道和楼梯间通前室的门洞平面处的平均风速，当各门平均风速为0.7~1.2m/s（注：门洞风速不是越大越好，如果门洞风速超过1.2m/s，可能会使门开启困难，甚至不能开启，不利于火灾时人员疏散），为符合消防要求

(2) 空调水系统的调试

空调水系统可分为冷冻水系统、热水系统、冷却水系统，空调水调试应该以单个循环系统分别进行流量平衡及调试。

①空调水系统调试的基本条件及调试准备

首先，水系统设计必须合理完善，必须设计系统调试必备的各支路水力平衡阀及水压、水流量测点。设计图纸中应标明各分支回路及末端设备的水流量，为系统水力平衡调节提供技术参数依据，从而为水系统的准确调试创造条件。

水系统应清洗干净。由于施工过程中诸方面原因，系统难免会残留焊渣等异物，如不清洗干净，将会阻塞末端设备或损坏设备。因此一方面必须分段反复排污清洗，另一方面建议在水泵及机组进口等处设置过滤器，并定期清洗过滤器。

系统水流量必须严格按设计要求调整在许可偏差范围内，避免大流量小温差，各回路达到水力均衡。

认真记录整理各回路的调整参数及水泵等设备的运行参数，为以后的运行、维护保养和改造提供原始技术参数。

水系统调试准备见表 3-51。

空调水系统调试准备　　　　　表 3-51

序号	内　　　容
1	空调水系统调试前，调试人员首先应熟悉空调水系统全部设计资料，包括图纸和设计说明，充分领会设计意图，了解各种设计参数，系统的全貌及空调设备性能及使用方法等
2	调试前必须查清施工方法与设计要求不符合及加工安装质量不合格的地方，并且提出意见整改。按系统图核对设备和管道连接的准确性和可靠性
3	绘制空调水系统图，对平衡阀进行编号；计算各平衡阀水量，列表
4	配置好经鉴定合格的试验调整所需仪器和必须工具，安排好调试人员及调试配合人员
5	确认空调水系统试压冲洗完成，水质洁净；空调水循环水泵和空调机组单机调试完成；完全开启所有空调水系统和空调机组管路上的阀门，确保管路畅通
6	空调水系统所有电气及其控制回路的检查
7	调试人员进入现场后指派部分电气调试人员配合，按照有关规程要求，对电气设备及其控制回路检查和调试，以配合水泵的试运转

②空调水系统测量、调整的内容

空调水系统测量调整的内容见表 3-52。

空调水系统测量调整的内容　　　　　表 3-52

序号	内　　　容
1	空调水设备（主要为空调水循环水泵）单体调试
2	水泵等设备无负荷试运行

续表

序号	内 容
3	静态平衡流量阀、动态流量平衡阀的单体调试
4	空调总水量的测定
5	分支系统的总水量平衡
6	末端平衡阀水量的调整与平衡
7	系统总水量、各分支系统水量的整定

③水系统流量的测量和水力平衡调节

a. 水流量的测量

a）水流量测量的仪器通常为便携式超声波流量仪。

b）测量时要选择一个合适的测量管段，确定合适的测量管段的原则是：管道中的液体必须是满管而且要有足够的直管段长度。直管段越长越好，一般上游10倍管直径，下游5倍管直径，离泵出口30倍管直径。

c）确定被测管路的温度范围是在传感器的使用温度范围内，通常在室温状态下最佳。

d）把管道的锈蚀或结垢情况考虑进来，最好选择新一点的管道测量，如果条件不具备就把锈蚀从管壁厚度中减去或者将结垢当作衬里来考虑。

e）清除管道上的杂物和锈蚀，最好使用角磨机打掉锈蚀。

f）在传感器的发射面上涂上足够多的耦合剂，涂耦合剂的目的是排除传感器发射面与管道外表面的空气，应避免沙粒和杂物进入这中间。

g）水平方向的管道内壁上部有可能存在一些气泡，在这样的管道上安装在管道的侧面垂直相切的面上。

b. 系统水流量平衡调试

它包括两个步骤：第一步是单个回路中各设备间的水流量平衡；第二步是各个回路间的水流量平衡。

a）水系统水力平衡调节的分析

水系统水力平衡调节的实质就是将系统中所有水力平衡阀的流量同时调至设计流量，在施工深化设计阶段将积极与设计院沟通，确定平衡阀设计位置，以便系统能够更好地达到平衡节能。

空调水系统一般组成如图3-37所示，是一个串并联组合系统，就以本图为例进行调试方案的介绍。图中平衡阀V1、V2、V3组成一并联系统，平衡阀V1、V2、V3又与平衡阀G1组成一串联系统。根据串并联系统流量分配的特点，实现水力平衡的

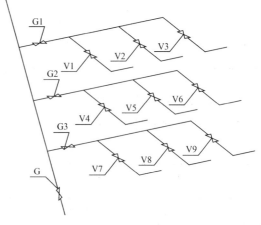

图3-37 串并联系统示意图

方式如下：首先将平衡阀组 Vl、V2、V3 的流量比值调至与设计流量比值一致；再将调节阀 G1 的流量调至设计流量。这时，平衡阀 Vl、V2、V3、G1 的流量同时达到设计流量，系统实现水力平衡。

b）静态水力平衡联调的步骤见图 3-38。

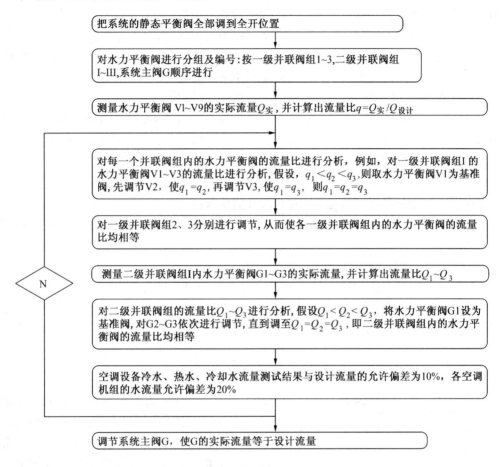

图 3-38　空调水流量的平衡

c）动态流量平衡阀的调试

动态平衡电动阀是根据设计流量进行定制的，在工作压差范围内流量维持不变，因此不需进行调试。对于安装在供水管上的动态平衡电动调节阀只需通电后根据设计值在控制器上进行 PID 参数设定即可。

4）自动调节和监测系统的检验、调整与联动运行

通风与空调工程的控制和监测设备应能与系统的检测元件和执行机构正常沟通，系统的状态参数应能正确显示，设备联锁、自动调节器、自动保护应能正确动作。

（1）系统投运前的准备工作

①室内校验：严格按照使用说明或其他规范对仪表逐台进行全面性能校验；

②现场校验：仪表装到现场后，还需进行诸如零点、工作点、满刻度等一般性能校验。

(2) 自动调节系统的线路检查

①按控制系统设计图纸与有关的施工规程,仔细检查系统各组成部分的安装与连接情况。

②检查敏感元件安装是否符合要求,所测信号是否正确反应工艺要求,对敏感元件的引出线,尤其是弱电信号线,要特别注意强电磁场干扰情况。

③对调节器着重于手动输出、正反向调节作用、手动-自动的无扰切换。

④对执行器着重于检查其开关方向和动作方向,阀门开度与调节器输出的线性关系、位置反馈、能否在规定数值启动、全行程是否正常、有无变差和呆滞现象。

⑤对仪表连接线路的检查:着重查错、查绝缘情况和接触情况。

⑥对继电信号检查:人为的施加信号,检查被调量超过预定上、下限时的自动报警及自动解除警报的情况等,此外,还要检查自动联锁线路和紧急停车按钮等安全措施。

5) 空调房间室内参数的测定和调整

(1) 室内温度和相对湿度的测定

室内温度、相对湿度波动范围应符合设计的要求;

室内温度、相对湿度的测定,应根据设计要求来确定工作区,并在工作区内布置测点。

一般舒适性空调房间应选择在人经常活动的范围或工作面为工作区。

恒温恒湿房间离围护结构 0.5m,离地高度 0.5~1.5m 处为工作区。

①测点的布置:送、回风口处;恒温工作区内具有代表性的地点(如沿着工艺设备周围布置或等距布置);室中心(没有恒温要求的系统,温、湿度只测此一点);敏感元件处。

测点数按表 3-53 确定。

湿、温度测点数　　　表 3-53

波动范围	室面积≤50m²	每增加 20~50m²
$\Delta t = \pm 0.5 \sim \pm 2℃$ $\Delta RH = \pm 5 \sim \pm 10\% RH$	5	增加 3~5
$\Delta t \leq \pm 0.5℃$ $\Delta RH \leq \pm 5\% RH$	点间距不应大于 2m,点数不少于 5 个	

②有恒温恒湿要求的房间,室温波动范围按各测点的各次温度中偏离控制点温度的最大值,占测点总数的百分比整理成累积统计曲线,90%以上测点达到的偏差值为室温波动范围,应符合设计要求。区域温差以各测点中最低的一次温度为基准,各测点平均温度与其偏差的点数,占测点总数的百分比整理成累积统计曲线,如 90% 以上测点的偏差值在室温波动范围内为符合设计要求。

相对湿度波动范围可按室温波动范围的原则确定。

(2) 室内静压差的测定

静压差的测定应在所有门窗关闭的条件下,由高压向低压、由里向外进行,检测时所使用的微压计,其灵敏度不应低于 2.0Pa。

为了保持房间的正压,通常靠调节房间回风量和排风量的大小来实现。

(3) 空调室内噪声的测定

空调房间噪声测定,一般以房间中心离地面 1.2m 高度处为测点,噪声测定时要排除本底噪声的影响。

6) 净化空调系统应进行下列项目的测试

(1) 风量或风速的测试

单向流洁净室采用室截面平均风速和截面积乘积的方法确定送风量,离高效过滤器 0.3m,垂直于气流的截面作为采样测试截面,截面上测点间距不宜大于 0.6m,测点数不应少于 5 个,用热球风速仪测得各测点的风速读数的算术平均值作为平均风速。

(2) 室内空气洁净度等级的测试

室内空气洁净度等级必须符合设计规定的等级或在商定验收状态下的等级要求,高于等于 5 级的单向流洁净室,在门开启的状态下,测定距离门 0.6m 室内侧工作高度处空气的含尘浓度,亦不应超过室内洁净度等级上限的规定。

(3) 单向流洁净室截面平均速度,速度不均匀度的检测

①洁净室垂直单向流和非单向流应选择距墙或围护结构内表面大于 0.5m,离地面高度 0.5~1.5m 作为工作区,水平单向流以距送风墙或围护结构内表面 0.5m 处的纵断面为第一工作面,测定截面的测点数应符合表 3-53 的规定。

②测定风速应用测定架固定风速仪,以避免人体干扰,不得不用手持风速仪测定时,手臂应伸至最长位置,尽量使人体远离测头。

③室内气流流型的测定,宜采用发烟或悬挂丝线的方法,进行观察测量与记录。然后,标在记录的送风平面的气流流型图上,一般每台过滤器至少对应 1 个观察点。

风速不均匀度 β_0 按下列公式计算:

$$\beta_0 = S/V \tag{3-4}$$

式中　V——各测点风速的平均值;

　　　S——标准差。

(4) 静压差的检测

静压差的测定应在所有的门关闭的条件下,由高压向低压,由平面布置上与外界最远的里间房间开始,依次向外测定,检测时所使用的补偿微压计,其灵敏度不应低于 2.0Pa。

有孔洞相通的不同等级相邻的洁净室,其洞口处应有合理的气流流向,洞口的平均风速大于等于 0.2m/s 时,可用热球风速仪检测。

为了保持房间的正压,通常靠调节房间回风量和排风量的大小来实现。

7) 综合调试

综合调试主要指消防系统联合调试及建筑智能系统综合调试。通风空调工程的主要工作是配合,相关内容见弱电及消防相关章节。

2. 综合效能的测定与调整

通风与空调工程带生产负荷的综合效能试验与调整,应在已具备生产试运行的条件下进行,由建设单位负责,设计、施工单位配合。通风、空调系统带生产负荷的综合效能试验测定与调整的项目,应由建设单位根据工程性质、工艺和设计的要求进行确定。

1) 通风、除尘系统综合效能试验可包括下列项目:

(1) 室内空气中含尘浓度或有害气体浓度与排放浓度的测定;

(2) 吸气罩罩口气流特性的测定;

（3）除尘器阻力和除尘效率的测定；

（4）空气油烟、酸雾过滤装置净化效率的测定。

2）空调系统综合效能试验可包括下列项目：

（1）送回风口空气状态参数的测定与调整；

（2）空气调节机组性能参数的测定与调整；

（3）室内噪声的测定；

（4）室内空气温度和相对湿度的测定与调整；

（5）对气流有特殊要求的空调区域做气流速度的测定。

3）恒温恒湿空调系统除应包括空调系统综合效能试验项目外，尚可增加下列项目：

（1）室内静压的测定和调整；

（2）空调机组各功能段性能的测定和调整；

（3）室内温度、相对湿度场的测定和调整；

（4）室内气流组织的测定。

4）净化空调系统除应包括恒温恒湿空调系统综合效能试验项目外，尚可增加下列项目：

（1）生产负荷状态下室内空气洁净度等级的测定；

（2）室内浮游菌和沉降菌的测定；

（3）室内自净时间的测定；

（4）空气洁净度高于5级的洁净室，除应进行净化空调系统综合效能试验项目外，尚应增加设备泄漏控制、防止污染扩散等特定项目的测定；

（5）洁净度等级高于等于5级的洁净室，可进行单向气流流线平行度的检测，在工作区内气流流向偏离规定方向的角度不大于15°。

5）防排烟系统综合效能试验的测定项目，为模拟状态下安全区正压变化测定及烟雾扩散试验等。

6）净化空调系统的综合效能检测单位和检测状态，宜由建设、设计和施工单位三方协商确定。

第4章 建筑电气安装工程

建筑电气工程是指为实现一个或几个具体目的且特性相配合的,由电气装置、布线系统和用电设备电气部分的组合。这种组合能满足建筑物预期的使用功能和安全要求,也能满足使用建筑物的人的安全需要。电气工程在现代建筑中起着传输能量,传送信号、指令,为建筑物提供安全保护、提供照明等作用,其施工质量直接影响着建筑物是否能够正常安全运行。

4.1 电线电缆保护工程安装

电线电缆保护工程主要包括电气配管施工与线槽、桥架施工。电线、电缆敷设于电管、线槽、桥架内,既可以支撑、保护电线、电缆,又有利于电线、电缆运行时的散热,提高其载流量,延长其使用寿命,并利于以后维修更换。

4.1.1 电气配管施工

电气配管所用管材包括:金属管(焊接钢管、镀锌钢管、薄壁电线管)、塑料管等。

电管的管材、管径应严格按设计要求选用。材料进场时,查验材料质量证明文件齐全有效,管材实物检查应外观完好,无开裂、凹扁等情况。盒、箱的大小尺寸以及壁厚应符合设计及规范要求,无变形,敲落孔完整无损,面板的安装孔应齐全,丝扣清晰,面板、盖板应与盒、箱配套,外形完整无损且颜色均一。

明配管必须在土建抹灰刮完腻子后进行,按施工图进行测量放线定位,确定接线盒的位置;暗配管中,现浇混凝土结构内配管,要在底部钢筋绑扎固定之后,根据施工图尺寸位置进行布线管固定敷设。

金属导管严禁对口熔焊连接;镀锌和壁厚小于等于2mm的钢导管不得套管熔焊连接。

电缆导管的弯曲半径不应小于表4-1电缆最小允许弯曲半径的要求。

电缆最小允许弯曲半径　　　　表4-1

序　号	电　缆　种　类	最小允许弯曲半径
1	无铅包钢铠护套的橡皮绝缘电力电缆	10D
2	有钢铠护套的橡皮绝缘电力电缆	20D
3	聚氯乙烯绝缘电力电缆	10D
4	交联聚氯乙烯绝缘电力电缆	15D
5	多芯控制电缆	10D

注:D为电缆外径。

1. 明配管施工

1）厚壁镀锌钢管（即低压流体输送焊接镀锌钢管）明配施工工艺流程

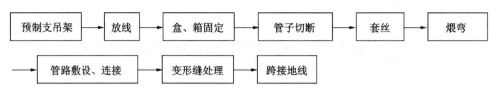

支吊架的规格设计无规定时，不应小于以下要求：吊杆用 $\phi12mm$ 的圆钢或通丝，扁钢支架 30mm×3mm；角钢支架 25mm×25mm×3mm；采用膨胀螺栓或预埋件固定，埋注支架要有燕尾，埋注深度不小于 120mm。

支吊架预制安装：明配的导管固定点间距均匀，安装牢固；在终端、弯头中点或柜、台、箱、盘等边缘的距离 150～500mm 范围内设有管卡，中间直线段管卡间的最大距离应符合表 4-2 的规定。支吊架安装完成后应按有关设计及规范要求防腐处理。

管卡间最大距离　　　　　表 4-2

敷设方式	导管种类	导管直径（mm）				
		15～20	25～32	32～40	50～65	65 以上
		管卡间最大距离（m）				
支架或沿墙明敷	壁厚＞2mm 刚性钢导管	1.5	2.0	2.5	2.5	3.5
	壁厚≤2mm 刚性钢导管	1.0	1.5	2.0	—	—
	刚性绝缘导管	1.0	1.5	1.5	2.0	2.0

盒、箱固定：盒、箱安装应牢固平整，开孔整齐与管径相吻合。要求一管一孔，不得开长孔。铁制盒、箱严禁用电气焊开孔。

管子切断：配管前根据现场的实际放线及管路走向进行管子切割，切口应垂直、无毛刺，切割完后，用圆锉将管口的毛刺清理干净。

套丝：镀锌钢管进盒、箱采用套丝，锁母连接，丝长以安装完后外露 2～3 丝为宜。

煨管：煨管器的大小应与管径的大小相匹配；管路的弯扁度要不大于管外径的 10%，弯曲处无折皱、凹穴和裂缝等现象。

管路敷设：先将管卡一端的螺丝拧紧一半，然后将管敷设在管卡内，逐个拧紧。使用铁支架时，可将钢管固定在支架上，严禁将钢管焊接在其他管道上。镀锌管进盒采用锁母连接，锁母的管端在盒内露出锁紧螺母的螺纹应为 2～3 丝。多根管线同时入箱时，其入箱部分的管端长度应一致，管口平齐。

钢管明敷过伸缩（沉降）缝时，应按图 4-1 所示的类似方法进行处理。

吊顶内灯头盒至灯位可采用柔性导管（如金属软管）过渡。其两端应使用专用接头。吊顶内各种盒、箱安装时，盒箱口的方向应朝向检查口以便于维修检查。

柔性导管的长度在动力工程中不大于 0.8m，在照明工程中不大于 1.2m。可挠性金属导管和金属柔性导管不能作接地（PE）或接零（PEN）的接续导体。

防爆导管不应采用倒扣连接；当连接有困难时，应采用防爆活接头，其接合面应严密。

当管路超过以下长度时，要在适当位置上加设接线盒：配线管路无弯曲长度每超过30m；配线管路有1个弯曲长度每超过20m；配线管路有2个弯曲长度每超过15m；配线管路有3个弯曲长度每超过8m。

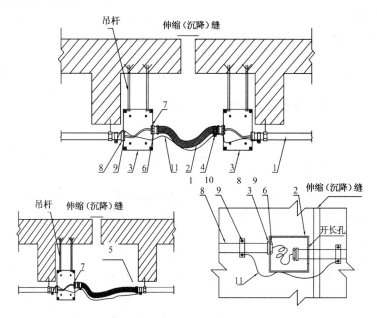

图4-1 钢管过伸缩（沉降）缝明敷设做法
1—钢管；2—可挠金属电线保护管；3—接线盒；4—接地夹；
5—KG混合连接器；6—BG接线箱连接器；7—BP绝缘护套；8—锁母；
9—护圈帽；10—管卡子；11—接地线

照明开关安装位置便于操作，开关边缘距门框边缘的距离0.15~0.2m，同一室内安装的插座高低差不应大于5mm；成排安装的插座高低差不应大于1mm。

接地：镀锌钢管连接处采用$4mm^2$黄绿双色多股软线用专用接地卡进行跨接，严禁焊接跨接。

2）薄壁金属电线管明配管

薄壁金属电线管常用的有"紧定式金属电线管"（JDG管）和"扣压式金属电线管"（KBG）。

薄壁钢管明配施工工艺流程：

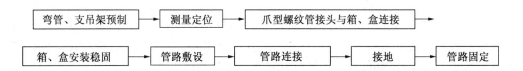

JDG管的管与管的连接采用专用管接头，并将接头紧定螺丝拧断即可；管与盒的连接

采用专用盒接头使用专用扳子锁紧,接头紧定螺丝须拧断。

KBG管的管与管的连接采用专用管接头,扣压点不少于两点;管与盒的连接采用专用盒接头,与管连接的扣压点不少于两点。

JDG管和KBG管的其余施工工艺与厚壁金属管明配管相同,参见厚壁金属管明配相应部分。

2. 暗配管施工

1)镀锌钢管暗配施工工艺流程:

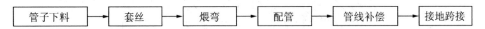

镀锌钢管暗配的施工与明配镀锌管基本相同,参见厚壁镀锌钢管明配部分。

2)焊接钢管暗配施工工艺流程:

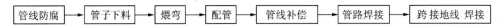

焊接钢管预埋在混凝土内时,内壁必须进行防腐处理。焊接钢管与盒、箱的连接采用焊接连接,盒内管露出2~4mm为宜。管与管的连接采用套管焊接连接。焊接钢管与接线盒(过线盒)连接处采用圆钢焊接进行接地跨接。

3)塑料电线管(PVC电线管)暗配

塑料电线管(PVC电线管)及附件应采用燃烧性能为B1级的难燃产品,其氧指数不应低于32。塑料电线管(PVC电线管)根据目前国家建筑市场中的型号可分为轻型、中型、重型三种,在建筑施工中宜采用中型以上导管。塑料电线管通常用于混凝土及墙内的非消防、非人防电气配管施工。

施工工艺流程如下:

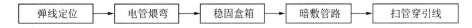

塑料电线管煨弯:

(1)管径在25mm及其以下使用冷煨法,将弯管弹簧插入(PVC)管内需煨弯处,两手扳住弯簧两端头,膝盖顶在被弯处,用手扳逐步煨出所需弯度,考虑到管子的回弯,弯曲角度要稍大一些,然后抽出弯管弹簧。

(2)当管径较大时采用热煨法:用电炉子、热风机等均匀加热,烘烤管子煨弯处,待管被加热到可随意弯曲时,立即将管子放在木板上,固定管子一头,逐步煨出所需管弯度,并用湿布抹擦使弯曲部位冷却定型,然后抽出弯簧。不得因为煨弯使管出现烤伤、变色、破裂等现象。

塑料电线管连接:

管路连接应使用与管径相匹配的套管连接(包括端接头接管)。需粘接部位清洁后将配套供应的塑料管胶粘剂均匀涂抹在管外壁上,将管子插入套管;管口应到位。胶粘剂性能要求粘接后1min内不移位,黏性保持时间长,并具有防水性。

4)管路暗敷设时需注意

(1)现浇混凝土板内管路敷设时应在两层钢筋网中沿最近的路径敷设配管,固定间距小于1m。管线穿外墙必须加防水套管保护。

（2）现浇混凝土楼板中并行敷设的管子间距不应小于25mm，以使管子周围能够充满混凝土。

（3）竖向穿梁管线较多时，管间的间距不能小于25mm。横向穿时，管线距梁底的距离不小于50mm，并应避开梁钢筋。

（4）垫层内管线敷设时管线应固定牢固，保护层厚度不小于15mm，其跨接地线接头应设在其侧面。

（5）室外埋地敷设的电缆导管，埋深不应小于0.7m。壁厚小于等于2mm的钢电线导管不应埋设于室外土壤内。

（6）结构预留暗配管时，电管与接线盒箱连接时应一管一口，电管与盒箱连接后应将管口用纸或其他软材料堵严，并用锯末或塑料泡沫将盒箱内填充满密封严实，以免浇筑混凝土时，砂浆渗入盒箱内。

3. 套管施工

电气套管主要用在电管穿外墙、防火、防爆分区等处，一般采用镀锌钢管作套管。

施工流程：

1）按照图纸设计规格尺寸进行管材下料，钢管可采用砂轮切割机切割，严禁使用气割下料，断口处平齐不歪斜，管口刮铣光滑，无毛刺，管内铁屑除净。

2）管径小的管子的煨弯采用与管径相匹配的液压弯管器冷煨弯，对于管径较大的钢管采用钢管里灌满干砂，钢管两端用木塞封堵，加热煨弯的方法进行煨弯。管道煨弯时要求弯曲半径不小于管子直径的10倍，并不得小于电缆最小弯曲半径要求，弯曲处不应有折皱、凹穴和裂缝等现象。

3）根据管道外径选择相对应的板牙采用电动套丝机进行丝扣加工。套丝时将管子用台虎钳或龙门压架钳紧牢固，随套丝随浇冷却液，丝扣长度根据需要确定，不宜套得过长，套丝后清除渣屑，丝扣应干净清晰。加工管径在32mm及其以上时，应分三板套成。

4）管段组合：套管如无防水及防爆要求，管子根数较多且位置相对集中时，可将加工好的管段进行组合。组合前可以先做个固定模具，将管子放入模具后用短钢筋点焊固定，待结构施工完后拆除模具，即完成组合。对于有防水或防爆要求的套管，须按设计图纸加装焊接止水环或加强劲肋。

5）管子防腐：按设计图纸要求进行防腐漆涂刷，涂刷层应厚度均匀，杜绝涂刷遗漏死角。

6）将加工好的管段由预制场地运输到施工部位的过程中应注意保护，防止碰伤，丝扣防止丝碰坏。

7）现场随结构施工预埋好套管，结构施工时应派人看管好套管。

4.1.2 线槽、桥架施工

线槽、桥架、支吊架等产品有合格证，线槽、桥架内外应光滑平整、无棱刺，无扭曲、翘边等变形现象；热镀锌桥架镀锌层表面应均匀、无毛刺、挂灰、伤痕、局部未镀锌（直径2mm以上）等缺陷，不得有影响安装的锌瘤。喷涂粉末防腐处理的电缆桥架喷涂外观均匀光滑，无起泡、裂痕、色泽均匀一致；桥架螺栓孔径，在螺杆直径不大于M16时，可比螺杆直径大2mm。同一组内相邻两孔间距应均匀一致。

1. 线槽施工

线槽敷设施工工艺流程：

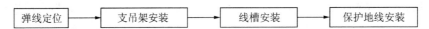

1) 弹线定位：根据图纸确定线槽始端到终端，找好水平或垂直线，用粉线袋沿墙壁、顶棚和模板等处，在线路的中心进行弹线。

2) 支架与吊架安装

（1）支架与吊架距离上层楼板不应小于150～200mm；距地面高度不应低于100～150mm。

（2）轻钢龙骨上敷设线槽应各自有单独卡具吊装或支撑系统，吊杆直径不应小于8mm。

（3）采用直径不小于8mm的圆钢，经过切割、调直、煨弯及焊接等步骤制作成吊杆、吊架。其端部应攻丝以便于调整。在配合土建结构施工中，应随着钢筋绑扎配筋的同时，将吊杆或吊架锚固在所标出的固定位置。在混凝土浇注时留有专人看护预防吊杆或吊架移位。拆模板时不得碰坏吊杆端部的丝扣。支吊架应按设计及规范要求作防腐处理。

3) 线槽安装

（1）线槽的接口应平整紧密。槽盖装上后应平整，无翘角，出线口的位置准确。

（2）不允许将穿过墙壁的线槽与墙上的孔洞一起抹死。

（3）金属线槽均应相互连接和跨接，使之成为一连续导体，并作好整体接地。

（4）线槽经过建筑物的变形缝（伸缩缝、沉降缝）时，线槽本身应断开，槽内用内连接板搭接，不需固定。保护地线和槽内导线均应留有补偿余量。

（5）敷设在竖井、吊顶、通道、夹层及设备层等处的线槽应符合有关防火要求。

（6）线槽直线段连接应采用连接板，用垫圈、弹簧垫圈、螺母紧固，接茬处缝隙严密平齐。

（7）吊装金属线槽：万能型吊具一般应用在钢结构中，如工字钢、角钢、轻钢龙骨等结构，可预先将吊具、卡具、吊杆、吊装器组装成一整体，在标出的固定点位置处进行吊装，逐件地将吊装卡具压接在钢结构上，将顶丝拧牢。

（8）出线口处应利用出线口盒进行连接，末端部位要装上封堵，在盒、箱、柜进出线处采用抱脚连接。

（9）地面线槽安装：地面线槽安装时，应及时配合土建地面工程施工。根据地面的形式不同，先抄平，然后测定固定点位置，将上好卧脚螺栓和压板的线槽水平放置在垫层上，然后进行线槽连接。线槽与管连接、线槽与分线盒连接、分线盒与管连接、线槽出线口连接、线槽末端处理等，都应安装到位，螺丝紧固牢靠。地面线槽及附件全部上好后，再进行一次系统调整，主要根据地面厚度，仔细调整线槽干线、分支线、分线盒接头、转弯、出口等处，水平高度要求与地面平齐，将各种盒盖盖好或堵严实，以防止水泥砂浆进入，直至配合土建地面施工结束为止。

4）线槽内保护地线安装

（1）保护地线应根据设计图要求敷设在线槽内一侧，接地处螺丝直径不应小于6mm；并且需要加平垫和弹簧垫圈，用螺母压接牢固。

（2）金属线槽的宽度在100mm以内（含100mm），两段线槽用连接板连接处，每端螺丝固定点不少于4个；宽度在200mm以上（含200mm）两端线槽用连接板连接的保护地线每端螺丝固定点不少于6个。

2. 桥架施工

电缆桥架适用于在室内、室外架空、电缆沟、电缆隧道及电缆竖井内安装。

电缆桥架根据结构形式可分为梯级式、托盘式、槽式、组装式四种电缆桥架。

电缆桥架根据制造材料可分为钢制电缆桥架、铝合金电缆桥架、玻璃钢电缆桥架以及防火电缆桥架。

施工工艺流程：

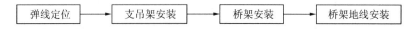

1）弹线定位

根据图纸确定始端、终端，找好水平或垂直线，用粉线袋沿墙壁、顶棚和模板等处，在线路的中心进行弹线。按设计图或规范要求，分匀挡距并用笔标出具体位置。

2）支吊架安装

电缆桥架支吊架包括托臂（卡接式、螺栓固定式）、立柱（工字钢、槽钢、角钢、异型钢立柱）、吊架（单、双杆式）、其他固定支架如垂直、斜面等固定用支架等。

（1）支架与吊架所用钢材应平直，无显著扭曲。下料后长短偏差应在5mm范围内，切口处应无卷边、毛刺。

（2）支架与预埋件焊接固定，焊缝饱满；膨胀螺栓固定时，选用螺栓适配，连接紧固，防松零件齐全。钢支架与吊架应焊接牢固，无显著变形，焊缝均匀平整，焊缝长度应符合要求，不得出现裂纹、咬边、气孔、凹陷、漏焊等缺陷。

（3）支架与吊架应安装牢固，保证横平竖直，在有坡度的建筑物上安装支架与吊架应与建筑物有相同坡度。

（4）支架与吊架的规格一般不应小于扁钢30mm×3mm、角钢25mm×25mm×3mm。

（5）严禁用电、气焊切割钢结构或轻钢龙骨任何部位。

（6）万能吊具应采用定型产品，并应有各自独立的吊装卡具或支撑系统。

（7）电缆桥架水平安装时，宜按荷载曲线选取最佳跨距进行支撑，跨距一般为1.5~3m。垂直敷设时，其固定点间距不宜大于2m。在进出接线盒、箱、柜、转角、转弯和变形缝两端及丁字接头的三端500mm以内应设固定支持点。

(8) 严禁用木砖固定支架与吊架。
(9) 支吊架应按设计及规范要求作防腐处理。
3) 桥架安装
(1) 电缆桥架转弯处的弯曲半径,不应小于桥架内电缆最小允许弯曲半径的最大值。桥架弯通弯曲半径不大于300mm时,应在距弯曲段与直线段结合处300~600mm的直线段侧设置一个支、吊架。当弯曲半径大于300mm时,还应在弯通中部增设一个支、吊架。桥架与支架间螺栓、桥架连接板螺栓固定紧固无遗漏,螺母位于桥架外侧。
(2) 电缆桥架在电缆沟和电缆隧道内安装

电缆桥架在电缆沟和电缆隧道内安装,应使用托臂固定在异形钢单立柱上,支持电缆桥架。电缆隧道内异型钢立柱与预埋件焊接固定,焊脚高度为3mm,电缆沟内异型钢立柱可以用固定板安装,也可以用膨胀螺栓固定。

(3) 电缆桥架安装应做到安装牢固、横平竖直,沿电缆桥架水平走向的支吊架左右偏差应不大于10mm,其高低偏差不大于5mm。

(4) 直线段钢制电缆桥架长度超过30m、铝合金或玻璃钢制电缆桥架长度超过15m设有伸缩节;电缆桥架跨越建筑物变形缝处设置补偿装置。

(5) 电缆桥架(托盘)水平安装时的距地高度一般不宜低于2.50m,垂直安装时距地1.80m以下部分应加金属盖板保护,但敷设在电气专用房间(如配电室、电气竖井、技术层等)内时除外。

(6) 几组电缆桥架在同一高度平行安装时,各相邻电缆桥架间应考虑维护、检修距离。电缆桥架与工艺管道共架安装时,桥架应布置在管架的一侧,当有易燃气体管道时,电缆桥架应设置在危险程度较低的供电一侧。电缆桥架不宜与腐蚀性液体管道、热力管道和易燃易爆气体管道平行敷设,当无法避免时,应安装在腐蚀性液体管道的上方、热力管道的下方,易燃易爆气体比空气重时,应在管道上方,比空气轻时,应在管道下方;或者采取防腐、隔热措施。电缆桥架与各种管道平行或交叉时,其最小净距应符合表4-3的规定。

电缆桥架与各种管道的最小净距　　　　表4-3

管道类别		平行净距(m)	交叉净距(m)
一般工艺管道		0.4	0.3
具有腐蚀性液体(或气体)管道		0.5	0.5
热力管道	有保温层	0.5	0.3
	无保温层	1.0	0.5

(7) 当设计无规定时,电缆桥架层间距离、桥架最上层至沟顶或楼板及最下层至沟底或地面距离不宜小于表4-4的规定。

(8) 电缆桥架在下列情况之一者应加盖板或保护罩:
①电缆桥架在铁篦子或类似带孔装置下安装时,最上层电缆桥架应加盖板或保护罩,

如果在最上层电缆桥架宽度小于下层电缆桥架时，下层电缆桥架也应加盖板或保护罩。

②电缆桥架安装在容易受到机械损伤的地方时应加保护罩。

电缆桥架层间、最上层至沟顶或楼板距离（mm） 表4-4

电缆桥架		最小距离
电缆桥架层间距离	控制电缆	200
	电力电缆	300
	弱电电缆与电力电缆无盖板（有屏蔽盖板）	500（300）
最上层电缆桥架距沟顶或楼板		300

（9）电缆桥架由室内穿墙至室外时，在墙的外侧应采取防雨措施。桥架由室外较高处引到室内时，应先向下倾斜，然后水平引到室内，当电缆桥架采用托盘时，宜在室外水平段改用一段电缆梯架，防止雨水顺电缆托盘流入室内。

（10）对于安装在钢制支吊架上或用钢制附件固定的铝合金钢制电缆桥架，当钢制件表面为热浸镀锌时，可以和铝合金桥架直接接触；当其表面为喷涂粉末涂层或涂漆时，则应在与铝合金桥架接触面之间用聚氯乙烯或氯丁橡胶衬垫隔离或采取其他电化学隔离措施。

（11）电缆桥架安装的注意事项：

电缆桥架严禁作为人行通道、梯子或站人平台，其支吊架不得作为吊挂重物的支架使用，在钢制电缆桥架中敷设电缆时，严禁利用钢制电缆桥架的支吊架做固定起吊装置、拖动装置及滑轮和支架。

在有腐蚀性环境条件下安装的电缆桥架，应采取措施防止损伤钢制电缆桥架表面保护层，在切割、钻孔后应对其裸露的金属表面用相应的防腐涂料或油漆修补。

4）电缆桥架的接地

桥架系统应有可靠的电气连接并接地。

（1）金属电缆桥架及其支架和引入或引出的金属电缆导管必须接地（PE）或接零（PEN）可靠，且必须符合下列规定：

①金属电缆桥架及其支架全长应不少于2处与接地（PE）或接零（PEN）干线相连接；

②非镀锌电缆桥架间连接板的两端跨接铜芯接地线，接地线最小允许截面积不小于$4mm^2$；

③镀锌电缆桥架间连接板的两端不跨接接地线，但连接板两端不少于2个有防松螺帽或防松垫圈的连接固定螺栓。

（2）当允许利用桥架系统构成接地干线回路时，应符合下列要求：

①电缆桥架及其支吊架、连接板应能承受接地故障电流，当钢制电缆桥架表面有绝缘涂层时，应将接地点或需要电气连接处的绝缘涂层清除干净，测量托盘、梯架端部之间连接处的接触电阻值不得大于0.00033Ω。连接电阻的测试应用30A直流电流通过试样，在

接头两边相距 150mm 处的两个点上测量电压降，由测量得到的电压降与通过试样的电流计算出接头的电阻值。

②在桥架全程各伸缩缝或连续铰连接板处应采用编织铜线跨接，保证桥架的电气通路的连续性。

（3）位于振动场所的桥架包括接地部位的螺栓连接处，应装弹簧垫圈。

（4）使用玻璃钢桥架，应按设计及规格要求沿桥架全长另敷设专用接地线。

（5）沿桥架全长另敷设接地干线时，接地线应沿桥架侧板敷设，每段（包括非直线段）托盘、梯架应至少有一点与接地干线可靠连接，转弯处应增加固定点。

（6）桥架在电缆沟和电缆隧道内敷设时，接地线在电缆敷设前与支柱焊接，所有零部件及焊缝要作防锈处理。

4.2 电线、电缆、母线安装

在电气工程中电线、电缆、母线主要用来传输电能，为用电设备提供能量，其施工质量的好坏直接关系到整个建筑设备能否安全可靠运行。

导线的规格、型号必须符合设计要求，并有出厂合格证、备案证及 3C 认证书（所有资料必须原件或加盖厂家公章）。

电缆及附件的规格、型号、长度应符合设计及订货要求，符合国家现行标准及相关产品标准的规定，并应有产品标识及合格证；产品的技术文件应齐全；电缆盘上标明型号、规格、电压等级、长度、生产厂家等；电缆外观不应受损，不得有铠装压扁、电缆绞拧、护层折裂等机械损伤，电缆应绝缘良好、电缆封端应严密。电缆终端头应是定型产品，附件齐全，套管应完好，并应有合格证和试验数据记录；电缆及其附件安装用的钢制紧固件，除地脚螺栓外，应采用热镀锌或等同热镀锌性能的制品；电缆在保管期间，电缆盘及包装应完好，标识应齐全，封端应严密。

4.2.1 管内穿线

施工工艺流程如下：

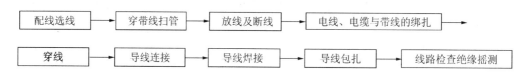

1. 配线选线

1）应根据设计图要求选择导线。进（出）户的导线应使用橡胶绝缘导线，并不小于 $10mm^2$，严禁使用塑料绝缘导线。

2）相线、中性线及保护地线的颜色应加以区分，L1 为黄色、L2 为绿色、L3 为红色为宜，用黄绿色相间的导线作保护地线。

2. 穿带线扫管

1）穿带线

（1）带线一般均采用 $\phi 1.2 \sim 2.0mm$ 的钢丝。先将钢丝的一端弯成不封口的圆圈，再利用穿线器将带线穿入管路内，在管路的两端均应留有 10~15cm 的余量。

（2）在管路较长或转弯较多时，可以在敷设管路的同时将带线一并穿好。

（3）穿带线受阻时，应用两根钢丝在管路两端同时搅动，使两根钢丝的端头互相钩绞在一起，然后将带线拉出。

（4）阻燃型塑料波纹管的管壁呈波纹状，带线的端头要弯成圆形。

2）清扫管路

将布条的两端牢固的绑扎在带线上，两人来回拉动带线，将管内杂物清净。

3. 放线及断线

1）放线

（1）放线前应根据施工图对导线的规格、型号进行核对。

（2）放线时导线应置于放线架或放线车上。

2）断线

剪断导线时，导线的预留长度应按以下四种情况考虑：

（1）接线盒、开关盒、插销盒及灯头盒内导线的预留长度应为半盒周长。

（2）配电箱内导线的预留长度应为配电箱体周长的 1/2。

（3）出户导线的预留长度应为 1.5m。

（4）公用导线在分支处，可不剪断导线而直接穿过。

4. 电线、电缆与带线的绑扎

1）当导线根数较少时，例如二至三根导线，可将导线前端的绝缘层削去，然后将线芯直接插入带线的盘圈内并折回压实，绑扎牢固。使绑扎处形成一个平滑的锥形过渡部位。

2）当导线根数较多或导线截面较大时，可将导线前端的绝缘层削去，然后将线芯斜错排列在带线上，用绑线缠绕绑扎牢固。使绑扎接头处形成一个平滑的锥形过渡部位，便于穿线。

5. 穿线

1）钢管（电线管）在穿线前，应首先将管口的护口戴上，并检查各个管口的护口是否齐整，如有遗漏和破损，均应补齐和更换。

2）当管路较长或转弯较多时，要在穿线的同时往管内吹入适量的滑石粉。

3）两人穿线时，应配合协调。

4）穿线时应注意下列问题：

（1）同一交流回路的导线必须穿于同一管内。

（2）不同回路、不同电压和交流与直流的导线，不得穿入同一管内，但以下几种情况除外：额定电压为 50V 以下的回路；同一设备或同一流水作业线设备的电力回路和无特殊防干扰要求的控制回路；同一花灯的几个回路；同类照明的几个回路，但管内的导线总数不应多于 8 根。

（3）导线在变形缝处，补偿装置应活动自如。导线应留有一定的余度。

6. 导线连接

1）导线的线芯连接，一般采用焊接、压板压接或套管连接。

2）配线导线与设备、器具的连接，应符合以下要求：

(1) 导线截面为 10mm² 及以下的单股铜芯线可直接与设备、器具的端子连接。

(2) 导线截面为 2.5mm² 及以下的多股铜芯线的线芯应先拧紧搪锡或接续端子后再与设备、器具的端子连接。

(3) 截面积大于 2.5mm² 的多股铜芯线,除设备自带插接式端子外,接续端子后与设备或器具的端子连接;多股铜芯线与插接式端子连接前,端部拧紧搪锡。

(4) 多股铝芯线接续端子后与设备、器具的端子连接;

(5) 每个设备和器具的端子接线不多于 2 根电线。

3) 导线连接熔焊的焊缝外形尺寸应符合焊接工艺标准的规定,焊接后应清除残余焊药和焊渣。焊缝严禁有凹陷、夹渣、断股、裂缝及根部未焊合等缺陷。

4) 锡焊连接的焊缝应饱满、表面光滑。焊剂应无腐蚀性,焊接后应清除焊区的残余焊剂。

5) 压板或其他专用夹具,应与导线线芯的规格相匹配,紧固件应拧紧到位,防松装置应齐全。

6) 套管连接器和压模等应与导线线芯规格匹配。压接时,压接深度、压口数量和压接长度应符合有关技术标准的相关规定。

7) 在配电配线的分支线连接处,干线不应受到支线的横向拉力。

8) 剥削绝缘使用工具及方法:

(1) 剥削绝缘使用工具:由于各种导线截面、绝缘层薄厚程度、分层多少都不同,因此使用剥削的工具也不同。常用的工具有电工刀、克丝钳和剥削钳,可进行削、勒及剥削绝缘层。一般 4mm² 以下的导线原则上使用剥削钳,但使用电工刀时,不允许采用刀在导线周围转圈剥削绝缘层的方法。

(2) 剥削绝缘方法:

单层剥法:不允许采用电工刀转圈剥削绝缘层,应使用剥线钳。

分段剥法:一般适用于多层绝缘导线剥削,如编织橡皮绝缘导线,用电工刀先削去外层编织层,并留有约 12mm 的绝缘台,线芯长度随接线方法和要求的机械强度而定。

斜削法:用电工刀以 45°角倾斜切入绝缘层,当切近线芯时就应停止用力,接着应使刀面的倾斜角度改为 15°左右,沿着线芯表面向前头端部推出,然后把残存的绝缘层剥离线芯,用刀口插入背部以 45°角削断。

图 4-2 接线盒内普通绞接法

9) 单芯铜导线的直线(分支)连接

(1) 绞接法:适用于 4mm² 以下的单芯线。用分支线路的导线往干线上交叉,先打好一个圈结以防止脱落,然后再密绕 5 圈。分线缠绕完后,剪去余线,具体做法见图 4-2。

(2) 缠卷法:适用于 6mm² 及以上的单芯线的连接。将分支线折成 90°紧靠干线,其公卷的长度为导线直径的 10 倍,单卷缠绕 5 圈后剪断余下线头,具体做法见图 4-3。

(3) 十字分支连接做法:将两个分支线路的导线往干线上交叉,然后在密绕 10 圈。分线缠绕完后,剪去余线,具体做法见图 4-4。

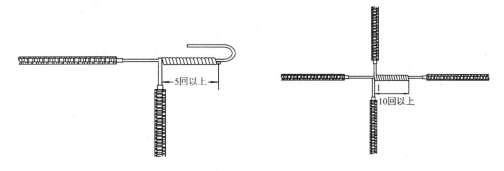

图 4-3　接线盒内普通缠绕法　　　　　　图 4-4　十字分支连接法

10）多芯铜线直线（分支）连接

多芯铜导线的连接共有三种方法，即单卷法、缠卷法和复卷法。首先用细砂布将线芯表面的氧化膜清除，将两线芯导线的结合处的中心线剪掉 2/3，将外侧线芯作伞状张开，相互交错成一体，并将已张开的线端合成一体，具体做法见图 4-5。

（1）缠卷法：将分支线折成 90°紧靠干线。在绑线端部适当处弯成半圆形，将绑线短端弯成与半圆形成 90°角，并与连接线靠紧，用较长的一端缠绕，其长度应为导线结合处直径 5 倍，再将绑线两端捻绞 2 圈，剪掉余线。

（2）单卷法：将分支线破开（或劈开两半），根部折成 90°紧靠干线，用分支线其中的一根在干线上缠圈，缠 3~5 圈后剪断，再用另一根线芯继续缠绕 3~5 圈后剪断，按此方法直至连接到两边导线直径的 5 倍时为止，应保证各剪断处在同一直线上。

（3）复卷法：将分支线端破开劈成两半后与干线连接处中央相交叉，将分支线向干线两侧分别紧密缠绕后，余线按阶梯形剪断，长度为导线直径的 10 倍，具体做法见图 4-6。

图 4-5　多芯铜导线直接连接法　　　　　　图 4-6　多芯铜导线分支复卷接线

11）套管压接：套管压接法是运用机械冷态压接的简单原理，用相应的模具在一定压力下将套在导线两端的连接套管压在两端导线上，使导线与连接管间形成金属互相渗透，两者成为一体构成导电通路。要保证冷压接头的可靠性，主要取决于影响质量的三个要点：即连接管形状、尺寸和材料；压模的形状、尺寸；导线表面氧化膜处理。具体做法如下：先把绝缘层剥掉，清除导线氧化膜并涂以中性凡士林油膏（使导线表面与空气隔绝，防止氧化）。当采用圆形套管时，将要连接的铜芯线分别在铜套管的两端插入，各插到套管一半处；当采用椭圆形套管时，应使两线对插后，线头分别露出套管两端 4mm；然后用压接钳和压膜接，压接模数和深度应与套管尺寸相对应。

12）接线端子压接：多股导线（铜或铝）可采用与导线同材质且规格相应的接线端子。削去导线的绝缘层，不要碰伤线芯，将线芯紧紧地绞在一起，清除套管、接线端子孔内的氧化膜，将线芯插入，用压接钳压紧。导线外露部分应小于1～2mm。

13）导线与水平式接线柱连接：

（1）单芯线连接：用一字或十字机螺丝压接时，导线要顺着螺钉旋进方向紧绕一圈后再紧固。不允许反圈压接，盘圈开口不宜大于2mm。

（2）多股铜芯线用螺丝压接时，先将软线芯作成单眼圈状，刷锡后，将其压平再用螺丝加垫压接牢固。

注意：以上两种方法压接后外露线芯的长度不宜超过1～2mm。

14）导线与针孔式接线桩连接（压接）：

把要连接的导线的线芯插入接线桩头针孔内，导线裸露出针孔1～2mm，针孔大于导线直径1倍时需要折回头插入压接。

7. 导线焊接

铜导线的焊接：根据导线的线径及敷设场所不同，焊接的方法有如下几种：

（1）电烙铁加焊：适用于线径较小的导线的连接及用其他工具焊接困难的场所。导线连接处加焊剂，用电烙铁进行锡焊。

（2）喷灯加热（或用电炉加热）：将焊锡放在锡勺（或锡锅）内，然后用喷灯（或电炉）加热，焊锡熔化后即可进行焊接。加热时要掌握好温度；温度过高涮锡不饱满；温度过低涮锡不均匀。因此要根据焊锡的成分、质量及外界环境温度等诸多因素，随时掌握好适宜的温度进行焊接。

焊接完后必须用布将焊接处的焊剂及其他污物擦净。

8. 导线包扎

首先用橡胶（或粘塑料）绝缘带从导线接头处始端的完好绝缘层开始，缠绕1～2个绝缘带幅宽度，再以半幅宽度重叠进行缠绕。在包扎过程中应尽可能地收紧绝缘带。最后在绝缘层上缠绕1～2圈后，再进行回缠。采用橡胶绝缘带包扎时，应将其拉长2倍后再进行缠绕。然后再用黑胶布包扎，包扎时要衔接好，以半幅宽度边压边进行缠绕，同时在包扎过程中收紧胶布，导线接头处两端应用黑胶布封严密，包扎后应呈枣核形。

9. 线路检查绝缘摇测

1）线路检查：接、焊、包全部完成后，应进行自检和互检；检查导线接、焊、包是否符合设计要求及有关施工验收规范及质量验评标准的规定。不符合规定时应立即纠正，检查无误后再进行绝缘摇测。

2）绝缘摇测：照明线路的绝缘摇测一般选用500V、量程为0～500MΩ的兆欧表。一般照明绝缘线路绝缘摇测有以下两种情况：

①电气器具未安装前进行线路绝缘摇测时，首先将灯头盒内导线分开，开关盒内导线连通。摇测应将干线和支线分开，一人摇测，一人应及时读数并记录。摇动速度应保持在120r/min左右，读数应采用一分钟后的读数为宜。

②电气器具全部安装完在送电前进行摇测时，应先将线路上的开关、刀闸、仪表、设备等用电开关全部置于断开位置，摇测方法同上所述，确认绝缘摇测无误后再进行送电试运行。

4.2.2 电缆敷设

1. 直埋电缆敷设

施工工艺流程如下：

1) 开挖电缆沟时，应先确定电缆线路的合理走向，再用白灰在地面上画出电缆走向的线路和电缆沟的宽度。拐弯处电缆沟的弯曲半径应满足电缆弯曲半径的要求。

2) 电缆沟的开挖宽度，一般可根据电缆在沟内平行敷设时电缆间最小净距加上电缆外径计算，在沟内敷设一根电缆时，沟宽度为 0.4~0.5m，敷设两根电缆时，沟宽度约为 0.6m，每增加一根电缆，沟宽加大 170~180mm。

3) 电缆沟开挖深度应按设计深度开挖，一般不小于 850mm，同时还应满足与其他地下管线的距离要求。

4) 各电压等级电缆同沟直埋敷设电缆沟时，应按图纸分开敷设。

5) 直埋敷设于非冻土地区时，电缆埋置深度应符合下列规定：

（1）电缆外皮至地下构筑物基础，不得小于 0.3m；

（2）电缆外皮至地面深度，不得小于 0.7m；当位于车行道或耕地下时，应适当加深，且不宜小于 1m。

6) 直埋敷设于冻土地区时，宜埋入冻土层以下，当无法深埋时可在土壤排水性好的干燥冻土层或回填土中埋设，也可采取其他防止电缆受到损伤的措施。

7) 直埋敷设的电缆，严禁位于地下管道的正上方或下方。电缆与电缆或管道、道路、构筑物等相互间容许最小距离，应符合表 4-5 的规定。

电缆与电缆或管道、道路、构筑物等相互间容许最小距离（m）　　表 4-5

电缆直埋敷设时的配置情况		平行	交叉
控制电缆之间		—	0.5*
电力电缆之间或与控制电缆之间	10kV 及以下动力电缆	0.1	0.5*
	10kV 以上动力电缆	0.25**	0.5*
不同部门使用的电缆		0.5**	0.5*
电缆与地下管沟	热力管沟	2***	0.5*
	油管或易燃气管道	1	0.5*
	其他管道	0.5	0.5*
电缆与铁路	非直流电气化铁路路轨	3	1.0
	直流电气化铁路路轨	10	1.0

续表

电缆直埋敷设时的配置情况	平行	交叉
电缆与建筑物基础	0.6***	—
电缆与公路边	1.0***	—
电缆与排水沟	1.0***	—
电缆与树木的主干	0.7	—
电缆与1kV以下架空线电杆	1.0***	—
电缆与1kV以上线塔基础	4.0***	—

注：*用隔板分隔或电缆穿管时可为0.25m；**用隔板分隔或电缆穿管时可为0.1m；***特殊情况可酌减且最多减少一半值。

8）直埋电缆沟在转弯处应挖成圆弧形，以保证电缆的弯曲半径；

电缆沟开挖全部完成后，应将沟底铲平夯实；再在铲平夯实的电缆沟铺上一层100mm厚或设计要求厚度的细砂或软土，作为电缆的垫层。

电缆沟内放置滚轮，其设置间距一般为3~5m一个，转弯处应加放一个，然后以人力牵引或机械牵引（大截面、重型电缆）的方式施放电缆。

电缆应松弛敷设在沟底，作蛇形或波浪形摆放，全长预留1.0%~1.5%的裕量，以补偿在各种运行环境温度下因热胀冷缩引起的长度变化；在电缆接头处也留出裕量，为故障时的检修提供方便。

单芯电力电缆直埋敷设时，将单芯电缆按品字形排列，并每隔1000mm采用电缆卡带进行捆扎，捆扎后电缆外径按单芯电缆外径的2倍计算。控制电缆在沟内排列间距不作规定。

电缆敷设完毕，隐蔽工程验收合格后，在电缆上面覆盖一层100mm或设计规定的细砂或软土，然后盖上保护盖板或砖，覆盖宽度应超出电缆两侧各50mm，板与板间连接处应紧靠。然后再向电缆沟内回填覆土，覆土前沟内若有积水应抽干，覆土要分层夯实，覆土要高出地面150~200mm，以备松土沉降。覆土完毕，清理场地。直埋电缆在直线段每隔50~100m处、电缆接头处、转弯处、进入建筑物等处，应设置明显的方位标志或标示桩（桩露出地面一般为150mm），以便于电缆检修时查找和防止外来机械损伤。

在每根直埋电缆敷设同时，对应挂装电缆标志牌。标志牌上应注明线路编号，当无编号时，应写明电缆型号、规格及起讫地点。标志牌规格宜统一，直埋电缆标志牌应能防腐，宜用2mm厚的（钢）铅板制成，文字用钢印压制，标志牌挂装应牢固。

直埋电缆由电缆沟内引入建筑物的敷设时，应穿电缆保护管防护，保护管两端应打磨成喇叭口。

2. 电缆沟内、竖井内电缆敷设

施工工艺流程如下：

1）电缆绝缘测试和耐压试验：敷设之前进行绝缘测试和耐压试验。

（1）绝缘测试。根据电缆电压等线选用相应摇表测线间及对地的绝缘电阻应不低于规范规定值。

（2）电缆应按 GB 50150 的要求作耐压和泄漏试验。

2）电缆沟电缆敷设

（1）电缆沟底应平整，并有 1‰的坡度。排水方式应按设计要求分段（设计无要求时每段为 50m）设置集水井，集水井盖板结构应符合设计要求。井底铺设的卵石或碎石层与砂层的厚度应依据地点的情况适当增减。地下水位高的情况下，集水井应设置排水泵排水，保持沟底无积水。

（2）电缆沟支架应平直，安装应牢固，保持横平。支架必须作防腐处理。支架或支持点的间距，应符合设计要求。当设计无规定时，不应大于表 4-6 中所列数值。

电缆各支持点间的距离（mm）　　　　表 4-6

电缆种类		敷设方式	
		水平	垂直
电力电缆	全塑料型	400	1000
	除全塑型外的中低压电缆	800	1500
控制电缆		800	1000

注：全塑型电力电缆水平敷设沿支架能维持较平直时，支持点间的距离允许为 800mm。

（3）电缆支架层间的最小垂直净距符合表 4-7 的规定。

电缆支架的层间允许最小距离值（mm）　　　　表 4-7

电缆类型和敷设特征		支（吊）架	桥架
控制电缆		120	200
电力电缆	10kV 及以下（除 6~10kV 交联聚乙烯绝缘外）	150~200	250
	6~10kV 交联聚乙烯绝缘	200~250	300
电缆敷设于槽盒内		$b+80$	$b+100$

注：b 表示槽盒外壳高度。

（4）金属电缆支架、电缆导管必须接地（PE）或接零（PEN）可靠。

（5）电缆在支架敷设的排列，应符合以下要求：

在多层支架上敷设电缆时，电力电缆应放在控制电缆的上层。但 1kV 以下的电力电缆和控制电缆可并列敷设。

当两侧均有支架时，1kV 以下的电力电缆和控制电缆宜与 1kV 以上的电力电缆分别敷设于不同侧支架上。

电缆沟在进入建筑物处应设防火墙。

电缆与支架之间应用衬垫橡胶垫隔开，以保护电缆。

（6）电缆在沟内需要穿越墙壁或楼板时，应穿钢管保护。

(7) 交流单芯电缆或分相后的每相电缆固定用的夹具和支架,不形成闭合铁磁回路。

(8) 电缆敷设完后,用电缆沟盖板将电缆沟盖好,必要时,应将盖板缝隙密封,以免水、汽、油等侵入。可开启的地沟盖板的单块重量不宜超过50kg。

3) 电缆竖井内电缆敷设

(1) 电缆支架应安装牢固,横平竖直。其支架的结构形式、固定方式应符合设计要求,支架间距应符合表4-6的规定。支架必须进行防腐处理。

(2) 金属电缆支架、电缆导管必须接地(PE)或接零(PEN)可靠。

(3) 垂直敷设,有条件时最好自上而下敷设。可利用土建施工吊具,将电缆吊至楼层顶部(电缆支座面满足结构承载力安全要求)。敷设时,同截面电缆应先敷设低层,后敷设高层,敷设时应有可靠的安全措施,特别是做好电缆轴和楼板的防滑措施。

(4) 自下而上敷设时,小截面电缆可用滑轮和尼龙绳以人力牵引敷设。大截面电缆位于高层时,应利用机械牵引敷设。

(5) 垂直敷设或大于45°倾斜敷设的电缆在每个支架上固定。敷设时,应放一根立即卡固一根。

(6) 电缆穿越楼板时,应装套管,并应将套管用防火材料封堵严密。

(7) 交流单芯电缆或分相后的每相电缆固定用的夹具和支架,不形成闭合铁磁回路。

(8) 电缆排列应顺直,固定整齐,保持垂直。

4) 挂标志牌

(1) 标志牌规格应一致,挂装应牢固。

(2) 标志牌上应注明电缆编号、规格、型号及电压等级。

(3) 沿敷设电缆两端、拐弯处、交叉处应挂标志牌,直线段应适当增设标志牌。

3. 桥架内电缆敷设

敷设方法可用人力或机械牵引。

1) 在钢制电缆桥架内敷设电缆时,在各种弯头处应加导板,防止电缆敷设时外皮损伤。

2) 电缆沿桥架敷设时,应单层敷设,排列整齐,不得有交叉、绞拧、铠装压扁、护层断裂和表面严重划伤等缺陷,拐弯处应以最大允许弯曲半径为准。电力电缆在桥架内横断面的填充率不应大于40%,控制电缆不应大于50%。

3) 不同等级电压的电缆应分层敷设,如受条件限制需安装在同一层桥架上时,应用隔板隔开。高压电缆应敷设在上层。

4) 桥架内电缆敷设固定

大于45°倾斜敷设的电缆每隔2m处设固定点;水平敷设的电缆,首尾两端、转弯两侧及每隔5~10m处设固定点;敷设于垂直桥架内的电缆固定点间距,不大于表4-8的规定。

垂直桥架内电缆固定点的间距最大值(mm)

表4-8

电缆种类		固定点的间距
电力电缆	全塑型	1000
	除全塑型外的电缆	1500
控制电缆		1000

5) 电缆敷设完毕,应挂标志牌:

(1) 标志牌规格应一致,挂装应牢固。

(2) 标志牌上应注明电缆编号、规格、型号及电压等级。

(3) 沿桥架敷设电缆在其两端、拐弯处、交叉处应挂标志牌,直线段应适当增设标志牌。

6) 电缆出入电缆沟、竖井、建筑物、柜(盘)、台处以及管子管口处等作密封处理。电缆桥架在穿过防火墙及防火楼板时,应采取防火封堵措施,用不低于楼板或墙体耐火极限的不燃烧体或防火堵料封堵密实,穿越楼板的电缆套管上、下端口和缝隙也必须封堵密实,防止火灾沿线路延燃。

4. 电缆穿管敷设

参见管内穿线。

5. 超高层建筑垂直电缆敷设

超高层建筑垂直电缆敷设根据不同电缆结构会有不同的施工方法,本节根据上海环球金融中心(地下3层,地上101层)工程的应用实例介绍。

电缆由超高层水平段、垂直竖井段、下水平段组成。其结构为:电缆在垂直敷设段带有3根钢丝绳,并配吊装圆盘,钢丝绳用扇形塑料包覆,并与三根电缆芯绞合,水平敷设段电缆不带钢丝绳。吊装圆盘为整个吊装电缆的核心部件,由吊环、吊具本体、连接螺栓(钢丝绳拉索锚具)和钢板卡具组成,其作用是在电缆敷设时承担吊具的功能并在电缆敷设到位后承载垂直段电缆的全部重量,电缆承重钢丝绳与吊具连接采用锌铜合金浇铸工艺。

1) 工艺流程

井口测量→穿引梭头设计制作→吊装工艺选择→起重设备选择→起重设备布置→通信设备布置→井内照明布置→电缆盘架设→吊装过程控制→吊装圆盘安装→辅助吊具安装→辅助卡具安装→检验试验→防火封堵。

2) 施工准备

(1) 工艺和吊装设备选择

超高层建筑垂直电缆施工所受限制有:①施工电梯运载能力有限;②施工场地狭小;③竖井高度超长;④无法使用大吨位卷扬机,主吊绳不能满足起吊高度和起吊电缆重量的要求;⑤吊装过程中,电缆容易晃动而被划伤。

针对以上限制条件,利用多台电动卷扬机互换提升、分段提升,由下而上垂直吊装敷设的方法。电缆盘架设在一层电气井附近,卷扬机布置在同一井道最高设备层上或以上楼层,按序吊运各竖井电缆。每根电缆分三段敷设,先进行设备层水平段和竖井垂直段电缆敷设,后进行下水平段电缆敷设。因上水平段不绞绕钢丝绳,不能受力,在吊装工艺选择上应侧重于上水平段的捆绑、吊运。

吊装高度较低的楼层,布置两台卷扬机,采用主吊绳水平跑绳,两台卷扬机互换提升的方法进行吊装,见图4-7。

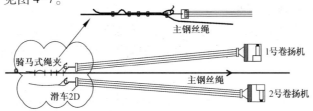

图 4-7 卷扬机互换提升示意

吊装高度较高的楼层上的卷扬机，两台卷扬机分段提升的方法，见图4-8。先由1号主吊卷扬机采用主吊绳垂直跑绳，在电气竖井内通过吊绳换钩、绳索脱离分段吊装，完成大部分吊装后再由2号主吊卷扬采用水平跑绳，吊完剩余较短的部分。在3号卷扬机提起整个上水平段后，将上水平段电缆捆绑在主吊绳上，3号卷扬机脱钩，由主吊卷扬机通过吊装圆盘吊运上水平段和垂直段的电缆，在吊装圆盘到达设备层的电气竖井口后，利用钢板卡具（吊装板）将吊装圆盘固定在槽钢台架上。

吊装设备的选择一般按照起重吨位、场地条件、搬入吊装设备的途径等方面选择。确定吊装设备后，选择跑绳数，最后经过计算选择钢丝绳规格。

（2）电气竖井留洞复核测量

电缆敷设前，应对竖井留洞尺寸及中心垂直偏差进行复核测量，方法为：

以每个电气竖井的最高层的留洞中心为测量基准点，采用吊线锤的测量方法，从上往下吊线锤，测量留洞中心垂直差，同时测量留洞尺寸，以图表形式作好测量记录。对不符合要求的留洞，通知建筑单位修整。

（3）竖井临时照明布置

采用36V安全电压，沿竖井布置，每层设置60W灯泡一只。

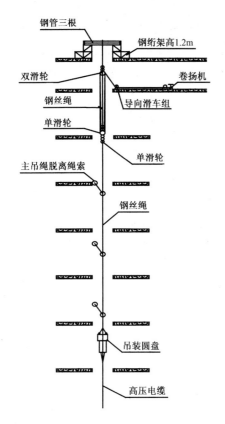

图4-8 卷扬机分段提升示意图

（4）竖井通信设备布置

以有线电话为主，无线电话为辅。

①架设专用通信线路，从设备层经电气竖井敷设至一层放盘区，电气竖井每层备一电话接口，便于竖井人员同指挥及卷扬机操作者联络；

②固定话机设置：每台卷扬机配备一部电话，卷扬机操作手须佩戴耳机，一层放盘区配置一部电话，一层井口配置一部电话，跑井人员每人一部随身电话；

③对讲机配置：指挥人、主操作人、放盘区负责人；通信设备布置完成后，应经过调试检查、通话清晰。

（5）竖井电缆台架制作安装

电缆台架应按设计要求制作，一般用槽钢，台架尺寸应比留洞尺寸伸宽50~100mm，用膨胀螺栓或预埋件固定。槽钢应除锈刷两道防锈漆，面漆颜色由设计确定。

3）电缆敷设

（1）起重设备布置

①电动卷扬机布置

吊装设备布置在电气竖井的最高设备层或以上楼层，除能吊装最高设备层的电缆外，还能吊装同一井道内其他设备层的垂直电缆,见图 4-9。

a. 卷扬机、导向滑轮的锚点可利用结构钢梁或钢柱,如没有现成的锚点,应预埋圆钢锚环。

b. 卷扬机与导向滑轮之间的距离应大于卷筒长度的 15 倍,确保当钢丝绳在卷筒中心位置时,滑轮的位置与卷筒轴心垂直。

c. 卷扬机为正反操作,安装时卷筒旋转方向应和操作开关的指示一致。

②绳索连接

卷扬机布置完成后,穿绕滑车组跑绳并将吊绳放置在电气井内,主吊绳可通过辅吊卷扬机从设备操作层放下,或由辅吊卷扬机从一层向上提升,到位后上端与主吊绳卷扬机滑车组连接,构成主吊绳索系。辅吊钢丝绳较细,可将辅吊卷扬机上的钢丝绳放至二层井口,用于吊上水平段电缆。

(2) 电缆架盘

①电缆盘架设区域地面应硬化、平整,范围内无其他施工;

②电缆盘至井口应设有缓冲区和下水平段电缆脱盘后的摆放区;

③电缆盘支架设计:超高层垂直电缆通常较长,重量较重,应设计一个承载大、稳定性好、方便拆卸的电缆架;

④根据实际情况采用吊车将电缆放置在电缆盘架上;

(3) 吊装过程控制

①上水平段电缆头绑扎

为了在吊装过程中不损伤电缆导体,选用有垂直受力锁紧特性的活套型金属网套为电缆头吊索,同时为了确保安全可靠,设一根直径 12.5mm 柔性钢丝绳为保险附绳。用两根麻绳将吊装圆盘临时吊在二层井口,见图 4-10。将电缆穿入吊装圆盘并伸出 1.2m,此时将金属网套套入电缆头并与 3 号卷扬机吊绳连接后向上提升 1.5m 左右叫停,这时金属网套已受力,可进行保险绳的捆绑,要求捆绑不少于 3 节,见图 4-11。

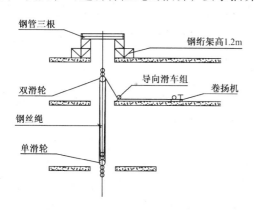

图 4-9 竖井吊装设备布置图

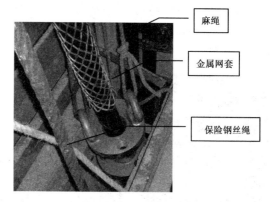

图 4-10 电缆头穿出吊装圆盘

②吊装圆盘连接

当上水平段电缆全部吊起,垂直段电缆钢丝绳连接螺栓接近吊装圆盘时叫停,将主吊绳与吊装圆盘吊索(千斤绳)连接,同时将垂直段电缆钢丝绳连接螺栓与吊装圆盘连接。

连接时应调整连接螺栓,使垂直段电缆内3根钢丝绳受力均匀。

③防摆定位装置安装

电缆在吊装过程中,由人力将电缆盘上的电缆经水平滚轮拖至一层井口,供卷扬机提升。电缆在卷扬机拉力和人力共同作用下产生摆动,电缆从地面向上方井口传递的弧度越大,在电气竖井内的摆动就越大。电缆摆动较大时,将会被井口刮伤,因而必须采取措施控制电缆摆动。

二层电气竖井井口为卷扬机摆动和人力结合部,在此处安装防摆动定位装置,可以有效地控制电缆摆动,同时起到了保持电缆垂直吊装的定位作用。防摆动定位装置由两个带轴承的滚轮,装在支架上组成,安装在二层电气井留洞槽钢台架上,见图4-12。

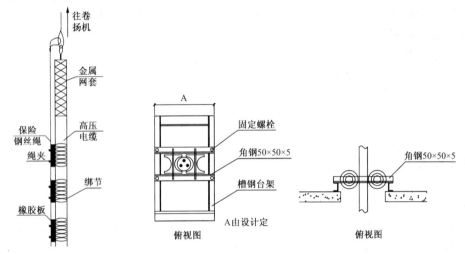

图4-11 电缆头及保险绳捆绑示意

图4-12 电缆防摆定位装置安装

(4) 吊装圆盘固定

当吊装圆盘吊至所在设备层井口高出台架70~80mm时叫停,将吊装板卡进吊装圆盘上颈部。用螺栓将吊装圆盘固定在槽钢台架上,见图4-13。卷扬机松绳、停止,至此电缆吊装过程完成。

图4-13 吊装圆盘固定

(5) 辅助吊绳安装

吊装圆盘在槽钢台架上固定后,还要对其辅助吊挂,目的是使电缆固定更为安全可靠,起到了加强保护作用。

辅助吊点设在所在设备层的上一层,吊架选用槽钢(型号规格见设计),用螺栓与槽钢台架连接固定。吊索选用钢丝绳(规格见设计),通过厚钢板(规格见设计)固定在吊架上,见图4-14。

辅助吊装点与吊装圆盘中心应在同一垂直线上,二根吊索应带有紧线器,安装后长度应一致,并处于受力状态。

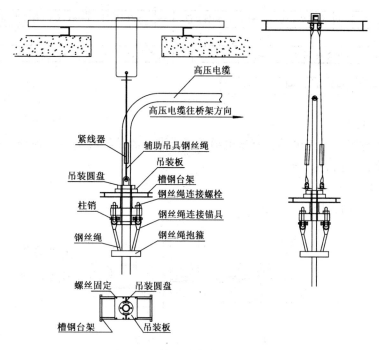

图 4-14 辅助吊索安装示意图

（6）竖井内电缆固定

在吊装圆盘及其辅助吊索安装完成后，电缆处于自重垂直状态下，将每个楼层井口的电缆用抱箍固定在槽钢台架上，电缆与抱箍之间应垫有胶皮，以免电缆受损伤。

（7）水平段电缆敷设、电缆试验，竖井防火封堵

水平段电缆敷设、电缆试验和竖井防火封堵按照常规方法进行。

6. 电缆终端头制作安装

（1）电缆敷设完成，并经绝缘及其他测试合格后进行电缆头制作安装；

（2）电缆头质量证明文件齐全，附件材料齐全无损伤，规格与电缆一致；

（3）施工机具齐全，便于操作，状况清洁；

（4）作业现场应保持清洁，空气干燥，光线充足，温度满足要求；

（5）绝缘材料不得受潮，密封材料不得失效；

（6）电缆头制作，应由经过培训的熟悉工艺的操作人员进行；

（7）制作电缆头，从剥切电缆开始应连续操作直至完成，缩短绝缘暴露时间；

（8）剥切电缆时不应损伤线芯和保留的绝缘层；

（9）附加绝缘的包绕、装配、热缩等应清洁；

（10）三芯电缆接头两侧电缆的金属屏蔽层（或金属套）铠装层应分别连接良好，不得中断；

（11）电缆终端上应有明显的相色标识，且应与系统的相位一致；

1) 干包电缆头制作

电缆头制作工艺流程如下：

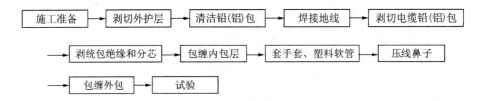

(1) 施工准备

准备所需材料、施工机具，测试电缆是否受潮、测量绝缘电阻，检查相序以及施工现场必要的安全检查措施。

(2) 剥切外护层

电缆头的剥切尺寸见图4-15。

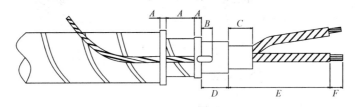

A—电缆卡子及卡子间尺寸，为钢带宽度或50mm；
B—接地线焊接尺寸，10～15mm；
C—预留统包尺寸，25～50mm；
D—预留铅（铝）包，铅（铝）包外径+60mm；
E—包扎长度，依安装位置确定；
F—线芯剥切长度，线鼻子+5mm

图4-15 干包电缆头剥切尺寸

①确定钢带剥切点，把由此向下的一段100mm的钢带，用汽油擦拭干净，再用锉锉光滑，表面搪锡；

②装好接地铜线，固定电缆钢带卡子；

③用钢锯在卡子的外边缘沿电缆一圈锯一道浅痕，用平口螺丝刀逆着钢带绕向把它撕下，用同样方法剥掉第二层钢带，用锉刀锉掉切口毛刺。

(3) 清洁铅（铝）包

可用喷灯稍稍给电缆加热，使沥青融化，逐层撕下沥青纸，再用带汽油或煤油的抹布将铅（铝）包擦拭干净。

(4) 焊接地线

接地线选用多股软铜线或铜编制带，焊点选在两道卡子间，焊接应牢固光滑，速度要快，时间不宜过长。

(5) 剥切铅（铝）包

先确定喇叭口位置，用电工刀先沿铅（铝）包周围切一圈深痕，再沿纵向在铅（铝）包上切割两道深痕，然后剥掉已切成两块的铅（铝）皮，用专用工具把铅（铝）包作成喇叭口状。

(6) 剥切统包绝缘和分芯

将电缆喇叭口向末端25mm段用塑料带顺统包绕向包绕几层作临时保护，然后撕掉保护带以上至电缆末端的统包绝缘纸，分开芯线，切割掉芯线之间的填充物。

(7) 包缠内包

从线芯的分叉根部开始，包缠1～2层塑料带，保护线芯绝缘，以防套管时受损。在芯线三叉口处填以环氧-聚酰胺腻子，压入第一个"风车"，"风车"也叫"三角带"，是用塑料带自作的，见图4-16。

第一个"风车"绝缘带不应太宽，否则会勒不紧，且在三叉口处容易形成空隙，"风车"必须紧紧地压入三叉口，放置平整。在内包层快完时，压入第二个"风车"，绝缘带的宽度可增至15～20mm，向下勒紧，散带应均匀分开，摆放平整，再把内包层全部包完。内包层应包成橄榄形，中间大、两头小，最大直径在喇叭口处，为铅包外径加10mm左右，如图4-17所示。

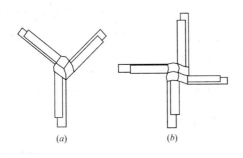

图4-16 "风车"制作示意图
(a) 三芯电缆用; (b) 四芯电缆用

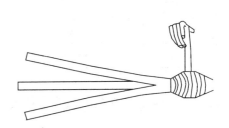

图4-17 "风车"包缠方法

(8) 套手套、塑料软管

选用同芯线截面配套的软手套，用变压器油润滑后套上线芯。使手套的三叉口紧贴压芯"风车"，四周紧贴内包层。然后自指根部开始，至高出手指10～20mm处用塑料粘胶带包缠，指根部缠四层，手指缠两层，形成近似锥体。

手指包缠好后，即可在线芯上套塑料软管，软管长度约为线芯长度加90mm。将套入端剪成45°斜口，用80℃左右的变压器油注入管内预热，然后迅速套至手指根部，手套的手指与软管搭接部分用1.5mm的尼龙绳绑扎，长度不小于30mm，其中越过搭接处5mm。然后绑扎手套根部，绑扎时先从上到下排出手套内部空气，再在手套端部包缠一层塑料带，在其上绑扎20～30mm的尼龙绳，要保证其中10mm尼龙绳绑扎在手套与铅（铝）包的接触部位上。尼龙绳绑扎时要用力扎紧，每匝尼龙绳要紧密相靠，但不能叠加。

(9) 压线鼻子

确定好线芯实际用长度，剥去线芯端部绝缘层，长度为线鼻子孔深加5mm，然后压装线鼻子。用塑料带填实裸线芯部分，翻上塑料软管，盖住端子压坑，用尼龙绳绑扎软管与端子重叠部分，再在外面包缠分色塑料带，以区别相序。

(10) 包缠外包层

从线芯三叉口起，在塑料软管外面用黄蜡带包两层，再用塑料带包两层，以区别相序。三叉口处用塑料带包缠，先后压入2～3个"风车"，填实勒紧。外包层最大直径为铅

（铝）包直径加25mm。

（11）试验

电缆头完成后及时进行直流耐压试验和泄漏电流测定，合格后就可接线。

2）热缩电缆头制作

（1）材料介绍

①热缩型交联聚乙烯绝缘电缆终端头头材料表，见表4-9。

热缩型交联聚乙烯绝缘电缆终端头主要材料表（户内）　　　表4-9

序号	材料名称	备注	序号	材料名称	备注
1	三指套	（φ70～φ110）	6	填充胶	
2	绝缘管	（φ30～φ40）×450	7	接地线	
3	应力控制管	（φ25～φ35）×150	8	接线端子	与电缆线芯相配，采用DL或DT系列
4	绝缘副管	（φ35～φ40）×100	9	绑扎铜丝	1/φ2.1mm
5	相色管	（φ35～φ40）×50	10	焊锡丝	

②热缩型塑料绝缘电缆终端头材料表，见表4-10。

热缩型塑料绝缘电缆终端头主要材料表　　　表4-10

序号	材料名称	备注	序号	材料名称	备注
1	接线端子	与电缆线芯相配，采用DL或DT系列	5	接地线	
2	三指套(或四指)	与电缆线芯截面相配	6	填充胶	
3	外绝缘管	（φ10～φ35）×300	7	绑扎铜丝	1/φ2.1mm
4	相色聚氯乙烯带	红、黄、绿、黑四色		焊锡丝	

③热缩型塑料绝缘电缆接头材料表，见表4-11。

0.6/1kV塑料电缆头主要材料表　　　表4-11

序号	名称	规格（mm）	长度（mm）	数量
1	热缩绝缘管	φ10～φ35	400	3或4
2	热缩护套管	φ50～φ100	1000	1
3	填充胶			
4	接地铜线		1000	1
5	连接管			3或4
6	PVC带	宽25mm		

(2) 技术要求

①喷灯宜用丙烷喷灯，热缩温度在110℃至130℃之间。

②加热收缩管件时火焰要缓慢接近热缩材料，并在周围沿圆周方向移动，待径向收缩均匀后再轴向延伸；

③热缩管包覆密封金属部位时，金属部位应预热至60~70℃；

④套装热缩管前应清洁包敷部位，热缩管收缩后必须清洁火焰在其表面残留的碳迹；

⑤热收缩完毕的热收缩管应光滑、无折皱、气泡，能比较清晰地看出其内部的结构轮廓，密封部位一般应有少量的密封胶溢出；

⑥交联聚乙烯绝缘电缆终端头的钢带铠装和铜带屏蔽层，在电缆运行时应连接在一起并按供电系统的要求接地。

(3) 电缆头制作工艺流程

电缆头制作工艺流程如下：

①热缩型交联绝缘终端头制作，见图4-18。

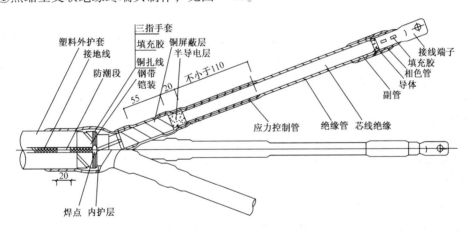

图4-18 热缩型交联绝缘终端头制作

a. 剥切

校直电缆后，按规定的尺寸剥切外护套，见图4-19，从外护套切口处留30mm钢铠，去漆，用铜线绑扎后，锯除其余部份，在钢带切口处留20mm内衬层，除去填充物，分开线芯。

b. 安装接地线

用铜线将接地线紧紧地绑扎在去漆的钢铠上，用焊锡焊牢，扎丝不得少于3道焊点。

c. 填充胶、固定手套

用电缆填充胶填充三叉根部空隙，外形似橄榄状。钢铠向下擦净60mm外护套，绕包一层密封胶。将手套套入，从三叉根部加热收缩固定，加热时，从手套根部依次向两端收缩固定。

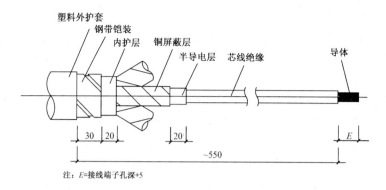

图 4-19 热缩型交联聚乙烯绝缘电缆终端头剥切尺寸

注：$E=$ 接线端子孔深 $+5$

e. 剥离

从手指部向上保留 55mm 铜屏蔽层，整齐剥离其余，但半导电层保留 20mm，不要损伤主绝缘，然后用溶剂清洁芯线绝缘。

f. 固定应力管

套入应力管，与铜屏蔽搭接 20mm，加热收缩固定。

g. 压线鼻子

线芯端部剥除线鼻子孔深加 5mm 长度绝缘，再压上线鼻子并锉平毛刺，在端子和芯绝缘之间包绕密封胶并搭接端子 10mm。

h. 固定绝缘管、密封管

套入绝缘管至三叉手套根部，管上端超出填充胶 10mm，并由根部起均匀加热固定。然后预热线鼻子，在线鼻子接管部位套上密封管，由上端起加热固定。

将相色管套在密封管上，然后加热固定。

若是户外电缆头，最后还应将雨裙加热颈部固定。

3）冷缩电缆头制作

（1）材料和设备

护套管、分支管、密封管、纱布、各式胶带、绝缘胶等。

（2）技术要求

①电缆终端头从开始剥切到制作完成必须连续进行，一次完成，防止受潮；

②剥切电缆时不得伤及线心绝缘；

③同一电缆线心的两端，相色应一致，且与连接母线的相序相对应。

（3）电缆头制作工艺流程

电缆头制作工艺流程如下：

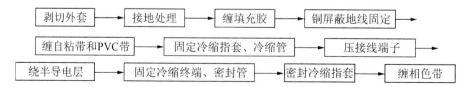

①剥切外套

见图4-20,将电缆校直、擦净,剥去从安装位置到接线端子的外护套、留钢铠25mm、内护套10mm,并用扎丝或PVC带缠绕钢铠以防松散。铜屏蔽端头用PVC带缠紧,防止松散脱落,铜屏蔽皱褶部位用PVC带缠绕,以防划伤冷缩管。

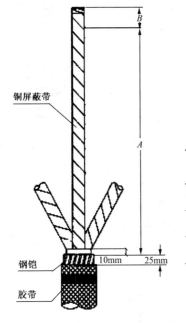

导体截面（mm²）	绝缘外径（mm）	A（mm）	B（mm）
25~70	14~22	560	接线端子孔深 +5mm
95~240	20~33	680	
300~500	28~46	680	

注：由于开关尺寸和安装方式的不同，A 尺寸供参考，具体的电缆外护套开剥长度应根据现场实际。

图4-20 电缆头剥切尺寸

②接地处理

将三角垫锥用力塞入电缆分岔处,钢铠去漆,用恒力弹簧将钢铠地线固定在钢铠上。为了牢固,地线要留10~20mm的头,恒力弹簧将其绕一圈后,把露的头反折回来,再用恒力弹簧缠绕,如图4-21所示。

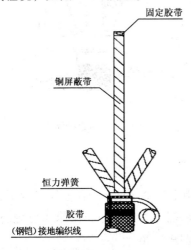

图4-21 固定铠装接地

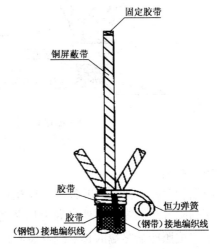

图4-22 固定铜屏蔽地线

273

③缠填充胶

自断口以下 50mm 至整个恒力弹簧、钢铠及内护层,用填充胶缠绕两层,三岔口处多缠一层。

④铜屏蔽地线固定

如图 4-22 所示,将一端分成三股的地线分别用三个小恒力弹簧固定在三相铜屏蔽上,缠好后尽量把弹簧往里推,钢铠地线与铜屏蔽地线不能短接。

⑤缠自粘带和 PVC 带

如图 4-23 所示。在填充胶及小恒力弹簧外缠一层黑色自粘带,再缠几层 PVC 带,防止水气沿接地线缝隙进入,也更容易抽出冷缩指套内的塑料条。

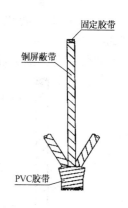

图 4-23 缠自粘带和 PVC 带

⑥固定冷缩指套、冷缩管

将指端的三个小支撑管略微拽出一点,将指套套入尽量下压,逆时针先抽手套端塑料条,再抽手指端塑料条,见图 4-24。

套入冷缩套管,与分枝手套搭接 15mm(应以产品随带技术文件为准备),拉出芯绳,从下向上收缩。户外头需安装带裙边的绝缘管,与上一绝缘管搭接 10mm,从下向上收缩,见图 4-25。

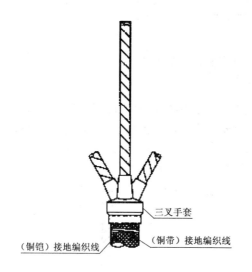

图 4-24 固定冷缩指套

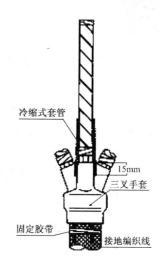

图 4-25 固定冷缩管

⑦压接线端子

距冷缩管 30mm 剥去铜屏蔽,记住相色线。距铜屏蔽 10mm,剥去外半导层,按接线端子孔深剥除各相绝缘。将外半导电层及绝缘体末端用刀具倒角,按原相色缠绕相色条,压上端子。按照冷缩终端的长度绕安装限位线,见图 4-26。

⑧绕半导电层

如图 4-27 所示,从铜屏蔽上 10mm 处绕半导电带至主绝缘上 10mm 处一个来回,用砂纸打磨绝缘层表面,并用清洁纸清洁。清洁时,从线心端头起,到外半导层,切不可来回擦,并将硅脂涂在线心表面(多涂)。

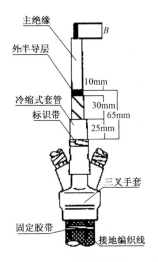

图 4-26　压接线端子

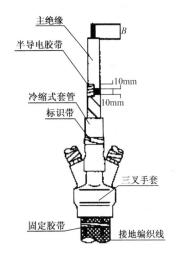

图 4-27　绕半导电层

⑨固定冷缩终端、密封管

套入冷缩终端,慢慢拉动终端内的支撑条,直到和终端端口对齐。将终端穿进电缆线心并和安装限位线对齐,轻轻拉动支撑条,使冷缩管收缩(如开始收缩时发现终端和限位线错位,可用手把它纠正过来)。

用填充胶将端子压接部位的间隙和压痕缠平,然后从绝缘管开始,半重叠绕包 Scotch70 绝缘带一个来回至接线端子上。如图 4-28 所示。

⑩密封冷缩指套

将指套大口端连地线一起翻卷过来,用密封胶将地线连同电缆外护套一起缠绕,然后将指套翻卷回来,用扎线将指套外的地线绑牢。

⑪缠相色带

最后在三相线芯分支套指管外包绕相色标志带。

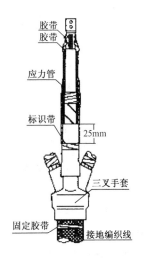

图 4-28　固定冷缩
终端、密封管

4.2.3　封闭母线安装

封闭母线、插接母线材料应符合下列规定:
(1) 查验合格证和随带安装技术文件。
(2) 外观检查:防潮密封良好,各段编号标志清晰,附件齐全,外壳不变形,母线螺栓搭接面平整、镀层覆盖完整、无起皮和麻面;插接母线上的静触头无缺损、表面光滑、镀层完整。

(3) 母线分段标志清晰齐全,绝缘电阻符合设计要求,每段大于 $20M\Omega$。

（4）根据母线排列图和装箱单，检查封闭插接母线、进线箱、插接开关箱及附件，其规格、数量应符合要求。

1. 母线支架安装

1）测量定位

（1）进入现场后首先依据图纸进行检查，根据母线沿墙、跨柱、沿梁、预留洞及屋架敷设的不同情况，核对是否与图纸相符。

（2）查看沿母线敷设全长方向有无障碍物，有无与建筑结构或设备管道、通风等安装部件交叉现象。

（3）检查预留孔洞、预埋铁件的尺寸、标高、方位，是否符合要求。

（4）配电柜内安装母线，测量与设备上其他部件安全距离是否符合要求。

（5）放线测量：放线测量出各段母线加工尺寸、支架尺寸，并画出支架安装距离及剔洞或固定件安装位置。

（6）检查安装支架平台是否符合安全及操作要求。

2）封闭母线支吊架制作安装

若供应商未提供配套支架或配套支架不适合现场安装时，应根据设计和产品技术文件规定进行支架制作。具体要求如下：

（1）根据施工现场的结构类型，支吊架应采用角钢、槽钢或圆钢制作，可采用"—"、"L"、"T"、"⌒"等形式。

（2）支架应用切割机下料，加工尺寸最大误差为5mm。用台钻、手电钻钻孔，严禁用气割开孔，孔径不得超过螺栓直径2mm。

（3）吊杆螺纹应用套丝机或套丝板加工，不得有断丝。

（4）支架及吊架制作完毕，应除去焊渣，并刷防锈漆和面漆。

3）支架安装

（1）支架和吊架安装时必须拉线或吊线锤，以保证成排支架或吊架的横平竖直，并按规定间距设置支架和吊架。

（2）母线在拐弯处以及与配电箱、柜连接处必须安装支架，直线段支架间距不应大于2m，支架和吊架必须安装牢固。

（3）母线垂直敷设支架：在每层楼板上，每条母线应安装2个槽钢支架，一端埋入墙内，另一端用膨胀螺栓固定于楼板上。当上下二层槽钢支架超过2m时，在墙上安装"—"字形角钢或槽钢支架，角钢或槽钢支架用膨胀螺栓固定于墙上。

（4）母线水平敷设支架：可采用"⌒"型吊架或"L"型支架，用膨胀螺栓固定在顶板上或墙板上。封闭母线在拐弯处应设支吊架，在楼板上的支架应用弹簧支架，弹簧数量必须符合产品技术要求。

（5）膨胀螺栓固定支架不少于两个螺栓。一个吊架应用两根吊杆，固定牢固，丝扣外露2~4扣，膨胀螺栓应加平垫和弹簧垫，吊架应用双螺母夹紧。

（6）支架及支架与埋件焊接处刷防腐漆应均匀，无漏刷，不污染建筑物。

2. 母线安装

封闭母线安装应按以下规定执行：

1）封闭、插接式母线组对接续之前，应进行绝缘电阻测试，绝缘电阻值应大于

20MΩ，合格后，方可进行组对安装；

2）按照母线排列图，将各节母线、插接开关箱、进线箱运至各安装地点；

3）按母线排列图，从起始端（或电气竖井入口处）开始向上，向前安装；

4）母线垂直安装。

(1) 在穿越楼板预留洞处先测量好位置，用螺栓将两根角钢支架与母线连接好，再用供应商配套的螺栓套上防振弹簧、垫片，拧紧螺母固定在槽钢支架上（弹簧支架组数由供应商根据母线型式和容量规定）。

(2) 用水平压板以及螺栓、螺母、平垫片、弹簧垫圈将母线固定在"一"字型角钢支架上。然后逐节向上安装，要保证母线的垂直度（应用磁力线锤挂垂线），在终端处加盖板，用螺栓紧固。

5）母线槽水平安装

(1) 水平平卧安装用水平压板及螺栓、螺母、平垫片、弹簧垫圈将母线（平卧）固定于"⌒"型角钢吊支架上。

(2) 水平侧卧安装用侧装压板及螺栓、螺母、平垫片、弹簧垫圈将母线（侧卧）固定于"⌒"型角钢支架上。水平安装母线时要保证母线的水平度，在终端加终端盖并用螺栓紧固。

6）母线与外壳同心，允许偏差为±5mm。

7）母线的连接

(1) 当段与段连接时，母线接触面保持清洁，涂电力复合脂，螺栓孔周边无毛刺。两相邻段母线及外壳对准，母线与外壳同心，允许偏差为±5mm，连接后不使母线及外壳受额外应力。连接时将母线的小头插入另一节母线的大头中去，在母线间及母线外侧垫上配套的绝缘板，再穿上绝缘螺栓加平垫片。弹簧垫圈，然后拧上螺母，用力矩扳手紧固，达到表4-12规定力矩即可，最后固定好接头处两侧盖板。

母线搭接螺栓的拧紧力矩值表　　　　　　表4-12

序号	螺栓规格	力矩值（N·m）	序号	螺栓规格	力矩值（N·m）
1	M8	8.8~10.8	5	M16	78.5~98.1
2	M10	17.7~22.6	6	M18	98.0~127.4
3	M12	31.4~39.2	7	M20	156.9~196.2
4	M14	51.0~60.8	8	M24	274.6~343.2

(2) 母线连接用绝缘螺栓连接。外壳与底座间、外壳各连接部位和母线的连接螺栓应按产品技术文件要求选择正确，连接紧固。

(3) 母线槽连接好后，外壳间应有跨接线，两端应设置可靠保护接地。将进线母线槽、分线开关线外壳上的接地螺栓与母线槽外壳之间用16mm²软铜线连接好。

(4) 母线应按设计规定安装伸缩节。设计没规定时，当封闭式母线直线敷设长度超过80m时，每50~60m宜设置膨胀节。母线穿过变形缝应采取相应的技术措施，确保变形缝的变形不损伤母线。

（5）插接箱安装必须固定可靠，垂直安装时，标高应以插接箱底口为准。

3. 接地

封闭、插接式母线的外壳及母线支架等可接近裸露导体应接地（PE）或接零（PEN）可靠，其接地电阻值应符合设计要求和规范的规定。不应作为接地（PE）或接零（PEN）的接续导体。

4. 防火封堵

封闭母线在穿防火分区时必须对母线与建筑物之间的缝隙作防火处理，用防火堵料将母线与建筑物间的缝隙填满，防火堵料厚度不低于结构厚度，防火堵料必须符合设计及国家有关规定。

5. 试运行

1）母线安装完后，要全面进行检查，清理工作现场的工具、杂物，并与有关单位人员协商好，请无关人员离开现场。

2）母线进行绝缘电阻测试和交流工频耐压试验合格后，母线才能通电。

3）封闭插接母线的接头连接紧密，相序正确，外壳接地良好。

4）送电程序为先高压、后低压；先干线，后支线；先隔离开关、后负荷开关。停电时与上述顺序相反。

母线送电前应先挂好有电标志牌，并通知有关单位及人员，送电后应有指示灯。

5）试运行。送电空载运行24h，无异常现象为合格，方可办理验收手续。

6）提交各种验收资料。

4.3 电气设备安装

电气设备负责对整个建筑进行供配电，在整个建筑电气中处于核心地位。其安装质量的好坏直接关系到整个电气系统能否安全可靠运行。

4.3.1 变压器安装

设备要求：

1）变压器的容量、规格及型号，必须符合设计要求；附件、配件齐全。

2）查验合格证和随带技术文件，出厂试验记录。

3）外观检查：有铭牌，附件齐全，绝缘件无缺损、裂纹，充油部分不渗漏，充气高压设备气压指示正常，涂层完整。

4）干式变压器的技术要求，除应符合上述变压器要求外，还应符合以下要求：

（1）变压器的接地装置应有防锈层及明显的接地标志；

（2）防护罩与变压器的距离，应符合相关技术标准和产品技术手册规定的要求。

（3）变压器有防止直接接触的保护标志。

（4）干式变压器的局部放电试验PC值和噪声测试dB（A）值，应符合设计要求及技术标准的规定。

5）基础型钢的规格、型号必须符合设计及规范要求，并无明显锈蚀。

6）紧固件、配件均应采用镀锌制品标准件，平垫圈和弹簧垫齐全。

7）其他材料如蛇皮管、吸湿硅胶、耐油塑料管、变压器油等符合设计及规范要求，并有产品合格证。

1. 施工工艺流程

2. 落地式变压器安装

1）设备点件检查：

（1）设备点件检查应由安装单位、供货单位、会同建设单位代表共同进行，并作好记录。

（2）按照设备清单，施工图纸及设备技术文件核对变压器本体及附件备件的规格型号是否符合设计图纸要求，是否齐全，有无丢失及损坏。

（3）变压器本体外观检查无损伤及变形，油漆完好无损伤。

（4）油箱封闭是否良好，有无漏油、渗油现象，油标处油面是否正常，发现问题应立即处理。

（5）绝缘瓷件及环氧树脂铸件有无损伤、缺陷及裂纹。

2）变压器二次搬运：

（1）变压器二次搬运应由起重工作业，电工配合。最好采用汽车吊装，也可采用吊链吊装，距离较长最好用汽车运输，运输时必须用钢丝绳固定牢固，尽量减少振动；距离较短且道路良好时，可用卷扬机、滚杠运输。产品在运输过程中，其倾斜度不得大于产品技术要求，如无要求不得大于30°。

（2）变压器吊装时，索具必须检查合格，钢丝绳必须挂在油箱的吊钩上，要用两根钢绳，同时着力四处如图 4-29 所示，并注意产品重心的位置，两根钢绳的起吊夹角不要大于 60°。若因吊高限制不能符合条件，用横梁辅助提升。

（3）变压器搬运时，应注意保护瓷瓶，最好用木箱或纸箱将高低压瓷瓶罩住，使其不受损伤。

（4）变压器搬运过程中；不应有冲击或严重振动情况，利用机械牵引时，牵引的着力点应在变压器重心以下，以防倾斜，运输倾斜角不得超过 15°，防止内部结构变形。

（5）用千斤顶顶升大型变压器时，应将千斤顶放置在专设部位，以免变压器变形。

（6）大型变压器在搬运或装卸前，应核对高低压侧方向，以免安装时调换方向发生困难。

图 4-29　变压器吊装

3）变压器就位

（1）变压器、电抗器基础的轨道应水平，轨距与轮距应配合；核验变压器基础的强度和轨道安装的牢固性、可靠性。基础轨距应与变压器轮距相吻合。装有气体继电器的变压器，应使其顶盖沿气体继电器气流方向有1%~1.5%的升高坡度（制造厂规定不需安装坡度者除外）。

（2）变压器就位可用汽车吊直接吊进变压器室内，或用道木搭设临时轨道，用吊链吊至临时平台上，然后用捯链拉入室内合适位置。

当变压器与封闭母线连接时，其套管中心应与封闭母线中心线相符。装有滚轮的变压器、电抗器，其滚轮应能灵活转动，在设备就位后，应将滚轮用能拆卸的制动装置加以固定。

变压器就位时，应注意其方位和距墙尺寸应与图纸相符，允许误差为±25mm，图纸无标注时，纵向按轨道定位，横向距离不得小于800mm，距门不得小于1000mm，并适当照顾屋内吊环的垂线位于变压器中心，以便于吊芯。

（3）在变压器的接地螺栓上均需可靠地接地。低压侧零线端子必须可靠接地。变压器基础轨道应和接地干线可靠连接，确保接地可靠性。

（4）变压器的安装应设置抗地震装置，如图4-30所示。

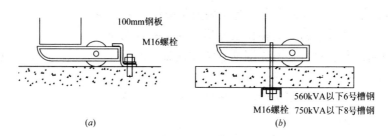

图4-30 变压抗震做法
（a）安装在混凝土地坪上的变压器安装；(b)有混凝土轨梁宽面推进的变压器安装

4）附件安装

（1）气体继电器安装

①气体继电器应作密封试验，轻瓦斯动作容积试验，重瓦斯动作流速试验，经检验鉴定合格后才能安装。

②气体继电器安装应水平，观察窗安装方向便于检查，箭头指向储油箱（油枕），其与连通管连接密封良好，其内部应擦拭干净，截油阀位于油枕和气体继电器之间。

③打开放气嘴，放出空气，直到有油溢出时将放气嘴关上，以免有空气使继电保护器误动作。

④当操作电源为直流时，必须将电源正极接到水银侧的接点上，以免接点断开时产生飞弧。

⑤事故喷油管的安装方位，应注意到事故排油时不致危及其他电器设备；喷油管口应换为割划有"十"字线的玻璃，以便发生故障时气流能顺利冲破玻璃。

（2）冷却装置的安装

①冷却装置在安装前应按制造厂规定的压力值用气压或油压进行密封试验，其中散热器、强迫油循环风冷却器，持续30min应无渗漏；强迫油循环水冷却器，持续1h应无渗漏，水、油系统应分别检查渗漏。

②冷却装置安装前应用合格的绝缘油经净油机循环冲洗干净，并将残油排尽。冷却装置安装完毕后应即注满油。

③风扇电动机及叶片应安装牢固，并应转动灵活，无卡阻；试转时应无振动、过热；叶片应无扭曲变形或与风筒碰擦等情况，转向应正确；电动机的电源配线应采用具有耐油性能的绝缘导线。

④管路中的阀门应操作灵活，开闭位置应正确；阀门及法兰连接处应密封良好。

⑤外接油管路在安装前，应进行彻底除锈并清洗干净；管道安装后，油管应涂黄漆，水管应涂黑漆，并设有流向标志。

⑥油泵转向应正确，转动时应无异常噪声、振动或过热现象；其密封应良好，无渗油或进气现象。

⑦差压继电器、流速继电器应经校验合格，且密封良好，动作可靠。

⑧水冷却装置停用时，应将水放尽。

（3）储油柜的安装

①储油柜安装前，应清洗干净。

②胶囊式储油柜中的胶囊或隔膜式储油柜中的隔膜应完整无破损；胶囊在缓慢充气胀开后检查应无漏气现象。

③胶囊沿长度方向应与储油柜的长轴保持平行，不应扭偏；胶囊口的密封应良好，呼吸应通畅。

④油位表动作应灵活，油位表或油标管的指示必须与储油柜的真实油位相符，不得出现假油位。油位表的信号接点位置正确，绝缘良好。

⑤所有法兰连接处应用耐油密封垫（圈）密封；密封垫（圈）必须无扭曲、变形、裂纹和毛刺，密封垫（圈）应与法兰面的尺寸相配合。

法兰连接面应平整、整洁；密封垫应擦拭干净，安装位置应准确；其搭接处的厚度应与其原厚度相同，橡胶密封垫的压缩量不宜超过其厚度的1/3。

（4）防潮呼吸器的安装

①防潮呼吸器安装之前，应检查硅胶是否失效，如已失效，应在115~120℃温度烘烤8小时或按产品说明书规定执行，使其复原或更新。

②安装时，必须将呼吸器盖子上橡皮垫去掉，使其通畅，在隔离器具中装适量变压器油，以过滤灰尘。

（5）温度计安装

变压器使用的温度计有玻璃液面温度计、压力式信号温度计、电阻温度计。温度计装在箱顶表座内，表座内注入变压器油（留空气层约20mm）并密封。玻璃液面温度计应装在低压侧。压力式信号温度计安装前应经过准确度检验，并按运行部门的要求整定电接点，信号温度计的导管不应有压扁和死弯，弯曲半径不得小于100mm。控制线应接线正确，绝缘良好。电阻式温度计主要是供远方监视变压器上层油温，与比率计配合使用。

（6）电压切换装置安装

①变压器电压切换装置各分接点与线圈的联线压接正确，并接触紧密牢固。转动点停留位置正确，并与指示位置一致。

②电压切换装置的小轴销子、分接头的凸轮、拉杆等确保完好无损。转动盘应动作灵

活,密封良好。

③有载调压切换装置的调换开关的触头及铜辫子软线应完整无损,触头间应有足够的压力(常规为80~100N)。

④电压切换装置的传动装置的固定应牢固,传动机构的摩擦部分应有足够的润滑油。

⑤联锁安装。有载调压切换装置转动到极限位置时,应装有机械联锁与带有限位开关的电气联锁。

⑥有载调压切换装置的控制箱常规应安装在操作台上,联线应正确无误,并应调整好,手动、自动工作正常,档位指示正确。

⑦电压切换装置吊出检查调整时,暴露在空气中的时间应符合表4-13规定。

调压切换装置露空时间　　　　　　　　　　表4-13

环境温度(℃)	>0	>0	>0	<0
空气相对湿度(%)	65以下	65~75	75~85	不控制
持续时间不大于(h)	24	16	10	8

5)变压器连线

(1)变压器外部引线的施工,不应使变压器的套管直接承受应力。

(2)变压器中性点的接地回路中,靠近变压器处,应作一个可拆卸的连接点。

(3)接地装置从地下引出的接地干线以最近的路径直接引至变压器,绝不允许经其他电气装置接地后串联连接起来。

(4)变压器中性点接地线与工作零线应分别敷设。工作零线应用绝缘导线。

(5)油浸变压器附件的控制导线,应采用具有耐油性能的绝缘导线。靠近箱壁的导线,应用金属软管保护,并排列整齐,接线盒应密封良好。

6)吊芯检查

(1)运输支撑和器身各部位应无移动现象,运输用的临时防护装置及临时支撑应予拆除,并经过清点作好记录以备查。

(2)所有螺栓应紧固,并有防松措施;绝缘螺栓应无损坏,防松绑扎完好。

(3)铁芯检查:

①铁芯应无变形,铁轭与夹件间的绝缘垫应良好;

②铁芯应无多点接地;

③铁芯外引接地的变压器,拆开接地线后铁芯对地绝缘应良好;

④打开夹件与铁轭接地片后,铁轭螺杆与铁芯、铁轭与夹件、螺杆与夹件间的绝缘应良好;

⑤当铁轭采用钢带绑扎时,钢带对铁轭的绝缘应良好;

⑥打开铁芯屏蔽接地引线,检查屏蔽绝缘应良好;

⑦打开夹件与线圈压板的连线,检查压钉绝缘应良好;

⑧铁芯拉板及铁轭拉带应紧固,绝缘良好。

(4)绕组检查:

①绕组绝缘层应完整,无缺损、变位现象;
②各绕组应排列整齐,间隙均匀,油路无堵塞;
③绕组的压钉应紧固,防松螺母应锁紧。

(5)绝缘围屏绑扎牢固,围屏上所有线圈引出处的封闭应良好。

(6)引出线绝缘包扎牢固,无破损、拧弯现象;引出线绝缘距离应合格,固定牢靠,固定支架应紧固;引出线的裸露部分应无毛刺或尖角,其焊接应良好;引出线与套管的连接应牢靠,接线正确。

7)无励磁调压切换装置各分接头与线圈的连接应紧固正确;各分接头应清洁,且接触紧密,弹力良好;所有接触到的部分,用 0.05×10mm 塞尺检查,应塞不进去;转动接点应正确地停留在各个位置上,且与指示器所指位置一致;切换装置的拉杆、分接头凸轮、小轴、销子等应完整无损;转动盘应动作灵活,密封良好。

8)有载调压切换装置的选择开关、范围开关应接触良好,分接引线应连接正确、牢固,切换开关部分密封良好。必要时抽出切换开关芯子进行检查。

9)绝缘屏障应完好,且固定牢固,无松动现象。

10)检查油循环管路与下轭绝缘接口部位的密封情况。

11)检查各部位应无油泥、水滴和金属屑末等杂物。

注:①变压器有围屏者,可不必解除围屏,本条中由于围屏遮蔽而不能检查的项目,可不予检查;②铁芯检查时,其中的3)、4)、5)、6)、7)项无法拆开的可不测。

12)器身检查完毕后,必须用合格的变压器油进行冲洗,并清洗油箱底部,不得有遗留杂物。箱壁上的阀门应开闭灵活、指示正确。导向冷却的变压器尚应检查和清理进油管节头和联箱。吊芯过程中,芯子与箱壁不应碰撞。

13)吊芯检查后如无异常,应立即将芯子复位并注油至正常油位。吊芯、复位、注油必须在16h内完成。

14)吊芯检查完成后,要对油系统密封进行全面仔细检查,不得有漏油渗油现象。

3. 变压器交接试验

变压器的交接试验应由有资质的试验室进行。试验标准应符合规范、当地供电部门规定及产品技术资料的要求。详见《电气装置安装工程电气设备交接试验标准》GB 50150。

4. 变压器送电前的检查

(1)变压器试运行前应作全面检查,确认各项数据均符合试运行条件时方可投入运行。

(2)变压器试运行前,必须由质量监督部门检查合格。

(3)变压器试运行前,做好各种防护措施,并做好应急预案。

5. 变压器送电试运行验收

1)送电试运行

(1)变压器第一次投入时,可由高压侧投入全压冲击合闸。

(2)变压器第一次受电后,持续时间应大于10min,无异常情况。

(3)变压器进行3~5次全压冲击合闸,应无异常情况,励磁涌流不应引起保护装置误动作。

(4)油浸变压器带电后,油系统不应有渗油现象。

(5) 变压器试运行要注意冲击电流、空载电流、一、二次电压、温度,并作好详细记录。

(6) 变压器并列运行前,相位核对应正确。

(7) 变压器空载运行 24h,无异常情况,方可投入负荷运行。

2) 验收

(1) 变压器带电运行 24h 后无异常情况,应办理验收手续。

(2) 验收时,应移交有关资料和文件。

4.3.2 配电箱(柜)安装

1. 成套配电箱(柜)安装

材料设备要求:

(1) 设备及材料的质量均应符合设计、国家现行技术标准及其他相关文件(如采购合同)的规定,并应有产品质量合格证和随带技术文件,实行生产许可证和安全认证制度的产品,有许可证编号和安全认证标志。

(2) 外观检查:包装及密封应良好。开箱检查清点,型号、规格应符合设计要求,柜(盘)本体外观检查应无损伤及变形,油漆完整无损,有铭牌,柜内元器件无损坏丢失、无裂纹等缺陷。接线无脱落脱焊,充油、充气设备无泄漏,涂层完整,无明显碰撞凹陷,附件、备件齐全。装有电器的活动盘、柜门,应以裸铜软线与接地的金属构架可靠接地。

(3) 柜、屏、台、箱、盘的金属框架及基础型钢必须接地(PE)或接零(PEN)可靠;装有电器的可开启门,门和框架的接地端子间应用裸编织铜线连接,且有标识。

(4) 低压成套配电柜、控制柜(屏、台)和动力、照明配电箱(盘)应有可靠的电击保护。柜(屏、台、箱、盘)内保护导体应有裸露的连接外部保护导体的端子,当设计无要求时,柜(屏、台、箱、盘)内保护导体最小截面积 S_p 不应小于表 4-14 的规定。

保护导体的最小截面积　表 4-14

相线的截面积 S（mm²）	相应保护导体的最小截面积 S_p（mm²）
$S \leqslant 16$	S
$16 < S \leqslant 35$	16
$35 < S \leqslant 400$	$S/2$
$400 < S \leqslant 800$	200
$S > 800$	$S/4$

注:S 指柜(屏、台、箱、盘)电源进线相线截面积,且两者(S、S_p)材质相同。

(5) 基础型钢规格型号符合设计要求,并且无明显锈蚀。

(6) 其他材料。涂料(面漆、相色、防锈)、焊条、绝缘胶垫、锯条等均应符合相关质量标准规定。

1) 施工工艺流程

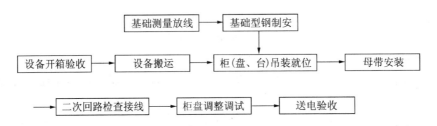

284

2）柜（盘）安装

（1）基础测量放线

按施工图纸标定的坐标方位、尺寸进行测量放线，确定型钢基础安装的边界线和中心线。

（2）基础型钢制作安装

①基础型钢制作。将不直的型钢先调直，再按施工图纸要求的尺寸下料，组焊基础型钢架。组焊时应注意槽钢口朝内，型钢架顶面要在一个平面上，焊接时要对称焊，避免扭曲变形，焊缝要满焊。按柜（盘）底脚固定孔的位置尺寸，在型钢架的顶面上打好安装孔，也可在组立柜（盘）时再打孔。在定孔位时，应使柜（盘）底面与型钢立面对齐，并应刷好防锈漆。

②基础型钢架安装。将已预制好的基础型钢架放在测量放线确定的位置的预埋铁件上，用水准仪或水平尺找平、找正，安装偏差如表4-15。

基础型钢安装允许偏差　　表4-15

项目	允许偏差	
	（mm/m）	（mm/全长）
不直度	1	5
水平度	1	5
不平行度	—	5

基础型钢上表面应处于同一水平面。找平过程中，用垫铁垫在型钢架与预埋件之间找平，但每组垫铁不得超过三块。然后，将基础型钢架、预埋件、垫铁用电焊焊牢。基础型钢架的顶部应高出地面5~10mm（型钢是否需要高出地面，应根据设计及产品技术文件要求而定）。

③基础型钢架的接地。在型钢结构架的两端与引进室内的接地扁钢焊牢，焊接面为扁钢宽度的二倍，三面满焊，焊接处除去氧化铁，作好防腐处理，然后将基础型钢架涂刷二道面漆。

（3）柜（盘、台）吊装就位

①运输。首先应确保运输通道平整畅通。根据设备重量、外形尺寸、距离长短可采用汽车、汽车吊配合运输、人力推车运输或卷扬机滚杠运输。汽车运输时，必须用麻绳将设备与车身固定牢，开车要平稳。盘、柜等在搬运和安装时应采取防振、防潮、防止框架变形和漆面受损等安全措施，必要时可将装置性设备和易损元件拆下单独包装运输。当产品有特殊要求时，尚应符合产品技术文件的规定。

②设备吊装。柜（盘）顶部有吊环时，吊点应为设备的吊环；无吊环时，应将吊索挂在四角的主要承重结构处（注意不得损坏箱体），不得将吊索吊在设备部件上，吊索的绳长应一致，以防柜体受力不均产生变形或损坏部件。

③柜（盘）安装。应按施工图纸依次将柜平稳、安全、准确就位在基础型钢架上。单独的柜（盘）只保证柜面和侧面的垂直度。成排柜（盘）就位之后，先找正两端的柜，再由距柜上下端20cm处绷上通线，逐台找正，以成排柜（盘）正面平顺为准。找正时采用0.5mm铁片进行调整，每组垫片不能超过三片，柜、屏、台、箱、盘安装垂直度允许偏差为1.5‰，相互间接缝不应大于2mm，成列盘面偏差不应大于5mm。调整后及时作临时固定，根据柜的固定螺孔尺寸，用手电钻在基础型钢架上钻孔，分别用M12或M16镀锌螺栓固定。紧固时要避免局部受力过大，以免变形，受力要均匀，并应有防松措施。

④固定。柜（盘）就位，用水平尺或水平仪将柜找正、找平后，应将柜体与柜体、柜体与侧挡板均用镀锌螺丝连接为整体，且应有防松措施。

⑤接地。应以每台柜（盘）单独与基础型钢架连接，严禁串联连接接地。所有接地连接螺栓处应有防松装置。

（4）母带安装

①柜（盘）骨架上方的母带安装必须按设计施工，母带规格型号必须与设计相符，相序、间距与设计一致，绝缘达到设计及规范相关要求的规定。

②绝缘端子与接线端子间距合理，排列有序，安装牢固，规格与母带截面相匹配。所有连接螺栓应采用镀锌螺栓，并应有防松措施，连接牢固。

③母带应设有防止异物坠落其上而使母带短路的措施。

（5）二次回路检查结线

①按柜（盘）工作原理图及接线图逐台检查柜（盘），电器元件应与设计相符，其额定电压和控制、操作电源电压必须一致，接线应正确，整齐美观，绝缘良好，连接牢固，且不得有中间接头。

②多油设备的二次接线不得采用橡皮线，应采用塑料绝缘线或其他耐油导线。

③接到活动门、板上的二次配线必须采用 $2.5mm^2$ 以上的绝缘软线，并在转动轴线附近两端留出裕量后卡固，结束处应有外套塑料管等加强绝缘层；与电器连接时，端部应绞紧，并应加终端附件或搪锡，不得松散、断股。

④在导线端部应套有号码管，号码与原理图一致，导线应顺时针方向弯成内径比端子接线螺钉外径大 $0.5\sim1mm$ 的圆圈；多股导线应先拧紧、挂锡、煨圈，并卡入梅花垫，或采用压接线鼻子，禁止直接插入。

⑤控制线校线后，将每根芯线理顺直敷在线槽内，用镀锌螺丝、平垫圈、弹簧垫连接在每个端子板上，每侧一般一端子压一根线，最多不得超过两根，而且必须在两根线间加垫圈。多股线应搪锡，严禁产生断股缺股现象。

⑥不应将导线绝缘层插入接线端子内，以免造成接触不良，也不应插入过少，以致掉落。

⑦强、弱电回路不应使用同一根电缆，并应分别成束分开排列。

3）调试

柜（盘）调试应符合以下规定：

（1）高压试验应由供电部门认定有资质的试验单位进行。高压试验结果必须符合国家现行技术标准的规定和柜（盘）的技术资料要求。

（2）手车、抽出式成套配电柜推拉应灵活，无卡阻碰撞现象。动触头与静触头的中心线应一致，且触头接触紧密，投入时，接地触头先于主触头接触；退出时，接地触头后于主触头脱开。

（3）高低压成套配电柜必须按规定作交接试验合格，且应符合下列规定：

①继电保护元器件、逻辑元件、变送器和控制用计算机等单体校验合格，整组试验动作正确，整定参数符合设计要求；

②凡经法定程序批准，进入市场投入使用的新高压电气设备和继电保护装置，按产品技术文件要求交接试验。

(4) 试验内容。高低压柜框架、高低压开关、母线、电压互感器、电流互感器、避雷器、电容器、高压瓷瓶等。详见本章相关节及《电气装置安装工程电气设备交接试验标准》GB 50150。

4) 送电试运行

(1) 送电前应做好如下工作：

①设备和工作场所必须彻底清扫干净，所有电器、仪表元件清洁完成（清扫时注意不要用液体），不得有灰尘和杂物，尤其母线上和设备上不能留有工具、金属材料及其他物件，可再次对相间、相对地、相对零进行绝缘电阻测试，测试值必须符合要求。

②应备齐试验合格的绝缘防护用品（绝缘防护装备、胶垫，以及接地编织铜线）和应急物资（灭火器材），以及测试工具等，做好应急预案。

③试运行的组织工作。明确试运行指挥者、操作者和监护者。监护者必须由有经验的工程师担任。

④各试验项目全部合格，有试验报告单，并经监理工程师签字认可后，方可进行送电。

⑤各种保护装置（如继电保护）动作灵活可靠，控制、连锁（电气连锁、机械连锁）、信号等动作准确无误。

(2) 送电应符合以下规定：

①送电流程如下：

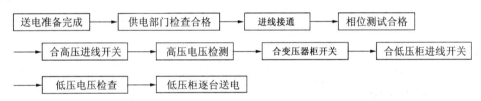

以上流程必须依次执行，每一步合格以后，才能进行下一步的操作。

②同相校核。在开关断开状态下进行同相校核。用万用表或电压表电压档测量两路的同相，此时电压表无读数，表示两路电同一相。

5) 验收

(1) 送电运行24h，配电柜运行正常、无异常现象、方可办理验收手续，交建设单位使用。

(2) 验收提交各种文件资料。

2. 配电箱（盘）安装

(1) 配电箱（盘）体应有一定的机械强度，周边平整无损伤，油漆无脱落，材质应选择阻燃性材料。产品合格证和随带技术文件齐全，实行生产许可证和安全认证制度的产品，有许可证编号和安全认证标志。其箱体应满足以下要求：

①配电箱（盘）的选型配置必须符合设计及规范要求。

②铁制配电箱（盘）：均需先刷一遍防锈漆，再刷面漆二道。预埋的各种铁件均应刷防锈漆，并做好明显可靠的接地。导线引出面板时，面板线孔应光滑无毛刺，金属面板应装设绝缘保护套。二层底板厚度不小于1.5mm，箱内各种器具应安装牢固，导线排列整

齐，压接牢固。

③紧固件、配件和金具均应采用镀锌制品。

（2）箱、盘间配线：电流回路应采用额定电压不低于750V、芯线截面积不小于2.5mm² 的铜芯绝缘电线或电缆；除电子元件回路或类似回路外，其他回路的电线应采用额定电压不低于750V、芯线截面不小于1.5mm² 的铜芯绝缘电线或电缆。箱内绝缘导线的规格型号必须符合设计及规范要求。箱、盘间线路的线间和线对地间绝缘电阻值，馈电线路必须大于0.5MΩ；二次回路必须大于1MΩ。二次回路连线应成束绑扎，不同电压等级、交流、直流线路及计算机控制线路应分别绑扎，且有标识。箱、盘间二次回路交流工频耐压试验，当绝缘电阻值大于10MΩ时，用2500V兆欧表摇测1min，应无闪络击穿现象；当绝缘电阻值在1~10MΩ时，作1000V交流工频耐压试验，时间1min，应无闪络击穿现象。

（3）配电箱的配件齐全，箱中配专用保护接地端子排的应与箱体连通形成电气通路。工作零线设在明显处，工作零线的端子排应固定在绝缘子上，端子排交流耐压不低于2500V。端子排应为铜制，用以紧固端子排的螺栓应不小于M5。

（4）配电箱内的母线应套绝缘管，绝缘管宜用黄（L1）、绿（L2）、红（L3）等颜色区分。

（5）箱内电器元件之间的安全距离，其净距见表4-16规定。

配电箱元件安全距离　　　　　　　　　　　　　　　　　　表4-16

	最小净距（mm）	电器名称	最小净距（mm）
并列电度表	60	电度表接线管头至表下沿	60
并列开关或单极保险	30	上下排电器管头	25
进出线管头至开关上下沿 10~15A	30	管头至盘边	40
20~30A	50	开关至盘边	40
60A	80	电度表至盘边	60

（6）照明箱（盘）内，分别设置零线（N）和保护地线（PE线）汇流排，零线和保护地线经汇流排配出。配电箱（盘）带有器具的铁制盘面和装有器具的门及电器的金属外壳均应有明显可靠的PE保护地线。

1）施工工艺流程

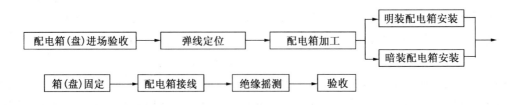

2）配电箱（盘）安装

（1）弹线定位：

根据设计要求找出配电箱（盘）位置，并按照箱（盘）的外形尺寸进行弹线定位；配电箱应安装在易于操作维护的位置。

（2）配电箱（盘）的加工：

盘面可采用厚塑料板、钢板。

盘面的组装配线如下：

①实物排列：将盘面板放平，再将全部电具、仪表置于其上，进行实物排列。对照设计图及电具、仪表的规格和数量，选择最佳位置使之符合间距要求，并保证操作维修方便及外形美观。

②加工：位置确定后，用方尺找正，画出水平线，分均孔距。然后撤去电具、仪表，进行钻孔（孔径应与绝缘嘴吻合）。钻孔后除锈，刷防锈漆及灰油漆。

③固定电具：油漆干后装上绝缘嘴，并将全部元器件固定在配电箱上，安装牢固。

④电盘配线：要求导线应排列整齐，绑扎成束。压头时，将导线留出适当余量，削出线芯，逐个压牢。但是多股线需用压线端子。如立式盘，开孔后应首先固定盘面板，然后再进行配线。

（3）配电箱（盘）安装

①铁架固定配电箱（盘）

将角钢调直，量好尺寸，锯断煨弯，钻孔位，焊接。煨弯时用方尺找正，将对口缝满焊牢固，并将埋注端做成燕尾，再除锈刷防锈漆。然后按照标高用水泥砂浆将铁架燕尾端埋注牢固，埋入时要注意铁架的平直程度和孔间距离，应用线坠和水平尺测量准确后再稳住铁架。待水泥砂浆凝固达到一定强度后方可进行配电箱（盘）的安装。

②金属膨胀螺栓固定配电箱（盘）

采用金属膨胀螺栓可在混凝土墙或砖墙上固定配电箱（盘）。先弹线定位，找出准确的固定点位置，用电钻或冲击钻在固定点位置钻孔，其孔径应与金属膨胀螺栓的胀管相配套，且孔洞应平直不得歪斜。

（4）配电箱（盘）的固定

①在混凝土墙或砖墙上固定明装配电箱（盘）时，采用暗配管及暗分线盒和明配管两种方式。如有分线盒，先将盒内杂物清理干净，然后将导线理顺，分清支路和相序，按支路绑扎成束。待箱（盘）找准位置后，将导线端头引至箱内或盘上，逐个剥削导线端头，再逐个压接在器具上，同时将PE保护地线压在明显的地方，并将箱（盘）调整平直后进行固定，其垂直偏差不应大于3mm。在电器、仪表较多的盘面板安装完毕后，应先用仪表校对有无差错，调整无误后试送电，并将卡片框内的卡片填写好部位、编上号。

②在木结构或轻钢龙骨护板墙上进行固定配电箱（盘）时，应采用加固措施。如配管在护板墙内暗敷设，并有暗接线盒时，要求盒口应与墙面平齐，在木制护板墙处应作防火处理，可涂防火漆或加防火材料衬里进行防护。除以上要求外，有关固定方法同上所述。

③暗装配电箱的固定：

箱体与建筑物、构筑物接触部位应涂防腐涂料，根据预留孔洞尺寸先将箱体找好标高及水平尺寸，并将箱体固定好，然后用水泥砂浆填实周边并抹平齐，待水泥砂浆凝固后再安装盘面。如箱底与外墙平齐时，应在外墙固定金属网后再做墙面抹灰。不得在箱底板上抹灰。安装盘面要求平整，周边间隙均匀对称，箱面平正，不歪斜，螺丝垂直受力均匀。

（5）配电箱导线与器具的连接

①配电箱导线与器具的连接，箱（盘）内配线整齐，无绞接现象。导线连接紧密，不伤芯线，不断股。垫圈下螺丝两侧压的导线截面积相同，同一端子上导线连接不多于2根，防松垫圈等零件齐全；回路编号齐全，标识正确。

②接线桩头针孔直径较大时，将导线的芯线折成双股或在针孔内垫铜皮，如果是多股芯线上缠绕一层导线，以增大芯线直径使芯线与针孔直径相适应。导线与针孔或接线桩头连接时，应拧紧接线桩上螺钉，顶压平稳牢固且不伤芯线。

3）绝缘测试

配电箱（盘）全部电器安装完毕后，用500V兆欧表对线路进行绝缘摇测。摇测项目包括相线与相线之间、相线与中性线之间、相线与保护地线之间、中性线与保护地线之间的绝缘电阻值。两人进行摇测，同时作好记录，作为技术资料存档。

4）验收

（1）箱（盘）内配线整齐，无绞接现象。导线连接紧密，不伤芯线，不断股。垫圈下螺丝两侧不应压不同截面导线，同一端子上导线连接不应超过两根，防松垫圈等配件齐全。

（2）箱（盘）内开关动作应灵活可靠，带有漏电保护的回路，漏电保护装置动作电流和动作时间应符合设计及规范要求。

（3）位置正确，部件齐全、箱体开孔与线管管径相适配，暗式配电箱箱盖紧贴墙面，箱（盘）涂层完整。

（4）箱（盘）内接线整齐，回路编号齐全，标识正确。

（5）照明配电箱（盘）不应采用可燃材料制作。

（6）箱（盘）应安装牢固，垂直度允许偏差为1.5‰，底边距地面为1.5m或设计高度，照明配电板底边距地面不小于1.8m或设计高度。

（7）照明箱（盘）内，分别设置零线（N）和保护地线（PE线）汇流排，零线和保护地线经汇流排配出。

（8）箱、盘的金属框架及基础型钢必须接地（PE）或接零（PEN）可靠；装有电器的可开启门，门和框架的接地端子间应用裸编织铜线连接，且有标识。

4.3.3 照明器具安装

1. 灯具安装

1）材料要求

（1）在建筑施工过程中，为保证施工的质量、对室内（外）环境的照度，必须严格按照国家现行的设计规范、施工技术标准及工程设计图纸进行灯具的选型和施工。

（2）所选用的灯具及控制器件（开关、插座）的各项指标必须满足现行的国家标准及国际标准，所有装置必须具有合格证、3C认证及检测报告。

（3）一些专业灯具还必须具有其专业认可的资质证书（如消防用灯具必须具有消防认证书）。

2）普通灯具安装

(1) 灯具的固定应符合下列规定：

①灯具重量大于3kg时，固定在螺栓预埋吊钩上；软线吊灯，灯具重量在0.5kg及以下时，采用软电线自身吊装；大于0.5kg的灯具采用吊链，且软电线编叉在吊链内，使电线不受力。

②灯具固定牢固可靠，不使用木楔。每个灯具固定用螺钉或螺丝不少于2个；当绝缘台直径在75mm及以下时，采用1个螺钉或螺栓固定。

③花灯吊钩圆钢直径不小于灯具挂销直径，且不小于6mm。大型花灯的固定及悬吊装置，应按灯具重量的2倍作过载试验；当钢管作灯杆时，钢管内径不应小于10mm，钢管厚度不应小于1.5mm。

④灯具带电部件的绝缘材料以及提供防触电保护的绝缘材料，应耐燃烧和防明火。

(2) 当设计无要求时，灯具的安装高度和使用电压等级应符合下列规定：

一般敞开式灯具，灯头对地面距离不小于下列数值（采用安全电压时除外）：

室外：2.5m（室外墙上安装）；厂房：2.5m；室内：2m；软吊线带升降器的灯具在吊线展开后：0.8m。危险性较大及特殊危险场所，当灯具距地面高度小于2.4m时：使用额定电压为36V及以下的照明灯具，或有专用保护措施；灯具的可接近裸露导体必须接地（PE）或接零（PEN）可靠，并应有专用接地螺栓，且有标识；装有白炽灯泡的吸顶灯具，灯泡不应紧贴灯罩；当灯泡与绝缘台间距离小于5mm时，灯泡与绝缘台间应采取隔热措施。

3）专用灯具安装

(1) 游泳池和类似场所灯具（水下灯及防水灯具）的等电位联结应可靠，且有明显标识，其电源的专用漏电保护装置全部检测合格。自电源引入灯具的导管必须采用绝缘管。

(2) 手术台无影灯安装应符合下列规定：

①固定灯座的螺栓数量不少于灯具法兰底座上的固定孔数，且螺栓直径与底座孔径相适配；螺栓采用双螺母锁固；底座紧贴顶板，四周无缝隙；在混凝土结构上螺栓与主筋相焊接或将螺栓末端弯曲与主筋绑扎锚固；

②配电箱内装有专用总开关及分路开关，电源分别接在两条专用的回路上，开关至灯具的电线采用额定电压不低于750V的铜芯多股绝缘电线。灯具表面保持整洁、无污染，镀、涂层完整无划伤。

(3) 应急照明灯具安装应符合下列规定：

①疏散照明按设计及规范要求选用灯具。

②安全出口标志灯和疏散标志灯装有玻璃或非燃材料的保护罩，面板亮度均匀度为1:10（最低:最高），保护罩应完整、无裂纹。

③应急照明灯的电源除正常电源外，另有一路电源供电；或者是独立于正常电源的柴油发电机组供电；或由蓄电池柜供电或选用自带电源型应急灯具。

④应急照明在正常电源断电后，电源转换时间为：疏散照明≤15s；备用照明≤15s（金融商店交易所≤1.5s）；安全照明≤0.5s。

⑤疏散照明由安全出口标志灯和疏散标志灯组成，安全出口标志灯距地高度不低于2m，且安装在疏散出口和楼梯口里侧的上方。

⑥疏散标志灯安装在安全出口的顶部，楼梯间、疏散走道及其转角处应安装在1m以下的墙面上。不易安装的部位可安装在上部。疏散通道上的标志灯间距不大于20m（人防工程不大于10m）；不影响正常通行，且不在其周围设置容易混同疏散标志灯的其他标志牌等。

⑦应急照明灯具、运行中温度大于60℃的灯具，当靠近可燃物时，采取隔热、散热等防火措施。当采用白炽灯、卤钨灯等光源时，不直接安装在可燃装修材料或可燃物件上；应急照明线路在每个防火分区有独立的应急照明回路，穿越不同防火分区的线路有防火隔堵措施。

⑧疏散照明线路采用耐火电线、电缆，穿管明敷或在非燃烧体内穿刚性导管暗敷，暗敷保护层厚度不小于30mm。电线采用额定电压不低于750V的铜芯绝缘电线。

（4）防爆灯具安装应符合下列规定：

①灯具及开关的外壳完整，无损伤、无凹陷或沟槽，灯罩无裂纹，金属护网无扭曲变形，防爆标志清晰；防爆标志、外壳防护等级和温度组别与爆炸危险环境相适配。当设计无要求时，灯具种类和防爆结构的选型应符合表4-17的规定。

灯具种类和防爆结构的选型 表4-17

爆炸危险区域防爆结构	Ⅰ区		Ⅱ区	
照明设备种类	隔爆型d	增安型e	隔爆型d	增安型e
固定式灯	○	×	○	○
移动式灯	△	—	○	—
携带式电池灯	○	—	○	—
镇流器	○	△	○	○

注：○为适用；△为慎用；×为不适用。

②灯具配套齐全，不得用非防爆零件替代灯具配件（金属护网、灯罩、接线盒等）；灯具及开关的紧固螺栓无松动、锈蚀，密封垫圈完好；安装位置离开释放源，且不在各种管道的泄压口及排放口上下方安装灯具。

③灯具的开关安装高度1.3m，牢固可靠，位置便于操作；灯具吊管及开关与接线盒螺纹啮合扣数不少于5扣，螺纹加工光滑、完整、无锈蚀，并在螺纹上涂以电力复合酯或导电性防锈酯。

（5）36V及以下行灯变压器和行灯安装应符合下列规定：

①行灯变压器的固定支架牢固，油漆完整；

②携带式局部照明灯电线采用橡套软线。

4）景观照明、航空障碍标志和庭院照明灯具安装

（1）景观照明灯安装

①工艺流程：

②施工要点

a. 组装灯具

首先,将灯具拼装成整体,并用螺丝固定连成一体,然后按设计要求把各个灯口装好。根据已确定的出线和走线的位置,将端子用螺丝固定牢固;根据已固定好的端子至各灯口的距离放线,把放好的导线削出线芯,进行涮锡,再压入各个灯口,理顺各灯头的相线和零线,用线卡子分别固定,按供电相序要求压入端子进行连接紧固。

b. 安装灯具

a) 建筑物彩灯安装

彩灯安装均位于建筑物的顶部,彩灯灯具必须是具有防雨性能的专用灯具,安装时应将灯罩拧紧;配线管路应按明配管敷设,并具有防雨功能,管路间、管路与灯头盒间螺纹连接,金属导管及彩灯的构架、钢索等可接近裸露导体接地(PE)或接零(PEN)可靠;垂直彩灯悬挂挑臂采用不小于 10 号的槽钢。端部吊挂钢索用的吊钩螺栓直径不小于 10mm,螺栓在槽钢上固定,两侧有螺帽,且加平垫及弹簧垫圈紧固。挑臂的槽钢型号、规格及结构形式应符合设计要求,并应作好防腐处理,挑臂槽钢如是镀锌件应采用螺栓固定连接,严禁焊接。

悬挂钢丝绳直径不小于 4.5mm,底把圆钢直径不小于 16mm,地锚采用架空外线用拉线盘,埋设深度大于 1.5m。垂直彩灯采用防水吊线灯头,下端灯头距离地面高于 3000mm。

b) 景观照明灯具安装

(a) 景观灯具安装。灯具落地式的基座的几何尺寸必须与灯箱匹配,其结构形式和材质必须符合设计要求。每套灯具安装的位置,应根据设计图纸而确定,投光的角度和照度应与景观协调一致,其导电部分对地绝缘电阻值必须大于 2MΩ。

(b) 景观落地式灯具安装在人员密集流动性大的场所时,应设置围栏防护。如条件不允许无围栏防护,安装高度应距地面 2500mm 以上。

(c) 金属结构架和灯具及金属软管,应作保护接地线,连接牢固可靠,标识明显。

(d) 埋地灯具体做法见图 4-31。

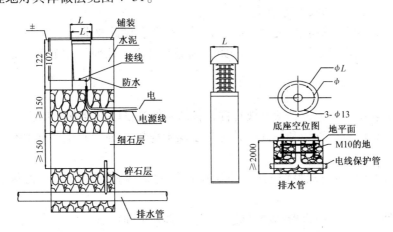

图 4-31 埋地灯安装

c) 水下照明灯具安装

(a) 水下照明灯具及配件的型号、规格和防水性能,必须符合设计要求。

（b）水下照明设备安装。必须采用防水电缆或导线。压力泵的型号、规格符合设计要求。

（c）根据设计图纸的灯位，放线定位必须准确。确保投光的准确性。

（d）位于灯光喷水池或音乐灯光喷水池中的各种喷头的型号、规格，必须符合设计要求，并应有产品质量合格证。

（e）游泳池和类似场所灯具（水下灯及防水灯具）的等电位联结应可靠，且有明显标识，其电源的专用漏电保护装置应全部检测合格。自电源引入灯具的导管必须采用绝缘导管，严禁采用金属或有金属护层的导管。水下导线敷设应采用配管布线，严禁在水中有接头，导线必须甩在接线盒中。各灯具的引线应由水下接线盒引出，用软电缆相连。

（f）灯头应固定在设计指定的位置（是指已经完成管线及灯头盒安装的位置），灯头线不得有接头，在引入处不受机械力。安装时应将专用防水灯罩拧紧，灯罩应完好，无碎裂。

（g）喷头安装按设计要求，控制各个位置上喷头的型号和规格。安装时，必须采用与喷头相适应的管材，连接应严密，不得有渗漏现象。

（h）压力泵安装牢固，螺栓及防松动装置齐全。防水防潮电气设备的导线入口及接线盒盖等应做防水密闭处理。

（2）航空障碍标志灯和庭院灯安装

①工艺流程

灯架制作与组装→灯架安装→灯具接线→灯具安装。

②施工要点

a. 灯架制作与组装

a）钢材的品种、型号、规格、性能等，必须符合设计要求和国家现行技术标准的规定。

b）切割。按设计要求尺寸测量划线，必须采取机械切割，切割面应平直，无毛刺。

c）焊接应采用与母材材质相匹配焊条施焊。焊缝表面不得有裂纹、焊瘤、气孔、夹渣、咬边、未焊满、根部收缩等缺陷。

d）制孔。螺栓孔的孔壁应光滑、孔的直径必须符合设计要求。

e）组装。型钢拼缝要控制接缝的间距，确保其规整、几何尺寸准确，结构造型符合设计要求。

b. 灯架安装

a）灯架的联结件和配件必须是镀锌件，各结构件规格应符合设计要求。

b）承重结构的定位轴线和标高、预埋件、固定螺栓（锚栓）的规格和位置、紧固符合设计要求。

c）安装灯架时，定位轴线应从承重结构体控制轴线直接引上，不得从下层的轴线引上。

d）紧固件连接时，应设置防松动装置，紧固必须牢固可靠。

c. 灯具接线

配电线路导线绝缘检验合格，才能与灯具连接；导线相位与灯具相位必须相符，灯具内预留余量应符合规范的规定；灯具线不许有接头，绝缘良好，严禁有漏电现象，灯具配线不得外露；穿入灯具的导线不得承受压力和磨损，导线与灯具的端子螺丝拧牢固。

d. 灯具安装

a）航空障碍标志灯安装

（a）航空障碍灯是一种特殊的预警灯具，用于高层建筑和构筑物。除应满足灯具安装的要求外，还有它特殊的工艺要求。安装方式有侧装式和底装式，通过联结件固定在支承结构件上，根据安装板上定位线，将灯具用 M12 螺栓固定牢靠；预埋钢板焊专用接地螺栓，并与接地干线可靠连接。

（b）接线方法。接线时采用专用三芯防水航空插头及插座，详见图 4-32 所示。其中的 1、2 端头接交流 220V 电源，3 端头接保护零线。

（c）障碍照明灯灯具的电源按主体建筑中最高负荷等级要求供电。灯的启闭应采用露天安装光电自动控制器进行控制，以室外自然环境照度为参量来控制光电元件的导通以启闭障碍灯。也有采用时间程序来启闭障碍灯的，为了有可靠的供电电源、两路电源的切换最好在障碍灯控制盘处进行。

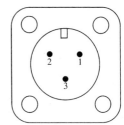

图 4-32　PLZ 型航空灯插座接线图

b）庭院灯（路灯）安装

每套灯具的导电部分对地绝缘电阻值大于 2MΩ；立柱式路灯、落地式路灯、特种园艺灯等灯具与基础固定可靠，地脚螺栓备帽齐全。灯具的接线盒或熔断器盒，盒盖的防水密封垫完整；金属立柱及灯具可接近裸露导体接地（PE）或接零（PEN）可靠。接地线单设干线，干线沿庭院灯布置位置形成环网状，且不少于 2 处与接地装置引出线连接。由干线引出支线与金属灯柱及灯具的接地端子连接，且有标识。

2. 开关、插座安装

材料质量要求：

1）开关、插座、接线盒和风扇及其附件应符合下列规定：

（1）查验合格证，防爆产品有防爆标志和防爆合格证；

（2）外观检查：开关、插座的面板及接线盒盒体完整、无碎裂、零件齐全，风扇无损坏，涂层完整，调速器等附件适配；

（3）对开关、插座的电气和机械性能进行现场抽样检测。检测规定如下：

不同极性带电部件的电气间隙和爬电距离不小于 3mm；绝缘电阻值不小于 5MΩ；用自攻锁紧螺钉或自切螺钉安装的，螺钉与软塑固定件旋合长度不小于 8mm，软塑固定件在经受 10 次拧紧退出试验后，无松动或掉渣，螺钉及螺纹无损坏现象；金属间相旋合的螺钉螺母，拧紧后完全退出，反复 5 次仍能正常使用。

2）辅助材料。附属配件中金属铁件（膨胀螺栓、木螺丝、机螺栓等）均应是镀锌标准件，其规格、型号应符合设计要求，与组合件必须匹配。

施工工艺流程如下：

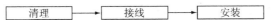

（1）清理

器具安装之前，将接线盒内残存的灰块、杂物剔掉清除干净，再用湿布将盒内灰尘擦净。若盒子有锈蚀，需除锈刷漆。

（2）接线

①单相双孔插座接线，应根据插座的类别和安装方式而确定接线方法：

横向安装时，面对插座的右极接线柱应接相线，左极接线柱应接中性线；竖向安装时，面对插座的上极接线柱应接相线，下极接线柱应接中性线。

②单相三孔及三相四孔插座接线时，应符合以下规定：

单相三孔插座接线时，面对插座上孔的接线柱应接保护接地线，面对插座的右极的接线柱应接相线，左极接线柱应接中性线；三相四孔插座接线时，面对插座上孔的接线柱应接保护接地线，下孔极和左右两极接线柱分别接相线；接地或接零线在插座处不得串联连接；插座箱是由多个插座组成，众多插座导线连接时，应采用 LC 型压接帽压接总头后，然后再作分支线连接，详见图 4-33。

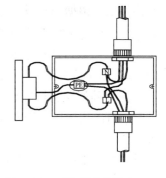

图 4-33　五孔插座接线

③开关接线，应符合以下要求：

a. 同一建筑物、构筑物的开关采用同一系列的产品，开关的通断位置一致，操作灵活、接触可靠；

b. 相线经开关控制；民用住宅无软线引至床边的床头开关。

3. 调试运行及验收

1）通电试运行技术要求

（1）每一回路的线路绝缘电阻不小于 $0.5M\Omega$，关闭该回路上的全部开关，测量调试电压值是否符合要求，符合要求后，选用经试验合格的 5~6A 漏电保护器接电逐一测试，通电后应仔细检查和巡视，检查灯具的控制是否灵活，准确；开关与灯具控制顺序相对应，如果发现问题必须先断电，然后查找原因进行修复，合格后，再接通正式电路试亮。

（2）全部回路灯具试验合格后开始照明系统通电试运行。

（3）照明系统通电试运行检验方法：

①灯具、导线、电缆和继电保护系统的调整试验结果，查阅试验记录或试验时旁站。

②空载试运行和负荷试运行结果，查阅试运行记录或试运行时旁站。

③绝缘电阻和接地电阻的测试结果，查阅测试记录或测试时旁站或用适配仪表进行抽测。

④漏电保护器动作数据值和插座接线位置准确性测定，查阅测试记录或用适配仪表进行抽测。

⑤螺栓紧固程度用适配工具作拧动试验；有最终拧紧力矩要求的螺栓用扭力扳手抽测。

2）运行中的故障预防

（1）避免某一回路灯具线路发生短路故障，先测量其线路绝缘电阻；

（2）减少故障损坏范围，采用开关逐一打开的方法；

（3）降低故障损伤程度，灯具试验线路上采用小容量、灵敏度很高的漏电保护器；

（4）派专人时刻观察电压表和电流表的指示情况，发现问题及时处理，最大限度地减少损失；

(5) 根据配电设置情况,安排专人反复观察小开关有无异常,测量 100A 以上的开关端子温度变化情况,如开关端子有异常立即关闭开关,及时处理。

4.3.4 EPS/UPS 安装

1. 应急电源 EPS

为应急照明负载及设备/动力负载提供应急备用电源。

1) 施工方法

(1) EPS 装置安装注意事项

①15kW 以上(含 15kW)的 EPS 装置由主机柜和电池柜两部分组成,15kW 以下的 EPS 装置主机和电池安装在一个配电箱(柜)内。

②由于蓄电池较重,若为壁挂安装 EPS 箱,要求固定设备的墙面应有足够强度以承担设备的重量,因此 0.5~2kW 的 EPS 装置既可壁挂安装也可落地安装,3kW 以上的 EPS 装置只能落地安装,落地安装的 EPS 装置应先安装槽钢底座。

(2) EPS 具体安装方法详见配电箱(柜)安装相关章节内容。

2) EPS 装置蓄电池的安装及接线

(1) 准备

蓄电池的安装及电池连线的安装应该同步进行。蓄电池安装之前,首先检查随机配套的电池规格和数量是否与蓄电池容量相匹配,然后检查随机配套的电池连接导线数量是否满足需要。

随设备配套的电池连接线的配置按照类别一般均有标示,大致分为:红色导线为电池组正极连接导线;黑色或蓝色为电池组负极连接导线;同层电池连接导线;层间电池连接导线;保险丝连接导线。

(2) 蓄电池的安装

①将连接 1 号电池负极的导线(黑色或蓝色)一端作好绝缘处理(暂时自由端),另一端牢固押接在电池的负极端子上,然后将电池按照图示位置安装。

②将连接 2 号电池负极的导线一端作好绝缘处理(暂时自由端),另一端牢固压接在电池的负极端子上,然后将电池按照图示位置安装。

③将连接 2 号电池负极导线的暂时自由端除去绝缘保护,压在 1 号电池的正极端子上。

④以相同的方法将 3 号、4 号……电池安装完毕。层间蓄电池的连接导线(黄色长线)应从电池仓隔板两端的穿线孔中穿过。

⑤将连接最高位电池正极的导线(红色)的暂时自由端作好绝缘保护,另一端压接在该电池的"+"极上。

现以 8kW 的 EPS 为例,介绍电池安装以及电池连接线的安装,EPS 装置蓄电池摆放及接线示意图见图 4-34。

⑥确认该 EPS 装置的电池断路器处于"关 OFF"状态,将电池组正极导线(红色)的暂时自由端除去保护,压接在 EPS 装置的断路器"电池+"接线端子上。

⑦同时,将电池组负极导线(黑色或蓝色)的暂时自由端除去保护,压接在 EPS 装置的断路器"电池-"接线端子上。

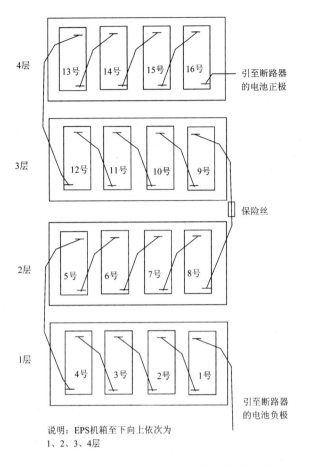

图 4-34　EPS 装置蓄电池摆放及接线示意图

⑧查各接线端子是否压接良好，有无短路危险，用直流电压表检查 EPS 装置"电池+"和"电池-"端子电压是否正常。

⑨对电池组正负极导线作适当绑扎固定。

（3）蓄电池电池检测线的连接

电池检测线和电池连线应该同时进行安装。在连接电池连线的同时，在每节电池的"+"极均压接一根电池检测线；在电池组的总负极"-"引出端子处压接一根电池检测线。

将装置内已经准备好的电池检测线缆按照标号分别与相应的电池"+"极和总"-"极连接。

3）EPS 装置调试检测

（1）EPS 装置控制及显示功能介绍

①设备操作开关及断路器包括电池断路器、市电输入断路器、输出支路断路器、强制运行开关、自动/手动开关、启动及停止按钮、消音按钮。

②在 EPS 装置箱体面板上的指示灯包括绿色市电指示灯、红色充电指示灯、红色应急指示灯、黄色故障指示灯、黄色过载指示灯。

（2）调试检测方法及步骤（本步骤应以产品随机文件为准）

①检查 EPS 装置主机柜和电源柜之间的连接线缆，检查电池安装以及接线，确认正确无误；确认设备上所有断路器处于"关"状态；确认 EPS 装置负荷回路均可以送电。

②绝缘摇测完毕，确认无误。

③确认带 EPS 电源装置的配电箱（柜）内已经带电，然后将负责 EPS 装置送电的断路器（市电输入）闭合，用电压表检查 EPS 装置内的市电输入端子的电压，确认正常（此时，EPS 装置内的市电输入断路器处于开启状态）。

④将 EPS 装置"强制运行"开关置于"关"状态。

⑤闭合装置内的市电输入断路器，装置发出音响警报，按"消音按钮"消音，察看 LCD 应有显示，"主电"指示灯应点亮，闭合电池输入断路器，"充电"指示灯点亮。

⑥按动翻屏按键，察看各项显示内容是否正常。按动"电池查询"按钮查看电池电压，若电池为满量，则显示的电池组电压为充电器浮动电压，应为额定电池电压的 115%左右，通过 LCD 查看每节电池的电压，有异常时会有报警。

⑦将"手动/自动"开关置于"手动"，在手动模式下，按下启动按钮约 2 秒，何以启动逆变器，提供应急供电。此时，可听见风扇启动运转，表明逆变器已经启动，"应急"指示灯点亮，通过 LCD 查看工作状态以及输出电压是否正常；按下"停止"按钮约 2 秒，逆变器停止运行，转化为市电工作状态。

⑧将"手动/自动"开关置于"自动"，断开市电输入断路器，逆变器立即自动启动；闭合市电输入断路器，约 5 秒后，逆变器应自动关闭，表明自动功能正常。

⑨断开市电输入断路器及电池输入断路器，等待约 10 秒后合上电池输入断路器，插入"强制运行"开关钥匙，旋至"开"，逆变器应启动，再旋至"关"，约 5 秒后，逆变器应自动关闭。

⑩接通各支路负载，通过 LCD 查看负载电流，不应超过额定值。若超过额定电流值，必须调整负载使之在额定值内，否则会影响设备的正常工作，严重时会导致市电掉电时无法逆变。

以上试验完毕均正常，则说明设备已经正常安装，可投入运行。

（3）投入运行注意事项

①日常运行时应将"强制运行"开关置于"关"状态。强制运行模式一般仅在紧急情况下由专业人员操作启用，否则将损坏电池。

②日常运行时，可选择"自动"、"手动"模式。为保证市电异常时 EPS 自动提供已经电源，一般应选择"自动模式"。

③投入运行时，市电输入断路器、电池充电断路器、需要送电的输出支路断路器均必须接通。

④若要停止设备运行，应将设备上各断路器均断开；如果需要人为为蓄电池充电，应闭合市电输入断路器和电池断路器，并选择"手动模式"；正常充电 20 小时以上，即可保证标准的放电时间。

⑤设备安装后，除非操作需要，应将门锁关闭，以防非专业人员误操作。

4）EPS 装置安装质量控制措施

（1）设备在无市电供应情况下停机存放 3 个月以上，需要接通市电，闭合市电输入断路器和电池断路器，将设备置于"手动"模式，充电 20 小时以上，以保持电池电量，延长电池寿命。

（2）设备超过 3 个月不发生停电，应人为切断设备市电供应，启动逆变器进行放电，以活化电池组极板，检验并确保电池组能可靠工作。放电时，应在接通负载的情况下进行，50%以上负载放电 1 小时左右即可，放电后应及时回复市电进行充电。不要采用"强制运行"模式放电，以防发生过放电，损坏电池。

（3）设备出现任何故障报警后，均需要断开所有断路器并等待 10 秒后重新开机，否则设备将一直处于故障保护状态而无法正常工作，严重时会导致市电掉电时设备无法自动逆转。

（4）蓄电池的正常使用应定期更换。更换蓄电池前必须先将设备上的各断路器全部断开。

2. 不间断电源 UPS

为计算机类负载（重要弱电机房）提供不间断、不受外部干扰的交流电连续供电电源。

1）UPS 安装

（1）开箱检查

①UPS 电源设备完整无损，设备型号及种类与设计图纸、合同相符。

②按装箱清单逐项清查设备附件、备件型号及数量与设计图纸、合同相符，随机专用工具齐全。

③随机资料齐全（出厂检查合格证、产品性能说明书、出厂测试记录、产品安装说明书、保修卡等）。

④蓄电池检查

a. 外观完整无损。

b. 电解液无外渗现象。

c. 各接线柱和接线连线装置牢靠。

d. 单个蓄电池的空载电压和加负载电压符合蓄电池的技术性能要求。

e. 多组蓄电池的串并联接法符合要求，各组蓄电池的电压差在控制范围内。

（2）UPS 安装

UPS 电源的主机柜和蓄电池柜安装详见配电箱（柜）安装相关章节内容。

（3）电缆敷设与接线

详见电缆敷设与接线编制相关章节内容。

（4）蓄电池组安装、接线

详见 EPS 蓄电池组安装、接线编制相关章节内容。

2）UPS 调试

（1）调试前的检查

①接线方式是否正确，接线端子是否紧固。

②UPS 电源主机和蓄电池柜接地线是否完善、可靠，柜内及周围地面无污物。

③蓄电池组的连接是否正确可靠，电池到电池开关、电池开关到主机的连接极性是否正确。

④各组件（充电器、逆变器等）外观情况是否正常，接线及插头处紧固、可靠。
⑤放电时用的用电设备准备完毕。
（2）调试用仪器、仪表
①三用表、高阻表、示波器、频率表、相序表、交流电流测量仪表等。
②放电时，用电设备负载要求：
a. 放电负载为阻性（电阻丝或水电阻），不使用容性负载。
b. 负载要有逐级增加的控制开关，避免大电流通断。
c. 负载要有良好的户外散热措施，不要将热量放在机房内。
d. 有效的安全防护措施。
（3）UPS调试详见电气调试相关内容。

4.4　防雷接地与等电位安装

防雷接地是保证人身和财产安全及电气设备正常工作的重要部分。

防雷接地系统所用材料必须按设计和规范要求选用，有质量证明文件和试验报告，镀锌产品外观检查镀锌层完好。

4.4.1　接地装置安装

接地装置一般分为建筑物基础接地体、人工接地体、接地模块等。

1. 施工工艺

人工接地体施工工艺流程如下：

2. 定位放线

按设计图纸位置进行人工接地体的测量放线，放线时注意防雷接地装置的位置与道路或建筑物的出入口等的距离不宜小于3m；若小于3m，为降低跨步电压应采取以下措施：

1）水平接地体局部埋置深度不小于1m；
2）水平接地体局部包以绝缘物（例如50~80mm厚的沥青层）；
3）采用沥青碎石地面或在接地装置上面敷设50~80mm厚的沥青层，其宽度应超过接地装置边2m，敷设沥青层时，其基底须用碎石，夯实。

3. 人工接地体制作

1）垂直接地体的加工制作：制作垂直接地体材料需按设计选用，一般采用镀锌钢管$DN50$、镀锌角钢L $50×50×5$ 或镀锌圆钢$\phi20$，长度不应小于2.5m，端部锯成斜口或锻造成锥形，角钢的一端应加工成尖头形状，尖点应保持在角钢的角脊线上并使斜边对称制成接地体。

2）水平接地体的加工制作：材料按设计选用，一般使用—40mm×40mm×4mm的镀锌扁钢。

4. 自然接地体安装

利用自然接地体作接地体时，应按设计图纸及规范的要求将钢筋连接成一体，形成电气通路。

1）利用钢筋混凝土桩基基础作接地体：在作为防雷引下线的柱子或者剪力墙内钢筋作引下线位置处，将桩基础的抛头钢筋与承台梁主筋焊接，再与上面作为引下线的柱或剪力墙中钢筋焊接。

2）利用钢筋混凝土板式基础作接地体

（1）利用无防水层底板的钢筋混凝土板式基础作接地时，将利用作为防雷引下线符合规定的柱主筋与底板的钢筋进行焊接连接。

（2）利用有防水层板式基础的钢筋作接地体时，将符合规格和数量的可以用来作防雷引下线的柱内钢筋，在室外自然地面以下的适当位置处，利用预埋连接板与外引的镀锌圆钢（一般为$\phi 12mm$）或镀锌扁钢（一般为$-40mm \times 4mm$）相焊接作连接线。同有防水层的钢筋混凝土板式基础的接地装置连接。

3）利用独立柱基础、箱形基础作接地体

利用钢筋混凝土独立柱基础及箱形基础作接地体，将用作防雷引下线的现浇混凝土柱内符合设计及规范要求的主筋，与基础设计及规范要求的钢筋网作焊接连接。

4）利用钢柱钢筋混凝土基础作为接地体

（1）仅有水平钢筋网的钢柱钢筋混凝土基础作接地时，每个钢筋混凝土基础中有至少有两个地脚螺栓通过设计要求的连接导体（一般$\geqslant \phi 12mm$钢筋或圆钢）与水平钢筋网进行焊接连接。地脚螺栓与连接导体与水平钢筋网的搭接焊接长度不应小于设计要求且不能小于6倍连接导体直径，并应在钢桩就位后，将地脚螺栓及螺母和钢柱焊为一体。

（2）有垂直和水平钢筋网的基础，垂直和水平钢筋网的连接，应将与地脚螺栓相连接两根垂直钢筋焊到水平钢筋网上，当不能焊接时，采用$\geqslant \phi 12mm$钢筋或圆钢跨接焊接。如果四根垂直主筋能接触到水平钢筋网时，将垂直的四根钢筋与水平钢筋网进行绑扎连接。

（3）当钢柱钢筋混凝土基础底部有柱基时，宜将每一桩基的至少两根主筋同承台钢筋焊接。

5）钢筋混凝土杯型基础预制柱作接地体

（1）当仅有水平钢筋的杯型基础作接地体时，将连接导体（即连接基础内水平钢筋网与预制混凝土柱预埋连接板的钢筋或圆钢）引出位置设在杯口一角的附近，与预制混凝土柱上的预埋连接板位置相对应，连接导体与水平钢筋网采用焊接。

（2）当有垂直和水平钢筋网的杯型基础作接地体时，与连接导体相连接的垂直钢筋，应与水平钢筋相焊接。如不能焊接时，采用不小于$\phi 10mm$的钢筋或圆钢跨接焊。如果四根垂直主筋都能接触到水平钢筋网时，应将其绑扎连接。

（3）连接导体外露部分应做水泥砂浆保护层，厚度不小于50mm。当杯形钢筋混凝土基础底下有桩基时，宜将每一根桩基的至少两根主筋同承台梁钢筋焊接。如不能直接焊接时，可用连接导体进行跨接。

5. 人工接地体的安装

1）垂直接地体的安装

（1）施工方法

安装时先将接地极放在沟内中心线上，用大锤将接地极垂直打入地中，然后将镀锌扁钢调直置入沟内，将扁钢与接地极焊接。扁钢应侧放而不可平放，扁钢与接地极连接的位置距接地极顶端100mm，焊接时将扁钢拉直，焊好后清除药皮，刷沥青漆作防腐处理，将接地线引出至需要的位置。

(2) 接地体安装要求

接地装置顶端距自然地面的距离，须符合设计要求；当无具体规定时，不宜小于600mm，防止接地装置受机械损伤及受到腐蚀。圆钢、角钢及钢管接地极应垂直埋入地下，间距不应小于5m。

2) 水平接地体的安装

水平接地体多用于绕建筑四周的联合接地。接地体一般采用-40×4的热镀锌扁钢。可埋设在建筑物散水及灰土基础以外的基础槽边。

(1) 水平接地体的顶部埋设深度距地面不应小于600mm。

(2) 水平接地体之间的间距应符合设计要求；当设计无规定时，不宜小于5m。

(3) 水平接地体环绕建筑物设置，可设置在建筑物基础的底部，在基槽挖好后，将水平接地体置于地槽底边，同时按设计引下线的间距预留外引接地的接点。

(4) 如基槽底有灰土层时，必须将水平接地体埋入素土内。

(5) 在多岩石地区，接地体可以水平敷设，埋设深度通常不小于600mm。在地下的接地体严禁涂刷防腐涂料。

4.4.2 引下线施工

引下线一般可分为明敷和暗敷两种。其材质要求可为热镀锌扁钢或圆钢（利用混凝土中钢筋作引下线除外）。其规格应不小于下列数值：热镀锌圆钢直径为8mm；热镀锌扁钢截面为-25×4mm。

施工工艺流程如下：

1. 防雷引下线明敷

1) 引下线沿外墙面明敷时，首先将引下线调直，然后根据设计的位置定位，在墙表面进行弹线或吊铅垂线测量，确保其垂直度。明敷防雷引下线的支持件（固定卡子）应随土建主体施工预埋。一般在距室外护坡2m高处，预埋第一个支持卡子，卡子垂直直线部分间距1.5~3m，但必须均匀。将调直的引下线由上到下安装。用绳子提升到屋顶，将引下线固定到支持卡子上。上部与避雷带焊接，下部与接地体焊接，依次安装完毕。引下线的路径尽量短而直，不能直线引下时，引下线煨弯时不应煨成急弯。

2) 引下线的连接应采用搭接焊接，其搭接长度须符合国家规范要求。

3) 固定引下线，一般采用扁钢支架，支持件也可用膨胀螺栓固定在墙面上，支架与引下线之间可采用焊接或套箍固定。引下线离墙面距离宜为15mm。

2. 引下线暗敷

1) 引下线暗敷，一般利用混凝土柱内主钢筋作引下线或在引下线位置向上引两根钢筋至女儿墙上，钢筋在屋面与女儿墙上避雷带连接。利用建筑物主筋作暗敷引下线：将结构柱内设计要求的主筋连接成电气通路，作为引下线。当钢筋直径为16mm及以上时，应利用两根钢筋（绑扎或焊接）作为一组引下线，当钢筋直径为10mm及以上时，应利用四根钢筋（绑扎或焊接）作为一组引下线。引下线的上部与接闪器焊接，下部与接地体焊接。

2）利用建筑物柱内主筋作引下线，柱内主按设计要求连接后，经检查确认合格后，才能支模。

3）引下线沿墙或混凝土构造柱暗敷设：引下线的规格型号应按设计要求选用，一般应使用不小于ϕ12mm镀锌圆钢或不小于$-25\text{mm} \times 4\text{mm}$的镀锌扁钢。施工时配合土建主体外墙（或构造柱）施工。将钢筋（或扁钢）调直后与接地体（或断接卡子）连接好，由下到上展放圆钢（或扁钢）并加以固定，敷设路径要尽量短而直，可直接通过挑檐或女儿墙与避雷带焊接。

4）直接从基础接地体或人工接地体暗敷埋入粉刷层内的引下线，经检查确认不外露，才能贴面砖或刷涂料等。

5）引下线的根数及断接卡（测试点）的位置、数量按设计要求安装。

3. 重复接地引下线安装

1）在低压TN系统中，架空线路干线和分支线的终端，其PEN或PE线应作重复接地。电缆线路和架空线路在每个建筑物的进线处均需作重复接地（如无特殊要求，对小型单层建筑，距接地点不超过50m可除外）。

2）低压架空线路进户线重复接地可在建筑物的进线处作引下线。引下线处可不设断接卡子，N线与PE线的连接可在重复接地节点处连接。需测试接地电阻时，打开节点处的连接板。架空线路除在建筑物外作重复接地外，还可利用总配电屏、箱的接地装置作PEN或PE线的重复接地。

3）电缆进户时，利用总配电箱进行N线与PE线的连接，重复接地线再与箱体连接。中间可不设断接卡，需测试接地电阻时，卸下端子，把仪表专用导线连接到仪表E的端钮上，另一端连到与箱体焊接为一体的接地端子板上测试。

4）引下线各部位的连接：当引下线长度不足时，需要在中间作接头搭接焊。扁钢搭接长度不小于宽度的2倍，三个棱边都要焊接。圆钢引下线搭接长度不小于圆钢直径的6倍，两面焊接。焊接处去除焊渣，作防腐处理。

4. 断接卡（测试点）

接地装置由多个接地部分组成时，应按设计要求设置便于分开的断接卡子，自然接地体与人工接地连接处应有便于分开的断接卡。断接卡设置高度一般为0.3~1.8m。

建筑物上的防雷设施采用多根引下线时，宜在各引下线处设断接卡并安装断接卡箱。在一个单位工程或一个小区内须统一高度。

断接卡有明装和暗装，断接卡可利用不小于$-40\text{mm} \times 4\text{mm}$或$-25\text{mm} \times 4\text{mm}$的镀锌扁钢制作。断接卡子应用两根镀锌螺栓拧紧，上下端至螺栓孔中心各为20mm，两螺栓孔中心距离为40mm，总长度为80mm。搭接处固定螺栓应为镀锌件，钻孔为11mm，螺栓规格为M10×25，平垫片、弹簧垫片应齐全。固定时，螺栓应由里向外穿，螺母在外侧。断接卡的接地线至地下0.3m处须有钢管或角钢保护。保护管上下两端须有固定管卡，地面上保护管长度宜为1.7m，地下不应小于0.3m。当利用钢筋混凝土中的钢筋、钢柱作为引下线并同时利用基础钢筋作为接地装置时，可不设断接卡。但利用钢筋作引下线时，应在室外适当地点设置若干连接板，供测量接地、接人工接地体和等电位联结用。

4.4.3 接地干线安装

接地干线（即接地母线），连接多个设备、器件与引下线、接地体与接地体之间、避雷针与引下线之间和连接垂直接地体之间的连接线。接地干线一般使用镀锌扁钢制作。接地干线分为室内和室外连接两种。具体的安装方法如下：

1. 室外接地干线敷设

1) 根据设计图纸要求进行定位放线，挖土。

2) 将接地干线进行调直、测位、煨弯，并将断接卡子及接线端子装好。然后将扁钢放入地沟内，扁钢应保持侧放，依次将扁钢在距接地体顶端大于50mm处与接地体用电焊焊接。焊接时应将扁钢拉直，将扁钢弯成弧形与接地钢管（或角钢）进行焊接，焊接处清除焊渣，作防腐处理。敷设完毕经隐蔽验收后，进行回填并夯实。

2. 室内接地干线敷设

1) 室内接地线是供室内的电气设备接地使用，多数是明敷设，但也可以埋设在混凝土内。明敷设的接地线大多数敷设在墙壁上，或敷设在母线架和电缆的构架上。

2) 保护套管埋设：在配合土建墙体及地面施工时，在设计要求的位置上，预埋保护套管或预留出接地干线保护套管孔。保护套孔管的规格应能保证接地干线顺利穿入。

3) 接地支持件固定：按照设计要求的位置进行定位放线，固定支持件无设计要求时，距地面250~300mm的高度处固定支持件。支持件的间距必须均匀，水平直线部分为0.5~1.5m，垂直部分1.5~3m，弯曲部分为0.3~0.5m。固定支持件的方法有预埋固定钩或托板法、预留支架洞口后安装支架法、膨胀螺栓及射钉直接固定接地线法等。

4) 接地线的敷设：将接地扁钢事先调直、煨弯加工后，将扁钢沿墙吊起，在支持件一端将扁钢固定，接地线距墙面间隙应为10~15mm，过墙时穿过保护套管，钢制套管必须与接地线作电气连通，接地干线在连接处进行焊接，末端预留或连接应符合设计规定。

5) 接地干线经过建筑物的伸缩（沉降）缝时，如采用焊接固定，应将接地干线在过伸缩（沉降）缝的一段做成弧形，或用ϕ12mm圆钢弯出弧形与扁钢焊接，也可以在接地线断开处用50mm^{2}裸铜软绞线连接。

6) 为了连接临时接地线，在接地干线上需安装一些临时接地线柱（也称接地端子），临时接地线柱的安装，应根据接地干线的敷设形式不同采用不同的安装形式。变压器室、高压配电室的接地干线上应设置不少于2个供临时接地用的接线柱或接地螺栓。

7) 配电室接地干线等明敷接地线的表面应涂以用15~100mm宽度相等的绿色和黄色相间的条纹。在每个接地导体的全部长度上或只在每个区间或每个可接触到的部位上宜作出标识。中性线宜涂淡蓝色标识，在接地线引向建筑物的入口处和在检修用临时接地点处，均应刷白色底漆并标以黑色接地标识。

3. 接地线与电气设备的连接

电气设备的外壳上一般都有专用接地螺栓。将接地线与接地螺栓的接触面擦净至发出金属光泽，接地线端部挂上锡，并涂上中性凡士林油，然后穿入螺栓并将螺帽拧紧。在有振动的地方，所有接地螺栓都必须加垫弹簧垫圈。接地线如为扁钢，其孔眼必须用机械钻孔，不得用气焊开孔。

4. 接地体连接母线敷设

1）接地体连接母线（接地母线即连接垂直接地体之间的热镀锌扁钢），一般采用 -40×4 热镀锌扁钢，最小截面积不宜小于 $100mm^2$、厚度不宜小于 $4mm$。

2）热镀锌扁钢敷设前，先调直，然后将扁钢垂直放置于地沟内，依次将扁钢在距接地体顶端大于 $50mm$ 处，与接地体用电焊焊接牢固。

3）焊接的焊缝应饱满并有足够的机械强度，不得有夹渣、咬肉、裂纹、虚焊和气孔等缺陷。焊接处的焊渣清除后作防腐处理。

4.4.4 接闪器安装

1. 弯件制作

当加工立弯时，严禁采用加热方法煨弯，应用手工冷弯或机械加工的方式进行，以免损伤镀锌层，且加工后扁钢的厚度应基本不变。

2. 支持件安装

在避雷网（扁钢或圆钢）敷设前，应先测量弹线定位把支持件预埋、固定好。当扁钢为 -25×4 或圆钢为 $\phi12mm$ 时，从转角中心至支持件的两端宜为 $250\sim300mm$，且应对称设置，如扁钢为 -40×4 时，则距离可适当放大些。然后在每一直线段上从转角处的支持件开始进行测量并平均分配，相邻之间的支持件距离 $\leqslant1m$ 左右为宜。支持件的高度，在全国通用电气装置标准图集 D562 中要求为 $\geqslant100mm$，并且高度宜不小于支持件与女儿墙外墙边的距离为宜。每个支持件应能承受大于 $49N$（$5kg$）的垂直拉力。

3. 避雷网安装

1）沿屋脊、屋檐、女儿墙明敷

扁钢或圆钢沿屋脊、屋檐或女儿墙明敷之前，支持件必须已按设计位置预埋，无松动现象。然后，进行校平校直。一般是利用一段约 $2m$ 左右长度的 10 号槽钢将扁钢或圆钢放平在槽钢上，用木槌对不平直部位进行敲打校平直。

避雷网敷设安装的要求：

（1）扁钢与扁钢的焊接搭接长度不小于扁钢宽度的两倍，且焊接不少于三面。

（2）圆钢与圆钢的搭接长度不小于圆钢直径的 6 倍，且双面焊接。

（3）扁钢与支持件（扁钢）的焊接，扁钢宜高出支持件约 $5mm$，这样焊接后上端可以平整。

（4）焊接处焊缝应平整，发现有夹渣、咬边、焊瘤现象，应返工重焊。焊接后应及时清除焊渣，并在焊接处刷防锈漆一遍，饰面漆两遍。

（5）高层建筑小屋面机房、设备房等墙面与女儿墙相连时，女儿墙上避雷网应与墙面明敷引下线连成一体；当引下线为主筋暗敷时，应从墙内主筋引下线焊接热镀锌钢筋引出与女儿墙扁钢（圆钢）搭接连成一体。

（6）避雷网沿屋脊、屋檐、女儿墙应平直敷设，在转角处弯曲弧度宜统一。

（7）避雷网在女儿墙敷设时，一般宜敷设在女儿墙的中间，并且离女儿墙的外侧距离不小于避雷网的高度为宜；避雷网在经过沉降（伸缩）缝时须弯成较大弧状。

（8）对于镀锌层被破坏的部分如焊口处等须涂樟丹涂料一遍和银粉两遍。

2）避雷网格的敷设

屋面网格应按照设计要求敷设，若设计未明确时，一般屋面上敷设网格应要求为：一类防雷建筑物：不大于100m²；二类防雷建筑物：不大于225m²；三类防雷建筑物：不大于400m²。

3）避雷针

（1）避雷针针体按设计采用热镀锌圆钢或钢管制作。避雷针针顶端按设计或标准图制成尖状。采用钢管时管壁的厚度不得小于3mm，避雷针尖除锈后涂锡，涂锡长度不得小于200mm。

（2）避雷针安装必须垂直、牢固，其倾斜度不得大于5‰。其各节的尺寸见表4-18。

避雷针组装尺寸　　　　　　　　　　表4-18

避雷针高度（m）	1	2	3	4	5	6	7	8	9	10	11	12
第一节尺寸（m）φ25（mm）	1	2	1.5	1	1.5	1.5	2	1	1.5	2	2	2
第二节尺寸（m）φ40（mm）			1.5	1.5	1.5	2	2	1	1.5	2	2	2
第三节尺寸（m）φ50（mm）				1.5	2	2.5	3	2	2	2	2	2
第四节尺寸（m）φ100（mm）										4	4	4

4.4.5 均压环施工

均压环是用扁钢或圆钢水平与接地引下线等连接，使各连接点处电位相同。高层建筑物应按设计要求装设均压环，自30m起，向上环间垂直距离不宜大于12m。

（1）在30m及以上的建筑物的外金属窗、金属栏杆处附近的均压环上，焊出接地干线到金属窗、金属栏杆端部，也可在金属窗、金属栏杆端部预留接地钢板。

（2）30m及以上的建筑物的外金属窗、金属栏杆须通过引出的接地干线与避雷装置电气连接。在金属窗加工制作时应按规定的要求甩出300mm的-25×4扁钢2处，如框边长超过3m时，就需要作3处连接，以便于进行压接或焊接。甩出的扁钢等与均压环引出线连接成一体。

（3）外金属窗、金属栏杆与接地干线或预留接地钢板连接可用螺栓连接或焊接，连接必须可靠。

4.4.6 等电位施工

等电位联结是将建筑钢结构、各种金属管道（给水金属管道、排水金属管道、热水金属管道、消防管道、燃气管道等）、金属构件、金属栏杆、金属门窗、天花金属龙骨、金属线槽、金属桥架、铠装电缆、设备外壳、混凝土结构的金属地板、金属墙体、混凝土结构的接地引下线和均压环用钢筋及接地极引线等互相按规范连接成一个完整的同电位体，整体作为一个防雷装置，防止雷击，保证建筑物内部不产生电击和危险的接触电压、跨步电压，有利于防止雷电波的干扰，降低了建筑物内间接触电击的接触电压和不同金属部件间的电位差，并消除自建筑物外经电气线路和各种金属管道引入的危险故障电压的危害。

等电位联结分为进线等电位联结、辅助等电位联结和局部等电位联结。

等电位联结降低了建筑物内人们间接接触电击的接触电压和相邻金属部件间的电位差，并消除了自建筑物进出电气线路和各种金属管道传入的危险故障电压的危害。

1. 进线等电位联结

一般通过建筑物进线配电室旁的总等电位联结端子板（与接地母排连接）将下列导电部分电气连通：建筑物防雷接地干线；进线配电柜 PEN 母排；附近的建筑物进出户的各种金属管道；（离总等电位端子板比较远的各种金属管道可以就近直接与接地干线联结）附近的建筑物金属结构；（离总等电位端子板比较远的各种金属结构可以就近直接与接地干线联结）附近的人工接地母线；建筑物每一处电源进线处都应做进线等电位联结，各个等电位联结端子板应互相电气连通。如图 4-35 所示。

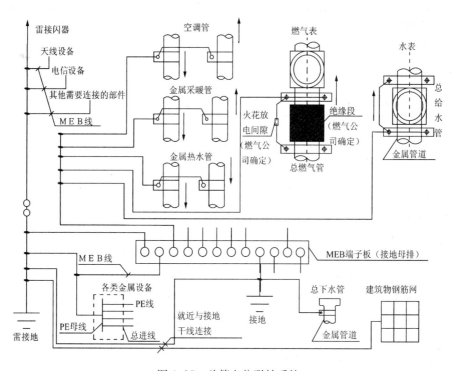

图 4-35 总等电位联结系统

（1）端子板采用紫铜板，根据设计要求的规格尺寸加工。端子箱尺寸及箱顶、底板孔规格和孔距应符合设计要求。端子箱需用钥匙或工具方可打开。

（2）MEB 线截面应符合设计要求。相邻近管道及金属结构允许用一根 MEB 线连接。

（3）利用建筑物金属体做防雷及接地时，MEB 端子板宜直接与该建筑物用作防雷及接地的金属体连通。

2. 辅助等电位联结

将两个导电部分用良导体直接作等电位联结，使故障接触电压降至接触电压限值以下，称作辅助等电位联结。

下列情况下须作辅助等电位联结：

(1) 电源网络阻抗过大，使自动切断电源时间过长，不能满足防电击要求时；

(2) 自TN系统同一配电箱供给固定式和移动式两种电气设备，而固定式设备保护电器切断电源时间不能满足移动式设备防电击要求时；

(3) 为满足浴室、游泳池、医院手术室等场所对防电击的特殊要求时。

3. 局部等电位联结

当需在一局部场所内作多个辅助等电位联结时，可通过局部等电位联结端子板将下列部分互相连通，实现该局部范围内的多个辅助等电位联结，被称作局部等电位联结。

浴室、游泳池等有水房间的等电位联结，以及医院手术室局部等电位联结，为防电击的特殊要求具有重要意义。

1) 卫生间、浴室等房间等电位联结系统如图4-36所示。

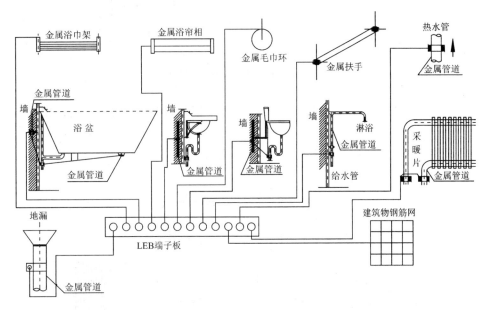

图4-36 有防水要求房间等电位联结系统

(1) 首先，应将地面内钢筋网和混凝土墙内钢筋网与等电位连通；

(2) 预埋件的结构形式和尺寸，埋设位置标高应符合设计要求；

(3) 等电位联结线与浴盆、地漏、下水管、卫生设备的连接，按上述系统图要求进行；

(4) 等电位端子板安装位置应方便检测。端子箱和端子板组装应牢固可靠；

(5) LEB线均采用BVR-4mm² 的铜线，应暗设于地面内或墙内穿入塑料管布线。

2) 游泳池等电位联结系统如图4-37所示。

(1) LEB线可自LEB端子板引出，与其室内金属管道和金属导电部分相互连接。

(2) 无筋地面应敷设等电位均衡导线，采用25×4扁钢或φ10圆钢在游泳池四周敷设三道，距游泳池0.3m，每道间距宜为0.6m，最少在两处作横向连接，且与等电位联结端子板连接。

309

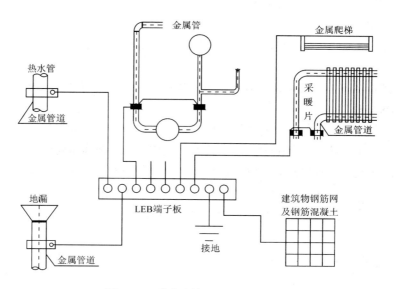

图 4-37 游泳池等电位联结系统图

(3) 等电位均衡导线也可敷设网格为 50mm×150mm 的 φ3 的铁丝网，相邻网之间应互相焊接牢固。

3) 医院手术室等电位联结系统如图 4-38 所示。

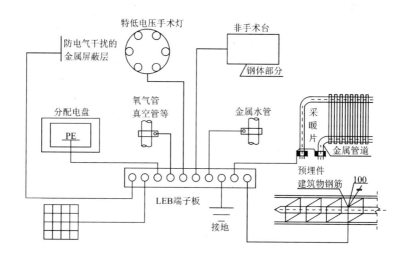

图 4-38 医院手术室等电位联结

(1) 等电位联结端子板与插座保护线端子或任一装置外导电部分间的连接线的电阻包括连接点的电阻应小于 0.2Ω。

(2) 不同截面导线每 10mm 的电阻值供选择等电位联结线截面时参考值，详见表 4-19 所示。

(3) 预埋件型式、尺寸和安装的位置、标高，应符合设计要求。安装必须牢固可靠。

等电位联结线截面 表4-19

铜导线截面（mm²）	每10m的电阻值	铜导线截面（mm²）	每10m的电阻值
4	0.045	50	0.0038
6	0.03	150	0.0012
10	0.018	500	0.0004

4. 等电位联结的安装要求

1）金属管道的连接处一般不需要加接地跨接线。

2）给水系统的水表需加接地跨接线，保证水管的等电位联结和接地的有效；装有金属外壳排风机、空调器的金属门、窗框或靠近电源插座的金属门、窗框以及距外露可导电部分范围内的金属栏杆，天花龙骨等金属体需做等电位联结。

3）为避免用燃气管道作接地极，燃气管入户后应插入一绝缘段以与户外埋地的燃气管隔离，为防雷电流在煤气管道内产生电火花，在此绝缘段两端应跨接火花放电间隙，此项工作由燃气公司确定。

4）一般场所离人站立处不超过10m的距离内，如有地下金属管道或结构即可认为满足地面等电位的要求，否则应在地下加埋等电位带，游泳池之类特殊电击危险场所需增大地下金属导体密度。

5）等电位联结内各联结导体间的连接可采用焊接、螺栓连接或溶接；当等电位联结采用钢材焊接时，应采用搭接焊，焊接处不应有夹渣、咬边、气孔及未焊透情况，并满足如下要求：

（1）扁钢的搭接长度应不小于其宽度的二倍，三面施焊（当扁钢宽度不同时，搭接长度以宽的为准）；

（2）圆钢的搭接长度应不小于其直径的六倍，双面施焊（当直径不同时，搭接长度以直径大的为准）；

（3）圆钢与扁钢连接时，其连接长度应不小于圆钢直径的六倍；

（4）扁钢与钢管（或角钢）焊接时，除应在其接触部位两侧进行焊接外，并将扁钢弯成的弧形面（或直角形）与钢管（或角钢）焊接；

（5）等电位联结线采用不同材质的导体连接时，可采用熔接法进行连接，也可采用压接法，压接时压接处应进行热搪锡处理，注意接触面的光洁、足够的接触压力和面积；

（6）在腐蚀性场所应采取防腐措施，如热镀锌或加大导线截面等；等电位联结端子板应采取螺栓连接，以便拆卸进行定期检测；

（7）建筑物等电位联结干线应从与接地装置有不少于2处直接连接的接地干线或总等电位箱引出，等电位联结干线或局部等电位箱间的连接线构成环形网络，环形网路应就近与等电位联结干线或局部等电位箱连接。支线间不应串联连接；

（8）等电位联结，应符合以下要求：

①等电位联结线与金属管道的连接。应采用抱箍，与抱箍接触的管道表面须刮拭干净，安装完毕后刷防护涂料，抱箍内径略小于管道外径，其大小依管径大小而定。金属部

件或零件,应有专用接线螺栓与等电位联结支线连接,连接处螺帽紧固、防松件齐全。

②等电位联结的可接近裸露导体或其他金属部件、构件与支线连接应可靠,熔焊、钎焊或机械紧固应导通正常。

③等电位联结经测试导电的连续性,导电不良的连接处需作跨接线。

④等电位联结端子板与插座保护线端子的连接线的电阻包括连接点的电阻不大于 0.2Ω。

⑤等电位联结线应有黄绿相间的色标。

(9) 等电位联结的线路最小允许截面应符合表 4-20 的规定。

等电位联结线路最小允许截面　　　　表 4-20

类别取值	总等电位联结线	局部等电位联结线	辅助等电位联结线	
一般值	不小于进线 PE (PEN) 线截面的 50%	不小于进线 PE 线截面的 50%①	两电气设备外露导电部分间	较小 PE 线截面
			电气设备与装置外可导电部分间	PE 线截面的 50%
最小值	6mm² 铜线或相同电导值导线②	有机械保护时 2.5mm² 铜线	同左	
		无机械保护时 4mm² 铜线		
	热镀锌扁钢 25×4mm,圆钢 φ10	—	热镀锌圆钢 φ8,扁钢 20×4mm	
最大值	25mm² 铜线或相同导值导线②	—	—	

①局部场所内最大 PE 线截面;
②禁止采用无机械保护的铝线。

等电位联结端子板截面须符合设计要求且不得小于所接等电位联结线截面。常规端子板的规格为:260mm×100mm×4mm 或者是 206mm×25mm×4mm。等电位联结端子板应采取螺栓连接,以便于拆卸进行定期检测。

(10) 管道检修时,在断开管道前敷设完检修管两端接地跨接线,从而保证等电位联结的始终导通。

5. 等电位联结的导通性测试

等电位联结安装完毕后应进行导通性测试,测试用电源可采用空载电压为 4~24V 直流或交流电源,测试电流不应小于 0.2A,当测得等电位联结端子板与等电位联结范围内的金属管道等金属体末端之间的电阻不超过 3Ω 时,可认为等电位联结是有效的。如发现导通不良的管道连接处,应作跨接线,在投入使用后应定期作导通性测试。

4.5 电气调试

建筑电气工程中,所有安装完成的电气设备必须要经过试验调试合格后,才能投入运行。一般建筑电气工程中所需调试的电气设备包括:高压配电柜、高压开关、避雷器、电流互感器、电压互感器、各种测量及保护用仪表、电力变压器、封装母线、裸母线、绝缘子及套管、电抗器、电力电容器、电力电缆、接地装置、低压配电柜、各种继电器、继电保护系统、低压断路器及隔离器、接近开关、各种泵及风机、各种类型起重设备、各种电动机、各种变频器、各种型号 PLC、各种软启动器、各型开关、照明系统、接地系统等新建、改建工程中安装的电气设备。此类设备主要位于建筑高低压变配电所（室）和各类型的设备机房之中。

4.5.1 建筑电气试验项目与调试的系统

根据现行国家标准《电气装置安装工程电气设备交接试验标准》GB 50150 中的规定，电气试验与调试的内容如下所示：

1. 基本的试验项目

基本的试验项目包括：

1) 绝缘电阻和吸收比的测量；
2) 直流耐压试验和泄漏电流的测量；
3) 交流工频耐压试验；
4) 介质损失角的测量；
5) 电容比的测量；
6) 直流电阻的测量；
7) 极性的确定，接线组别的确定；
8) 变比的测量。

2. 基本的电气调试系统

基本的电气调试系统主要包括：

1) 高压设备的试验；
2) 高压配电系统调试；
3) 高压传动系统调试；
4) 低压配电系统调试；
5) 低压传动系统调试；
6) 计算机系统调试；
7) 单体调试；
8) 系统调试。

不同的建筑电气工程中所包含的试验项目和电气系统也不尽相同，随着电气科技的发展，电气设备和材料制作工艺的不断提高，以上一些试验项目在目前的电气工程中已很少见到。目前阶段，常见的建筑电气试验项目包括：绝缘电阻的测量、接地电阻的测量、大容量电气线路接点的温度测量、漏电断路器的漏电电流测量、电动机的轴承温升测量、有转速要求的电机转速测量、交流工频耐压试验、直流电阻的测量；常见的建筑电气调试系统主要有：高压设备试验、高压配电系统调试、高压传动系统调试、低压配电系统调试、低压系统传动调试、设备单体调试、系统联合调试。

4.5.2 建筑电气试验与调试一般要求

1. 建筑电气试验的要求

（1）根据图纸检查设备、元件、各类接线的型号规格以及各元件的接点容量、接触情况。

（2）准确检查现场施工的各类线缆线路，所有线路的型号、规格、回路编号等必须符合图纸。

（3）所有控制设备的二次接线必须经过端子排。

（4）线路两端必须挂上线号、回路编号，要求号码清晰、准确。

（5）设备的各接线端子应压紧，一个接线端子上压线不得接3个。

（6）电气试验用的仪表应符合规范、设计的要求，无要求时一般精度为0.5级以上。

（7）容易受外部磁场影响的仪器、仪表，应注意测量位置距离大电流的导线1m以外放置；在强磁场区域测量时，应对仪器仪表采取磁场隔离措施。

（8）测量参数与温度有关或测量数据受被测物温度影响的，应准确测量现场温度和被试物的温度。如果被试物温度不易被测量，可测周围环境温度代替被测物的温度。

（9）在进行设备和线路的绝缘测量试验时，应选择良好的天气。

（10）在进行耐压试验的项目，在耐压试验前后均应检查其被测设备、线路绝缘电阻，如无特殊说明，交流耐压试验持续时间规定为1min。

（11）在测量变压器的介质损失角、电容比以及进行耐压试验的项目时，应将被试物线圈所有能连接的抽头都相互连接在一起。进行升压试验时应将未试的线圈全部接地（测介质损失角与电容时，对未试线圈不应接地）。

（12）对于在出厂资料中提出了特殊要求电气设备和元件，除按规定的项目进行试验外，还应按厂家规定得项目进行试验，试验数据应符合厂家的特殊要求。

（13）在绘制各种试验数据的特性曲线时，测定点数一般应描绘成平滑的曲线。

（14）对于试验测量数据不符合规范或设计要求的设备、线路、元件，在经过调整后仍达不到技术要求的，一律不得投入正常使用，必须进行更换。

（15）凡能分相进行试验测量的设备应分相进行试验测量，以便各相之间进行相互比较。

2. 建筑电气系统调试的要求

（1）调试前，应检查所有回路和电气设备的绝缘情况，全部合格后方可进行调试的下一工序。

（2）调试前，全面检查整个电气系统的所有接点，清除各临时短接线和各种障碍物。

（3）恢复所有进行电气试验时被临时拆开的线头，对照图纸处于正常状态，并逐一检查有无松动或脱落现象。

（4）在各阶段的调试前，都必须对系统控制、保护与信号回路作重复检查，保证所有设备与元件的可动部分应动作灵活可靠。

（5）检查备用电源线路与备用系统设备及其自动装置，应处于良好状态。

（6）检查行程开关和极限开关的接点位置是否正确，转动是否灵活；打开元器件检修盖板，检查内部有无异物存在，并将其盖好。

（7）在电机空载运行前应首先进行手动盘车，转动应灵活，并仔细检查内部是否有障碍物存在。

（8）通电试运行前必须确认被调试的设备周围工作人员处于安全区域，做到安全第一。

（9）在调试启动电流过大的电机时，如果起动电流对内部电网有较大影响，则在启动之前应调整变电所下口的其他负荷，如果对外电网产生较大影响，则应通知上级变电所工作人员或相关供电部门。

（10）对大型变电所及大型电机在送电之前应制定送电调试方案（包括安全措施）。送电前应取得相关部门的批准。

（11）带机械试车时，均应听从机装指定的专人指挥。

（12）在送电时，正确的送电顺序是：先送主电源，再送操作电源，切断时相反。

（13）所调试的电机为驱动风机、水泵类的负载机械时，应关闭管道阀门启动。

（14）电气调试人员应进行分工负责，并配齐必需的安全用具。

（15）调试人员必须配备必要通信设备，确保调试过程中各个岗位联系畅通。

（16）调试过程中，各操作人员必须坚守岗位，准备随时紧急停车。

（17）电气调试过程中必须准确记录各项参数，作好电气调试记录。

4.5.3 建筑电气试验工序和调试工序

1. 建筑电气试验的工序

建筑电气试验工作是在建筑施工的过程中随施工进度的进展依次完成的，它贯穿整个电气施工的全过程。一般建筑电气的各类试验项目的工序如下：接地系统试验→低压设备及线路试验→成套高压设备及线路试验→变压器及附属设备试验→成套低压设备及线路试验→备用电源及线路试验。

2. 建筑电气调试的工序

建筑电气调试是整个建筑电气工程全部安装完成后，进入正式使用运行的最后一道工序，也是整个电气工程的关键工序。电气系统调试从整个供电系统环节上可分为三大部分：高低压配电室（所）的调试、低压分配电系统送电调试、负荷端用电设备运行调试；从工序时段上可分为三个阶段：单体调试、分系统调试、联动系统调试。

（1）建筑电气调试工序如下：

各系统单体调试→各分系统联合调试→整个电气系统联动调试

（2）高压电气系统调试工序如下：

高压设备的调试→高压系统传动的调试→高压配电系统的调试

（3）低压电气系统调试工序如下：

低压系统传动调试→低压配电系统调试→备用电源系统调试→低压系统设备调试

第5章 自动化仪表安装工程

自动化仪表技术现在已经在石油、化工、电力、冶金、航天、交通等多个领域得到广泛的应用。自动化仪表工程涉及范围广，专业知识多，从各种物理参数非电测量到电测量以及计算机网络，从简单的仪表安装组对到自动化过程多变量计算机控制，本章主要从建筑、石油、化工自动化仪表安装着手介绍，因为原理相通，在机电专业具体操作时，可以选择参考。

5.1 自动化仪表安装工艺

5.1.1 施工程序

施工程序：熟悉图纸→图纸会审→编制施工方案→材料准备→仪表开箱单校→桥架安装→电缆保护管敷设→配合工艺安装取源部件及流量仪表、控制阀等→就地仪表安装→仪表管路敷设→控制室盘箱柜安装→电缆敷设→接线及回路检查→系统调试→配合工艺试车。

5.1.2 施工准备

1. 施工技术准备

1）施工组织设计的编制；
2）施工技术交底；
3）图纸会审记录；
4）设备、工艺专业的流程会审；
5）了解本仪表安装部分的自控程度（安全联锁、紧急停车及逻辑关系）；
6）确认PLC、DCS、ESD、SIS、SCADA系统对安装、调试的特殊要求及条件；
7）编制设备以及材料计划；
8）设备和系统软、硬件的采购。

2. 施工现场准备

1）现场具备仪表库房和仪表调校室；
2）加工预制场；
3）材料库及露天材料堆置场；
4）工具房及其他设施；
5）临时设施和场地应道路畅通、运输方便，水、电、气及通信等设施应配套；
6）仪表设备及材料的检验和保管；
7）仪表设备及材料到达现场后，应进行检验或验证。开箱检验应在制造厂代表在场的情况下会同监理、建设单位代表共同进行，检验后应签署检验记录。

5.1.3 取源部件安装

1. 温度取源部件安装

温度取源部件在管道上的安装，应符合下列规定：

1) 与管道相互垂直安装时，取源部件轴线应与管道轴线垂直相交；

2) 在管道的拐弯处安装时，宜逆着物料流向，取源部件轴线应与工艺管道轴线相重合；

3) 与管道呈倾斜角度安装时，宜逆着物料流向，取源部件轴线应与管道轴线相交。

2. 压力取源部件安装

1) 压力取源部件的安装位置应符合设计文件要求，当设计文件无要求时，应选择介质流束稳定的地方。

2) 压力取源部件与温度取源部件在同一管段上时，应安装在温度取源部件的上游侧。

3) 压力取源部件的端部不应超出设备或管道的内壁。

4) 当检测带有灰尘、固体颗粒或沉淀物等混浊物料的压力时，在垂直和倾斜的设备和管道上，取源部件应倾斜向上安装，在水平管道上宜顺物料流束成锐角安装。

5) 压力取源部件在水平和倾斜管道上安装时，取压点的方位应符合下列规定：

（1）测量气体压力时，在管道的上半部；

（2）测量液体压力时，在管道的下半部与管道的水平中心线成 0~45°夹角的范围内；

（3）测量蒸汽压力时，在管道的上半部，以及下半部与管道的水平中心线成 0~45°夹角的范围内，如图 5-1 所示。

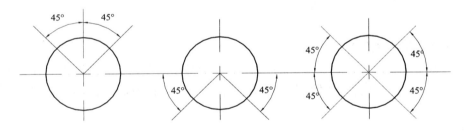

图 5-1 压力测量取压口的方位

3. 物位取源部件安装

1) 内浮筒液位计和浮球液位计导向管或其他导向装置时，导向管或导向装置应垂直安装，并应保证导向管内液流畅通。

2) 安装浮球式液位计的法兰短管的长度应保证浮球能在全量程范围内自由活动。

3) 电接点水位计的测量筒应垂直安装，筒体零水位电极的中轴线与被测容量正常工作时的零水位线应处于同一高度。

4) 静压液位计取源部件的安装位置应避开液体进、出口。

4. 流量取源部件安装

1) 流量取源部件上、下游直管段的最小长度应符合设计文件要求，并符合产品技术文件的有关要求。

2）在规定的直管段最小长度范围内，不得设置其他取源部件或检测元件，直管段管子内表面应清洁，无凹坑和凸出物。

3）在节流件的上游安装温度计时，温度计与节流件间的最小直管段长度应符合下列规定：

（1）当温度计套管和插孔直径小于或等于 $0.03D$（D 为管道内径）时，为 $5D$；

（2）当温度计套管和插孔直径在 $0.03D$ 和 $0.13D$ 之间时，为 $20D$。

4）在节流件的下游安装温度计时，温度计与节流件间的直管段长度不应小于管道内径的 5 倍。

5）在水平和倾斜的管道上安装节流装置时，取压口的方位应符合下列规定：

（1）测量气体流量时，在管道的上半部；

（2）测量液体流量时，在管道的下半部与管道的水平中心线成 $0\sim45°$ 夹角的范围内；

（3）测量蒸汽流量时，在管道的上半部与管道的水平中心线成 $0\sim45°$ 夹角的范围内。

具体如图 5-2 所示。

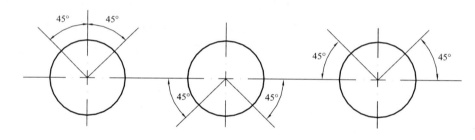

图 5-2　流量测量取压口的方位

5. 分析取源部件安装

1）在水平或倾斜管道上安装分析取源部件，其安装方位应符合图 5-1 的有关要求。

2）被分析的气体内含有固体或液体杂质时，取源部件的轴线与水平线之间的仰角应大于 $15°$。

5.1.4　设备安装

1. 箱、柜安装

1）系统设备出库运输时应选择平坦、无障碍的运输道路。运输过程中，车速不宜快，并应防止剧烈冲击与振动。装卸作业场地要平整、坚固，并具有足够的作业空间。

2）在设备吊装与搬运过程中，应保持平稳。宜用吊车或铲车进行作业，不得使用斜度大于 $10°$ 的滑梯、滑板进行人工装卸。

3）开箱检验应在制造厂代表在场的情况下会同监理、业主代表共同进行，检验后应签署检验记录。

4）设备开箱前，应检查外包装是否完整。开箱后，应检查内包装是否破损、有无积水，防潮、防水及防震等措施是否齐备，防倾斜、防振动标志是否异常。当环境温度小于 $4℃$ 时不宜对刚搬进室内的设备进行开箱，避免凝结水侵蚀设备。

5）开箱检验应按装箱单逐一清点，并应符合下列要求：

（1）所有硬件、备件、随机工具的数量、型号、规格均应与装箱单一致；

（2）设备及备件外观良好，无变形、破损、油漆脱落、受潮锈蚀等缺陷；

（3）设备安装应由远及近。在控制室和机房内搬运或移动时，不得损坏地面，就位后应及时固定。

6）仪表盘、柜、箱和操作台的外形尺寸及仪表开孔尺寸应符合设计文件要求。

7）仪表盘、柜、操作台的型钢底座应按设计文件的要求制作，其尺寸应与仪表盘、柜、操作台一致，直线度允许偏差为1mm/m，且不应超过5mm。

8）仪表盘、柜、操作台的型钢底座应在地面二次抹面前安装完毕，其上表面应高出地面，安装固定应牢固，上表面应保持水平，其水平度允许偏差为1mm/m，且不应超过5mm。

9）盘、箱、柜与型钢基础之间宜采用防锈螺栓连接。

10）单个安装的仪表盘、箱、柜和操作台，应符合下列要求：

（1）固定牢固；

（2）垂直度允许偏差为1.5mm/m；

（3）水平度允许偏差为1mm/m。

11）成排的仪表盘、箱、柜、操作台的安装，应符合下列规定：

（1）同一系列规格相邻两盘、箱、柜、操作台顶部高度允许偏差为2mm；当连接超过两处时，其顶部高度最大偏差不应大于5mm；

（2）相邻两盘、箱、柜正面接缝处正面的平面度允许偏差为1mm；当连接超过五处时，正面的平面度最大偏差不应大于5mm；

（3）相邻两盘、箱、柜间接缝的间隙，不应大于2mm。

12）仪表盘、柜、操作台之间及盘、柜、操作台内各设备构件之间的连接应牢固，安装用的紧固件应为防锈材料。安装固定不应采用焊接方式。

13）系统安装后应经常保持室内清洁，定期用吸尘器除尘，如需拖洗地面，不宜过湿。

14）系统送电前施工单位应会同监理（或总承包单位）代表、业主代表、设计代表和制造厂代表等有关人员，对系统的安装、电源、接地、系统电缆及配线进行检查确认。某工程仪表机柜安装后效果图见图5-3。

图5-3　仪表机柜安装后效果图

2. 温度仪表

温度仪表通常分接触式测量仪表与非接触式测量仪表，接触式测量仪表通常为：热电偶、热电阻、双金属温度计、就地温度显示仪等。非接触式测量仪表通常为温度记录仪、温度巡检仪、温度显示仪、温度调节仪、温度变送器等。如表5-1所示。

温度仪表类型及相关参数　　　　　　表5-1

测温方式	温度计种类	测温范围（℃）	优点	缺点	图　片
非接触式	辐射式	400~1700	测温时，不破坏被测温度场	低温段测量不准，受环境条件制约	
	红外线	-50~3500	测温时，不破坏被测温度场，响应快，测温范围大，适于测温度分布	易受外界干扰，标定困难	
接触式	膨胀式	-80~600	结构简单，使用方便，价格低廉，牢固可靠	不能记录和远传	
	压力式	-30~600	耐震，坚固，防爆，价格低廉	精度低，测温距离短，滞后大	
	热电偶	0~1600	测温范围广，精度高，便于远距离、多点、集中测量和自动控制	需冷端温度补偿，在低温段测量精度低	
	热电阻	-200~500	测温精度高，便于远距离、多点、集中测量和自动控制	不能测高温，注意环境温度	
	一体化温度变送器	-200~1600	二线制4~20mA DC输出。传输距离远，抗干扰能力强，精度高，寿命长		

1）温度仪表的安装方式
（1）螺纹连接；
（2）法兰连接；
（3）法兰与螺纹连接共同固定；
（4）简单保护套插入安装。
2）温度仪表安装注意事项
（1）温度一次点的安装位置应选在介质温度变化灵敏且具有代表性的地方，不宜选在阀门、焊缝等阻力部件和介质流速呈死角处；
（2）指示仪表选在便于观察的地方；
（3）热电偶安装远离强磁场；
（4）温度一次部件若安装在管道的拐弯处或倾斜安装，应逆着流向；
（5）热电偶必须用相应分度号的补偿导线。热电阻采用三线制接法。

3. 压力仪表

压力仪表根据压力测量原理可分为液柱式、弹性式、电阻式、电容式、电感式等。从结构上可以分为实验室型和工业应用型。具体见表5-2。

压力仪表的种类及原理　　　　　表5-2

压力表	种 类	原 理	特 点	图 片
液柱式	U形管压力计、单管压力计	它根据流体静力学原理，将被测压力转换成液柱高度进行测量	结构简单，使用方便，测量范围窄	U形管压力计原理图 1—U形玻璃管；2—工作液；3—刻度尺
弹性式	弹簧管、波纹管和膜片	是将被测压力转换成弹性元件变形的位移进行测量的	结构简单，价格低廉，现场使用和维修都很方便，测量范围宽	
电子式	电容式、电阻式、电感式、应变片式和霍尔片式等	压力敏感元件被测压力信号转换成容易测量的电信号	量精度很高，远传，安全，维护方便	

压力仪表的安装有以下注意事项：

（1）要选在被测介质直线流动的管段部分，不要选在管路拐弯、分叉、死角或其他易形成漩涡的地方。
（2）测量流动介质的压力时，应使取压点与流动方向垂直，取压管内端面与生产设备连接处的内壁应保持平齐，不应有凸出物或毛刺。

（3）测量液（气）体压力时，取压点应在管道下（上）部，使导压管内不积存气（液）体。

（4）导压管粗细要合适，一般内径为 6~10mm，长度应尽可能短，最长不得超过 50m，以减少压力指示的迟缓。如超过 50m，应选用能远距离传送的压力计。

（5）导压管水平安装时应保证有 1:10~1:20 的倾斜度，以利于积存于其中之液体（或气体）的排出。

（6）当被测介质易冷凝或冻结时，必须加设保温伴热管线。

（7）取压口到压力计之间应装有切断阀，以备检修压力计时使用。切断阀应装设在靠近取压口的地方。

（8）压力计应安装在易观察和检修的地方。

（9）安装地点应力求避免振动和高温影响。

（10）测量蒸汽压力时，应加装凝液管，以防止高温蒸汽直接与测压元件接触。图 5-4（a）为压力计安装；对于有腐蚀性介质的压力测量，应加装有中性介质的隔离罐，图 5-4（b）表示了被测介质密度 ρ_2 大于和小于隔离液密度 ρ_1 的两种情况。

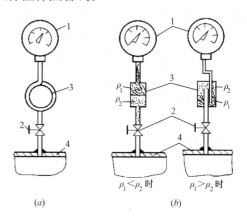

图 5-4　测量蒸汽压力时的压力计安装
(a) 测量蒸汽时；
(b) 测量有腐蚀性介质时
1—压力计；2—切断阀门；
3—凝液管；4—取压容器

4. 流量仪表

流量计是指测量流体流量的仪表，它能指示和记录某瞬时流体的流量值，计量表是指测量流体流量总和的仪表，它能累计某段时间间隔内流体的总量。常用的流量计有速度式流量计和容积式流量计，如表 5-3 所示。

常用流量计的类型及特点　　　　表 5-3

仪表类别		被测介质	安装要求	图　片
节流装置	孔板	液体 气体 蒸汽	需要直管段	
	喷嘴	液体 气体 蒸汽	需要直管段	
	文丘里管	液体 气体 蒸汽	需要直管段	

续表

仪表类别		被测介质	安装要求	图 片
转子流量计	玻璃管转子流量计	液体 气体	垂直安装	
	金属管转子流量计	液体 气体	垂直安装	
容积式流量计	椭圆齿轮流量计	液体	需装过滤器	
	腰轮计量表	液体 气体	需装过滤器	
	旋转活塞计量表	液体	需装过滤器	
速度式叶轮计量表	水表	液体	水平安装	
涡轮流量计		液体 气体	需要直管段且装过滤器	
靶式流量计		液体 气体 蒸汽	需要直管段	
电磁流量计		导电液体	对直管段要求不高	

续表

仪表类别		被测介质	安装要求	图片
超声波流量计		液体	需要直管段	
漩涡流量计	旋进漩涡流量计	气体	要较短的直管段	

（1）差压流量测量节流装置以及流量计应安装在被测介质完全充满的管道上。

（2）转子流量计应安装在振动较小的垂直管道上，且管道的应力不应作用在仪表上，垂直度允许偏差为 2mm/m，被测介质的流向应自下而上，上游直管段的长度应大于 5 倍工艺管道内径。

（3）涡轮流量计应安装在振动较小的水平管道上，上、下游直管段的长度应符合设计文件要求，前置放大器与变送器间的距离不宜大于 3m。

（4）电磁流量计（变送器）的安装应符合以下要求：

①在无强磁场的水平管道或垂直管道上，在垂直的管道上安装时，被测介质的流向应自下而上；在水平的管道上安装时，不应安装在工艺管道最高水平管段上，两个测量电极不应在管道的正上方和正下方位置；

②流量计上、下游直管段的长度应符合设计文件的要求；

③流量计外壳、被测介质及工艺管道三者应连成等电位，并应有良好接地；

④当管道公称直径大于 300mm 时，应加专用支撑；

⑤周围有强磁场时，应采取防干扰措施。

（5）容积式流量计的安装应符合下列规定：

①流量计宜安装在水平的管道上，若需垂直安装时，被测介质的流向应自下而上；

②流量计的刻度盘应处于垂直平面内；

③流量计上游应设置过滤器，若被测介质含气体，则应安装除气器。

（6）质量流量计安装应符合下列规定：

①安装在振动场所的流量计，出、入口宜用减振高压金属挠性软管与工艺管道连接，流量计应安装在水平管道上，矩形箱体管、U 形箱体管应处于垂直平面内；工艺介质为气体时，箱体管应处于工艺管道的上方；工艺介质为液体时，箱体管应处于工艺管道的下方，表体应固定在金属支架上；

②流量计的转换器应安装在不受振动、常温、干燥的环境中，就地安装的转换器宜装保护箱；

③安装弯管型流量传感器，如流体中含有气泡，弯管不应朝上；如流体中含有沉淀物，弯管不应朝下，防止管中堆积，产生虚假流量；

④垂直安装流量管应将流量管垂直固定；水平安装同样将流量管固定，且不应倾斜，防止管中流体气泡、沉淀物堆积，产生虚假流量。

（7）靶式流量计的靶板中心应与管道轴线同心，靶面应迎着介质流向且与管道轴线垂直，上、下游直管段的长度应符合设计文件要求。

（8）涡街流量计应安装在无振动的管道上。上、下游直管段的长度应符合设计文件要求，管道内壁应光滑。放大器与流量计分开安装时，两者之间的距离不宜大于20m，其信号线应使用屏蔽线。

（9）超声波流量计上、下游直管段应符合设计文件要求，对于水平管道，换能器探头的位置应在与水平面成45°夹角的范围内。被测介质管道内壁不应有影响测量精度的结垢层或涂层。

（10）孔板、喷嘴和文丘里管等节流装置，安装前应进行外观及尺寸检查，孔板、喷嘴入口边缘及内壁应光滑无毛刺、无划痕及可见损伤，并测量验证其制造尺寸应符合设计文件和产品标准的规定。

（11）孔板、喷嘴、文丘里管的安装应符合下列规定：
①节流件应在管道吹洗后安装；
②孔板的锐边或喷嘴的曲面侧应迎向被测介质的流向，具体安装方向见图5-5；

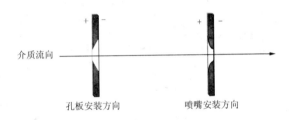

图5-5 孔板及喷嘴的安装方向

③检查直管段长度、同轴、同心度，并应符合规范要求；
④安装节流件的密封垫片的内径不应小于管道的内径，夹紧后不得突入管道内壁。

（12）差压计或差压变送器的正、负压室应与孔板、喷嘴上的正、负符号相对应，安装位置还应符合下列规定：
①测量气体压力时，仪表宜高于取压点；
②测量液体或蒸汽压力时，仪表宜低于取压点。

（13）阿纽巴流量计安装应符合下列规定：
①阿纽巴流量计有四个孔的一侧应迎着被测介质的流动方向；
②阿纽巴取源部件的轴线应与管道轴线垂直相交。

（14）需加前、后直管段的流量仪表，直管段口径应与流量仪表口径一致。

5. 物位仪表

物位仪表的种类很多，如果按液位、料位、界面可分为液位仪表，料位仪表和界面仪表，常用的液位测量仪表有浮球式液面计、电容式液面计、电阻式液面计、电极式液面计、法兰式差压液面变送器等，如表5-4所示。

物位仪表的类型及特点　　　　　表 5-4

液位计种类		作用原理	主要特点	仪表图片
静压式	玻璃管液位计	连通器原理	结构简单、价格低廉，易损坏，读数不明显	
	压力表式液位计	液位高度与液柱静压成正比	适用于敞口容器，使用简单	
	压差式液位计	基于液位升降时能造成液柱差的原理	敞口容器或密闭容器都能使用，但要注意"零点迁移"问题	
浮力式	浮球式液位计	浮球浮于液体中随液面变化而升降	结构简单、价格低廉	
	浮筒式液位计	浮筒在液体中受到浮力而产生的位移与液位变化成正比	结构简单、价格低廉	
电子式	电容式液位计	置于液体中电容，其值随液位高低而变化	测量滞后小，能远距离传输，但线路复杂，价格高	
	电接点式液位计	应用电极等电装置，当液面超过规定值时，发出电信号	不能连续测量，用于要求不高的场合	
	超声波液位计	利用超声波在气体和液体中的衰减程度、穿透能力和辐射声阻抗等各不相同的性质	非接触测量，准确性高，惯性小，但成本高	

1）玻璃管液位计安装

玻璃管液位计安装比较简单，安装法兰都在工艺设备上，安装前认真检查法兰是否配合，垫片是否满足要求，螺栓型号是否相符。玻璃管液位计的截止阀要求试压与研磨，以便正式启用后免去跑、冒、滴、漏的麻烦。

2）浮球式液位计安装

在预定位置安装上浮球后，注意浮球活动自如。介质对浮球不能腐蚀，它常用在小于1MPa 的容器内的液位测量。

3）浮筒式液位计安装

浮筒式液位计分为内外浮筒，安装重点是垂直度，内装在浮筒内的浮杆必须自由上下，不能有卡涩现象，垂直度保证不了，就要影响测量精度，另外，安装时还要注重法兰、螺栓、垫片与切断阀的配合，切断阀需要试压合格。

4）差压液位计

这是目前使用最多的一种液面测量法，一般有单法兰（差压）变送器，双法兰（差压）变送器。其测量液面原理一致，就是差压法。安装时还要注重法兰、螺栓、垫片与切断阀的配合，切断阀需要试压合格。

6. 分析仪表

分析仪表是用以测量物质(包括混合物和化合物)成分和含量及某些物理特性的一类仪器的总称。用于实验室的成为实验室分析仪器，用于工业生产过程的成为过程在线分析仪表。

一般的分析仪表主要由四部分组成，其原理如图5-6 所示。

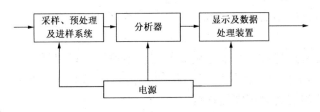

图5-6 分析仪表的原理

1）采样、预处理及进样系统

这部分作用是从流程中取出具有代表性的样品，并使其成分符合分析检查对样品的状态条件的要求，送入分析器。

2）分析器

分析器的功能是将其分析的样品的成分量转换为可以测量的量。分析器可以采用各种非电量电测法中所使用的各种敏感元件，如光敏电阻、热敏电阻以及各种化学传感器。

3）显示及数据处理系统

用来指示记录分析结果的数据，并将其转换为相应的电信号送入自动控制系统，实现生产过程自动化。

4）电源

对整个仪器系统提供稳定、可靠的电源。

下面简单介绍几种常用的分析仪，见表5-5。

常用的分析仪　　　　　　　　　表 5-5

分析仪	原理	简介	图片
可燃气体探测器	催化型可燃气体探测器是利用难熔金属铂丝加热后的电阻变化来测定可燃气体浓度。红外光学型是利用红外传感器通过红外线光源的吸收原理来检测现场环境的碳氢类可燃气体	可燃气体探测器是对单一或多种可燃气体浓度响应的探测器。可燃气体探测器有催化型、红外光学型两种类型	
氧化锆氧量计	是基于电化学原理，检测元件是利用氧化锆（ZrO_2）制成的固体电解质，其在高温下具有传导氧离子的特性，当固体电解质两侧存在氧浓度差时，即有一与浓度成一定关系的电势产生，对此电势作补偿计算，从而可准确反映氧量	氧化锆氧量计是由防尘装置、氧化锆管元件（固体电解质元件）、K 型热电偶、加热器、标准气体导管、接线盒以及外壳壳体等主要部件组成，整个装置采用全封闭结构	

5.1.5 线路安装

1. 仪表线槽、桥架敷设

1）汇线槽、桥架的结构形式、规格、选材、涂漆等均应符合设计规定，原材料及产品均应有合格证。

2）钢板下料应有排料图，并采用机械剪切。不得用气焊切割。

3）现场制作汇线槽时，宜采取工厂化加工，制成标准件（包括弯头、三通、变径等）。汇线槽的现场组装宜采用螺栓连接。

4）汇线槽内的隔板应加工成 L 形，且低于汇线槽高度，边缘应打磨光滑。隔板在 L 形底边的两侧采用交替定位焊固定，隔板之间的接口应用定位焊连成整体。

5）汇线槽底板应开漏水孔，漏水孔宜按之字形错开排列，孔径为 $\phi 5 \sim \phi 8mm$。开孔时应从里向外进行施工。

6）汇线槽的三通、弯头、变径等应能满足电缆敷设弯曲半径的要求，如图 5-7 所示。

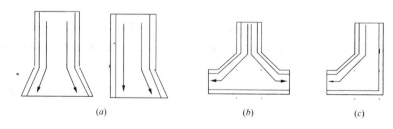

图 5-7　汇线槽及桥架的变径、三通和弯头
(a) 变径；(b) 三通；(c) 弯头

7）汇线槽预制件应平整，内部光洁、无毛刺，宽度、高度的尺寸允许误差为设计尺寸的0.5%，长度按钢板尺寸或下料机械规格在现场确定。

8）汇线槽的安装位置应避开强磁场、高温、腐蚀性介质以及易受机械损伤的场所。汇线槽安装在工艺管架上时，宜在工艺管道的侧面或上方。

9）汇线槽的安装程序应先主干线，后分支线，先将弯头、三通和变径定位，后直线段安装。

10）汇线槽之间宜采用半圆头螺栓连接，并应安装加强板，螺母应在槽板的外侧，螺栓应充分紧固。

11）汇线槽安装直线超过50m时，应采用在支架上焊接滑动导向板的方法固定，并使汇线槽在导向板内能滑动自如，槽板接口处应预留适当的膨胀间隙。

12）汇线槽安装应保持横平竖直，底部接口应平整无毛刺。多层桥架安装时，弯曲部分弧度应一致。汇线槽或桥架变标高时，底板、侧板不应出现锐角和毛刺。

13）汇线槽安装后，应按设计要求焊接接地片和栏杆柱，开好保护管引出孔和隔板缺口。保护管开孔的位置应处于汇线槽高度的2/3以上，并采用油压开孔机或其他机械开孔，不得用电弧焊、气焊切割。开孔后，边缘应打磨光滑，及时修补油漆。

14）通过预留口进入控制室汇线槽的电缆敷设完毕后，应及时封闭。

15）汇线槽或桥架与动力电缆桥架的安装间距，应符合设计规定。

2. 配管

1）电缆、电线、补偿导线保护管（以下简称保护管），宜选用薄壁镀锌钢管，但防爆区域厂房内应采用厚壁镀锌钢管。管内径应为线束外径的1.5~2倍。保护管不应有变形及裂缝，内壁应清洁、光滑、无毛刺。

2）保护管弯制应采用冷弯法，薄壁管采用弯管机煨弯。$DN50$以上的管子宜采用标准预制弯头。弯制保护管时，应符合下列规定：

（1）弯曲角度不应小于90°；

（2）弯曲半径应符合下列要求：当穿无铠装的电缆且明敷设时，不应小于保护管外径的6倍；

（3）当穿铠装电缆以及埋设于地下或混凝土内时，不应小于保护管外径的10倍；

（4）保护管弯曲处不应有凹陷、裂缝；

（5）单根保护管的直角弯不得超过两个；

（6）当保护管直线长度超过30m，且沿塔、槽、加热炉或过建筑物伸缩缝时，应采取下列热膨胀补偿措施之一（图5-8）：根据现场情况，弯管形成自然补偿；在两管连接处，预留适当的间距；增加一段软管；增加一个鹤首弯。

3）保护管之间及保护管与连接件之间，应采用螺纹连接。管端螺纹的有效长度应大于管接头长度的1/2，并保持管路的电气连续性。当采用大管径钢管埋地敷设时，可加套管焊接，管子对口应处于套管的中心位置，对口应光滑，焊口应严密。

4）保护管与仪表盘、就地仪表箱、接线箱、穿线盒等部件连接时应用锁紧螺母固定，管口应加护线帽。保护管与检测元件或就地仪表之间采用挠性管连接时，管口应低于进线口约250mm。本安系统保护管从上向下敷设时，在管末端应加排水三通，仪表及仪表设备进线口应用密封垫密封。当保护管与仪表之间不采用绕性管连接时，管末端应加工成喇叭口或带护线帽,见图5-9。

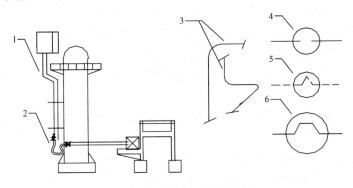

图5-8 保护管的热补偿措施
1—鹤首弯;2—软管;3—自然补偿;4—间断;5—软管;6—鹤首

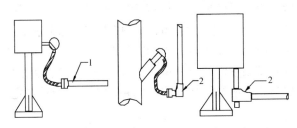

图5-9 保护管与仪表的连接
1—用卡子固定;2—三通

5)暗配保护管应按最短距离敷设,在抹面或浇灌混凝土之前安装,埋入墙或混凝土的深度应保证离表面的净距离大于15mm,外露的管端应加木塞封堵或用塑料布包扎保护螺纹。

6)当引入落地式仪表盘(箱)内时,管口宜高出地面50mm,多根保护管引入时,应排列整齐,管口标高一致。

7)明配保护管应排列整齐,横平竖直,支架的间距不宜大于2m,且在拐弯、伸缩缝两侧和管端300mm处均应安装支架,固定卡宜用U形螺栓或管卡。垂直安装时,可适当增大距离。

8)在户外和潮湿场所敷设保护管,应采取以下防雨或防潮措施:

(1)在可能积水的位置或最低处,安装排水三通;

(2)保护管引入接线箱或仪表盘(箱)时,宜从底部进出;

(3)保护管引入就地仪表时,参照以上规定;

(4)朝上的保护管末端应封闭,电缆敷设后,在电缆周围充填密封填料。

3. 电缆敷设

1)缆敷设前应进行下列检查:

(1)汇线槽或桥架已安装完毕、清扫干净;内部应平整、光洁、无杂物、无毛刺;

(2)电缆型号、规格、长度等应符合设计要求,外观良好,保护层不得有破损;

(3)绝缘电阻及导通试验检查合格;

（4）控制室机柜、现场接线盒及保护管已安装完毕；

（5）对部分敷设长度进行实测，其实际长度应与设计长度基本一致，否则应按实际测量的电缆敷设长度及电缆到货长度，编制电缆分配表，可参照表5-6所示格式制表。

电缆敷设　　　　　　　　　　　　表5-6

序号	盘号	总长（m）	规格型号	电缆分配				备注
				编号	长度	起点	终点	

2）电缆敷设过程中要注意：

（1）根据现场电缆分布情况和电缆分配表，按先远后近，先集中后分散的原则，安排电缆敷设顺序；

（2）电缆首尾两端应挂有设计规定的标志号码；

（3）电缆应集中敷设。敷设过程中，必须由专人统一指挥，并应停止在汇线槽或桥架上空的吊装、焊接等作业；电缆敷设完毕应及时加好盖板，避免造成电缆的机械损伤和烧伤；

（4）不同信号、不同电压等级和本质安全防爆系统的电缆在汇线槽内应分区敷设，在汇线槽上应分层敷设；

（5）电缆在汇线槽内应排列整齐，在垂直汇线槽内敷设时，应用支架固定，并做到松紧适度。电缆在拐弯、两端、伸缩缝、热补偿区段、易震等部位应留有余量；

（6）电缆终端头的制作应符合下列要求：

①从开始剥切电缆皮到制作完毕，应连续一次完成，以免受潮；

②剥切电缆时不得伤及芯线绝缘；

③铠装电缆应用钢线或喉箍卡将钢带和接地线固定；

④屏蔽电缆的屏蔽层应露出保护层15～20mm，用铜线捆扎两圈，接地线焊接在屏蔽层上；

⑤电缆终端头应用绝缘胶带包扎密封，本安回路统一用天蓝色胶带；较潮湿、油污的场所，电缆头宜涂刷一层环氧树脂防潮或用热塑管热封。

4. 仪表气源、伴热系统安装

1）供气系统

（1）供气系统主要是对气动仪表来说的。安装时要注意：

①控制室内配管一律采用镀锌水煤气管；

②控制室内的供气总管应有不小于1∶500的坡度，并在某集液处安装排污阀；

③控制室内气源总管要双路供气，以防其中一个过滤器（含减压阀）修理时停气；减压过滤器前、后要均匀装压力表；为便于维修，每一路供气管至少要装一个活接头；

④排污阀或泄压阀的管口要尽可能地离开仪表、电气设备和接线端子；安装在过滤器下面的排污阀与地面要留有便于操作的空间；

⑤供气系统内的安全阀的工作压力要按规定值整定。

2）伴热管路

（1）蒸汽伴热的供气系统，当供气点分散时，宜采用分散供气。如图 5-10（a）所示，当供气点较集中时，宜采用蒸气分配器集中供气，如图 5-10（b）所示。

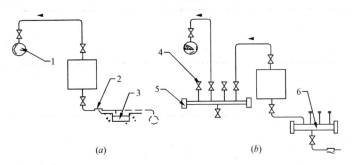

图 5-10　蒸气供气示意图
(a) 分散供气；(b) 集中供气
1—供气总管；2—疏水器；3—回水沟；4—蒸气分支出口阀；
5—蒸汽分配器；6—回水总管

（2）供气管路宜选用 $\phi 22\times 3$、$\phi 18\times 3$ 或 $\phi 14\times 2$ 的无缝钢管，管端应靠近取压阀或仪表，且不得影响操作、维护和拆卸。

（3）供气点应设在整个蒸汽伴管的最高点，管路不能有下凹部分，否则，应在下凹最低点设置排放阀，并应满足下式要求（图 5-11）：

$$\frac{(A+B+C+\cdots)}{10}\leqslant 0.01P$$

式中　A、B、C——各凹处高度（m）；
　　　P——蒸汽压力（MPa）。

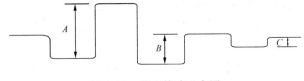

图 5-11　蒸汽管路示意图

（4）蒸汽伴热管路应采用单回路供汽，不得串联。

（5）蒸汽伴热回水系统应与供气系统对应（图 5-11），分散回水时，就近将冷凝液排入排水沟或回水管道。集中回水时，设回水总管或回水架，回水总管应比供气管径大一级，并加止回阀。

（6）排入排水沟的回水管管端应伸进沟内，距沟底约 20mm。

（7）回水管路应在管线吹扫之后安装疏水器，并宜安装于伴热系统的最低处，疏水器应处于水平位置，方向正确，排污丝堵朝下。

（8）供气管路应保持一定坡度，便于排出冷凝液。回水管路应保持一定坡度排污。

(9) 热水伴热的供水管路宜水平取压,回水系统不设疏水器。
(10) 各分支管均应设截止阀。

5.2 仪表试验和调试

5.2.1 单体调试

1. 校验要求

1) 校验前检查与准备,校验员应具备《计量鉴定证》,校验设备具备《鉴定合格证》、精度等级符合要求,且两证均在有效日期内。

2) 被校仪表铭牌检查,如型号、规格、材质、测量范围、防爆等级、出厂日期等,应符合设计要求,被校仪表外观检查,应无变形、损伤、各部件丢失现象,接线端子、固定件、附件、合格证、鉴定证书等应齐全,外形尺寸符合设计要求。另外,设计规定禁油和脱脂的仪表应按规定进行。

3) 所有仪表校验调整后要达到下列要求,基本误差必须符合该仪表精度等级的允许误差;变差、同步误差必须符合该仪表精度等级的允许误差;仪表零位正确,偏差值不超过允许误差的1/2;指针在整个行程中要无振动、摩擦和跳动现象;数字显示仪表,显示时无闪烁现象;做好校验记录,字迹清晰,责任明确;整齐存放并保持清洁。

2. 温度仪表校验

1) 双金属温度计安装前在量程范围内要作示值校验,校验点不少于2点。

2) 误差是否符合精度要求。

3) 热电偶作导通和绝缘检查,并在量程范围内进行热电性能试验,与标准E型、S型和K型热电偶进行mV值比较,参考《热电偶mV/℃对照表》,在大于室温的测量段不少于3点,误差符合规范要求。

3. 压力仪表校验

1) 压力仪表主要有弹簧压力表、膜盒压力表、智能压力变送器、智能差压变送器及压力开关等。

2) 对于测量范围小于0.1MPa的压力表的校验,用仪表风作信号源,用相应测量范围的标准压力计进行校验;测量范围大于0.1MPa的压力表用活塞式压力校验台或手操泵加压,用标准砝码或数字式压力计进行校准。

3) 真空压力表、负压变送器,用真空泵产生真空度,与测量范围相适应的标准真空表进行比较。

4) 校验点应在刻度范围内均匀选取,且不得少于5点,如0%、25%、50%、75%、100%,真空压力表的压力部分不得少于3点,真空部分不应少于2点,但压力部分测量上限值超过0.3MPa,真空部分只校验一点,压力表校验合格后加铅封,并贴上有校验日期的标签。

5) 变送器应有4mA、8mA、12mA、16mA、20mA的电流输出,且相对误差应在±0.075%的范围内。

6) 工程中所用的变送器全部采用智能变送器,应采用便携式编程器对智能变送器进行组态检验,利用编程器自检,检查编程器与变送器的通信情况,如图 5-12 所示。

7) 具体检验方法和步骤如下:检查变送器单元,测量上限和下限、输出方式、阻尼时间、位号等组态参数,需要更改的必须征得业主和 SEI 的确认;选择"Save"将变送器的信息存入寄存器,防止丢失。

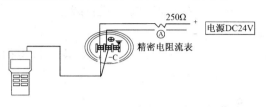

图 5-12 编程器接线图

8) 选择回路测试,检查回路输出电流,零点设置为 4mA,满量程设置为 20mA,则回路电流也应分别有对应的 4mA、20mA。

4. 流量仪表的校验

1) 质量流量计、电磁流量计、超声波流量计、均速管流量计、锥形流量计、楔形流量计、转子流量计等流量仪表根据出厂合格证及校验合格证,在有效期内可不进行精度校验,但要进行模拟校验。

2) 转子流量计用手推动转子上升或下降,指示变化方向应与转子运动方向一致,且输出值必须与指示值一致。

3) 对节流装置按设计要求进行规格尺寸检查并记录。本工程节流装置采用法兰取压标准锐孔板,对节流装置、法兰取压口进行外观流向方位的检查和测量,达到要求,保证日后运行的计量精度。

4) 游端面 A 应是平的,检查方法为连接孔板表面上任意两点的直线,与垂直于轴线的平面之间的斜度小于 0.5%,下游端面 B 与上游端面 A 平行,且应是平的。

5) 上游取压口的间距 $L_1 = 25.4$mm,从孔板上游端面量起,下游取压口的间距 $L_2 = 25.4$mm,且从孔板下游端面量起。其中 $\beta > 0.6$ 和 $D < 150$mm, $L_1 = L_2 = 25.4 \pm 0.5$mm; $\beta \leq 0.6$ 或 $\beta > 0.6$,但 150mm $\leq D \leq 1000$mm 时, $L_1 = L_2 = 25.4$mm ± 1mm。另外还要检查 d 是否符合设计要求,检查孔板的厚度,以及法兰内径是否和管道内径相符,如图 5-13 所示。

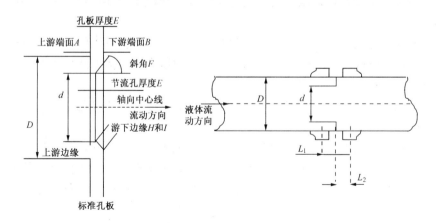

图 5-13 法兰取压方式

5. 物位仪表的调校

1）外浮筒液位计采用水校法或加砝码法，根据被测介质的比重计算出介质为水时的测量范围，先调整好浮筒的零点和量程，然后依次加水至测量范围的0％、25％、50％、75％、100％，观察液位计的输出，为4、8、12、16、20mA，基本误差和变差应符合±0.5％。输入和输出信号应按介质密度进行换算，当$\gamma_介 > \gamma_水$和$\gamma_水 > \gamma_介$时的换算方法不同。

调试示意图如图5-14所示。

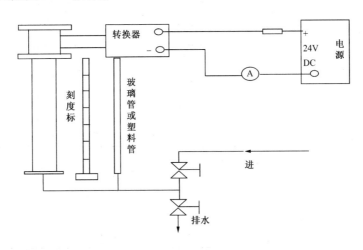

图5-14 水校调试法示

2）液位开关应检查开关动作是否灵活，常开NO，常闭NC触点是否变化正常，玻璃管液位计的强度试验，试压压力为1.5倍操作压力，停压10分钟无泄漏为合格。

3）差压式液位计的调校除按规范要求外，还应按设计文件和使用要求进行零点、量程调整和零点迁移量调整。

6. 调节阀、执行机构的调校

1）该项工程采用的调节阀有气动偏心角行程调节阀，气动套筒导向型双座调节阀，气动套筒导向型单座调节阀，气动三通合流型调节阀，其流量特性有等百分比、线性、近似等百分比，近似线性。

2）外观检查，零部件齐全、装配关系正确、紧固件无松动，整体洁净，以及调节阀初始状态，关或开，作用形式：正作用、反作用、气开、气关是否与设计要求相符。

3）执行机构膜盒气密性试验，将额定设计压力的气源输入气动薄膜内，切断气源，在5分钟内室中的压力不得下降。

4）调节阀泄漏量试验，试验介质用清洁水或清洁空气，试验压力为0.35MPa，当阀的允许压差小于0.35MPa时用规定的允许压差。

5）调节阀允许泄漏量，事故切断阀及有特殊要求的调节阀体必须进行气体泄漏量试验，试验介质用清洁空气，试验压力为0.35MPa或规定的压差，采用排气法，收集1分钟内调节阀的泄漏量，切断阀允许泄漏量必须符合表中规定，调节阀的泄漏量如表5-7所示。

6）全行程的精度试验，调节阀还需进行全程试验，行程偏差符合设计规定；对带阀门定位器的调节阀,行程允许偏差为±1%;全行程试验点不少于5点,且应均匀划分行程。如:0%、25%、50%、75%、100%。

调节阀的允许泄漏量　　　　　　　　表5-7

规　格	允许泄漏量	
	mL/min	每分钟气泡数
DN≤25	0.15	1
DN40	0.3	2
DN50	0.45	3
DN65	0.60	4
DN80	0.90	6
DN100	1.7	11
DN150	4.00	27
DN200	6.75	45
DN250	11.10	
DN300	16.00	

7)阀门强度试验,该项工程的所有仪表阀门试验介质为清洁水,试验压力为1.15倍操作压力。10分钟无泄压无泄漏为合格,此项试验委托工艺试压班组来完成。

7. 气体检测器调校

1)可燃气体检测器的标定前,检验人员的有关资质必须经监理公司认可后,方能上岗操作。

2)可燃气体检测器、有毒气体检测器等分析仪表一般不进行单体校验,在安装完毕后,按照说明书的要求,利用厂家提供的标准方案和标准样气(液),进行性能检查和精度校验。

3)可燃气体、有毒气体检测器检测,根据设计提供的设定值,利用标准的样气,按使用说明书提供的方法,在安装完毕后进行性能检查,校验合格后的仪表在表体上贴带有仪表位号的合格标签,并保持清洁。

8. 开关量的调校

控制按钮、开关试验,利用万用表检查控制按钮、开关在开、关位置时,输出值是否与其所在的位置一致。

5.2.2 系统调试

1. 系统调校的条件

系统调校应在工艺试车前,且具备下列条件后进行:

1)仪表系统安装完毕,管道清扫完毕,压力试验合格,电缆(线)绝缘检查合格,符合电阻配置符合要求;

2)电源、气源和液压源已符合仪表运行要求;

2. 系统调校方法

1）系统调校按回路进行。自控系统的回路有三类，即自动调节回路，信号报警、联锁回路和检测回路。

2）检测回路的系统调校。

（1）检测回路由现场一次点、一次仪表、现场变送器和控制室仪表盘上的指示仪、记录仪组成。系统调校的第一个任务是贯通回路。即在现场变送器处送一信号，观察控制室相应的二次表是否有指示。其目的是检验接线是否正确，配管是否有误。第二个任务是检查系统误差是否满足要求。方法是在现场变送器处送一阶跃信号，记下组成回路所有仪表的指示值。其计算公式为：

$$\delta = \sqrt{\delta_1^2 + \delta_2^2 + \cdots\cdots + \delta_n^2}$$

式中　　δ——系统误差；

δ_1，δ_2，$\cdots$，δ_n——组成回路各块仪表的误差。

在允许误差范围内为合格。

若配线、配管有误，相应二次表就没有指示，应重新检查管与线，排除差错。

若 δ 在允许误差外，则要对组成检测回路的各个仪表逐一重新进行单体校验。

（2）调节回路的系统调校。

调节回路有现场一次点、一次仪表、变送器和控制室里控制器（含指示、记录）和现场执行单元（通常为气动薄膜调节阀）组成。系统调校的第一个任务是贯通回路，其方法是把控制室控制器中手/自动切换开关定在自动上，在现场变送器输入端加一信号，观察控制室控制器指示部分有没有指示，现场调节阀是否动作。其目的是检查其配管接线的正确。然后把手/自动开关定在手动上，由手动输送信号，观察调节阀的动作情况。当信号从最小到最大时，调节阀的开度是否也从最小到最大（或从最大到最小），中间是否有卡的现象调节阀的动作是否连续、流畅。最后是按最大、中间、最小三个信号输出，调节阀的开度指示应符合精度要求。其目的是检查调节阀的动作是否符合要求。第三个试验是在系统信号发生端（通常选择控制器测量信号输入端），给控制器一模拟信号，检查其基本误差、软手动是否输出保持特性比例、积分、微分动作趋向以及手/自动操作的双向切换性能。若线路有问题，控制器手动输出动作不了相应的调节阀，就必须重新校线，查管。若调节阀的作用方向或形成有问题，重新核对控制器的正、反作用开关和调节阀的特性，使控制器的输出于调节阀动作方向符合设计要求。若控制器的输出与调节阀量程不一致，而调节阀又不符合其特性，就要对调节阀单独校验。若控制器的基本误差超过允许范围，手/自动双向切换开关不灵，就要对控制器重新校验。

系统调校过程中，特别是带阀门定位器的调节系统很容易调乱，一旦调乱，再调校就很不容易了。在这种情况下，有一经验调校办法，就是输入一半时（若DDE-Ⅲ型表，输入为12mADC，气动仪表为0.06MPa时），阀门定位器的传动连杆应该是水平的。也就是说，把阀门定位的传动连杆放在水平位置，然后再把输入信号定在12mA，在进行校验，就能较快地完成二次调校。

（3）报警、信号、联锁回路的系统调校。

报警、联锁回路由仪表、电气的报警接点或报警单元，控制盘上的各种控制器、继电器、按钮、信号灯、电铃（电笛、蜂鸣器）等组成。

报警单元的系统调试，首先是回路贯通。把报警机构的报警值调到设计报警的位置，然后在信号输入端加模拟信号（报警机构的报警接点短接或断开），观察相应的指示灯和声响是否有反应。然后，按消除铃声按钮，正确的结果应该是铃声停止，灯光依旧。第二个试验是撤除模拟信号，按试验按钮，全部信号应灯亮铃响。再按消除铃声按钮，应该是铃停灯继续亮。其目的是检查接线正确与否。

联锁电路的调试与报警回路相同，只是在短接报警机构输入接点后，除观察声光外，还要观察其所带的继电器动作是否正常，特别是所接控制设备的接点，应用万用表测量，是否由通断或由断到通，应反复三次，动作无误才算通过。

如果输入模拟信号，相应的声光无反应，要仔细分析原因。首先要检查报警单元是否动作，信号灯泡是否完好，确信不是上述原因后，再对配线做仔细检查。

如果试验按钮或消除铃声按钮没作用，要重新检查盘后配线，有必要时，要检查逻辑原理图或信号原理图。

对联锁回路的检查尤为重要，这是这个回路检查的重点，检查的内容还应包括各类继电器的动作情况。若用无接点线路，在动作不正确情况下，要仔细核对原理图和接线图。

5.2.3　分散控制系统（DCS）调试流程图

分散控制系统（DCS）调试流程具体见图 5-15。

5.2.4　配合工艺、设备试车

根据《自动化仪表工程施工及质量验收规范》GB 50093—2013 规定：取源部件，仪表管路，仪表供电、供气和供液系统，仪表和电气设备及其附件，均已按设计和本规范安装完毕，仪表设备已经过单体调校合格后，即可进行试运行。

试运行是试车后的第一阶段，也就是单体试车，主要标志是传动设备的试车，管道的吹扫，设备和管道的置换，仪表的二次调校。

单体试车时，需要仪表专业配合工艺的量不大，内容不多，只是就地指示仪表的指示。对大型的传动设备，如大型压缩机、高压泵等还应开通报警、联锁系统。在这个阶段，仪表专业重点还在完成未完成的工程项目和进行系统调校。如管道吹扫完后，工艺管道全部复位，仪表应把孔板安装好，调节阀卸掉短节、复位放在首要。此外，把吹扫时堵住口的温度计全部装上，压力表按设计要求安装好。调节阀复位后抓紧做好配管配线工作。总的说来，这个阶段，仪表的工作还局限于安装的扫尾工作。技术员应抓紧时间做好交工资料的整理和竣工图的绘制工作。

联动试车是试车的第二个阶段。联动试车又称无负荷试车。工艺的任务是打通流程，通常用水来代替工艺介质，故又称水联动。这个阶段，原则上仪表要全部投入运行。由于试车阶段工艺参数不稳定，有些仪表因此而不能投入运行，如流量表。控制器只能放在手动位置，用手动可在控制开启、关闭或调节阀门。报警、联锁系统要全部投入运行，并在有条件的情况下，进行实际试验。

负荷试车是试车的第三个阶段。该阶段将实际投料，开始进行正式的试生产。对仪表而言，在负荷试车前，应已提前通过"负荷试运行"。

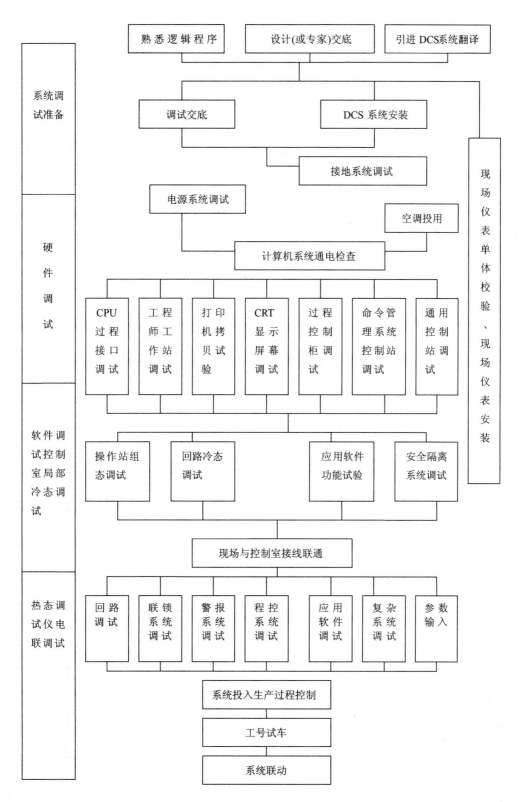

图 5-15 分散控制系统（DCS）调试系统图

第6章 建筑智能化安装工程

建筑智能化系统包括：通信网络系统、信息网络系统、建筑设备监控系统、火灾自动报警及消防联动系统、安全防范系统、智能化系统集成、电源与接地、环境检测、住宅（小区）智能化和综合布线系统十个分部工程。

建筑智能化工程的施工，一般由工程承包方负责工程施工图纸的深化设计、设备及材料供应、管线施工、设备的安装及检测、系统调试开通及通过有关管理部门的验收，直至交付使用。

建筑智能化系统安装主要依据现行国家标准《智能建筑工程质量验收规范》GB 50339、《建筑工程施工质量验收统一标准》GB 50300、《智能建筑工程施工规范》GB 50606等要求编制。

6.1 建筑智能化系统的构成

一般来讲，智能建筑通常由以下3个子系统构成：楼宇自动化系统（BAS，又称建筑设备监控系统）、通信自动化系统（CAS）和办公自动化系统（OAS），见图6-1。具有这3个系统的通常称为"3A"智能建筑。

图 6-1 智能建筑的构成示意图

建筑智能化系统按工程实体分为硬件和软件两大部分。

硬件部分主要是指：各类探测（传感）器、控制器、计算机、显示器、记录仪、执行机构、信息数据线缆、声光音响元器件和电源供电装置等。

软件部分是指：各类计算机软件、系统参数的计算设定值、完成各种控制功能要求的数学模型的建立等。

6.1.1 通信网络系统（CNS）

本系统应包括通信系统、卫星数字电视及有线电视系统、公共广播及紧急广播系统等各子系统及相关设施。其中通信系统包括电话交换系统、会议电视系统及接入网设备。现对几个系统作一下简略介绍。

1. 通信系统

通信系统主要包括用户交换设备、通信线路及用户终端三大部分。其中，电话通信系统结构见图6-2。

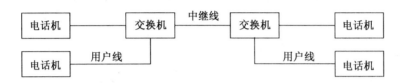

图6-2 电话通信系统结构图

2. 卫星数字电视及有线电视系统

卫星数字电视及有线电视系统主要包括信号源装置、前端设备、干线传输系统和用户分配网络。其中，闭路电视系统原理见图6-3。

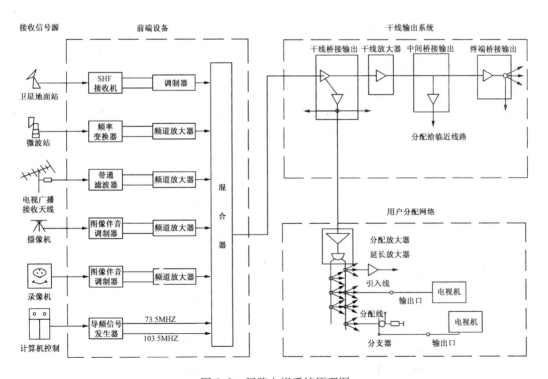

图6-3 闭路电视系统原理图

3. 公共广播及紧急广播系统

公共广播及紧急广播系统主要设备包括音源设备、声处理设备、扩音设备和放音设备。其中，扩音系统结构见图6-4。

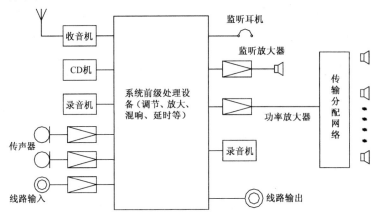

图6-4　扩音系统结构图

6.1.2　信息网络系统（INS）

利用各种手段组成网络状态的传递体系，以高效、优质地传送如语音、文字、图形图像等诸多的信息载体，进行交流应用，使之满足人们各种客观的需要。

信息网络系统包括计算机网络、应用软件及网络安全等。

1. 计算机网络系统（局域网LAN）

计算机网络系统是应用计算机技术、通信技术、多媒体技术、信息技术等先进技术及路由器、防火墙、核心层交换机、负载平衡器、服务器、汇聚层交换机、接入交换机、无线AP、无线网卡及用户终端等构成的计算机网络平台。见图6-5。

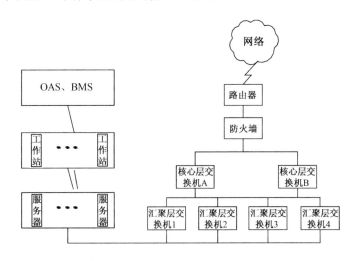

图6-5　信息网络系统结构图

2. 应用软件

建筑智能化工程的软件应包括办公自动化软件、物业管理软件和系统集成等应用软件。

6.1.3 建筑设备监控系统（BAS）

建筑设备监控系统，又称为楼宇自动化系统，是指对本工程中建筑所属各类设备的运行、安全状况、能源使用状况及节能等实现综合自动监测、控制与管理的系统。应做到运行安全、可靠、节省能源、节省人力。

建筑设备自动化系统采用集散式网络结构，由上位计算机、网络控制器、现场控制器（DDC）和现场测控设备构成，通过该系统的这些设备，对大厦的空调冷/热源系统、空调水系统及空调通风系统、给排水系统、照明、变配电、电梯等系统和设备进行监视及节能控制，现场控制器（DDC）采用总线方式传输，所有DDC均可联网运行，DDC控制箱的电源引自就近强电控制箱。如图6-6所示。

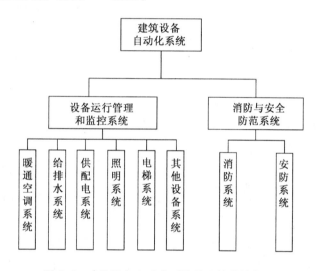

图6-6 建筑设备自动化系统的监控范结构图

1. 暖通空调监控系统

1) 送/排风系统

图6-7、图6-8所示为送/排风和双速排风机系统的监控原理图，具体监控内容包括按设定时间自动控制送/排风机的起停；监视送/排风机的运行状态；监视送/排风机的故障报警；监测送排风机的手/自动转换开关状态；风机压差检测信号；对平时/消防共用的双速排风机，平时按送排风机设备自动控制，火灾则由消防联动控制，该系统不起作用。

2) 空调机组

如图6-9所示为空调机组的监控原理图，具体监控内容包括送/回风机起/停控制、状态显示、故障报警和手/自动转换开关状态以及风机压差检测信号；送风温湿度测量；过滤器淤塞报警和低温报警；根据送风温度调节冷水阀、热水阀开度；对带加湿功能的空调机组进行加湿控制；回风温湿度测量；新风、回风、排风阀门调节；风机、风门、调节阀之间的联锁控制。

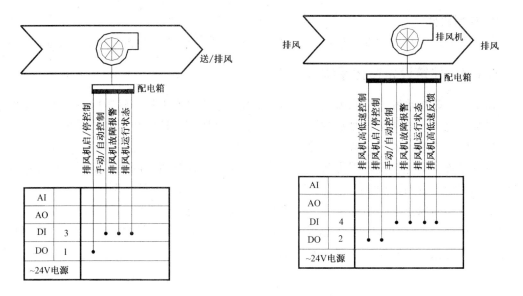

图6-7 送/排风系统的监控原理图　　　图6-8 双速排风系统的监控原理图

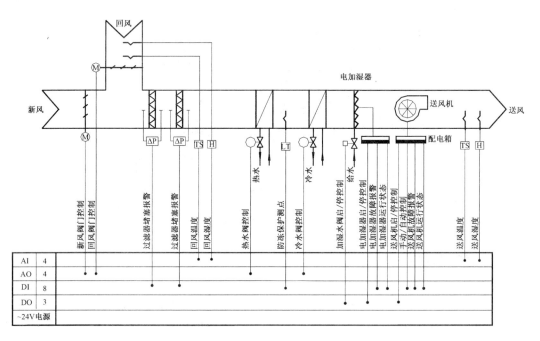

图6-9 空调机组（加湿）监控原理图

3）新风机组

如图6-10所示为新风机组的监控原理图，具体监控内容包括送风机起/停控制、状态显示、故障报警和手/自动转换开关状态以及风机压差检测信号；送风温湿度测量；过滤器淤塞报警和低温报警；根据送风温度调节冷水阀、热水阀开度；对带加湿功能的新风机组进行加湿控制；回风温湿度测量；新风、回风、排风机阀门调节；风机、风门、调节阀之间的联锁控制。

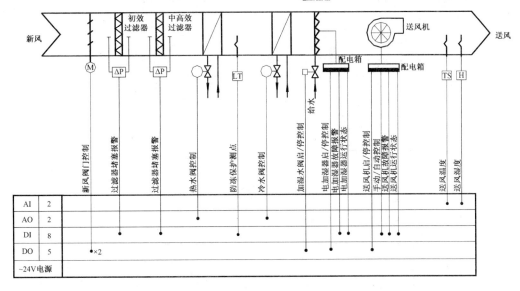

图 6-10 新风机组(加湿)监控原理图

4) 冷水机房控制

按照空调专业的工艺要求,对冷水机组、冷冻泵、冷却泵、冷却塔、阀门等进行自动监控,使设备的动作实现自动、手动功能,符合顺序起停的要求,监测设备的运行状态,实现故障报警。根据当地的气候情况,按照空调设计参数对设备运行参数进行设定,冷水机房监控系统实现信号上传,但建筑设备管理系统对其只监不控。

冷水机房监控系统上传信号主要包括:

(1) 制冷系统的运行状态显示;

(2) 故障报警;

(3) 起停程序配置;

(4) 机组台数或群控控制;

(5) 机组运行均衡控制及能耗累计;

(6) 冷冻水供、回水温度;

(7) 压力与回水流量;

(8) 压力监测;

(9) 冷冻和冷却泵及冷却塔风机的状态显示;

(10) 过载报警;

(11) 冷冻和冷却水进出、口温度监测等。

2. 给水排水监控系统

1) 生活给水控制

图 6-11 所示是给水系统的监控原理图,其具体功能包括:

(1) 监测水池的超高/超低液位状态,并及时报警;

(2) 监测生活水泵的运行状态、故障报警、提示定时维修;

(3) 自动控制变频器的电源、故障及管网压力状态的及时报警。

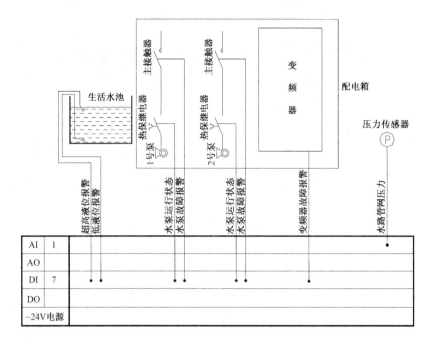

图 6-11 生活变频水泵监控原理图

2) 排水控制

图 6-12 所示为排水系统的监控原理图，其具体功能包括：

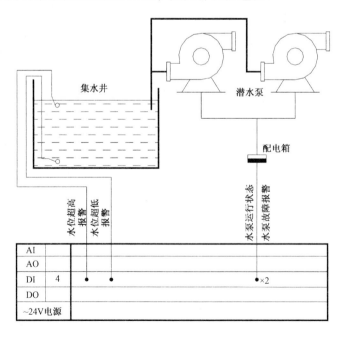

图 6-12 潜水泵及集水井监控原理图

(1) 监测集水池的溢流液位报警;
(2) 监测污水泵的运行状态、故障报警,提示定时维修。

3. 变配电监控系统

变配电监控系统的功能是信号上传,建筑设备管理系统对其只监不控,其主要功能是:对中压配电系统实行自动监测、控制和测量;对低压配电系统及变压器、发电机等电力设备实行自动监视和测量;对电力系统的运行参数进行自动采集和分析,并进行集中管理;对能源消耗情况进行分析,提供能耗报表,并为物业管理提供节能依据;对电力系统的运行状态进行实时监测,及时消除故障隐患;提供电力系统设备维护的报表。

变配电系统上传信号主要包括:
1) 供配电系统的中压开关与主要低压开关的状态监视及故障报警;
2) 中压与低压主母排的电压、电流及功率因数测量;
3) 电能计量;
4) 变压器温度监测及超温报警;
5) 备用及应急电源的手动/自动状态、电压、电流及频率监测;
6) 主回路及重要回路的谐波监测与记录等。

4. 照明监控系统

照明智能化控制系统采用模块化分布式控制结构,通常有调光模块、开关模块、智能传感器、控制面板、液晶显示触摸屏、时钟管理器、手持编程器等独立的单元模块组成,各模块独立完成各自的功能,并通过通信网络连接起来。

5. 电梯监控系统

电梯的监控自成系统,其功能是监视运行状态及故障状态、信号上传。建筑设备管理系统对其只监不控,BAS预留通信接口。

在消防控制室设置电梯监控盘,除显示各电梯运行状态、层数显示外,还应设置正常、故障、开门、关门等状态显示。

6.1.4 火灾自动报警及消防联动系统(FAS)

火灾自动报警及消防联动控制系统如图6-13所示,设备包括火灾自动报警控制器、CRT图形显示屏、打印机、火灾应急广播设备、消防直通对讲电话、不间断电源(UPS)及备用电源等组成。区域火灾显示器对各区域火灾情况进行监视,所有火灾报警控制及火灾广播系统,均在消防控制室完成。

6.1.5 安全防范系统(SAS)

安全防范系统是一个相对独立的完整系统。其监测范围主要包括入侵报警、电视监控、出入口控制、电子巡更、停车场(库)管理及其他特殊要求子系统等。它对保证人们的人身和财产安全具有重要意义。如图6-14~图6-17所示。

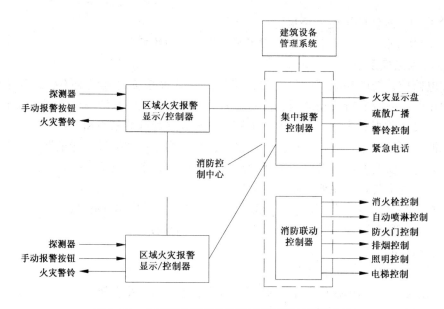

图 6-13 火灾自动报警及消防报警系统的结构框图

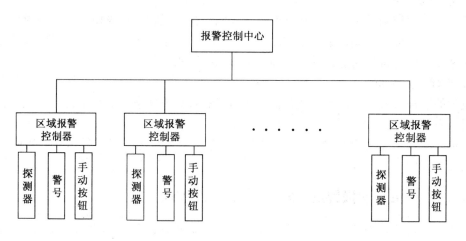

图 6-14 入侵报警系统结构图

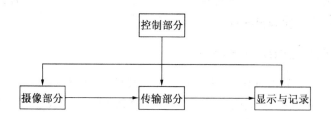

图 6-15 电视监控系统的功能关系图

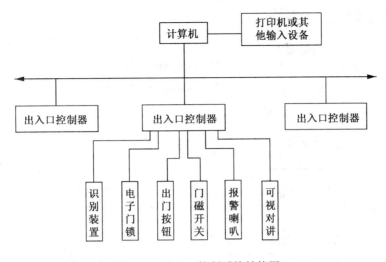

图 6-16 出入口控制系统结构图

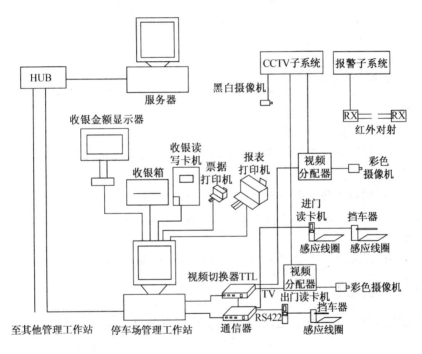

图 6-17 停车场系统配置示意图

6.1.6 智能化系统集成系统（ISI）

系统集成就是将多个系统放在一起，并使它们形成一个整体，以满足用户为目的，以计算机网络为基础，各子系统间可以进行信息的交换和资源的共享；各子系统间具有互操作性，以实现智能化系统为总体目标；具有开放性，并且不依赖于任何一个厂商的产品。这样形成的一个中央监控系统对大厦的安防、消防、各类机电设备、照明、电梯等进行监视与控制，既提高了管理和服务效率，节省人工成本，又采用了同一操作系统及计算机平台和统一的监控与管理界面，实现全局的事件和事物处理，同时进一步降低运行和维护费用，使物业管理现代化，如图 6-18 所示。

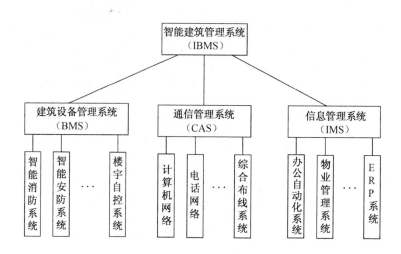

图 6-18 建筑物智能化集成系统图

6.1.7 电源与接地

1. 电源

智能化系统的供电装置和设备：

1）正常工作状态下的供电设备，包括建筑物内各智能化系统交、直流供电，以及供电传输、操作、保护和改善电能质量的全部设备和装置；

2）应急工作状态下的供电设备，包括建筑物内各智能化系统配备的应急发电机组、各智能化子系统备用蓄电池组、充电设备和不间断供电设备等。

2. 接地

接地包括防雷及接地系统的工程实施、系统检测和竣工验收。

6.1.8 环境检测

包括智能建筑内计算机房、通信控制室、监控室及重要办公区域环境的系统检测和验收。

环境的检测验收内容包括：空间环境、室内空调环境、视觉照明环境、室内噪声及室内电磁环境。

室内噪声、温度、相对湿度、风速、照度、一氧化碳和二氧化碳含量等参数检测时，检测值应符合设计要求。

6.1.9 住宅（小区）智能化（CI）

包括安全防范、信息网络系统和管理与监控子系统三大功能模块，并通过综合布线子系统将这三大功能模块连为一个系统。

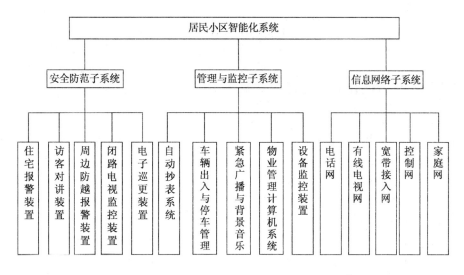

图 6-19 智能小区的基本功能框图

6.1.10 综合布线系统（GCS）

综合布线是一种模块化、在建筑内或建筑群之间的信息传输通道，它灵活性极高，既能使语言、数据、图像设备和信息交换设备与其他信息管理系统彼此相连，也能使这些设备与外部通信网络相连接。它包括工作区、配线子系统、干线子系统、管理子系统、进线间子系统等，如图 6-20 所示。

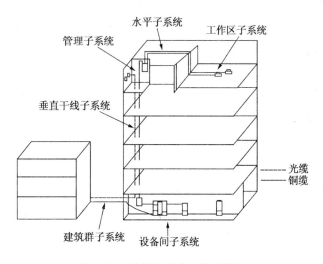

图 6-20 结构化综合布线系统图

6.2 建筑智能化系统安装

6.2.1 建筑智能化系统设备、元件安装

1. 中央监控设备

中央监控设备的型号、规格和接口符合设计要求，设备之间的连接电缆接线正确。

2. 现场控制器

现场控制器应安装在需监控的机电设备附近，一般在弱电竖井内、冷冻机房、高低压配电房等便于调试和维护的地方。

3. 探测、测量元件的安装

各类探测器的安装，应根据产品的特性及保护警戒范围的要求进行安装。

各类传感器的安装位置在能正确反映其检测性能的位置，并便于调试和维护。

1）温、湿度传感器安装

通常采用的温度传感器有风管、水管型温度传感器等，可将温度的变化转换成电信号输出。

（1）传感器至现场控制器之间的连接应尽量减少因接线引起的误差，镍温度传感器的接线电阻应小于 3Ω，铂温度传感器的接线电阻应小于 1Ω。

（2）风管型温、湿度传感器的安装应在风管保温层完成后进行。

（3）风管型温、湿度传感器应安装在风速平稳、能反映风温的地方。

（4）风管型温、湿度传感器应安装在风管直管段的下游，还应避开风管死角的位置。

（5）水管型温度传感器的安装开孔与焊接工作，必须在管道的压力试验、清洗、防腐和保温前进行，且不宜在管道焊缝及其边缘上开孔与焊接。

（6）水管型温度传感器的感温段大于管道直径的 1/2 时，可安装在管道的顶部。感温段小于管道直径的 1/2 时，应安装在管道的侧面或底部。

2）压力、压差传感器和压差开关安装

（1）通常的压力和压差传感器有电容式压差传感器、液体压差传感器，薄膜型压力传感器，分风管型和水管型两类。

（2）风管型压力、压差传感器和压差开关应在风管保温层完成之后安装。

（3）风管型压力、压差传感器和压差开关应安装在温、湿度传感器的上游侧。

（4）水管型压力、压差传感器的安装应在管道安装时进行，其开孔与焊接工作必须在管道的压力试验、清洗、防腐和保温前进行。

3）电磁流量计安装

（1）电磁流量计应避免安装在较强的交直流磁场或有剧烈振动的场所。

（2）电磁流量计应安装在流量调节阀的上游，流量计的上游应有 10 倍管径长度的直管段，下游段应有 4~5 倍管径长度的直管段。

（3）电磁流量计在垂直管道上安装时，液体流向自下而上，保证导管内充满被测流体或不致产生气泡；水平安装时必须使电极处在水平方向，以保证测量精度。

（4）电磁流量计和管道之间应连接成等电位并可靠接地。

4）涡轮式流量变送器的安装

（1）涡轮式流量变送器应水平安装，流体的方向必须与传感器壳体上所示的流向标志一致。

（2）变送器没有流向标志时可根据变送器进、出口的结构进行判断。流体的进口端导流器比较尖，中间有圆孔，流体的出口端导流器不尖，中间没有圆孔。

（3）在可能产生逆流的场合，流量变送器下游应装设止回阀。

（4）流量变送器上游应有 10 倍管道直径的直管段，下游应有 5 倍管道直径的直管段。

（5）流量变送器应安装在测压点的上游，距测压点 3.5~5.5 倍管径的距离。

5）空气质量传感器及其安装

空气质量传感器可检测空气中的烟雾、CO、CO_2、丙烷等多种气体含量。

（1）管道式空气质量传感器安装应在风管保温完成之后进行。

（2）检测气体密度小的空气质量传感器应安装在风管或房间的上部。

（3）检测气体密度大的空气质量传感器应安装在风管或房间的下部。

4. 主要控制设备的安装

监控系统中主要的控制设备包括：控制管道阀门的电磁阀和电动调节阀、控制风管风阀的电动风门驱动器等。

1）电磁阀安装

电磁阀安装前应按说明书规定检查接线圈与阀体间的电阻，宜进行模拟动作试验。

电磁阀的口径与管道口径不一致时，应采用异径管件，电磁阀口径一般不应低于管道口径的两个等级。

2）电动调节阀安装

电动调节阀的构成和工作原理：阀由驱动器和阀体组成，将电信号转换为阀门的开度。

工作电动执行机构输出方式有：直行程、角行程和多转式类型，分别同直线移动的调节阀、旋转的蝶阀、多转的调节阀配合工作。

3）电动风门驱动器安装

电动风门驱动器用来调节风门，以达到调节风管的风量和风压。

电动风门驱动器的技术参数：输出力矩、驱动速度、角度调整范围、驱动信号类型等。

风阀控制器安装后，风阀控制器的开闭指示位应与风阀实际状况一致，宜面向便于观察的位置。

风阀控制器安装前应检查线圈和阀体间的电阻、供电电压、输入信号等是否符合要求，宜进行模拟动作检查。

6.2.2 建筑智能化系统线缆安装

现场控制器与各类监控点的连接，模拟信号应采用屏蔽线，且在现场控制器侧一点接地。数字信号可采用非屏蔽线，在强干扰环境中或远距离传输时，宜选用光纤。

6.3 建筑智能化系统调试

6.3.1 建筑智能化系统调试和检测

智能化工程的检测应依据工程合同技术文件、施工图设计、设计变更说明、洽商记录、设备及产品的技术文件进行，依据规范规定的检测项目、检测数量和检测方法，制定系统检测方案并实施检测。

1. 通信系统调试和检测

通信系统调试和检测内容：系统检查调试、初验测试、试运行验收测试。

2. 有线电视系统调试和检测

有线电视系统的正向测试的调制误差率和相位抖动，反向测试的侵入噪声、脉冲噪声和反向隔离度的参数指标应满足设计要求。

3. 公共广播与消防广播系统调试和检测

广播系统的输入输出不平衡度、音频线的敷设、接地形式及安装质量应符合设计要求。

4. 计算机网络系统调试和检测

连通性检测、路由检测、容错功能检测、网络管理功能检测。

5. 建筑设备监控系统调试和检测

智能化工程安装后，系统承包商要对传感器、执行器、控制器及系统功能进行现场测试，传感器可用高精度仪表现场校验，使用现场控制器改变给定值或用信号发生器对执行器进行检测。

6. 火灾自动报警及消防联动系统调试和检测

火灾自动报警及消防联动系统的检测应按《火灾自动报警系统施工及验收规范》（GB 50166）的规定执行。

7. 安全防范系统调试和检测

重点检测防范部位和要害部门的设防情况，有无防范盲区。安全防范设备的运行是否达到设计要求。

8. 综合布线系统调试和检测

综合布线系统的光纤布线应全部检测，对绞线缆布线以不低于10%的比例进行随机抽样检测，抽样点必须包括最远布线点。

9. 智能化系统集成调试和检测

系统集成的检测应在各个子系统检测合格，系统集成完成后调试并经过1个月试运行后进行。系统集成检测应检查系统的接口、通信协议和传输的信息等是否达到系统集成要求。

6.3.2 建筑智能化系统验收

（1）系统验收顺序：先产品，后系统；先各系统，后系统集成。

（2）系统验收方式：分项验收，分部验收；交工验收，交付验收。

(3）各系统验收条件：系统安装、检测、调试完成后，已进行了规定时间的调试。
(4）运行并提供相应的技术文件和工程实施及质量控制记录。
(5）验收资料内容。

工程合同技术文件、竣工图纸、系统设备产品说明书、系统操作和维护手册、设备及系统测试记录、工程实施及质量控制记录、相关工程质量报告表。

第7章 电梯安装工程

7.1 曳引式电梯安装

从空间占位看,电梯一般由机房、井道、轿厢、层站四大部位组成。从系统功能分,电梯通常由曳引系统、导向系统、轿厢系统、门系统、重量平衡系统、驱动系统、控制系统、安全保护系统八大系统构成。

曳引式电梯安装,通常是在井道内搭设脚手架,先进行导轨安装。也可先安装机房曳引机,利用轿厢作升降操作台进行安装。不管何种程序,各工序的操作方法基本相似。

7.1.1 电梯安装的技术条件和要求

根据国家质量监督检验检疫总局的要求,在电梯安装使用全过程中,必须符合《电梯监督检验和定期检验规则——曳引与强制驱动电梯》TSGT 7001—2009 安全技术规范有关规定。

1. 电梯的技术资料

1)电梯制造资料(出厂随机文件)

安装单位应当在履行告知后、开始施工前(不包括设备开箱、现场勘测等准备工作),向规定的检验机构申请监督检验。待检验机构审查电梯制造资料完毕,并且获悉检验结论为合格后,方可实施安装。

电梯制造资料包括:

(1)制造许可证明文件,其范围能够覆盖所提供电梯的相应参数;

(2)电梯整机型式试验合格证书或报告书,其内容能够覆盖所提供电梯的相应参数;

(3)产品质量证明文件,注有制造许可证明文件编号、该电梯的产品出厂编号、主要技术参数以及门锁装置、限速器、安全钳、缓冲器、含有电子元件的安全电路(如果有)、轿厢上行超速保护装置、驱动主机、控制柜等安全保护装置和主要部件的型号和编号等内容,并且有电梯整机制造单位的公章或检验合格章以及出厂日期;

(4)门锁装置、限速器、安全钳、缓冲器、含有电子元件的安全电路(如果有)、轿厢上行超速保护装置、驱动主机、控制柜等安全保护装置和主要部件的型式试验合格证,以及限速器和渐进安全钳的调试证书;

(5)机房或者机器设备间及井道布置图,其顶层高度、底坑深度、楼层间距、井道内防护、安全距离、井道下方人可以进入空间等满足安全要求;

(6)电气原理图,包括动力电路和连接电气安全装置的电路;

(7)安装使用维护说明书,包括安装、使用、日常维护保养和应急救援等方面操作说明的内容。

上述文件如为复印件则必须经电梯整机制造单位加盖公章或者检验合格章;对于进口电梯,则应当加盖国内代理商的公章。

2)安装单位提供以下安装资料

(1)安装许可证和安装告知书,许可证范围能够覆盖所安装电梯的相应参数;

(2)审批手续齐全的施工方案;

(3)施工现场作业人员持有的特种设备作业证;

(4)施工过程记录和自检报告,要求检查和试验项目齐全、内容完整;

(5)变更设计证明文件(如安装中变更设计),履行了由使用单位提出、经整机制造单位同意的程序;

(6)安装质量证明文件,包括电梯安装合同编号、安装单位安装许可证编号、产品出厂编号、主要技术参数等内容,并且有安装单位公章或者检验合格章以及竣工日期。

上述文件如为复印件则必须经安装单位加盖公章或者检验合格章。

2. 电梯安装前具备的条件

电梯安装前,建设单位(或监理单位)、土建施工单位、电梯安装单位应共同对电梯井道和机房进行检查,对电梯安装条件进行确认,符合《电梯技术条件》GB 10058—2009要求:

1)机房内部、井道结构及布置必须符合电梯土建布置图的要求。

2)主电源开关必须符合下列规定:

(1)主电源开关应能够切断电梯正常使用情况下最大电流;

(2)主电源开关应能从机房入口处方便地接近。

3)井道必须符合下列规定及要求:

(1)电梯安装之前,所有厅门预留孔必须设有高度不小于1200mm的安全保护围封(安全防护门),并应保证有足够的强度,保护围封下部应有高度不小于100mm的踢脚板,并应采用左右开启方式,不得上下开启。

(2)当相邻两层门地坎间的距离大于11m时,其间必须设置井道安全门,井道安全门严禁向井道内开启,且必须装有安全门处于关闭时电梯才能运行的电气安全装置。当相邻轿厢间有相互救援用轿厢安全门时,可不执行本款。

(3)井道尺寸(指垂直于电梯设计运行方向的井道截面沿电梯设计运行方向投影所测定的井道最小净空尺寸)应和土建布置图所要求的一致,允许偏差应符合下列规定:当电梯行程高度≤30m时为0~+25mm;当电梯行程高度>30m且≤60m时为0~+35mm;当电梯行程高度>60m且≤90m时为0~+50mm;当电梯行程高度>90m时,允许偏差应符合土建布置图要求。

(4)井道内应设置永久性电气照明,井道照明电压宜采用36V安全电压,井道内照度不得小于50lx,井道最高点和最低点0.5m内应各装一盏灯,中间灯间距不超过7m,并分别在机房和底坑设置一控制开关。

(5)底坑内应有良好的防渗、防漏水保护,底坑内不得有积水。轿厢缓冲器支座下的底坑地面应能承受满载轿厢静载4倍的作用力。当底坑底面下有人员能到达的空间存在,且对重(或平衡重)上未设有安全钳装置时,对重缓冲器必须能安装在一直延伸到坚固地面上的实心桩墩上。

(6) 每层楼面应有最终完成地面基准标识，多台并列和相对电梯应提供厅门口装饰基准标识。

4) 机房应符合下列规定及要求：

(1) 机房应有良好的防渗、漏水保护。机房门窗应装配齐全并应防雨、防盗，机房门应为外开防火门。

(2) 机房内应当设置永久性电气照明，地板表面的照度不应低于200Lx。在机房内靠近入口处的适当高度处设有一个开关，控制机房照明。机房内应至少设置一个2P + PE型电源插座。应当在主开关旁设置控制井道照明、轿厢照明和插座电路电源的开关。

检验现场的温度、湿度、电压、环境空气条件等应当符合电梯设计文件的规定。

3. 电梯电源和电气设备接地、绝缘的要求

电梯电源宜采用TN-S系统（三相五线制）。采用TN-C-S系统（三相四线制）供电的电梯，应符合如下要求：

1) 供电电源自进入机房或者机器设备间起。电梯供电的中性导体（N，零线）和保护导体（PE，地线）应始终分开。

2) 所有电气设备及线管，线槽外壳应当与保护导体（PE，地线）可靠连接。接地支线应分别直接接至接地干线的接线柱上，不得互相连接后再接地。机房、井道、地坑、轿厢接地装置的接地电阻值不应大于4Ω。

3) 导体之间和导体对地之间的绝缘电阻必须大于1000Ω/V，且其值不得小于：

(1) 动力电路和电气安全装置电路：0.5MΩ。

(2) 其他电路（控制、照明、信号等）：0.25 MΩ。

4. 电梯整机验收应当具备的条件

1) 机房或者机器设备间的空气温度保持在5～40℃；机房内应通风，井道顶部的通风口面积至少为井道截面积的1%，从建筑物其他部分抽出的陈腐空气，不得排入机房内。环境空气中没有腐蚀性和易燃性气体及导电尘埃；应保护诸如电机、设备以及电缆等，使它们尽可能不受灰尘、有害气体和湿气的损害。

2) 电源输入电压波动在额定电压值±7%的范围内。

3) 电梯检验现场（主要指机房或机器设备间，井道，轿顶，底坑）清洁，没有与电梯工作无关的物品和设备。

4) 对井道进行了必要的封闭。

7.1.2 井道测量

工艺流程：搭设样板架→测量井道、确定基准线→样板就位、挂基准线。

1. 搭设样板架

样板架和挂线是电梯安装的依据，直接影响电梯安装质量，必须尺寸正确，有较好的刚度和强度。

1) 样板架选取不小于50mm×50mm角钢制作。在混凝土井道顶板下面1m左右处，用直径16mm膨胀螺栓将角钢水平固定于井道壁上。

2) 若井道壁为砖墙，应在井道顶板下1m左右处沿水平方向剔凿洞，稳放样板架，水平度偏差不得大于3‰。为了便于安装时观测，在样板架上需用文字注明轿厢中心线、对重中心线、导轨中心线、厅门中心线、轿门中心线、厅轿门净宽线等名称。各自的位置偏差不应超过 ±0.15mm，如图 7-1 所示。

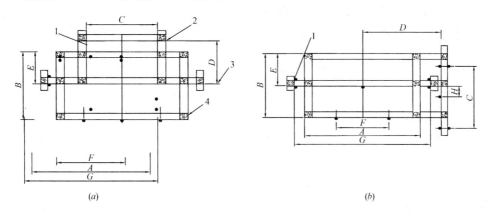

图 7-1 样板架平面示意图

A—轿厢宽；B—轿厢深；C—对重导轨架距离；D—轿厢架中心线至对重架中心线的距离；
E—轿厢架中心线至轿底后沿尺寸；F—开门净宽；G—轿厢导轨架距离；
H—轿厢与对重偏心距离
1—铅垂线；2—对重中心线；3—轿厢架中心线；4—连接铁钉

2. 测量井道，确定基准线

放两根厅门口线测量井道，一般两线间距为门净宽。确定轿厢轨道线位置时，要根据道架高度要求，考虑安装位置有无问题。道架高度计算方法如下，见图 7-2。根据井道测量结果来确定基准线时，应保证在轿厢及对重上下运动时与井道内静止的部件（如地坎、限位开关等）应有不小于 50mm 的间隙。各层厅门地坎位置确定，根据所放的厅门线测出每层牛腿与该线的距离，经过计划，并做到照顾多数，既要考虑少剔牛腿或墙面，又要做到离墙最远的地坎稳装后，门立柱与墙面的间隙小于 30mm。

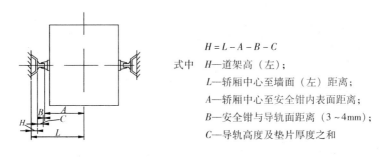

$$H = L - A - B - C$$

式中 H—道架高（左）；
L—轿厢中心至墙面（左）距离；
A—轿厢中心至安全钳内表面距离；
B—安全钳与导轨面距离（3~4mm）；
C—导轨高度及垫片厚度之和

图 7-2 道架高度示意图

3. 样板就位，挂基准线

1）基准垂线共计 10 根，其中：轿厢导轨基准线 4 根；对重导轨基准线 4 根；厅门地坎基准线 2 根（贯通门时 4 根）。

2）在底坑上 800~1000mm 高处用木方支撑固定下样板，待基准垂线静止，然后再检查样板上各放线点的各部尺寸、对角线等尺寸有无偏差，确定无误后方可进行下道工序。

359

3）机房放线：①用线坠通过机房预留孔洞，将样板上的轿厢导轨中心线、对重导轨中心线、地坎安装基准线等引到机房地面上来；②根据图纸要求的导轨轴线、轨距中心、两垂直交叉十字线、弹画出各绳孔的准确位置；③根据弹画线的准确位置，修整各预留孔洞，并确定承重钢梁及曳引机的位置，为机房的全面安装提供必要的条件。

7.1.3 导轨支架和导轨的安装

工艺流程：确定导轨支架安装位置→安装导轨支架→安装导轨→调整导轨。

1. 确定导轨支架的安装位置

没有导轨支架预埋铁的电梯井壁，按照最底层导轨架距底坑 1000mm 以内，最高层导轨架距井道顶距离≥500mm，中间导轨架间距≯2500 mm，且均匀布置，如与接导板位置相遇，间距可以调整，错开的距离≮30mm，每根导轨不少于两个支架，其间距≯2500 mm。

2. 安装导轨支架

1）导轨架在井壁上的稳固方式有埋入式、焊接式（图 7-3、图 7-4）、预埋螺栓或膨胀螺栓固定式（图 7-5、图 7-6）、对穿螺栓固定式（图 7-7）四种。

2）电梯井壁有导轨支架预埋铁时，可采用焊接式稳固导轨支架，导轨支架在井道壁上的安装应牢固可靠，位置正确，横平竖直。焊接时，三面焊牢，焊缝饱满。底坑架设导轨基础座，必须找平垫实，导轨支架水平度不大于 1.5‰。基础座位置导轨基准线找正确定后，用混凝土将其四周灌实抹平。

3）导轨支架安装前要复核基准线，其中一条为导轨中心线，另一条为导轨支架安装辅助线。一般导轨中心线距导轨端面 10mm，与辅助线间距为 80~100mm。

4）若采用自升法安装导轨支架，其基准线为两条，基准线距导轨中心线 300mm，距导轨端面 10mm，以不影响导靴的上下滑动为宜，见图 7-4。

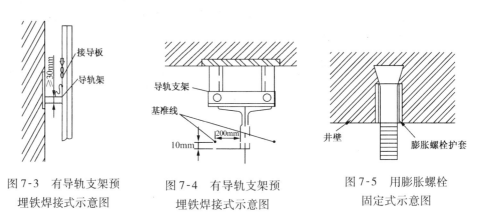

图 7-3 有导轨支架预埋铁焊接式示意图　　图 7-4 有导轨支架预埋铁焊接式示意图　　图 7-5 用膨胀螺栓固定式示意图

5）用膨胀螺栓固定导轨支架：

（1）混凝土电梯井壁应采用电锤打孔、膨胀螺栓直接固定导轨支架的方法，效率高、施工方便。按电梯厂图纸规格要求使用的膨胀螺栓直径≥16mm。

（2）膨胀螺栓孔位置要准确，其深度一般以膨胀螺栓被固定后，护套外端面稍低于墙面为宜，见图 7-5。如果墙面垂直误差较大，可局部剔凿，然后用垫片填实，见图 7-6。

6）安装导轨架，并找平校正，对于可调试导轨架，调节定位后，紧固螺栓，并在可调部位焊接两处，焊缝长度≥20mm，防止位移。垂直方向紧固导轨架的螺栓应六角头在下，螺帽在上，便于查看其松紧。

7）用穿钉螺栓紧固导轨架：若井壁较薄，墙厚<150mm，又没有预埋铁时，不宜使用膨胀螺栓固定，应采用穿钉螺栓固定，见图7-7。

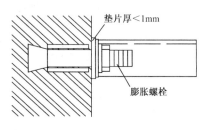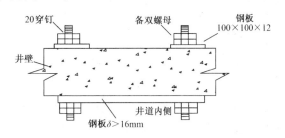

图7-6 用膨胀螺栓固定式示意图　　图7-7 对穿螺栓固定式示意图

8）井壁是砖墙时的固定方法：在对应导轨架的位置，剔一个内大口小的孔洞，其深度≥130mm。导轨架按编号加工，支架埋设的深度≥120 mm，支架埋入段应做成燕尾式，长度≥50mm，燕尾夹角≥60°。采用混凝土浇筑孔洞，导轨架埋进洞内尺寸≥120mm，而且要找平找正，其水平度符合安装导轨的要求（水平度不应大于1mm）。导轨架稳固后，常温下需要经过6～7天的养护，强度达到要求后，才能安装导轨。

3. 安装导轨

1）基准线与导轨的位置，见图7-8（a）；若采用自升法安装，其位置关系见图7-9（b）。

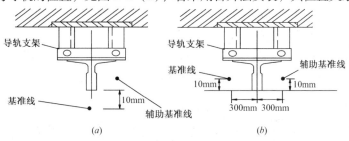

图7-8 基准线与导轨位置示意图

2）事先在平整的场所检查导轨，其直线度偏差不大于1‰，单根导轨全长直线度偏差不大于0.7mm，不符合要求的导轨可用导轨校正器校正或由厂家更换。导轨接合部位进行测量、打磨、组合、编号，使之接近标准要求，以减少井道内修整工作。安装时按导轨编号逐一顺序吊装。两列导轨接头不宜在同一个水平面上。

3）在顶层厅门口安装卷扬机，通过挂在井道顶层楼板下的滑轮提升导轨，见图7-9。

4）楼层低时，采用人力吊装导轨，可用滑轮、尼龙绳（直径应≥16mm）、双钩工具、人力向上拉导轨。每次只能拉一根，由下往上逐根吊装，用导轨压板将导轨初步压紧不要拧死，待校轨后再紧固；楼层高时，吊装导轨时应用U形卡固定住导轨压板，吊钩应采用可旋转式，以消除导轨在提升过程中的转动，见图7-10。

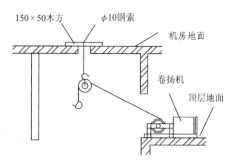
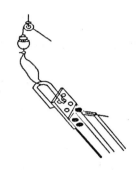

图 7-9 人力吊装导轨示意图　　　图 7-10 导轨吊装示意图

5）采用油润滑的导轨，应在立基础导轨前，在其下端部地坪 40～60mm 高处加一硬质底座，或将导轨下面的工作面的部分锯掉一截，留出接油盆的位置。

6）安装导轨时应注意，每节导轨的凸榫头应朝上，当灰渣落在榫头上时便于清除。保证导轨接头处的油污、毛刺、尘渣均清除干净后，才能进行导轨连接，以保证安装的精度符合规范的要求。

7）顶层末端导轨与井道顶距离 50～100mm，将导轨截断后吊装。电梯导轨严禁焊接，不允许用气焊切割。

8）调整导轨时，为了保证调整精度，要在导轨支架处及相邻的两导轨支架中间的导轨处设置测量点。每列导轨工作面（包括侧面和顶面）对安装基准线每 5m 的偏差均应不大于下列数值：轿厢导轨和设有安全钳的对重导轨为 0.6mm；不设安全钳的 T 型对重导轨为 1.0mm。在有安装基准线时，每列导轨应相对安装基准线整列检测，取最大偏差值。电梯安装完成后检验导轨时，可对每 5m 铅垂线分段连续检验（至少测 3 次），测量值的相对最大偏差应不大于上述规定值的 2 倍。

4. 调整导轨

1）用验道尺检查时，用螺栓将验道尺平行固定在导轨架部位。见图 7-11。

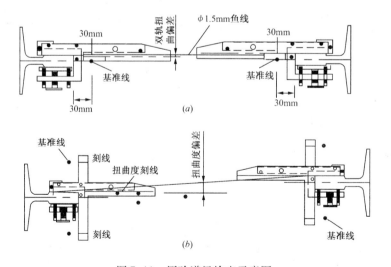

图 7-11　用验道尺检查示意图
（a）脚手架施工；（b）自升法施工

2）用钢板尺检查导轨端面与基准线的间距和中心距离，如有误差应调整导轨前后距离和中心距离以符合规范要求。

3）扭曲调整：将验道尺端平，并使两指针尾部侧面和导轨侧工作面贴平、贴严，两端指针尖端指在同一水平线上，说明无扭曲现象。如贴不严或指针偏离相对水平线，说明有扭曲现象，则用专用垫片调整导轨支架与导轨之间的间隙（垫片不允许超过3片），使之符合要求。为了保证测量精度，用上述方法调整以后，将找道尺反向180°，用同一方法再进行测量调整，直至符合要求。检查导轨的直线度偏差应不大于1/6000，单根导轨全长直线度偏差不大于0.7mm。

4）导轨支架和导轨背面间的衬垫厚度以3mm以下为宜，超过3mm小于7mm时，在衬垫间点焊，当超过7mm要垫入与导轨支架宽度相等的钢板垫片后，再用较薄的衬垫调整。

5）用尺校验导轨间距L，见图7-12。调整导轨自下而上进行，应先从下面第3根开始向下校正到底，然后接着向上校，最后校正连接板。导轨间距及扭曲度符合表7-1的要求。

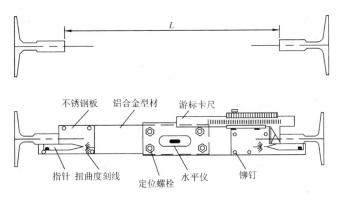

图7-12 用尺校验导轨间距示意图

导轨间距及扭曲度允许偏差　　　　表7-1

电梯速度	2m/s以上		2m/s以下	
导轨用途	轿厢	对重	轿厢	对重
轨距允许偏差 mm	0～+0.8	0～+1.5	0～0.8	0～1.5
扭曲度允许偏差 mm	1	1.5	1	1.5

6）对楼层高的电梯，因风吹或其他原因造成基准线摆动时，可分段校正导轨后将此处基准线定位，之后将定位拆除再进行精校导轨。

7）修正导轨接头处的工作面。

（1）导轨接头处，导轨工作面直线度可用500mm钢板尺靠在导轨工作面，接头处对准钢板尺250mm处，用塞尺检查a、b、c、d处，见图7-13，均应不大于表7-2的规定。导轨接头处的全长不应有连续缝隙，局部缝隙不大于0.5mm。

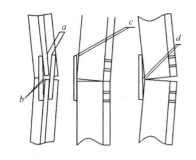

图 7-13 导轨工作面直线度检查示意图

导轨直线度允许偏差 表 7-2

导轨连接处	a	b	c	d
不大于（mm）	0.15	0.06	0.15	0.06

(2) 相连接的两导轨的侧工作面和端面接头处台阶应不大于 0.05mm。对台阶应沿斜面用专用刨刀刨平，磨修长度 ≥200mm（电梯运行速度在 2.5m/s 以下）；磨修长度 ≥300mm（电梯运行速度在 2.5m/s 以上）。

7.1.4 轿厢及对重安装

工艺流程：施工准备→安装底梁→安装立柱、上梁→安装轿厢底盘、导靴→安装轿壁、轿顶、撞弓→安装门机和轿门→安装轿内、顶装置→安装、调整超载满载开关、安装护脚板→吊装对重框架前的准备工作→对重框架吊装就位、安装对重导靴→安装对重块。

1. 施工准备

1) 按照装箱单将轿厢设备吊到顶层，开箱核对数量，检查外观，做好开箱记录。

2) 轿厢的组装，在顶层进行。在组装轿厢前，要先拆除顶站层脚手架。按照制造厂的轿厢装配图，了解轿厢各部件的名称、功能、安装部位及要求。复核轿厢底梁的宽度与导轨距是否相配。在最顶层厅门口对面的混凝土井道壁相应位置上安装两个角钢托架，每个托架用三个 M16 膨胀螺栓固定。在厅门口牛腿处横放一根方木，在角钢托架和横木上架设两根 200mm×200mm 方木（或两根 20 号工字钢）。两横梁的不水平度不大于 2‰，然后把方木端部固定牢固，见图 7-14。

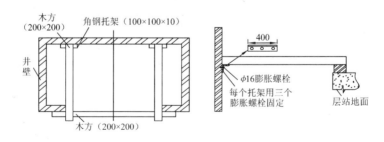

图 7-14 角钢托架、方木安装示意图

3) 若井壁为砖石结构，则在厅门口对面的井壁相应的位置上剔两个 200mm×200mm 与方木大小相适应、深度超过墙体中心 20mm 且不小于 75mm 的洞，用以支撑木方一端。

4) 在顶层以上的适当位置固定一根规格不小于 $\phi75\times4$ 的钢管，由轿厢中心绳孔处放下钢丝绳扣（直径不小于 $\phi13$mm），并挂一个 3t 手拉葫芦，以备安装轿厢使用。

2. 安装底梁

1）用手拉葫芦将轿厢底梁放在架设好的方木或工字钢上，调整安全钳口与导轨面间隙，见图 7-15，如电梯厂家安装说明书有具体尺寸规定，要按安装说明书要求，同时调整底梁水平度，使其横、纵向水平度偏差均≤1‰。

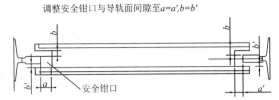

图 7-15 安全钳口与导轨面间隙调整示意图

2）安全钳的安装要求规定如下：

（1）安全钳的定位固定可以放在单井字形脚手架上进行，也可采用钳块动作锁紧在导轨上来进行。

（2）安全钳定位基准偏差要求见表 7-3。

安全钳定位基准偏差要求　　　　　　　　　　表 7-3

水平度差（mm）	定位差（mm）		参考图
	BG 方向	前后方向	
前后方向≤0.5	$\|A_1-A_2\|\leq2$	$\|B_1-B_2\|\leq2$	见图 7-16

（3）安装结束后，应核实确认下述尺寸：

①安装安全钳楔块，楔块距导轨侧工作面的距离调整到 3~4mm（制造厂安装说明书有规定者按规定执行），且四个楔块距导轨工作面间隙应一致；②然后用厚垫片塞于导轨侧面与楔块之间，使其固定，同时把安全钳和导轨端面用木楔塞紧。安全钳楔块面与导轨侧面间隙应为 2~3mm，各间隙相互差值不大于 0.5mm（如厂家有要求时，应按要求进行）。

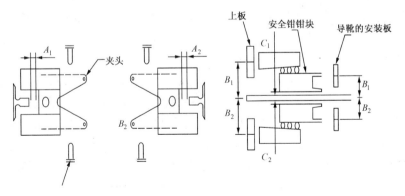

图 7-16 安全钳和导轨面间隙调整示意图

3. 安装立柱、上梁

1）将立柱与底梁连接，连接后应使立柱垂直，其垂直度误差在整个高度上≤1.5mm，不得有扭曲，若达不到要求则用垫片进行调整。

2）立柱的垂直度，见图 7-17。立柱的上下端之间垂直度误差，前后方向 $|d-e|$ 和

左右方向$|a-b|$都应≤1.5mm。

3）用手拉葫芦将上梁吊起与立柱相连接，顺序安装所有的连接螺栓，但不要拧死。

4）调整上梁的横、纵向水平度，使水平度偏差≤0.5‰，同时再次校正立柱使其垂直度偏差不大于1.5mm。装配后的轿厢不应有扭曲应力存在。最后紧固所有的连接螺栓。

5）由于上梁上有绳轮，因此要调整绳轮与上梁间隙，其相互尺寸误差≤1mm，绳轮自身垂直度偏差≤0.5mm。

6）上梁的水平度，见图7-17。

（1）BG方向水平度：在上梁两端之间的误差c≤2mm。

（2）前后方向的水平度：在上梁宽度之间的误差f≤1mm。

7）下方的水平度：见图7-18，下框四角的水平度误差应该控制在3~5mm以内。

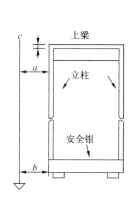

图7-17 上梁的水平度调整示意图

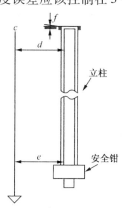

图7-18 下方的水平度调整示意图

4. 安装轿厢底盘、导靴

1）用手拉葫芦将轿厢底盘吊起，放于相应位置。同时依据基准线进行前后左右的位置调整。调整完成后，将轿厢底盘与立柱、底梁用螺栓连接但不要把螺栓拧紧。装上斜拉杆并进行调整，使轿厢底盘平面的水平度≤3‰，之后先将斜拉杆用双螺母拧紧，再把各连接螺栓紧固。

2）若轿底为活动结构，则先按上述要求将轿厢底盘托架安装并调好，再将减震器及称重装置安装在轿厢底盘托架上。然后用手拉葫芦将轿厢底盘吊起，缓缓就位，使减震器上的螺栓逐个插入轿底盘相应的螺栓孔中，调整轿底盘平面的水平度，使其水平度不大于3‰。若达不到要求则在减震器的部位加垫片进行调整。最后调整轿底定位螺栓，使其在电梯满载时与轿底保持1~2mm的间隙。当电梯安装全部完成后，通过调整称重装置，使其能在规定范围内正常工作。调整完毕，将各连接螺栓拧紧。

3）安装调整安全钳拉杆。拉起安全钳拉杆，使安全钳楔块轻轻接触导轨时，限位螺栓略有间隙，以保证电梯正常运行时，安全钳楔块与导轨不致相互摩擦或误动作。保证左右安全钳拉杆动作同步，其动作应灵活无阻。符合要求后，拉杆顶部用双螺母紧固。

4）安装导靴前，应先按制造厂要求检查导靴型号及使用范围。安装前须复核标准导靴间距。要求上、下导靴中心与安全钳中心三点在同一条垂线上。固定式导靴要调整其间隙一致，则内衬与导轨两侧工作面间隙各为0.5~1mm，与导轨顶面间隙两侧之和为1~

2.5mm，与导轨顶面间隙偏差 <3mm。弹簧式导靴根据随电梯的额定载重量调整 b 尺寸，见表7-4和图7-19，使内部弹簧受力相同，保持轿厢平衡，调整 $a = b = 2$mm。

固定式弹簧导靴图上 b 尺寸的调整　　　　　　　　　　　　表 7-4

电梯额定载重量（kg）	b（mm）	电梯额定载重量（kg）	b（mm）
400	42	1500	25
750	34	2000~2500	23
1000	30		

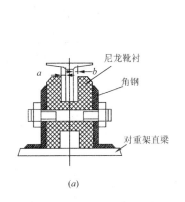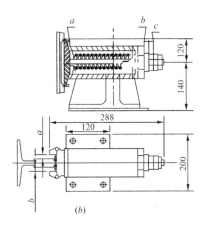

图 7-19　固定式弹簧导靴间距调整示意图
(a) 固定式导靴（a 与 b 偏差 <0.3mm）；(b) 弹簧滑动导靴

5）滚轮导靴安装，根据使用情况调整各滚轮的限位螺栓，使侧面方向两滚轮的水平移动量为1mm，顶面滚轮水平移动量为2mm，导轨顶面与滚轮外圆间保持间隙≤1mm，各滚轮轮缘与导轨工作面保持相互平行无歪斜，见图7-20。

6）轿厢组装完成后，松开导靴（尤其是滚轮导靴），调整轿厢底的补偿块，使轿厢静平衡符合设计要求，然后再回装导靴。

5. 安装轿壁、轿顶、撞弓

1）安装前对撞弓进行检查，如有扭曲、弯曲现象应调整。撞弓采用加弹簧垫圈的螺栓固定。要求撞弓垂直度偏差不大于1‰，相对铅垂线最大偏差不大于3mm（撞弓的斜面除外）。

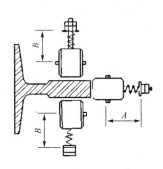

图 7-20　滚轮导靴间距调整示意图

2）先将轿顶组装好用绳索悬挂在轿厢架上梁下方，作临时固定。待轿壁全部安装好后再将轿顶放下，并按设计要求与轿厢壁定位固定。拼装轿壁可根据井道内轿厢四周的净空尺寸情况，预先在层门口将单块轿壁逐扇安装，也可根据情况将轿壁组装成几大块拼在一起后再安装。首先安放轿壁与井道间隙最小的一侧，并用螺栓与轿厢底盘初步固定，再依次安装其他各侧轿壁。待轿壁全部安装完后，紧固轿壁板间及轿底间的固定螺栓，同时将各轿壁板间的嵌条和轿顶接触的上平面整平。轿壁底座和轿厢底盘的连接及轿壁与底座之间的连接要紧密。各连接螺栓要加弹簧垫圈，以防因电梯震动而使连接螺栓松动。若因轿厢底盘局部不平而使轿壁底座下有缝隙时，应在缝隙处加调整垫片垫实。

3）轿壁安装后将轿顶放下。但要注意轿顶和轿壁穿好连接螺栓后不要紧固，应在调整轿壁垂直度偏差不大于1‰的情况下逐个将螺栓紧固。安装完后接缝应紧密，间隙一致，嵌条整齐，轿厢内壁应平整一致，各部位螺栓垫圈必须齐全，紧固牢靠。对玻璃轿壁的要求，参照《电梯制造与安装安全规范》GB 7588 中 8.3.2.2 和 8.3.2.4 规定执行。

6. 安装门机和轿门

1）门机的安装应按照厂家要求进行，并应做到位置正确，运转正常，底座牢固，且运转时无颤动、异响及剐蹭。

2）轿门安装要求参见厅门安装的有关条文。玻璃轿门的要求，参照《电梯制造与安装安全规范》GB 7588 中 8.6.7.2 及 8.6.7.5 规定执行。

3）安全触板（或光幕）安装后要进行调整，使之垂直。轿门全部打开后安全触板端面和轿门端面应在同一垂直平面上。安全触板的动作应灵活，功能可靠。其碰撞力不大于5N。在关门行程1/3 之后，阻止关门的力不应超过150N。检查光幕工作表面是否清洁，功能是否可靠。

4）轿门扇和开关机构安装调整完毕，安装开门刀。开门刀端面和侧面的垂直偏差全长均不大于 0.5mm，并且达到厂家规定的其他要求。

7. 安装轿内、顶装置

1）为便于检修和维护，应在轿顶安装轿顶检修盒。检修盒上或近旁的停止开关的操作装置应是红色非自动复位的，并标以"停止"字样加以识别。电源插座应选用2P + PE250v 型，以供维修时插接电动工具使用。轿顶的检修控制装置应易于接近并设有无意操作的防护。若无安装图则根据便于安装和维修的原则进行布置。以便于检修人员安全、可靠、方便地检修电梯。

2）按厂家安装图安装轿顶平层感应器、到站钟、接线盒、线槽、电线管、安全保护开关等。

3）安装、调整开门机构和传动机构，使门在启闭过程中有合理的速度变化，而又能在起止端不发生冲击，并符合厂家的有关设计要求。若厂家无明确规定则按其传动灵活、功能可靠的原则进行调整。

4）轿顶护栏的安装，当距轿顶外侧边缘水平方向有超过 300mm 的自由距离时，轿顶应架设护栏。并且满足以下要求：

（1）护栏应由扶手、100mm 高的护脚板和位于护栏高度一半的中间护栏组成；

（2）自由距离不大于 850mm 时，护栏高度不小于 700mm；自由距离大于 850mm 时，护栏高度不小于 1100mm；

（3）护栏装设在距轿顶边缘最大为 150mm 之内。并且其扶手外缘和井道中的任何部件之间的水平距离不应小于 100mm；

（4）护栏上应有关于俯伏或斜靠护栏危险的警示符号或须知。

5）安装轿厢其他附属装置，轿厢及厅门的所有标志、须知及操作说明应清晰易懂（必要时借助符号或信号），并采用不能撕毁的耐用材料制成，安装在明显位置。轿厢内的扶手、装饰镜、灯具、风扇、应急灯等应按照厂家图纸要求准确安装，确认牢固有效。

8. 安装、调整超载满载开关、安装护脚板

调整满载开关，应在轿厢达到额定载重量时可靠动作。调整超载开关，应在轿厢的额定载重量110%时可靠动作。如果采用其他形式的称重装置，则应按厂家要求进行安装、调整达到，功能可靠，动作灵活。每一轿厢地坎均须装设护脚板，护脚板为1.5mm厚的钢板，其宽度等于相应层站入口净宽，护脚板垂直部分的高度不小于750mm，并向下延伸一个斜面，与水平面夹角应大于60°，该斜面在水平上的投影深度不得小于20mm。护脚板的安装应垂直、平整、光滑、牢固。必要时增加固定支撑，以保证在电梯运行时不抖动，防止与其他部件摩擦撞击。

9. 对重框架吊装就位、安装对重导靴

1) 吊装对重框架前的准备工作

（1）在脚手架上相应位置搭设操作平台，以方便吊装对重框架和装入对重块。在机房预留孔洞上方放置一工字钢（可用曳引机承重梁临时代替），拴上钢丝绳扣，在钢丝绳扣中央悬挂一手拉葫芦。在首层安装时，钢丝绳扣要固定在相对的两个导轨架上，不可直接挂在导轨上，以免导轨受力后移位或变形。对重缓冲器两侧各支一根100mm×100mm木方，木方高度 $C = A + B +$ 越程距离。其中 A 为缓冲器底座高度；B 为缓冲器高度。

（2）若导靴为弹簧式或固定式的，要将同一侧的两导靴拆下，若导靴为滚轮式的，要将四个导靴都拆下。

2) 将对重框架运到操作平台上，用钢丝绳扣将对重绳头板和手拉葫芦吊钩连在一起。操作手拉葫芦将对重框架吊起到预定高度，对于一侧装有弹簧式或固定式导靴的对重框架，移动对重框架使导靴与该侧导轨吻合并保持接触，然后轻轻放松手拉葫芦，使对重架平稳牢固地安放在事先支好的木方上，应使未装导靴的框架两侧面与导靴端面距离相等。

3) 固定式导靴安装时应保证内衬与导靴端面间隙上、下一致，否则应用垫片进行调整。在安装弹簧式导靴前应将导靴调整螺母紧到最大限度，使导靴和导靴架之间没有间隙以便于安装。若导靴滑块内衬上、下与轨道端面间隙不一致，则在导靴座和对重框架间用垫片进行调整，调整方法同固定式导靴。滚动式导靴安装应平整，两侧滚轮对导轨的初压力应相等，压缩尺寸应按厂家图纸规定。如无规定则根据使用情况调整压力适中，正面滚轮应与道面压紧，轮中心对准导轨中心。导靴安装调整后，所有螺栓应紧牢。

10. 对重块的安装及固定

1) 对重块数量应根据下列公式求出：

装入的对重块数 = 〔轿厢自重 + 额定荷重 × （0.4~0.5） - 对重架重〕/单块重量

2) 放置对重具体数量应在做完平衡载荷实验后确定。按厂家设计要求装上对重块压紧装置，并拧紧螺母，防止对重块在电梯运行时发出撞击声。待安装好钢丝绳并与轿厢连接好后，撤下支撑方木。

3) 如果有滑轮固定在对重装置上，应设置防护罩，以避免伤害作业人员，又可预防钢丝绳松弛时脱离绳槽、绳与绳槽之间落入杂物。这些装置的结构应不妨碍对滑轮的检查维护。在采用链条的情况下，亦要有类似的装置。对重如设有安全钳，应在对重装置未进入井道前，将安全钳及有关部件装好。

7.1.5 厅门安装

工艺流程：安装地坎→安装门立柱、门上坎、门套→安装厅门扇、调整厅门→安装门锁。

1. 安装地坎

1）按要求使用样板放两根厅门安装基准线，在各厅门地坎上表面和内侧立面上划出净门口宽度线及厅门中心线，确定地坎、牛腿及牛腿支架的安装位置。

2）若地坎牛腿为混凝土结构，应在混凝土牛腿上打入两条支撑模板用钢筋，用钢管套住向上弯曲约90°，在钢筋上放置相应长度的模板，用清水冲洗干净牛腿，将地脚爪装在地坎上，然后用细石混凝土浇筑（水泥强度等级不小于P.O 32.5R，水泥、砂子、石子的容积比是1:2:2）。稳放地坎前要用水平尺找平（注意开关门和进出电梯轿厢两个方向的地坎水平度），同时三条划线分别对正三条线基准线，并找好地坎与基准线的距离。厅门地坎水平度误差≤2‰，地坎稳好后应高于完工装修地面2~5mm，若是混凝土地面应按1:50坡度与地坎平面抹平，浇注的混凝土达到强度后可拆除模板。

3）若厅门无混凝土牛腿，应在预埋铁件上焊支架安装牛腿来稳放地坎，分两种情况：

电梯额定载重在1000kg及以下的各类电梯，可用不小于L 75×75×8角钢焊接支架，并稳装地坎，牛腿支架不少于3个（或按厂家要求）。电梯额定载重量在1000kg以上的各类电梯可采用δ=10mm的钢板及槽钢制做牛腿，并稳装地坎。牛腿不少于5个（或按厂家要求）。

4）电梯额定载重在1000kg及以下的各类电梯，若厅门无混凝土牛腿又无预埋铁件，可采用M14以上的膨胀螺栓固定牛腿支架，稳装地坎。

2. 安装门套、门立柱、门上坎

按照门套加强板的位置在厅门口两侧混凝土墙上钻ϕ10mm的孔（砖墙钻ϕ8mm的孔），将ϕ10×100mm的钢筋打入墙中，剩30mm留在墙外。在平整的地方组装好门套横梁和门套立柱，垂直放置在地坎上，确认左、右门套立柱与地坎的出入口划线重合，找好与地坎槽距离，使之符合图纸要求，然后拧紧门套立柱与地坎之间的紧固螺栓。将左右厅门立柱、门上坎用螺栓组装成框架，立到地坎上（或立到地坎支撑型钢上），立柱下端与地坎（或支撑型钢）固定，门套与门头临时固定，确定门上坎支架的安装位置，然后用膨胀螺栓或焊接将门上坎支架固定在井道墙壁上。

用螺栓固定门上坎和门上坎支架，按要求调整门套、门立柱、门上坎的水平度、垂直度和相应位置。用门口样线校正门套立柱的垂直度，然后将门套与门上坎之间的连接螺栓紧固，用ϕ10×200mm钢筋与打入墙中的钢筋和门套加强板进行焊接固定，每侧门套分上、中、下均匀焊接三根钢筋，考虑到焊接时可能会产生变形，因此要将钢筋变成弓形后再焊接，不让焊接变形直接影响门套。门套框架安装时水平度误差≤1‰。门套直框架安装时垂直度误差应≤1‰。施工方法：用钢筋与墙部的钢筋（或地脚螺栓）和门套的装配支撑件进行焊接固定。

3. 安装厅门扇、调整厅门

将门吊板上的偏心轮调到最大值，然后将门吊轮挂到门导轨上，调小偏心轮与导轨间的距离，防止门吊板坠落。将门地脚滑块装在门扇上，在门扇和地坎间垫6mm厚的支撑物，将门地脚滑块放入地坎槽内，门吊轮和门扇之间专用垫片进行调整保证门缝尺寸和门扇垂直度符合要求，然后将门吊轮与门扇的连接螺栓紧固，厅门导轨及吊门滚轮按电梯制造厂技术要求调整，将偏心轮调到与滑道间距小于 0.5mm，撤掉门扇和地坎间所垫之物，进行门滑行试验，应运行轻快、平稳。

4. 厅门门锁、副门锁、强迫关门装置及紧急开锁装置安装

1）调整厅门锁和副门锁开关，使其达到：只有当两扇门或多扇门关闭达到有关要求后才能使门锁电触点和副门锁开关接通，一般应使副门锁开关先接通，厅门门锁电触点再接通。

2）层门锁钩必须动作灵活，在证实锁紧的电气安全装置动作之前，锁紧元件的最小啮合长度为 7mm。

3）在门扇装完后，安装强迫关门装置，层门强迫关门装置必须动作可靠，使厅门具有自闭能力，被打开的厅门在无外力作用时，厅门应能自动关闭。采用重锤式的厅门自闭装置，重锤导管或滑道的下端应有封闭措施。关门时无撞击声，接触良好。

4）厅门手动紧急开锁装置应灵活可靠，门开启后三角锁应能自动复位。每层层门必须能用三角钥匙正常开启；当一个层门或轿门（在多扇门中任何一扇门）非正常打开时，电梯严禁启动或继续运行。

7.1.6 机房曳引装置及限速器装置安装

工艺流程：安装承重梁及绳头板→安装曳引机及导向轮→安装限速器。

1. 安装承重梁及绳头板

根据样板架和曳引机安装图画出承重梁位置。承重梁中心与样板架中心的允许误差在 2.0mm 以内。承重梁的两端插入墙内的尺寸应≥75mm，并且应超过墙厚中心 20 mm。承重梁组的水平度误差在曳引机安装位置范围内 <2‰，两个梁相互的水平差≤2.0mm。承重梁安装找平找正后，用电焊将承重梁和垫铁焊牢。承重梁在墙内的一端及在地面上坦露的一端用混凝土灌实抹平。

2. 安装曳引机及导向轮

1）曳引机及导向轮的安装位置误差：有导向轮时，如图 7-21 所示；无导向轮时，如图 7-22 所示。

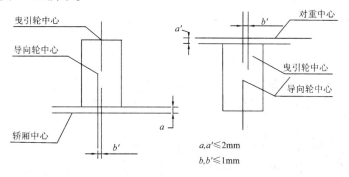

图 7-21 曳引机及导向轮的安装示意图

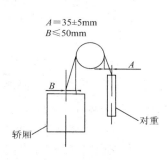

图 7-22 无导向轮曳引机安装示意图

2）按厂家要求布置安装减振胶垫，减振胶垫需严格按规定找平垫实。

3）单绕式曳引轮和导向轮的安装位置确定方法：把样板架上的基准线通过预留孔洞投射到机房地坪上，根据对重导轨、轿厢导轨及井道中心线，参照产品安装图册，在地坪上画出曳引轮、导向轮的垂直投影，分别在曳引轮、导向轮两个侧面吊两根垂线，以确定曳引轮、导向轮的位置，见图 7-23。

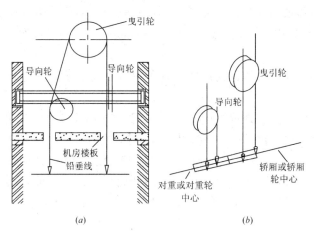

图 7-23 单绕式曳引轮和导向轮的安装位置示意图

4）复绕式曳引轮和导向轮的安装位置确定方法：

首先要确定曳引轮和导向轮的拉力作用中心点，需根据引向轿厢或对重的绳槽而定，见图 7-24 中向轿厢的绳槽 2、4、6、8、10，因曳引轮的作用中心点就是在这五个槽的中心位置，即第 6 槽的中心 A' 点。导向轮的作用中心点是在 1、3、5、7、9 槽的中心位置，即第 5 槽的中心 B' 点。安装位置的确定：若曳引轮及导向轮已由厂家组装在同一底座上时，确定安装位置极为方便，在电梯出厂时轿厢与对重，中心距已完全确定，只要移动底座使曳引轮作用中心点 A' 吊下的垂线对准轿厢（或轿厢轮）中心使导向轮作用中心点 B' 吊下的垂线对准对重（或对重轮）中心 B 点，这项工作便完成。然后将底座固定。若曳引轮与导向轮需在工地安装时，曳引轮与导向轮安装定位需要同时进行，其方法是，在曳引轮及导向轮上位置，使曳引轮作用中心点 A' 吊下的垂线对准轿厢（或轿厢轮）中心 A 点，导向轮作用中心点 B' 吊下的垂线对准对重（或对重轮）中心 B 点，并且始终保持不变，然后水平转动曳引轮与导向轮，使两个轮平行，且相距 $(1/2)S$，并进行固定，见图 7-25。

5）曳引机吊装：在吊装曳引机时，吊装钢丝绳应固定在曳引机底座吊装孔上，或产品图册中规定的位置，不得绕在电动机轴上或吊环上。待曳引轮挂绳承重后，再检测曳引机水平度和曳引轮垂直度应满足标准要求。

6）曳引机制动器的调整见电梯调试、试验运行有关内容。

7）曳引机使用永磁同步电机时，分有机房、无机房两种安装方式。有机房安装时，检查对重放置方式三种形式（对重后落、对重左落、对重右落）。应按设计图纸核对无误情况安装，其他不变。

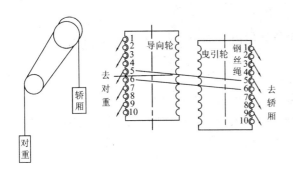

图 7-24 复绕式曳引轮和导向轮的安装位置示意图

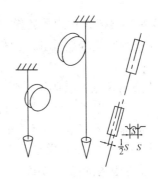

图 7-25 复绕式曳引轮安装位置示意图

3. 安装限速器

1）限速器动作速度整定封记必须完好，且无拆动痕迹。

2）限速器应是可接近的，以便于检查和维修。限速器绳轮的垂直度误差 <0.5mm。轿厢无论在什么位置，钢丝绳和导管的内壁面均应有最小为 5mm 间隙。

3）固定：用规定的地脚螺栓将限速器固定在机房地面上。限速器安装后与安全钳做联动动作试验时，保证限速器运转平稳，无颤动现象。可按压限速器连杆涂黄色安全漆的端部使限速器动作。

7.1.7 井道机械设备安装

工艺流程：安装缓冲器底座和缓冲器→安装限速器张紧装置及限速绳→安装补偿链或补偿绳装置→安装井道内的防护隔障。

1. 安装缓冲器底座和缓冲器

安装前测量底坑深度，按缓冲器数量全面考虑布置。安装时，缓冲器的中心位置、垂直偏差、水平度偏差等指标要同时考虑。没有导轨底座时，可采用混凝土基座或加工型钢基座。用水平尺测量缓冲器顶面，要求其水平误差 <2‰。油压缓冲器在使用前按要求加油，用螺丝刀取下柱塞盖，将油位指示器打开，以便空气外逸，将附带的机械油加至油位指示器上符号位置。

2. 安装限速绳张紧装置和限速绳

直接把限速绳挂在限速轮和张紧轮上进行测量，根据所需长度断绳、做绳头，做绳头的方法与主钢丝绳相同，限速器钢丝绳与安全钳连杆连接时，应用三只钢丝绳卡夹紧，绳卡的压板应置于钢丝绳受力的一边。每个绳卡间距应大于 $6d$（d 为限速器绳直径），限速器绳短头端应用镀锌铁丝加以扎结。张紧装置底面与底坑地面的距离见表 7-5。

张紧装置底面与底坑地面的距离 (mm)　　　表 7-5

类　别	高速梯	快速梯	低速梯
张紧装置底面与底坑地面的距离	750 ± 50	550 ± 50	400 ± 50

3. 安装补偿链或补偿绳装置

1）先将补偿链或靠近井道里侧拐角部位由上而下悬挂 48h，以减小补偿链自身的扭曲应力；

2）补偿绳（链）端固定应当可靠；

3）应当使用电气安全装置来检查补偿绳的最小张紧位置；

4）当电梯的额定速度 >3.5m/s 时，还应当设置补偿绳防跳装置，该装置动作时应当有一个电气安全装置使电梯驱动主机停止运行。

4. 安装井道内的防护隔障

对重的运行区域应采用刚性隔障防护，该隔障从电梯底坑地面上 <300mm 处向上延伸到至少 2.5m 的高度。其宽度应至少等于对重宽度两边各加 100mm。如果这种隔障是网孔型的，则应该遵循《机械安全 防止上下肢触及危险区的安全距离》GB 23821-2009 中的相关规定进行安装。

7.1.8 钢丝绳安装

工艺流程：确定钢丝绳长度→放、断钢丝绳→挂钢丝绳、做绳头→调整钢丝绳。

1. 确定钢丝绳长度

确定实际钢丝绳长度：按轿厢位于顶层站，对重框架位于最底层距缓冲器距离为 S_1 的长度，见图7-26。

根据曳引方式（曳引比、有无导向轮、复绕轮、反绳轮等）进行计算。

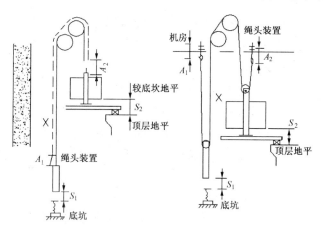

A_1——作绳头长度；
S_1——对重底撞板与缓冲器距离（400mm + 垫铁数量）；
S_2——轿厢地坎高出顶层站地坎距离；
X——轿厢绳头锥体出口至对重绳头锥体出口的长度。

图 7-26 确定实际钢丝绳长度示意图

计算：L 为实际钢丝绳长度单绕式钢丝绳长度，$L = 0.996 \times (X + A_1 + A_2 + S_2)$

复绕式钢丝绳长度，$L = 0.996 \times (X + A_1 + A_2 + 2 \times S_2)$

说明：每增加 3~5 层楼加一块垫铁（每块垫铁高 100mm），例如标准 6 层（400mm +

2块垫铁）

2. 放、断钢丝绳

在清洁宽敞的地方放开钢丝绳，检查钢丝绳，应无死弯、锈蚀、断丝情况，按上述方法确定钢丝绳长度后，从距剁口两端5mm处将钢丝绳用铅丝绑扎至15mm的宽度，然后留出钢丝绳在锥体内长度，再按要求进行绑扎，然后用钢丝绳断绳器或钢凿、砂轮切割机等工具切断钢丝绳。

3. 挂钢丝绳、做绳头

钢丝绳端接装置通常有三种类型：锥套型、自锁楔型、绳夹。

现将常用锥套型施工方法介绍如下：

1) 在做绳头、挂绳之前，应将钢丝绳放开，使之自由悬垂于井道内，消除内应力。

2) 挂绳顺序：单绕式电梯挂绳前，一般先做好轿厢侧绳头并固定好，之后将钢丝绳的另一头绕过驱动轮送至对重侧，按照计算好的长度断绳。断绳后在次底层制作对重侧绳头，再将绳头固定在对重绳头板上，两端要连接牢靠。复绕式电梯，要先挂绳后做绳头，或先做好一侧的绳头，待挂好钢丝绳后再做另一侧的绳头。

3) 将钢丝绳断开后穿入锥体，将剁口处绑扎铅丝拆去，松开绳股，除去麻芯，用煤油将绳股清洗干净，按要求将绳股或钢丝向绳中心折弯（俗称编花），折弯长度应不小于钢丝绳直径的2.5倍。将弯好的绳股用力拉入锥套内，将浇口处用棉布或水泥袋纸包扎好，下口用石棉绳或棉丝扎实。

4) 绳头浇灌前应将绳头锥套内部油质杂物清洗干净，而后采取缓慢加热的办法使锥套温度达到50~100℃，再进行浇灌。

5) 巴氏合金浇灌温度270~400℃为宜，巴氏合金采取间接加热熔化，温度可用热电偶测量或当放入水泥袋纸立即焦黑但不燃烧为宜。浇灌前清除液态巴氏合金表面杂质，浇灌必须一次完成，浇灌作业时应轻击绳头，使巴氏合金灌实。

4. 调整钢丝绳

绳头全部装好后，加载轿厢和对重的全部重量，此时钢丝绳和楔块受到拉力将升高。调整钢丝绳张力有如下两种方法：

（1）测量调整绳头弹簧高度，使其一致。其高度误差≤2mm。采用此法应事先对所有弹簧进行挑选，使同一个绳头板装置上的弹簧高度一致。

（2）在井道2/3处，人站轿顶，采用等距离拉力法，使用200N（约20kg）测力计，测量每根钢丝绳等距离状态下的张力（如将钢丝绳水平方向拉离原位150mm，记录每根钢丝绳受力大小值）。用公式计算每根曳引绳的张力差，全部曳引绳张力差不应超过5%。初步调节钢丝绳张力，由于相对紧的钢丝绳楔块比较容易调节，因此可在相对紧的绳套内两钢丝绳之间插入一个销轴，用榔头轻敲销轴顶部，使楔块受力振动，此时该钢丝绳会自行在绳套内滑动，找到其最佳的受力位置。在每个过紧的绳头上重复上述做法，直至各钢丝绳张力相等。钢丝绳张力初步调节完成后，再装上钢丝绳卡，以防在轿厢或对重撞击缓冲器时楔块从绳套中脱出。在此调节过程中，应使轿厢反复运行几次，以使钢丝绳间的应力消除。各钢丝绳的张力偏差最好控制在2%以内。

7.1.9 电气装置安装

工艺流程：电气配线安装→机房电气装置安装→井道电气装置安装→轿厢电气装置安装→厅门装置电气安装。

1. 电气配线安装

电线管、槽、构架防腐处理良好。电气配线安装工程，符合《电梯工程施工质量验收规范》GB 50310 中 4.10 电气装置有关规定，安装后应横平竖直，接口严密，槽盖齐全、平整无翘角。管、槽、构架水平和垂直偏差应符合下列要求：机房内不应大于 2‰，井道内不应大于 5‰，全长不应大于 50mm。金属软管安装应符合下列规定：无机械损伤和松散，与箱盒设备连接处应使用接头，安装应平直，固定点均匀，间距不应大于 1m。端头固定牢固，固定点距离端头不大于 100mm。

2. 机房电气安装

控制柜安装：控制柜应布局合理、固定牢固，安装位置应符合下列规定：柜与门、窗正面的距离不应小于 0.6m；柜的维修侧与墙壁的距离不应小于 0.6m，其封闭侧宜不小于 50mm；双面维护的控制柜成排安装长度超过 5m 时，两端宜留宽度不小于 0.6m 的出入通道；柜与机械设备的距离不应小于 0.5m。控制柜的过线盒要按安装图的要求，用膨胀螺栓固定在机房地面上。若无控制柜过线盒，则要用 10 号槽钢制作控制柜底座或用混凝土底座，底座高度为 50～100mm。控制柜底座安装前，应先除锈、刷防锈漆、装饰漆。控制柜与控制柜底座与机房地面固定牢靠。多台柜并列安装时，其间应无明显缝隙且柜面应在同一平面上。同一机房有数台曳引机时应对曳引机、控制屏、电源开关、变压器等对应设备配套编号标识，便于区分所对应的电梯。

3. 井道电气安装

1）随行电缆架应安装在电梯正常提升高度的 1/2 加 1.5m 处的井道壁上。随行电缆架位置应保证随行电缆在运行中不得与物品发生碰触及卡阻。轿底电缆架的安装方向与井道随缆架一致，并使电梯电缆位于井道底部时，能避开缓冲器且保持 >200mm 的距离。随行电缆安装前，必须预先自由悬吊，消除扭曲。扁平型随行电缆可重叠安装，重叠根数不宜超过 3 根，每两根间应保持 30～50mm 的活动间距。扁平型电缆固定应使用楔形插座或卡子，见图 7-27。撞弓安装后调整其垂直偏差 ≤1‰。最大偏差 ≤3mm（撞弓的斜面除外）。

2）在井道的两端各有一组终端开关，当电梯失速冲向端站，首先要碰撞一级强迫减速开关，该开关在正常换速点相应位置动作，以保证电梯有足够的换速距离。当电梯继续失速冲向端站，超过端站平层 50～100mm 时，碰撞二级保护的限位开关，切断控制回路，当平层超过 100mm 时，碰撞第三级极限开关，切断主电源回路。

终点开关的安装与调整应按安装说明书要求进行，见图 7-28。

3）在底坑应装设井道照明开关，在机房、底坑两处均能控制井道照明。底坑检修盒的安装位置距厅门口不应大于 1m，并应设在地坎下方距线槽或接线盒较近、操作方便、容易接近、不影响电梯运行的地方。检修盒上或近旁的停止开关的操作装置应是红色非自动复位的并标以"停止"。线槽、电管、检修盒相互之间要有跨接地线。

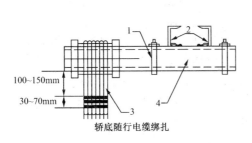
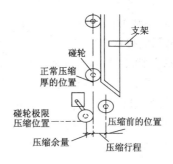

图 7-27 轿底电缆架随行电缆安装图
1—轿底电缆架；2—电梯底梁；
3—随行电缆；4—电缆架钢管

图 7-28 终点开关安装图

4. 轿厢电气安装

1）平层装置安装与调整。平层装置按说明书要求安装，安装后按下述顺序调整：把开关箱装在靠上面的梁上且装在中央。在安装臂上装上支架，但不要上紧。在轿厢平层位置，将安装臂装于导轨上，并固定在适当位置，要使 D2 板的中央与开关箱的基准线大致一致。精确地调整支架，从而使 DZ 板的中央与开关箱的基准线完全在一条直线上。调节检测器的倾斜度且同时调整节板。手动使电梯 DN 运行，使开关箱脱离感应板，然后拧紧支架和安装臂之间的螺栓。手动使电梯在该层附近做上（UP）、下（DN）运行，确认开关与感应板之间的位置，从而确保检测器的感应板插入时，左右间隙相等。

2）要有可自动为轿内应急照明再充电的紧急电源，在正常照明电源中断的情况下，至少提供 1W 灯泡用电 1h。

3）操纵盘的安装：操纵盘面板的固定方法有用螺钉固定和搭扣夹住固定的形式。操纵盘面板与操纵盘轿壁间的最大间隙应在 1mm 以内。指示灯、按钮，操纵盘的指示信号应清晰明亮准确，遮光罩良好，不应有漏光和串光现象。按钮应灵活可靠，不应有阻卡现象。

5. 厅门电气安装

呼梯按钮盒应装在厅门距地 1.2～1.4m 的墙上；群控、集选电梯的召唤盒应装在两台电梯的中间位置。指示信号清晰明亮，按（触）钮动作准确无误。墙面和按钮盖的间隙应在 1.0mm 以内。消防开关盒应装于召唤盒的上方，其底边距地面高度为 1.6～1.7m。厅门、门套、按钮、显示器上的保护膜留到正式使用时才能撕掉。必要时施工期间不安装按钮、楼层显示器，待大楼装修好以后正式使用前装上，但插件、电缆用塑料袋包好，防止被污染和受潮湿，最好临时固定在井道内壁。

7.1.10 电梯调试

1. 调试前的准备

电梯图纸、调试安装说明书齐全，调试人员必须掌握电梯调试大纲的内容、熟悉该电梯的性能特点，能熟练使用测试仪器仪表；机房机械设备、控制柜清扫干净，防尘塑纸全部清除；对全部机械设备的润滑系统，均按规定加好润滑油；井道内无阻碍物，不妨碍电梯上、下正常运行。

2. 电气线路检查

检查控制屏内电器元件应外观良好，安装牢固，标志齐全，接线接触良好，继电器、接触器动作灵活可靠；所有插件逐一检查（当电梯采用 PLC、微机控制时，用数字式绝缘电阻测试仪测试）；曳引电动机过电流短路等保护装置的整定值应符合设计和产品要求；检查厅门的机械锁、电锁及各种安全开关是否正常；拆除安全回路短接线；将控制柜，轿厢上所有自动/手动（检修）开关拨到手动侧。

3. 静态测试调整

1）通电试验。将机械部分各部件进行一次全面细致的检查，机械部分安装是否符合厂家要求，螺丝是否紧固；按照图纸逐一检查电气线路接线是否正确；测量端子间电压是否在规定范围；各熔断器熔丝大小是否符合厂家要求；各类继电器的整定值是否符合该电梯设计要求。通电试验应在电气系统接线正常无误的前提下进行，应切断曳引电动机负荷线、抱闸线路，对控制柜和电气线路进行持续几分通电试验，确认无异常后，才能进行下一步无载模拟试车。

2）制动器试验调整。单独给抱闸线圈送电，闸瓦与制动轮间隙应均匀，在 0.7mm 以内，不得有摩擦；线圈的接头应可靠无松动，线圈外部必须绝缘良好。

3）曳引主机试验。在不挂曳引绳情况下（或吊起轿厢，曳引绳离开曳引轮），用手盘动电机使其旋转，应确认电动机旋转方向与轿厢运行方向一致，如无卡阻及响声正常时，启动电机使之慢速运行，5min 后改为快速运行，继续检查各部件运行情况及电机轴承温升情况，减速器油的温升不超过 60℃ 且最高温度不超过 85℃。如情况正常，正反向连续运行各 2.5h 后，试运行结束。试车时，要对电机空载电流进行测量，应符合规范要求。机房二人手动盘车运行，轿内、轿顶各一人检查开门刀与各厅门坎间隙、各层门锁轮与轿厢地坎间隙，对不符合要求的及时调整，保证轿厢及对重在井道全程运行无任何卡阻碰撞现象，安全距离满足规范要求。

4. 曳引机试运转

无载模拟试车：在抱闸线圈未接，曳引电动机负荷线不连接情况下，对电梯电气控制程序进行试验。模拟试验应由有经验电气技术人员进行，机房、轿内、轿顶各一人，通电后，机房负责人通过对讲机分别对轿顶、轿内操作人发出指令，操作人按机房指挥的指令操作按钮或开关，按电梯运行程序进行模拟操作。首先试验各急停开关，然后试验选层、开关门按钮，观察控制柜上的信号显示、继电器、接触器的吸合状况，分析各电器元件动作是否正常、顺序是否正确。如发现问题应及时找出原因，予以解决。问题排除后应重新试验，直至所有故障完全解决，全部达到规范要求。

5. 慢车试运行

整机安装全部结束，手动盘车上下行正常后，将电梯轿厢停于中间层，将轿门和厅门都关闭好，然后将 DOOR 开关拨到 OFF 位置；所有自动/手动（检修）开关拨到手动侧。慢车运行应先在机房开检修运行正常后，才能在轿顶上开慢车，在机房控制柜手动开车先单层，后多层。上下往返多次（暂不到上下端站）如无问题，试车人员进入轿顶进行实际操作。检查轿顶优先权的问题：确认在轿顶处于检修状况下，机房与轿内检修无法开慢车。试运行时，仍由三人进行，负责人改在轿顶指挥操作，轿内、机房各一人。慢车试运行时，负责人在轿顶操作，机房人员负责观察曳引机运行是否正常、控制柜上的信号显示、电器元件动作是否正常，观察机房机械设备运行是否正常。负责人在轿顶上除负责操作外，还应检查各种安全装置和机械装置是否符合要求，观察导靴与导轨、各感应器安装位置是否准确，与遮磁板间隙是否符合厂家标准，各双稳态开关与磁环间隙应符合要求。轿内一人检查开门刀与各厅门坎间隙，各层门锁轮与轿厢地坎间隙，厅门与轿门踏板间隙是否全部达标，调整到符合规范要求为止。对所有厅门、轿门进行认真检查，精调整厅、轿门，确保门锁装置达到规范要求。拆除厅、轿门锁的短接线；每层厅门必须能够用三角钥匙正常开启；上、下行点动是否正常；点动正常后，将DOOR开关拨到ON位置，将电梯手动开到平层区域，检查开关门是否正常。对上、下终端开关进行调整，终端开关与撞弓位置正确后，试验强迫减速开关、限位开关、极限开关全部动作准确、安全可靠。

6. 快车试运行

在慢车带负载试运行正常后，将机房、轿厢开关全拨到"正常"位置，进行快车试运行。在机房控制柜上按不同型号的电梯要求，进行楼层高度测量运行（以慢速将轿厢从最下端站中途不停移到上端站直至轿厢将上端站限位开关UL撞开，电梯停车后，楼层显示器显示最高楼层层数。）层高基准数据输入结束。输写开关拨到正常位置。在控制柜上操作快车试运行，试车中对电梯的信号系统、控制系统、驱动系统进行测试、调整，使之全部正常。运行控制功能达到设计要求：指令、召唤、定向、开车、截车、停车平层等准确无误，声光信号显示清晰、正确。

7. 自动门调整

对于动力驱动的自动门，在轿厢控制盘上应设有一装置，能使在轿内操纵盘上按开门或关门按钮，门电机应转动，且方向应与开关门方向一致。若不一致，应调换门电机极性或相序。调整门杠杆，应使门关好后，其两臂所成角度小于180°，以便必要时，人能在轿厢内将门扒开；调整开、关门减速及限位开关，使轿厢门启闭平稳而无撞击声，并测试关门阻力（如有该装置时）；在轿顶用手盘门，调整控制门速行程开关的位置；如采用VVVF控制器，在变频器的面板上操作，输入该门系统参数，最后进行门宽自学习。自学习成功后，门机工作正常；通电进行开门、关门试验，调整门机控制系统使开关门的速度符合要求；开门时间一般调整在2.5~4s；关门时间一般调整在3~5s；安全触板及光幕保护装置应功能可靠。

7.1.11 试验运行

1. 安全装置检查试验

1）过负荷及短路保护

（1）电源主开关应具有切断电梯正常使用情况下最大电流的能力，其电流整定值、熔体规格应符合负荷要求，开关的零部件应完整无损伤；开关的接线应正确可靠，位置标高及编号标志应符合规范要求。

（2）在机房中，每台电梯应单独装设主电源开关而且应当加锁，在断开位置能有效锁住。（电源主开关采用加锁型号，只能断开，闭合复位时必须有钥匙才能复位，防止误动作）。该开关不应切断轿厢照明、通风、机房照明、电源插座（机房、轿顶、地坑）、井道照明、报警装置等供电电路。

2）相序保护装置

相序与断相保护：每台电梯应当具有断相、错相保护功能；电梯运行与相序无关时，可以不装设错相保护装置。

3）曳引电动机过电流及短路保护装置

一般电动机绕组埋设了热敏元件，以检测温升。当温升大于规定值即切断电梯的控制电路，使其停止运行；当温度下降至规定值以下时，则自动接通控制电路，电梯又可启动运行。

4）方向接触器及开关门继电器机械联锁保护应灵活可靠。

5）强迫缓速装置：开关的安装位置应按电梯的额定速度、减速时间及制停距离而定，具体安装位置应按制造厂的安装说明书及规范要求而确定。试验时置电梯于端站的前一层站，使端站的正常平层减速失去作用，当电梯快车运行，撞弓接触开关碰轮时，电梯应减速运行到端站平层停靠。

6）安全（急停）开关

（1）电梯应在机房、轿内、轿顶及底坑设置使电梯立即停止的安全开关。

（2）安全开关应是双稳态的，需手动复位，无意的动作不应使电梯恢复服务。

（3）该开关在轿顶或底坑中，距检修人员进入位置不应超过1m，开关上或近旁应标出"停止"字样。

（4）如电梯为无司机运行时，轿内的安全开关应能防止乘客操作。

7）厅门与轿厢连锁试验

厅门与轿门的试验必须符合下列规定：

（1）在正常运行或轿厢未停止在开锁区域内时，厅门应不能打开；

（2）如果一个厅门或轿门（在多扇门中任何一扇门）打开，电梯应不能正常启动或继续正常运行。

8）紧急电动运行装置及救援措施

（1）电梯的紧急操作装置：电梯因突然停电或发生故障而停止运行，若轿厢停在层距较大的两层之间或蹾底冲顶时，乘客将被困在轿厢中。为救援乘客，电梯均设有紧急操作装置，可使轿厢慢速移动，从而达到救援被困乘客的目的。电梯的紧急操作装置上应有详细的使用说明。

（2）紧急操作装置有两种，一种是针对曳引式有减速器的电梯或者移动装有额定载重量的轿厢所需的操作力不大于400N时，采用的人工手动紧急操作装置，即盘车手轮与制动器扳手；另一种是针对无减速器的电梯或者移动装有额定载重量的轿厢所需的操作力大于400N时，采用的紧急电动运行的电气操作装置。

（3）紧急电动运行开关及操作按钮应设置在易于直接观察到曳引机的地点。

（4）该开关本身或通过另一个电气安全装置可以使限速器、安全钳、缓冲器、终端限位开关的电气安全装置失效，轿厢移动速度不应超过0.63m/s。如用紧急操作装置，制动器松闸开关应能在蓄电池状态有效打开。

（5）该装置不应使层门锁的电气安全保护失效。

9）电梯报警装置和电梯远程监控

根据《电梯安装验收规范》GB/T 10060—2011中5.8紧急报警装置相关规定和《电

梯远程报警系统》GB/T 24475—2009 具体要求如下：

轿厢中至少要有轿厢内有报警系统和与救援服务组织连接的标志（注：可使用象形图）和报警触发装置标志。

（1）为使乘客在需要时能有效向外求援，轿内应装设易于识别和触及的报警装置。该装置应采用警铃、对讲系统、外部电话或类似装置。建筑物内的管理机构应能及时有效地应答紧急呼救。该装置在正常电源一旦发生故障时，应自动接通能够自动充电的应急电源。如果在井道中工作的人员存在被困危险，而又无法通过轿厢或井道逃脱，应在存在该危险处设置报警装置。如果电梯行程大于 30m，在轿厢和机房之间应设置《电梯制造与安装安全规范》GB 7588 中 8.17.4 述及的紧急电源供电的对讲系统或类似装置。

紧急报警装置安装结束后，应对该装置进行调试，两人分别在机房、轿顶、轿内、底坑、值班室（24 小时有人值班）五处进行对讲通话，相互能听清对方讲话，调试结束。

闭路电视监视系统：为了准确统计客流量和及时地解救乘客突发急病的意外情况以及监视轿厢内的犯罪行为，可在轿厢顶部装设闭路电视摄像机，摄像机镜头的聚焦应包括整个轿厢面积，摄像机经屏蔽电缆与保安部或管理值班室的监视荧光屏连接。

（2）电梯远程监控系统是将智能数据采集与电梯控制系统连接，可对电梯运行过程中的各种信号实时采集、分析、报警、储存，并直观的得到电梯运行状态，实现远程监控。被监控电梯发生故障，系统可自动拨打报警电话，以便及时排除故障。系统可随时检索、打印电梯故障列表，方便电梯管理。

电梯关人救援系统：电梯关人救援主机通过实时监测人体感应探头、平层传感器以及门开关传感器来判断电梯是否发生关人故障。如果发生关人故障，则给系统内设定的电梯维保人员、电梯维保公司管理软件、技术监督局管理软件发送短信，并在故障解除后发送故障解除短信。电梯维保公司管理软件和技术监督局管理软件记录电梯的故障情况以及处理情况。

10）无机房电梯附件检验项目

（1）紧急操作与动态试验装置

①用于紧急操作和动态试验（如制动试验、曳引力试验、限速器-安全钳动作试验、缓冲器试验及轿厢上行超速保护试验等）的装置应当能在井道外操作；在停电或停梯故障造成人员被困时，相关人员能够按照操作屏上的应急救援程序及时解救被困人员；

②应当能够直接或者通过显示装置观察到轿厢的运行方向、速度以及是否位于开锁区；

③装置上应当设置永久照明和照明开关；

④装置上应当设置停止装置。

（2）附件检修控制装置

如果需要在轿厢内、底坑或者平台上移动轿厢，则应当在相应位置上设置附加检修控制装置，并且符合以下要求：

①每台电梯只能设置一个附加检修装置；附加检修控制装置的形式要求与轿顶检修控制装置相同；

②如果一个检修控制装置被转换到"检修"，则通过持续按压该按钮装置上的按钮能够移动轿厢；如果两个检修控制装置均被转换到"检修"位置，则从任何一个检修控制装

置都不可能移动轿厢，或者当同时按压两个检修控制装置上相同方向的按钮时，才能够移动轿厢。

2. 载荷试验

1）按《电梯安装验收规范》GB/T 10060—2011 进行静载、空载、满载、超载试验；运行试验必须达到下列要求：

（1）电梯起动、运行和停止，轿厢内无较大的震动和冲击，制动器可靠；

（2）超载试验必须达到下列要求：

①电梯能安全起动、运行和停止；

②曳引机工作正常。

2）满载超载保护：当轿厢内载有90%以上的额定载荷时，满载开关应动作，此时电梯顺向载梯功能取消。当轿内载荷大于额定载荷时，超载开关动作，操纵盘上超载灯亮铃响，且不能关门，电梯不能启动运行。

3）运行试验：轿厢分别以空载、50%额定载荷和额定载荷三个工况，并在通电持续率40%情况下，到达全行程范围，按120次/h，每天不少于8h，往复升降各1000次。电梯在启动、运行和停止时，轿厢应无剧烈振动和冲击，制动可靠；制动器线圈、减速机油的温升均不应超过60℃，且最高温度不应超过85℃；电动机温升不超过《交流电梯电动机通用技术条件》GB/T 12974 的规定。

4）超载试验：轿厢加入110%额定载荷，断开超载保护电路，通电持续率40%情况下，到达全行程范围。往复运行30次，电梯应能可靠地启动、运行和停止，制动可靠，曳引机工作正常。

5）限速器安全钳联动试验

瞬时式安全钳在轿厢装有均匀分布的额定载荷、渐进式安全钳试验在轿厢装有均匀分布的125%额定载荷，在机房内以检修速度下行、人为使限速器动作时限速绳应被卡住、安全钳拉杆被提起、安全钳开关和楔块动作、安全回路断开，曳引机停止运行。短接限速器、安全钳电气开关，在机房以慢车下行，此时轿厢应停于导轨上，曳引绳应在绳槽内打滑后立即停车。检查轿底相对原位置倾斜度应不超过5%。在机房开慢车上行使轿厢上升，限速器与安全钳复位，拆除短接线，人为恢复限速器、安全钳电气开关，电梯正常开慢车。检查导轨受损情况并及时修复，判断安全钳楔块与导轨间距是否符合要求。试验的目的是检查安装调整是否正确，以及轿厢组装、导轨与建筑物连接的牢固程度。当安全钳可调节时，整定封记应完好，且无拆动痕迹。

6）当轿厢空载以检修速度上行时，人为使超速保护装置的速度监控部件动作，轿厢上行超速保护装置应动作，使电梯轿厢可靠制停。检查电梯空轿厢制停加速度不得大于1g。根据电气原理图和实物状况，检查切断制动器电流至少应用两个独立的电气装置来实现。当电梯停止时，如果其中一个接触器的主触点未打开，最迟到下一次运行方向改变时，应防止电梯再运行，通过运行中人为使接触器不释放，检查其控制要求。

7）缓冲试验

缓冲器在现场安装后，应进行交付使用前的检验和试验。

（1）蓄能型弹簧缓冲器仅适用于额定速度小于1m/s的电梯。蓄能型弹簧缓冲器，可按下列方法进行试验，将载有额定载荷的轿厢放置在底坑中缓冲器上，钢丝绳放松，检查弹簧的压缩变形是否符合规定的变形特性要求。

（2）耗能型液压缓冲器可适于各种速度的电梯。对耗能型缓冲器需作如下几方面的检查和试验：①检查液压缓冲器的底座是否紧固，油位是否在规定的范围内，柱塞是否清洁无污；②用人站在柱塞上压缩柱塞到底，柱塞的复位时间应不大于120s；③轿厢缓冲器应在轿厢额定载荷并以额定速度下受冲击，对重缓冲器应在轿厢空载、对重保持额定速度的情况下受冲击。检查轿厢下降将缓冲器全压缩，从轿厢开始离开缓冲器一瞬间起，直到缓冲器回复到原状的情况。

8）平衡系数测试：

（1）轿厢以空载和额定载重的25%、40%、50%、75%、110%六个工况作上、下运行，当轿厢对重运行到同一水平位置时，分别记录电机定子的端电压、电流和转速三个参数；

（2）利用上述测量值分别绘制上、下行电流——负荷曲线或速度（电压）——负荷曲线，以上、下运行曲线的交点所对应的负荷百分数即为电梯的平衡系数；

（3）如平衡系数偏大或偏小，将对重的重量相应增加或减少，重新测试直至合格。

9）起制动加、减速度和轿厢运行的垂直、水平振动加速度的试验方法：在电梯的加、减速度和轿厢运行的垂直振动加速度试验时，传感器应安放在轿厢地面的正中，并紧贴地板，传感器的敏感方向应与轿厢地面垂直。在轿厢运行的水平振动加速试验时，传感器应安放在轿厢地面的正中，并紧贴地板，传感器的敏感方向应分别与轿厢门平行或垂直。

3. 试验

1）轿厢平层准确度测试：在空载和额定载荷的工况下分别测试，一般以达到额定速度的最小间隔层站为间距作向上、向下运行，测量全部层站。电梯平层准确度：应在±15mm的范围内；交流双速电梯，应在±30mm的范围内。

2）工况噪声检验：

运行中轿厢内噪声测试：运行中轿厢内噪声对额定速度小于等于4m/s的电梯，不应大于55dB（A）；对额定速度大于4m/s的电梯，不应大于60dB（A）（不含风机噪声）。开关门过程噪声测试：开关门过程噪声，乘客电梯和病床电梯的开关门过程噪声不应大于65dB（A）。

机房噪声测试：对额定速度小于等于4m/s的电梯，不应大于80dB（A）；对额定速度大于4m/s的电梯，不应大于85dB（A）。背景噪声应比所测对象噪声至少低10dB（A）。如不能满足规定要求应修正，测试噪声值即为实测噪声值减去修正值。

3）额定速度试验：轿厢加入平衡载荷（50%额定载荷），向下运行至行程中部的速度应不超过额定速度的92%~105%，符合《电梯试验方法》GB/T 10059的要求。

7.2 自动扶梯及人行道

自动扶梯一般由梯级、牵引链条、梯路导轨系统、驱动装置、张紧装置、扶手装置和金属桁架等组成。

自动人行道有踏步式、钢带式和双线式三种结构。踏步式自动人行道由平板踏步、牵引链条、导轨系统、驱动装置、张紧装置、扶手装置和金属桁架等组成与自动扶梯的最大区别在于用普通平板式踏步取代了梯级，且各踏步间形成的不是阶梯，而是平坦的路面。

7.2.1 土建测量

1）提升高度测量（图7-29）：用水准仪配合钢卷尺测量上支撑面预埋钢板与下支撑面预埋钢板的垂直距离。

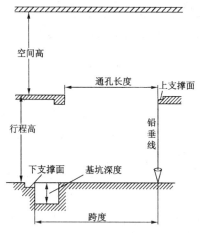

图7-29 自动扶梯人行道土建测量示意图

2）跨度测量：从上支撑面预埋钢板边沿垂下一线坠，用钢卷尺测量该垂线与下支撑面预埋钢板内沿的水平距离，安装口左右两侧各测一次。通孔长度宽度及支承间的对角检验：钢卷尺检查。

3）基坑深度、长度：用卷尺现场测量土建提供的下支承最终楼面的标高与基坑之间的垂直距离来确定基坑深度。用卷尺现场测量下支承边线的铅垂线到对面基坑边线垂线间的水平距离。

4）扶梯或自动人行道中间支撑基础的检验：用卷尺测量中间支撑与下支承的水平距离及基础的高度，应符合土建布置图的要求。

5）垂直净高度：钢卷尺测量。扶梯或自动人行道支承面水平度的检验：用水平尺置于预埋铁板上测量。运输通道尺寸：钢卷尺测量。

7.2.2 桁架安装

1）桁架的水平运输

扶梯或自动人行道设备应保存在施工现场附近的库房内，为方便运输，在组装前分段运到安装位置附近。运输路线要根据现场勘察情况，考虑通道畅通、地面载荷、锚固点设置等综合确定。

在安装位置附近（如柱脚）固定卷扬机，要求有足够的强度，能承受水平移动扶梯或自动人行道桁架的拉力。为了提高运输效率，施工单位可使用搬运小坦克或制作滚轮小车，采用卷扬机或钢丝绳手板牵引机牵引，如图7-30所示。

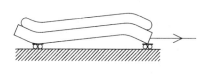

图7-30 自动扶梯水平运输示意图

2）桁架组装

对于分段进场的桁架,需要在安装位置进行拼装,拼装可以在地面进行,也可以悬在半空中进行。拼接时先用定位销钉确定两金属结构段的位置,然后穿入厂家提供的专用高强螺栓,使用扭力扳手拧紧(力矩按照说明书要求)。

3)桁架吊装

(1)扶梯或自动人行道吊挂点:自动扶梯或自动人行道两个端部各有两支吊挂螺栓作为吊装受力点,起吊自动扶梯或自动人行道必须使用该起吊螺栓,不得使其他部位受力。在使用这些螺栓时,需要掀开扶梯或自动人行道上下端部盖板,并配用专用吊具使用该螺栓,如图7-31所示。

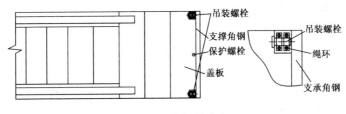

图7-31 桁架吊装点

(2)桁架吊装:一般单部扶梯或自动人行道,可以利用上部楼板预留吊装洞作为承载点(需强度复核,必要时进行简单加固),机头部分用卷扬机、滑轮、滑轮组垂直牵引,机尾部分用倒链垂直起吊,并在机尾也用卷扬机拉引,防止机头提起桁架突然前移,做到"一提一放"。对于大跨度扶梯或自动人行道为防止桁架长度过长变形,一般要加设中间辅助吊点,但该点不能拉力过大,一般只承受桁架部位自重即可,且吊挂点必须符合桁架受力点要求。在桁架机头高于上支承位置后,机尾部分先落入下支承安装垫板上,机头部分缓缓落在上支承安装垫板上,并且上下支承搭接长度应基本相等。

4)桁架的定中心

(1)自动扶梯或自动人行道中心线(图7-32):在自动扶梯或自动人行道两端架设两个支架(可用角钢自制),其高度应使连线位置不低于自动扶梯或自动人行道扶手高度为宜。支架竖起后,在近扶梯或自动人行道的中心位置上空,从两支架上放一条钢丝线,并在此线近扶梯或自动人行道两端处放两线追坠,将线调至线坠中心与端部定位块上标记重合,此线即为自动扶梯或自动人行道中心线。

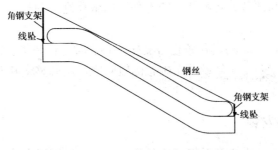

图7-32 桁架定中心

(2)平面位置对中:吊装前,根据土建提供尺寸,在预埋钢板上画出井道安装中心线。吊装就位时，事先在扶梯或自动人行道支撑角钢和预埋钢板间垫入 DN20 小钢管作为滚杠。使用撬杠或千斤顶水平调整，使扶梯或自动人行道中心线与预埋件上的划线对齐。使用自动扶梯或自动人行道上高度调整螺栓卸下滚杠。调整扶梯或自动人行道高度（图 7-33）：调整桁架之前在支撑板上放置垫片，调整扶梯或自动人行道高度调整螺栓，视情况增减垫片，但垫片数量不得超过 5 片，若多于 5 片时可用钢板代替适量的垫片，使梳齿板与完工地面高度持平（使用水平尺测量）。如安装时建筑完工地面尚未完成，则应要求土建专业事先在扶梯或自动人行道出入口出提供一块相当于完工地面的基准面。

（3）调整扶梯或自动人行道水平度（图 7-34）：将水平尺放置在梳齿板上，调整两端高度调整螺栓，使梳齿板不平度小于 1.0/1000。

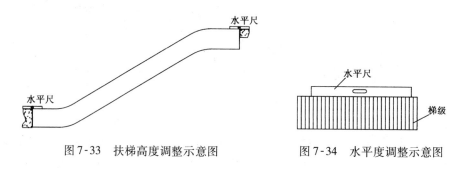

图 7-33　扶梯高度调整示意图　　　图 7-34　水平度调整示意图

（4）拧紧中间的几个高度调节螺栓，但不能改变已调好的高度和水平度。

（5）桁架的固定：将桁架位置及水平调试垫对以后，将桁架支撑角钢上的两侧调节螺栓松开，并将桁架两端支承角钢与承重梁上安装垫板中的上层钢板焊接牢固（注意：不能与预埋铁焊接）。前后方向的固定：桁架前后方向与支承基座的间隙，可用减震橡胶或胶泥进行填充。

7.2.3　导轨类的安装

（1）由于各导轨、反轨之间几何关系复杂，为避免位置偏差，通常在各段金属结构内的上下端内侧安装附加板，将同一侧的各导轨和反轨固定在该板上，再整体安装到金属结构的固定位置。

（2）现场需要连接的轨道有专用件和垫片，把专用件螺栓穿入相应的孔洞（长孔），轻轻敲动专用件使其与两节轨道贴严，如不平可用垫片进行调整直至缝隙严密无台阶，最后将螺栓拧紧。

（3）导轨安装就位后，对其位置进行复核，必要时进行调整。以扶梯或自动人行道中心线为基准，测量调整两个主轨及两个副轨的轨间距。用调整垫片及水平尺分别调整两主轨及两副轨的水平度。

7.2.4　扶手的安装

扶梯或自动人行道扶手支撑系统一般分为两种：全透明无支撑扶手装置（即玻璃+扶手型材）、不透明支撑装置（即扶手支撑+不锈钢内敷板装置）。

1）全透明无支撑扶手装置的安装、调整（图 7-35）：

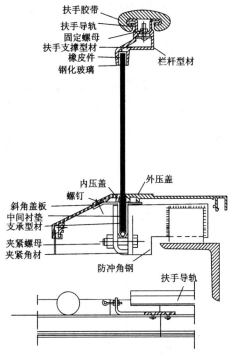

图 7-35 透明扶手安装示意图

（1）扶手系统的安装一般从下机头圆弧处开始，按照标记用吸盘将下机头圆弧段玻璃慢慢放入主承座凹槽内，内、外和底面均垫塑料衬板，防止硬接触，将夹紧螺母预固定。

（2）安装扶手带回转滚轮支架：扶手带滚轮支架按装配图要求，加入塑料衬板插入圆弧段玻璃的顶面，并预固定螺栓。在滚轮支架预固定后要检查其与圆弧玻璃的配合程度，在生产过程中厂家一般留有很小余量，需用手工打磨（钢锉加油石修磨），不可过紧顶住圆弧段玻璃顶部，也不可使玻璃过分晃动。

（3）同时检查左右两侧回转装置的平行度，使其平行度偏差不要超过±1mm。

（4）待第一块玻璃装上后，接着按支承座上标记进行第二块、第三块玻璃安装，并在相邻两块玻璃之间，装入柔性填充物。

（5）在安装玻璃的同时，用塑料衬板调整相邻两块玻璃的高度、间隙及端面平整度，使相邻两块玻璃的错位小于2mm，各玻璃之间的间隙基本相等，符合厂家设计要求，待全部玻璃调整完毕，用扳手小心地将全部螺母锁紧。

（6）上部转向端回转滚轮支架安装方法与下部相同，并检查其平行度偏差不要超过±1mm。装入扶手型材，将厂家配置的橡皮件按尺寸要求安装在玻璃板的上端，在玻璃的全长范围内，用橡皮榔头（或木质打入工具）以适当的力将扶手型材嵌入玻璃，并砸实。

（7）装入扶手导轨，并将其揩净。扶手导轨连接处，必须光滑无尖棱，必要时用手工修磨平整，扶手导轨装完后，将其固定螺钉紧固。

2）不透明支撑扶手装置（即不锈钢内敷板包覆）的安装，如图7-36所示。

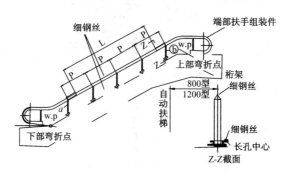

图7-36 不锈钢板包覆扶手安装示意图

（1）不透明支撑装置的支架一般采用角钢制作，其安装一般也从机头开始，从支撑支架的第一标记开始安装支架。

（2）机头扶手回转滚轮支架的安装与透明无支撑扶手装置相同，应检查其左右两侧水平度偏差不得大于±1mm。第一根扶手支撑支架安装完毕，按指定标记依次装入其余支架。上部扶手回转滚轮支架与下部相同，检查左右平行度偏差不得大于±1mm。

（3）支架全部安装完毕，将角钢支架（自制）放在上下前沿板处，挂钢丝吊线，检查扶手支撑支架与桁架中心线对称度及高低位置。

（4）支架全部调整完毕，将扶手支承型材装入，固定。装入扶手导轨，并揩净，扶手导轨连接处必须光滑无尖棱，必要时可用手工修磨平整。扶手导轨装完后，紧固其螺钉，如图7-37所示。

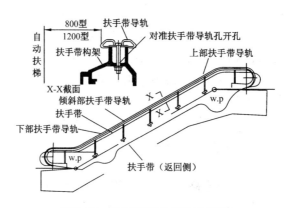

图7-37 扶手带导轨安装示意图

3）照明装置的安装

（1）按灯管的排列要求，先装好灯座连接板，灯罩托架板，日光灯应先从弧形灯管装起，再由上下一起往中间装，两端部也同时装，应注意上弧灯管较长直线段一端应在30°（35°）倾斜区段内。

（2）灯脚可边接线边固定在灯座连接板上，该连接板预放入支架槽中的螺栓与支架固定，灯罩托板架也是利用预放入支架槽中的螺栓与支架固定。

(3) 日光灯装好后,应通电检验,待一切正常后可安装灯罩,灯罩的一边嵌入玻璃压板槽内,另一边搁在灯罩托架上。所有电线均在扶手支架中间凹槽内通入机房整流器板架上。

7.2.5 裙板及内外盖板安装

1) 安装裙板时应先装上、下两头,然后再装中间段。
2) 将裙板背面的夹具卡入围裙角钢,裙板与角钢面贴牢,且无松动现象。
3) 拼装裙板时,接缝处应严密平整,裙板与角钢面平直,不得有凹凸不平和弯曲的现象。装裙板时,应用橡皮锤将裙板敲正。
4) 调整裙板与梯级的间隙:
(1) 梯级(停止状态)的侧面和裙板表面的间隙安装调试标准如下:单边间隙1~4mm,两边间隙之和不大于7mm。
(2) 标准规定的尺寸范围内,微调裙板安装尺寸,以便升降梯级时,使梯级无论靠近导轨哪一部分,与裙板的间隙均不至于有超越标准的部分,而且保证梯级与裙板不产生接触和摩擦的现象。
(3) 调试时可用移动围裙角钢的方法来进行调整。
5) 安装、调整完裙板后应手动盘车至少一周,以保证无刮蹭、异响。
6) 安装内、外盖板:
(1) 不锈钢盖板是扶梯的装饰部分,在安装时要特别细心各接缝处要求严密平整,不应有凹凸和弯曲。
(2) 首先装内盖板封条,并找好位置,在裙板上钻攻螺丝孔,以便将内、外盖板用螺钉固定在裙板和封条上。
(3) 在装好转角处扶手栏杆后,先装转角部分盖板和弯曲部分的内、外盖板,然后装中部的盖板,保证内盖板的水平夹角不小于25°。

7.2.6 梯级链安装

1) 梯级链一般在厂内连接完毕,分节到场,只有分节处需要现场拼接,现场拼装的部位应使用该部位的连接件,不能换用其他位置的连接件,以保证达到出厂前厂家调准的状态。
2) 梯级链为散装发货的自动扶梯或自动人行道,可先使用人力将第一个3~4个梯级长度的梯级链段引入到梯级导轨上,然后连接好第二段,连接两相邻链节时应在外侧链接上进行,使用钢丝绳套和紧线器配合拖拉链条引入导轨,再连接其后的链段,将此动作持续进行,最终可完成循环状态。
3) 对于梯级链条已装好的分段运输的自动扶梯或自动人行道,吊装定位后,拆除用于临时固定牵引链条和梯级的钢丝绳,将两段链条对接,使用铜棒将链销轴铆入,用钢丝销(也有用开口弹簧挡圈的)将牵引链条销轴连接(图7-38)。

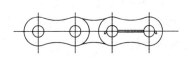

图7-38 链条连接示意图

7.2.7 梯级梳齿板安装

1）梯级的装入：将需要安装梯级的空缺处，运行到转向导轨的装卸口，在此处，先将梯级辅助轮装入，然后将整个梯级徐徐装入装卸口（图7-39）。

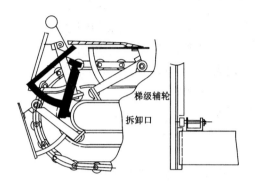

图7-39 梯级装卸口

2）梯级的调整固定：梯级装入后，将梯级的两个固定装置推向梯级牵引轴，并卡在牵引轴上，调整梯级左右位置，将踏板中心线调至与扶梯中心线重合，调试好后用内六角扳手旋紧螺栓（图7-40）。

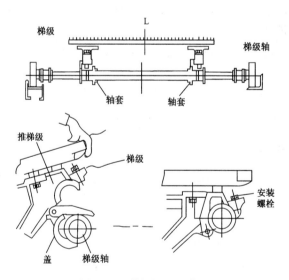

图7-40 梯级调整示意图

3）梯级要能平滑通过末端回转部分，接触终端导轨时梯级滚轮的噪声和振动应很小。牵引轴通过末端环形导轨时应平稳，停止运行，用手拉梯级，查看有无间隙（若有间隙，是准确性好）；若无间隙，可用手转动辅轮，如不能转动，则需重新调整，然后认真检查另一个梯级。全部梯级的安装，应分成几次进行。先装入半数稍多些，其余梯级根据各工序进行情况安装。

7.2.8 安全装置安装

自动扶梯或自动人行道的安全装置包括：速度监控装置、驱动链条伸长或断裂保护装置、梳齿板保护装置、扶手胶带入口防异物保护装置、梯级塌陷保护装置、裙板保护装置、急停按钮等。

1) 速度监控装置：速度监控装置作用是当扶梯或自动人行道的运行速度超过速度上限或低于速度下限时，及时切断电源。

2) 驱动链条伸长或断裂保护装置的安装：驱动链条伸长或断裂保护装置安装在链条张紧弹簧的端部，当链条因磨损或其他原因变长或断裂时，此开关动作。驱动链条伸长或断裂保护装置的工作距离为 2~3mm。

3) 梳齿板保护装置的安装：梳齿板受到一定的水平力时（980N），安全开关应能动作，梳齿板安全开关的闭合距离为 2~3.5mm，可用梳齿板下方的螺杆调节。

4) 扶手胶带入口异物保护装置的安装：常用的扶手胶带入口异物保护装置是弹性体套圈防异物保护装置。如果有异物进入入口处，异物就会使弹性缓冲器变形，当变形达到一定程度时，缓冲器销钉就能触动装在入口处的开关，使扶梯或自动人行道停车。扶手胶带入口异物保护装置是可自动复位的。

5) 梯级塌陷保护装置的安装：一般梯级塌陷保护装置有两套，分别装在梯路上、下曲线段处。安装时注意：连杆、角形件、开关连接必须牢固，螺丝拧紧；开关的立杆与梯级的距离为 10~15mm。

6) 围裙板保护装置的安装：自动扶梯正常工作时，围裙板与梯级的间隙单边为 0.5~4mm，两边之和不大于 7mm。通常围裙板保护装置共有四个，分别装在梯路上、下水平与曲线的交汇区段处，调节围裙板保护开关支架的伸出长度使围裙板保护开关与 C 形钢间隙为 0.5mm。在围裙板和合梯级之间插入一块 2~3mm 厚不太硬的板条，此时自动扶梯应停止运行。

7) 急停按钮的安装：一般急停按钮位于上、下机房、上、下出入口。

7.2.9 调试、调整

1) 对照随机发放的电气图纸仔细检查各处接线以及与本系统连接的外部接线。

2) 电磁制动器的调整。

电磁制动器的制动力矩在出厂时已调试好，若空载或有载下行的停止距离不在固定范围内时，应重新调整。松螺母，然后转动调整螺栓调整转矩，顺时针方向：力矩增加；逆时针方向：力矩减少。尽可能以相等距离按同一方向转动每一只调整螺栓，使每一只弹簧的作用尽可能等同。重复上述调整，使停止距离在 200~1000mm 范围内。特别注意：如果每一只弹簧的作用力由于反复调整而不等同，应完全旋开每一只调整螺栓（使弹簧瓦和芯体接触）；然后尽可能以相等距离，旋足每一螺栓，使每一只弹簧的作用力相等。

3) 驱动装置的调整：一般自动扶梯或自动人行道驱动装置在出厂时已调好，在调试时，可采用人力驱动方法，先将人力松闸杆安装在制动器上，调试人员站在驱动装置侧面，脚踏松闸杆，松开制动器，然后用手转动装在电动机轴上的飞轮，这样就可以用手动方式启动自动扶梯或自动人行道了，在操作完成后，松开松闸杆。

4）裙板和梯级间隙的调整：梯级（停止状态）的侧面和裙板表面的间隙在标准规定的尺寸范围内，微调裙板安装尺寸，以便升降梯级时，使梯级无论靠近导轨哪一部分，与裙板的间隙均无超越标准的部分，而且保证梯级与裙板不产生接触和摩擦的现象。调试时可用移动围裙角钢的方法来进行调整。

5）扶手带速度的调整。

张紧装置的调整：调节张紧装置的弹簧的长度使扶手带的张力符合厂家设计要求。压紧装置的调整：调节摩擦带与扶手带的摩擦力，使左、右两根扶手带速度相等，偏差不超过2%。

6）梳齿板与梯级间隙的调整：打开梳齿板两侧的内盖板，调节梳齿板连杆及每块梳齿的倾角，使梳齿板与梯级的间隙符合下列要求：梳齿板的齿应与梯级的齿槽相啮合，啮合深度不小于6mm，间隙不超过4mm，在梳齿板踏面位置测量梳齿板的宽度不超过2.5mm。

7）参照随机文件的润滑总表，通过加油装置给各部件加油。用控制柜上的检修开关手动一点一点地试转动后，作长达十多个梯级距离的试运转，确认没有异常时方可转入正式运行。

7.2.10 试验运行

1）正常运行测试：断开检修开关盒与控制屏的连接；将检修开关拨到检修位置，按上（下）按钮，扶梯或自动人行道应按指令上行（下行）。注意扶梯或自动人行道有无异常现象，如有应立即切断电源，排除故障后，方可运行。将检修开关拨到正常位置，用钥匙将运行开关拨到上行（下行）位置，扶梯或自动人行道应按指令上行（下行）。分别上行15min及下行15min，观察运行过程中及运行后是否有异常情况：各运转零部件是否有擦碰现象。各机械安全保护装置是否安全有效。挑选不同的梯级站立，感觉梯级滚轮（主/副轮）在导轨上运行是否平稳。站在梯级踏板上上行或者下行，测试（感觉）梯级在水平段从圆弧段过渡到直线段瞬间，人是否有向后倾倒的感觉。查看梯级在转向壁时是否有跳动。在空载情况下，扶梯或自动人行道正反转2h，电动机减速器温升<60℃。各部件运转正常，不得有任何故障发生。扶梯或自动人行道空载和有载向下运行的制停距离应符合表7-6的规定。

自动扶梯和自动人行道制停距离

表7-6

额定速度（m/s）	制停有效距离（m）
0.50	0.20~1.00
0.65	0.30~1.30
0.75	0.35~1.50

2）梯级踏板静载试验

见《自动扶梯和自动人行道的制造与安装安全规范》GB 16899中5.3.3.2.2有关要求。

3）梯级、踏板扭转试验

见《自动扶梯和自动人行道的制造与安装安全规范》GB 16899中5.3.3.3.1和5.3.3.3.2.2有关要求。

4）附加制动器试验

见《自动扶梯和自动人行道的制造与安装安全规范》GB 16899中5.4.2.2.2和5.4.2.2.4有关要求。

第8章 防腐与绝热安装工程

8.1 防腐工程

机电安装工程中使用的钢材大部分是黑色金属材料,这些材料长期暴露在自然空气中,或是在潮湿的空气环境中,因化学或电化学反应容易锈蚀而引起系统泄露,既浪费资源,又影响生产。为了延长系统使用年限,除了正常选材外,采取有效的防腐措施是十分必要的。

防腐的方法很多,如采取金属镀层、金属钝化、电化学保护、衬里及涂料工艺等。在机电安装工程管道和设备的防腐方法中,采用最多的是涂料工艺。对于明装的管道和设备,一般采用油漆涂料,对于地下管道,一般采用沥青类涂料。

8.1.1 除锈

为了保证管道、部件、支吊架的防腐质量,在涂刷油漆前必须对管道、部件和支吊架等金属材料进行表面处理,清除掉附着在上面的铁锈、油污、灰尘、污物等,使其表面光滑、清洁。

1. 钢材表面锈蚀等级和除锈等级

根据《涂覆涂料前钢材表面处理 表面清洁度的目视评定第1部分:未涂覆过的钢材表面和全面清除原有涂层后的钢材表面的锈蚀等级和处理等级》GB/T 8923.1—2011,钢材表面的四个锈蚀等级分别以A、B、C和D表示。

A——全面地覆盖着氧化皮而几乎没有铁锈的钢材表面;
B——已发生锈蚀,并且部分氧化皮已经剥落的钢材表面;
C——氧化皮已因锈蚀而剥落,或者可以刮除,并且有少量点蚀的钢材表面;
D——氧化皮已因锈蚀而全面剥离,并且已普遍发生点蚀的钢材表面。
对于喷射或抛射除锈过的钢材表面,有四个除锈等级。
1) Sa1——轻度的喷射或抛射除锈:
钢材表面应无可见的油脂和污垢,并且没有附着不牢的氧化皮、铁锈和油漆涂层等附着物;
2) Sa2——彻底的喷射或抛射除锈:
钢材表面应无可见的油脂和污垢,并且氧化皮、铁锈和油漆涂层等附着物已基本清除,其残留物应是牢固附着的;
3) Sa2.5——非常彻底的喷射或抛射除锈:
钢材表面应无可见的油脂、污垢、氧化皮、铁锈和油漆涂层等附着物,任何残留的痕迹应仅是点状或条纹状的轻微色斑;

4）Sa3——使钢材表观洁净的喷射或抛射除锈：

钢材表面应无可见的油脂、污垢，氧化皮铁锈和油漆涂层等附着物，该表面应显示均匀的金属色泽。

对于手工和动力工具除锈过的钢材表面，分为两个除锈等级。

1）St2——彻底的手工和动力工具除锈：

钢材表面应无可见的油脂和污垢，并且没有附着不牢的氧化皮、铁锈和油漆涂层等附着物；

2）St3——非常彻底的手工和动力工具除锈：

钢材表面应无可见的油脂和污垢，并且没有附着不牢的氧化皮、铁锈和油漆涂层等附着物。除锈应比St2更为彻底，底材显露部分的表面应具有金属光泽。

2. 常用除锈的方法

常用除锈的方法有：手工除锈、动力工具除锈、喷砂（抛丸）除锈、火焰除锈和化学除锈。

1）手工除锈

手工除锈常用的工具有钢丝刷、砂布、刮刀、手锤等。

2）动力工具除锈

用电机驱动的旋转式或冲击式的除锈设备进行除锈，效率较手工除锈高，但不适用于形状复杂的工件。

3）喷砂（抛丸）除锈

利用压缩空气将石英砂（钢丸）喷射到管道、设备内、外壁以及构件表面，利用沙粒（钢丸）反复撞击，除掉表面的锈蚀、氧化皮等。

4）火焰除锈

火焰除锈主要工艺是先将基体表面锈层铲掉，再用火焰烘烤或加热，并配合使用动力钢丝刷清理加热表面。此种方法适用于除掉旧的防腐层（漆膜）或带有油浸过的金属表面工程，不适用于薄壁的金属设备、管道，也不能使用于退火钢和可淬硬钢除锈。

5）化学除锈

又称酸洗，是使用酸性溶液于管道设备表面金属氧化物进行化学反应，使其溶解在酸溶液中。

8.1.2 管道及设备刷油

1. 常用的油漆及选用

常用的油漆及油漆的选用如表8-1、表8-2所列。

常用油漆　　　　　　　　表8-1

序号	名　称	使　用　范　围
1	锌黄防锈漆	金属表面底漆，防海洋性空气及海水腐蚀
2	铁红防锈漆	黑色金属表面底漆或面漆

续表

序号	名　称	使用范围
3	混合红丹防锈漆	黑色金属底漆
4	铁红醇酸底漆	高温黑色金属
5	环氧铁红底漆	黑色金属表面漆，防锈耐水性好
6	铝粉漆	采暖系统，金属零件
7	耐酸漆	金属表面防酸腐蚀
8	耐碱漆	金属表面防碱腐蚀
9	耐热铝粉漆	300℃以下部件
10	耐热烟囱漆	高温烟囱表面，已有耐1000℃产品
11	防锈富锌底漆	镀锌金属表面修补或高腐蚀环境

油漆选用　　　　　　　　　　　表8-2

管道种类	表面温度（℃）	序号	油漆种类	
			底漆	面漆
不保温的管道	≤60	1	铝粉环氧防腐底漆	环氧防腐漆
		2	无机富锌底漆	环氧防腐漆
		3	环氧沥青底漆	环氧沥青防腐漆
		4	乙烯磷化底漆+过氯乙烯底漆	过氯乙烯防腐漆
		5	铁红醇酸底漆	醇醛防腐漆
		6	红丹醇醛底漆	醇醛耐酸漆
	60~250	7	氯磺化聚乙烯底漆	氯磺化聚乙烯磁漆
		8	无机富锌底漆	环氧耐热磁漆、清漆
		9	环氯耐热底漆	环氧耐热磁漆、清漆
保温管道	保温	10	铁红酚醛防锈漆	
	保冷	11	石油沥青	
		12	沥青底漆	

2. 涂刷油漆

常用的管道和设备表面涂漆方法有：手工涂刷、空气喷涂和高压喷涂等。

1）刷漆的施工程序

一般分为刷底漆或防锈漆、刷面漆两个步骤。

管道、部件（部件指自制的容器、阀件等）及支架的防腐刷油施工，应按设计要求进行，当设计无要求时，按下列要求进行：

(1) 明装：安装前必须先刷一道底漆（防锈漆），待交工前再刷两道面漆。如有保温和防结露要求时应刷两道防锈漆，不刷面漆。

(2) 暗装：安装前必须先刷两道防锈漆，第二道防锈漆必须在第一道防锈漆干透后再刷。

(3) 薄钢板风管的油漆如设计无要求可按表8-3规定执行。

薄钢板油漆　　　　　　　　　　　表8-3

序号	风管内输送气体	油漆类别	油漆遍数
1	不含有灰尘且温度不高于70℃的空气	内表面涂防锈底漆	2
		外表面涂防锈底漆	1
		外表面涂面漆	2
2	不含有灰尘且温度高于70℃的空气	内外表面涂耐热漆	2
3	含腐蚀性介质的空气	内表面涂耐酸底漆	≥2
		外表面涂耐酸底漆	≥2

2）油漆施工流程

设备、管道及支架清理、除锈→设备、管道及支架刷防锈漆→设备、管道及支架安装→设备、管道及支架刷面漆→验收记录。

3）油漆施工作业条件

(1) 油漆作业环境应清洁，并有防火、防冻、防雨的措施，不应在低温（≤5℃）潮湿的环境下作业。

(2) 油漆作业时，附近不得有电、气焊作业施工。

(3) 防锈漆涂刷应在设备、管道及支架清理、去污、除锈完成后进行。

(4) 面漆涂刷应在设备、管道及支架涂刷的防锈漆干透后进行；并且漆膜光滑，无脱落、结疤、漆流痕方可进行，如有上述缺陷，应处理后再进行面漆涂刷。

4）对油漆材质的要求

(1) 油漆、涂料都是有效期的，如超过，其性能会发生变化，因此应在有效期内使用，不得使用过期、不合格伪劣产品。

(2) 油漆、涂料应具备产品合格证及性能检测报告或厂家的质量证明书。

(3) 涂刷在同一部位的底漆和面漆的化学性能要相同，否则涂刷前应做溶性试验；漆的深、浅色调要一致。

5）油漆施工的一般要求

(1) 去污除锈：为了使油漆能起防腐作用，除了耐腐蚀外，还要求油漆和管道（设备、支架）表面附着力好。一般管道（设备、支架）表面总有各种杂物，如灰尘、污垢（包括油脂）、锈斑（氧化皮）等，它们会影响油漆和钢材的附着力，且易脱落。如铁锈没有除尽，涂完油漆后，在漆膜下的钢构件会继续生锈。为了增强油漆和钢材的附着力和防腐效果，所以在喷涂底漆前要清除管道（设备、支架）的灰尘、污垢、锈斑，并且表面要干燥。

(2) 油漆在低温时黏度增大，喷涂时会薄厚不均匀，因此油漆要在环境温度高于5℃时作业。

(3) 油漆在潮湿环境下（相对湿度大于85%）喷涂，由于金属表面聚集一定量水汽，漆膜附着力差且产生气孔。因此，油漆喷涂要在相对湿度小于85%时作业。

(4) 涂刷的漆膜要均匀，无堆积、皱纹、掺杂、流痕、气泡、混色等缺陷。

(5) 喷、涂的漆不得污染其他部件，漆膜不得遮盖各种标志和影响活动部件的使用功能。

(6) 明装管道、支、吊、托架的面漆，其光泽、色调应与相关区域部位一致。

8.1.3 埋地管道防腐

埋地管道腐蚀是由土壤的酸性、碱性、潮湿、空气渗透以及地下杂散电流的作用等所引起的，其中主要是电化学作用。目前埋地管道通常采用的防腐蚀的方法主要是涂刷环氧煤沥青涂料。

为适应不同腐蚀环境对防腐层的要求，环氧煤沥青防腐层分为普通级、加强级和特加强级三个等级。其结构为一层底漆和多层面漆，面漆之间可加玻璃丝布增强。防腐层的等级和结构见表8-4。

防腐层等级和结构　　　　　　表8-4

等级	结　　　构	干膜厚度（mm）
普通级	底漆-面漆-面漆-面漆	≥0.3
加强级	底漆-面漆-面漆、玻璃布、面漆-面漆	≥0.4
特加强级	底漆-面漆-面漆、玻璃布、面漆-面漆、玻璃布、面漆-面漆	≥0.6

环氧煤沥青是甲、乙双组分涂料，由底漆的甲组分和乙组分（固化剂）以及面漆的甲组分和乙组分（固化剂）组成，并和相应的稀释剂配合使用。底漆、面漆、固化剂和稀释剂应由同一厂家生产。

采用玻璃布做加强基布时，宜选用经纬密度为10×10根/cm^2、厚度为0.1~0.12mm、中碱（碱量不超过12%）、无捻、平纹、两端封边、带芯轴的玻璃布卷。

施工要求如下：

1) 钢管表面预处理后，应尽快涂底漆。

2) 钢管外防腐层采用玻璃布时做加强基布时，在底漆表干后，对高于表面2mm的焊缝两侧，应抹腻子使之形成平滑的过渡面。腻子由配好固化剂的面漆加滑石粉调匀制成。

3) 底漆或腻子表干后、固化前涂第一道面漆。

4) 对普通级防腐，每道面漆实干后、固化前涂刷下一道面漆，直到规定厚度。

5) 对加强级防腐层，第一道面漆实干后、固化前涂第二道面漆，随即缠绕玻璃布。玻璃布要拉紧，表面平整、无皱褶和鼓包，压边宽度为20~25mm，布头搭接长度为100~150mm。玻璃布缠绕后即涂第三道面漆，要求漆量饱满，玻璃布所有网眼应灌满涂料。第三道面漆实干后，涂第四道面漆。

6）对于特加强级防腐层，待第三道面漆实干后，涂第四道面漆，并立即缠绕第二层玻璃布、涂第五道面漆。

7）涂敷好的防腐层，宜静置自然固化。当需要加温固化时，防腐层加热温度不宜超过80℃，并应缓慢平稳升温，避免稀释剂急剧蒸发产生针孔。

8）防腐层施工完成后应进行外观检验、厚度检验、粘结力检验和绝缘性能检验等质量检验。

8.2 绝 热 工 程

8.2.1 绝热层安装

1. 绝热层的种类

机电工程中使用的绝热材料一般有：

1）板材：岩棉板、铝箔岩棉板，超细玻璃棉毡、铝箔超细玻璃棉板，自熄性聚苯乙烯泡沫塑料、聚氨酯泡沫塑料，橡塑板，铝镁质隔热板等。

2）管壳制品：岩棉、矿渣棉、玻璃棉、硬聚氨酯泡沫塑料管壳、铝箔超细玻璃棉管壳、橡塑管壳、聚苯乙烯泡沫塑料管壳、预制瓦块（泡沫混凝土、珍珠岩、蛭石、石棉瓦）等。

3）卷材：聚苯乙烯泡沫塑料、岩棉、橡塑等。

4）防潮层：玻璃丝布、聚乙烯薄膜、夹筋铝箔（兼保护层）等。

5）保护层：铅丝网、玻璃丝布、铝皮、镀锌铁皮、铝箔纸等。

6）其他材料：铝箔胶带、石棉灰、胶粘剂、防火涂料、保温钉等。

2. 绝热工程的施工条件

1）建筑物已封顶并做好屋面防水处理。

2）风管完成系统漏风测试合格。

3）设备、水管道强度试验或气密试验合格。特殊情况下管道的绝热施工（保温、保冷）允许在未做强度试验或气密试验前进行，但焊缝处不得施工，并在焊缝两侧各留出一段绝热距离（300mm左右），并要在绝热断开的端面做封闭处理；留出部位的绝热待管道强度试验或气密试验合格后再施工。

4）绝热部位周围其他专业工种基本施工完毕（特殊情况除外）。

5）管道和立式设备，按规定设置的固定架、支撑环、支吊架全部安装完毕。

6）管道及设备的防腐作业完毕，涂层的漆膜保护完好；如有损坏，对其部位应补做防腐，并经检查验收合格。

7）设备、管道及部件安装完毕，并完成上述自检、隐检以及设备安装检验合格，并报监理检验签字。

8）绝热材料进场并检验合格。

9）在室外施工的绝热工程，防雨设施齐全有效。

3. 绝热工程施工技术要求

1）风管绝热层施工

(1) 一般材料保温工艺流程见图 8-1。

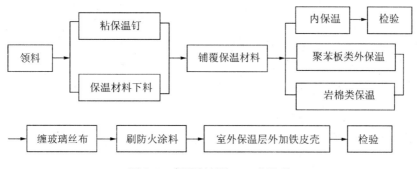

图 8-1 保温材料施工工艺流程

(2) 橡塑保温工艺流程：领料→下料→刷胶水→粘贴→接头处贴胶带→检验。
(3) 风管表层上的灰尘、油垢、水汽擦拭干净方可粘贴、焊接保温钉或涂抹胶粘剂。
(4) 绝热材料与风管、部件的表面要紧密接合。
(5) 风管穿室内隔墙时，绝热材料要连续通过。穿防火墙时，穿墙套管内要用不燃材料封堵严密。其做法如图 8-2 所示。
(6) 绝热层材料接缝及端部要密封处理。
①风管绝热材料采用卷材（玻璃棉）时，要把接缝放在侧面，从侧面开始横向铺放。铺放要平直，水平面和垂直面间要绷紧，转角处不得松懈。接缝要贴胶带或密封处理。如图 8-3 所示。

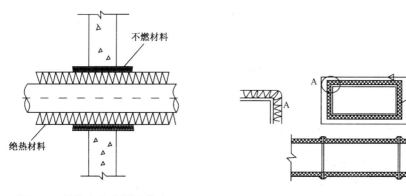

图 8-2 风管穿室内隔墙做法　　图 8-3 风管采用卷材的做法

②风管绝热材料采用板材（玻璃棉或岩棉）时，按现场实际测量下料，绝热材料下料要准确，切割面要平齐；裁料时，要使水平面与垂直面的搭接处以短边顶在长边上。如图 8-4 所示。
③板材铺覆时应尽量减少通缝，纵、横向接缝要错开。
④板材拼接使用时，小块材料要尽量铺覆在上面，拼接缝要紧密，板材下料的尺寸要大于丈量尺寸 5~10mm，以使间隙最小。板材之间的接头做法如图 8-5 所示，板材之间的接缝处一定要粘贴胶带或用其他密封方法处理，胶带的宽度大于等于 50mm。

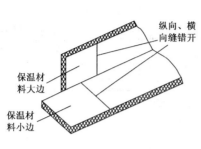
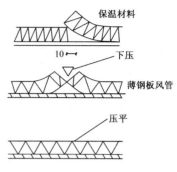

图 8-4　板材水平与垂直的拼接　　　　图 8-5　板材间的接头做法

⑤ 固定绝热材料采用保温钉时：

a. 保温钉的长度应满足在尽量不压缩绝热材料的情况下，将材料固定在适当的位置上（图 8-6）。

b. 保温钉采用粘接时，保温胶要分别涂在保温钉和管壁的粘结面上，稍后将其粘结，待保温钉粘结干透并确保粘接牢固后，再铺覆保温材料。

c. 保温钉采用螺柱焊焊接时，风管里面应无变形，镀锌钢板焊接处的镀锌层不受影响；保温棉表面要平整、清洁。焊钉有一体式或分体式、压板有杯形、楔形。焊接时要注意保温钉杆上绝缘套要在根部和压板紧贴。

d. 保温钉要均匀分布，保温钉的间距控制在 250～300mm，排列要美观有序。一般风管或设备的顶面每平方米不少于 8 个，侧面不少于 10 个，底面不少于 16 个。如图 8-7 所示。

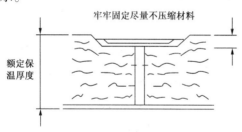
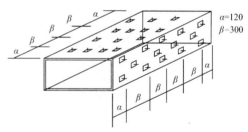

图 8-6　保温钉与绝热材料的固定　　　　图 8-7　保温钉的分布

e. 保温钉穿过绝热层，用压板压紧无间隙。如图 8-8 所示。

f. 风管法兰连接处要用同类绝热材料补保，其补保的厚度不低于风管绝热材料的 0.8 倍，在接缝内要用碎料塞满没有缝隙。

g. 圆形风管弯头保温，应将绝热材料根据管径割成 45°斜角对拼，或将材料按虾米腰弯头下料对拼。如图 8-9 所示。

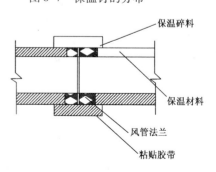

图 8-8　风管法兰部位的保温

h. 风管绝热遇到支吊时,支吊架要放在绝热层外面,中间垫坚实的材料(通常采用经过防火、防腐处理的 50mm 硬质方木,长度为风管的宽度加两个绝热层的厚度,风管与横担之间垫方木和吊架横担之间要固定)以避免绝热材料和横担角钢直接接触破损,产生冷桥。如图 8-10 所示。

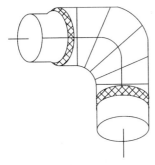
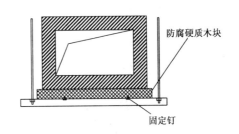

图 8-9 圆形风管弯头的保温　　　图 8-10 风管绝热层与支、吊架接触形式

i. 风管用板材(阻燃聚苯乙烯板、岩棉板等)做绝热材料时:在风管上均匀涂胶粘剂,将剪裁好的板材铺放好后,在四角做好铁包角,用打包带箍紧,或采用保温钉固定。

2) 水管道绝热层施工

(1) 水管道采用玻璃棉、岩棉、聚氨酯、聚乙烯、橡塑等管壳做绝热层材料时,胶粘剂(绝热胶)涂抹要均匀,要分别涂在管壁和管壳粘接面上,稍后再将其管壳覆盖。除粘结外,根据情况可再用 16 号镀锌钢丝将其捆紧,钢丝间距一般为 300mm,每根管壳绑扎不少于两处,捆扎要松紧适度。

(2) 水平管道绝热管壳纵向接缝应在侧面,垂直管道一般是自下而上施工,其管壳纵横接缝要错开。

(3) 水管道在支吊架上的绝热处理:

①在支吊架处要加和保温材料厚度相同,并经防火、防腐处理的硬木木托,木托的宽度一般为 30～50mm。其安装方式如图 8-11 所示。

②采用聚氨酯发泡成型的"速丽保"代替木托,其支架的形式如图 8-12 所示。

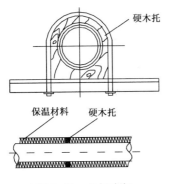
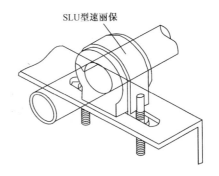

图 8-11 木托支架　　　图 8-12 "速丽保"管托支架

(4) 水管道垂直穿过楼板固定支座时,上下层楼板间的绝热管壳不连续断开。固定

支座部分采用可拆卸式绝热结构,绝热材料与支座、管道和钢套管的间隙要用碎绝热材料塞严;接缝要用胶带密封。其做法如图 8-13 所示。

(5) 对垂直管道绝热时,如果绝热材料不直接粘接在管道上,应隔一定间距设保温支撑环,用来支撑绝热材料,以防止材料下坠。支撑环一般间距为 3m,环下要留 25mm 左右间隙,填充导热系数相近的软质绝热材料。其结构形式如图 8-14 所示。

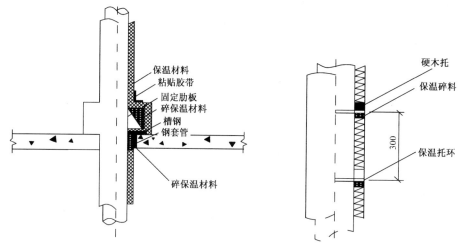

图 8-13 水管垂直穿过楼板固定支架绝热结构　　图 8-14 垂直管道绝热层结构形式

(6) 阀门、法兰、管道端部等部位的绝热一般采用可拆卸式结构,以便维修和更换。其绝热结构形式如图 8-15 ~ 图 8-17 所示。

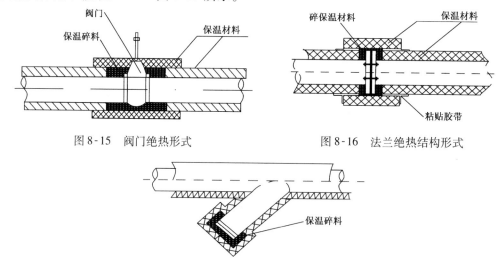

图 8-15 阀门绝热形式　　图 8-16 法兰绝热结构形式

图 8-17 管道端部绝热结构形式

(7) 水管道弯头、三通处绝热要将材料根据管径割成 45°斜角,对拼成 90°角,或将绝热材料按虾米弯头下料对拼。

(8) 三通处的绝热一般先做主干管后做支管。主干管和开口处的间隙要用碎绝热材料塞严并密封,如图 8-18 所示。

(9) 管道绝热层采用硬质绝热材料（瓦块、管壳），瓦块厚度允许偏差 1mm，瓦块拼接时接缝要错开，其间隙用石棉灰填补。在绝热瓦块外用 16 号镀锌钢丝将瓦块捆紧，钢丝间距一般为 200mm，每块瓦绑扎不少于两处。弯头处要在两端留伸缩缝，内填石棉绳。管壳外用 16 号镀锌钢丝将管壳捆紧，每根管壳绑扎不少于两处。弯头绝热时，如没有异形管壳应按弯头的外形尺寸将管壳切割成虾米腰状的小块进行拼接，每节捆扎一道；捆扎钢丝时应将钢丝嵌入绝热层，应紧靠绝热层，如图 8-19 所示。

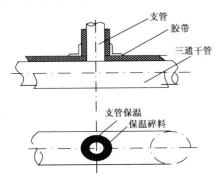

图 8-18 三通处的绝热形式

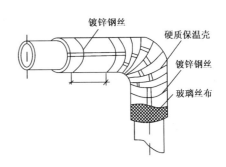

图 8-19 管道绝热采用硬质材料时的绝热结构

3) 设备绝热层施工

(1) 设备绝热采用板材：剪裁下料时，切割面要平整，尺寸要准确。保温时单层纵缝要错开，双层（或多层）内层要错缝，外层的纵、横缝要和内层缝错开并覆盖。绝热板按顺序铺覆，材料要连续，残缺部分要填满，不得留有间隙。采用卷材时要按设备的表面形状剪裁下料，不同形状的部位不得连续铺覆。

(2) 绝热材料的固定方法：

①涂胶粘剂；

②粘胶钉或焊钩钉（采用焊接时可在设备封头处加支撑环）；

③根据需要加打抱箍带。

(3) 设备绝热采用成型硬质预制块时，预制块粘结（做法同上）或砂浆砌筑，预制块的间隙要用导热系数相近的软质保温材料填充或勾缝。

8.2.2 防潮层安装

保冷工程当采用通孔性的保温材料时必须设置防潮层,防潮层施工质量的好坏,关系到保冷效果和保冷结构的寿命。防潮层施工前要检查基体(隔热层)有无损坏、材料接缝处是否处理严密、表面是否平整(采用硬质绝热材料时,基层表面不要有凸出面尖角和凹坑)。

目前防潮层材料有两种，一种是以沥青为主的防潮材料，另一种是以聚乙烯薄膜作防潮材料。

以沥青为主体材料的防潮层有两种结构和施工方法。一种是用沥青或沥青玛蹄脂粘沥青油毡，一种是以玻璃丝布做胎料，两面涂沥青或沥青玛蹄脂。沥青油毡因过分卷折，易断裂，只能用于平面及大直径管道的防潮。而玻璃丝布能用于任意形状的粘贴，故应用范围更广泛。

以聚乙烯薄膜作防潮层是直接将薄膜用胶粘剂粘贴在保温层表面，施工方便。

1）防潮层材料要紧密粘在隔热层上，封闭要完整良好，不得有虚贴、气泡、褶皱、裂缝等缺陷。

2）用油毡作防潮层时，油毡和基体、油毡和油毡之间要用与油毡相同的石油沥青涂料粘贴。

3）用玻璃丝布、沥青涂料作防潮层时，要先在基层表面涂 3mm 厚沥青涂料，然后再搭接螺旋缠绕玻璃布，玻璃布搭接宽度为 30～50mm，缠绕后不得留有玻璃布的毛丝。水平管道逆着管道坡度由低向高呈螺旋缠绕，接缝口朝下，并做固定处理。垂直管道或立式设备应从下向上螺旋缠绕，其接缝处是上搭下；玻璃丝布缠绕时，应随涂沥青涂料（冷玛蹄脂）边涂边缠。

4）防潮层施工后，不得再刺破损坏防潮层，如有损坏要用同质材料修复好后再做保护层。

8.2.3 保护层安装

1. 保护层分类：

1）沥青油毡和玻璃丝布构成的保护层；

2）单独用玻璃丝布缠包的保护层；

3）石棉石膏、石棉水泥等保护层；

4）金属薄板保护层，在机电安装工程中大多采用这种方法。

2. 保护层施工的技术要求：

1）保护层施工不得伤害保温（防潮）层。

2）用涂抹法施工的保护层配料准确，厚度均匀，表面平整光滑，无明显裂痕。

3）用玻璃布、塑料布作保护层应搭接均匀，松紧适当。

4）用油毡作保护层，搭接处应顺水流方向，并以沥青粘接，间断捆扎牢固，不得有脱壳现象。

5）室外管道（风管）用金属薄板作保护层时，连接缝应顺水流方向，以防渗漏。

3. 金属薄板保护层工艺技术要求：

1）保护层采用铝板或镀锌钢板做保护壳时，要采用咬口连接，不准使用螺钉固定金属外壳，以免破坏防潮层。

2）金属薄板要按管道或设备实际尺寸下料，薄板要根据弧度用滚圆机滚圆，用压边机压边，安装时壳体要紧贴面层；立式设备或垂直管道应自下而上逐段安装，水平管道应逆坡由低向高逐段安装，搭接口朝向与管道坡度一致，每段的纵向缝应错开，壳体表面应平整美观。其保护层的结构如图 8-20 所示。

3）铝板或镀锌钢板的接缝可用拉铆钉铆

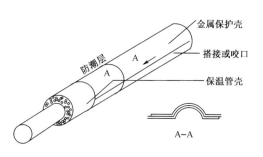

图 8-20 金属薄钢板保护层的结构

固,固定铝板时可加铝板垫条,接缝也可用半圆头自攻螺钉紧固。对于有防潮层的保护壳,其接缝处应采用不损伤防潮层的紧固方法。

4)弯头处铝板或镀锌钢板做成虾米腰搭接,搭接口朝向排水方向。

5)设备封头要将金属板加工成瓜皮形,接缝采用咬口连接。

第 2 篇

施工项目管理

第9章 施工项目管理概论

9.1 施工项目管理概念、目标和任务

9.1.1 建设工程项目管理概述

1. 项目

项目是一项特殊的将被完成的有限任务,它是一个组织为实现既定的目标,在一定的时间、人力和其他资源的约束条件下,所开展的满足一系列特定目标、有一定独特性的一次性活动。

项目是为提供某项独特产品、服务或成果所做的一次性活动,通过对项目概念的认识和理解,可以归纳出项目作为一类特殊的活动(任务)所表现出来的区别于其他活动的特征。

1) 项目的一次性

由于项目的独特性,项目作为一种任务,一旦完成即告结束,不会有完全相同的任务重复出现,即项目不会重复,这就是项目的"一次性"。但项目的一次性属性是对项目整体而言的,并不排斥在项目中存在着重复性的工作。

项目的一次性也体现在以下几个方面:

项目:一次性的成本中心。

项目经理:一次性的授权管理者。

项目经理部:一次性的项目实施组织机构。

作业层:一次性的项目劳务构成。

2) 项目的目标性

人类有组织的活动都有其目的性,项目作为一类特别设立的活动,也有其明确的目标。没有明确的目标,行动就没有方向,也就不称其为一项任务,也就不会有项目的存在。

3) 项目的整体性

项目是为实现目标而开展的多项活动的集合,它不是一项孤立的活动,而是一系列活动的有机组合,从而形成一个完整的过程。强调项目的整体性,也就是强调项目的过程性和系统性。

4) 项目的唯一性

项目的唯一性又称独特性,这一属性是"项目"得以从人类有组织的活动中分化出来的根源所在,是项目一次性属性的基础。每个项目都有其特别的地方,没有两个项目是完全相同的。

2. 建设项目

所谓建设项目是指需要一定量的投资,经过决策和实施(设计、施工)的一系列程序,在一定约束条件下形成以固定资产为明确目标的一次性事业。

3. 施工项目

所谓施工项目是指建筑施工企业对一个建筑产品的施工过程及成果,即生产对象。其主要特征如下:

1) 是建设项目或其中的单项工程或单位工程的施工任务。
2) 作为一个管理整体,以建筑施工企业为管理主体的。
3) 该任务范围是由工程承包合同界定的。

9.1.2 施工项目管理概念

所谓施工项目管理是指企业运用系统的观点、理论和科学技术对施工项目进行的计划、组织、监督、控制、协调等企业过程管理,由建筑施工企业对施工项目进行管理。

(1) 项目管理是为使项目取得成功所进行的全过程、全方位的规划、组织、控制与协调。目标界定了项目管理的主要内容:成本控制、进度控制、质量控制、职业健康安全与环境管理、合同管理、信息管理、组织协调,即"三控制、三管理、一协调"。

(2) 建设项目管理是项目管理的一类。

(3) 施工项目管理是由建筑施工企业对施工项目进行的管理。其主要特点如下:

①施工项目的管理者是建筑施工企业。由业主或监理单位进行工程项目管理中涉及施工阶段管理的仍属建设项目管理,不能算施工项目管理。

②施工项目管理的对象是施工项目,施工项目周期也就是施工项目的生命周期,包括工程投标、签订工程项目承包合同、施工准备、施工以及交工验收等。施工项目的特点具有多样性、固定性及庞大性。其主要的特殊性是生产活动和市场交易同时进行。

③施工项目管理的内容在一个长时间进行的有序过程之中按阶段变化。管理者必须作出设计、签订合同、提出措施和进行有针对性的动态管理,并使资源优化组合,以提高施工效率和效益。

④施工项目管理要求强化组织协调工作。施工活动中往往涉及复杂的经济关系、技术关系、法律关系、行政关系和人际关系等。

由于产品的单件性,对产生的问题难以补救,或者虽可补救但后果严重。由于流动性、流水作业、人员流动、工期长、需要资源多,并且施工活动涉及复杂的经济、技术、法律、行政和人际关系等,故施工项目管理中协调工作最为艰难、复杂、多变,因此必须强化组织协调才能保证施工顺利进行。

9.1.3 施工项目管理的目标

由于施工方是受业主方的委托承担工程建设任务,因此施工方必须树立服务观念,为业主提供建设项目施工管理服务。另外,合同也规定了施工方的任务和义务。因此,施工方作为项目建设的一个重要参与方,其项目管理不仅应服务于施工方本身的利益,也必须服务于项目的整体利益。项目的整体利益和施工方本身的利益是对立统一的关系,两者有其统一的一面,也有其矛盾的一面。

施工方项目管理的目标应符合合同的要求,其主要内容包括:
(1) 施工的安全、环境管理目标;
(2) 施工的成本目标;
(3) 施工的进度目标;
(4) 施工的质量目标。

如果采用工程施工总承包或工程施工总承包管理模式,施工总承包方或施工总承包管理方必须按工程合同规定的工期目标和质量目标完成建设任务。而施工总承包方或施工总承包管理方的成本目标是由施工单位根据其生产和经营的情况自行确定的。分包方则必须按工程分包合同规定的工期目标和质量目标完成建设任务,分包方的成本目标是该分包企业内部自行确定的。

(1) 施工方作为项目建设的一个参与方,其项目管理主要服务于项目的整体利益和施工方本身的利益。

(2) 施工方的项目管理工作主要在施工阶段进行,但由于设计阶段和施工阶段在时间上往往是交叉的,因此,施工方的项目管理工作也会涉及设计阶段。在动用前准备阶段和保修期施工合同尚未终止,在这期间,还有可能出现涉及工程安全、费用、质量、合同和信息等方面的问题,因此施工方的项目管理也涉及动用前准备阶段和保修期。

(3) 施工阶段项目管理的任务,就是通过施工生产要素的优化配置和动态管理,以实现施工项目的质量、成本、工期和安全的管理目标。

9.1.4 施工项目管理的任务

1. 施工项目管理的任务包括:
(1) 施工安全、环境管理;
(2) 施工成本控制;
(3) 施工进度控制;
(4) 施工质量控制;
(5) 施工合同管理;
(6) 施工信息管理;
(7) 与施工有关的组织与协调。

施工方是承担施工任务的单位的总称谓,它可能是施工总承包方、施工总承包管理方、分包施工方(专业分包或劳务分包)。施工方担任的角色不同,其项目管理的任务和工作重点也会有所不同。

2. 施工总承包方的管理任务

施工总承包方对所承包的建设工程承担施工任务的执行和组织的总责任,其主要管理任务如下:

(1) 负责整个工程的施工安全、施工总进度控制、施工质量控制和施工的组织等。
(2) 控制施工的成本(施工总承包方内部的管理任务)。
(3) 施工总承包方是工程施工的总执行者和总组织者,它除了完成自己承担的施工任务以外,还负责组织和指挥其自行分包的分包施工单位和业主指定的分包施工单位的施工,并为分包施工单位提供和创造必要的施工条件。

(4）负责施工资源（材料、施工机械、劳动力等）的供应组织。
(5）代表施工方与业主方、设计方、工程监理方等相关方进行必要的联系和协调等。

分包施工方承担合同所规定的分包施工任务，以及相应的项目管理任务。若采用施工总承包或施工总承包管理模式，分包方（包括一般的分包方和由业主指定的专业分包方）应接受施工总承包方或施工总承包管理方的工作指令，服从其总体的项目管理。

9.2 施工项目的组织

9.2.1 组织和组织论

1. 组织的概念

"组织"一词，其含义比较宽泛，人们通常所用的"组织"一词一般有两个意义。组织的第一种含义是指组织机构。组织机构是按一定领导体制、部门设置、层次划分、职责分工、规章制度和信息系统等构成的有机整体，是社会人的结合形式，可以完成一定的任务，并为此而处理人和人、人和事、人和物的关系。组织的第二种含义是指组织行为（活动），即通过一定的权力和影响力，为达到一定目标对所需资源进行合理配置，处理人和人、人和事、人和物关系的行为（活动）。

2. 组织的职能

组织职能是项目管理的基本职能之一，其目的是通过合理设计和职权关系结构来使各方面的工作协同一致。项目管理的组织职能包括5个方面。

（1）组织设计。包括选定一个合理的组织系统，划分各部门的权限和职责，确立各种基本的规章制度。

（2）组织联系。就是规定组织机构中各部门的相互关系，明确信息流通和信息反馈的渠道以及它们之间的协调原则和方法。

（3）组织运行。就是按分担的责任完成各自的工作，规定各组织体的工作顺序和业务管理活动的运行过程。组织运行要抓好三个关键性问题：一是人员配置；二是业务交圈；三是信息反馈。

（4）组织行为。指应用行为科学、社会学及社会心理学原理来研究、理解和影响组织中人们的行为、言语、组织过程、管理风格以及组织变更等。

（5）组织调整。指根据工作的需要，环境的变化，分析原有的项目组织系统的缺陷、适应性和效率性，对原组织系统进行调整和重新组合，包括组织形式的变化、人员的变动、规章制度的修订或废止、责任系统的调整以及信息流通系统的调整等。

系统的目标决定了系统的组织，而组织是目标能否实现的决定性因素，这是组织论的一个重要结论。如果把一个建设项目的项目管理视为一个系统，其目标决定了项目管理的组织，而项目管理的组织是项目管理目标能否实现的决定性因素，由此可见项目管理组织的重要性。如果对一个建设工程的项目管理进行诊断，首先应分析其组织方面存在的问题。

3. 组织论的基本内容

（1）组织论是一门学科，它主要研究系统的组织结构模式、组织分工和工作流程组织，它是与项目管理学相关的一门非常重要的基础理论学科。组织论的三个重要的组织工具——项目结构图、组织结构图和合同结构图如图 9-1～图 9-5 所示。

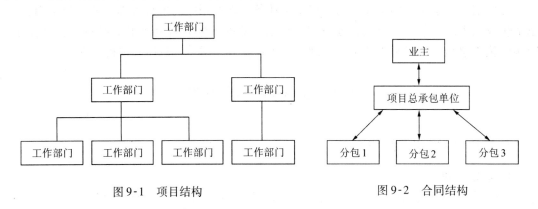

图 9-1　项目结构　　　　　　　　　　　图 9-2　合同结构

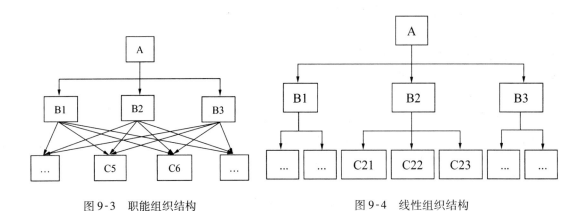

图 9-3　职能组织结构　　　　　　　　　图 9-4　线性组织结构

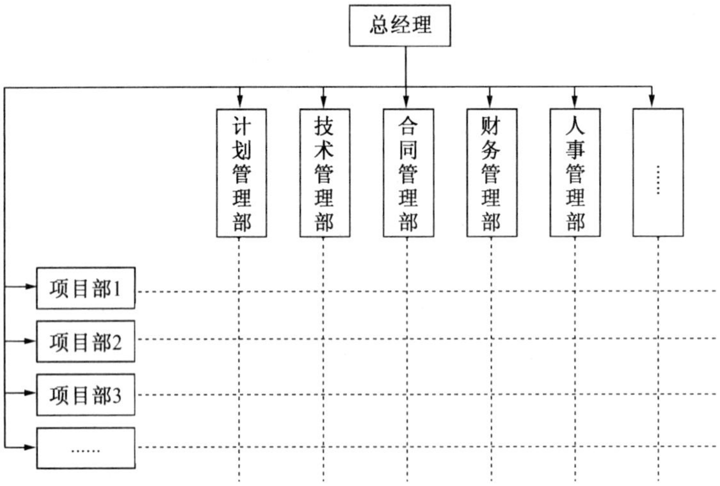

图 9-5　矩阵组织结构

项目结构图、组织结构图和合同结构图有所区别，具体区别见表9-1。

项目结构图、组织结构图和合同结构图的区别 表9-1

	表达的含义	图中矩形框的含义	矩形框连接的表达
项目结构图	对一个项目的结构进行逐层分解，以反映组成该项目的所有工作任务（该项目的组成部分）	一个项目的组成部分	直线
组织结构图	反映一个组织系统中各组成部门（组成元素）之间的组织关系（指令关系）	一个组织系统中的组成部分（工作部门）	单向箭线
合同结构图	反映一个建设项目参与单位之间的合同关系	一个建设项目的参与单位	双向箭线

（2）常用的组织结构模式包括职能组织结构、线性组织结构和矩阵组织结构等。

职能组织结构是一种传统的组织结构模式。在职能组织结构中，每一个工作部门可能有多个矛盾的指令源。

线性组织结构来自于军事组织系统。在线性组织结构中，每一个工作部门只有一个指令源，避免了由于矛盾的指令而影响组织系统的运行。在一个大的组织系统中，由于线性组织系统的指令路径过长，会造成组织系统运行的困难。矩阵组织结构是一种较新型的组织结构模式。

矩阵组织结构设纵向和横向两种不同类型的工作部门。在矩阵组织结构中，指令来自于纵向和横向工作部门，因此其指令源有两个。矩阵组织结构适宜用于大的组织系统。

这几种常用的组织结构模式都可以在企业管理和项目管理中运用，见表9-2。

常用组织结构模式的适用范围 表9-2

结构模式	特 点	适 用
职能组织结构	传统，可能有多个矛盾的指令源	小型的组织系统
线性组织结构	来自于军事，只有一个指令源，在大的组织系统中，指令路径有时过长	中型的组织系统
矩阵组织结构	较新型，指令源有两个	大型的组织系统

（3）组织结构模式反映了一个组织系统中各子系统之间或各元素（各工作部门或各管理人员）之间的指令关系。组织分工反映了一个组织系统中各子系统或各元素的工作任务分工和管理职能分工。

（4）组织结构模式和组织分工都是一种相对静态的组织关系。而工作流程组织则可反映一个组织系统中各项工作之间的逻辑关系，是一种动态关系。在一个建设工程项目实施过程中，其管理工作的流程、信息处理的流程以及设计工作、物资采购和施工的流程组织都属于工作流程组织的范畴。

9.2.2 项目的结构分析

1. 项目组织结构图

(1) 所谓项目组织结构图是指对一个项目的组织结构进行分解,并以图的方式来表示,或称项目管理组织结构图。项目组织结构图反映一个组织系统(如项目管理班子)中各子系统之间和各元素(如各工作部门)之间的组织关系,反映的是各工作单位、各工作部门和各工作人员之间的组织关系,而项目结构图描述的是工作对象之间的关系。对一个稍大一些的项目的组织结构应该进行编码,它不同于项目结构编码,但两者之间也会有一定的联系。

(2) 一个建设工程项目的实施除了业主方外,还有许多单位参加,如设计单位、施工单位、供货单位和监理单位以及有关的政府行政管理部门等,项目组织结构图应表达业主方以及项目的参与单位各工作部门之间的组织关系。

(3) 业主方、设计方、施工方、供货方和工程管理咨询方的项目管理的组织结构都可用各自的项目组织结构图予以描述。

(4) 项目组织结构图应反映项目经理及费用(投资或成本)控制、进度控制、质量控制、合同管理、信息管理和组织与协调等主管工作部门或主管人员之间的组织关系。

综上所述,项目结构的分解并没有统一的模式,但应结合项目的特点并参考以下原则进行:

(1) 考虑项目进展的总体部署;
(2) 考虑项目的组成;
(3) 有利于项目实施任务(设计、施工和物资采购)的发包和有利于项目实施任务的进行,并结合合同结构;
(4) 有利于项目目标的控制;
(5) 结合项目管理的组织结构等。

以上所列举的都是群体工程的项目结构分解,单体工程如有必要(如投资、进度和质量控制的需要)也应进行项目结构分解。如一栋办公大楼可分解为:

(1) 地下工程;
(2) 裙房结构工程;
(3) 主体结构工程;
(4) 建筑装饰工程;
(5) 幕墙工程;
(6) 机电安装工程;
(7) 室外总体工程等。

机电安装工程可分解为:

(1) 通风空调工程;
(2) 电气工程;
(3) 给水排水及采暖工程;
(4) 电梯工程;
(5) 建筑智能化工程。

2. 项目结构的编码

编码由一系列符号（如文字）和数字组成，编码工作是信息处理的一项重要的基础工作。一个建设工程项目有不同类型和不同用途的信息，为了有组织地存储信息、方便信息的检索和信息的加工整理，必须对项目的信息进行编码。

（1）项目的结构编码；
（2）项目管理组织结构编码；
（3）项目的政府主管部门和各参与单位编码（组织编码）；
（4）项目实施的工作项编码（项目实施的工作过程的编码）；
（5）项目的投资项编码（业主方）/成本项编码（施工方）；
（6）项目的进度项（进度计划的工作项）编码；
（7）项目进展报告和各类报表编码；
（8）合同编码；
（9）函件编码；
（10）工程档案编码等。

以上这些编码是因不同的用途而编制的，如：项目的投资项编码（业主方）/成本项编码（施工方）服务于投资控制工作/成本控制工作；项目的进度项（进度计划的工作项）编码服务于进度控制工作。

项目结构的编码依据项目的结构图，对项目结构的每一层的每一个组成部分进行编码。项目结构的编码和用于投资控制、进度控制、质量控制、合同管理和信息管理等管理工作的编码有紧密的有机联系，但它们之间又有区别。项目结构图和项目结构的编码是编制上述其他编码的基础。

9.2.3 施工项目管理组织结构

1. 施工项目管理组织的概念

施工项目管理组织，也称为项目经理部，是指为进行施工项目管理、实现组织职能而进行组织系统的设计与建立、组织运行和组织调整三个方面工作的总工程。它由项目经理在企业的支持下组建并领导、进行项目管理的组织机构。组织系统的设计与建立，是指经过筹划、设计，建成一个可以完成施工项目管理任务的组织机构，建立必要的规章制度，划分并明确岗位、层次、部门的责任和权力，建立和形成管理信息系统及责任分担系统，并通过一定岗位和部门内人员规范化的活动和信息流通实现组织目标。组织运行是指在组织系统形成后，按照组织要求，由各岗位和部门实施组织行为的过程。组织调整是指在组织运行过程中，对照组织目标，检验组织系统的各个环节，并对不适应组织运行和发展的方面进行改进和完善。

施工项目管理组织机构与企业管理组织机构是局部与整体的关系。组织机构设置的目的是为了进一步充分发挥项目管理功能，提高项目整体管理效率，以达到项目管理的最终目标。因此，企业在推行项目管理中合理设置项目管理组织机构是一个非常重要的问题。高效率的组织体系和组织机构的建立是施工项目管理成功的组织保证。

2. 施工项目管理组织主要形式

组织形式亦称组织结构的类型，是指一个组织以什么样的结构方式去处理层次、跨度、部门设置和上下级关系。

施工项目组织的形式与企业的组织形式是不可分割的。通常施工项目的组织形式有以下几种。

1）工作队式项目组织

（1）特征

①按照特邀对象原则，由企业各职能部门抽调人员组成项目管理机构（工作队），由项目经理指挥，独立性大。

②在工程施工期间，项目管理班子成员与原所在部门断绝领导与被领导关系。原单位负责人员负责业务指导及考察，但不能随意干预其工作或调回人员。

③项目管理组织与项目施工同寿命。项目结束后机构撤销，所有人员仍回原所在部门和岗位。

（2）适用范围

①大型施工项目。

②工期要求紧迫的施工项目。

③要求多部门密切配合的施工项目。

（3）优点

①项目经理从职能部门抽调或招聘的是一批专家，他们在项目管理中互相配合，协同工作，可以取长补短，有利于培养一专多能的人才并充分发挥其作用。

②各专业人才集中在现场办公，减少了扯皮和等待时间，工作效率高，解决问题快。

③项目经理权力集中，行政干扰少，决策及时，指挥得力。

④由于减少了项目与职能部门的结合部，项目与企业的结合部关系简化，故易于协调关系，减少了行政干预，使项目经理的工作易于开展。

⑤不打乱企业的原建制，传统的直线职能制组织仍可保留。

（4）缺点

①组建之初各类人员来自不同部门，具有不同的专业背景，互相不熟悉，难免配合不力。

②各类人员在同一时期内所担负的管理工作任务可能有很大差别，因此很容易产生忙闲不均，可能导致人员浪费。特别是对稀缺专业人才，不能在更大范围内调剂余缺。

③职工长期离开原部门，即离开了自己熟悉的环境和工作配合对象，容易影响其积极性的发挥。而且由于环境变化，容易产生临时观念和不满情绪。

④职能部门的优势无法发挥作用。由于同一部门人员分散，交流困难，也难以进行有效的培养、指导，削弱了职能部门的工作。当人才紧缺而同时又有多个项目需要按这一形式组织时，或者对管理效率有很高要求时，不宜采用这种项目组织类型。

2）部门控制式项目组织

（1）特征

这是按职能原则建立的项目组织。不打乱企业现行的建制，即由企业将项目委托给其下属某一专业部门或委托给某一施工队，由被委托的部门（施工队）领导，在本单位选人组合负责实施项目组织，项目终止后恢复原职。

（2）适用范围

这种形式的项目组织一般适用于小型的、专业性较强、不涉及众多部门的施工项目。

(3) 优点

①人才作用发挥较充分，工作效率高。这是因为由熟人组合办熟悉的事，人事关系容易协调。

②从接受任务到组织运转启动，时间短。

③职责明确，职能专一，关系简单。

④项目经理无须专门训练便容易进入状态。

(4) 缺点

①不能适应大型项目管理的需要。

②不利于对计划体系下的组织体制（固定建制）进行调整。

③不利于精简机构。

3) 矩阵制项目组织

(1) 特征

①项目组织机构与职能部门的结合部同职能部门数相同。多个项目与职能部门的结合部呈矩阵状。

②把职能原则和对象原则结合起来，既能发挥职能部门的纵向优势，又能发挥项目组织的横向优势，多个项目组织的横向系统与职能部门的纵向系统形成矩阵结构。

③专业职能部门是永久性的，项目组织是临时性的。职能部门负责人对参与项目组织的人员实行组织调配、业务指导和管理考察。项目经理将参与项目组织的职能人员在横向上有效地组织在一起，为实现项目目标协同工作。

④矩阵中的每个成员或部门，接受原部门负责人和项目经理的双重领导，但部门的控制力大于项目的控制力。部门负责人有权根据不同项目的需要和忙闲程度，在项目之间调配本部门人员。一个专业人员可能同时为几个项目服务，特殊人才可充分发挥作用，大大提高人才利用率。

⑤项目经理对"借"到本项目经理部来的成员，有权控制和使用。当感到人力不足或某些成员不得力时，他可以向职能部门求援或要求调换，或辞退回原部门。

⑥项目经理部的工作有多个职能部门支持，项目经理没有人员包袱。但是，要求在水平方向和垂直方向有良好的信息沟通及良好的协调配合，对整个企业组织和项目组织的管理水平和组织渠道畅通提出了较高的要求。

(2) 适用范围

①适用于同时承担多个需要进行工程项目管理的企业。在这种情况下，各项目对专业技术人才和管理人员都有需求。采用矩阵制组织可以充分利用有限的人才对多个项目进行管理，特别有利于发挥稀有人才的作用。

②适用于大型、复杂的施工项目。因大型复杂的施工项目需要多部门、多技术、多工种配合实施，在不同阶段，对不同人员有不同数量和搭配需求。显然，部门控制式机构难以满足这种项目要求；混合工作队式组织又因人员固定而难以调配。人员使用固定化，不能满足多个项目管理的人才需求。

(3) 优点

①兼有部门控制式和工作队式两种组织的优点，将职能原则与对象原则融为一体，而

实现企业长期例行性管理和项目一次性管理的一致性。

②能以尽可能少的人力,实现多个项目管理的高效率。通过职能部门的协调,一些项目上的闲置人才可以及时转移到需要这些人才的项目上去,防止人才短缺,项目组织因此具有弹性和应变能力。

③有利于人才的全面培养。可以便于不同知识背景的人在合作中相互取长补短,在实践中拓宽知识面。可以发挥纵向的专业优势,使人才成长有深厚的专业训练基础。

(4) 缺点

①由于人员来自职能部门,且仍受职能部门控制,故凝聚在项目上的力量减弱,往往使项目组织的作用发挥受到影响。

②管理人员如果身兼多职,管理多个项目,难以确定管理项目的优先顺序,有时难免顾此失彼。

③项目组织中的成员既要接受项目经理的领导,又要接受企业中原职能部门的领导。在这种情况下,如果领导双方意见和目标不一乃至有矛盾时,当事人便无所适从。

④矩阵制组织对企业管理水平、项目管理水平、领导者的素质、组织机构的办事效率和信息沟通渠道的畅通均有较高要求,因此要精干组织,分层授权,疏通渠道,理顺关系。由于矩阵制组织的复杂性和结合部多,易造成信息沟通量膨胀和沟通渠道复杂化,致使信息梗阻和失真。

4) 事业部制项目组织

(1) 特征

①企业下设事业部,事业部对企业来说是职能部门,对企业外来说享有相对独立的经营权,可以是一个独立单位。事业部可以按地区设置,也可以按工程类型或经营内容设置。事业部能较迅速适应环境变化,提高企业的应变能力,调动部门的积极性。当企业向大型化、智能化发展并实行作业层和经营管理层分离时,事业部制是一种很受欢迎的选择,既可以加强经营战略管理,又可以加强项目管理。

②在事业部(一般为其中的工程部或开发部,对外工程公司设海外部)下设项目经理部。项目经理由事业部选派,一般对事业部负责,经特殊授权时,也可直接对业主负责。

(2) 适用范围

适用大型经营型企业的工程承包,特别是适用于远离公司本部的施工项目。需要注意的是,一个地区只有一个项目,没有后续工程时,不宜设立地区事业部,也即它适用于在一个地区内有长期市场或一个企业有多种专业化施工力量时采用。在此情况下,事业部与地区市场同寿命。地区没有项目时,该事业部应予以撤销。

(3) 优点

事业部制项目组织有利于延伸企业的经营职能,扩大企业的经营业务,便于开拓企业的业务领域。同时,还有利于迅速适应环境变化,提高公司的应变能力。既可以加强公司的经营战略管理,又可以加强项目管理。

(4) 缺点

按事业部制建立项目组织,企业对项目经理部的约束力减弱,协调指导的机会减少,以致会造成企业结构松散。必须加强制度约束和规范化管理,加大企业的综合协调能力。

3. 施工项目管理组织机构的作用

（1）组织机构是施工项目管理的组织保证
（2）形成一定的权力系统以便进行集中统一指挥
（3）形成责任制和信息沟通体系

综上所述，可以看出组织机构非常重要，在项目管理中是一个焦点。

9.2.4 项目管理任务分工表

业主方和项目各参与方，如设计单位、施工单位、供货单位和工程管理咨询单位等都有各自的项目管理任务，上述各方都应该编制各自的项目管理任务分工表。

为了编制项目管理任务分工表，首先应对项目实施的各阶段的费用（投资或成本）控制、进度控制、质量控制、合同管理、信息管理和组织与协调等管理任务进行详细分解，在项目管理任务分解的基础上，确定项目经理和费用（投资或成本）控制、进度控制、质量控制、合同管理、信息管理和组织与协调等主管工作部门或主管人员的工作任务。

1. 施工管理的工作任务分工

（1）工作任务分工

每一个建设项目都应编制项目管理任务分工表，这是一个项目组织设计文件的一部分。在编制项目管理任务分工表前，应结合项目的特点，对项目实施各阶段的费用控制、进度控制、质量控制、合同管理、信息管理和组织与协调等管理任务进行详细分解。在项目管理任务分解的基础上，明确项目经理和上述管理任务主管工作部门或主管人员的工作任务，从而编制工作任务分工表，工作任务分工表见表9-3。

工作任务分工表　　　　表9-3

工作部门＼工作任务	项目经理部	投资控制部	进度控制部	质量控制部	合同控制部	信息管理部

（2）工作任务分工表

在工作任务分工表中，应明确各项工作任务由哪个工作部门（或个人）负责，由哪些工作部门（或个人）配合或参与。无疑，在项目的进展过程中，应视必要性对工作任务分工表进行调整。

2. 工作流程图

（1）工作流程图服务于工作流程组织，它用图的形式反映一个组织系统中各项工作之间逻辑关系。

（2）在项目管理中，可运用工作流程图来描述各项项目管理工作的流程，如投资控制工作流程图、进度控制工作流程图、质量控制工作流程图、合同管理工作流程图、信息管理工作流程图、设计的工作流程图、施工的工作流程图和物资采购的工作流程图等。

(3) 工作流程图可视需要逐层细化，如初步设计阶段投资控制工作流程图、施工图阶段投资控制工作流程图、施工阶段投资控制工作流程图等。

9.2.5 施工组织设计

施工组织设计按编制对象，可分为施工组织总设计、单位工程施工组织设计和施工方案。

1. 施工组织设计的基本内容

施工组织设计的内容要结合工程对象的实际特点、施工条件和技术水平进行综合考虑，一般包括以下基本内容。

(1) 工程概况

①本项目的性质、规模、建设地点、结构特点、建设期限、分批交付使用的条件和合同条件。

②本地区地形、地质、水文和气象情况。

③施工力量、劳动力、机具、材料和构件等资源供应情况。

④施工环境及施工条件等。

(2) 施工部署及施工方案

①根据工程情况，结合人力、材料、机械设备、资金和施工方法等条件，全面部署施工任务，合理安排施工顺序，确定主要工程的施工方案。

②对拟建工程可能采用的几个施工方案进行定性、定量分析，通过技术经济评价，选择最佳方案。

(3) 施工进度计划

①施工进度计划反映了最佳施工方案在时间上的安排，采用计划的形式，使工期、成本、资源等方面通过计算和调整表达式达到优化配置，符合项目目标的要求。

②使工序有序地进行，使工期、成本和资源等通过优化调整达到既定目标。在此基础上，编制相应的人力和时间安排计划、资源需求计划和施工准备计划。

③施工进度计划一般选用横道图和网络图两种形式。

(4) 施工平面图

施工平面图是施工方案及施工进度计划在空间上的全面安排。它把投入的各种资源、材料、构件、机械、道路、水电供应网络、生产、生活活动场地及各种临时工程设施合理地布置在施工现场，使整个现场能有组织地进行文明施工。

(5) 主要技术经济指标

技术经济指标用以衡量组织施工水平，它是对施工组织设计文件的技术经济效益进行全面评价。

2. 施工组织设计的分类及其内容

根据施工组织设计编制的广度、深度和作用的不同，可分为：

①施工组织总设计；

②单位工程施工组织设计；

③分部（分项）工程施工方案。

下面分别具体介绍三类施工组织设计的内容。
(1) 施工组织总设计的内容
施工组织总设计是以整个建设工程项目为对象（如一个工厂、一个机场、一个居住小区等）而编制的。它是整个建设工程项目施工的战略部署，是指导全局性施工的技术和经济纲要。施工组织总设计的主要内容如下：
①建设项目的工程概况。
②施工部署及主要专业或大型设备的施工方案。
③全场性施工准备工作计划。
④施工总进度计划。
⑤各项资源需要量计划。
⑥全场性施工总平面图设计。
⑦主要技术经济指标（项目施工工期、劳动生产率、项目施工质量、项目施工成本、项目施工安全、机械化程度、预制化程度和暂设工程等）。
(2) 单位工程施工组织设计的内容
单位工程施工组织设计是以单位工程（如一栋楼房、一栋厂房或一段道路等）为对象编制的，在施工组织总设计的指导下，由直接组织施工的单位根据施工图设计进行编制，用以直接指导单位工程的施工活动，是施工单位编制分部（分项）工程施工方案和季、月、旬施工计划的依据。单位工程施工组织设计根据工程规模和技术复杂程度不同，其编制内容的深度和广度也有所不同。对于简单的工程，一般只编制施工方案，并附以施工进度计划和施工平面图。单位工程施工组织设计的主要内容如下：
①工程概况及其施工特点的分析。
②施工方案的选择。
③单位工程施工准备工作计划。
④单位工程施工进度计划。
⑤各项资源需要量计划。
⑥单位工程施工平面图设计。
⑦质量，安全，节约及冬期、雨期施工的技术组织保证措施。
⑧主要技术经济指标（工期、资源消耗的均衡性和机械设备的利用程度等）。
(3) 分部（分项）工程施工方案的内容
分部（分项）工程施工方案是以分部（分项）工程（如通风空调工程、电气工程等）为对象编制的，用以直接指导分部（分项）工程的施工活动。分部（分项）工程施工方案的主要内容如下：
①工程概况。
②施工安排。
③施工进度计划。
④施工准备与资源配置计划。
⑤施工方法及工艺要求。

3. 施工组织设计的编制原则

在编制施工组织设计时，宜考虑以下原则。

(1) 重视工程的组织对施工的作用。
(2) 提高施工的工业化程度。
(3) 重视管理创新和技术创新。
(4) 重视工程施工的目标创新。
(5) 积极采用国内外先进的施工技术。
(6) 充分利用时间和空间，合理安排施工顺序，提高施工的连续性和均衡性。
(7) 合理部署施工现场，实现文明施工。

4. 施工组织总设计和单位工程施工组织设计的编制依据

(1) 施工组织总设计的编制依据
①计划文件。
②设计文件。
③合同文件。
④建设地区基础资料。
⑤有关的标准、规范和法律。
⑥类似建设工程项目的资料和经验。

(2) 单位工程施工组织设计的编制依据
①建设单位的意图和要求，如工期、质量和预算要求等。
②工程的施工图纸及标准图。
③施工组织总设计对本单位工程的工期、质量和成本的控制要求。
④资源配置情况。
⑤建筑环境、场地条件及地质、气象资料，如工程地质勘测报告、地形图和测量控制等。
⑥有关的标准、规范和法律。
⑦有关技术新成果和类似建设工程项目的资料和经验。

5. 施工组织总设计的编制程序

施工组织总设计的编制通常采用如下程序。
(1) 收集和熟悉编制施工组织总设计所需的有关资料和图纸，进行项目特点和施工条件调查研究。
(2) 计算主要工种工程的工程量。
(3) 确定施工的总体部署。
(4) 拟定施工方案。
(5) 编制施工总进度计划。
(6) 编制资源需求量计划。
(7) 编制施工准备工作计划。
(8) 施工总平面图设计。
(9) 计算主要技术经济指标。

应该指出，以上顺序中有些顺序必须这样，不可逆转，如：
(1) 拟定施工方案后才可编制施工总进度计划（因为进度的安排取决于施工的方案）。

（2）编制施工总进度计划后才可编制资源需求量计划（因为资源需求量计划要反映人力、机械设备等各种资源在时间上的需求）。

但是，在以上顺序中也有些顺序应该根据具体项目而定，如确定施工的总体部署和拟定施工方案，两者有紧密的联系，往往可以交叉进行。

单位工程施工组织设计的编制程序与施工组织总设计的编制程序非常类似，在此不赘述。

9.3 施工项目目标动态控制

9.3.1 施工项目目标动态控制原理

（1）项目实施过程中主客观条件时刻发生着变化，因此在项目实施过程中，必须随着情况的变化进行项目目标的动态控制。项目目标的动态控制是项目管理最基本的方法论。

（2）项目目标动态控制的工作程序：

第一步，项目目标动态控制的准备工作：将项目的目标进行分解，以确定用于目标控制的计划值。

第二步，在项目实施过程中项目目标的动态控制：收集项目目标的实际值，如实际投资、实际进度等；定期（如每两周或每月）进行项目目标的计划值和实际值的比较；通过项目目标的计划值和实际值的比较，如有偏差，则采取纠偏措施进行纠偏。

第三步，如有必要，则进行项目目标的调整，目标调整后再回复到第一步。

（3）由于在项目目标动态控制时要进行大量数据的处理，当项目的规模比较大时，数据处理的量就相当可观，采用计算机辅助的手段有助于项目目标动态控制的数据处理。

9.3.2 项目目标动态控制的纠偏措施

项目目标动态控制的纠偏措施主要有以下几种。项目目标动态控制纠偏措施见图9-6。

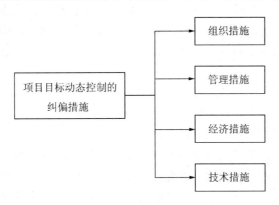

图9-6 项目目标动态控制纠偏措施

1. **组织措施**

分析由于组织的原因而影响项目目标实现的问题，并采取相应的措施，如调整项目组织结构、任务分工、管理职能分工、工作流程组织和项目管理班子人员等。

2. **管理措施**

分析由于管理的原因而影响项目目标实现的问题，并采取相应的措施，如调整进度管理的方法和手段，改变施工管理和强化合同管理等。

3. **经济措施**

分析由于经济的原因而影响项目目标实现的问题，并采取相应的措施，如落实加快工程施工进度所需的资金等。

4. **技术措施**

分析由于技术（包括设计和施工的技术）的原因而影响项目目标实现的问题，并采取相应的措施，如调整设计、改进施工方法和改变施工机具等。

当项目目标失控时，人们往往首先思考的是采取什么技术措施，而忽略可能或应当采取的组织措施和管理措施。组织论的一个重要结论是：组织是目标能否实现的决定性因素。应充分重视组织措施对项目目标控制的作用。

9.3.3 项目目标的事前控制

项目目标动态控制的核心是，在项目实施的过程中，要定期地进行项目目标的计划值和实际值的比较，当发现项目目标偏离时应采取纠偏措施。为避免项目目标偏离的发生，还应重视事前的主动控制，即事前分析可能导致项目目标偏离的各种影响因素，并针对这些影响因素采取有效的预防措施。

9.3.4 动态控制方法在施工管理中的应用

1. **运用动态控制原理控制施工进度**

运用动态控制原理控制施工进度的步骤如下：

（1）施工进度目标的逐层分解

施工进度目标的逐层分解是从施工开始前和在施工过程中，逐步地由宏观到微观、由粗到细编制深度不同的进度计划的过程。对于大型建设工程项目，应通过编制施工总进度规划、施工总进度计划、项目各子系统和各子项目施工进度计划等进行项目施工进度目标的逐层分解。

（2）在施工过程中，对施工进度目标进行动态跟踪和控制

①按照进度控制的要求，收集施工进度实际值。

②定期对施工进度的计划值和实际值进行比较。

进度的控制周期应视项目的规模和特点而定，一般的项目控制周期为一个月，对于重要的项目，控制周期可定为一旬或一周等。比较施工进度的计划值和实际值时应注意，其对应的工程内容应一致，如以里程碑事件的进度目标值或再细化的进度目标值作为进度的计划值，则进度的实际值是相对于里程碑事件或再细化的分项工作的实际进度。进度的计划值和实际值的比较应是定量的数据比较，比较的成果是进度跟踪和控制报告，如编制进度控制的旬、月、季、半年和年度报告等。

③通过施工进度计划值和实际值的比较,如发现进度有偏差,则必须采取相应的纠偏措施进行纠偏。

(3) 调整施工进度目标。

如有必要(即发现原定的施工进度目标不合理,或原定的施工进度目标无法实现等),则应调整施工进度目标。

2. 运用动态控制原理控制施工成本

运用动态控制原理控制施工成本的步骤如下:

1) 施工成本目标的逐层分解

施工成本目标的分解指的是通过编制施工成本规划,分析和论证施工成本目标实现的可能性,并对施工成本目标进行分解。

2) 在施工过程中,对施工成本目标进行动态跟踪和控制

(1) 按照成本控制的要求,收集施工成本的实际值。

(2) 定期对施工成本的计划值和实际值进行比较。

成本的控制周期应视项目的规模和特点而定,一般的项目控制周期为一个月。

施工成本的计划值和实际值的比较包括:

①工程合同价与投标价中的相应成本项的比较。

②工程合同价与施工成本规划中的相应成本项的比较。

③施工成本规划与实际施工成本中的相应成本项的比较。

④工程合同价与实际施工成本中的相应成本项的比较。

⑤工程合同价与工程款支付中的相应成本项的比较等。

由上可知,施工成本的计划值和实际值也是相对的,如相对于工程合同价而言,施工成本规划的成本值是实际值;而相对于实际施工成本,则施工成本规划的成本值是计划值等。

成本的计划值和实际值的比较应是定量的数据比较,比较的成果是成本跟踪和控制报告,如编制成本控制的月、季、半年和年度报告等。

(3) 通过施工成本计划值和实际值的比较,如发现成本有偏差,则必须采取相应的纠偏措施进行纠偏。

3) 调整施工成本目标

如有必要(即发现原定的施工成本目标不合理,或原定的施工成本目标无法实现等),则应调整施工成本目标。

3. 运用动态控制原理控制施工质量

运用动态控制原理控制施工质量的工作步骤与进度控制和成本控制的工作步骤相类似。质量目标不仅是各分部分项工程的施工质量,还包括材料、半成品、成品和有关设备等的质量。在施工活动开展前,首先应对质量目标进行分解,也即对上述组成工程质量的各元素的质量目标作出明确的定义,它就是质量的计划值。在施工进展过程中,则应收集上述组成工程质量的各元素质量的实际值,并定期地对施工质量的计划值和实际值进行跟踪和控制,编制质量控制的月、季、半年和年度报告。通过施工质量计划值和实际值的比较,如发现质量有偏差,则必须采取相应的纠偏措施进行纠偏。

9.4 项目施工监理

9.4.1 建设工程监理的概念

(1) 建设工程监理是指监理单位受项目法人的委托，依据国家批准的工程项目建设文件、有关工程建设的法律、法规和工程建设监理合同及其他工程建设合同，对工程建设实施的监督管理。

(2) 我国推行建设工程监理制度的目的。
①确保工程建设质量。
②提高工程建设水平。
③充分发挥投资效益。

(3) 住房和城乡建设部规定工程项目管理的范围包括：
①国家重点建设工程。
②大、中型公用事业工程。
③成片开发建设的住宅小区工程。
④利用外国政府或者国际组织贷款、援助资金的工程。
⑤国家规定必须实行监理的其他工程。

(4) 监理单位与项目法人之间是委托与被委托的合同关系，与被监理单位是监理与被监理关系。

(5) 从事工程建设监理活动，应当遵循守法、诚信、公正和科学的准则。

(6) 工程监理单位应当根据建设单位的委托，客观、公正地执行监理任务。

(7) 我国的建设工程监理属于国际上业主方项目管理的范畴。

9.4.2 建设工程监理的工作性质

(1) 监理单位是建筑市场的主体之一，建设监理是一种高智能的有偿技术服务，在国际上把这类服务归为工程咨询（工程顾问）服务。

(2) 工程监理单位不按照委托监理合同的约定履行监理义务，对应当监督检查的项目不检查或者不按照规定检查，给建设单位造成损失的，应当承担相应的赔偿责任。工程监理单位与承包单位串通，为承包单位谋取非法利益，给建设单位造成损失的，应当与承包单位承担连带赔偿责任。

9.4.3 建设工程监理的工作任务

(1) 工程建设监理的主要内容是控制工程建设的投资、建设工期和工程质量，进行工程建设合同、信息管理，协调有关单位间的工作关系，并履行建设工程安全生产管理法定职责的服务。

(2) 建筑工程监理应当依照法律、行政法规及有关的技术标准、设计文件和建筑工程承包合同，对承包单位在施工质量、建设工期和建设资金使用等方面，代表建设单位实施监督。

9.4.4 建设工程监理的工作方法

(1) 实施建筑工程监理前,建设单位应当将委托的工程监理单位、监理的内容及监理权限,书面通知被监理的建筑施工企业。

(2) 工程建设监理一般应按下列程序进行。

①确定项目总监,成立项目监理机构。
②编制工程建设监理规划。
③按工程建设进度,分专业编制工程建设监理细则。
④按照建设监理细则进行建设监理。
⑤参与工程竣工预验收,签署建设监理意见。
⑥建设监理业务完成后,向项目法人提交工程建设监理档案资料。
⑦监理工作总结。

(3) 工程监理人员认为工程施工有不符合工程设计要求、施工技术标准和合同约定的,有权要求建筑施工企业改正。工程监理人员如发现工程设计有不符合建筑工程质量标准或者合同约定的质量要求的,应当报告建设单位,要求设计单位改正。

9.4.5 旁站监理

1. 旁站监理的概念

旁站监理是指监理人员在房屋建筑工程施工阶段监理中,对关键部位、关键工序的施工质量实施全过程现场跟班的监督活动。

旁站监理是监理人员控制工程质量、保证质量目标实现必不可少的重要手段。在施工阶段中,旁站监理对关键部位、关键工序实施全过程质量监督活动是质量目标实现的基本保证。

项目监理机构按工程要求给监理组配备各专业监理人员,督促施工单位落实质保体系。监理人员将巡视、平行检验相结合,并记录旁站监理全过程,发现违反强制性条文时,应及时制止并督促整改。

2. 旁站监理工作范围

旁站监理规定的房屋建筑工程的关键部位、关键工序包括:大型设备吊装、埋地管道安装及管沟回填等。

3. 旁站监理的主要职责

(1) 检查施工企业现场管理人员、质检人员的到岗情况,特殊工种人员应持证上岗,检查施工机械、建筑材料的准备情况。

(2) 检查施工方案中关键部位、关键工序的执行情况,有无违反强制性条文规定。

(3) 核查进场建筑材料、建筑构配件、商品混凝土质量检验报告等,并在现场监督施工方进行检验或委托具有资格的第三方进行复验。

(4) 做好旁站监理记录和监理日记,保存旁站监理原始资料。

4. 旁站监理的程序

(1) 制定旁站监理方案:监理范围、监理内容、监理程序和监理人员职责。

(2) 现场施工时跟班监督检查现场管理人员、质检人员的到岗,特种工种持证上岗及施工机械、建筑材料的准备情况。

(3) 检查施工方对施工方案中关键部位、关键工序的执行情况，有无违反强制性条文规定。

(4) 检查进场建筑材料、构配件、商品混凝土质量检验报告、许可证和复试报告。

(5) 做好旁站监理记录和监理日记，保存旁站监理原始记录。

5. 旁站监理的记录内容

(1) 记录旁站日期、天气情况和气温。

(2) 记录旁站起止时间。

(3) 记录旁站部位、关键部位和关键工序的施工方法和工艺，检查发现存在的问题、处理意见和复查结果。

(4) 原材料、构配件进场规格、数量及生产厂家。

6. 旁站监理的工作要求

(1) 旁站监理人员应当认真履行职责，对需要实施旁站监理的关键部位、关键工序在施工现场跟班监督，及时发现和处理旁站监理过程中出现的质量问题，如实准确地做好旁站监理记录，凡旁站监理人员和施工企业现场质检人员未在旁站监理记录上签字的，不得进行下一道工序施工。

(2) 旁站监理人员实施旁站监理时，发现施工企业有违反工程建设强制性标准行为的，有权责令施工企业立即整改，发现其施工活动已经或者危及工程质量的，应当及时向监理工程师或总监理工程师报告，由总监理工程师下达局部暂停施工令或者采取其他应急措施。

(3) 旁站监理记录是监理工程师或者总监理工程师依法行使有关签字的重要依据。对于需要旁站监理的关键部位、关键工序施工，凡没有实施旁站监理或没有旁站监理记录的，监理工程师或者总监理工程师不得在相应文件上签字。

(4) 工程竣工验收后，监理单位应当将旁站监理记录存档备查。

7. 旁站监理要点

(1) 埋地管道做完水压试验后，按设计及规范图集要求逐层回填夯实，严格监督回填过程。

(2) 大型设备吊装

①监督吊装方案审批完成，安全技术措施到位，各类资源准备到位。

②监督执行审批完的设备吊装方案。

第10章 施工项目质量管理

10.1 施工项目质量管理的基本知识

10.1.1 施工项目质量的概念

施工质量是指建设工程项目施工活动及其产品的质量,即通过施工使工程满足业主(顾客)需要并符合国家法律、法规、技术规范标准、设计文件及合同规定的要求,包括在安全、使用功能、耐久性、环境保护等方面所有明示和隐含需要的能力的特性综合。其质量特性主要体现在由施工形成的建筑工程的适用性、安全性、耐久性、可靠性、经济性及与环境的协调性六个方面。

10.1.2 施工项目质量管理的概念

《质量管理体系 基础和术语》GB/T 19000-2008 标准中,质量管理的定义是在质量方面指挥和控制组织的协调的活动。

质量管理的首要任务是确定质量方针、明确质量目标和岗位职责。质量管理的核心是建立有效的质量管理体系,通过质量策划、质量控制、质量保证和质量改进这四项具体活动,确保质量方针、目标的切实实施和具体实现。

施工质量管理是指工程项目在施工准备、施工安装和施工验收阶段,指挥和控制工程施工组织关于质量的相互协调的活动,使工程项目施工围绕着使产品质量满足不断更新的质量要求,而开展的策划、组织、计划、实施、检查、监督和审核等所有管理活动的总和。

10.1.3 施工质量控制的概念

根据《质量管理体系 基础和术语》GB/T 19000-2008 质量管理体系标准的质量术语定义,质量控制是质量管理的一部分,是致力于满足质量要求的一系列相关活动。

施工质量控制是在明确的质量方针指导下,通过对施工方案和资源配置的计划、实施、检查和处置,进行施工质量目标的事前控制、事中控制和事后控制的系统过程。

10.1.4 施工项目质量管理的基本方法

质量管理和其他各项管理工作一样,要做到有计划、有执行、有检查、有纠偏,可使整个管理工作循序渐进,保证工程质量不断提高。

PDCA 循环是施工项目质量管理的基本方法,这个循环工作原理是美国的戴明发明的,故又称"戴明循环"。

PDCA 分为四个阶段：即计划 P（Plan）、执行 D（Do）、检查 C（Check）和处置 A（Action）。

1. 计划 P

此阶段可理解为质量计划阶段，是明确质量目标并制订实现质量目标的行动方案。具体是确定质量控制的组织制度、工作程序、技术方法、业务流程、资源配置、检验试验要求、管理措施等具体内容和做法。此阶段还包括对其实现预期目标的可行性、有效性、经济合理性进行分析论证。

2. 实施 D

此阶段是按照计划要求及制定的质量目标去组织实施。具体包含两个环节：即计划行动方案的交底和工程作业技术活动的开展。首先，要做好计划的交底，使具体的作业者和管理者明确计划的意图和要求，为下一步作业活动的开展奠定基础。其次，计划的执行，要依靠质量保证工作体系，做好教育工作；依靠组织体系，完善组织机构、责任制、规章制度等项工作；依靠产品形成过程的质量控制体系，做好质量控制工作，以保证质量计划的执行。

3. 检查 C

检查可分为自检、互检和专检。各类检查都包含两大方面：一是检查是否严格执行了计划行动方案，不执行计划的原因。二是检查计划执行的结果，即产品的质量是否达到标准的要求，并对此进行确认和评价。

4. 处置 A

此阶段是总结经验，纠正偏差，并将遗留问题转入下一轮循环。对于遇到的质量问题，应及时分析原因，采取必要的纠偏措施，使质量保持受控状态。纠偏是采取应急措施，以解决当前的质量问题；而本次的质量信息也将反馈给管理部门，为今后类似质量问题的预防提供借鉴。

10.1.5 影响施工项目质量的因素

施工项目的五大生产要素人、机、料、法和环都会对项目的质量产生影响，因此项目质量管理的重点也应放在这五大要素上。

1. 人

人是质量活动的主体，这里泛指与工程有关的单位、组织及个人，包括建设、勘察设计、施工、监理及咨询服务单位。也包括政府主管及工程质量监督、检测单位、施工项目的决策者、管理者和作业者等。

人的素质，包括人的文化、技术、决策、管理、身体素质及职业道德等，都将直接和间接地对质量产生影响，而规划、决策是否正确，设计、施工能否满足质量要求，是否符合合同、规范、技术标准的要求等，都将对施工项目质量产生不同程度的影响。所以，人是影响施工项目质量的重要因素。

2. 机械设备

施工机械设备是指施工过程中使用的各类机具设备，是所有施工方案和工法得以实施的重要物质基础，对施工项目的质量、进度均有直接影响。合理选择和正确使用施工机械设备是保证施工质量的重要措施。

3. 材料

作为施工主体的构成,没有合格的材料就不会有合格的工程。加强对材料(包括原材料、成品、半成品和构配件等)的控制是保证施工质量的重要措施。

4. 工艺方法

施工项目建设期内所采取的技术方案、工艺流程、组织实施、检测手段和施工组织设计等都属于工艺方法的范畴。

对工艺方法的控制,尤其是施工方案的正确合理选择,是直接影响施工项目的进度控制、质量控制和投资控制三大目标能否顺利实现的关键。

5. 环境

影响施工项目质量的环境因素较多,有现场自然环境、施工管理环境、施工作业环境等。环境因素对质量的影响具有复杂而多变的特点。

10.2 施工项目质量控制

10.2.1 施工质量控制的特点

(1) 控制因素多,工程项目的施工质量受到多种因素的影响。这些因素包括设计、材料、机械、气象、施工工艺、操作方法、技术措施、管理制度、社会环境等。因此,要保证工程项目的施工质量,必须对所有这些影响因素进行有效控制。

(2) 过程控制要求高。机电工程项目在施工过程中,由于工序衔接多、中间交接多、隐蔽工程多,施工质量具有一定的过程性和隐蔽性。在施工质量控制工作中,必须加强对施工过程的质量检查,及时发现和整改存在的质量问题,避免事后从表面进行检查。过程结束后的检查难以发现在过程中产生、又被隐藏了的质量隐患。

10.2.2 施工项目质量控制的策划

质量策划的目的在于制定并实现工程项目的质量目标。项目负责人应对实现质量目标和要求所需的各项活动和资源进行质量策划,包括建立项目质量保证体系,确定组织机构,制定各级人员的岗位职责和质量控制程序等,然后依据企业质量方针所确定的框架,在不同的层次进一步细化制定出质量分目标,同时确定为实现质量目标所需的措施和必要条件(相关资源)。策划的结果形成管理方面的文件和质量计划。

1. 确定质量目标

质量目标应先进、可行,总体质量目标确定后要层层分解,落实到每个分部、每个分项、每个工序,落实到每个部门,每个班组,每个负责人。

2. 建立组织机构

建立科学高效的组织机构是工程项目成功的组织保证,组织机构的建立包括组织设计和人员的配备。

1) 组织设计要根据合同约定和工程项目组织机构的设计原则,选择适合于本工程项目实际的项目组织形式。

2) 人员选配要重视整体效应。工程项目管理班子的组成，不仅要注意个人的素质和能力，更要重视管理班子的整体性。

3. 制定项目经理部各级人员、部门的岗位职责

项目部在进行质量策划时应明确制定各级人员的岗位职责和各职能部门的职责。

4. 建立质量保证体系和控制程序

在质量目标、组织机构、各项管理制度确定后，还应建立施工现场的质量保证体系和编制各个专业的质量控制程序。

5. 编制质量计划

结合施工项目的特点，施工质量计划的内容一般应包括以下几个方面：

1) 质量目标和指标；
2) 质量管理组织机构；
3) 人员职责；
4) 资源管理；
5) 施工过程管理；
6) 监视与测量；
7) 文件管理。

施工质量计划编制完毕，应经企业技术领导审核批准，并按施工承包合同的约定提交工程监理或建设单位批准确认后执行。

10.2.3 施工过程的质量控制

1. 设计交底和图纸会审

设计图纸是进行质量控制的重要依据。为使施工单位熟悉有关的设计图纸，充分了解拟建项目的特点、设计意图和工艺与质量要求，最大程度上减少图纸的差错，并消灭图纸中的质量隐患，必须要做好设计交底和图纸会审工作。

（1）设计交底

工程施工前，由设计单位向施工单位有关技术人员进行设计交底，其主要内容包括：

①施工图设计依据：初步设计文件、规划、环境等要求、设计规范。
②设计意图：设计思想、设计方案比较、设备安装和调试要求、施工进度安排等。
③施工注意事项：采用新技术、新材料、新工艺的要求，施工组织和技术保证措施等。

交底后，由施工单位提出图纸中的问题和疑点，提出要解决的技术难题。经双方协商研究，拟定出解决办法。

（2）图纸会审

图纸会审是工程质量控制的重要手段，能够使施工单位熟悉了解设计图纸，明确设计意图和关键部位的工程质量要求，发现和减少设计差错，保证工程质量。图纸会审的主要内容包括：

①设计是否满足使用功能要求。
②图纸与说明是否齐全。
③图纸中有无遗漏、差错或相互矛盾之处，图纸表示方法是否清楚，是否符合标准

要求。

④所需材料来源有无保证，能否替代。
⑤施工工艺、方法是否合理，是否切合实际，是否便于施工，能否保证质量要求。
⑥施工图及说明书中涉及的各种标准、图册、规范和规程等，施工单位是否具备。

2. **技术交底**

做好技术交底是保证施工质量的重要措施之一。

项目技术交底的层级，分为三个层次：施工组织设计的交底、施工方案的交底、分项工程交底。

1）项目施工组织设计批准后，项目总工程师牵头向项目现场管理工程师交底，明确项目的范围、施工条件、施工组织、计划安排、特殊技术要求、重要部位技术措施、新技术推广计划、项目适用的技术规范、政策等。

2）项目施工方案批准后，由方案编制人向项目现场管理各工程师交底，明确分部工程（或重要部位、关键工艺、特殊过程）的范围、施工条件、施工组织、计划安排、特殊技术要求、技术措施、资源投入、质量及安全要求等。

3）项目各现场管理的工程师负责向分包单位的施工人员进行分项工程施工技术交底，交底内容包括具体工作内容、操作方法、施工工艺、质量标准、安全注意事项。

技术交底的形式有：书面、口头、会议、挂牌、样板、示范操作等。技术交底资料应办理签字手续并归档保存。

3. **测量控制**

施工现场的基准点、基准线、参考标高及施工控制网等数据资料，是进行质量控制的基础，这些数据资料是进行工程测量控制的重要内容。

机电安装单位对于总承包单位提供的基准线和参考标高等的测量控制点应做好复核工作，确认后，才能进行后续相关工序的施工。

4. **计量控制**

计量器具是测量产品质量的重要手段，施工现场的计量管理主要是保证现场使用合适的计量器具，并且保持计量器具有效。

为做好计量控制工作，应抓好以下几项工作。

（1）建立计量管理部门和配备计量人员。
（2）建立健全和完善计量管理的规章制度。
（3）积极开展计量意识教育，完善监督机制。
（4）严格计量器具的使用、保管和检验。

5. **工序施工质量控制**

施工过程是由一系列相互联系与制约的工序构成，工序是人、材料、机械设备、施工方法和环境因素对工程质量综合起作用的过程。所以工序的质量控制是施工阶段质量控制的重点。

工序质量控制的方法一般有质量预控、工序分析、工序质量检验三种，以质量预控为主。

1）质量预控

质量预控是指施工技术人员和质量检验人员事先对工序进行分析，找出在施工过程中可能或容易出现的质量问题，从而提出相应的对策，采取质量预控措施予以预防。

质量预控方案一般包括：工序名称、可能出现的质量问题、提出质量预控措施三部分内容。

质量预控的内容包括施工组织设计或质量计划预控、施工准备状态预控、施工生产要素预控等。重点是施工生产要素的预控。

（1）对人的控制

①坚持持证上岗，特别是主要管理岗位、重要技术工种、特殊工种、高空作业等，做到有资质者上岗。

②加强对现场管理和作业人员的质量意识教育及技术培训。

③严格现场管理制度和生产纪律，规范人的作业技术和管理活动的行为。

（2）材料的控制

①获取最新材料信息，选择合格的供货厂家，机电安装工程的材料由于种类品牌较多，通常采取封样的方式确定最终的材料型号。

②加强材料验收管理，严把进场材料质量关

对用于工程的主要材料，进场时必须提供完整的质量保证文件，包括合格证、质量检测报告等。施工单位质检员以及材料责任工程师应根据材料标准、技术规格书对进场材料进行检查。

根据规范对材料进行复试，如对保温材料、电线电缆、风机盘管、散热器等要进行节能复试。

（3）施工机械设备的控制

①施工机械设备的选用，应结合施工工艺和方法，考虑施工现场的条件、建筑结构类型、机械设备性能、施工组织与管理和技术经济等各种影响因素，进行多方案论证比较，力求获得较好的综合经济效益。如选用风管自动生产线设备进行风管加工。

②在施工过程中，应定期对施工机械设备进行校正和调整，以免误导操作。

（4）施工方法的控制

施工方法集中反映在为工程施工所采取的技术方案、工艺流程、检测手段、施工程序安排等。

①选择能够确保质量的工艺方法。

②采用新技术、新材料、新工艺、新设备时要充分估计到可能发生的施工质量问题和处理方法。

③通过样板施工，确定施工工艺。

（5）环境的控制

①自然环境的控制。主要是掌握施工现场水文、地质和气象资料信息，以便在制订施工方案、施工计划和措施时，能够从自然环境的特点和规律出发，确保施工质量不受自然环境的影响。

②管理环境控制。主要是根据合同结构，理顺各参建单位的管理关系，建立统一的现场施工组织系统和质量管理的综合运行机制，确保质量保证体系处于良好状态，创造良好的质量管理环境和氛围。此外，在管理环境的创设方面，还应注意与现场近邻的单位、居民及有关方面的协调、沟通，做好公共关系，以取得他们对施工造成的干扰和不便给予必

要的谅解和支持配合。

③劳动作业环境控制。主要是指施工现场的给排水条件、各种能源介质供应、施工照明、通风、安全防护措施、施工场地空间条件等因素。在安排施工时，必须确保以上因素得到落实。

2）质量控制点的设置

质量控制点是指对工程的性能、安全、寿命、可靠性等有严重影响的关键部位或对下道工序有严重影响的关键工序。

（1）质量控制点的确定原则

质量控制点的确定应以现行国家或行业工程施工质量验收规范、工程质量检验评定标准中规定应检查的项目作为依据，引进项目或国外承包工程可参照国家规定结合特殊要求拟定质量控制点并与用户协商确定。

质量控制点的选择应以那些保证质量的难度大、对质量影响大或是发生质量问题时危害大的对象进行设置。选择的原则是：对工程质量形成过程产生直接影响的关键部位、工序或环节及隐蔽工程；施工过程中的薄弱环节，或者质量不稳定的工序、部位或对象；对下道工序有较大影响的工序；采用新技术、新工艺、新材料的部位或环节；用户反馈指出和过去有过返工的工序。

质量控制点中重点控制的对象主要包括以下几个方面：

①人的行为。某些操作或工序，应以人为重点的控制对象，比如：高空、高温、水下、易燃易爆、大件吊装以及操作要求高的工序和技术难度大的工序等，应从人的生理、心理、技术能力等方面进行控制。

②材料的质量和性能。是直接影响工程质量的重要因素，在某些工程中应作为控制的重点。

③施工过程中的关键工序或环节，如电气装置的高压电器和电力变压器、关键设备的基础、压力试验、通球等。

④关键工序的关键质量特性，如焊缝的无损检测，设备安装的水平度和垂直度等。

⑤施工中的薄弱环节或质量不稳定的工序，如焊条烘干、坡口处理等。

⑥关键质量特性的关键因素，如管道安装的坡度、平行度的关键因素是人，冬季焊接施工的焊接质量关键因素是环境温度等。

⑦隐蔽工程。如预留预埋、埋地管线、吊顶封闭前的检查等。

⑧质量通病。

（2）质量控制点的划分

根据各控制点对工程质量的影响程度，分为 A、B、C 三级。

①A 级控制点。影响系统安全运行、使用功能和投用后出现质量问题有待系统停用才可处理或合同协议有特殊要求的质量控制点，必须由施工、监理和业主三方质检人员共同检查确认并签证。

②B 级控制点。影响下道工序质量的质量控制点，由施工、监理双方质检人员共同检查确认并签证。

③C 级控制点。对工程质量影响较小或开工后出现问题可随时处理的次要质量控制点，由施工方质检人员自行检查确认。

（3）质量控制点的编制

①质量控制点明细表应包括：控制点的名称和编号以及控制级别和责任人，记录表编号及名称等。

②质量控制点明细表中的质量控制点和检查等级可根据业主需要进行适当调整。

③质量控制点明细表应报业主确认后方可执行。

3）工序质量检验

（1）施工工序质量检验质量检查的方法

现场进行质量检查的方法主要有目测法、实测法和试验法3种。

①目测法。就是根据质量标准进行外观目测。如管道焊口外观检查。

②实测法。就是通过实测数据与施工规范及质量标准所规定的允许偏差对照，以此判别工程质量是否合格。如采用水平尺检查管道水平度，线锤检查垂直度。焊缝检查尺检查焊口质量。

③试验检查。指必须通过试验手段，才能对质量进行判断的检查方法。

（2）检验试验计划（卡）的编制

①检验试验计划（卡）是质量计划（或施工方案）中的重要内容，它是整个工程项目施工过程中质量检验的指导性文件，是施工和质量检验人员执行检验和试验操作的依据。

②检验试验计划是依据设计图纸、施工质量验收规范、合同规定内容编制的，至少包括以下内容：检验试验项目名称；质量要求；检验方法；检测部位；检验记录名称或编号；检验时间；责任人；执行标准。

（3）工程项目质量检验的三检制

三检制是指操作人员的"自检"、"互检"和专职质量管理人员的"专检"相结合的检验制度，是确保现场施工质量的一种有效的方法。

①自检是指由操作人员对自己的施工作业或已完成的分项工程进行自我检验，自我把关，及时消除缺陷，以防止不合格品进入下道作业。

互检是指操作人员之间对完成的作业或分项工程进行的相互检查，是对自检的一种复核和确认，起到相互监督的作用。互检的形式可以是同组操作人员之间的相互检验，也可以是班组的质量检查员对本班组操作人员的抽检，同时也可以是下道作业对上道作业的交接检验。

专检是指质量检验员对检验批、分项工程进行检验，用以弥补自检、互检的不足。

②实行三检制，要合理确定好自检、互检和专检的范围。

一般情况下，原材料、半成品、成品的检验以专职检验人员为主；生产过程各项作业的检验则以施工现场操作人员的自检、互检为主，专职检验人员巡回抽检为辅，成品质量必须进行终检认证。

6. 技术复核

技术复核是项目在施工前和施工中，对工程的施工质量和管理人员的工作质量自行检查的一项重要工作。

技术复核（工程预检）由项目部总工程师组织，质量工程师、现场工程师、内业技术工程师、班组长等参加，并做好记录。

技术复核（工程预检）记录应随施工部位及时办理，并交资料员存档，以便追溯，严禁后补，凡验收不符合要求的必须改正后重新办理复查验收，否则不允许进入下道工序。

常见的施工测量复核（工程预检）

工业建筑测量复核：厂房控制网测量、桩基施工测量、柱模轴线与高程检测、厂房结构安装定位检测、动力设备基础与预埋螺栓检测。

管线工程测量复核：管线安装位置标高、管线安装坡度、管部件安装的位置、方向。

设备安装技术复核：基础位置、标高、地脚螺栓的位置复核，设备安装的位置、方位、标高、安装精度的复核。

电气（仪表）安装技术复核：变电、配电的位置，高低压进出口的方向；电缆沟的位置及标高；送电方向。

项目部总工程师对施工组织设计复核，项目部专业工程师对施工方案、图纸会审、设计变更、施工技术交底进行复核。

7. 特殊过程和关键过程的管理

1）作业过程的分类

施工作业过程分为三类，一般过程、特殊过程、关键过程。

特殊过程：过程的输出不能由后续的监视或测量加以验证，需要进行过程确认的过程。

关键过程：指对产品质量特性起决定性作用的过程。

一般过程：除特殊过程和关键过程外的其他过程。

2）机电安装特殊过程和关键过程的内容

机电安装工程的关键过程一般包括：测量放线、锅炉安装、变压器安装、成套配柜（盘）及动力开关柜安装、电缆线路布设、大型设备吊装、系统无负荷试运行、大设备现场安装、超长/超重设备运输、大型设备现场组装、高压设备或高压管道耐压严密性试验、电气/通风/仪表系统调试、烘/煮炉等。

特殊过程是指对形成的产品是否合格不易或不能经济地进行验证的过程，机电安装工程的特殊过程一般有：电梯安全保护装置安装、压力管道焊接、精密设备安装、热处理、胀管、高强度螺栓连接、埋地管道防腐和防火涂料等。

3）作业过程的控制

（1）特殊过程和关键过程必须在施工组织设计中明确。

（2）一般过程的控制

①作业人员必须按规定的方法进行施工，并做好相关记录。如改变规定的施工工艺，应得到原工艺批准者的批准。作业人员要配备劳动防护用品，施工作业过程中要减少对环境的影响。

②项目专业技术人员应注意施工工艺的执行情况、工程质量情况，以及对环境、健康和安全的影响，发现问题及时纠正。

（3）关键过程的控制

除执行上款要求之外，须针对关键过程编制作业指导书（施工方案），按规定的要求进行控制。

（4）特殊过程的控制

除执行上款要求之外，在作业指导书中还必须：

①对过程的能力进行确认，确认的方法和步骤要作出规定；

②对人员资格、机械设备和监视与测量装置的鉴定要求作出规定；

③规定施工方法；

④规定连续监控的方法和责任人员；

⑤对质量记录表式作出要求；

⑥当人员变更、设备大修或监视和测量装置重新鉴定，以及施工工艺有实质性变化以后，必须重新进行过程能力的确认（如人员、设备的再鉴定），必要时，需修订作业指导书。

8. 质量通病预防

项目部应针对容易发生质量通病的分部分项工程编制作业指导书、进行技术交底，必要时先行样板施工。分部分项工程开工前，项目总工程师应组织施工员（专业工程师）编制工程质量通病预防措施，预防措施可单独编制，也可编制在施工组织设计或施工方案里。施工员（专业工程师）在对施工班组进行施工技术交底时，要详细说明预防质量通病的具体措施。项目质量检查员监督工程质量通病预防措施的落实情况，并对质量通病的预防效果进行检验。

9. 成品保护

在施工项目施工中，某些部位已完成，而其他部位还正在施工，在这种情况下，施工单位必须对已完成部位或成品，采取妥善的措施加以保护，防止对已完部分工程造成损伤，影响工程质量；更加防止有些损伤难以恢复原状，而成为永久性的缺陷。

加强成品保护，要从两个方面着手，首先需要加强教育，提高全体员工的成品保护意识。同时要合理安排施工顺序，采取有效的保护措施。

成品保护的措施：

（1）包裹

包裹保护主要是防止成品被损伤或污染。如粗装修时，对配电箱、风管、管道、桥架、母线等采用薄膜保护；油漆前对易被污染的部位裹纸保护；电气开关、插座、灯具等也要包裹，防止施工过程中被污染。

（2）覆盖

对楼地面成品、设备、管道口主要采取覆盖措施，以防止成品污染损伤、堵塞。

（3）封闭

对于配电室、机房、泵房完成后，均立即锁门以进行保护。

（4）合理安排施工工序

主要是通过合理安排不同工作间的施工顺序以防止后道工序损坏或污染前道工序。例如，采取房间内先喷涂而后进行末端设备安装的施工顺序可防止涂料污染、损害设备、灯具。

10.3 安装工程施工质量验收

工程项目施工质量验收是安装工程施工质量管理的重要环节，包括工程施工质量中间验收和工程竣工验收两个方面。在验收中必须依据合同文件和设计图纸的要求，严格执行国家颁发的有关工程项目质量检验标准和验收规范，以确保建筑安装工程达到安全要求和使用功能，实现建设工程投资的经济效益和社会效益。

10.3.1 机电安装工程施工质量验收要求

1. 机电安装工程项目施工质量验收控制

（1）机电工程采用的主要材料、半成品、成品、建筑构配件、器具和设备应进行现场验收。凡涉及安全、功能的有关产品，应按各专业工程质量验收规范规定进行复验，并应经监理工程师（建设单位技术负责人）检查认可。

（2）各工序应按施工技术标准进行质量控制，每道工序完成后，应进行检查。

（3）相关各专业工种之间，应进行交接检验，并形成记录。未经监理工程师（建设单位技术负责人）检查认可，不得进行下道工序施工。

2. 机电工程质量施工验收的基本要求

（1）工程施工质量应符合《建筑工程施工质量验收统一标准》和相关专业验收规范的规定。

（2）工程施工应符合工程勘察、设计文件的要求。

（3）参加工程施工质量验收的各方人员应具备规定的资格。

（4）工程质量的验收均应在施工单位自行检查评定的基础上进行。

（5）隐蔽工程在隐蔽前应由施工单位通知有关单位进行验收，并应形成验收文件。

（6）检验批的质量应按主控项目和一般项目验收。

（7）对涉及结构安全和使用功能的重要分部工程应进行抽样检测。

（8）承担见证取样检测及有关结构安全检测的单位应具有相应资质。

（9）工程的观感质量应由验收人员通过现场检查，并应共同确认。

10.3.2 机电安装工程质量验收的划分

对于工程质量的验收，一般划分为检验批、分项工程、分部工程和单位工程。由于各类工程的内容、规模、形式、形成的过程和管理方法的不同，划分分项、分部和单位工程的方法也不尽相同，但其目的都是要有利于质量的管理和控制。

1. 单位工程划分原则

具备独立施工条件并能形成独立使用功能的建筑物或构筑物为一个单位工程。建筑规模较大的单位工程，可将其能形成独立使用功能的部分为一个子单位工程。

建筑工程和机电设备安装工程共同组成一个单位工程，一个单一的建筑物或构筑物也为一个单位工程。

室外工程可根据专业类别和工程规模划分单位（子单位）工程。如室外的给水、排水、供热、煤气等工程可以组成一个单位工程，室外的架空线路、电缆线路等建筑电气安装工程也可以组成一个单位工程。

2. 分部工程的划分原则

分部工程的划分应按专业性质、工程部位确定。当分部工程较大或较复杂时，可按材料种类、施工特点、施工程序、专业系统及类别等划分为若干子分部工程。例如按照系类别将室内给水系统、室内排水系统、变配电、供电干线专业系统划分为子分部工程。

3. 分项工程、检验批的划分原则

1）分项工程的划分应按主要工种、材料、施工工艺和设备类别进行划分。

2）分项工程可划分成一个或若干检验批进行验收，检验批可根据施工、质量控制和专业验收的需要，按工程量、楼层、施工段和变形缝等进行划分。

10.3.3 机电安装工程验收项目的划分

建筑机电安装工程按照《建筑工程施工质量验收统一标准》划分为五个分部工程：建筑给水排水及采暖工程；建筑电气工程；通风与空调工程；智能建筑工程；电梯工程。

1. 建筑给水排水及采暖分部工程划分

分部工程	子分部工程	分项工程
建筑给水排水及供暖	室内给水系统	给水管道及配件安装，给水设备安装，室内消火栓系统安装，消防喷淋系统安装，防腐，绝热，管道冲洗、消毒，试验与调试
	室内排水系统	排水管道及配件安装，雨水管道及配件安装，防腐，试验与调试
	室内热水系统	管道及配件安装，辅助设备安装，防腐，绝热，试验与调试
	卫生器具	卫生器具安装，卫生器具给水配件安装，卫生器具排水管道安装，试验与调试
	室内供暖系统	管道及配件安装，辅助设备安装，散热器安装，低温热水地板辐射供暖系统安装，电加热供暖系统安装，燃气红外辐射供暖系统安装，热风供暖系统安装，热计量及调控装置安装，试验与调试，防腐，绝热
	室外给水管网	给水管道安装，室外消火栓系统安装，试验与调试
	室外排水管网	排水管道安装，排水管沟与井池，试验与调试
	室外供热管网	管道及配件安装，系统水压试验，土建结构，防腐，绝热，试验与调试
	建筑饮用水供应系统	管道及配件安装，水处理设备及控制设施安装，防腐，绝热，试验与调试
	建筑中水系统及雨水利用系统	建筑中水系统、雨水利用系统管道及配件安装，水处理设备及控制设施安装，防腐，绝热，试验与调试
	游泳池及公共浴池水系统	管道及配件系统安装，水处理设备及控制设施安装，防腐，绝热，试验与调试
	水景喷泉系统	管道系统及配件安装，防腐，绝热，试验与调试
	热源及辅助设备	锅炉安装，辅助设备及管道安装，安全附件安装，换热站安装，防腐，绝热，试验与调试
	监测与控制仪表	检测仪器及仪表安装，试验与调试

2. 建筑电气分部工程划分

分部工程	子分部工程	分项工程
建筑电气	室外电气	变压器、箱式变电所安装，成套配电柜、控制柜（屏、台）和动力、照明配电箱（盘）及控制柜安装，梯架、支架、托盘和槽盒安装，导管敷设，电缆敷设，管内穿线和槽盒内敷线，电缆头制作、导线连接和线路绝缘测试，普通灯具安装，专用灯具安装，建筑照明通电试运行，接地装置安装
	变配电室	变压器、箱式变电所安装，成套配电柜、控制柜（屏、台）和动力、照明配电箱（盘）安装，母线槽安装，梯架、支架、托盘和槽盒安装，电缆敷设，电缆头制作、导线连接和线路绝缘测试，接地装置安装，接地干线敷设
	供电干线	电气设备试验和试运行，母线槽安装，梯架、支架、托盘和槽盒安装，导管敷设，电缆敷设，管内穿线和槽盒内敷线，电缆头制作、导线连接和线路绝缘测试，接地干线敷设
	电气动力	成套配电柜、控制柜（屏、台）和动力配电箱（盘）安装，电动机、电加热器及电动执行机构检查接线，电气设备试验和试运行，梯架、支架、托盘和槽盒安装，导管敷设，电缆敷设，管内穿线和槽盒内敷线，电缆头制作、导线连接和线路绝缘测试
	电气照明	成套配电柜、控制柜（屏、台）和照明配电箱（盘）安装，梯架、支架、托盘和槽盒安装，导管敷设，管内穿线和槽盒内敷线，塑料护套线直敷布线，钢索配线，电缆头制作、导线连接和线路绝缘测试，普通灯具安装，专用灯具安装，开关、插座、风扇安装，建筑照明通电试运行
	备用和不间断电源	成套配电柜、控制柜（屏、台）和动力、照明配电箱（盘）安装，柴油发电机组安装，不间断电源装置及应急电源装置安装，母线槽安装，导管敷设，电缆敷设，管内穿线和槽盒内敷线，电缆头制作、导线连接和线路绝缘测试，接地装置安装
	防雷及接地	接地装置安装，防雷引下线及接闪器安装，建筑物等电位连接，浪涌保护器安装

3. 通风与空调分部工程划分

分部工程	子分部工程	分项工程
通风与空调	送风系统	风管与配件制作，部件制作，风管系统安装，风机与空气处理设备安装，风管与设备防腐，旋流风口、岗位送风口、织物（布）风管安装，系统调试
	排风系统	风管与配件制作，部件制作，风管系统安装，风机与空气处理设备安装，风管与设备防腐，吸风罩及其他空气处理设备安装，厨房、卫生间排风系统安装，系统调试
	防排烟系统	风管与配件制作，部件制作，风管系统安装，风机与空气处理设备安装，风管与设备防腐，排烟风阀（口）、常闭正压风口、防火风管安装，系统调试
	除尘系统	风管与配件制作，部件制作，风管系统安装，风机与空气处理设备安装，风管与设备防腐，除尘器与排污设备安装，吸尘罩安装，高温风管绝热，系统调试
	舒适性空调系统	风管与配件制作，部件制作，风管系统安装，风机与空气处理设备安装，风管与设备防腐，组合式空调机组安装，消声器、静电除尘器、换热器、紫外线灭菌器等设备安装，风机盘管、变风量与定风量送风装置、射流喷口等末端设备安装，风管与设备绝热，系统调试

续表

分部工程	子分部工程	分项工程
通风与空调	恒温恒湿空调系统	风管与配件制作，部件制作，风管系统安装，风机与空气处理设备安装，风管与设备防腐，组合式空调机组安装，电加热器、加湿器等设备安装，精密空调机组安装，风管与设备绝热，系统调试
	净化空调系统	风管与配件制作，部件制作，风管系统安装，风机与空气处理设备安装，风管与设备防腐，净化空调机组安装，消声器、静电除尘器、换热器、紫外线灭菌器等设备安装，中、高效过滤器及风机过滤器单元等末端设备清洗与安装，洁净度测试，风管与设备绝热，系统调试
	地下人防通风系统	风管与配件制作，部件制作，风管系统安装，风机与空气处理设备安装，风管与设备防腐，过滤吸收器、防爆波活门、防爆超压排气活门等专用设备安装，系统调试
	真空吸尘系统	风管与配件制作，部件制作，风管系统安装，风机与空气处理设备安装，风管与设备防腐，管道安装，快速接口安装，风机与滤尘设备安装，系统压力试验及调试
	冷凝水系统	管道系统及部件安装，水泵及附属设备安装，管道冲洗，管道、设备防腐，板式热交换器、辐射板及辐射供热、供冷地埋管，热泵机组设备安装，管道、设备绝热，系统压力试验及调试
	空调(冷、热)水系统	管道系统及部件安装，水泵及附属设备安装，管道冲洗，管道、设备防腐，冷却塔与水处理设备安装，防冻伴热设备安装，管道、设备绝热，系统压力试验及调试
	冷却水系统	管道系统及部件安装，水泵及附属设备安装，管道冲洗，管道、设备防腐，系统灌水渗漏及排放试验，管道、设备绝热
	土壤源热泵换热系统	管道系统及部件安装，水泵及附属设备安装，管道冲洗，管道、设备防腐，埋地换热系统与管网安装，管道、设备绝热，系统压力试验及调试
	水源热泵换热系统	管道系统及部件安装，水泵及附属设备安装，管道冲洗，管道、设备防腐，地表水源换热管及管网安装，除垢设备安装，管道、设备绝热，系统压力试验及调试
	蓄能系统	管道系统及部件安装，水泵及附属设备安装，管道冲洗，管道、设备防腐，蓄水罐与蓄冰槽、罐安装，管道、设备绝热，系统压力试验及调试
	压缩式制冷(热)设备系统	制冷机组及附属设备安装，管道、设备防腐，制冷剂管道及部件安装，制冷剂灌注，管道、设备绝热，系统压力试验及调试
	吸收式制冷设备系统	制冷机组及附属设备安装，管道、设备防腐，系统真空试验，溴化锂溶液加灌，蒸汽管道系统安装，燃气或燃油设备安装，管道、设备绝热，试验及调试
	多联机(热泵)空调系统	室外机组安装，室内机组安装，制冷剂管路连接及控制开关安装，风管安装，冷凝水管道安装，制冷剂灌注，系统压力试验及调试
	太阳能供暖空调系统	太阳能集热器安装，其他辅助能源、换热设备安装，蓄能水箱、管道及配件安装，防腐，绝热，低温热水地板辐射采暖系统安装，系统压力试验及调试
	设备自控系统	温度、压力与流量传感器安装，执行机构安装调试，防排烟系统功能测试，自动控制及系统智能控制软件调试

4. 建筑智能化分部工程划分

分部工程	子分部工程	分项工程
智能建筑	智能化集成系统	设备安装，软件安装，接口及系统调试，试运行
	信息接入系统	安装场地检查
	用户电话交换系统	线缆敷设，设备安装，软件安装，接口及系统调试，试运行
	信息网络系统	计算机网络设备安装，计算机网络软件安装，网络安全设备安装，网络安全软件安装，系统调试，试运行
	综合布线系统	梯架、托盘、槽盒和导管安装，线缆敷设，机柜、机架、配线架安装，信息插座安装，链路或信道测试，软件安装，系统调试，试运行
	移动通信室内信号覆盖系统	安装场地检查
	卫星通信系统	安装场地检查
	有线电视及卫星电视接收系统	梯架、托盘、槽盒和导管安装，线缆敷设，设备安装，软件安装，系统调试，试运行
	公共广播系统	梯架、托盘、槽盒和导管安装，线缆敷设，设备安装，软件安装，系统调试，试运行
	会议系统	梯架、托盘、槽盒和导管安装，线缆敷设，设备安装，软件安装，系统调试，试运行
	信息导引及发布系统	梯架、托盘、槽盒和导管安装，线缆敷设，显示设备安装，机房设备安装，软件安装，系统调试，试运行
	时钟系统	梯架、托盘、槽盒和导管安装，线缆敷设，设备安装，软件安装，系统调试，试运行
	信息化应用系统	梯架、托盘、槽盒和导管安装，线缆敷设，设备安装，软件安装，系统调试，试运行
	建筑设备监控系统	梯架、托盘、槽盒和导管安装，线缆敷设，传感器安装，执行器安装，控制器、箱安装，中央管理工作站和操作分站设备安装，软件安装，系统调试，试运行
	火灾自动报警系统	梯架、托盘、槽盒和导管安装，线缆敷设，探测器类设备安装，控制器类设备安装，其他设备安装，软件安装，系统调试，试运行
	安全技术防范系统	梯架、托盘、槽盒和导管安装，线缆敷设，设备安装，软件安装，系统调试，试运行
	应急响应系统	设备安装，软件安装，系统调试，试运行
	机房	供配电系统，防雷与接地系统，空气调节系统，给水排水系统，综合布线系统，监控与安全防范系统，消防系统，室内装饰装修，电磁屏蔽，系统调试，试运行
	防雷与接地	接地装置，接地线，等电位联接，屏蔽设施，电涌保护器，线缆敷设，系统调试，试运行

5. 电梯分部工程划分

分部工程	子分部工程	分项工程
电梯	电力驱动的曳引式或强制式电梯	设备进场验收，土建交接检验，驱动主机，导轨，门系统，轿厢，对重，安全部件，悬挂装置，随行电缆，补偿装置，电气装置，整机安装验收
	液压电梯	设备进场验收，土建交接检验，液压系统，导轨，门系统，轿厢，对重，安全部件，悬挂装置，随行电缆，电气装置，整机安装验收
	自动扶梯、自动人行道	设备进场验收，土建交接检验，整机安装验收

10.3.4 机电安装工程质量验收程序和组织

机电安装工程施工质量验收的一般程序为：检验批验收→分项工程验收→分部（子分部）工程验收→单位（子单位）工程验收。

1. 检验批及分项工程验收程序

检验批应由专业监理工程师组织施工单位项目专业质量检查员、专业工长等进行验收分项工程应由专业监理工程师组织施工单位项目专业技术负责人等进行验收。

2. 分部工程验收程序

分部工程由施工单位项目负责人组织检验评定合格后，向监理单位提出分部工程验收的报告，总监理工程师（建设单位项目负责人）组织施工单位项目负责人和技术、质量负责人等进行验收。

3. 单位工程验收程序

单位工程完成后，施工单位首先要根据质量标准、设计图纸等组织有关人员进行自检，并对检查结果进行评定，符合要求后向建设单位提交工程验收报告和完整的质量资料，向建设单位申请组织验收。

建设单位收到工程竣工报告后，应由建设单位项目负责人组织施工（含分包单位）、设计、监理等单位项目负责人共同进行单位工程验收。

单位工程竣工验收应具备的条件：

1）完成建设工程设计和合同约定的各项内容。
2）有完整的技术档案和施工管理资料。
3）有工程使用的材料、构配件和设备进场试验报告。
4）有设计、施工和监理等单位签署的资料合格文件。
5）有施工单位签署的工程保修书。

4. 机电分包工程施工验收程序

通常机电工程作为分包工程，验收时分包单位对所承包的施工项目应按标准规定的程序进行检查评定，总包单位应派相关人员参加检查评定。分包工程完成后，应将工程有关资料移交总包单位。

由于《建设工程承包合同》的双方主体是建设单位和总承包单位，总承包单位应按照承包合同的权利义务对建设单位负总责。分包单位对总承包单位负责，亦应对建设单位负责。因此，分包单位对承建的项目进行检验时，总包单位应参加，检验合格后，分包单位应将工程的有关资料移交总包单位，待建设单位组织单位工程质量竣工验收时，分包单位负责人也应参加验收。

10.3.5 机电安装工程施工质量验收规定

1. 检验批合格规定

1）主控项目和一般项目的质量经抽样检验合格。
2）具有完整的施工操作依据和质量检查记录。

检验批是工程验收的最小单位，是分项工程乃至整个建筑工程质量验收的基础。检验批是施工过程中条件相同并具有一定数量的材料、构配件或安装项目，由于其质量基本均匀一致，因此可以作为检验的基础单位，按批验收。

检验批质量合格的条件，包括两个方面：一是资料完整；二是主控项目和一般项目符合检验规定要求。

质量控制资料是检验批从原材料到最终验收的各施工工序的操作依据，包括了检查情况以及保证质量所必需的管理制度等。对其完整性的检查，实际是对过程控制的确认。

为了使检验批的质量符合安全和功能的基本要求，达到保证建筑工程质量的目的，各专业工程质量验收规范应对各检验批的主控项目、一般项目的子项合格质量给予明确的规定。检验批的合格质量主要取决于对主控项目和一般项目的检验结果。主控项目是对检验批的基本质量起决定性影响的检验项目，因此必须全部符合有关专业工程验收规范的规定。这意味着主控项目具有否决权。由于主控项目对项目质量具有决定性的影响，必须从严要求。

2. 分项工程合格规定

1）分项工程所含的检验批均应符合合格质量的规定。
2）分项工程所含的检验批的质量验收记录应完整。

分项工程的验收在检验批的基础上进行。一般情况下，检验批和分项工程具有相同或相近的性质，只是批量的大小不同而已。分项工程合格质量的条件比较简单，只要构成分项工程的各检验批的验收资料文件完整，并且均已验收合格，分项工程的质量验收合格。

3. 分部工程合格规定

1）分部（子分部）工程所含分项工程的质量均验收合格。
2）质量控制资料完整。
3）设备安装分部工程有关安全、节能、环境保护及使用功能的检验和抽样检测结果符合有关规定。
4）观感质量验收应符合要求。

分部工程的验收在其所含各分项工程验收的基础上进行。

分部工程验收合格的条件：

首先，分部工程的各分项工程必须已验收合格且相应的质量控制资料文件必须完整，这是分部工程验收的基本条件。此外，由于各分项工程的性质不尽相同，因此作为分部工程不能简单地组合而加以验收，尚须增加以下两类检查项目。

其一，要对涉及安全和使用功能的地基基础、主体结构、有关安全及重要使用功能的安装分部工程应进行有关见证取样送样试验或抽样检测。其二，关于观感质量验收，这类检查往往难以定量，只能以观察、触摸或简单量测的方式进行，并由各个人的主观印象判断，检查结果是给出综合质量评价而不是合格与否。对于"差"的检查点应采取返修处理等方式补救。

4. 单位工程合格规定

单位工程质量验收也称质量竣工验收，其质量验收合格应符合下列规定：

（1）单位（子单位）工程所含分部（子分部）工程的质量均应验收合格。

（2）质量控制资料应完整。

（3）单位（子单位）工程所含分部工程有关安全、节能、环境保护和功能的检测资料应完整。

（4）主要功能项目的抽查结果应符合相关专业质量验收规范的规定。

（5）观感质量验收应符合要求。

5. 安装工程质量验收记录

安装工程质量验收记录应符合下列规定：

检验批的质量验收记录由施工项目专业质量检查员填写，监理工程师（建设单位项目专业技术负责人）组织项目专业质量检查员等进行验收。

分项工程质量应由监理工程师（建设单位项目专业技术负责人）组织项目专业技术负责人等进行验收。

分部（子分部）工程质量应由总监理工程师（建设单位项目专业负责人）组织施工项目经理和有关勘察、设计单位项目负责人一起进行验收。

验收记录由施工单位填写，验收结论则由监理（建设）单位填写。综合验收结论由参加验收各方共同商定，由建设单位填写，应对工程质量是否符合设计和规范要求及总体质量水平作出评价。

6. 建筑工程质量处理规定：

当建筑工程质量不符合要求时，应按下列规定进行处理。

（1）经返工重做或更换器具、设备的检验批，应重新进行验收。

（2）经有资质的检测单位检测鉴定能够达到设计要求的检验批，应予以验收。

（3）经有资质的检测单位检测鉴定达不到设计要求、但经原设计单位核算认可能够满足结构安全和使用功能的检验批，可予以验收。

（4）经返修或加固处理的分项、分部工程，满足安全使用要求，可按技术处理方案和协商文件进行验收。

一般情况下，不合格现象在最基本的验收单位——检验批时就应发现并及时处理，否则将影响后续检验批和相关的分项、分部工程的验收。非正常情况的处理分以下四种情况。

第一种情况，是指在检验批验收时，其主控项目不能满足验收规范或一般项目超过偏差限值的子项不符合检验规定的要求时，需要及时进行处理的检验批。其中，严重的缺陷应推倒重来；一般的缺陷通过翻修或更换器具、设备予以解决，应允许施工单位在采取相应的措施后重新申请验收。如能够符合相应的专业工程质量验收规范，则应认为该检验批合格。

第二种情况,是指个别检验批发现试块强度不满足要求等问题,难以确定是否验收时,应请具有资质的法定检测单位进行检测。当鉴定结果能够达到设计要求时,该检验批应认为通过验收。

第三种情况,如经检测鉴定达不到设计要求,但经原设计单位核算,仍能满足结构安全和使用功能的情况,该检验批可以予以验收。一般情况下,规范标准给出了满足安全和功能的最低限度要求,其实在设计中往往在此基础上留有一些余量。不满足设计要求和符合相应规范标准的要求,两者并不矛盾。

第四种情况,更为严重的缺陷或者超过检验批的更大范围内的缺陷,可能影响结构的安全性和使用功能。若经法定检测单位检测鉴定以后认为达不到规范标准的相应要求,即不能满足最低限度的安全储备和使用功能,则必须按一定的技术方案进行加固处理,使之能保证其满足安全使用的基本要求。这样可能会造成一些永久性的缺陷,如改变结构外形尺寸,影响一些次要的使用功能等。为了避免社会财富更大的损失,在不影响安全和主要使用功能条件下可按处理技术方案和协商文件进行验收,责任方应承担相应的经济责任,但这种情况不能作为轻视质量而回避责任的一种出路,这是应该特别注意的。

(5) 通过返修或加固处理仍不能满足安全使用要求的分部工程、单位(子单位)工程,严禁验收。

10.4 施工质量事故处理

10.4.1 施工质量事故分类

1. 工程质量事故的概念

工程质量事故,是指由于建设、勘察、设计、施工、监理等单位违反工程质量有关法律法规和工程建设标准,使工程产生结构安全、重要使用功能等方面的质量缺陷,造成人身伤亡或者重大经济损失的事故。

2. 工程质量事故的分类

1) 施工质量事故按性质后果分类

根据住房和城乡建设部建质[2010]111号文《关于做好房屋建筑和市政基础设施工程质量事故报告和调查处理工作的通知》规定:根据工程质量事故造成的人员伤亡或者直接经济损失,工程质量事故分为4个等级:

(1) 特别重大事故,是指造成30人以上死亡,或者100人以上重伤,或者1亿元以上直接经济损失的事故;

(2) 重大事故,是指造成10人以上30人以下死亡,或者50人以上100人以下重伤,或者5000万元以上1亿元以下直接经济损失的事故;

(3) 较大事故,是指造成3人以上10人以下死亡,或者10人以上50人以下重伤,或者1000万元以上5000万元以下直接经济损失的事故;

(4) 一般事故,是指造成3人以下死亡,或者10人以下重伤,或者100万元以上1000万元以下直接经济损失的事故。

本等级划分所称的"以上"包括本数,所称的"以下"不包括本数。

2)按事故责任分类

(1)指导责任事故,如施工技术方案未经分析论证,贸然组织施工;违背施工程序指挥施工等。

(2)操作责任事故,如工序未执行施工操作规程;无证上岗等。

3)按质量事故产生的原因分类

(1)技术原因引发的质量事故。是指在工程项目实施中由于设计、施工在技术上的失误造成的质量事故。例如采用了不适宜的施工方法或施工工艺等引起的质量事故。

(2)管理原因引发的质量事故。指管理上的不完善或失误引发的质量事故。例如,施工单位或监理单位的质量体系不完善,检验制度不严密,质量控制不严格,质量管理措施落实不力,检测仪器设备管理不善而失准,材料检验不严等原因引起的质量事故。

10.4.2 施工质量事故的处理方法

1. 施工质量事故处理的程序

事故报告→现场保护→事故调查→撰写事故调查报告→事故处理报告。

1)事故报告

施工现场发生质量事故时,施工负责人(项目经理)应按规定的时间和规定的程序,及时向企业报告事故状况,内容包括:事故发生的工程名称、部位、时间、地点;事故经过及主要状况和后果;事故原因的初步分析判断;现场已采取的控制事态的措施;对企业紧急请求的有关事项等。

2)现场保护

当施工过程发生质量事故,尤其是导致土方、结构、施工模板、平台坍塌等安全事故造成人员伤亡时,施工负责人应视事故的具体状况,组织在场人员果断采取应急措施保护现场,救护人员,防止事故扩大。同时做好现场记录、标识、拍照等,为后续的事故调查保留客观真实场景。

3)事故调查

事故调查是搞清质量事故原因,有效进行技术处理,分清质量事故责任的重要手段。事故调查包括现场施工管理组织的自查和来自企业的技术、质量管理部门的调查;此外根据事故的性质,需要接受政府建设行政主管部门、工程质量监督部门以及检察、劳动部门等的调查,现场施工管理组织应积极配合,如实提供情况和资料。

4)事故处理

事故处理包括两大方面,即:①事故的技术处理,解决施工质量不合格和缺陷问题;②事故的责任处罚,根据事故性质、损失大小、情节轻重对责任单位和责任人作出行政处分直至追究刑事责任等的不同处罚。

2. 施工质量事故处理的方式

施工质量事故处理方式有:返工、返修、限制使用、不作处理四种情况。

1)返工处理,当工程质量缺陷经过修补处理后不能满足规定的质量标准要求,或不具备补救可能性的采取返工处理。

2)返修处理,对于工程某些部分的质量虽未达到规范标准或设计的要求,存在一定的缺陷，但经过修补后可以达到要求的质量标准，又不影响施工功能或外观的要求，可采取返修处理。

3）限制使用，当工程缺陷按返修方法处理后，无法保证达到规定的使用要求和安全要求，而又无法返工处理的情况下，可按限制使用处理。

4）不作处理，对于某些工程质量问题，虽然达不到规定的要求或标准，但其情况不严重，对工程的使用和安全影响很小，经过论证和设计单位认可后，可不作专门处理。

10.5 施工技术资料管理

施工技术资料是反映建筑工程质量和工作质量状况的重要依据，也是评定建筑安装工程质量等级的重要依据，是单位工程事故处理、鉴定、日后维修、扩建改造、更新以及工程结算、争议解决的重要档案材料。《建设工程文件归档整理规范》GB/T 50328 对建设工程的技术文件整理作出了详细的规定。

建设工程施工技术资料主要包括：建筑安装土建（建筑与结构）工程资料；建筑安装电气、给水排水、消防、采暖、通风空调、燃气、建筑智能化、电梯工程资料；建筑安装室外工程资料；市政基础设施工程施工技术资料；工业设备、管道、电气、仪表等。

特种设备压力管道安装的工程技术资料还需遵守国家或地方对特种设备和压力管道的管理要求。

10.5.1 工程技术资料管理一般工作程序

（1）工程开工前，项目技术负责人应根据项目的具体情况、建设单位（监理）、地方档案馆的要求建立一套本项目的施工技术资料清单经现场工程师确认。

（2）项目各级管理人员应及时向项目技术负责人或专业工程师提供各自的工程技术资料，技术负责人或专业工程师在了解各试验、检查等情况后及时将资料交资料员保存，工程技术资料收集与整理应与工程进度同步，技术负责人随时检查资料完整性真实性和准确性。

（3）资料员应对所有资料建立清单，在收到技术资料后应检查资料是否符合要求及时对符合要求的资料进行编号，登记到资料清单上并按类和时间顺序装盒保存。

（4）工程竣工后项目资料员及时进行组卷、装订工作，组卷装订应符合地方和公司档案要求。

（5）施工技术资料在竣工验收后项目技术负责人按地方和建设单位的要求与建设单位合同规定的份数移交给建设单位并交上级（公司）档案室一份。

（6）施工技术资料在移交时应办理移交手续并由双方承办人和负责人签章。

10.5.2 施工技术资料的内容

1. 一般施工记录资料，内容包括：
1）施工组织设计；
2）技术交底；
3）施工日志；

4）开工报告；

5）竣工报告；

6）交工验收证明书。

2. **图纸变更记录资料**，内容包括：

1）图纸会审记录；

2）设计变更记录；

3）工程洽商记录。

3. **设备、产品质量检查安装记录资料**，内容包括：

1）设备产品质量合格证、质量保证书；

2）设备装箱单、商检证明和说明书、开箱报告；

3）设备安装记录；

4）设备试运行记录；

5）设备明细表。

4. **预检记录资料**

5. **隐蔽工程检查记录资料**

6. **施工试验记录资料**，内容包括：

1）电气接地电阻、绝缘电阻、综合布线、有线电视末端等测试记录；

2）楼宇自控、监视、安装、视听、电话等系统调试记录；

3）变配电设备安装、检查、通电、满负荷测试记录；

4）给水排水、消防、采暖、通风空调、燃气等管道强度、严密性、灌水、通水、吹洗、漏风、试压、通球、阀门等试验记录；

5）电气照明、动力、给水排水、消防、采暖、通风空调、燃气等系统调试、试运行记录；

6）电梯接地电阻、绝缘电阻测试记录；空载、半载、满载、超载试运行记录；平衡、运速、噪声调整试验报告。

7. **质量事故处理记录资料**

8. **工程质量检验记录资料**，内容包括：

1）检验批质量验收记录；

2）分项工程质量验收记录；

3）分部、子分部工程质量验收记录。

9. **工程竣工图**

10.6 工程质量保修和回访

10.6.1 工程质量保修

根据《建设工程质量管理条例》规定，建设工程实行质量保修制度。建设工程承包单位在向建设单位提交工程竣工验收报告时，应当向建设单位出具质量保修书。质量保修书中应当明确建设工程的保修范围、保修期限和保修责任等。

工程质量保修是指施工单位对工程竣工验收后，在保修期限内出现的质量不符合工程建设强制性标准以及合同的约定等质量缺陷，予以修复。

施工单位应当在保修期内，履行与建设单位约定的工程质量保修书中的关于保修期限、保修范围和保修责任等义务。

1. 机电安装工程保修期限

在正常使用条件下，工程的保修期应从工程竣工验收合格之日起计算，其最低保修期限为：

1）供热与供冷系统，为2个采暖期、供冷期；
2）电气管线、给水排水管道、设备安装为2年；

住宅小区内的给水排水设施、道路等配套工程及其他项目的保修期由建设单位和施工单位约定。

2. 保修范围

对机电安装工程主要有：供热与供冷系统、电气管线、给排水管道、设备安装以及双方约定的其他项目，由于施工单位施工责任造成的建筑物使用功能不良或无法使用的问题都应实行保修。

凡是由于用户使用不当或第三方造成损坏的；以及或可抗力造成的质量缺陷等，均不属保修范围，由建设单位自行组织修理。

10.6.2 工程回访

1. 工程回访的要求与内容

工程回访应纳入承包人的工作计划、服务控制程序和质量管理体系文件中。

工程回访工作计划由施工单位编制，其内容有：

（1）主管回访保修业务的部门。
（2）工程回访的执行单位。
（3）回访的对象（发包人或使用人）及其工程名称。
（4）回访时间安排和主要内容。
（5）回访工程的保修期限。

工程回访一般由施工单位的领导组织生产、技术、质量、水电等有关部门人员参加。通过实地察看、召开座谈会等形式，听取建设单位、用户的意见、建议，了解建筑物使用情况和设备的运转情况等。每次回访结束后，执行单位都要认真做好回访记录。全部回访结束，要编写"回访服务报告"。施工单位应与建设单位和用户经常联系和沟通，对回访中发现的问题认真对待，及时处理和解决。

主管部门应依据回访记录对回访服务的实施效果进行验证。

2. 工程回访的主要类型

1）例行性回访。一般以电话询问、开座谈会等形式进行，每半年或一年一次，了解日常使用情况和用户意见；保修期满之前回访，对该项目进行保修总结，向用户交代维护和使用事项。

2）季节性回访。雨季回访屋面及排水工程、制冷工程、通风工程；冬季回访锅炉房及采暖工程，及时解决发生的质量缺陷。

3）技术性回访。主要了解在施工过程中采用了新材料、新设备、新工艺、新技术的工程，回访其使用效果和技术性能、状态，以便及时解决存在问题，同时还要总结经验，提出改进、完善和推广的依据和措施。

10.7 质量管理体系介绍

《质量管理体系　基础和术语》GB/T 19000-2008 质量管理体系标准是我国按等同原则，从 2008 版 ISO 9000 族国际标准化而成的质量管理体系标准。

八项质量管理原则是 2008 版 ISO 9000 族标准的编制基础，是近年来在质量管理理论和实践的基础上提出来的，是做好质量管理工作必须遵循的准则。八项质量管理原则已成为改进组织业绩的框架，可帮助组织达到持续成功。质量管理八项原则的具体内容如下：

1. 以顾客为关注焦点

组织依存于其顾客。因此，组织应理解顾客当前和未来的需求，满足顾客的要求并争取超越顾客的期望。

组织贯彻实施以顾客为关注焦点的质量管理原则，有助于掌握市场动向，提高市场占有率，提高企业经营效益。

2. 领导作用

强调领导作用的原则，是因为质量管理体系是最高管理者推动的，领导者应将本组织的宗旨、方向和内部环境统一起来，并创造使员工能够充分参与实现组织目标的环境。

3. 全员参与

各级人员是组织之本。只有他们的充分参与，才能使他们的才干为组织带来收益。质量管理是一个系统工程，关系到过程中的每一个岗位和每一个人。实施全员参与这一质量管理原则，将会调动全体员工的积极性和创造性，努力工作，勇于负责，持续改进，作出贡献，这对提高质量管理体系的有效性和效率，具有极其重要的作用。

4. 过程方法

过程方法是将活动和相关的资源作为过程进行管理，可以更高效地得到期望的结果。因为过程概念反映了从输入到输出具有完整的质量概念，过程管理强调活动与资源结合，具有投入产出的概念，过程概念体现了用 PDCA 循环改进质量活动的思想。过程管理有利于适时进行测量，保证上下工序的质量。通过过程管理可以降低成本、缩短周期，从而可更高效地获得预期效果。

5. 管理的系统方法

管理的系统方法是将相互关联的过程作为系统加以识别、理解和管理，有助于组织提高实现目标的有效性和效率。

系统方法包括系统分析、系统工程和系统管理三大环节。系统分析是运用数据、资料或客观事实，确定要达到的优化目标。然后通过系统工程，设计或策划为达到目标而采取的措施和步骤，以及进行资源配置。最后在实施中通过系统管理而取得高效性和高效率。

在质量管理中采用系统方法，就是要把质量管理体系作为一个大系统，对组成质量管理体系的各个过程加以识别、理解和管理，以实现质量方针和质量目标。

6. 持续改进

持续改进是组织永恒的追求、永恒的目标、永恒的活动。为了满足顾客和其他相关方对质量更高期望的要求，为了赢得竞争的优势，必须不断地改进和提高产品及服务的质量。

7. 基于事实的决策方法

有效决策建立在数据和信息分析的基础上。基于事实的决策方法，首先应明确规定收集信息的种类、渠道和职责，保证资料能够为使用者得到。通过对得到的资料和信息分析，保证其准确可靠。通过对事实分析、判断，结合过去的经验作出决策并采取行动。

8. 与供方互利的关系

供方是产品和服务供应链上的第一环节，供方的过程是质量形成过程的组成部分。供方的质量影响产品和服务的质量，在组织的质量效益中包含有供方的贡献。供方应按组织的要求也建立质量管理体系。通过互利关系，可以增强组织及供方创造价值的能力，也有利于降低成本和优化资源配置，并增强对付风险的能力。

上述八项质量管理原则之间是相互联系和相互影响的。其中，以顾客为关注焦点是主要的，是满足顾客要求的核心。为了以顾客为关注焦点，必须持续改进，才能不断地满足顾客不断提高的要求。而持续改进又是依靠领导作用、全员参与和互利的供方关系来完成的。所采用的方法是过程方法（控制论）、管理的系统方法（系统论）和基于事实的决策方法（信息论）。可见，这八项质量管理原则体现了现代管理理论和实践发展的成果，并被人们普遍接受。

质量管理体系文件的内容

在 GB/T 19000-2008 中规定，质量管理体系文件应包括以下内容。

（1）形成文件的质量方针和质量目标。
（2）质量手册。
（3）质量管理标准所要求的各种生产、工作和管理的程序性文件。
（4）为确保其过程的有效策划、运行和控制所需的文件。
（5）质量管理标准所要求的质量记录。

不同组织的质量管理体系文件的多少与详略程度取决于组织的规模和活动的类型；过程及其相互作用的复杂程度；人员的能力。

1. 质量方针和质量目标

质量方针是组织的质量宗旨和质量方向，是实施和改进组织质量管理体系的推动力。质量方针提供了质量目标制定和评审的框架，是评价质量管理体系有效性的基础。质量方针一般均以简洁的文字来表述，应反映用户及社会对工程质量的要求及企业对质量水平和服务的承诺。

质量目标是指在质量方面所追求的目的。质量目标在质量方针给定框架内制定并展开，也是组织各职能和层次上所追求并加以实现的主要工作任务。

2. 质量手册

1) 质量手册定义

质量手册是质量体系建立和实施中所用主要文件的典型形式。

质量手册是阐明企业的质量政策、质量管理体系和质量实践的文件，它对质量体系作概括的表达,是质量体系文件中的主要文件。是企业的质量法规,也是实施和保持质量管理体系过程中应长期遵循的纲领性文件。

2)质量手册的性质

企业的质量手册应具备以下6个性质。

(1)指令性。质量手册所列文件是经企业领导批准的规章,具有指令性,是企业质量工作必须遵循的准则。

(2)系统性。包括工程产品质量形成全过程应控制的所有质量职能活动的内容。同时,将应控制内容展开落实到与工程产品形成直接有关的职能部门和部门人员的质量责任制,构成完整的质量管理体系。

(3)协调性。质量手册中各种文件之间应协调一致。

(4)先进性。采用国内外先进标准和科学的控制方法,体现以预防为主的原则。

(5)可操作性。质量手册的条款不是原则性的理论,应当是条文明确、规定具体和切实可以贯彻执行的。

(6)可检查性。质量手册中的文件规定,要有定性、定量要求,便于检查和监督。

3)质量手册的作用

(1)质量手册是企业质量工作的指南,使企业的质量工作有明确的方向。

(2)质量手册是企业的质量法规,使企业的质量工作能从"人治"走向"法治"。

(3)有了质量手册,企业质量体系审核和评价就有了依据。

(4)有了质量手册,使投资者(需方)在招标和选择施工单位时,对施工企业的质量保证能力、质量控制水平有充分的了解,并提供了见证。

3. 程序文件

质量管理体系程序文件是质量手册的支持性文件,是企业各职能部门为落实质量手册要求而规定的细则。

为确保过程的有效运行和控制,在程序文件的指导下,尚可按管理需要编制相关文件,如作业指导书、具体工程的质量计划等。

4. 质量记录

质量记录可提供产品、过程和体系符合要求及体系有效运行的证据。组织应制定形成文件的程序,以控制对质量记录的标识(可用颜色、编号等方式)、贮存(如环境要适宜)、保护(包括保管的要求)、检索(包括对编目、归档和查阅的规定)、保存期限(应根据工程特点、法规要求及合同要求等决定保存期)和处置(包括最终如何销毁)。

质量记录应清晰、完整地反映质量活动实施、验证和评审的情况,并记载关键活动的过程参数,具有可追溯性的特点。

第 11 章 施工项目进度管理

11.1 概 述

进度是指某项工作进行的速度,工程进度即为工程进行的速度。工程进度计划是指根据已批准的建设文件或签订的承发包合同,将工程项目的建设进度作出周密的安排。

建设工程项目是在动态条件下实施的,因此进度控制也就必须是一个动态的管理过程。它包括:

(1) 进度目标的分析和论证,其目的是论证进度目标是否合理,进度目标有否可能实现。如果经过科学的论证,目标不可能实现,则必须调整目标;

(2) 在收集资料和调查研究的基础上编制进度计划;

(3) 进度计划的跟踪检查与调整,它包括定期跟踪检查所编制进度计划的执行情况,若其执行有偏差,则采取纠偏措施,并视必要调整进度计划。

11.1.1 工程进度计划的分类

1. 根据工程建设的参与者来分

参与工程建设的每一个单位均要编制和自己任务相适应的进度计划。根据工程进度管理不同的需要和不同的用途,业主方和其他参与方可以构建多个不同的工程进度计划系统,由不同项目参与方的计划构成进度计划系统,从不同侧面进行进度控制。

业主方进度控制的任务是控制整个项目实施阶段的进度,包括控制设计准备阶段的工作进度、设计工作进度、施工进度、物资采购工作进度,以及项目动用前准备阶段的工作进度。

设计方进度控制的任务是依据设计任务委托合同对设计工作进度的要求控制设计工作进度,这是设计方履行合同的义务。另外,设计方应尽可能使设计工作的进度与招标、施工和物资采购等工作进度相协调。出图计划是设计方进度控制的依据,也是业主方控制设计进度的依据。

施工方进度控制的任务是依据施工任务委托合同对施工进度的要求控制施工进度,这是施工方履行合同的义务。在进度计划编制方面,施工方应视项目的特点和施工进度控制的需要,编制深度不同的控制性、指导性和实施性施工的进度计划,以及按不同计划周期(年度、季度、月度和旬)的施工计划等。

供货方进度控制的任务是依据供货合同的要求控制供货进度,这是供货方履行合同的义务。供货计划应包括供货的所有环节,如采购、加工制造、运输等。

2. 根据工程项目的实施阶段来分

根据工程项目的实施阶段,工程项目的进度计划可以分为以下几种。

（1）设计进度计划：即对设计阶段进度安排的计划。

（2）施工进度计划：施工阶段是进度管理的"操作过程"，要严格按计划进度实施，对造成计划偏离的各种干扰因素予以排除，保证进度目标实现。

（3）物资设备供应进度计划。其中，施工进度计划，可按实施阶段分解为年、季、月、旬等不同阶段的进度计划；也可按项目的结构分解为单位（项）工程、分部分项工程的进度计划等。

3. 根据计划功能不同来分

（1）控制性进度规划（计划）。

（2）指导性进度规划（计划）。

（3）实施性（操作性）进度计划等。

4. 根据计划深度不同来分

（1）总进度规划（计划）。

（2）项目子系统进度规划（计划）。

（3）项目子系统中的单项工程进度计划等。

11.1.2 工程工期

所谓工程工期是指工程从开工至竣工所经历的时间。工程工期一般按日历月计算，有明确的起止年月。可以分为定额工期、计算工期与合同工期。

1. 定额工期

定额工期指在平均建设管理水平、施工工艺和机械装备水平及正常的建设条件（自然的、社会经济的）下，工程从开工到竣工所经历的时间。

2. 计算工期

计算工期指根据项目方案具体的工艺、组织和管理等方面情况，排定网络计划后，根据网络计划所计算出的工期。

3. 合同工期

合同工期指业主与承包商签订的合同中确定的承包商完成所承包项目的工期，也即业主对项目工期的期望。合同工期的确定可参考定额工期或计划工期，也可根据投产计划来确定。广义的合同工期还应考虑因工程内容或工程量的变化、自然条件不利的变化、业主违约及应由业主承担的风险等，以及不属于承包人责任事件的发生，且经过监理工程师发布变更指令或批准承包人的工期索赔要求而允许延长的天数。

11.1.3 影响进度管理的因素

工程进度管理是一个动态过程，影响因素多，风险大，应认真分析和预测，采取合理措施，在动态管理中实现进度目标。影响工程进度管理的因素主要有以下几方面。

（1）业主。业主提出的建设工期目标的合理性、在资金及材料等方面的供应进度、业主各项准备工作的进度和业主项目管理的有效性等，均影响着建设项目的进度。

（2）勘察设计单位。勘察设计目标的确定、可投入的力量及其工作效率、各专业设计的配合，以及业主和设计单位的配合等均影响着建设项目进度控制。

（3）承包人。施工进度目标的确定、施工组织设计编制、投入的人力、资金及施工设备的规模，以及施工管理水平等均影响着建设项目进度控制。

（4）建设环境。建筑市场状况、国家财政经济形势、建设管理体制和当地施工条件（气象、水文、地形、地质、交通和建筑材料供应）等均影响着建设项目进度控制。

上述多方面的因素是客观存在的，但有许多是人为的，是可以预测和控制的，参与工程建设的各方要加强对各种影响因素的控制，确保进度管理目标的实现。

11.2 施工组织与流水施工

在工程项目施工过程中，可以采用以下三种组织方式：依次施工、平行施工与流水施工。

11.2.1 依次施工

依次施工是将拟建工程项目的整个建造过程分解成若干个施工过程，然后按照一定的施工顺序，各施工过程或施工段依次开工、依次完成的一种施工组织方式。这种施工方式组织简单，但由于同一工种工人无法连续施工造成窝工，从而使得施工工期较长。

11.2.2 平行施工

平行施工是所有施工对象的各施工段同时开工、同时完工的一种施工组织方式。这种施工方式施工速度最快，但由于工作面拥挤，同时投入的人力、物力过多而造成组织困难和资源浪费。

11.2.3 流水施工

流水施工是把施工对象划分成若干施工段，每个施工过程的专业队（组）依次连续地在每个施工段上进行作业，当前一个专业队（组）完成一个施工段的作业之后，就为下一个施工过程提供了作业面，不同的施工过程，按照工程对象的施工工艺要求，先后相继投入施工，使各专业队（组）在不同的空间范围内可以互不干扰地同时进行不同的工作。流水施工能够充分、合理地利用工作面争取时间，减少或避免工人停工、窝工。而且，由于其连续性、均衡性好，有利于提高劳动生产率，缩短工期。同时，可以促进施工技术与管理水平的提高。

例如超高层公建项目，可以随着结构施工进度进行流水施工，地下室机电安装、裙房机电安装、地上各层机电安装等。专业施工也可以形成流水作业，通风空调风管制作班组专门负责风管制作，风管安装班组专门从事风管安装，制作与安装形成流水作业。风管制作本身也可以形成流水作业，风管下料、咬口、折方等都可以形成流水作业。

11.3 网络计划技术

横道图是一种最简单、运用最广泛的传统的进度计划方法，尽管有许多新的计划技术，但由于横道图计划表中的进度线（横道）与时间坐标相对应，这种表达方式比较直观，容易看懂计划编制的意图。横道图进度计划也存在一些问题，如：

(1) 工序（工作）之间的逻辑关系可以设法表达，但不易表达清楚；

(2) 适用于手工编制计划；

(3) 没有通过严谨的进度计划时间参数计算，不能确定计划的关键工作、关键路线与时差；

(4) 计划调整只能用手工方式进行，其工作量较大；

(5) 难以适应大的进度计划系统。

与传统的横道图计划相比，网络计划的优点主要表现在以下几方面。

(1) 网络计划能够表示施工过程中各个环节之间互相依赖、互相制约的关系。对于工程的组织者和指挥者来说，就能够统筹兼顾，从全局出发，进行科学管理。

(2) 可以分辨出对全局具有决定性影响的工作，以便在组织实施计划时，能够分清主次，把有限的人力、物力首先用来完成这些关键工作。

(3) 可以从计划总工期的角度来计算各工序的时间参数。对于非关键的工作，可以计算其时差，从而为工期计划的调整优化提供科学的依据。

(4) 能够在工程实施之前进行模拟计算，可以知道其中的任何一道工序在整个工程中的地位以及对整个工程项目和其他工序的影响，从而使组织者心里有数。

(5) 网络计划可以使用计算机进行计算。一个规模庞大的工程，特别是进行计划优化时，必然要进行大量的计算，而这些计算往往是手工计算或使用一般的计算工具难以胜任的。使用网络计划，可以利用电子计算机进行准确快速的计算。

实际上，越是复杂多变的工程，越能体现出网络计划的优越性。这是因为网络计划的调整十分方便，一旦情况有了变化，通过网络计划的调整与计算，立即就能预计到会产生什么样的影响，从而及早采取措施。一项工程计划，如果能用横道图表达，就能用网络图来表达；并且网络图比横道图有着更广泛的适应性。网络图中的双代号网络、单代号网络与时标网络是进度计划表示过程中使用最多的网络图。

11.3.1 双代号网络图

1. 概述

双代号网络图是以箭线及其两端节点的编号表示工作的网络图。

1) 箭线（工作）

工作是泛指一项需要消耗人力、物力和时间的具体活动过程，也称工序、活动、作业。双代号网络图中，每一条箭线表示一项工作。箭线的箭尾节点 i 表示该工作的开始，箭线的箭头节点 j 表示该工作的完成。工作名称可标注在箭线的上方，完成该工作需要的持续时间可标注在箭线的下方，如图 11-1 所示。由于一项工作需要用一条箭线和其箭尾与箭头处两个圆圈中的号码来表示，故称为双代号网络计划。

双代号网络图中的工作分为三类：第一类工作是既需消耗时间，又需消耗资源的工作，称为一般工作；第二类工作只消耗时间而不消耗资源（如管道试压的稳压过程）；第三类工作，它既不消耗时间，也不需要消耗资源的工作，称为虚工作。虚工作是为了反映各

图 11-1 双代号网络图工作的表示方法

工作间的逻辑关系而引入的，并用虚箭线表示。虚箭线是实际工作中并不存在的一项虚设工作，故它们既不占用时间，也不消耗资源，一般起着工作之间的联系、区分和断路三个作用：

（1）联系作用是指应用虚箭线正确表达工作之间相互依存的关系。

（2）区分作用是指双代号网络图中每一项工作都必须用一条箭线和两个代号表示，若两项工作的代号相同时，应使用虚工作加以区分。

（3）断路作用是用虚箭线断掉多余联系，即在网络图中把无联系的工作连接上时，应加上虚工作将其断开。

在建设工程中，一条箭线表示项目中的一个施工过程，它可以是一道工序、一个分项工程、一个分部工程或一个单位工程，其粗细程度和工作范围的划分根据计划任务的需要确定。

2）节点（又称结点、事件）

节点是网络图中箭线之间的连接点。在时间上节点表示指向某节点的工作全部完成后该节点后面的工作才能开始的瞬间，它反映前后工作的交接点。网络图中有三个类型的节点。

（1）起点节点

即网络图的第一个节点它只有外向箭线（由节点向外指的箭线），一般表示一项任务或一个项目的开始。

（2）终点节点

即网络图的最后一个节点，它只有内向箭线（指向节点的箭线），一般表示一项任务或一个项目的完成。

（3）中间节点

即网络图中既有内向箭线，又有外向箭线的节点。

双代号网络图中，节点应用圆圈表示，并在圆圈内标注编号。一项工作应当只有唯一的一条箭线和相应的一对节点，且要求箭尾节点的编号小于其箭头节点的编号，网络图节点的编号顺序应从小到大，可不连续，但不允许重复。

3）线路

线路，又称路线。网络图从起点节点开始，沿箭头方向顺序通过一系列箭线与节点，最后达到终点节点的通路称为线路。一个网络图中，从起点节点到终点节点，一般都存在着许多条线路，每条线路上含若干工作。网络图中线路持续时间最长的线路称为关键路线。关键路线的持续时间又称网络计划的计算工期。同时，位于关键线路上的工作称为关键工作。其他线路长度均小于关键线路，称为非关键线路。

4）逻辑关系

工作之间的逻辑关系是指工作之间开始投入或完成的先后关系，工作之间的逻辑关系用紧前关系或紧后关系（一般用紧前关系）来表示。逻辑关系通常由工作的工艺关系和组织关系所决定。

①工艺关系。指生产工艺上客观存在的先后顺序关系，在图11-2中，管制1→管安1→管试1→管保1为工艺关系。

②组织关系。指在不违反工艺关系的前提下，人为安排的工作的先后顺序关系。在图

11-2 中，管制 1→管制 2、管安 1→管安 2 等为组织关系。

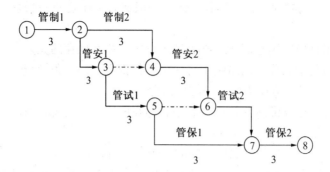

图 11-2　某管道工程关系

网络图必须正确地表达整个工程或任务的工艺流程和各工作开展的先后顺序，以及它们之间相互依赖和相互制约的逻辑关系。因此，绘制网络图时必须遵循一定的基本规则和要求。

2. 绘制规则

双代号网络图在绘制过程中，除正确表达逻辑关系外，还必须遵守以下绘图规则：

（1）网络图中严禁出现循环回路。图 11-3（a）所示的网络图中，出现了①→②→③→①的循环回路，这是工作逻辑关系的错误表达。

（2）在网络图中，不允许出现代号相同的箭线。图 11-3（b）中 A、B 两项工作的节点代号均是①—②，这是错误的，要用虚箭线加以处理，如图 11-3（c）所示。

（3）双代号网络图中，只允许有一个起始节点和一个终止节点。图 11-3（d）是错误的画法；图 11-3（e）是纠正后的正确画法；图 11-3（f）是较好的画法。

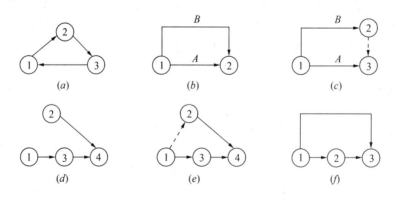

图 11-3　绘网络图规则

（4）网络图是有方向的，按习惯从第一个节点开始，宜保持从左向右顺序连接，不宜出现箭线箭头从右方向指向左方向。

（5）网络图中的节点编号不能出现重号，但允许跳跃顺序编号。用计算机计算网络时间参数时，要求一条箭线箭头节点编号应大于箭尾节点编号。

3. 时间参数的计算

双代号网络图中各个工作有 6 个时间参数，分别是：

最早开始时间 $ES_{i,j}$——表示工作 (i,j) 最早可能开始的时间；

最早结束时间 $EF_{i,j}$——表示工作 (i,j) 最早可能结束的时间；

最迟开始时间 $LS_{i,j}$——表示工作 (i,j) 最迟必须开始的时间；

最迟结束时间 $LF_{i,j}$——表示工作 (i,j) 最迟必须结束的时间；

总时差 $TF_{i,j}$——表示工作 (i,j) 在不影响总工期的条件下，可以延误的最长时间；

自由时差 $FF_{i,j}$——表示工作 (i,j) 在不影响紧后工作最早开始时间的条件下，允许延误的最长时间。

上述时间参数中的最早开始时间 $ES_{i,j}$ 最早结束时间 $EF_{i,j}$、最迟开始时间 $LS_{i,j}$ 及最迟结束时间 $LF_{i,j}$，应遵循期末法则，即各个参数表示的是相应数字的最后时刻，如 $ES_{i,j}=5$（天），表示工作 (i,j) 最早可能开始的时刻是 5 天后。

各个时间参数的计算公式如下：

若整个进度计划的开始时间为第 0 天，且节点编号有以下规律：$h<i<j<k<n$，则有：

（1）工作最早可能开始时间 $ES_{i,j}$ 最早可能结束时间 $EF_{i,j}$

开始工作：$ES_{i,j}=0$；$EF_{i,j}=0+d_{i,j}$

其他工作：$ES_{i,j}=\text{Max}\{EF_{h,i}\}$；$EF_{i,j}=ES_{i,j}+d_{i,j}$

式中　$EF_{h,i}$——工作 (i,j) 紧前工作的最早结束时间；

　　　$d_{i,j}$——工作 (i,j) 的持续时间。

（2）计算工期 T_c

$$T_c=\text{Max}\{EF_{m,n}\}$$

式中　$EF_{m,n}$——网络结束工作的最早完成时间。

（3）工作最迟必须开始时间 $LS_{i,j}$ 与最迟必须结束时间 $LF_{i,j}$

结束工作：若有规定工期 T_p，$LF_{m,n}=T_p$

若无规定工期 $LF_{m,n}=T_c$

$$LS_{m,n}=LF_{m,n}-d_{m,n}$$

其他工作：$LF_{i,j}=\min\{LS_{j,k}\}$

$$LS_{i,j}=LF_{i,j}-d_{i,j}$$

式中　$LS_{j,k}$——工作 (i,j) 紧后工作的最迟开始时间。

（4）总时差 $TF_{i,j}$

总时差等于其最迟开始时间减去最早开始时间，或等于最迟完成时间减去最早完成时间，总时差的计算公式为：

$$TF_{i,j}=LS_{i,j}-ES_{i,j}$$

$$TF_{i,j}=LF_{i,j}-EF_{i,j}$$

（5）自由时差 $FF_{i,j}$

当工作 $i-j$ 有紧后工作 $j-k$ 时，其自由时差应为：

$$FF_{i,j}=\min\{ES_{j,k}-EF_{i,j}\}$$

双代号网络图中各个工作的时间参数的计算，最为便捷的方法是直接在双代号网络图上计算，称为图上作业法。其计算步骤如下：

①最早时间。工作最早开始时间的计算从网络图的左边向右边逐项进行。先确定第一项工作的最早开始时间为0，将其与第一项工作的持续时间相加，即为该项工作的最早结束时间。以此，逐项进行计算。当计算到某工作的紧前有两项以上工作时，需要比较他们最早完成时间的大小，取大者为该项工作的最早开始时间。最后一个节点前有多项工作时，取最大的最早完成时间为计算工期。

②最迟时间。以该节点为完成节点的工作的最迟完成时间。工作最迟完成时间的计算从网络图的右边向左逐项进行。先确定计划工期，若无特殊要求，一般可取计算工期。与最后一个节点相接的工作的最迟完成时间为计划工期时间，将它与其持续时间相减，即为该工作的最迟开始时间。当计算到某工作的紧后有两项以上工作时，需要比较他们最迟开始时间的大小，取小者为该项工作的最迟完成时间。逆箭线方向逐项进行计算，一直算到第一个节点。

③总时差。该工作的完成节点的最迟时间减该工作开始节点的最早时间，再减去持续时间，即为该工作的总时差。

④自由时差。该工作的完成节点最早时间减该工作开始节点的最早时间，再减去持续时间。

⑤关键工作和关键线路。当计划工期和计算工期相等时，总时差为零的工作为关键工作。关键工作依次相连即得关键线路。当计划工期和计算工期之差为同一值时，则总时差为该值的工作为关键工作。

11.3.2 单代号网络

1. 概述

单代号网络图是以节点及其编号表示工作，以箭线表示工作之间逻辑关系的网络图，并在节点中加注工作代号、名称和持续时间，以形成单代号网络计划。单代号绘图法如图11-4所示。单代号网络图如图11-5所示。

图11-4 单代号绘图法工作的表示方法

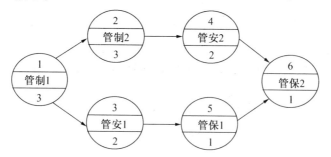

图11-5 单代号网络计划图

2. 单代号网络图的基本符号

1) 节点

单代号网络图中的每一个节点表示一项工作，节点宜用圆圈或矩形表示，节点所表示的工作名称、持续时间和工作代号等应标注在节点内，如图 11-4 所示。单代号网络图中的节点必须编号，编号标注在节点内，其号码可间断，但严禁重复，箭线的箭尾节点编号应小于箭头节点的编号。一项工作必须有唯一的一个节点及相应的一个编号。

2）箭线

单代号网络图中的箭线表示紧邻工作之间的逻辑关系，既不占用时间，也不消耗资源。箭线应画成水平直线、折线或斜线。箭线水平投影的方向应自左向右，表示工作的行进方向。工作时间的逻辑关系包括工艺关系和组织关系，在网络图中均表现为工作之间的先后顺序。

3）线路

单代号网络图中，各条线路应用该线路上的节点编号从小到大依次表述。

3. 单代号网络图的绘制规则

1）单代号网络图必须正确表达已确定的逻辑关系。
2）单代号网络图中，不允许出现循环回路。
3）单代号网络图中，不能出现双向箭头或无箭头的连线。
4）单代号网络图中，不能出现没有箭尾节点的箭线和没有箭头节点的箭线。
5）绘制网络图时，箭线不宜交叉，当交叉不可避免时，可采用过桥法或指向法绘制。
6）单代号网络图中只应有一个起点节点和一个终点节点。当网络图中有多项起点节点或多项终点节点时，应在网络图的两端分别设置一项虚工作，作为该网络图的起点节点和终点节点。

4. 时间参数计算

单代号网络图时间参数计算的方法和双代号网络图相同，计算最早时间从第一个节点算到最后一个节点，计算最迟时间从最后一个节点算到第一个节点。计算出最早时间和最迟时间，即可计算时差和分析关键线路。

令整个进度计划的开始时间为第 0 天，且节点编号有以下规律：$h<i<j<k<n$，则时间参数的计算公式如下：

（1）工作最早开始时间 ES_i 与工作最早结束时间 EF_i

开始工作：$ES_i = 0$；$EF_i = ES_i + d_i = d_i$

其他工作：$ES_i = \max\{EF_h\}$；$EF_i = ES_i + d_i$

式中 EF_h——工作 i 紧前工作的最早结束时间；

d_i——工作 i 的持续时间。

（2）计算工期 T_c

$$T_c = \max\{EF_n\}$$

式中 EF_n——网络结束工作的最早完成时间。

（3）工作最迟结束时间 LF_i 与工作最迟开始时间 LS_i

结束工作：若有规定工期 T_p，$LF_n = T_p$

若无规定工期 $LF_n = T_c$

$LS_n = LF_n - d_n$

其他工作：$LF_i = \min\{LS_j\}$；$LS_j = LF_i - d_i$

式中 LS_j——工作 i 紧后工作的最迟开始时间。

（4）工作总时差

$$TF_i = LS_i - ES_i = LF_i - EF_i$$

（5）工作自由时差 FF

$$FF_i = \min\{ES_j - EF_i\}$$

计算单代号网络图中各个工作的时间参数，最便捷的方法是直接在双代号网络图上计算其时间参数，即图上作业法。计算步骤同双代号网络图。

11.3.3 时标网络

所谓时标网络，是以时间坐标为尺度表示工作的进度网络，时间单位可大可小，如季度、月、旬、周或天等。双代号时标网络既可以表示工作的逻辑关系，又可以表示工作的持续时间。

1. 时标网络的表示

在时间坐标中，以实线表示工作，波形线表示自由时差，虚箭线表示虚工作。

2. 时标网络的绘图规则

绘制时标网络时，应遵循如下规定。

①时间长度是以所有符号在时标表上的水平位置及其水平投影长度表示的，与其所代表的时间值所对应。

②节点中心必须对准时标的刻度线。

③时标网络宜按最早时间编制。

3. 时标网络计划编制步骤

编制时标网络，一般应遵循如下步骤。

①绘制具有工作时间参数的双代号网络图。

②按最早开始时间确定每项工作的开始节点位置。

③按各工作持续时间长度绘制相应工作的实线部分，使其水平投影长度等于工作持续时间。

④用波形线（或者虚线）把实线部分与其紧后工作的开始节点连接起来。

4. 时标网络计划中关键线路和时间参数分析

时标网络计划中关键线路和时间参数分析方法如下：

①关键线路。所谓关键线路是指自终节点到始节点观察，不出现波形线的通路。

②计算工期。终节点与始节点所在位置的时间差值为计算工期。

③工作最早时间。每条箭尾中心所对应的时刻代表最早开始时间。没有自由时差的工作的最早完成时间是其箭头节点中心所对应的时刻。有自由时差的工作的最早完成时间是其箭头实线部分的右端所对应的时刻。

④作自由时差。指其波形线在水平坐标轴上的投影长度。

⑤时差。可从右到左逐个推算，其公式为

$$TF_{i,j} = \min\{TF_{j,k}\} + FF_{i,j}$$

式中 $TF_{j,k}$——工作 (i, j) 的紧后工作的总时差；

$FF_{i,j}$——工作 (i, j) 的自由时差。

11.4 施工项目进度控制

11.4.1 概念

施工项目进度控制是指在既定的工期内,编制出最优的施工进度计划,在执行该计划的施工中,经常检查施工实际进度情况,并将其与计划进度相比较。如有偏差,则分析产生偏差的原因,采取补救措施或调整、修改原计划,直至工程竣工。进度控制的最终目的是确保项目施工目标的实现,施工进度控制的总目标是建设工期。

工程施工的进度,受许多因素的影响,需要事先对影响进度的各种因素进行调查分析,预测它们对进度可能产生的影响,编制科学合理的进度计划,指导建设工作按计划进行。然后根据动态控制原理,不断进行检查,将实际情况与计划安排进行对比,找出偏离计划的原因,采取相应的措施,对进度进行调整或修正,再按新的计划实施,这样不断地计划、执行、检查、分析和调整计划的动态循环过程,就是进度控制。进度控制的主要环节包括进度检查、进度分析和进度的调整等。

11.4.2 影响施工项目进度的因素

由于施工项目具有规模大、周期长、参与单位多等特点,因而影响进度的因素很多。从产生的根源来看,主要来源于业主及上级机构、设计监理、施工及供货单位、政府、建设部门、有关协作单位和社会等。归纳起来,这些因素包括以下几方面:

①人的干扰因素。
②材料、机具和设备干扰因素。
③地基干扰因素。
④资金干扰因素。
⑤环境干扰因素。

受以上因素影响,工程会产生延期和延误。工程延误是指由于承包商自身的原因造成工期延长,损失由承包商自己承担,同时业主还有权对承包商违约误期罚款。工程延期是指由于承包商以外的原因造成的工期延长,经监理工程师批准的工程延期。所延长的时间属于合同工期的一部分,承包商不仅有权要求延长工期,而且还有向业主提出赔偿的要求。

11.4.3 施工项目进度控制的方法和措施

1. 施工项目进度控制的主要方法

(1) 行政方法

用行政方法控制进度,是指上级单位及上级领导人、本单位领导人,利用其行政地位和权力,发布进度指令,进行指导、协调和考核,利用激励手段(奖、罚、表扬、批评)、监督和督促等方式进行进度控制。

使用行政方法进行进度控制,优点是直接、迅速和有效,但应当注意其科学性,防止武断、主观和片面。

行政方法应结合政府监理开展工作，多一些指导，少一些指令。

行政方法控制进度的重点应是进度控制目标的决策或指导，在实施中应尽量让实施者自行控制，尽量少进行行政干预。

（2）经济方法

所谓进度控制经济方法，是指用经济类的手段对进度控制进行影响和制约。

在承发包合同中，要有有关工期和进度的条款。建设单位可以通过工期提前奖励和延期罚款实施进度控制，也可以通过物资的供应数量和进度实施进行控制。

施工企业内部也可以通过奖励或惩罚经济手段进行施工项目的进度控制。

（3）管理技术方法

进度控制的管理技术方法是指通过各种计划的编制、优化、实施和调整从而实现进度控制的方法，主要包括：流水作业方法、科学排序方法、网络计划方法、滚动计划方法和电子计算机辅助进度管理等。

2. 施工项目进度控制的措施

进度控制的措施包括组织措施、技术措施、经济措施和合同措施等。

（1）组织措施

进度控制的组织措施主要包括：

①建立进度控制小组，将进度控制任务落实到个人。

②建立进度报告制度和进度信息沟通网络。

③建立进度协调会议制度。

④建立进度计划审核制度。

⑤建立进度控制检查制度和调整制度。

⑥建立进度控制分析制度。

⑦建立图纸审查、及时办理工程变更和设计变更手续的措施。

（2）技术措施

进度控制的技术措施主要包括：

①采用多级网络计划技术和其他先进适用的计划技术。

②组织流水作业，保证作业连续、均衡、有节奏。

③缩短作业时间，减少技术间歇。

④采用电子计算机控制进度的措施。

⑤采用先进高效的技术和设备。

（3）经济措施

进度控制的经济措施主要包括：

①对工期缩短给予奖励。

②对应急赶工给予优厚的赶工费。

③对拖延工期给予罚款、收赔偿金。

④提供资金、设备、材料和加工订货等供应保证措施。

⑤及时办理预付款及工程进度款支付手续。

⑥加强索赔管理。

（4）合同措施

进度控制的合同措施包括：

①加强合同管理，加强组织、指挥和协调，以保证合同进度目标的实现。

②严格控制合同变更，对各方提出的工程变更和设计变更，经监理工程师严格审查后补进合同文件。

③加强风险管理，在合同中要充分考虑风险因素及其对进度的影响和处理办法等。

11.4.4 施工项目进度控制的内容

施工阶段是工程实体的形成阶段，对施工阶段进度进行控制是整个工程项目建设进度控制的重点。做好施工进度计划与项目建设总进度计划的衔接，跟踪检查施工进度计划的执行情况，在必要时对施工进度计划进行调整，对于控制工程建设进度总目标的实现具有重要的意义。

1. 施工阶段进度控制目标的确定

施工项目进度控制系统是一个有机的大系统，从目标上来看，它是由进度控制总目标、分目标和阶段目标组成；从进度控制计划上来看，它由项目总进度控制计划、单位工程进度计划和相应的设计、资源供应、资金供应和投产动用等计划组成。

（1）施工进度控制目标及其分解

保证工程项目按期建成交付是施工阶段进度控制的最终目标。为了有效控制施工进度，完成进度控制总目标，首先要从不同角度对施工进度总目标进行层层分解，形成施工进度控制目标网络体系，并以此作为实施进度控制的依据，展开进度控制计划。

工程建设进度控制目标体系如图 11-6 所示。

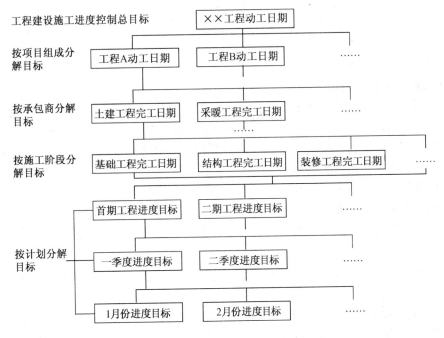

图 11-6 工程建设施工进度目标分解图

从图 11-6 中可以看出，工程建设不但要有项目建成交付使用的总工期目标，还要有各单项工程交工动用的分目标以及按承包商、施工阶段和不同计划期划分的分目标。各目标之间相互联系，共同构成施工阶段进度控制目标体系。其中，下级目标受上级目标的制约，只有下级目标保证上级目标，才能最终保证施工进度总目标的实现。

（2）施工进度控制目标的确定

为了提高进度计划的预见性和增强进度控制的主动性，在确定施工进度控制目标时，必须全面细致地分析与工程项目进度有关的各种有利和不利因素。只有这样，才能制定出一个科学、合理的进度控制目标。

确定施工进度控制目标的主要因素有：工程建设总进度对工期的要求；工期定额；类似工程项目的进度；工程难易程度和工程条件。在进行施工进度分解目标时，还要考虑以下因素。

①对于大型工程建设项目，应根据工期总目标对项目的要求集中力量分期分批建设，以便尽早投入使用，尽快发挥投资效益。

②合理安排土建与设备的综合施工。应根据工程和施工特点，合理安排土建施工与设备基础、设备安装的先后顺序及搭接、交叉或平行作业，明确设备工程对土建工程的要求以及需要土建工程为设备工程提供施工条件的内容及时间。

③结合本工程的特点，参考同类工程建设的建设经验确定施工进度目标。避免片面按主观愿望盲目确定进度目标，造成项目实施过程中进度的失控。

④做好资金供应、施工力量配备、物资（材料、构配件和设备）供应与施工进度需要的平衡工作，确保工程进度目标的要求不落空。

⑤考虑外部协作条件的配合情况。了解施工过程中及项目竣工动用所需的水、电气、通信、道路及其他社会服务项目的满足程序和满足时间。确保它们与有关项目的进度目标相互协调。

⑥考虑工程项目所在地区地形、地质、水文和气象等方面的限制条件。

2. 施工阶段进度控制的内容

施工项目进度控制是一个不断变化的动态控制的过程，也是一个循环进行的过程。它是指在限定的工期内，编制出最佳的施工进度计划，在执行该计划的施工过程中，经常将实际进度与计划进度进行比较，分析偏差，并采取必要的补救措施和调整、修改原计划，如此不断循环，直至工程竣工验收为止。

施工项目的进度控制主要包括以下内容。

（1）根据合同工期目标，编制施工准备工作计划、施工方案、项目施工总进度计划和单位工程施工进度计划，以确定工作内容、工作顺序、起止时间和衔接关系，为实施进度控制提供相关依据。

（2）编制月（旬）作业计划和施工任务书，作好进度记录以掌握施工实际情况，加强调度工作以促成进度的动态平衡，从而使进度计划的实施取得显著成效。

（3）采用实际进度与计划进度相对比的方法，把定期检查与应急检查相结合，对进度实施跟踪控制。实行进度控制报告制度，在每次检查之后，写出进度控制报告，提供给建设单位、监理单位和企业领导为进度纠偏提供依据，为日后更好地进行进度控制提供参考。

(4) 监督并协助分包单位实施其承包范围内的进度控制。

(5) 对项目及阶段进度控制目标的完成情况、进度控制中的经验和问题作出总结分析，积累进度控制信息，促进进度控制水平不断提高。

(6) 接受监理单位的施工进度控制监理。

进度控制的循环过程如图 11-7 所示。

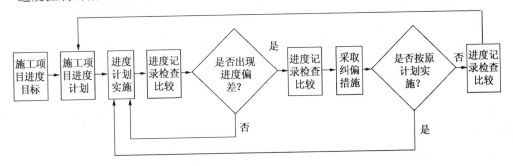

图 11-7 施工项目进度控制循环过程

11.4.5 进度计划实施中的监测与分析

在工程施工过程中，由于外部环境和条件的变化，很难事先对项目实施过程中可能出现的所有问题进行全面的估计。气候变化、意外事故以及其他条件的变化都会对工程进度计划的实施产生影响，造成实际进度与计划进度的偏差。如果这种偏差得不到及时纠正，势必会影响到进度总目标的实现。为此，在施工进度计划的实施过程中，必须采取系统有效的进度控制措施，形成健全的进度报告采集制度收集进度控制数据，采取有效的监测手段来发现问题，并运用行之有效的进度调整方法来解决问题。

1. 进度监测

在工程项目的实施过程中，项目管理者必须经常地、定期地对进度的执行情况进行跟踪检查，发现问题，应及时采取有效措施加以解决。

施工进度的监测不仅是进度计划实施情况信息的主要来源，还是分析问题、采取措施、调整计划的依据。施工进度的监督是保证进度计划顺利实现的有效手段。因此，在施工进程中，应经常地、定期地跟踪监测施工实际进度情况，并且做好监督工作。主要包括以下几方面的工作。

进度计划执行中的跟踪监查：

跟踪监查施工实际进度是分析施工进度、调整施工进度的前提。其目的是收集实际施工进度的有关数据。

跟踪监查的主要工作是定期收集反映实际工程进度的有关数据。收集的方式：一是以报表的方式，二是进行现场实地检查。收集的进度数据如果不完整或不正确将导致不全面或不正确的决策，从而影响总体进度目标的实现。跟踪监测的时间、方式、内容和收集数据的质量，将直接影响控制工作的质量和效果。

(1) 监测的时间

监测的时间与施工项目的类型、规模、施工条件和对进度执行要求程度有关，通常分两类：一类是日常监测，另一类是定期监测。定期监测一般与计划的周期和召开现场会议的周期相一致，可视工程的情况，每月、每半月、每旬或每周监测一次。当施工中的某一阶段出现不利的进度信息，监测的间隔时间可相应缩短。日常监测是常驻现场的管理人员每日进行的监测，监测结果通常采用施工记录和施工日志的方法记载下来。

（2）监测的方式

监测和收集资料的方式：

①经常地、定期地收集进度报表资料。

②定期召开进度工作汇报会。

③派人员常驻现场，监测进度的实际执行情况。

为了保证汇报资料的准确性，进度控制的工作人员要经常到现场察看施工项目的实际进度情况。

（3）监测的内容

施工进度计划监测的内容是在进度计划执行记录的基础上，将实际执行结果与原计划的进度要求进行比较，比较的内容包括开始时间、结束时间、持续时间、逻辑关系、实物量或工作量、总工期、网络计划的关键线路及时差利用等。

2. 整理、统计和分析收集的数据

收集的数据要及时进行整理、统计和分析，形成与计划具有可比性的数据资料。例如根据本期检查实际完成量确定累计完成的量、本期完成的百分比和累计完成的百分比等数据资料。

对于收集到的施工实际进度数据，要进行必要的分析整理，按计划控制的工作项目内容进行统计，以相同的量纲和形象进度，形成与计划进度具有可比性的数据系统。一般可以按实物工程量、工作量和劳动消耗量以及累计百分比等整理和统计实际监测的数据，以便与相应的计划完成量对比分析。

1）对比分析实际进度与计划进度

对比分析实际进度与计划进度主要是将实际的数据与计划的数据进行比较，如将实际累计完成量、实际累计完成百分比与计划累计完成量、计划累计完成百分比进行比较。通常可利用表格形成各种进度比较报表或直接绘制比较图形来直观地反映实际与计划的偏差。

通过比较判断实际进度比计划进度拖后、超前还是与计划进度一致。

将收集的资料整理和统计成与计划进度具有可比性的数据后，用实际进度与计划进度的比较方法进行比较分析。可采用的比较通常有：横道图比较法、S形曲线比较法、"香蕉"形曲线比较法及前锋线比较法等。通过比较，得出实际进度与计划进度是一致、超前还是拖后，以便为决策提供依据。

2）编制进度控制报告

进度控制报告是把监测比较的结果，以及有关施工进度现状和发展趋势的情况，以最简练的书面报告形式提供给项目经理及各级业务职能负责人。承包单位的进度控制报告应提交给监理工程师，作为其控制进度、核发进度款的依据。

3）施工进度监测结果的处理

通过监测分析，如果进度偏差比较小，应在分析其产生原因的基础上采取有效控制和纠偏措施，解决矛盾，排除障碍，继续执行原进度计划。如果经过努力，确实不能按原计划实现时，再考虑对原计划进行必要的调整。如适当延长工期，或改变施工速度等。计划的调整一般是不可避免的，但应当慎重，尽量减少对计划的调整。

11.4.6 施工进度计划的调整

1. 概述

在项目进度监测过程中，一旦发现实际进度与计划进度不符，即出现进度偏差时，必须认真寻找产生进度偏差的原因，分析进度偏差对后续工作产生的影响，并采取必要的调整措施，以确保施工进度总目标的实现。

通过检查分析，如果发现原有施工进度计划不能适用实际情况时，为确保施工进度控制目标的实现或确定新的施工进展计划目标，需要对原有计划进行调整，并以调整后的计划作为施工进度控制的新依据。具体的过程如图11-8所示。

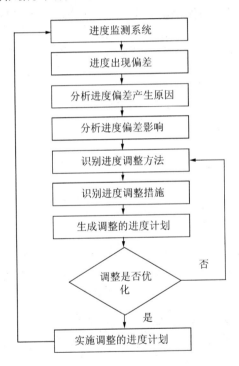

图11-8 项目进度调整系统过程

2. 进度计划实施中的调整方法

1）分析偏差对后续工作及总工期的影响

根据以上对实际进度与计划进度的比较，能显示出实际进度与计划进度之间的偏差。当这种偏差影响到工期时，应及时对施工进度进行调整，以实现通过对进度的检查达到对进度控制的目的，保证预定工期目标的实现。偏差的大小及其所处的位置，对后续工作和总工期的影响程度是不同的。用网络计划中总时差和自由时差的概念进行判断和分析，步骤如下：

(1) 分析出现进度偏差的工作是否为关键工作

根据工作所在线路的性质或时间参数的特点，判断其是否为关键工作。若出现偏差的工作为关键工作，则无论偏差大小，都必须采取相应 d 的调整措施。若出现偏差的工作不是关键工作，则需要根据偏差值 Δ 与总时差 TF 和自由时差 FF 的大小关系，确定对后续工作和总工期的影响程度。

(2) 分析进度偏差是否大于总时差

若进度偏差大于总时差，说明此偏差必将影响后续工作和总工期，必须采取相应的调整措施。若进度偏差小于或等于总时差，说明此偏差对总工期无影响，但它对后续工作的影响程度，需要根据此偏差与自由时差的比较情况来确定。

(3) 分析进度偏差是否大于自由时差

若进度偏差大于自由时差，说明此偏差对后续工作产生影响，应根据后续工作允许的影响程度来确定如何调整。若进度偏差小于或等于自由时差，则说明此偏差对后续工作无影响。因此，原进度计划可以不做调整。上述分析过程可用图 11-9 表示。

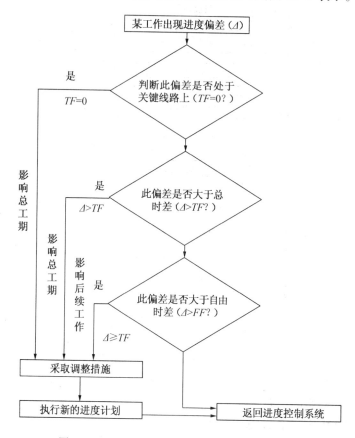

图 11-9 对后续工作和总工期影响分析过程图

通过以上分析，可以确定需要调整的工作和调整偏差的大小，以便采取调整措施，获得符合实际进度情况和计划目标的新进度计划。

2）进度计划的调整方法

在对实施进度计划分析的基础上，确定调整原计划的方法主要有以下两种。

（1）改变某些工作的逻辑关系

通过以上分析比较，如果进度产生的偏差影响了总工期，并且有关工作之间的逻辑关系允许改变，可以改变关键线路和超过计划工期的非关键线路上的有关工作之间的逻辑关系，以达到缩短工期的目的。

这种方法不改变工作的持续时间，而只是改变某些工作的开始时间和完成时间。对于大中型建设项目，因其单位工程较多且相互制约比较少，可调整的幅度比较大，所以容易采用平行作业的方法来调整施工进度计划。而对于单位工程项目，由于受工作之间工艺关系的限制，可调整的幅度比较小，所以通常采用搭接作业的方法来调整施工进度计划。

（2）改变某些工作的持续时间

不改变工作之间的先后顺序关系，只是通过改变某些工作的持续时间来解决所产生的工期进度偏差，使施工进度加快，从而保证实现计划工期。但应注意，这些被压缩持续时间的工作应是位于因实际施工进度的拖延而引起总工期延长的关键线路和某些非关键线路上的工作，且这些工作又是可压缩持续时间的工作。具体措施如下：

①组织措施：增加工作面，组织更多的施工队伍。增加每天的施工时间。增加劳动力和施工机械的数量。

②技术措施：改进施工工艺和施工技术，缩短工艺技术间歇时间。采用更先进的施工方法，加快施工进度；用更先进的施工机械。

③经济措施：实行包干激励，提高奖励金额。对所采取的技术措施给予相应的经济补偿。

④其他配套措施：改善外部配合条件，改善劳动条件，实施强有力的调度等。

一般情况下，不管采取哪种措施，都会增加费用。因此，在调整施工进度计划时，应利用费用优化的原理选择费用增加最少的关键工作作为压缩对象。

第12章 施工项目成本管理

施工项目成本管理的内容很广泛,贯穿于项目管理活动的全过程,从项目中标签约开始到施工准备、现场施工直至竣工验收,每个环节都离不开成本管理工作。施工项目成本管理要在保证质量和工期要求的前提下,采取有效措施将施工成本控制在计划范围内,并寻求最大程度的降低成本。施工成本管理的任务主要包括:成本预测、成本计划、成本控制、成本核算、成本分析和成本考核。

12.1 施工项目成本的组成

施工项目成本是指在建设工程项目的施工过程中所发生的全部生产费用的总和,包括消耗的各种原材料、辅助材料、构配件等费用,周转材料的摊销费用或租赁费用,施工机械的使用费用或租赁费用,支付给生产工人的工资、工资性津贴等费用,以及进行施工组织和管理所发生的全部费用支出。建设工程项目施工成本由直接成本和间接成本组成。

12.1.1 直接成本

直接成本是指施工过程中消耗的构成工程实体或有助于工程实体形成的各项费用支出,是可以直接计入工程对象的费用,包括直接工程费和措施费等。

1. 直接工程费

直接工程费是指施工过程中耗费的直接构成工程实体的各项费用,包括人工费、材料费、施工机械使用费。

1)人工费

人工费是指直接从事建筑安装工程施工的生产工人开支的各项费用,内容包括:基本工资、工资性补贴、生产工人辅助工资、职工福利费、生产工人劳动保护费。

人工费的计算公式为:人工费 = ∑(人工消耗量 × 日工资单价)

$$G = \sum G_i \quad (i = 1、2、3、4、5) \tag{12-1}$$

式中　G——日工资单价;

G_1——基本工资;

G_2——工资性补贴;

G_3——生产工人辅助工资;

G_4——职工福利费;

G_5——生产工人劳动保护费。

2) 材料费

材料费是指施工过程中耗费的构成工程实体的原材料、辅助材料、构配件、零件、半成品的费用,内容包括:材料原价、材料运杂费、运输损耗费、采购及保管费、检验试验费。

材料费的计算公式为:

材料费 = ∑(材料消耗量×材料基价) + 检验试验费

材料基价 = [(供应价格 + 运杂费)×(1 + 运输损耗率)]×(1 + 采购保管费率)

检验试验费 = ∑(单位材料量检验试验费×材料消耗量)

3) 施工机械使用费

施工机械使用费是指施工机械作业所发生的机械使用费以及机械安拆费和场外运费。施工机械台班单价由折旧费、大修理费、经常修理费、安拆费及场外运费、人工费、燃料动力费、其他费用组成。

2. 措施费

机电安装措施费是指机电安装实际施工中必须发生的施工准备和施工过程中技术、生活、安全、环境保护等方面的非工程实体项目的费用,内容包括:安全、文明施工费,夜间施工费,环境保护费,临时设施费,二次搬运费,大型机械设备进出场及安拆费,脚手架费,施工排水费,已完工程及设备保护费。

12.1.2 间接成本

间接成本是指为施工准备、组织和管理施工生产的全部费用的支出,是非直接用于也无法直接计入工程对象,但为进行工程施工所必须发生的费用,包括管理人员工资、办公费、差旅交通费等。间接成本由规费和企业管理费组成。

1. 规费

规费是指政府和有关权力部门规定必须缴纳的费用。内容包括:

1) 工程排污费

工程排污费是指施工现场按规定缴纳的工程排污费。

2) 社会保障费

社会保障费包括养老保险费、失业保险费、医疗保险费。其中:养老保险费是指企业按规定标准为职工缴纳的基本养老保险费;失业保险费是指企业按照国家规定标准为职工缴纳的失业保险费;医疗保险费是指企业按照规定标准为职工缴纳的基本医疗保险费。

3) 工程定额测定费

工程定额测定费是指按规定支付工程造价(定额)管理部门的定额测定费。

4) 危险作业意外伤害保险

危险作业意外伤害保险是指按照建筑法规定,企业为从事危险作业的建筑安装施工人员支付的意外伤害保险费。

5) 住房公积金

住房公积金是指企业按规定标准为职工缴纳的住房公积金。

2. 企业管理费

企业管理费是指建筑安装企业组织施工生产和经营管理所需费用，内容包括：管理人员工资、办公费、差旅交通费、固定资产使用费、工具用具使用费、劳动保险费、工会经费、职工教育经费、财产保险费、财务费、税金等。

12.2 施工项目成本管理体系

施工企业应建立健全项目成本管理体系，明确管理业务分工和责任关系。成本管理体系应包括两个不同层次的管理职能：

1. 企业管理层的成本管理

企业管理层是项目成本管理的决策与计划中心，确定项目投标价、合同价、成本目标、成本计划，通过项目管理目标责任书确定项目管理层的成本目标。

2. 项目管理层的成本管理

项目管理层是项目生产成本的控制中心，负责执行企业对项目提出的成本管理目标，在企业授权范围内实施可控责任成本的控制。

12.3 施工项目成本管理的流程

施工项目成本管理就是要在保证质量和工期满足要求的情况下，利用组织、经济、技术、合同等措施把成本控制在计划范围内，并进一步寻求最大程度的成本节约。施工成本管理的流程为：成本预测→成本计划→成本控制→成本核算→成本分析→成本考核。

12.3.1 施工项目成本预测

施工项目成本预测就是根据成本信息和施工项目的具体情况，运用一定的专门方法，对未来的成本水平及其可能发展趋势作出科学的估计，这是在施工以前对成本进行估算。通过成本预测，可以使项目经理部在满足业主和施工企业要求的前提下，选择成本低、效益好的最佳成本方案，并能够在施工项目成本形成过程中，针对薄弱环节，加强成本控制，克服盲目性，提高预见性。因此，施工项目成本预测是施工项目成本决策与计划的依据。

预测时，一般是对施工项目计划工期内影响其成本变化的各个因素进行分析，对照近期已完工施工项目或即将完工施工项目的成本（单位成本），预测这些因素对工程成本中有关项目的影响程度，预测出工程的单位成本或总成本。

成本预测的方法分为定性预测和定量预测两大类。

定性预测是指成本管理人员根据专业知识和实践经验，通过调查研究，利用已有资料，对成本费用的发展趋势及可能达到的水平所进行的分析和推断。

定量预测是利用历史成本费用统计资料以及成本费用与影响因素之间的数量关系，通过建立数量模型来推测、计算未来成本费用的可能结果。

12.3.2 施工项目成本计划

施工项目成本计划是以货币形式编制施工项目在计划期内的生产费用、成本水平、成本降低率以及为降低成本所采取的主要措施和规划的书面方案，它是建立施工项目成本管理责任制、开展成本控制和核算的基础。一般来说，一个施工项目成本计划应包括从开工到竣工所必需的施工成本，它是该施工项目降低成本的指导文件，是设立目标成本的依据，可以说，成本计划是目标成本的一种形式。

成本计划一般由直接成本计划和间接成本计划组成。直接成本计划反映项目直接成本的预算成本、计划降低额及计划降低率。间接成本计划反映间接成本的计划数及降低额，在计划制订中，成本项目应与会计核算中间接成本项目的内容一致。

此外项目成本计划还包括项目经理对可控责任目标成本分解后形成的各个实施性计划成本等。

1. 施工成本计划的编制要求

施工成本计划应满足的要求包括：
1）合同规定的项目质量和工期要求。
2）组织对施工成本管理目标的要求。
3）以经济合理的项目实施方案为基础的要求。
4）有关定额及市场价格的要求。

2. 施工项目成本计划的编制依据

施工项目成本计划的编制依据包括：
1）投标报价文件；
2）企业定额、施工预算；
3）施工组织设计或施工方案；
4）人工、材料、机械台班的市场价；
5）企业颁布的材料指导价、企业内部机械台班价格、劳动力内部挂牌价格；
6）周转设备内部租赁价格、摊销损耗标准；
7）已签订的工程合同、分包合同（或估价书）；
8）结构件外加工计划和合同；
9）有关财务成本核算制度和财务历史资料；
10）施工成本预测资料；
11）拟采取的降低施工成本的措施；
12）其他相关资料。

3. 施工项目成本计划的编制方法

1）按施工项目成本组成编制施工项目成本计划

施工项目成本可以按成本构成分解为人工费、材料费、施工机械使用费、措施项目费和企业管理费等。

2）按项目组成编制施工项目成本计划

大中型的工程项目通常是由若干单项工程构成的，而每个单项工程包括了多个单位工程，每个单位工程又是由若干个分部分项工程构成。因此，首先要把项目总施工成本分解到单项工程和单位工程中，再进一步分解为分部工程和分项工程。

在完成施工项目成本目标分解之后，接下来就要具体地分配成本，编制分项工程的成本支出计划，从而得到详细的成本计划表。

3) 按施工进度编制施工项目成本计划

编制按施工进度的施工成本计划,通常可利用控制项目进度的网络图进一步扩充而得。即在建立网络图时,一方面确定完成各项工作所需花费的时间,另一方面同时确定完成这一工作的合适的施工成本支出计划。在实践中,将工程项目分解为既能方便地表示时间,又能方便地表示施工成本支出计划的工作是不容易的,通常如果项目分解程度对时间控制合适的话,则对施工成本支出计划可能分解过细,以至于不可能对每项工作确定其施工成本支出计划。反之亦然。因此在编制网络计划时,应在充分考虑进度控制对项目划分要求的同时,还要考虑确定施工成本支出计划对项目划分的要求,做到两者兼顾。

以上三种编制施工成本计划的方法并不是相互独立的,在实践中,往往是将这几种方法结合起来使用,从而达到扬长避短的效果。例如:将按子项目分解项目总施工成本与按施工成本构成分解项目总施工成本两种方法相结合,横向按施工成本构成分解,纵向按子项目分解,或相反。这种分解方法有助于检查各分部分项工程施工成本构成是否完整,有无重复计算或漏算;同时还有助于检查各项具体的施工成本支出的对象是否明确或落实,并且可以从数字上校核分解的结果有无错误。或者还可将按子项目分解项目总施工成本计划与按时间分解项目总施工成本计划结合起来,一般纵向按子项目分解,横向按时间分解。

此外成本计划的编制方法还有目标利润法、技术进步法、按实计算法、定率估算法等。

12.3.3 施工项目成本控制

施工项目成本控制是指在施工过程中,对影响施工项目成本的各种因素加强管理,并采用各种有效措施,将施工中实际发生的各种消耗和支出进行监督、调节和控制,及时预防、发现和纠正偏差,保证项目成本目标的实现。

施工项目成本控制应贯穿于施工项目从投标阶段开始直到项目竣工验收的全过程,它是企业全面成本管理的重要环节。因此,必须明确各级管理组织和各级人员的责任和权限,这是成本控制的基础之一,必须给以足够的重视。

1. 项目成本控制的主要内容

项目成本控制的主要内容包括项目决策成本控制、投标费用控制、设计成本控制和施工成本控制等内容。

2. 施工成本控制分类

施工成本控制可分为事先控制、事中控制(过程控制)和事后控制。在项目的施工过程中,需按动态控制原理对实际施工成本的发生过程进行有效控制。

3. 施工成本控制的依据

施工成本控制的依据包括:

1) 工程承包合同;
2) 施工成本计划;
3) 进度报告;
4) 工程变更;
5) 施工组织设计;

6）分包合同文本等。

合同文件和成本计划是成本控制的目标，进度报告和工程变更与索赔资料是成本控制过程中的动态资料。

4. 施工成本控制的步骤

在确定了项目施工成本计划之后，必须定期地进行施工成本计划值与实际值的比较，当实际值偏离计划值时，分析产生偏差的原因，采取适当的纠偏措施，以确保施工成本控制目标的实现。其步骤如下：

1）比较

按照某种确定的方式将施工成本计划值与实际值逐项进行比较，以发现施工成本是否已超支。

2）分析

在比较的基础上，对比较的结果进行分析，以确定偏差的严重性及偏差产生的原因。这一步是施工成本控制工作的核心，其主要目的在于找出产生偏差的原因，从而采取有针对性的措施，减少或避免相同问题的再次发生或减少由此造成的损失。

3）预测

根据项目实施情况估算整个项目完成时的施工成本。预测的目的在于为决策提供支持。

4）纠偏

当工程项目的实际施工成本出现了偏差，应当根据工程的具体情况、偏差分析和预测的结果，采取适当的措施，以期达到使施工成本偏差尽可能小的目的。纠偏是施工成本控制中最具实质性的一步。只有通过纠偏，才能最终达到有效控制施工成本的目的。

5）检查

指对工程的进展进行跟踪和检查，及时了解工程进展状况以及纠偏措施的执行情况和效果，为今后的工作积累经验。

5. 施工成本控制的方法

施工成本控制的方法包括：

1）项目成本分析表法

项目成本分析表法是指利用项目中的各种表格进行成本分析和控制的方法。

2）工期-成本同步分析法

成本控制与进度控制之间有着必然的同步关系。如果成本与进度不对应，说明项目中出现虚亏或虚盈的现象。找出成本变化的真正原因，实施良好、有效的成本控制措施。

3）赢得值（挣值）法

赢得值法基本参数有三项，即已完工作预算费用、计划工作预算费用和已完工作实际费用。

（1）赢得值法的三个基本参数

①已完工作预算费用

已完工作预算费用为 $BCWP$（Budgeted Cost for Work Performed），是指在某一时间已经完成的工作（或部分工作），以批准认可的预算为标准所需要的资金总额，由于业主正是根据这个值为承包人完成的工作量支付相应的费用，也就是承包人获得（挣得）的金额，故称赢得值或挣值。

$$已完工作预算费用（BCWP）= 已完成工作量 \times 预算单价$$

②计划工作预算费用

计划工作预算费用，简称 BCWS（Budgeted Cost for Work Scheduled），即根据进度计划，在某一时刻应当完成的工作（或部分工作），以预算为标准所需要的资金总额，一般来说，除非合同有变更，BCWS 在工程实施过程中应保持不变。

$$计划工作预算费用（BCWS）= 计划工作量 \times 预算单价$$

③已完工作实际费用

已完工作实际费用，简称 ACWP（Actual Cost for Work Performed），即到某一时刻为止，已完成的工作（或部分工作）所实际花费的总金额。

$$已完工作实际费用（ACWP）= 已完成工作量 \times 实际单价$$

（2）赢得值法的四个评价指标

根据上述三个基本参数可以确定赢得值法的四个评价指标：

①费用偏差 CV（Cost Variance）

费用偏差（CV）= 已完工作预算费用（BCWP）− 已完工作实际费用（ACWP）

当费用偏差（CV）为负值时，即表示项目运行超出预算费用；当费用偏差（CV）为正值时，表示项目运行节支，实际费用没有超出预算费用。

②进度偏差 SV（Schedule Variance）

进度偏差（SV）= 已完工作预算费用（BCWP）− 计划工作预算费用（BCWS）

当进度偏差（SV）为负值时，表示进度延误，即实际进度落后于计划进度；当进度偏差（SV）为正值时，表示进度提前，即实际进度快于计划进度。

③费用绩效指数（CPI）

费用绩效指数（CPI）= 已完工作预算费用（BCWP）/ 已完工作实际费用（ACWP）

当费用绩效指数 $CPI < 1$ 时，表示超支，即实际费用高于预算费用；当费用绩效指数 $CPI > 1$ 时，表示节支，即实际费用低于预算费用。

④进度绩效指数（SPI）

进度绩效指数（SPI）= 已完工作预算费用（BCWP）/ 计划工作预算费用（BCWS）

当进度绩效指数 $SPI < 1$ 时，表示进度延误，即实际进度比计划进度拖后；当进度绩效指数 $SPI > 1$ 时，表示进度提前，即实际进度比计划进度快。

费用（进度）偏差反映的是绝对偏差，结果很直观，有助于费用管理人员了解项目费用出现偏差的绝对数额，并依此采取一定措施，制定或调整费用支出计划和资金筹措计划。费用（进度）偏差仅适合于对同一项目作偏差分析。费用（进度）绩效指数反映的是相对偏差，它不受项目层次的限制，也不受项目实施时间的限制，因而在同一项目和不同项目比较中均可采用。

12.3.4 施工项目成本核算

施工项目成本核算是指按照规定开支范围对施工费用进行归集和分配，计算出施工费用的实际发生额，并根据成本核算对象，采用适当的方法，计算出该施工项目的总成本和单位成本。施工项目成本核算所提供的各种成本信息是成本预测、成本计划、成本控制、成本分析和成本考核等各个环节的依据。

1. 施工成本核算的基本内容

施工成本核算的基本内容包括：

1）人工费核算；

2）材料费核算；

3）周转材料费核算；

4）结构件费核算；

5）机械使用费核算；

6）措施费核算；

7）分包工程成本核算；

8）间接费核算；

9）项目月度施工成本报告编制。

施工成本核算制是明确施工成本核算的原则、范围、程序、方法、内容、责任及要求的制度。

2. 施工成本核算的方法

施工成本核算的方法包括：

1）表格核算法：建立在内部各项成本核算基础上，由各要素部门和核算单位定期采集信息，按有关规定填制一系列的表格，完成数据比较、考核和简单的核算，形成项目施工成本核算体系，作为支撑项目施工成本核算的平台。此方法简捷明了，直观易懂，易于操作，但覆盖范围窄，核算债权债务困难。

2）会计核算法：建立在会计核算基础上，利用会计核算所独有的借贷记账法和收支全面核算的综合特点，按项目施工成本内容和收支范围，组织项目施工成本的核算。此方法核算严密、逻辑性强、人为干扰因素小、核算范围大，但对核算人员要求有较高的专业水平。

12.3.5 施工项目成本分析

施工成本分析是在施工成本核算的基础上，对成本的形成过程和影响成本升降的因素进行分析，以寻求进一步降低成本的途径，包括有利偏差的挖掘和不利偏差的纠正。它贯穿于施工成本管理的全过程，主要利用施工项目的成本核算资料，与计划成本、预算成本以及类似施工项目的实际成本等进行比较，了解成本的变动情况，同时也要分析主要技术经济指标对成本的影响，系统地研究成本变动原因，检查成本计划的合理性，深入揭示成本变动的规律，以便有效地进行成本管理控制。

1. 施工项目成本分析的依据

1）会计核算

会计核算主要是价值核算。它通过设置账户、复式记账、填制和审核凭证、登记账簿、成本计算、财产清查和编制会计报表等一系列有组织有系统的方法，来记录企业的一切生产经营活动，然后据以提出一些用货币来反映的有关各种综合性经济指标的数据。资产、负债、所有者权益、营业收入、成本、利润等会计六要素指标，主要是通过会计来核算。由于会计记录具有连续性、系统性、综合性等特点，所以它是施工成本分析的重要依据。

2）业务核算

业务核算是各业务部门根据业务工作的需要而建立的核算制度，它包括原始记录和计算登记表。业务核算的范围比会计、统计核算要广，会计和统计核算一般是对已经发生的经济活动进行核算，而业务核算不但可以对已经发生的，而且还可以对尚未发生或正在发生的或尚在构思中的经济活动进行核算，看是否可以做，是否有经济效果。它的特点是对个别的经济业务进行单项核算，只是记载单一的事项，最多是略有整理或稍加归类，不求提供综合性、总括性指标。核算范围不太固定，方法也很灵活，不像会计核算和统计核算那样有一套特定的系统的方法。业务核算的目的，在于迅速取得资料，在经济活动中及时采取措施进行调整。

3）统计核算

统计核算是利用会计核算资料和业务核算资料，把企业生产经营活动客观现状的大量数据，按统计方法加以系统整理，表明其规律性。统计除了主要研究大量的经济现象以外，也很重视个别先进事例与典型事例的研究。有时，为了使研究的对象更有典型性和代表性，还把一些偶然性的因素或次要的枝节问题予以剔除。为了对主要问题进行深入分析，不一定要求对企业的全部经济活动作出完整、全面的反映。

2．成本分析的基本方法

1）项目成本的分析方法

施工成本分析的方法包括比较法、因素分析法、差额计算法、比率法等基本方法。

（1）比较法

比较法，又称"指标对比分析法"，就是通过技术经济指标的对比，检查目标的完成情况，分析产生差异的原因，进而挖掘内部潜力的方法。这种方法，具有通俗易懂、简单易行、便于掌握的特点，因而得到了广泛的应用，但在应用时必须注意各技术经济指标的可比性。比较法的应用，通常有下列形式。

①将实际指标与目标指标对比。以此检查目标完成情况，分析影响目标完成的积极因素和消极因素，以便及时采取措施，保证成本目标的实现。在进行实际指标与目标指标对比时，还应注意目标本身有无问题。如果目标本身出现问题，则应调整目标，重新正确评价实际工作的成绩。

②本期实际指标与上期实际指标对比。通过这种对比，可以看出各项技术经济指标的变动情况，反映施工管理水平的提高程度。

③与本行业平均水平、先进水平对比。通过这种对比，可以反映本项目的技术管理和经济管理与行业的平均水平和先进水平的差距，进而采取措施赶超先进水平。

（2）因素分析法

因素分析法又称连环置换法。这种方法可用来分析各种因素对成本的影响程度。在进行分析时，首先要假定众多因素中的一个因素发生了变化，而其他因素不变，然后逐个替换，分别比较其计算结果，以确定各个因素的变化对成本的影响程度。因素分析法的计算步骤如下：

①确定分析对象，并计算出实际数与目标数的差异；

②确定该指标是由哪几个因素组成的，并按其相互关系进行排序；

③以目标数为基础,将各因素的目标数相乘,作为分析替代的基数;

④将各个因素的实际数按照上面的排列顺序进行替换计算,并将替换后的实际数保留下来;

⑤将每次替换计算所得的结果,与前一次的计算结果相比较,两者的差异即为该因素对成本的影响程度;

⑥各个因素的影响程度之和,应与分析对象的总差异相等。

(3) 差额计算法

差额计算法是因素分析法的一种简化形式,它利用各个因素的目标值与实际值的差额来计算其对成本的影响程度。

(4) 比率法

比率法是指用两个以上的指标的比例进行分析的方法。它的基本特点是:先把对比分析的数值变成相对数,再观察其相互之间的关系。常用的比率法有以下几种。

①相关比率法。由于项目经济活动的各个方面是相互联系、相互依存又相互影响的,因而可以将两个性质不同而又相关的指标加以对比,求出比率,并以此来考察经营成果的好坏。例如:产值和工资是两个不同的概念,但它们的关系又是投入与产出的关系。在一般情况下,都希望以最少的工资支出完成最大的产值。因此,用产值工资率指标来考核人工费的支出水平,就很能说明问题。

②构成比率法。又称比重分析法或结构对比分析法。通过构成比率,可以考察成本总量的构成情况及各成本项目占成本总量的比重,同时也可看出量、本、利的比例关系(即预算成本、实际成本和降低成本的比例关系),从而为寻求降低成本的途径指明方向。

③动态比率法。动态比率法,就是将同类指标不同时期的数值进行对比,求出比率,以分析该项指标的发展方向和发展速度。动态比率的计算,通常采用基期指数和环比指数两种方法。

2) 综合成本的分析方法

所谓综合成本,是指涉及多种生产要素,并受多种因素影响的成本费用,如分部分项工程成本、月(季)度成本、年度成本、竣工成本等。由于这些成本是随着项目施工的进展而逐步形成的,与生产经营有着密切的关系。因此,做好上述成本的分析工作,无疑将促进项目的生产经营管理,提高项目的经济效益。

(1) 分部分项工程成本分析

分部分项工程成本分析是施工项目成本分析的基础。分部分项工程成本分析的对象为已完成分部分项工程,分析的方法是:进行预算成本、目标成本和实际成本的"三算"对比,分别计算实际偏差和目标偏差,分析偏差产生的原因,为今后的分部分项工程成本寻求节约途径。

分部分项工程成本分析的资料来源(依据)是:预算成本来自投标报价成本,目标成本来自施工预算,实际成本来自施工任务单的实际工程量、实耗人工和限额领料单的实耗材料。

由于施工项目包括很多分部分项工程,不可能也没有必要对每一个分部分项工程都进行成本分析。特别是一些工程量小、成本费用微不足道的零星工程。但是,对于那些主要分部分项工程则必须进行成本分析,而且要做到从开工到竣工进行系统的成本分析。这是一项很有意义的工作,因为通过主要分部分项工程成本的系统分析,可以基本上了解项目成本形成的全过程,为竣工成本分析和今后的项目成本管理提供一份宝贵的参考资料。

(2) 月(季)度成本分析

月(季)度成本分析,是施工项目定期的、经常性的中间成本分析。对于具有一次性特点的施工项目来说,有着特别重要的意义。因为通过月(季)度成本分析,可以及时发现问题,以便按照成本目标指定的方向进行监督和控制,保证项目成本目标的实现。

月(季)度成本分析的依据是当月(季)的成本报表。分析的方法,通常有以下几个方面:

①通过实际成本与预算成本的对比,分析当月(季)的成本降低水平;通过累计实际成本与累计预算成本的对比,分析累计的成本降低水平,预测实现项目成本目标的前景。

②通过实际成本与目标成本的对比,分析目标成本的落实情况,以及目标管理中的问题和不足,进而采取措施,加强成本管理,保证成本目标的落实。

③通过对各成本项目的成本分析,可以了解成本总量的构成比例和成本管理的薄弱环节。

④通过主要技术经济指标的实际与目标对比,分析产量、工期、质量、材料节约率、机械利用率等对成本的影响。

⑤通过对技术组织措施执行效果的分析,寻求更加有效的节约途径。

⑥分析其他有利条件和不利条件对成本的影响。

(3) 年度成本分析

企业成本要求一年结算一次,不得将本年成本转入下一年度。而项目成本则以项目的寿命周期为结算期,要求从开工、竣工到保修期结束连续计算,最后结算出成本总量及其盈亏。

由于项目的施工周期一般较长,除进行月(季)度成本核算和分析外,还要进行年度成本的核算和分析。这不仅是为了满足企业汇编年度成本报表的需要,同时也是项目成本管理的需要。因为通过年度成本的综合分析,可以总结一年来成本管理的成绩和不足,为今后的成本管理提供经验和教训,从而可对项目成本进行更有效的管理。

年度成本分析的依据是年度成本报表。年度成本分析的内容,除了月(季)度成本分析的6个方面以外,重点是针对下一年度的施工进展情况规划提出切实可行的成本管理措施,以保证施工项目成本目标的实现。

(4) 竣工成本的综合分析

凡是有几个单位工程而且是单独进行成本核算(即成本核算对象)的施工项目,其竣工成本分析应以各单位工程竣工成本分析资料为基础,再加上项目经理部的经营效益(如资金调度、对外分包等所产生的效益)进行综合分析。如果施工项目只有一个成本核算对象(单位工程),就以该成本核算对象的竣工成本资料作为成本分析的依据。

单位工程竣工成本分析,应包括以下3方面内容:

①竣工成本分析;

②主要资源节超对比分析;

③主要技术节约措施及经济效果分析。

通过以上分析,可以全面了解单位工程的成本构成和降低成本的来源,对今后同类工程的成本管理很有参考价值。

12.3.6 施工项目成本考核

施工项目成本考核是指施工项目建设过程中或完成后,对施工项目成本形成中的各责任者,按施工项目成本目标责任制的有关规定,将成本的实际指标与计划、定额、预算进行对比和考核,评定施工项目成本计划的完成情况和各责任者的业绩,并以此给予相应的奖励和处罚。通过成本考核,做到有奖有惩,赏罚分明,才能有效地调动企业的每一个职工在各自的施工岗位上努力完成目标成本的积极性,为降低施工项目成本和增加企业的积累,作出自己的贡献。

项目成本考核的内容包括企业对项目成本的考核和企业对项目经理部可控责任成本的考核。企业对项目成本的考核包括对项目设计成本和施工成本目标(降低额)完成情况的考核和成本管理工作业绩的考核。企业对项目经理部可控责任成本的考核包括:

1) 项目成本目标和阶段成本目标完成情况;
2) 建立以项目经理为核心的成本管理责任制的落实情况;
3) 成本计划的编制和落实情况;
4) 对各部门、各施工队和班组责任成本的检查和考核情况;
5) 在成本管理中贯彻责权利相结合原则的执行情况。

另外项目经理还要对所属各部门、各施工队和班组也要进行成本考核,主要考核其责任成本的完成情况。

12.4 施工项目成本管理的措施

为了取得施工项目成本管理的理想成果,应当从多方面采取措施实施管理,通常可以将这些措施归纳为组织措施、技术措施、经济措施、合同措施4个方面。

12.4.1 组织措施

组织措施是从施工成本管理的组织方面采取的措施,如实行项目经理责任制,落实施工成本管理的组织机构和人员,明确各级施工成本管理人员的任务和职能分工、权利和责任,编制本阶段施工成本控制工作计划和详细的工作流程图等。施工成本管理不仅是专业成本管理人员的工作,各级项目管理人员都负有成本控制责任。组织措施是其他各类措施的前提和保障,而且一般不需要增加什么费用,运用得当可以收到良好的效果。

12.4.2 技术措施

施工过程中降低成本的技术措施,包括:进行技术经济分析,从多方案中确定最佳的施工方案;结合施工方法,进行材料使用的比选,在满足功能、安全、质量要求的前提下,通过代用、改变配合比、使用添加剂等方法降低材料消耗的费用;确定最经济合适的施工机械、设备使用方案。结合项目的施工组织设计及自然地理条件,降低材料的库存和运输成本;新技术、新材料的运用,新开发机械设备的使用等。

技术措施不仅对解决施工成本管理过程中的技术问题是不可缺少的,而且对纠正施工成本管理目标偏差也有相当重要的作用。因此，运用技术纠偏措施的关键，一是要能提出多个不同的技术方案，二是要对不同的技术方案进行技术经济分析。在实践中，要避免仅从技术角度选定方案而忽视对其经济效果的分析论证。

12.4.3 经济措施

管理人员应编制资金使用计划，确定、分解施工成本管理目标。对施工成本管理目标进行风险分析，并制定防范性对策。对各种支出，应认真做好资金的使用计划，并在施工中严格控制各项开支，及时准确地记录、收集、整理、核算实际发生的成本。对各种变更，及时做好增减账，及时落实业主签证，及时结算工程款。通过偏差原因分析和未完工程施工成本预测，可发现一些潜在的问题，其将引起未完工程施工成本的增加，对这些问题应以主动控制为出发点，及时采取预防措施。

12.4.4 合同措施

采用合同措施控制施工成本，应贯穿从合同谈判开始到合同终结的整个合同周期。首先是选用合适的合同结构，对各种合同结构模式进行分析、比较，在合同谈判时，要争取选用适合于工程规模、性质和特点的合同结构模式。其次，在合同的条款中应仔细考虑一切影响成本和效益的因素，特别是潜在的风险因素。通过对引起成本变动的风险因素的识别和分析，采取必要的风险对策，如通过合理的方式，增加承担风险的个体数量，降低损失发生的比例，并最终使这些策略反映在合同的具体条款中。在合同执行期间，合同管理的措施既要密切注视对方合同执行的情况，以寻求合同索赔的机会；同时也要密切关注自己履行合同的情况，以防止被对方索赔。

第13章 施工项目安全环境管理

企业建立并实施职业健康安全与环境管理体系,是工程项目管理的一项主要内容,是强化企业管理的需要,也是体现企业管理现代化的重要标志。随着人类社会进步和科技发展,职业健康安全与环境的问题越来越突出。为了保证劳动者在劳动生产过程中的健康安全和保护人类的生存环境,必须强化职业健康安全与环境管理。

在施工项目中,项目经理是安全环境管理的第一责任人,安全员是项目的安全环境工作专职人员。但是,安全环境管理和责任不只仅限于项目经理和安全管理人员,其中,关于项目专项施工方案、安全技术交底等技术上的安全环境管理工作,都是以项目各专业技术人员为中心展开的。本章将着重从施工方案和安全技术措施及环境管理的角度,分析安全生产及环境施工的各个要素。

13.1 施工项目安全管理概述

13.1.1 安全生产管理方针

建筑企业的安全生产方针是"安全第一、预防为主、综合治理",即强调在生产活动中必须强化安全生产,通过标本兼治,重在治本,尽可能将事故消灭在萌芽状态之中。安全施工方针的含义归纳起来主要有以下几方面的内容:

1. 安全第一的重要性

施工过程中的安全是生产发展的客观需要,特别是现代化施工,更要强化安全生产,把安全工作放在第一位,尤其是生产与安全发生矛盾时,生产必须服从安全,这是安全第一的含义。

2. 安全施工必须强调预防为主

安全施工以"预防为主"是现代生产发展的需要。现代施工技术日新月异,而且往往是学科综合运用,安全问题十分复杂,稍有疏忽就会酿成安全事故。预防为主,就是要进行事前控制,"防患于未然。"依靠科技进步,加强安全科学管理,搞好科学预测与分析工作,把工伤事故和职业危害消灭在萌芽状态中。"安全第一、预防为主"两者是相辅相成、互相促进的。"预防为主"是实现"安全第一"的基础。要做到安全第一,首先要搞好预防措施。预防工作做好了,才可以更好地保证安全生产,这也是在实践中总结出来的重要经验。

3. 综合治理重在治本

综合治理就是通过采取必要措施遏制重特大事故,实现治标的同时,积极探索和实施标本之策,综合运用科技手段、法律手段、经济手段和必要的行政手段,从发展规划、行业管理、安全投入、科技进步、经济政策、教育培训、安全立法、激励约束、企业管理、监管体制、社会监督以及追究事故责任、查处违法违纪等方面着手，解决影响制约我国安全生产的历史性、深层次的问题，做到思想认识上警钟长鸣，制度保证上严密有效，技术支撑上坚强有力，监督检查上严格细致，事故处理上严肃认真。

13.1.2 安全生产管理制度

安全生产管理制度是依据国家法律法规制定的，项目全体员工在生产经营活动中必须贯彻执行，同时也是企业规章制度的重要组成部分。通过建立安全生产管理制度，可以把企业员工组织起来，围绕安全目标进行生产建设。同时，我国的安全生产方针和法律法规也是通过安全生产管理制度去实现的。安全生产管理制度既有国家制定的，也有企业制定的。企业必须建立的基本制度包括：安全生产责任制、安全技术措施、安全生产培训和教育、安全生产定期检查、伤亡事故的调查和处理等制度。

13.2 施工安全管理体系

13.2.1 施工安全管理体系

施工安全管理体系是项目管理体系中的一个子系统，包括各级安全管理人员，安全防护措施和设备、安全管理规章制度、安全生产操作规范和规程以及安全生产管理信息等，安全贯穿于生产活动的方方面面，它是根据PDCA循环模式的运行方式，以逐步提高、持续改进的思想指导企业系统地实现安全管理的既定目标。因此，施工安全管理体系是一个动态的、自我调整和完善的管理系统。

建立施工安全管理文件的编制依据：《中华人民共和国建筑法》、《中华人民共和国安全生产法》、《建设工程安全生产管理条例》、《职业安全卫生管理体系标准》和国际劳工组织（110）167号《建筑业安全卫生公约》等法律、行政法规及规程的要求。

13.2.2 施工安全保证体系

1. 施工安全保证体系的含义

施工安全管理的工作目标，主要是避免或减少一般安全事故和轻伤事故，杜绝重大、特大安全事故和伤亡事故的发生，最大限度地确保施工中劳动者的人身和财产安全。能否达到这一施工安全管理的工作目标，关键是需要安全管理和安全技术来保证。

2. 施工安全保证体系的构成

施工安全保证体系由以下几个部分组成：施工安全的组织保证体系、施工安全的制度保证体系、施工安全的技术保证体系、施工安全的投入保证体系及施工安全的信息保证体系组成。

1）施工安全的组织保证体系

施工安全的组织保证体系是负责施工安全工作的组织管理系统，一般包括企业的最高权力机构、专职管理机构的设置和专兼职安全管理人员的配备（如企业的主要负责人，专职安全管理人员，企业、项目部项目经理及主管安全的管理人员、施工班组班组长、班组安全员）。

2）施工安全的制度保证体系

施工安全的制度保证体系是为贯彻执行安全生产法律、法规、强制性标准、工程施工设计和安全技术措施，确保施工安全而提供制度的支持与保证体系。

3）施工安全的技术保证体系

为了达到施工状态安全、施工行为安全以及安全生产管理到位的安全目的，施工安全的技术保证，就是为上述安全要求提供安全技术的保证，确保在施工中准确判断其安全的可靠性，对避免出现危险状况、事态作出限制和控制规定，对施工安全保险与排险措施给予规定以及对一切施工生产给予安全保证。

施工安全技术保证由专项工程、专项技术、专项管理、专项治理4种类别构成，每种类别又有若干项目，每个项目都包括安全可靠性技术、安全限控技术、安全保险与排险技术和安全保护技术4种技术。

4）施工安全投入保证体系

施工安全投入保证体系是确保施工安全应有与其要求相适应的人力、物力和财力投入，并发挥其投入效果的保证体系。其中，人力投入可在施工安全组织保证体系中解决，而物力和财力的投入则需要解决相应的资金问题。其资金来源为工程费用中的机械装备费、措施费（如脚手架费、环境保护费、安全文明施工费、临时设施费等）、管理费和劳动保险支出等。

5）施工安全信息保证体系

施工安全工作中的信息主要有文件信息、标准信息、管理信息、技术信息、安全施工状况信息及事故信息等，这些信息对于企业搞好安全施工工作具有重要的指导和参考作用。因此，企业应把这些信息作为安全施工的基础资料保存，建立起施工安全的信息保证体系，以便为施工安全工作提供有力的安全信息支持。

13.3 设备安装安全技术措施

13.3.1 概述

设备安装施工安全技术措施是在施工项目生产活动中，根据工程特点、规模、结构复杂程度、工期、施工现场环境、劳动组织、施工方法、施工机械设备、变配电设施、架设工具以及各项安全防护设施等方面，针对施工中存在的不安全因素进行预测和分析，找出危险源，从技术和管理上采取措施加以防范，消除不安全因素，防止事故发生，确保施工项目安全施工。

13.3.2 施工安全技术措施的编制要求

1）施工安全技术措施在施工前必须编制好，并且经过审批后正式下达施工单位指导施工。设计和施工发生变更时，安全技术措施必须及时变更或作补充。

2）根据不同分部分项工程的施工方法和施工工艺可能给施工带来的不安全因素，制定相应的施工安全技术措施，真正做到从技术上采取措施保证其安全实施。

（1）主要的分部分项工程，如给水、排水及采暖、建筑电气、通风与空调等都必须编制单独的分部分项工程施工安全技术措施。

（2）编制施工组织设计或施工方案时，在使用新技术、新工艺、新设备、新材料的同时，必须考虑相应的施工安全技术措施。

3）编制各种机械动力设备、用电设备的安全技术措施。

4）对于有毒、有害、易燃、易爆等项目的施工作业，必须考虑防止可能给施工人员造成危害的安全技术措施。

5）对于施工现场的周围环境中可能给施工人员及周围居民带来的不安全因素，以及由于施工现场狭小导致材料、构件、设备运输的困难和危险因素，制定相应的施工安全技术措施。

6）针对季节性施工的特点，必须制定相应的安全技术措施。夏季要制定防暑降温措施；雨期施工要制定防触电、防雷等措施；冬期施工要制定防风、防火、防滑、防煤气等相应的冬期施工措施。

7）制定的施工安全技术措施必须符合国家颁发的施工安全技术法规、规范及标准。

13.3.3 施工安全技术措施的主要内容

施工安全技术措施可按施工准备阶段和施工阶段编写。

1. 施工准备阶段安全技术措施

1）技术准备

（1）了解工程设计对安全施工的要求。

（2）调查工程的自然环境（水文、地质、气候、洪水、雷击等）和施工环境（粉尘、噪声、地下设施、管道和电缆的分布、走向等）对施工安全及施工对周围环境安全的影响。

（3）改扩建工程施工与建设单位使用、生产发生交叉，可能造成双方伤害时，双方应签订安全施工协议，搞好施工与生产的协调，明确双方责任，共同遵守安全事项。

（4）在施工组织设计中，编制切实可行、行之有效的安全技术措施，并严格履行审批手续，送安全部门备案。

2）物质准备

（1）及时供应质量合格的安全防护用品（安全帽、安全带、安全网等），并满足施工需要。

（2）保证特殊工种（电工、焊工、起重工等）使用工具、器械质量合格，技术性能良好。

（3）施工机具、设备等，须经安全技术性能检测，鉴定合格，防护装置齐全，制动装置可靠，方可进厂使用。

（4）施工周转材料须经认真挑选，不符合安全要求禁止使用。

3）施工现场准备

（1）按施工总平面图要求做好现场施工准备。

（2）现场各种临时设施、库房，易燃易爆品存放都必须符合安全规定和消防要求。

（3）电气线路、配电设备符合安全要求，有安全用电防护措施。

（4）场内道路畅通，设交通标志，危险地带设危险信号及禁止通行标志，保证行人、车辆通行安全。

（5）现场设消防栓，有足够的有效的灭火器材、设施。

4）施工队伍准备

（1）总包单位及分包单位都应持有《施工企业安全资格审查认可证》、签订安全生产协议后方可组织施工。

（2）新工人、特殊工种工人须经岗位技术培训、安全教育后，持合格证上岗。

（3）高险难作业工人须经身体检查合格，具有安全生产资格，方可施工作业。

（4）特殊工种作业人员，必须持有《特种作业操作证》方可上岗。

2. 施工阶段安全技术措施

（1）单项工程、单位工程均有安全技术措施，分部分项工程有安全技术具体措施，施工前由技术负责人向参加施工的有关人员进行安全技术交底，并应保存签字齐全的"安全交底记录"。

（2）安全技术应与施工生产技术统一，各项安全技术措施必须在相应的工序施工前落实好。

（3）操作者严格遵守相应的操作规程，实行标准化作业。

（4）针对采用的新工艺、新技术、新设备、新结构制定专门的施工安全技术措施。

（5）在明火作业现场（焊接、切割等工序）有防火、防爆措施。

（6）考虑不同季节的气候对施工生产带来的不安全因素可能造成的各种突发性事故，从防护上、技术上、管理上有预防自然灾害的专门安全技术措施。

13.3.4 安全技术交底

1. 安全技术措施交底的基本要求

1）项目部必须实行逐级安全技术交底制度，纵向延伸到班组全体作业人员。

2）技术交底必须具体、明确，针对性强。

3）技术交底的内容应针对分部分项工程施工中给作业人员带来的潜在危害和存在问题。

4）应优先采用新的安全技术措施。

5）应将工程概况、施工方法、施工程序、安全技术措施等向工长、班组长进行详细交底。

6）定期向由两个以上作业队和多工种进行交叉施工的作业队伍进行书面交底。

7）保持书面安全技术交底签字记录。

2. 安全技术交底主要内容

1）分项工程施工前，项目技术人员应当对有关安全施工的技术要求向施工作业班组、作业人员作出详细说明，并由双方签字确认。

2）安全技术交底内容：

（1）分部（分项）工程概况、资源配置、周边环境、气候等情况简介；

（2）作业场所、工作岗位、施工过程中存在的危险因素；

（3）应注意的安全事项；

（4）文明施工和环境管理的要求和措施；

（5）交叉施工的安排及协调；

（6）作业人员的资格和能力要求；

（7）相应的安全技术标准和安全操作规程，突发事故应急抢险救援及避难等措施。

3）实行逐级安全技术交底制度，总承包方对专业分包方的安全技术交底、专业分包对自有职工和劳务分包的安全技术交底等。

4）一般工程项目的安全技术交底，由总工程师组织相关技术人员编制，相关技术人员进行交底，接受交底人是施工作业班组中的每位作业人员。双方相关人员都要签字确认。

5）危险性较大的工程项目的安全技术交底，由总工程师编制，报总监理师审批，总工程师负责交底。专业施工方项目安全员应进行见证监督。

6）安全技术交底在正式作业前按分部（分项）工程进行。建筑工程主体施工的分部（分项）工程应按照《建筑工程施工质量验收统一标准》GB/T 50300 进行划分，临时设施等搭设宜参照划分。安全技术交底的项数和频次是很多的，分部（分项）工程的不同，时间、空间、人员、环境及气候等都发生一定变化，安全技术交底应重新进行，要符合动态管理的要求。

7）为了保证及时全面进行交底，在编制施工组织设计时应编制项目安全技术交底策划，把现场所有的生产任务及支持服务过程系统全面地划分为分部分项工程，并规定交底人、交底时间、监督人等。

8）安全技术操作规程一般规定。

（1）施工现场

①参加施工的员工（包括学徒工、实习生、代培人员和民工）要熟知本工种的安全技术操作规程。在操作中，应坚守工作岗位，严禁酒后操作。

②电工、焊工、起重机司机等，必须经过专门训练，考试合格后发给岗位证，方可独立操作。

③正确使用防护用品和采取安全防护措施，进入施工现场，应戴好安全帽，禁止穿拖鞋或光脚；在没有防护设施的高空悬崖和陡坡施工，应系好安全带。上下交叉作业有危险的出入口，要有防护棚或其他隔离设施。距地面2m以上作业区要有防护栏杆、挡板或安全网。安全帽、安全带、安全网要定期检查，不符合要求的，严禁使用。

④施工现场的防护设施、安全标识和警告牌不得擅自拆动，需要拆动的，要经工地负责人同意。

（2）机电设备

①机械操作时要束紧袖口，女工发辫要挽入帽内。

②机械和动力机械的机座应稳固，转动的危险部位要安装防护装置。

③工作前应查机械、仪表和工具等，确认完好方可使用。

④电气设备和线路必须绝缘良好，电线不得与金属物绑在一起，各种电动机具应按规定接地接零，并设置单一开关，临时停电或停工休息时，必须拉闸上锁。

⑤施工机械和电气设备不得带病运行和超负荷作业。发现不正常情况时应停机检查，不得在运行中修理。

⑥电气、仪表和设备试运转，应严格按照单项安全技术措施进行，运转时不准清洗和

修理，严禁将头手伸入机械行程范围内。

⑦在架空输电线路下面作业应停电，不能停电的，应有隔离防护措施。

⑧行灯电压不得超过36V，在潮湿场所或金属容器内工作时，行灯电压不得超过12V。

⑨受压容器应有安全阀、压力表，并避免暴晒、碰撞，氧气瓶严防沾染油脂。乙炔发生器应有防止回火的安全装置。

⑩X光或其他射线探伤作业区，非操作人员，不准进入。从事腐蚀、粉尘、放射性和有毒作业，要有防护措施，并定期进行体检。

（3）高处作业

①从事高处作业要定期体检，凡患有高血压、心脏病、贫血病和癫痫病以及其他不适应高处作业的人员，不得从事高处作业。

②高处作业衣着要轻便，禁止穿硬底和带钉易滑的鞋。

③高处作业所用材料要堆放平稳，工具应随手放入工具袋内，上下传递物件禁止抛掷。

④遇有恶劣气候（如风力在6级以上）影响施工安全时，禁止进行露天高空作业。

（4）季节施工

①暴雨台风前后，要检查工地施工设施、机电设备和临时线路，发现倾斜、漏雨和漏电等现象，应及时修理加固，有严重危险的应立即排除。

②对机电设备的电气开关，要有防雨防潮设施。

③夏季作业施工应调整作息时间，从事高温作业的场所，应采取通风和降温措施。

④冬期施工注意防寒取暖，针对冬期施工的特点做好冬期施工方案，具体保护措施要列入其中。

9）施工现场安全防护标准

（1）临边洞口防护

边长或直径在20~50cm的洞口，可用混凝土板内钢筋或固定盖板防护。

边长或直径在50~150cm的洞口，可用混凝土板内钢筋贯穿洞径构成防护网，网格大于20cm时要另外加密。

边长或直径在150cm以上的洞口，四周设护栏，洞口下张安全网，护栏高1m，设两道水平杆。

（2）现场安全用电

①用电线路

a. 现场电气线路，必须按规定架空敷设坚韧橡皮线或塑料护套软线。在通道或马路处可采用加保护管埋设，树立标识牌，接头应架空或设接头箱。

b. 手持移动电具的橡皮电缆，引线长度不应超过3m，不得有接头。

c. 现场使用的移动电具和照明灯具一律用软质橡皮线的，不准用塑料胶质线代替。

d. 现场大型临时设施的电线安装，凡使用橡皮或塑料绝缘线，应立柱明线架设，开关设置要合理。

②接地装置

a. 接地体可用角钢，钢管不少于两根，入土深度不小于2m，两根接地体间距不小于2.5m，接地电阻不大于4Ω。

b. 接地线可用绝缘铜或铝芯线，严禁在地下使用裸铝导线作接地线，接头处应采用焊接压接等可靠连接。

c. 橡皮电缆芯线中"黑色"或"绿黄双色"线作为接地线。

③手持或移动电动机具

电源线须有漏电保护装置（包括下列机具：手电钻、砂轮机、切割机和移动照明灯具等）。

（3）中小型机具

①电焊机

a. 一机一闸并应装有随机开关。

b. 一、二次电源接头处应有防护装置，二次线要使用线鼻子。

②乙炔器、氧气瓶

a. 安全阀应装设有效，压力表应保持灵敏准确，回火防止器应保持一定的水位。

b. 乙炔器与氧气瓶间距应大于5m，与明火操作距离应大于10m，不准放在高压线下。

c. 乙炔器皮管为"黑色"、氧气瓶皮管为"红色"，皮管头用轧箍轧牢。

3. 建筑给水、排水及采暖安全技术交底

1）一般给排水管道安装安全技术交底

（1）用车辆运输管材、管件，要绑扎牢固；人力搬运要起落一致，不得摔、扔。

（2）用锯床、锯弓、切管器、砂轮切割机切割管子，要垫平、卡牢，用力不得过猛。临近切断时，应用支架或手托住。操作时，应调好防护罩，且放在外侧。

（3）管子煨弯，沙子必须烘干。管子加热时管口前不得有人。

（4）套丝工件要支平夹牢，工作台要平稳，两人以上操作，动作要协调，防止把柄打人。

（5）管子串动和对口时，动作要协调，手不得放在管子与法兰结合处。

（6）翻动工件时，要防止滑动及倾倒伤人。

（7）手提式砂轮机要有防护罩。操作时，要站在砂轮片径向外侧，并戴绝缘手套或站在绝缘板上。

（8）沟内施工，遇有土方松动、裂缝、渗水等，要及时设加固壁支撑。禁止用固壁支撑代替上、下扶梯和吊装支架。

（9）人工往沟槽内下管所用索具、地桩必须牢固，沟槽内不得有人。

（10）用风枪、电锤或錾子打透眼时，板下、墙后不得有人靠近。

（11）管道吊装时，要绑扎牢固，吊件下方禁止站人，管子就位后要卡牢。

（12）用酸、碱液清洗管子要穿戴防护用品，酸、碱液槽必须加盖并设明显标志。

（13）新旧管线相连时，要弄清旧管线内易燃、易爆和有毒物质并清除干净，经有关部门检试许可后方可操作。

2）特殊管道安装安全技术交底

（1）氧气管道安装、吹扫、试压所用的工具、零部件、物料等均不得有油。

（2）氨系统管道必须经试验合格后方可充氨。充氨时，要戴防毒面具并配备灭火器和中和液。

（3）采用四氯化碳、二氯乙烷、三氯乙烯、乙醇进行管道脱脂，现场要通风良好，佩戴防护用品并清除易燃物,设置严禁烟火和有毒物品标示牌。

3)管道试压冲洗安全技术交底

(1)管道试压,要使用经校验合格的压力表。操作时,要缓慢升压,停泵稳压后方可进行检查。非操作人员不得在盲板、法兰、焊口和丝口处停留。

(2)高压、超高压管道试压要遵守单项安全操作规程。

(3)管道吹扫口要固定,与气源之间装置联络信号,吹扫口、试压排放口严禁对准电线、基坑和有人操作的地方。

(4)天然气管道用空气试压后,必须用天然气吹扫,方可投入运行。吹扫口处的天然气必须及时烧掉。

(5)管道吹扫、冲洗时,要缓慢开启阀门,以防止管道内物料冲击,产生水锤、气锤。

4. 建筑电气

1)电气配管预留预埋安全技术交底

(1)剔槽打眼时,锤头不得松动,铲子要无卷边、裂纹,戴好防护眼镜。楼板、砖墙打眼时,板下、墙后不得有人靠近。

(2)人力弯管器弯管要选好场地,防止滑倒和坠落,操作时面部要避开。

(3)管子穿带线时,不得对管口呼唤、吹气,防止带线弹力勾眼。

(4)穿导线时,要互相配合防止挤手。

2)高低压线路敷设安全技术交底

(1)现场施工用高低压设备及线路,要按照施工设计及有关电气安全技术规程安装和架设。

(2)所有绝缘、检验工具要妥善保管,严禁他用,并定期检查、校验。

(3)线路上禁止带负荷接电或断电,并禁止带电操作。

(4)有人触电,要立即切断电源,进行急救;电气着火,要立即将有关电源切断,使用 CO_2 灭火器或干沙灭火。

(5)在高压带电区域内部分停电工作时,人体与带电部分要保持安全距离(表13-1)并有人监护。

人体与带电部分的安全距离　　　　表13-1

电压(kV)	距离(m)	电压(kV)	距离(m)
6以下	0.35	44	0.90
10~35	0.60	60~110	1.50

3)配线箱柜安装安全技术交底

多台配电箱(盘)并列安装时,手指不得放在两盘的结合处,也不得触摸连接螺栓。

4)电气设备安装安全技术交底

(1)电气设备的金属外壳,必须接地或接零。同一设备可做接地和接零,同一供电网不允许有的接地有的接零。

（2）电气设备所用的保险丝（片）的额定电流值与其负荷容量应相适应。禁止用其他金属线代替保险丝（片）。

（3）电力传动装置系统及高低压各型开关调试时，要将有关的开关手柄取下或锁上，悬挂标示牌防止误合闸。

（4）用摇表测定绝缘电阻，要防止有人触及正在测定中的线路或设备。测定容性或感性设备、材料后，必须放电。雷电时禁止测定线路绝缘。

（5）电流互感器禁止开路，电压互感器禁止短路和以升压方式运行。

（6）电气材料或设备需放电时，必须穿戴绝缘防护用品，用绝缘棒安全放电。

5）照明线路安装安全技术交底

（1）施工现场的夜间临时照明电线及灯具，高度不应低于 2.5m。易燃易爆场所，要用防爆灯具。

（2）安装照明线不准直接在板条天棚或隔音板上通行及堆放材料。必须通行时，要在大楞上铺设脚手板。

（3）照明开关、灯口和插座等，要正确接入火线及零线。

6）桥架安装安全技术交底

（1）电缆桥架及支吊架安装时，其下方不应有人停留，进入现场应戴好安全帽。距地 2m 为高空作业应系好安全带。

（2）使用人字梯必须坚固，距梯脚 400~600mm 处要设拉绳，防止劈开。使用单梯上端要绑牢，下端应有人扶持。

（3）使用移动平台时，应坚固、牢靠、应有防滑动、抱闸装置，应有人扶持。严禁带人、拖拉电线移动平台。上、下传递物品、工具时，应用绳索、工具包进行，严谨抛掷。

（4）使用电气设备、电动工具要有可靠的保护接地措施。打眼时，要戴好防护眼镜，工作地点下方不得站人。

（5）架设电缆盘的地面必须平实，支架必须采用有底平面的专用支架，不得用千斤顶代替。

（6）采用撬动电缆盘的边框架设电缆时，不要用力过猛，也不要将身体伏在撬棍上面，并应采取措施防止撬棍滑脱、折断。

（7）敷设电缆时，处于电缆转向拐角的人员，必须站在电缆弯曲弧的外侧，切不可站在电缆弯曲弧内侧，防止挤伤。

（8）人力拉电缆时，用力要均匀，速度应平稳，不可猛拉猛跑，看护人员不可站在电缆盘的前方。

（9）拆卸电缆盘包装木板时，应随时清理，防止钉子扎脚或损伤电缆。

5. 通风与空调安全技术交底

1）风管与部件制作

（1）材料间、更衣室不得使用超过 60W 灯泡，严禁使用碘钨灯和家用电加热器（包括电炉、电热杯、热得快、电饭煲）取暖、烧水、烹饪。

（2）搬运大型过重通风设备时，要步调一致，配合密切，防止砸伤。

（3）酒精等易燃品使用后，要严格保管，以防发生火灾。

（4）潮湿地下室施工，应用 36V 以下低压灯泡。

(5)组装风管法兰孔时,应用尖冲撬正,严禁用手指触摸。

(6)使用剪刀机,上刀架不准放置工具等物品。调整铁皮时,脚不能放在踏板上,剪切时,禁止将手伸入板空隙中。

(7)使用固定式震动剪,两手要扶稳钢板,用力适当,手指离刀口不得小于5cm。刀片破损应及时停机更换。

(8)使用电钻、电剪刀时,应用防触电措施。操作时,不能用力过猛,以防折断钻头和刀片。

(9)使用折边机时,手拿工作物不要过紧,手离刀口和压脚均须大于20mm。

(10)使用压口机时,应利用机械自动拉走铁皮,不得用力推铁皮。压横接口要先将咬口部分铲掉,以防损坏机械,手离压轮要大于20mm。

(11)使用咬口机,要将铁皮咬口处对好后再开车。风管咬口时,拉杆必须复原后再开车。开车后手指不得放在轨道上。

(12)使用辊床时,手应离开两压辊的缝隙不小于20mm。

(13)使用法兰弯曲机时,调节机轮应停车拉闸,手指不得靠近机轮。

(14)掀起长条材料时,不得碰到对面的人或机具。

(15)生炉子和其他动火时应遵守防火规程和建设单位的动火制度。

(16)应遵守防爆、防毒、防尘等安全生产有关规定。

(17)熔锡时,锡液不允许着水,防止飞溅,进行焊锡时,应戴好手套,不得仰焊,使用的烙铁及盐酸应妥善保管。

(18)折方时,应互相配合,料与折方机保持距离,以免被翻转的钢板和配重击伤。

(19)操作卷圆机、压缝机,手不得直接推送工件。

2)空调水管道安装

(1)扳手的开口尺寸应与螺栓、螺母尺寸相符合。管子钳的开口尺寸应与管子、管件的尺寸相符合。操作时应双手扶持,一手握手柄,一手握钳头。手柄不得套管子加长。

(2)使用手锤,不得戴手套。锤柄、锤头部位不得有油污,防止打滑。锤头与锤柄连接牢固可靠。挥锤时四周不得有障碍,人员应避让。

(3)管子被夹于台钳或套丝机上,除本身应夹紧外,较长一侧管子应有支撑,使管子保持水平状态。

(4)切断管子时,速度不得太快,快被切断跌落的管子,应将其托住,防止坠落伤人。

(5)管子套丝时,人工套丝应防止扳把旋转打伤人或铰板未咬上口跌落伤人。机械套丝不得戴手套操作,防止手被卷入。

(6)弯管时,液压机应注意检查液压软管完好,防止爆裂。电动机应注意旋转轴旋转时,手和衣服不得接近旋转轴。脱下弯管模具时,锤击不宜过重,防止脱模时伤人。

(7)气、电焊作业时,应先清除作业区的易燃物品,并防止火星溅落于缝隙留下火种。配合气、电焊作业时应戴防护眼镜或面罩。

(8)在砖墙、楼板上打洞时,应戴防护镜。快打穿时应通知隔墙或楼下人员,防止击穿时伤人。

(9)人力搬运管子、阀门等时,小心轻装轻卸,动作一致,互相照应。起吊重物,必须先认真检查吊具、绳索是否可靠。起吊重物时,吊起重物下不准站人。

（10）架空管道未正式固定前,应有临时性绑扎或卡定,防止滚动、滑落。

（11）管道安装前应清理和检查管道内杂物。管道施工中途停工时应临时堵封管子敞口,防止小杂物进入管内。

（12）阀门安装后,应关闭严密。试压时可打开,试压后仍关闭。待调试或试运时加以开启调节流量。

（13）水压试验前,应检查一遍管线,有不符合设计要求的立即修正,临时封堵应有足够的强度,阀件应开启到最大,孔板、调压阀、温度计等应拆除。

（14）水压试验时,升压应缓慢,沿程管线应有专人巡视,压力在0.3MPa以下允许紧螺栓和用手锤检查焊缝。在法兰、盲板等处,人员应避开结合口。严禁带压检修,必须放压泄水后进行修理工作。

（15）夏季进行水压试验,必须放压泄水后进行修理工作。冬季进行水压试验,应有防冻措施,试压后泻尽存水。

（16）蒸汽吹洗时,吹洗阀应缓慢开大,吹洗距离内用围绳围起,严禁人员进入。

3）风管系统安装

（1）在屋面、框架和管架上铺设铁皮时,不应将半张以上铁皮举得太高,以防大风吹落伤人,下班前应将铁皮钉牢或拴扎牢固。

（2）在风管内铆法兰及腰箍冲眼时,管外配合人员面部要避开冲孔。

（3）组装风管,法兰要用尖冲撬开,严禁用手指触摸。

（4）吊装风管所用的索具要牢固,吊装时要加溜绳稳住,与电线要保持安全距离。

（5）吊装风管或风机时,应加溜绳稳住,防止冲撞吊装设备及被吊装物品。

（6）风管、部件或设备未经稳固,严禁脱钩。

（7）不得在未固定好的风管上或架空的铁皮上站立。

（8）悬吊的风管应在适当位置设置防止摆动的固定支撑架。

（9）在平顶顶棚上安装通风管道、部件时,事先应检查通道、栏杆、吊筋、楼板等处的牢固程度,并应将孔洞、深坑盖好盖板,以防发生意外。

（10）起吊风管、部件或设备前应认真检查工具、索具,不得使用有缺陷或损坏的工具、索具。

（11）在高空安装风管、水漏斗、气帽等必须搭设脚手架,所用工具要防入工具袋内。

6. 电梯施工安全技术交底

1）样板架设应遵守以下规定

（1）样板应牢固准确,制作样板时,架样板木方的木质、强度必须符合规定要求。

（2）架样板木方应按工艺规定牢固地安装在井道壁上,不允许作承重用。

（3）放钢丝线时,钢丝线上临时所拴重物重量不得过大,必须捆扎牢固。放线时下方不得站人。

2）导轨及其部件安装安全技术交底

（1）剔墙、打设膨胀螺栓,操作时应站好位置,系好安全带,戴防护眼镜,持拿榔头不得戴手套,不得上下交叉作业。

（2）电锤应用保险绳拴牢,打孔不得用力过猛,防止遇钢筋卡住。

(3) 剔下的混凝土块等物，应边剔边清理，不得留在脚手架上。

(4) 用气焊切割后的导轨支架必须冷却后，再焊接。

(5) 导轨支架应随用随取，不得大量堆积于脚手板上。

(6) 导轨支架与承埋铁先行点焊，每侧必须上、中、下三点焊牢，待导轨调整完毕之后，在安全位置焊牢。

(7) 在井道内紧固膨胀螺栓时，必须站好位置，扳子口应与螺栓规格协调一致，紧固时用力不得过猛。

3) 导轨安装安全技术交底

(1) 做好立道前的准备，应根据操作需要，由架子工对脚手板等进行重新铺设，准备导轨吊装的通道，挂滑轮处进行加固等，必须满足吊装轨道承重的安全要求。

(2) 采用卷扬机立道，起吊速度必须低于 8m/min。必须检查起重工具设备，确认符合规定方可操作。

(3) 立轨道应统一行动，密切配合，指挥信号清晰明确，吊升轨道时，下方不得站人，并设专人随层进行监护。

(4) 轨道就位连接或轨道暂时立于脚手架时，回绳不得过猛，导轨上端未与导轨支架固定好时，严禁摘下吊钩。

(5) 导轨凸凹榫头相接入槽时，必须听从接道人员信号，落道要稳。

(6) 紧固压道螺栓和接道螺栓时，上下配合好。

4) 轨道调整安全技术交底

(1) 轨道调整时，上下必须走梯道，严禁爬架子。

(2) 所用的工具器材（如垫片、螺栓等）应随时装入工具袋内，不得乱放。

(3) 无围墙梯井，如观光梯，严禁利用后沿的护身栏当梯子，梯外必须按高处作业规定进行安全防护。

5) 厅门及其部件安装安全技术交底

(1) 安装上坎时（尤其货梯）必须互相配合，重量大宜用滑轮等起重工具进行。

(2) 厅门门扇的安装必须按工艺防坠落的安全技术措施执行。

(3) 井道安全防护门在厅门系统正式安装完毕前严禁拆除。

(4) 机锁、电锁的安装，用电钻打定位销孔时，必须站好位置，工具应按规定随身携带。

6) 机房内机械设备安装安全技术交底

(1) 搬抬钢架、主机、控制柜等应互相配合；在尚无机房地板的梯井上稳装钢梁时，必须站在操作平台上操作。

(2) 对于机房在下面，其顶层钢梁正式安装前，禁止将绳轮放在上面；钢梁应稳装在梯井承重墙或承重梁的上方，在此之前，不允许将主机、抗绳轮置于钢梁上。

(3) 进行曳引机吊装前，必须校核吊装环的载荷强度。

(4) 安装抗绳轮应采用倒链等工具进行，可先安装轴承架，再进行全部安装，操作时下方严禁站人。

7) 井道内运行设备安装安全技术交底

(1) 安装配重前检查倒链及承重点应符合安全要求。

（2）配重框架吊装时，井道内不得站人，其放人井道应用溜绳缓慢进行。

（3）导靴安装前、安装中不可拆除倒链，并应将配重框架支牢固、扶稳。

（4）安装配重块应先放入一端再放入另一端，两人必须配合协调，配重块重量较大时，宜采用吊装工具进行。

（5）轿厢安装前，轿厢下面的脚手架，必须满铺脚手板。

（6）倒链固定要牢固，不得长时间吊挂重物。

（7）轿厢载重量在1000kg，井道进深不大于2.3m，可用两根不小于200mm×200mm坚硬木方支撑；载重量在3000kg以下，井道深度不大于4m，可用两根18号工字钢或20号槽钢作支撑；如载重量及井道进深超过上述规定时，应增加支撑物规格尺寸。

（8）两人以上扛抬重物应密切配合（如：上下底盘），部件必须拴牢。

（9）吊装底盘就位时，应用倒链或溜绳缓慢进行，操作人员不得站在井道内侧。

（10）吊装上梁，轿顶等重物时，必须捆绑牢固，操作倒链，严禁直立于重物下面。

（11）轿厢调整完毕，所有螺栓必须拧紧。

（12）钢丝绳安装放测量绳线时，绳头必须拴牢，下方不得站人。

（13）使用电炉熔化钨金时，炉架应做好接地保护；绳头灌钨金时，应将勺及绳头进行预热，化钨金的锅不得掉进水点，操作时必须戴手套及防护眼镜。

（14）放钢丝绳时，要有足够的人力，严禁人员站于钢丝绳盘线圈内，手脚应远离导向物体；采用直接挂钢丝绳工艺，制作绳头时，辅助人员必须将钢丝绳拽稳，不得滑落。

（15）对于复线式电梯，用大绳等牵引钢丝绳，绳头拴绑处必须牢固，严禁钢丝绳坠落。

8）电线管、电线槽的制作安装安全技术交底

（1）使用砂轮锯切割电线管，应将工件放平，压力不得过猛。管槽锯口应去掉毛刺。

（2）在井道进行线槽及铁管安装时，应随用随取，不得大量堆于脚手板上，使用电钻，严禁戴手套。

（3）穿线、拉送线双方呼应联系要准确，送线人员的手应远离管口，双方用力不可过急过猛。

（4）机房内采用沿地面厚板明线槽，穿线后确认没有硌伤导线，必须加盖牢固。

7. 智能建筑安全技术交底

由于智能建筑施工主要为管线及高处作业施工，因此可参照管道施工、电气施工及高处作业施工等安全技术交底。

13.3.5 施工过程安全控制

1. 季节施工安全防护

1）夏期施工：重点注意作息时间和防暑降温工作。

2）雨期施工：重点做好防止触电、防雷、防大风等安全技术措施。

3）冬期施工：制定防风、防火、防滑、防煤气中毒的安全措施。

2. "三宝"、"四口"防护

"三宝"防护：安全帽、安全带、安全网的正确使用。

"四口"防护：楼梯口、电梯井口、预留洞口、通道口等各种洞口的防护应符合要求。

1）安全帽

安全帽是防冲击的主要用品，由具有一定强度的帽壳和帽衬缓冲结构组成，可以承受和分散落物的冲击力，并保护或减轻由于杂物从高处坠落至头部的撞击伤害。

(1) 人体颈椎冲击承受能力是有限度的，国家标准规定：用5kg钢锤自1m高度落下进行冲击试验，头部受冲击力的最大值不应超过500kg；耐穿透性能用3kg钢锥自1m高度落下进行试验，钢锥不得与头部接触。

(2) 帽衬顶端至帽壳顶内面的垂直间距为20~25mm，帽衬至帽壳内侧面的水平间距为5~20mm。

(3) 安全帽在保证承受冲击力的前提下，要求越轻越好，重量不应超过400g。帽壳表面光滑，易于滑走落物。

(4) 安全帽必须是正规生产厂家生产，有许可证编号、检查合格证等，不得购买劣质产品。

(5) 戴安全帽时，必须系紧下颚系带，防止安全帽坠落失去防护作用。安全帽佩戴在防寒帽外时，应随头型大小调节帽箍，保留帽衬与帽壳之间缓冲作用的空间。

2）安全网

(1) 安全网的每根系绳都应与构架系结，四周边绳（边缘）应与支架贴紧，系结应符合打结方便，连接牢固又容易解开，工作中受力不散脱的原则。有筋绳的安全网安装时还应把筋绳连接在支架上。

(2) 平网网面不宜绷得过紧，平网与下方物体表面的最小距离应不小于3m，两层平网间距不得超过10m。

(3) 立网面应与水平面垂直，并与作业边缘最大间缝不超过10cm。

(4) 安装后的安全网应经专人检验后，方可使用。

(5) 对使用中的安全网，应进行定期或不定期的检查，并及时清理网上落物。当受到较大冲击后应及时更换。

3）安全带

使用安全带要正确悬挂。

(1) 架子工使用的安全带绳长限定在1.5~2m。

(2) 应做垂直悬挂，高挂低用比较安全，当做水平位置悬挂使用时，要注意摆动碰撞，不宜低挂高用；不应将绳打结使用，不应将钩直接挂在不牢固物体或直接挂在非金属墙上，防止绳被割断。

(3) 关于安全带的标准。安全带一般使用5年应报废。使用2年后，按批量抽检，以80kg重量自由坠落试验，不破断为合格。

4）楼梯口

楼梯口边设置1.2m高防护栏杆和0.3m高踢脚杆。

5）预留洞口

可根据洞口的特点、大小及位置采用以下几种措施：

(1) 楼、屋面等平面上孔洞边长小于50cm者，可用坚实盖板固定盖设。要防止移动挪位。

(2) 平面洞短边长50~150cm者，宜用钢筋网格或平网防护，上铺遮盖物，以防落物伤人。

(3) 平面洞口边长大于 150cm 者，先在洞口四周设置防护栏杆，并在洞口下方张挂安全网，也可搭设内脚手架。

6）阳台、楼板、屋面等临边防护

(1) 阳台、楼板、屋面等临边应设置 1.2m 和 0.6m 两道水平杆，并在立杆里侧面用密目式安全网封闭，防护栏杆漆红白相间色。

(2) 护栏杆等设施和建筑物的固定拉结必须安全可靠。

3. 项目施工安全内业管理

1）施工现场安全基础管理资料必须按标准整理，做到真实准确、齐全。

2）作好书面记录并签字。

(1) 有利于规范安全生产检查、活动、教育及其各项安全生产管理行为。

(2) 有利于从程序上保证书面记录的内容完整、全面、真实，有利于安全管理部门更好地掌握本单位或各被检查单位安全生产的实际情况。

(3) 对安全生产管理部门及人员的工作是一个考核，有利于提高其责任心。

(4) 在各单位发生安全生产事故时，书面记录对确定、分清有关人员的安全生产事故责任提供直接的证据，也可以据此判断有关领导和安全管理人员是否有失职、渎职等行为。

3）需要作出书面记录的事项有：

(1) 检查、活动、教育、技术交底等的时间。

(2) 地点。检查、活动、教育等工作的地点，尽量详细到具体单位和场所。

(3) 内容。安全检查的内容，安全活动的内容，安全教育的内容，安全技术交底的内容，开会具体研究的内容等。

(4) 发现的问题及其处理情况。

需要在原始记录上签字，是对其行为的一种监督和制约。

4）加强各单位安全档案管理。

13.4 施工安全教育与培训

13.4.1 施工安全教育和培训的重要性

安全生产保证体系的成功实施，有赖于施工现场全体人员的参与，需要他们具有良好的安全意识和安全知识。保证他们得到适当的教育和培训，是实现施工现场安全保证体系有效运行，达到安全生产目标的重要环节。施工现场应在项目安全保证计划中确保对员工进行教育和培训的需求，指定安全教育和培训的责任部门或责任人。

安全教育和培训要体现全面、全员、全过程的原则，覆盖施工现场的所有人员（包括分包单位人员），贯穿于从施工准备、工程施工到竣工交付的各个阶段和方面，通过动态控制，确保只有经过安全教育的人员才能上岗。

13.4.2 施工安全教育和培训的目标

通过施工安全教育与培训，使处于每一层次和职能的人员都认识到：

1) 遵守"安全第一、预防为主"方针和工作程序，以及符合安全生产保证体系要求的重要性。

2) 与工作有关的重大安全风险，包括可能发生的影响，以及其个人工作的改变可能带来的安全因素。

3) 在执行"安全第一、预防为主"方针和工作程序，以及实现安全生产保证体系要求方面的作用与职责，包括在应急准备方面的作用与职责。

4) 偏离规定的工作程序可能带来的后果。

13.4.3 施工安全教育主要内容

1. 现场规章制度和遵章守纪教育

(1) 本工程施工特点及施工安全基本知识。
(2) 本工程（包括施工生产现场）安全生产制度、规定及安全注意事项。
(3) 工种的安全技术操作规程。
(4) 高处作业、机械设备、电气安全基础知识。
(5) 防火、防毒、防尘、防爆及紧急情况安全防范自救。
(6) 防护用品发放标准及防护用品、用具使用的基本知识。

2. 本工种岗位安全操作及班组安全制度、纪律教育

(1) 本班组作业特点及安全操作规程。
(2) 本班组安全活动制度及纪律。
(3) 爱护和正确使用安全防护装置（设施）及个人劳动防护用品。
(4) 本岗位易发生事故的不安全因素及其防范对策。
(5) 本岗位的作业环境及使用的机械设备、工具的安全要求。

3. 安全生产须知

(1) 新工人进入工地前必须认真学习本工种安全技术操作规程。未经安全知识教育和培训，不得进入施工现场操作。

(2) 进入施工现场，必须戴好安全帽、扣好帽带。

(3) 在没有防护设施的 2m 高处、悬崖或陡坡施工作业必须系好安全带。

(4) 高空作业时，不准往下或向上抛材料和工具等物件。

(5) 不懂电器和机械的人员，严禁使用和玩弄机电设备。

(6) 建筑材料和构件要堆放整齐稳妥，不要过高。

(7) 危险区域要有明显标志，要采取防护措施，夜间要设红灯示警。

(8) 在操作中，应坚守工作岗位，严禁酒后操作。

(9) 特殊工种（电工、焊工等）必须经过有关部门专业培训考试合格发给操作证，方准独立操作。

(10) 施工现场禁止穿拖鞋、高跟鞋、易滑、带钉的鞋，禁止赤脚和赤膊操作。

(11) 不得擅自拆除施工现场的防护设施、安全标志、警告牌。需要拆除时，必须经过加固后并经施工负责人同意。

（12）施工现场的洞、坑等危险处，应有防护措施并有明显标志。

（13）任何人不准向下、向上乱丢材、物、垃圾、工具等。不准随意开动一切机械。操作时思想要集中，不准开玩笑，做私活。

（14）不准坐在脚手架防护栏杆上休息。

（15）手推车装运物料时，应注意平稳，掌握重心，不得猛跑或撒把溜放。

（16）工具用好后要随时装入工具袋。

（17）要及时清扫脚手架上的霜、雪、泥等。

（18）单梯上部要扎牢，下部要有防滑措施。

（19）挂梯上部要挂牢，下部要绑扎。

（20）人字梯中间要扎牢，下部要有防滑措施，不准人坐在上面作骑马式运动。

（21）高空作业：从事高空作业的人员，必须身体健康，严禁患有高血压、贫血症、严重心脏病、精神症、癫痫病、深度近视眼在500度以上的人员，以及经医生检查认为不适合高空作业的人员从事高空作业。

①在平台、屋檐口操作时，面部要朝外，系好安全带。

②高处作业不要用力过猛，防止失去平衡而坠落。

③在平台等处拆木模撬棒要朝里，不要向外，防止人向外坠落。

④遇有暴雨、浓雾和六级以上的强风，应停止室外作业。

⑤夜间施工必须要有充分的照明。

13.5 施工安全检查

工程项目安全检查的目的是为了消除隐患、防止事故，它是改善劳动条件及提高员工安全生产意识的重要手段，是安全控制工作的一项重要内容。通过安全检查可以发现工程中的危险因素，以便有计划地采取措施，保证安全生产。施工项目的安全检查应由项目经理组织，定期进行。

13.5.1 安全检查的类型

安全检查可分为日常性检查、专业性检查、季节性检查、节假日前后的检查和不定期检查。

（1）日常性检查：日常性检查即经常的、普遍的检查。公司总部每年进行4次；区域公司每月一次；项目部每周至少进行一次都进行检查。专职安全技术人员的日常检查应该有计划，针对重点部位周期性地进行。

（2）专业性检查：专业性检查是针对特种作业、特种设备、特殊场所进行的检查，如电焊、气焊、起重设备、锅炉压力容器、易燃易爆场所等。

（3）季节性检查：季节性检查是指根据季节特点，为保障安全生产的特殊要求所进行的检查。如春季风大，要着重防火、防爆；夏季高温，多有雨雷电，要着重防暑、降温、防汛、防雷击、防触电；冬季着重防寒、防冻等。

（4）节假日前后的检查：节假日前后的检查是针对节假日期间容易产生麻痹思想的特

点而进行的安全检查,包括节日前进行安全生产综合检查,节日后要进行遵章守纪的检查等。

(5) 不定期检查:不定期检查是指在工程或设备开工和停工前,检修中,工程或设备竣工及试运转时进行的安全检查。

13.5.2 安全检查的注意事项

(1) 安全检查要深入基层,紧紧依靠职工,坚持领导与群众相结合的原则,组织好检查工作。

(2) 建立检查的组织领导机构,配合适当的检查力量,挑选具有较高技术业务水平的专业人员参加。

(3) 做好检查的各项准备工作,包括思想、业务知识、法规政策和检查设备、奖金的准备。

(4) 明确检查的目的和要求,既要严格要求,又要防止一刀切,要从实际出发,分清主次矛盾,力求实效。

(5) 把自查与互查有机结合起来,基层以自检为主,企业内相应部门互相检查,取长补短,互相学习和借鉴。

(6) 坚持查改结合,检查不是目的,只是一种手段,整改才是最终目标。发现问题,要及时采取切实有效的防范措施。

(7) 建立检查档案,结合安全检查表的实施,逐步建立健全检查档案,收集基本的数据,掌握基本安全状况,为及时消除隐患提供数据,同时也为以后的职业健康安全检查奠定基础。

(8) 在制定安全检查表时,应根据用途和目的具体确定安全检查表的种类。安全检查表的主要种类有:设计用安全检查表;车间安全检查表;班组及岗位安全检查表;专业安全检查表等。制定安全检查表要在安全技术部门的指导下,充分依靠职工来进行。初步制定出来的检查表,要经过群众的讨论,反复试行,再加以修订,最后由安全技术部门审定后方可正式实行。

13.5.3 安全检查的主要内容

(1) 查思想:主要检查企业的领导和职工对安全生产工作的认识。

(2) 查管理:主要检查工程的安全生产管理是否有效。主要内容包括:安全生产责任制,安全技术措施计划,安全组织机构,安全保证措施,安全技术交底,安全教育,持证上岗,安全设施,安全标识,操作规程,违规行为,安全记录等。

(3) 查隐患:主要检查作业现场是否符合安全生产、文明生产的要求。

(4) 查整改:主要检查对过去提出问题的整改情况。

(5) 查事故处理:对安全事故的处理应达到查找事故原因、明确责任并对责任者作出处理、明确和落实整改措施等要求。同时还应检查对伤亡事故是否及时报告、认真调查、严肃处理。

安全检查的重点是违章指挥和违章作业。安全检查后应编制安全检查报告,说明已达标项目、未达标项目、存在问题、原因分析、纠正和预防措施。

13.5.4 项目部安全检查的主要规定

（1）定期对安全控制计划的执行情况进行检查、记录、评价和考核，对作业中存在的不安全行为和隐患，签发安全整改通知，由相关部门制定整改方案，落实整改措施，实施整改后应予复查。

（2）根据施工过程的特点和安全目标的要求确定安全检查的内容。

（3）安全检查应配备必要的设备或器具，确定检查负责人和检查人员，并明确检查的方法和要求。

（4）检查应采取随机抽样、现场观察和实地检测的方法，并记录检查结果，纠正违章指挥和违章作业。

（5）对检查结果进行分析，找出安全隐患，确定危险程度。

（6）编写安全检查报告并上报。

13.5.5 安全检查评分方法

《建筑施工安全检查标准》JGJ 59-2011 已经颁布，并于 2012 年 7 月 1 日开始实施。新标准共分 5 章 44 条，其中 1 个建筑施工安全检查评分汇总表，19 个分项检查评分表，其中安装专业为 6 个检查评分表。

1. 检查分类

1）对建筑施工中易发生伤亡事故的主要环节、部位和工艺等的完成情况做安全检查评价时，应采用检查评分表的形式：侧重安装方面即安全管理、文明工地、"三宝"、"四口"防护、施工用电、起重吊装和施工机具共 6 项分项检查评分表和一张检查评分汇总表。

2）在安全管理、文明施工、施工用电、起重吊装 4 项检查评分表中，设立了保证项目和一般项目，保证项目应是安全检查的重点和关键。

2. 评分方法及分值比例

1）各分项检查评分表中，满分为 100 分。表中各检查项目得分为按规定检查内容所得分数之和。每张表总得分应为各自表内各检查项目实得分数之和。

2）检查评分不得采用负值。各检查项目所扣分数总和不得超过该项应得分数。

3）在检查评分中，当保证项目有一项不得分或保证项目小计得分不足 40 分时，此检查评分表不应得分。

4）检查评分汇总表满分为 100 分，检查中遇有缺项时，汇总表总得分应按下式换算。

5）汇总表总得分 =（实查项目在该表的实得分值之和/实查项目在该表的应得满分值之和）×100。

3. 等级的划分原则

建筑施工安全检查评分，应以汇总表的总得分及保证项目达标与否作为对一个施工现场安全生产情况的评价依据，分为优良、合格、不合格三个等级。

（1）优良

分项检查评分表无零分，汇总表得分值应在 80 分及以上。

（2）合格

分项检查评分表无零分，汇总表得分值应在80分以下，70分及以上。

（3）不合格

①当汇总表得分值不足70分时；

②当有一分项检查评分表得零分时。

4. 分值的计算方法

（1）汇总表中各项实得分数计算方法：

分项实得分：汇总表中该项应得满分值×该项检查评分表实得分值/100。

（2）评分遇有缺项时，分项检查评分表或检查评分汇总表的总得分值计算方法：

遇有缺项时总得分值：实查项目在该表的实得分值之和/实查项目在该表的应得满分值之和×100。

5. 脚手架、物料提升机与施工升降机、塔式起重机与起重吊装项目的实得分值，应为所对应专业的分项检查评分表实得分值的算术平均值。

13.5.6 安全检查计分内容

1. 汇总表内容

"建筑施工安全检查评分汇总表"是对19个分项检查结果的汇总，其中安装主要包括安全管理，文明施工，"三宝"、"四口"防护，施工用电，起重吊装和施工机具6项内容，利用该表所得分作为对施工现场安全生产情况进行安全评价的依据。

1）安全管理。主要是对施工安全管理中的日常工作进行考核，管理不善是造成伤亡事故的主要原因之一。在事故分析中，事故大多不是因技术问题解决不了造成的，都是因违章所致。所以应做好日常的安全管理工作，并保存记录，以提供检查人员对该工程安全管理工作的确认。

2）文明施工。文明施工检查评定应符合国家现行标准《建设工程施工现场消防安全技术规范》GB 50720和《建设工程施工现场环境与卫生标准》JGJ 146、《施工现场临时建筑物技术规范》JGJ/T 188的规定。

施工现场不但应做到遵章守纪，安全生产，同时还应做到文明施工，整齐有序，改变过去施工现场"脏、乱、差"，成为施工企业文明的"窗口"。

3）"三宝"、"四口"防护。"三宝"指安全帽、安全带和安全网的正确使用，"四口"指楼梯口、电梯井口、预留洞口和通道口。在施工过程中，必须针对易发生事故的部位，采取可靠的防护措施或补充措施，同时按不同作业条件佩戴和使用个人防护用品。

4）施工用电。是针对施工现场在工程建设过程中的临时用电而制定的，施工用电检查评定应符合国家现行标准《建设工程施工现场供用电安全规范》GB 50194和《施工现场临时用电安全技术规范》JGJ 46的规定。主要强调必须按照临时用电施工组织设计施工，有明确的保护系统，符合三级配电两级保护要求，做到"一机、一闸、一漏、一箱"，线路架设符合规定。

5）起重吊装。是指建筑工程中的结构吊装和设备安装工程。起重吊装是专业性强且危险性较大的工作，所以要求必须做专项施工方案，进行试吊。

6）施工机具。施工现场除使用大型机械设备外，也大量使用中小型机械和机具，这些机具虽然体积较小，但仍有其危险性，且因量多面广，有必要进行规范，否则造成事故也相当严重。

2. 分项检查表结构

分项检查表的结构形式分为两类：一类是自成整体的系统，如安全管理、施工用电等检查表，列出的各检查项目之间有内在的联系，按其结构重要程度的大小，对其系统的安全检查情况起到制约的作用。在这类检查评分表中，把影响安全的关键项目列为保证项目，其他项目列为一般项目。另一类是各检查项目之间无相互联系的逻辑关系，因此没有列出保证项目，如"三宝""四口"防护和施工机具两张检查表。

凡在检查表中列在保证项目中的各项，对系统的安全与否起着关键作用。为了突出这些项目的作用，制定了保证项目的评分原则：即遇有保证项目中有一项不得分或保证项目小计得分不足40分时，此检查评分不得分。

1）"安全管理检查评分表"是对施工单位安全管理工作的评价。安全管理检查评定保证项目应包括：安全生产责任制、施工组织设计及专项施工方案、安全技术交底、安全检查、安全教育、应急救援。一般项目应包括：分包单位安全管理、持证上岗、安全生产事故处理、安全标志等10项内容。通过调查分析，发现有89%的事故都不是因技术解决不了造成的，而是由于管理不善、没有安全技术措施、缺乏安全技术知识、不作安全技术交底、安全生产责任不落实、违章指挥和违章作业等造成的。

因此，把管理工作中的关键部分列为"保证项目"，保证项目能够做好，整体的安全工作也就有了一定的保证。

2）"文明施工检查评分表"是对施工现场文明施工的评价。文明施工检查评定保证项目应包括：现场围挡、封闭管理、施工场地、材料管理、现场办公与住宿、现场防火。一般项目应包括：综合治理、公示标牌、生活设施、保健急救、社区服务等11项内容。

3）"三宝"、"四口"，"防护检查评分表"。两部分之间无有机的联系，但这两部分引起的伤亡事故却是相互交叉的，既有高处坠落又有物体打击，因此将这两部分放在一张表内，但不设保证项目。其中"三宝"及操作平台为70分。在发生物体打击的事故分析中，由于受伤者不戴安全帽的占事故总数的90%以上，而不戴安全帽都是由于怕麻烦、图省事造成的。无论工地有多少，只要有一人不戴安全帽，就存在被打击造成伤亡的隐患。同样，有一个不系安全带的，就存在高处坠落伤亡一人的危险。因此，在评分中突出了这个重点。对于"四口"防护的要求，考虑了建筑业安全防护技术的现状，没有对防护方法和设施等做统一要求，只要求严密可靠。

4）"施工用电检查评分表"是对施工现场临时用电情况的评价。施工用电检查评定的保证项目应包括：外电防护、接地与接零保护系统、配电线路、配电箱与开关箱。一般项目应包括：配电室与配电装置、现场照明、用电档案等7项内容。临时用电也是一个独立的子系统，各部位有相互联系和制约的关系，但从事故的分析来看，发生伤亡事故的原因不完全是相互制约的，而是哪里有隐患哪里就存在着事故的危险，根据发生伤亡事故的原因分析定出了检查项目。其中，由于施工碰触高压线造成的伤亡事故占30%；供电线在工地随意拖拉、破皮漏电造成的触电事故占16%；现场照明不使用安全电压造成的触电事故占15%。如能将这三类事故控制住，触电事故则可大幅度下降。因此，把三项内容作为检查的重点列为保证项目。在临时用电系统中，保护线和重复接地是保障安全的关键环节，但在事故的分析中往往容易被忽略，为了强调它的重要性也将它列为保证项目。检查项目中的扣分标准是根据施工现场的通病及其危害程度、发生事故的概率确定的。

5)"起重吊装安全检查评分表"是对施工现场起重吊装作业和起重吊装机械的安全评价。检查的项目为施工方案、起重机械、钢丝绳与地锚、作业环境、作业人员、高处作业、构件码放、信号指挥、警戒监护9项内容。

6)"施工机具检查评分表"应符合现行行业标准《建筑机械使用安全技术规程》JGJ 33和《施工现场机械设备检查技术规程》JGJ 160的规定。并应包括：手持电动工具、电焊机等施工机具。

3. 安全检查的方法

1)"看"：主要查看管理记录、持证上岗、现场标识、交接验收资料、"三宝"使用情况、"洞口"、"临边"防护情况和设备防护装置等。

2)"量"：主要是用尺进行实测实量。

3)"测"：用仪器、仪表实地进行测量。

4)"现场操作"：由司机对各种限位装置进行实际动作，检验其灵敏程度。能测量的数据或操作试验，不能用估计、步量或"差不多"等来代替，尽量采用定量方法检查。

13.6 安全生产事故的处理

安全生产事故分为：工矿商贸企业安全生产事故、火灾事故、道路交通事故、农机事故、水上交通事故五类，建筑工程是易发生安全生产事故之一，对于发生的安全生产事故一定要按照"四不放过"原则一抓到底。

13.6.1 项目前期准备工作

项目开工之初，根据本项目实际情况，编制项目应急预案，同时成立项目应急处置领导小组并定期进行应急演练。

13.6.2 应急演练

应急演练可进行现场演练和模拟演练。现场演练的内容主要包括：迅速通知有关单位及人员、抢救（灭火、伤员现场急救）、疏散与撤离、保护重要财产、封闭现场等。

13.6.3 应急响应

1. 应急预案的启动

事故发生后，项目部要按规定逐级进行上报并迅速启动应急救援预案，根据应急预案和事故的具体情况，及时成立事故应急工作组，抢救伤员，保护现场，设置警戒标志，按照"分级响应、快速处理、以人为本、积极自救"的工作原则，进行应急处置。

2. 现场应急工作组及其主要职能

1) 现场总协调：区域/专业公司主要负责人牵头，主管经理统一协调、指挥现场处置。

2) 应急处置领导小组：由项目经理任组长、生产副经理、技术负责人任副组长组织落实各项应急措施。

3）险情排除及隐患整改：项目（执行）经理及工程管理部门牵头，按照应急救援预案组织现场自救，排除险情，保护事故现场。因抢救人员、防止事故扩大以及疏通交通等原因需要移动事故现场物件的，作出标志，绘制现场简图并作出书面记录。在事故调查期间，组织施工现场隐患排查和人员安全培训。

4）事故调查处理：主管经理及安全部门牵头，配合政府各部门进行事故调查，提供调查资料。

5）医疗救护及善后处理：工会负责人及工程管理部门牵头，组织伤者救护，伤亡人员家属的慰问、安置和赔偿工作。

6）综合协调控制：项目经理及行政（保卫）部门牵头，在事发部位设置警戒标志，安排专人看守；封闭施工现场，控制人员出入；组织人员接待和信息协调控制工作。

13.6.4 应急救援

1）应急救援流程（图13-1）

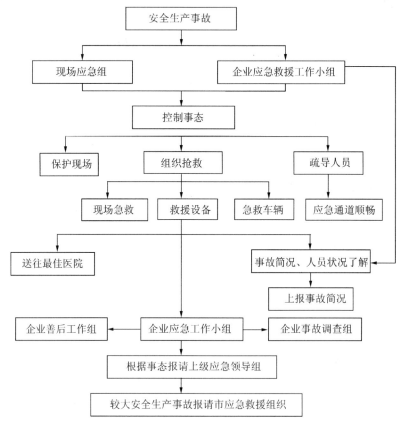

图 13-1 应急救援流程

2）事故发生后，按照分工迅速组织人员抢救、保护事故现场。因抢救人员、防止事故扩大以及疏通交通等原因，需要移动事故现场物件的，应当作出标志，绘制现场简图并作出书面记录，妥善保存现场重要痕迹、物证。

3）抢救伤员时，要采取正确的救助方法，避免二次伤害；同时遵循救助的科学性和实效性，防止抢救阻碍或事故蔓延；对于伤员救治医院的选择要迅速、准确，减少不必要的转院，贻误治疗时机。

4）事故现场仍然存在危及人身安全的事故隐患时，必须采取必要措施，防止在救援过程中发生二次伤害。

5）事故报告，这里所指的事故是指重伤（含）以上因工伤亡事故、机械事故、损坏市政基础设施、构筑物或建筑物或造成较大社会影响的事故。

6）事故发生后，事故现场有关人员应立即用电话向本单位负责人报告，负责人接到报告后应立即向上一级主管领导和主管部门报告，并于1小时内将事故情况向事故发生地有关政府部门报告。

7）发生事故后，由区域/专业公司填写职工伤亡事故快报加盖公章后传真至公司安全生产监督管理部门，快报的上报时间不能超过24小时。

13.6.5　事故调查

1）事故发生后，公司或区域/专业公司应组织项目部在政府部门事故调查人员到达现场后，提供与事故有关的如下材料：

（1）事故单位的营业证照、资质证书复印件；
（2）有关经营承包经济合同、安全生产协议书；
（3）安全生产管理制度；
（4）技术标准、安全操作规程、安全技术交底；
（5）三级安全培训教育记录及考试卷或教育卡（伤者或死者）；
（6）项目开工证，总、分包施工企业《安全生产许可证》；
（7）伤亡人员证件（包括特种作业证及身份证）；
（8）用人单位与伤亡人员签订的劳动合同；
（9）事故调查的初步情况及简单事故经过（包括：伤亡人员的自然情况、事故的初步原因分析等）；
（10）事故现场示意图、事故相关照片及影像材料；
（11）与事故有关的其他材料。

2）事故调查期间，事故公司负责人和有关人员不得擅离职守，并随时接受事故调查组的询问，如实提供有关情况。

3）事故发生后，事故公司应迅速组成内部事故调查组，配合政府各主管部门开展事故调查，组织内部事故分析，公司派人开展事故调查处理。

13.6.6　事故处理

1）事故发生后，施工现场应成立由项目负责人牵头的事故整改小组，对施工现场进行全面检查、整改，组织对现场工人进行安全教育和安抚工作。

2）现场整改工作完成后，向负责事故处理工作的政府部门提交复工申请整改措施报告，经政府主管部门复查批准后方可恢复施工。

3）事故调查组应遵循"四不放过"要求进行事故的分析和处理，组织内部事故分析通报会，向公司安委会提交企业职工工伤事故调查报告书，提出对事故有关责任人的处理意见。

4）事故调查组应该自事故发生之日起 60 日内提交事故调查报告；特殊情况下，经负责事故调查的人民政府批准，提交事故调查报告的期限可以适当延长，但延长的期限最长不超过 60 天。

5）在组织事故调查和处理的同时，应组成事故善后处理小组，按照国家规定进行事故的善后处理；针对负伤人员，各单位要及时组织工伤认定、劳动能力鉴定和工伤保险赔付的申报工作，工伤认定期限不超过 30 个工作日。具体实施见《工伤管理制度》。

6）事故结案后，各区域/专业公司应及时将政府部门出具的事故结案报告及批复上报公司安全生产管理部门备案或提供相关能证明事故已经结案的材料。

13.7 施工项目施工环境管理

13.7.1 施工项目环境管理体系

ISO14000 环境管理体系标准是 ISO（国际标准化组织）在总结了世界各国的环境管理标准化结果，并具体参考了英国的 BS7750 标准后，于 1996 年底正式推出的一整套环境系列标准。标准的总目的是支持环境保护和污染预防，协调他们与社会需求和经济需求的关系，指导各类组织取得并表现出良好的环境行为。

1. **环境管理体系组织机构（图 13-2）**

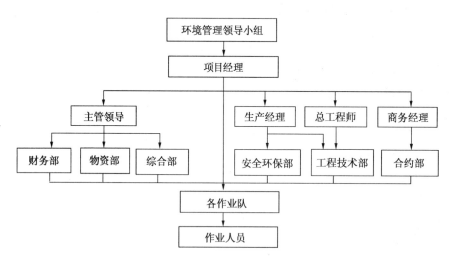

图 13-2 环境管理体系组织机构

2. **环境管理的目的**

保护生态环境，是社会经济发展与人类的生存环境相协调；控制作业现场的各类粉尘、废水、废气、固体废弃物以及噪声、振动对环境的污染和危害，考虑能源节约和避免资源的浪费。

3. 环境管理体系的作用

实施 ISO 14000 系列标准，可以规范所有组织的环境行为，降低环境风险和法律风险，最大限度地节约能源和资源消耗，从而减少人类活动对环境造成的不利影响，维持和改善人类生存和发展的环境。同时也是实现经济可持续发展的需要及实现环境管理现代化的途径。

4. 环境管理体系的基本运行模式

环境管理体系的结构系统，采用的是 PDCA 动态循环、不断上升的螺旋式管理形式模式，其形式与职业健康安全管理体系的运行模式相同。

5. 环境管理体系的基本内容

环境管理体系的基本内容由 5 个一级要素和 17 个二级要素构成，见表 13-2。

环境管理体系的基本内容 表 13-2

一级要素	二级要素
	环境管理体系　要求及使用指南 GB/T 24001
（一）管理方针	1. 环境方针
（二）规划策划	2. 环境因素；3. 法规和其他要求；4. 目标、指标和方案
（三）实施和运行	3. 资源、作用、职责和权限；6. 能力、意识和培训；7. 信息交流；8. 文件；9. 文件控制；10. 运行控制；11. 应急准备和响应
（四）检查和纠正措施	12. 检测和测量；13. 合规性评价；14. 不符合、纠正和预防措施；15. 记录控制；16. 内部审核
（五）管理评审	17. 管理评审

13.7.2 施工项目环境保护

1. 环境保护原则和内容

1）环境保护的基本原则

（1）经济建设与环境保护协调发展的原则。

（2）预防为主、防治结合、综合治理的原则。

（3）依靠群众保护环境的原则。

（4）环境经济责任原则，即污染者付费原则。

2）环境保护的主要内容

（1）防止和治理由生产和生活活动所引起的环境污染。

（2）防止由建设和开发活动引起的环境破坏。

（3）保护有特殊价值的自然环境。

（4）其他。如防止臭氧层破坏、防止气候变暖、国土整治、城乡规划、植树造林、控制水土流失和荒漠化等。

2. 施工现场环境保护的有关规定

1）工程的施工组织设计中应有防治扬尘、噪声、固体废弃物和废水等污染环境的有效措施,并在施工作业中认真组织实施。

2)施工现场应建立环境保护管理体系,责任落实到人,并保证有效运行。

3)对施工现场防治扬尘、噪声、水污染及环境保护管理工作进行监查。

4)定期对职工进行环保法律知识培训考核。

3. 施工现场环境保护和处理措施

施工现场应遵守国家有关环境保护的法律规定,采取有效措施控制施工现场的各种粉尘、废气、废水、固体废物以及噪声、振动等对环境的污染和危害。施工现场应采取下列防治环境污染的措施:

1)噪声排放控制

电锯、电刨、空压机等强噪声机械或风管加工场所应搭设操作棚,操作棚四周必须严密围挡以降低噪声,在夜间禁止作业。

(1)减少施工噪声影响,应从噪声传播途径、噪声源入手,减轻噪声对施工场地外的影响。切断施工噪声的传播途径,可以对施工现场采取遮挡、封闭、绿化等吸声、隔声措施,从噪声源减少噪声。

(2)鼓励采取先进的施工工艺,选用噪声标准较低的施工机械、设备,对机械、设备采取必要的消声、隔振和减振措施,同时做好机械设备日常维护工作。

(3)施工场地的强噪声设备宜设置在远离居民区的一侧,可采取对强噪声设备进行封闭等降低噪声措施。

(4)采取使用低噪声机具,合理安排噪声大的机械设备的位置,采用吸音、消音、隔音、隔振等措施,避免噪声与振动的扩散,防止发生对施工噪声的投诉。

(5)运输材料的车辆进入施工现场,严禁鸣笛。装卸材料应做到轻拿轻放。

(6)对切割加工车间等噪声较大的场所,用隔音效果较好的材料进行封闭围护。

(7)在整个施工阶段,产生强噪声的成品、半成品的加工、制作、尽量放在加工厂或地下室完成,最大限度减少施工噪声污染。

2)大气污染控制

(1)办公、生活区域大气污染控制

①办公用车辆按时接受汽车年审,加强车辆日常维护保养,防止发生油的蒸发和漏气现象,保证车辆正常运行,使尾气达标排放,从而减小对大气的污染。

②尽量选购低排放、小排量机动车车型,尽量使用清洁燃料。

③办公、生活区清扫应洒水降尘;出入大门口要经常进行冲洗,以减轻扬尘。

④使用除草剂和为杀虫使用农药喷雾时,操作人员要佩带口罩,要在出行人员少时进行,以减小对人体和环境的危害;未使用完的除草剂和杀虫剂要密闭保存,存放房间要保持通风,防止有毒有害气体对人体的侵害。

⑤产生的垃圾每天清运(运输车、垃圾车最好是不漏渣水的)到环保部门指定地点,堆放垃圾点和垃圾车要经常冲洗干净,防止产生恶臭气体。

⑥食堂液化气使用后要将总阀门关闭,存放液化气罐房间要保持通风,避免发生火灾、爆炸,引起大气污染。

⑦食堂要用排油烟系统,过滤出的油要定期清理。

(2)施工现场大气污染控制

①工程开工前、施工过程中,应组织相关方、施工队伍人员进行环保知识交底,并留下相关记录。

②对进入施工现场的机动车辆可作为相关方,应将本项目大气污染的管理制度告知驾驶员,施工现场驶出车辆要冲洗干净才放行。

③出入大门口路面要经常淋水清扫干净;现场施工便道视具体情况覆盖碎石并及时淋水降尘,或进行临时绿化。

④钢结构焊接应选择合理先进的焊接工艺,使用低尘、低毒的焊接材料,并及时淋水降尘;钢构件喷砂除锈尽量在完全封闭的空间内进行,除锈过程可采用湿喷法减少漂浮的粉尘;地面的积灰尽量做到每天清扫。

(3) 有害气体排放控制措施

①施工现场严禁焚烧各类废弃物。

②施工车辆、机械设备的尾气排放应符合国家和地方规定的排放标准。应定期维护保养,使其保持良好的运行状态。采取有效措施减少车辆尾气中有害物质成分的含量(如:选用清洁燃油、代用燃料或安装尾气净化装置和高效燃料添加剂等)。

③建筑材料应有合格证明,对含有害物质的材料应进行复检,合格后方可使用。

(4) 其他控制措施

①施工现场大门口应设置冲洗车辆设施。施工现场车辆进出必须冲洗车轮,行车路面要经常淋水清扫。

②施工现场主要道路应根据用途进行硬化处理,非硬化路面及场区采取洒水、绿化等措施,保持湿润无扬尘产生。

③施工现场办公区和生活区的裸露场地应进行绿化。

④施工现场应建立封闭式垃圾站,并应及时清理。

⑤建筑物内施工垃圾的清运,必须采用相应容器或管道运输,严禁凌空抛掷。

⑥施工现场易飞扬、细颗粒散体材料,采用封闭库房贮存,运输途中进行覆盖。

⑦作业面要工完场清,建筑物四周采取周边外架挂网封闭措施,脚手架在拆除前,先将水平网内、脚手板上的垃圾清理干净,放入袋内运出,避免扬尘。

3) 固体废弃物的控制

(1) 办公、生活区固体废弃物控制

①设置足够的有标识的垃圾箱。

②按分类要求将固体废弃物分类收集。

③办公、生活垃圾等要分类收集放到指定的垃圾桶或垃圾车里,禁止直接倒入生活污水排污系统。

④有毒有害的废电池、废温度计、废日光灯、硒鼓、墨盒以及废旧电脑耗材等由负责部门统一回收,交有资质消纳的单位处理。

⑤定期清运,填写处理记录。

(2) 施工现场固体废弃物控制

①工程开工前或施工过程中,项目环境管理员组织相关方、施工队伍人员进行固体废弃物的管理知识交底,留下相关记录。

②收集

a. 在施工区按三大类别设置固体废弃物收集站，每类收集站个数按需设置，对有毒有害类收集站需作防渗处理；每个收集站都要分类别设标识牌；建立好的固体废弃物收集站要告知施工现场每个施工单位，要求他们要按文明施工责任区划分的范围及时清理现场，做到工完场清，保证自己责任区的整洁、干净，并将收集的固体废弃物分类清运到指定地点存放，达到减轻或消除环境污染的目的。

　　b. 各作业队将自产固废物倒入指定的垃圾箱内，要做到日产日清，工完场清。

　　c. 各作业队按文明施工责任区划分的范围经常对本范围进行清理，保证自己的责任区整洁干净。

　　d. 高空作业时，各工段的固体废弃物应及时收集，严禁从高空向下乱扔或乱丢。

　　e. 除设有符合规定的装置外，禁止在施工现场焚烧塑料、皮革、树叶、枯草及其他会产生有毒、有害烟尘和恶臭气体的物质。

　　f. 对有毒有害的危险固体废弃物，严禁将其掩埋回填，以防污染土地、水源。

　　g. 对放射性物质的固体废弃物，应由专业人员负责回收，并严格执行发放、领用、回收等审查制度，以避免放射性物质外流。

　　③运输

　　a. 场内运输：指定专人对固体废弃物临时存放点进行管理，对未按要求分类的废弃物在清运前，安排人员进行分拣，负责将废弃物运输到场内废弃物指定存放场地，并进行分类放置，运输中不遗撒、不混放。

　　b. 场外运输：废弃物外运必须由有准运证单位承担。在运出现场前必须覆盖严实，保证不出现遗撒。废弃物清运单位必须向相关单位、部门提供废弃物收购、接纳单位资质证明和经营许可证。对于危险、有毒有害废弃物运输，必须执行国家有关法规，利用密闭容器装存，防止二次污染。

　　④处理

　　a. 与所在地环境行政主管部门联系，依照当地环境行政主管部门的要求进行处理。

　　b. 施工产生的垃圾由项目部负责处理或由分包方负责处理，各项目部负责监督其执行情况。

　　c. 对各类废弃物的处理，委托单位或部门必须要求接纳单位出示资质证明和经营许可证；有毒有害废弃物委托经政府主管部门批准的废弃物收购单位进行处理。

　　d. 废弃物的处理要填写"固体废弃物处理记录"。

　　⑤其他控制措施

　　a. 施工现场应设置垃圾站。建筑垃圾应按当地有关规定分类，并存放到垃圾站，定时集中运出，按规定处理。生活垃圾应设置便于运输的垃圾容器，并及时清运。

　　b. 对施工过程产生的废弃物进行分类，将其中可再利用或可再生的材料进行回收、再利用，不可再利用的及时清运。

　　c. 对有毒化学品（如油漆、涂料等）材料、油料的储存地（或库房），固定机械设备安放地点，油料、油漆、涂料使用时应采取防雨、防流失、防泄漏、防飞扬措施，防止污染土地或地下水；渗漏液应回收利用，不能利用的应按有关规定进行处理。

　　d. 有毒有害废弃物如废旧电池、墨盒，变质、污染的油漆、涂料等应回收后交有资质的单位处理，不得作为建筑垃圾外运或填埋；施工现场严禁焚烧各类废弃物，避免污染土壤和地下水。

4）污水排放控制

（1）办公、生活区污水管理

a. 食堂严禁将食物加工废料、食物残渣及剩饭等直接倒入下水道；100人以上的食堂设简易隔油池，废水经除油后方可排入市政污水管道，并指定专人定期清理；清洗餐具尽量使用无磷洗涤剂。

b. 防止雨水进入垃圾箱造成污水外排。

c. 卫生间污水必须经化粪池沉淀处理后才能排放。

d. 严禁在生活排水管道中倾倒化学品，油类等其他污染物。

e. 食堂、盥洗室、淋浴间的下水管线应设置过滤网，并应与市政污水管线连接，保证排水畅通施工。

（2）现场污水管理

a. 应在开工前到工程所在地环保局进行排污申报登记。

b. 建立独立的污水管网，污水排入市政污水管网。

c. 若污水排放去向、排放地点等要作重大变动的，应在变更前，向所在地环保局申请办理变更登记手续。

d. 管道酸洗、冲洗等施工过程产生的污水要进行酸碱中和或沉淀后排入污水管道；设备及零部件的清洗或设备使用产生的油污、污水等最好用接油盘或完好容器收集。

e. 施工现场的油料，必须存放于库房内，库房地面必须进行防渗处理，油料储存和使用时，必须防止出现跑、冒、滴、漏现象，避免污染地下水体。

f. 施工现场尽量利用附近公共厕所，或设置流动厕所；厕所化粪池应作抗渗处理。

g. 为防止土壤和地下水的污染，针对施工现场不同的污水，设置沉淀池、隔油池、化粪池等设施，应定期对排污管线进行检查，防止因长期淤积或管线破裂造成堵塞、渗漏、溢出等现象发生。

h. 定期委托资质的单位清运单位及时清理沉淀池、隔油池、化粪池等。清运单位须持有相关部门批准的废弃物消纳资质证明和经营许可证。

i. 对于化学品等有毒材料、油料的储存地，应有严格的隔水层设计，做好渗漏液收集和处理。

j. 污水排放应委托有资质的单位进行废水水质检测，提供相应的污水检测报告。排放应达到国家标准《污水综合排放标准》GB 8978-1996 的要求或工程所在地政府的有关规定。

（3）雨水管理

a. 根据施工现场实际情况，建立雨水排水系统，并与市政雨水管网相连接；

b. 经常对排水系统进行检查、维护，保证雨水排放畅通；

c. 加强对排水系统的管理，严禁其他污水由雨水排水系统排放。

第 14 章 施工项目信息管理

14.1 施工项目信息管理的概念

施工项目信息管理是指项目经理部以项目管理为目标,以施工项目信息为管理对象,所进行的有计划地收集、处理、储存、传递、应用各类各专业信息等一系列工作的总和。

项目经理部为实现项目管理的需要,提高管理水平,应建立项目信息管理系统,优化信息结构,通过动态的、高速度、高质量地处理大量项目施工及相关信息,和有组织的信息流通,实现项目管理信息化,为作出最优决策,取得良好经济效果和预测未来提供科学依据。

14.2 施工项目信息的主要分类

施工项目信息主要分类见表 14-1。

施工项目管理信息主要分类 表 14-1

依据	信息分类	主要内容
管理目标	成本控制信息	与成本控制直接有关的信息: 施工项目成本计划、施工任务单、限额领料单、施工定额、成本统计报表、对外分包经济合同、原材料价格、机械设备台班费、人工费、运杂费等
	质量控制信息	与质量控制直接有关的信息: 国家或地方政府部门颁布的有关质量政策、法令、法规和标准等,质量目标的分解图表、质量控制的工作流程和工作制度、质量管理体系构成、质量抽样检查数据、各种材料和设备的合格证、质量证明书、检测报告等
	进度控制信息	与进度控制直接有关的信息: 施工项目进度计划、施工定额、进度目标分解图表、进度控制工作流程和工作制度、材料和设备到货计划、各分部分项工程进度计划、进度记录等
	安全控制信息	与安全控制直接有关的信息: 施工项目安全目标、安全控制体系、安全控制组织和技术措施、安全教育制度、安全检查制度、伤亡事故统计、伤亡事故调查与分析处理等
生产要素	劳动力管理信息	劳动力需用量计划、劳动力流动、调配等
	材料管理信息	材料供应计划、材料库存、储备与消耗、材料定额、材料领发及回收台账等
	机械设备管理信息	机械设备需求计划、机械设备合理使用情况、保养与维修记录等
	技术管理信息	各项技术管理组织体系、制度和技术交底、技术复核、已完工程的检查验收记录等
	资金管理信息	资金收入与支出金额及其对比分析、资金来源渠道和筹措方式等

续表

依据	信息分类	主要内容
管理工作流程	计划信息	各项计划指标、工程施工预测指标等
	执行信息	项目施工过程中下达的各项计划、指示、命令等
	检查信息	工程的实际进度、成本、质量的实施状况等
	反馈信息	各项调整措施、意见、改进的办法和方案等
信息来源	内部信息	来自施工项目的信息:如工程概况、施工项目的成本目标、质量目标、进度目标、施工方案、施工进度、完成的各项技术经济指标、项目经理部组织、管理制度等
	外部信息	来自外部环境的信息:如监理通知、设计变更、国家有关的政策及法规、国内外市场的有关价格信息、竞争对手信息等
信息稳定程度	固定信息	在较长时期内,相对稳定,变化不大,可以查询得到的信息,各种定额、规范、标准、条例、制度等,如施工定额、材料消耗定额、施工质量验收统一标准、施工质量验收规范、生产作业计划标准、施工现场管理制度、政府部门颁布的技术标准、不变价格等
	流动信息	是指随施工生产和管理活动不断变化的信息,如施工项目的质量、成本、进度的统计信息、计划完成情况、原材料消耗量、库存量、人工工日数、机械台班数等
信息性质	生产信息	有关施工生产的信息,如施工进度计划、材料消耗等
	技术信息	技术部门提供的信息,如技术规范、施工方案、技术交底等
	经济信息	如施工项目成本计划、成本统计报表、资金耗用等
	资源信息	如资金来源、劳动力供应、材料供应等
信息层次	战略信息	提供给上级领导的重大决策性信息
	策略信息	提供给中层领导部门的管理信息
	业务信息	基层部门例行性工作产生或需用的日常信息

14.3 施工项目信息管理软件简介

施工项目信息管理应用软件种类很多,各有不同的功能和操作特点。项目经理部可根据项目管理的要求进行选择。

14.3.1 办公软件

办公软件指可以进行文字处理、表格制作、幻灯片制作、简单数据库的处理等方面工作的软件。包括微软 Office 系列、金山 WPS 系列、永中 Office 系列、红旗 2000RedOffice、协达 CTOP 协同 OA、致力协同 OA 系列等。目前办公软件的应用范围很广,大到社会统计,小到会议记录,数字化的办公,都离不开办公软件的鼎力协助。

Microsoft Office 是微软公司开发的一套基于 Windows 操作系统的办公软件套装。常用组件有 Word、Excel、Powerpoint 等。

14.3.2 专业软件

项目信息管理的专业软件常用的包括：绘图软件、BIM 软件、算量软件、造价软件等。

绘图软件，简言之即用来作图的软件，通常是指计算机用于绘图的一组程序，软件程序按功能可分为三类，并且程序的设计有一定的准则，常用的绘图软件有很多，例如 Photoshop、Adobe image、AutoCAD 等。多个程序的汇集，组成功能齐全、能够绘制基本地图图形和各类常用地图的程序组，称为绘图软件系统，或称为绘图软件包。绘图软件通常用高级算法语言编写，以子程序的方式表示，每个子程序具有某种独立的绘图功能。绘图软件包是绘图子程序的汇集，可包括几十个至几百个子程序。用户根据需要，调用其中一部分子程序，绘制某种图形或一幅地图。

建筑信息模型（Building Information Modeling）是以建筑工程项目的各项相关信息数据作为模型的基础，进行建筑模型的建立，通过数字信息仿真模拟建筑物所具有的真实信息。它具有可视化、协调性、模拟性、优化性和可出图性五大特点。常用的 BIM 软件有 Autodesk Revit、Bentley 等。

算量软件是建筑企业信息化管理不可缺少的工具软件，它具有速度快，准确性高，易用性强，拓展性好，协同管理工作灵活等很多优点。现代建筑造型独特，结构复杂，已经无法通过手工算量的方式去进行工程量计算，因此算量软件是符合时代发展需求，为企业节约成本创造利润不可或缺的工具。常用的算量软件有广联达、鲁班软件、神机妙算软件、PKPM（中国建筑科学研究院）、清华斯维尔等。

工程造价是指进行某项工程建设所花费的全部费用，其核心内容是投资估算、设计概算、修正概算、施工图预算、工程结算、竣工决算等。工程造价的任务：根据图纸、定额以及清单规范，计算出工程中所包含的直接费（所有的分部工程、分项工程所消耗的人工费、材料费、机械台班费等）、间接费、规费及税金等。常用的造价软件有广联达、鲁班软件、神机妙算软件等。

14.3.3 项目管理软件

项目管理软件是指以项目的施工环节为核心，以时间进度控制为出发点，利用网络计划技术，对施工过程中的进度、费用、资源等进行综合管理的一类应用软件。它包括五个主要功能模块：进度计划管理功能、资源管理功能、费用管理功能、报告生成与输出功能、辅助功能（主要指与其他软件的接口、二次开发、数据保密等）。常见的项目管理软件有 Primavera P6、Microsoft Project、广联达项目管理软件、梦龙项目管理软件等。

参 考 文 献

[1] 建筑施工手册（第五版）编委会．建筑施工手册（第五版）［M］．北京：中国建筑工业出版社，2013.
[2] 齐维贵，王艳敏，李战赠．智能建筑设备自动化系统［M］．北京：机械工业出版社，2010.
[3] 刘伊生．工程造价管理基础理论与相关法规［M］．北京：中国计划出版社，2009.
[4] 王东方．机电工程施工技术与管理［M］．江苏：河海大学出版社，2011.
[5] 乐嘉谦．仪表工手册［M］．北京：化学工业出版社，2004.
[6] 刘庆山．机械设备安装工程［M］．北京：中国建筑工业出版社，2007.